天才大脑潜能开发

左脑训练开发

启 文 编著

中国出版集团
中 译 出 版 社

图书在版编目（CIP）数据

天才大脑潜能开发 . 左脑训练开发 / 启文编著 . --
北京 : 中译出版社 , 2019.12
ISBN 978-7-5001-6176-9

Ⅰ . ①天… Ⅱ . ①启… Ⅲ . ①智力开发–普及读物
Ⅳ . ① G421-49

中国版本图书馆 CIP 数据核字 (2019) 第 284545 号

天才大脑潜能开发

左脑训练开发

出版发行：中译出版社
地　　址：北京市西城区车公庄大街甲 4 号物华大厦 6 层
电　　话：（010）68359376，68359303，68359101
邮　　编：100044
传　　真：（010）68357870
电子邮箱：book@ctph.com.cn
总 策 划：张高里
责任编辑：林　勇
封面设计：青蓝工作室
印　　刷：三河市华晨印务有限公司
经　　销：新华书店
规　　格：880 毫米 ×1230 毫米　1/32
印　　张：36
字　　数：660 千字
版　　次：2019 年 12 月第 1 版
印　　次：2019 年 12 月第 1 次

ISBN 978-7-5001-6176-9　　　　定价：178.80 元（全 6 册）

前　言

著名科学家霍金曾经说过，有一个聪明的大脑，你就会比别人更接近成功。大脑不仅控制着人的思想，还控制着人的感觉、情绪以及身体的各种反应，最终主宰着人一生的发展。

人类的大脑有着无穷的潜力。遗憾的是，对于大脑的这种巨大潜能，我们并没有充分开发。科学家调查结果表明，到目前为止，人类的大脑不过才开发了 5%，即使像爱因斯坦这些科学精英，大脑的开发程度也只有 13% 左右。实践证明，合理开发左右脑，适时地进行头脑思维训练，可以迅速提升人的心智，使人们具有更强的理解力和创造力，让每个人的潜能得到淋漓尽致的发挥。

为了帮助人们更全面科学地开发自身的大脑潜力，立足于左右脑分工的理论，结合认知能力与认识特点，我们特别编写了《左脑训练开发》一书。本书荟萃了古今中外众多思维训练题，包括算术类、几何类、组合类、推理类、文字类等各类思维游戏，每一个游戏都能让读者在娱乐中带动思维高速运转，强化左脑，提高判断力、推理力、计算力、语言力等多种思维能力。此外，在本书的最后还配有详尽的解析和参考答案，以利于你更好地掌握本书内容。

书中近 300 道训练题难易有度，有看似复杂却非常简单的推理问题，有让人着迷的图形难题，有运用算数技巧与常识解决的谜题以及由词语、数字组成的字谜等。无论大人、孩子，都能在此找到适合自己的题目。在解决问题的过程中，你需要大胆地设想、判断和推测，需要尽量发挥想象力，突破固有的思维模式，充分运用创造性思维，多角度、多层次地审视问题，将所有线索纳入你的思考。这些精彩纷呈的训练题将让你在享受乐趣的同时，彻底带动你的思维高速运转起来，充分发掘大脑潜力，让你越玩越开心，越玩越聪明，越玩越优秀。

无论你是9岁，还是99岁，对于任何一个想改变思维方式的人来说，本书都是不二的选择。你可以利用点滴时间阅读和练习，既可把它作为专门训练，也可把它当作业余消闲。相信阅读完本书，你将会思维更缜密，观察更敏锐，想象更丰富，心思更细腻，做事更理性，心情更愉快。

目　录

第 2 章 计算力 …… 32

第3章 判断力……64

第4章 推理力……90

第 1 章　语言力

001 拼汉字

想象一下，5 根横排的火柴和 3 根竖排的火柴能拼出几个汉字？

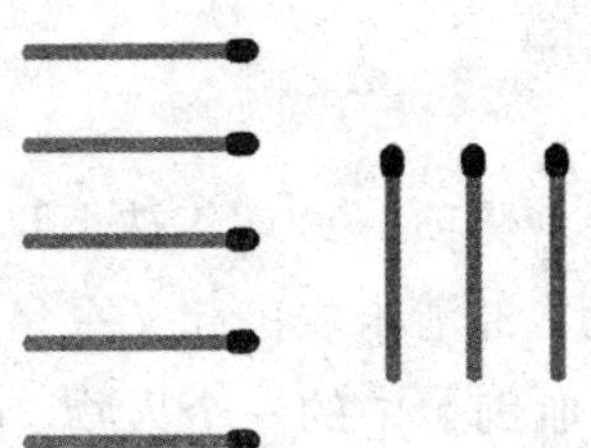

002 诗词填数

准确地填出下面诗词选句中的第一个字，你会发现它们是一组很有趣的数词。

1. ______ 年好景君须记（苏轼）
2. ______ 月巴陵日日风（陈与义）
3. ______ 月残花落更开（王令）
4. ______ 月清和雨乍晴（司马光）
5. ______ 月榴花照眼明（韩愈）
6. ______ 月三伏天（卓文君）

7. ______ 百里山水（贾岛）
8. ______ 千里路云和月（岳飞）
9. ______ 雏鸣凤乱啾啾（李颀）
10. ______ 年生死两茫茫（苏轼）
11. ______ 亩庭中半是苔（刘禹锡）
12. ______ 里莺啼绿映红（杜牧）
13. ______ 紫千红总是春（朱熹）

003 纵横交错

横向

1. 国际足联的一个奖项，2004 年被小罗纳尔多夺得。2. 我国一个大型电信运营商。3. 清末农民起义军建立的政权。4. 比喻事情极容易做。5.《碧血剑》中的一个人物。6. 形容极多。7. 教学上对物理、化学、数学、生物等学科的总称。8. 法国作家福楼拜的代表作。9. 由政府执行或托管的保险计划，用来向失业者、老人或残疾人提供经济援助。10. 我国一个著名的软件公司。11. 由社会承办的赡养老人的机构。12. 用于称他人的女儿，有尊贵之意。

纵向

一、“WTO”的中文意思。二、严格执行法律，一点不动摇。三、在其中引发并控制裂变材料链式反应的装置。四、球类运动的狂热爱好者。五、古时对男子的尊称。六、皮皮的一篇以婚恋为题材的长篇小说。七、一个生物群落及其系统之中，各种对立因素相互制约而达到相对稳定的平衡。八、我国哲学、社会科学研究的最高学术机构和综合研究中心。九、联合国下属维护国际和平与安全的机构。十、雅典奥运会女子万米冠军。十一、投资者协助具有专门科技知识而缺乏资金的人创业，并承担失败风险的资金。

004 三国演义

有个秀才正翻看《三国演义》时，厨师进来对他说："老爷，不瞒你说，《三国演义》是我天天必读之书。就拿今天来说吧，我炒菜缺了四样作料，全在这书里面，所以我来看看！"秀才听了半信半疑，他只知道《三国演义》里写的是曹操、刘备和孙权，还没听说过写有做菜用的作料呢。厨师说："有，老爷你听着——刘备求计问孔明，徐庶无事进曹营，赵云难勒白龙马，孙权上阵乱点兵。"秀才想了想便猜了出来。那么，你能猜出厨师缺哪 4 样作料吗？

005 疑惑的小书童

明朝有一个著名的文学家，叫冯梦龙。有一年夏天，冯梦龙起床后，发现后院的桃花盛开了，正在这时，有一位姓李的朋友来拜会。冯梦龙便开玩笑说："桃李杏春风一家，既然您来了，我们就到后院去，一面喝酒，一面赏看您本家吧！"他们来到后院，冯梦龙忽然想起忘了一样东西，就对书童说："你快去拿一件东西，送到后院来！"书童问："是什么东西呢？"冯梦龙随口就造了一个谜："有面无口，有脚无手，又好吃肉，又好吃酒。"书童愣在那儿，猜不出应该去拿什么。你能帮帮这个书童吗？

006 成语十字格

请在下图的空格里填上适当的字，使其横竖读起来都是成语。

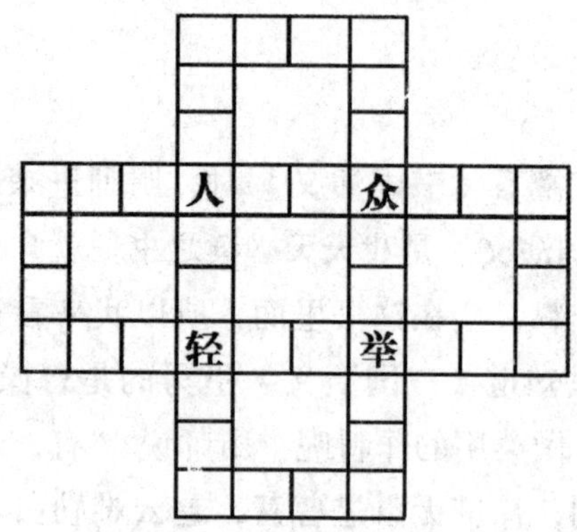

007 一台彩电

桌子上放着一台彩电。A 说:“以这台彩电为道具，谁能连做两个简单的动作，打两个成语？”大家都在静静地思索。忽然，B 走上前来，将彩电开关打开，屏幕上出现了画面，有了声音。没过几秒钟，B 又把电视开关关了。B 的这两个动作并没有引起人们的注意。谁料，A 竟说 B 猜中了谜底。你知道这是哪两个成语吗?

008 一笔变新字

汉字结构有趣又奇怪，一笔之差就有不同含义。你能将下面图形中的字填上一笔变成另一个字吗?

009 几家欢喜几家愁

项羽和刘邦当年争夺天下的时候水火不容，三国时期的刘备和关羽是结义兄弟。如果有一个字，刘邦听了大笑，刘备听了大哭，这个字是什么？

010 成语接龙

下面的成语，前一个成语的最后一个字，是它后面那个成语的第一个字，这在修辞上叫“顶真”。请在它们之间的空白处填上一个字，使每组成语连接起来。

今是昨（　）同小（　）望不可（　）以其人之道，还治其人之（　）体力（　）若无（　）在人（　）所欲（　）富不（　）至义（　）心竭（　）不胜（　）重道（　）走高（　）沙走（　）破天（　）天动（　）利人（　）睦相（　）心积虑

醉生梦（　）去活（　）去自（　）花似（　）树临（　）调雨（　）手牵（　）肠小（　）听途（　）长道（　）兵相（　）二连（　）言两（　）重心（　）驱直（　）不敷（　）其不（　）气风（　）扬光（　）材小（　）兵如（　）采飞（　）眉吐（　）象万（　）军万（　）到成（　）败垂（　）千上（　）古长（　）红皂（　）日做（　）寐以（　）同存（　）想天（　）天辟地

011 象棋成语

下图是一个象棋棋盘，请你在每格空白棋子上填入一个适当的字，使横竖相邻的 4 个棋子能够组成一个成语。

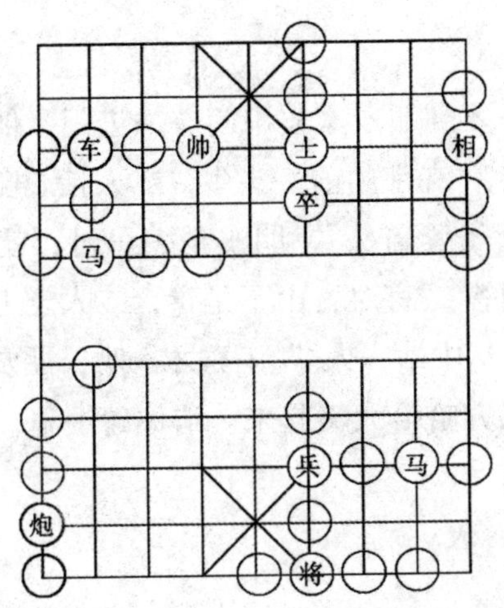

012 组合猜字

下图数字方格中，每个数字都代表一个汉字，两格相加，又可以合成一个字，你能依照下面的提示猜出数字对应的汉字吗？

①1 加 2 等于日落的意思。②2 加 3 等于日出的意思。

③3 加 4 等于欺侮的意思。④4 加 5 等于瞄准出击的意思。

⑤2 加 6 等于光亮的意思。⑥6 加 7 等于丰满的意思。

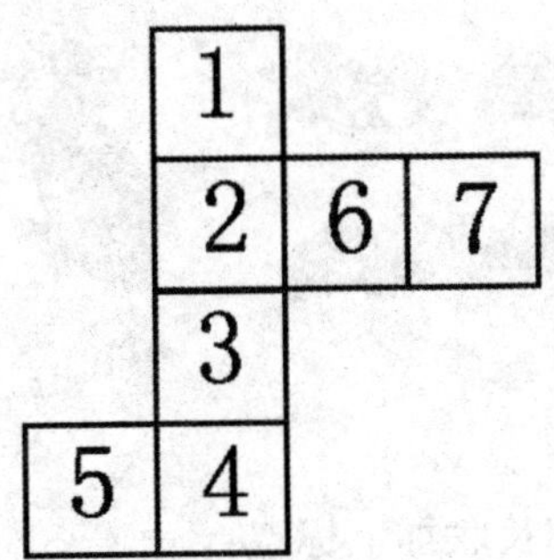

013 串门

一天，王秀才到朋友家去串门。一进门，他双拳一抱，随即念了一首字谜诗："寺字门前一头牛，二人抬个哑木头，未曾进门先开口，闺宫女子紧盖头。"朋友稍一思忖，就领会了其中的意思，便也以诗相答："言对青山不是青，二人土上在谈心，三人骑头无角牛，草木丛中站一人。"王秀才一听，朋友所说的与自己说的完全吻合。双方哈哈大笑起来。请你猜一猜，这两首字谜诗的谜底是什么？

014 乌龟信

一位目不识丁的农妇惦记在外做工的丈夫，于是托人捎去一封信。她的丈夫拆开一看，一页全都画着排列整齐的乌龟，最后却是一只竖着的大乌龟。丈夫立刻明白了，收拾起铺盖卷儿，回家去了。

你能从画中看出信的意思来吗？

015 长联句读

请你给下面一副长联加上标点：

五百里滇池奔来眼底披襟岸帻喜茫茫空阔无边看东骧神骏西翥灵仪北走蜿蜒南翔缟素高人韵士何妨选胜登临趁蟹屿螺洲梳裹就风鬟雾鬓更苹天苇地点缀些翠羽丹霞莫辜负四围香稻万顷晴沙九夏芙蓉三春杨柳

数千年往事注到心头把酒凌虚叹滚滚英雄谁在想汉习楼船唐标铁柱宋挥玉斧元跨革囊伟烈丰功费尽移山心力尽珠帘画栋卷不及暮雨朝云便断碣残碑都付于苍烟落照只赢得几许疏钟半江渔火两行秋雁一枕清霜

016 成语与算式

下图两盏数字灯，用适当的数字巧填空。使它竖行为成语，横行为数学等式。

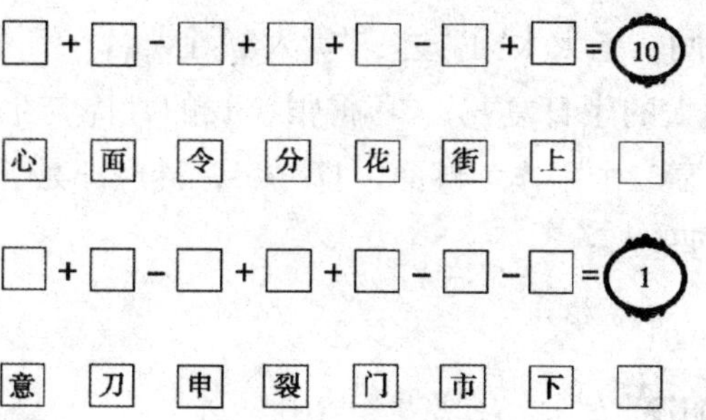

017 一封怪信

某人被公派驻外地，半年后他突然接到农村不识字的妻子寄来的一封信。打开一看，上面并没有字，只有一连串象形文字似的图画。丈夫接到此信，知道妻子一定有事要告诉他，但又不解其意，急得像热锅上的蚂蚁一样。最后他只得把信带在身上，一有空就仔细研究，终于找到了答案。比如 A 表示他（圈）和他已怀孕的妻子（同心圆圈），那么下面的 5 个图又表示什么呢？

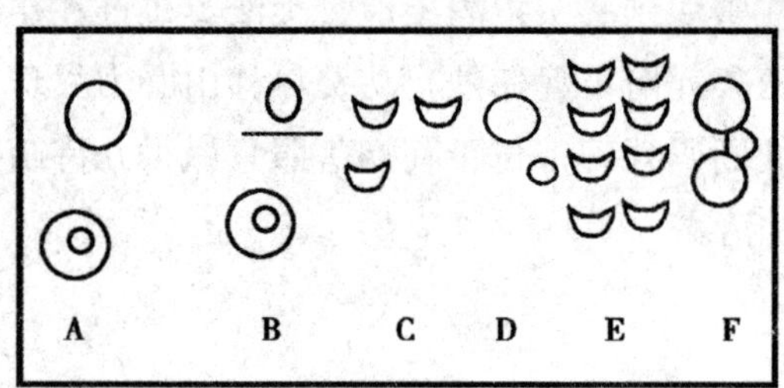

018 秀才贵姓

从前，一大户人家的老太太过六十大寿，八方宾朋济济一堂。一位秀才进京赶考，路过这里，想求一口饭吃。老太太热情地款待了他。席间，老太太问秀才："贵人尊姓大名？" 秀才回答："今天不是老太太的生日宴吗？ 巧得很，我的姓氏与生日宴很有缘。如果把生日宴三个字作为谜面，打一字，谜底即是。" 你知道这位秀才姓什么吗？

019 成语加减

运用加减法使下面的成语完整。

1. 成语加法

（　　）龙戏珠 +（　　）鸣惊人 =（　　）令五申

（　　）敲碎打 +（　　）来二去 =（　　）事无成

(　　)生有幸 + (　　)呼百应 = (　　)海升平
(　　)步之才 + (　　)举成名 = (　　)面威风

2. 成语减法

(　　)全十美 − (　　)发千钧 = (　　)霄云外
(　　)方呼应 − (　　)网打尽 = (　　)零八落
(　　)亲不认 − (　　)无所知 = (　　)花八门
(　　)管齐下 − (　　)孔之见 = (　　)落千丈

020“山东”唐诗

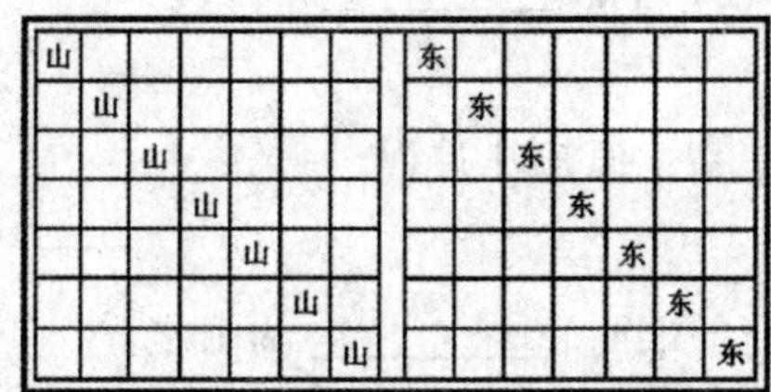

021 诗词影片名

有些电影片名是从古诗词中择取的。

请你用电影片名补全诗句。

1. 何当共剪西窗烛，却话 ________ 时。

——李商隐《夜雨寄北》

2. 山重水复疑无路，________ 又一村。

——陆游《游山西村》

3. 无可奈何花落去，似曾相识 ________。

——晏殊《浣溪沙》

4. 三十功名尘与土，________。

——岳飞《满江红》

5. 问君能有几多愁？恰似 ________。

——李煜《虞美人》

6.________ 其修远兮，吾将上下而求索。

——屈原《离骚》

7.________，处处闻啼鸟。

——孟浩然《春晓》

8. 当时明月在，曾照 ________。

——晏几道《临江仙》

9.________ 路，孤舟几月程。

——贾岛《送耿处士》

10. 岂有豪情似旧时，________ 两由之。

——鲁迅《悼杨铨》

022 断肠谜

相传朱淑贞曾以断肠之情巧制《断肠谜》一则，字里行间充满怨恨决绝之情，此谜制得确实巧妙："下楼来，金钱卜落；问苍天，人在何方？恨王孙，一直去了；詈冤家，言去难留。悔当初，吾错失口，有上交无下交。皂白何须问？分开不用刀，从今莫把仇人靠，千里相思一撇消。"

谜面由 10 句话组成，每句各打一字，你知道是什么吗？

023 趣味课程表

下图是张课程表，请在空格填上字，使其成为成语，但不能重复。

1				生	物			
2				化	学			
3				美				术
4				外	语			
5				科	学			
6				哲	学			
7				数	学			
8				物	理			

9				心	理			
10				天	文			
11				音	乐			
12				地	理			
13				生	物			
14				农		科		
15				政	治			
16				体			育	
17				经	济			
18				法			律	
19				语	文			
20	历				史			

024 屏开雀选

在图中的空白圆圈内填入一个适当的汉字，使其与左右两边的字都能组成一个新的字。

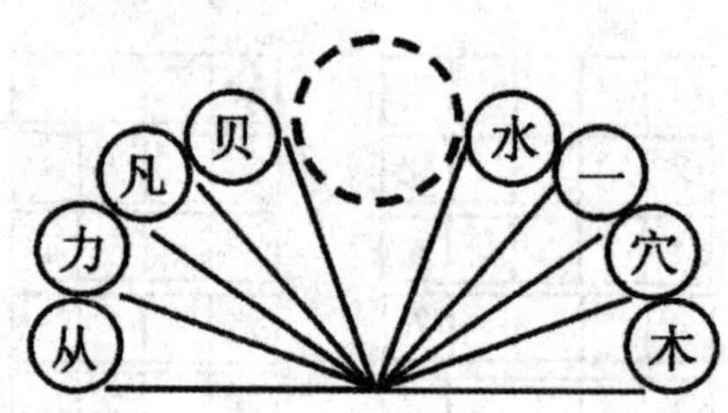

025 环形情诗

电视剧《鹊桥仙》中，苏小妹给新郎秦少游出了 3 道考题，全部答出方能入洞房。其中有一道题要求将环形的 14 个字断分成 4 句七言诗，每句首尾几个字可重叠。你能把苏小妹的诗准确地读出来吗?

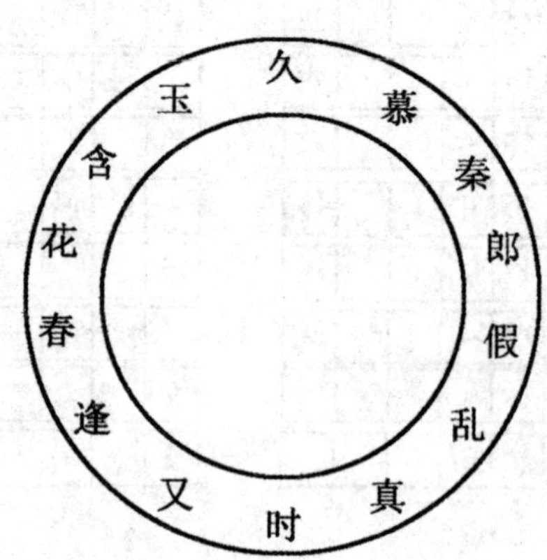

026 组字透诗意

下面有禾、青、九、十 4 个字，请你在中间的空白格内填入一个字，使它分别与这 4 个字拼成另外 4 个字，而且使拼成的字又符合下边诗句的寓意。

禾稳扬花菊开月，青天无云不飞雪。

九九艳阳东升起，十足干劲迎晨曦。

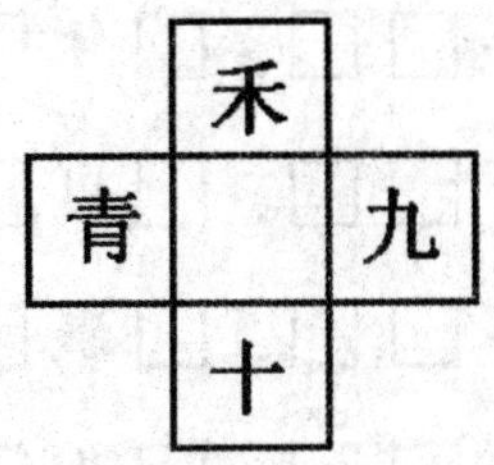

027 几读连环诗

下面是一首连环诗，请你发挥你的想象力，说说能读出几种读法。

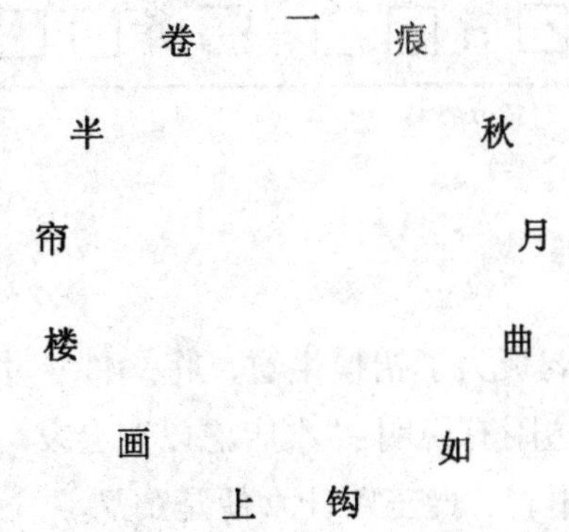

028 孪生成语

把下图中的方框填满，组成像双胞胎一样的成语。

□波□□，□波□□
□夫□□，□夫□□
□年□□，□年□□
□可□□，□可□□
□事□□，□事□□
□为□□，□为□□
□不□□，□不□□
□则□□，□则□□
□高□□，□高□□
□者□□，□者□□

029 文静的姑娘

一位精明的老板为了招揽生意，将一件一寸高的玉雕仕女摆在陈列台上，旁边附有说明："本店愿以谜会友。用这一寸人作谜面，打一字，猜中者，此玉雕仕女便是赠品。"这一招真灵，店内天天顾客盈门。只是一连几天没有谁能猜中。这一天，老板正拿着“一寸人”向顾客夸耀时，一位文静的姑娘从老板手中抢过玉雕，转身便走。保安人员正要前去阻拦，老板说话了：“她猜中了。”

你知道这个谜底是个什么字吗？

030 水果汉字

以下 5 个盘子中，放着香蕉、梨和苹果。这 3 种水果分别代表一个汉字。请问代表什么汉字时，每个盘子中的水果都能组成一个新字？

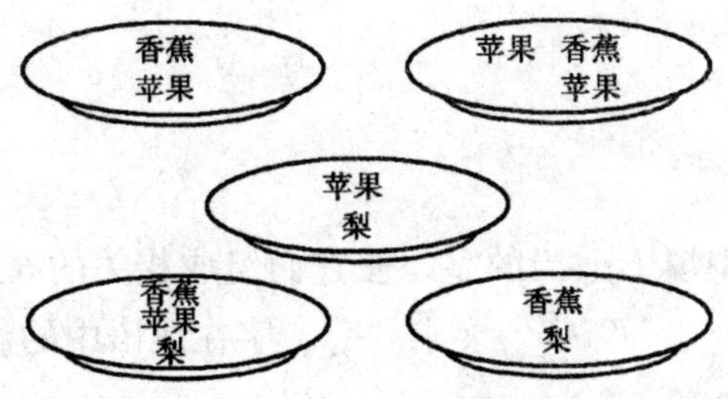

031 数字藏成语

3.5；2+3；333 和 555；9 寸 +1 寸 =1 尺；1256789；12345609。上述数字或数式均暗示了一个成语，你知道是什么吗？

032 字画藏唐诗

下面每一幅图片都是由一句唐诗组成的，分别写出来。

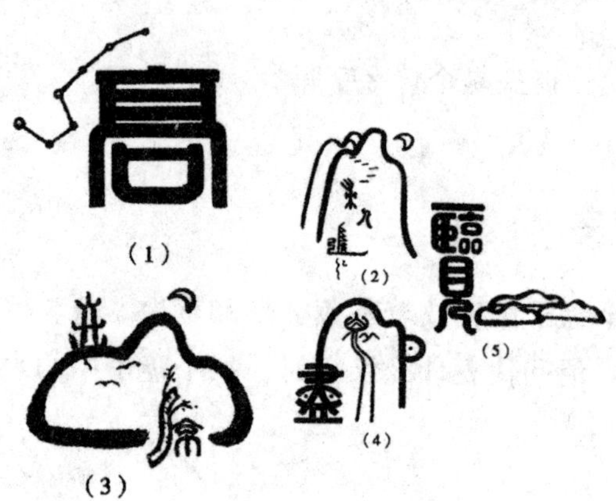

033 心连心

请在圈中填上适当的字，使它们组成相关的6条成语（3个圈内已有3个“心”字，要求“心”字在成语中的位置：第一个到第四个至少有一个）。

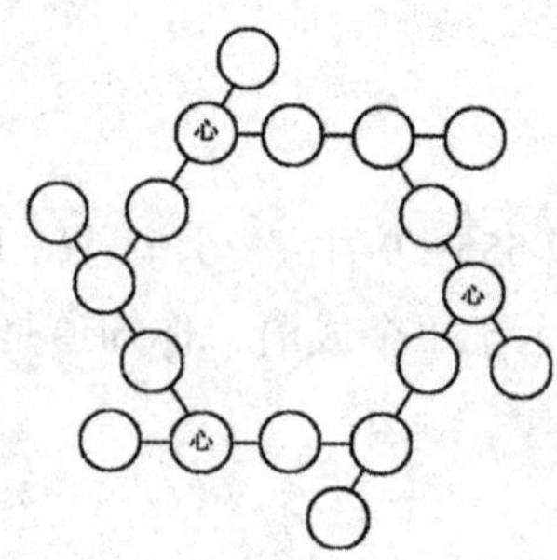

034 人名变成语

下列表格中有 14 个人名，要求在人名前后的空格里填上适当的字，使之成为成语。

①				关	羽				⑧				马	忠			
②				张	飞				⑨				张	松			
③				马	超				⑩				乐	进			
④				黄	忠				⑪				李	通			
⑤				赵	云				⑫				黄	盖			
⑥				孔	明				⑬				孙	权			
⑦				马	良				⑭				丁	奉			

035 “5” 字中的成语

请你把不、开、百、以、花、为、然、争、齐、道、岸、家、锣、放、貌、鸣 16 个字，填在下面的 “5” 字形格子里，使横竖读起来都是成语。

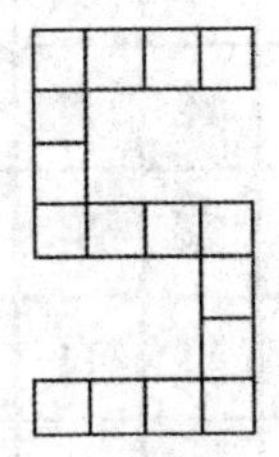

036 回文成语

在图中填上适当的字，使每则回文组成 8 条成语，要求前句中的最后一字是下句中的第一个字。

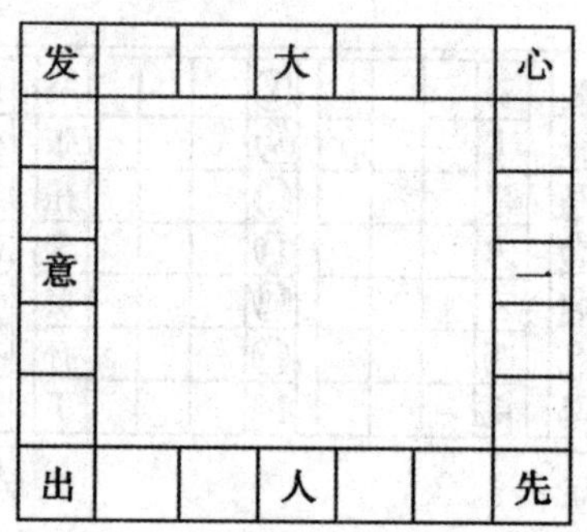

037 剪读唐诗

将图形中唐朝贯休的《春野作五首》剪为 4 块形状、面积相同的部分，拼组成诗，该怎么做？

		绿	浅		
	挟	谁	青	闲	
少	弹	家	平	步	流
年	啄	打	自	征	水
	木	红	逐	车	
		衣	拟		

038 省市组唐诗

图中包含 4 市 16 省的名称，将空格填充完整，使之成为通顺的唐诗，并将唐诗作者之名答出。

				河	湖				
				北	北				
			河			湖			
			南			南			
		广					浙		
		东					江		
	江							台	
	西							湾	
山									南
西									京

山									北
东									京
	云							天	
	南							津	
		辽					四		
		宁					川		
			新			上			
			疆			海			
				贵	江				
				州	苏				

039 钟表成语

图中每个钟面上指针所指示的时间都能构成一个成语。请你猜一猜，这是3个什么成语？

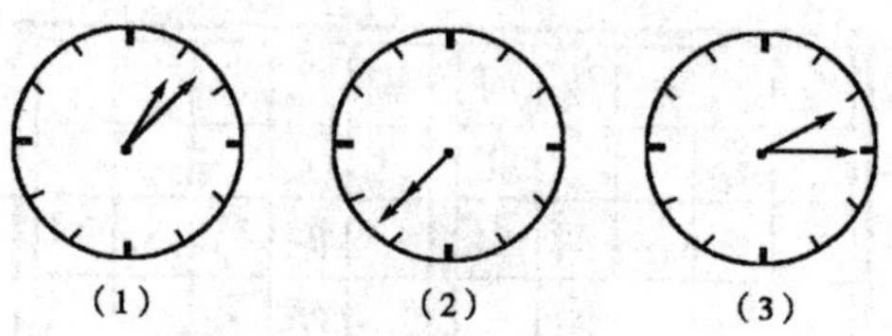

（1）　（2）　（3）

040 迷宫成语

下图是一座成语迷宫，其中有10条成语首尾相接。请从成语的首字开始，用一条不重复的线把它们串起来。

天	经	天	冲	飞	一	鸣	惊
人	地	义	走	沙	鬼	神	人
不	义	达	石	破	天	共	灾
容	辞	不	道	乐	惊	怒	苦
久	治	长	安	贫	天	心	良
安	国	天	久	地	动	用	天
居	乐	手	勤	工	以	致	涯
事	业	精	于	俭	学	海	无

041 成语之最

根据图片中的文字提示，快速写出这一系列的“最”相对应的成语。

最长的一天	最尖的针
最难做的饭	最重的话
最宽的视野	最大的差别
最高的人	最快的速度
最大的容量	最怪的动物
最大的变化	最宝贵的话
最大的手术	

042 藏头成语

在下面的空格里填上适当的字，使每一竖行组成一个四字成语。填上的字就是谜面，请你猜一地名。

经	衣	碑	落	衣	积	月	感	言	源
地	无	立	归	使	月	如	交	巧	节
义	缝	传	根	者	累	梭	集	语	流

043 巧拼省名

用 23 根火柴摆成下面的图案。请你移动其中的 4 根，将其变成两个汉字，并使它们连起来是中国的一个省名。动动脑筋，怎样移才能成功呢?

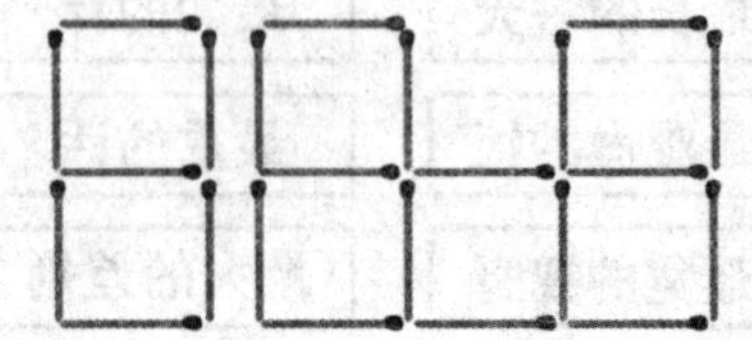

044 棋盘成语

看棋盘，猜两条成语。

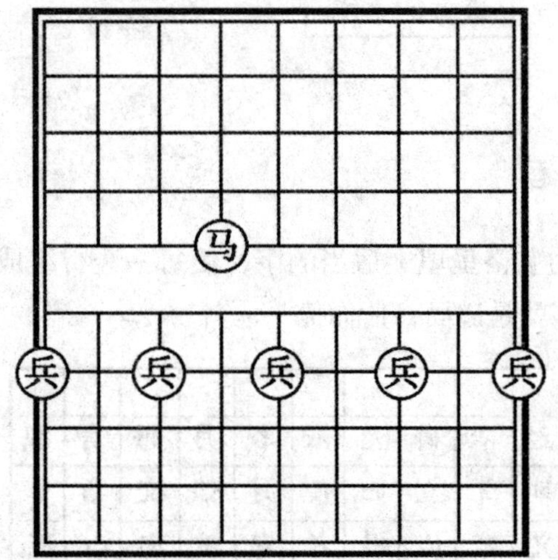

045 虎字成语

请你填一填。

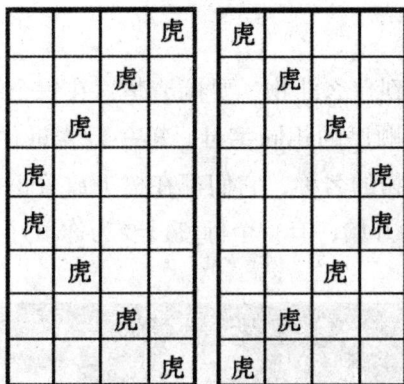

			虎
		虎	
	虎		
虎			
虎			
	虎		
		虎	
			虎

虎			
	虎		
		虎	
			虎
			虎
		虎	
	虎		
虎			

046 给我 C，给我 D

这道纵横字谜里的所有单词都以 C 开头，以 D 结尾，但是其他的字母却不见了。根据提示把它们填入相应的空格中。

横向

4 厨房柜台上的小壁橱

5 _____ 角（Cape）是马萨诸塞州一个度假胜地

8 同时弹奏的三个或更多音符

9 懦弱的人

11 奶油圈里面填充有

12 印第安人所在的俄亥俄州城市

纵向

1 他射出的箭可能会让你坠入爱河

2 天空中的白色物体

3 这是一种什么类型的字谜

5 你生日时信箱里收到的

6 一端是插头的电线

7 关于三个巫婆的电视节目

10 胶性绷带的品牌

047 标签分类

今年谁将得到什么礼物？要搞清楚，在每个礼物标签的两行空格上填入相同顺序的相同字母。第一行告诉你礼物是给谁的，第二行告诉你礼物的名称，它们都在树下放着（并非每件物品都会被用到）。作为开始，有一个标签已经为你填好了。

048 单词演变（1）

你能把“camp”这个词最终变成“fire”吗？根据提示每次改动一个字母。如果卡住，可以从底下开始往上做。

049 单词演变（2）

你能把“toad”这个词最终变成“newt”吗？根据提示每次改动一个字母。如果卡住，可以从底下开始往上做。

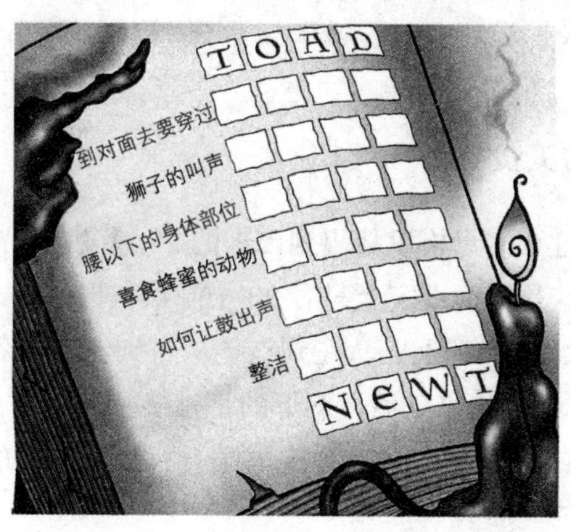

050 夏威夷之旅

在这个网格中你将找到横向、纵向和斜向的 20 个单词，它们都跟夏威夷有关。你把它们全部找出来以后，从左到右，从上到下阅读剩下的字母，你会发现一个很酷的事实。祝你好运！

P I N E A P P L E U K I
H U H L L E O E U L U E
U A O C G N I L I A S T
L H N T A A U A M L U O
A E O C O C O N U T R U
P A L M T R E E L C Y R
M O U E E A A N H S L I
V E L A L G N I F R U S
P L U I N U D G F L H T
G R A S S S K I R T A S
E A I V N H A U E W O A
I S D N A L S I I L A N
ALOHA
COCONUT
GRASS SKIRT
HONOLULU
HULA
ISLANDS
LAVA
LEI
LUAU
MAUI
OAHU
ORCHIDS
PAM TREE
PINEAPPLE
SAILING
SUGARCANE
SURFING
TOURISTS
UKULELE
VOLCANO

051 隐藏的美食

你能在这个字母格里找出列出来的 25 种美食吗？不，你不可能找出来。这是因为事实上只有 20 个隐藏在里面。这些单词可以是从上到下、从下到上、从左到右、从右到左以及斜向排列。当你把全部 20 个找出来以后，剩下的字母从左到右从上到下阅读会组成一个谜，剩下 5 个在字母格里没有找到的单词的首字母，将组成这个谜的谜底。

052 奇怪的球

你得有准备才能完成这道题目，因为图中的每一个物体都代表一个以“ball”结尾的单词或者短语。比如，一罐漆代表单词PAINTBALL。你能找出多少呢？

053 哈哈大笑

这里列出来的 34 个单词可以放入上面的纵横格里。所有单词里都有 HA，这些 HA 都已经填入纵横格了，但是其他字母都没填上。根据这些单词的长度，以及它们相互交叉的位置，你能把它们全部放入正确的位置吗?

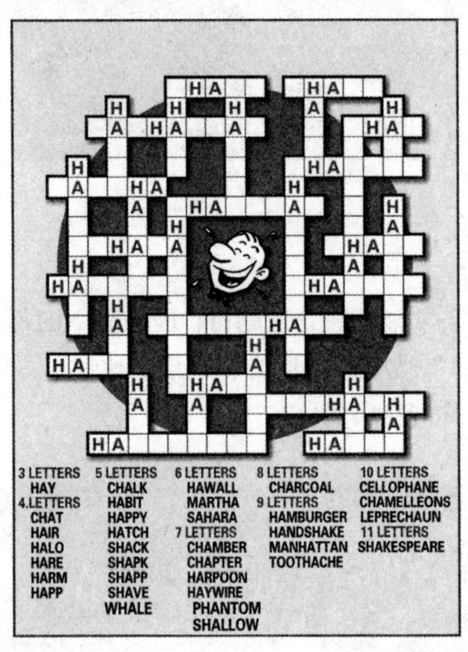

3 LETTERS
HAY
4.LETTERS
CHAT
HAIR
HALO
HARE
HARM
HAPP
5 LETTERS
CHALK
HABIT
HAPPY
HATCH
SHACK
SHAPK
SHAPP
SHAVE
WHALE
6 LETTERS
HAWALL
MARTHA
SAHARA
7 LETTERS
CHAMBER
CHAPTER
HARPOON
HAYWIRE
PHANTOM
SHALLOW
8 LETTERS
CHARCOAL
9 LETTERS
HAMBURGER
HANDSHAKE
MANHATTAN
TOOTHACHE
10 LETTERS
CELLOPHANE
CHAMELLEONS
LEPRECHAUN
11 LETTERS
SHAKESPEARE

054 板子游戏

这些冲浪板上面所画图案的英文名称都能放在“board”前面组成一个新单词，比如画有超市收银员（supermarket checker）的冲浪板就能拼出“CHECKBOARD”。你能拼出多少个这样的词?

055 跟 ABC 一样简单

这些场景全都能用分别以 A、B、C 开头的三个单词所组成的一个短语来描述，比如 Aardvarks Burning Candles(食蚁兽点蜡烛)。你能把这 6 幅场景都描述出来吗?

第 2 章　计算力

001 九宫图

将编号为 1~9 的棋子按一定的方式填入下图中的 9 个小格中，使得每一行、每一列以及每条对角线上的和都分别相等。

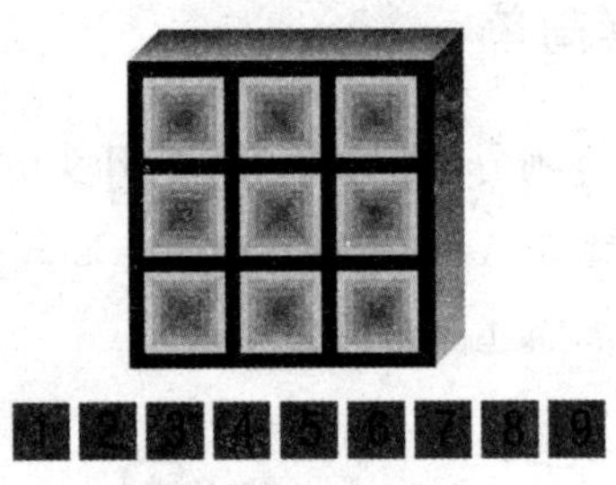

002 数字填空（1）

仔细算一算，空着的小正方形中应该填上哪些数字？

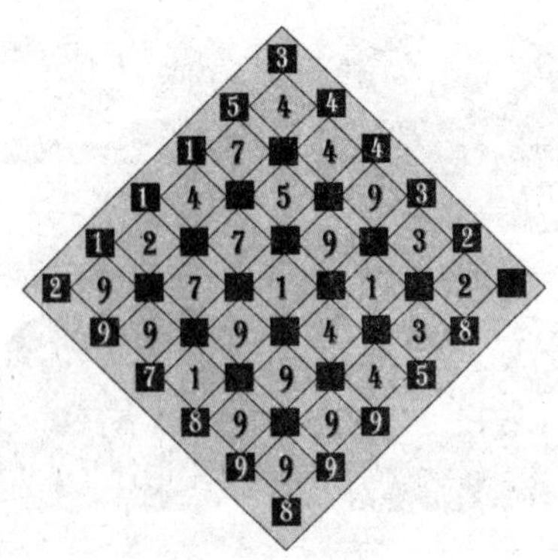

003 数字填空（2）

图中标注问号的地方应该填上一个什么数字？

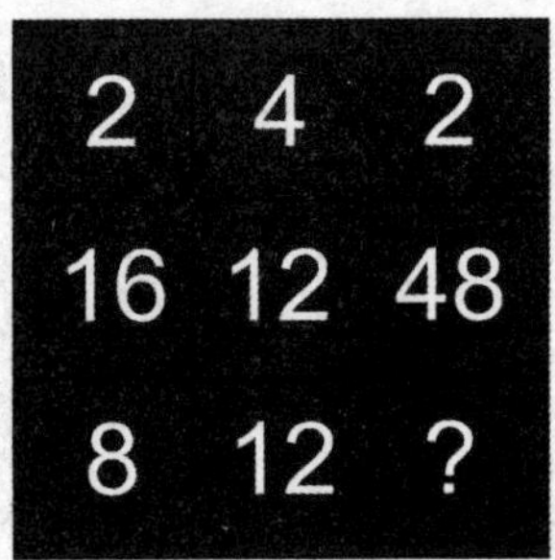

004 四阶魔方

四阶魔方：将这些编号为 1~16 的棋子填入游戏纸板的 16 个方格内，使得每一行、列以及 2 条对角线上的和相等，且和（即魔数）为 34。

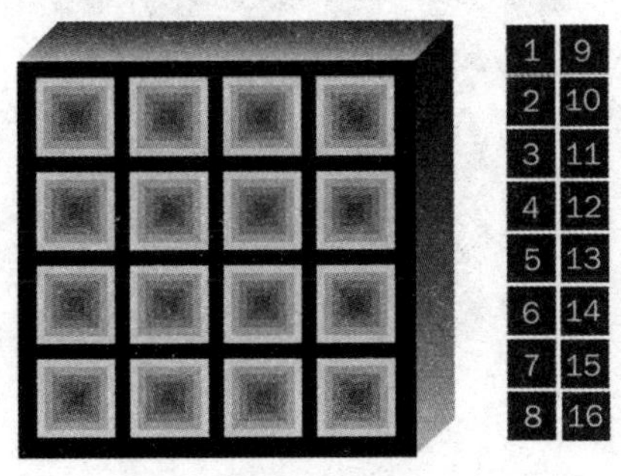

005 完成等式

将数字 1~9 放进数字路线中，使各等式成立。

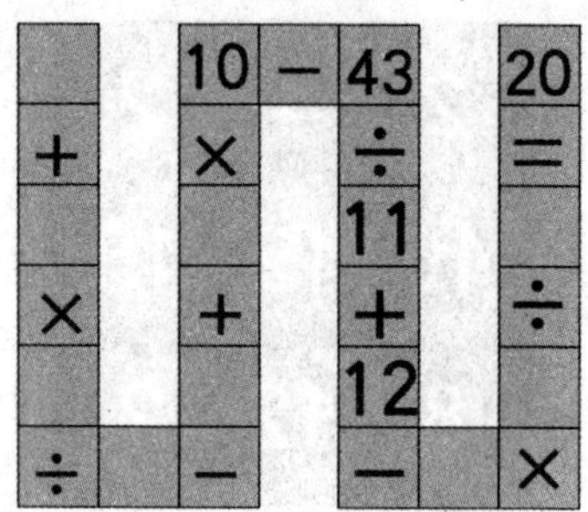

006 数字谜题

仔细算一算，哪些数字可以完成这道谜题？

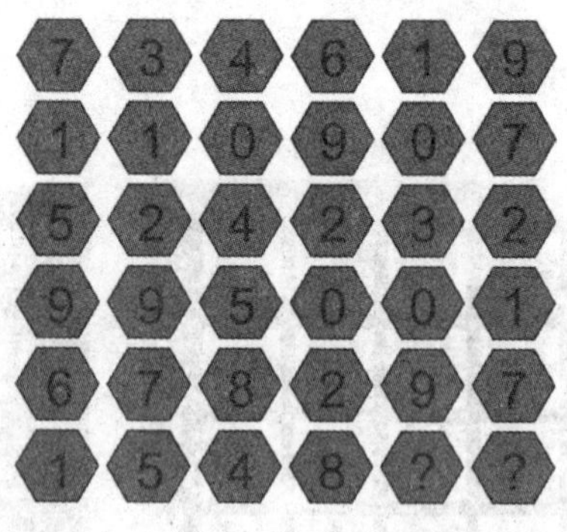

007 保龄球

保龄球队一共有 6 个队员，队长需要从这 6 个人中选出 4 个人来打比赛，并且还要决定他们 4 个人的出场顺序。

请问有多少种排列方法?

008 按顺序排列的西瓜

7 个大西瓜的重量（以整千克计算）是依次递增的，平均重量是 7 千克。最重的西瓜有多少千克?

009 下落的砖

要掉在砌砖工头上的砖有多重? 假设它的重量是 1 千克再加上半块砖的重量。

010 六阶魔方

把数字 1~36 填入缺失数字的方格中，使得每行、每列及每条对角线上的 6 个数之和分别都等于 111。

28		3		35	
	18		24		1
7		12		22	
	13		19		29
5		15		25	
	33		6		9

011 八阶魔方

本杰明·富兰克林的八阶魔方诞生于 1750 年，包含了从 1~64 的所有数字，并以每行、每列的和为 260 的方式进行排列。

你能填出缺失的数字吗？

52		4		20		36	
14	3	62	51	46	35	30	19
53		5		21		37	
11	6	59	54	43	38	27	22
55		7		23		39	
9	8	57	56	41	40	25	24
50		2		18		34	
16	1	64	49	48	33	32	17

012 三阶反魔方

在三阶反魔方中，每行、每列以及每条对角线上的和全都不一样。三阶反魔方可能存在吗？

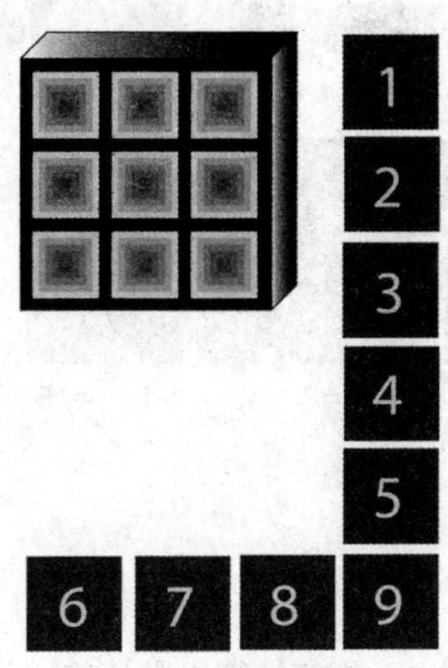

013 多米诺骨牌墙

有人在砌一堵墙。你能替他完成这项工作，把剩下的 7 张多米诺骨牌插入相应的位置吗？但是要记住，每行中要包括 6 组不同的点数，而且这些点数相加的和要与每行右侧的数值相等；每列也要包括 3 组不同的点数，且这些点数相加的和也要与底部的数值相等。

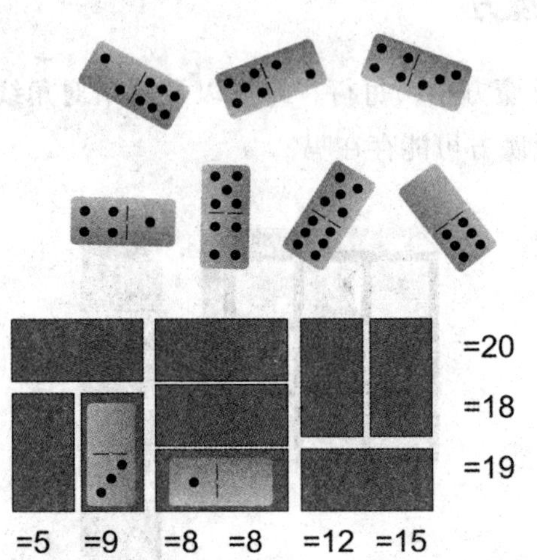

014 符号与数字

如果叶子的值是6，你能计算出其他符号的值吗？

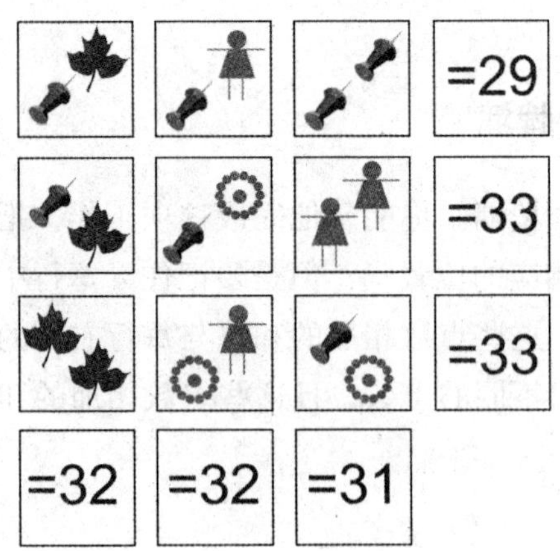

015 数字

让我们来看看你是否有资格在润滑油补给站获得这份赠品。你所要做的就是将下图中数学表达式里的字母用数字代替，相同的数字必须代替相同的字母。竞赛的时限是 1 个小时。祝你好运!

```
                F   D   C
         ___________________
A   B  /  G   H   C   B
          A   B
          ___________________
          F   F   C
          F   E   E
          ___________________
              F   C   B
              F   C   B
```

016 五星数字谜题

在这道谜题中，你必须运用从 1~12 的数字，每个圆圈中只能放入 1 个数字，而且所有的数字都要用上。将数字全部安放正确，使得各行 4 个数字的总和都等于 26。

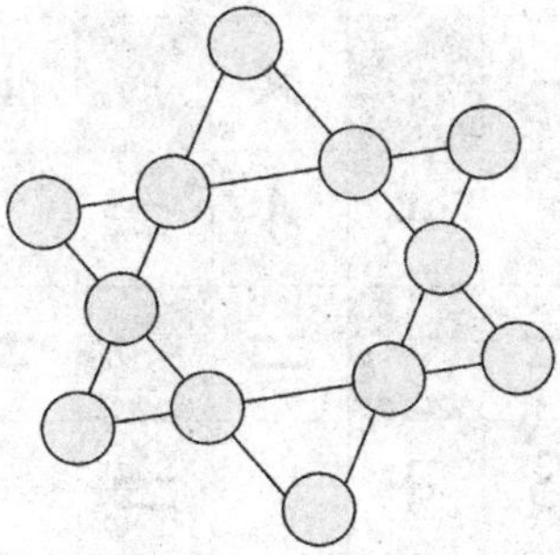

017 送货

传送带和滚轴上的货物需要运到 20 个单位距离的地方。如果每个滚轴的周长为 0.8 个单位长度，那么它们需要转多少圈才能将货物运到指定的地点？

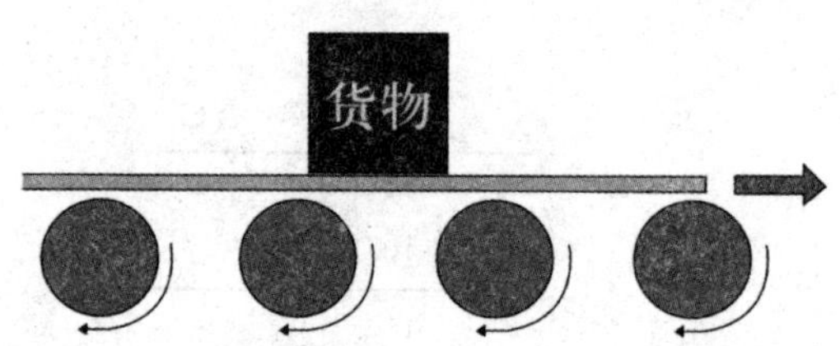

018 完成等式

在空格中填入正确的数字，使所有上下、左右方向的运算等式均成立。

	+		=	6
−		×		+
	+	4	=	
=		=		=
3	+		=	

019 合力

这 4 个力是作用在同一个点上的（下方黑点）。力的大小以千克为单位。

你可以算出它们合力的大小吗？

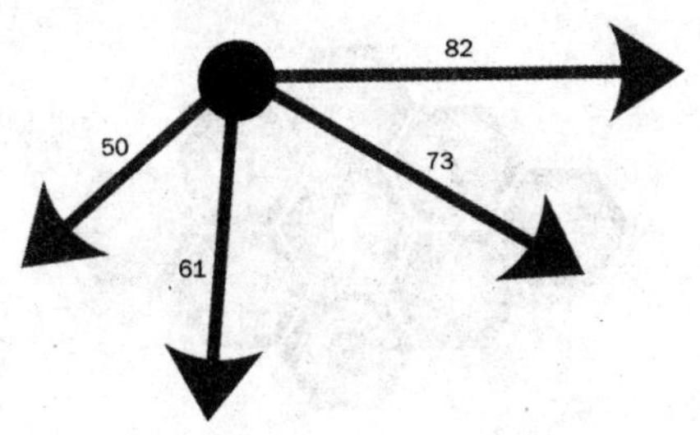

020 魔数蜂巢（1）

将数字 1~8 填入下图的圆圈内，使游戏板上任何一处相邻的数字都不是连续的。你能做到吗？

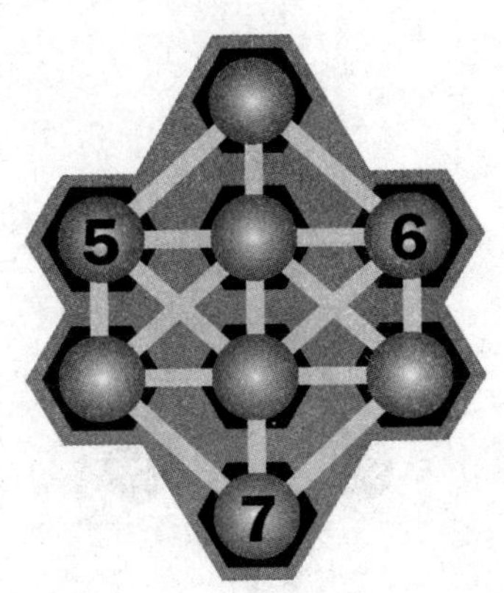

021 魔数蜂巢（2）

将数字 1~9 填入下图的圆圈里，使得与某一个六边形相邻的所有六边形上的数字之和为该六边形上的数字的一个倍数。你能做到吗？

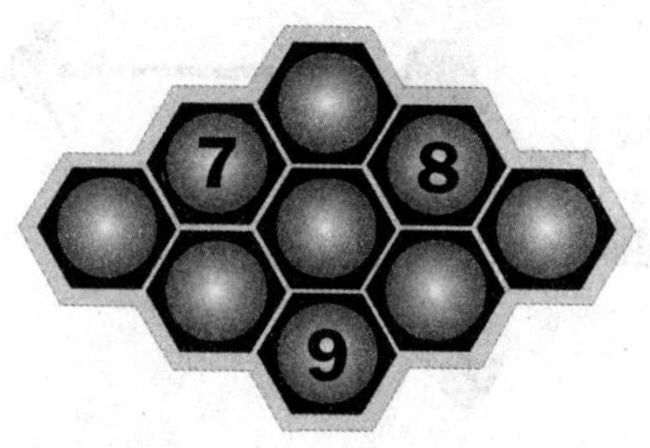

022 五角星魔方

你能将数字 1~12（除去 7 和 11）填入五角星上的 10 个圆圈中，并使任何一条直线上的数字之和等于 24 吗？

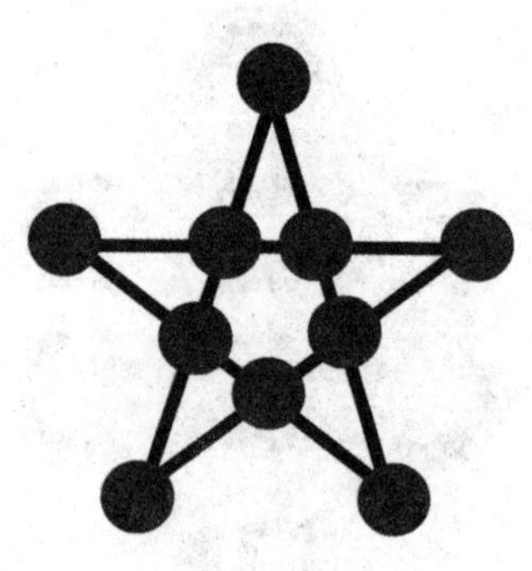

023 六角星魔方

你能将数字 1~12 填入六角星的圆圈中，使得任何一条直线上的数字之和为 26 吗？

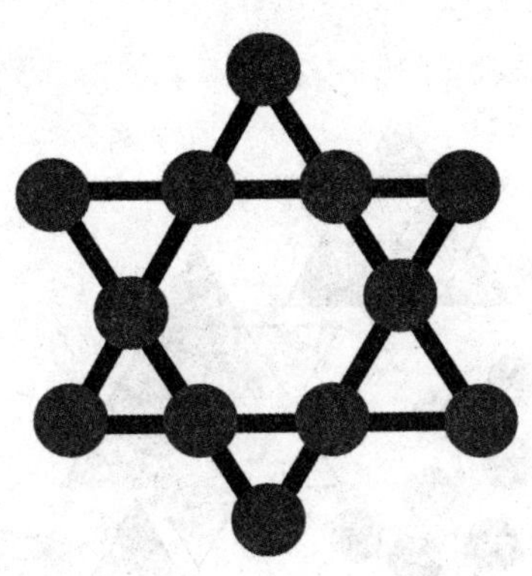

024 七角星魔方

你能将数字 1~14 填入下图的七角星圆圈内，使得每条直线上数字之和为 30 吗？

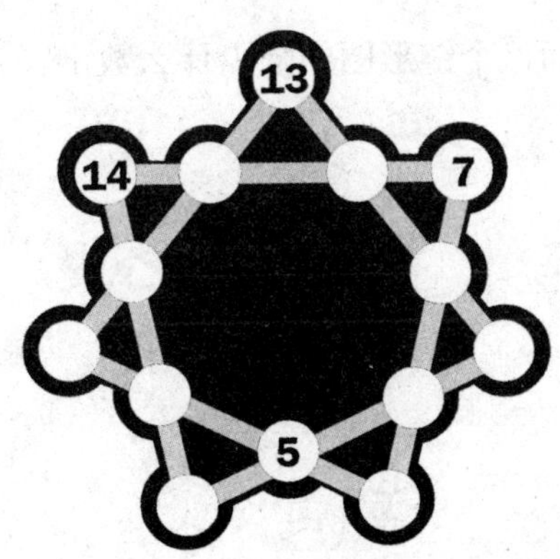

025 六角魔方

你能否将数字 1~12 填入多边形的 12 个三角形中，使得多边形中的 6 行（由 5 个三角形组成的三角形组）中，每行（每组）的和均为 33？

026 完成链形图

算一算，下面这个链形图中缺少什么数字？

027 代数

要完成这道题，问号的位置应该换成什么数字？

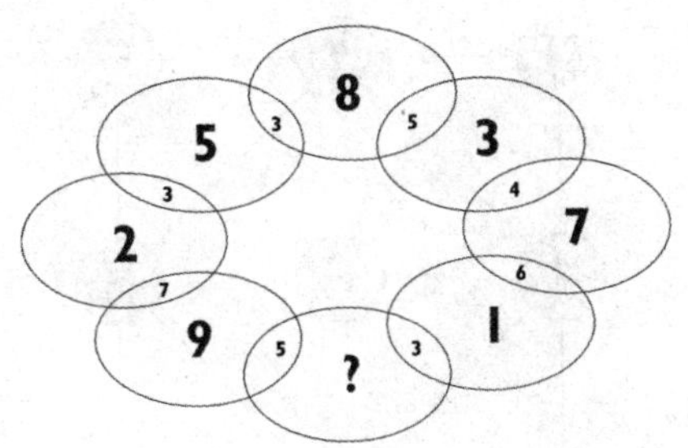

028 路径

从顶部的数字 2 出发，得出一个算式，使算式最后的得数仍然是 2，不可以连续经过同一排的两个数字或运算符号，也不可以两次经过同一条路线。

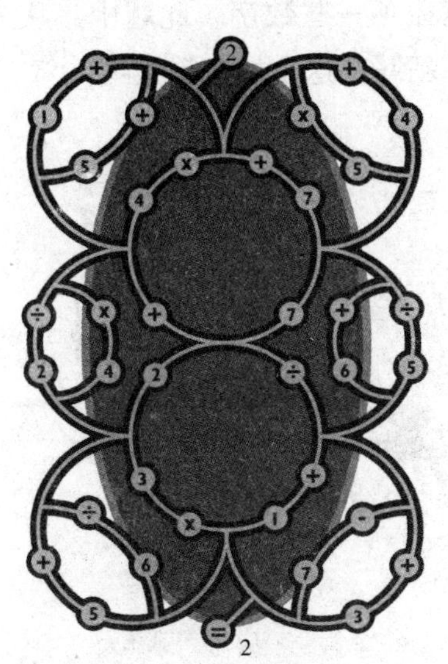

029 完成谜题

算一算，在问号处填上什么数字可以完成这道题？

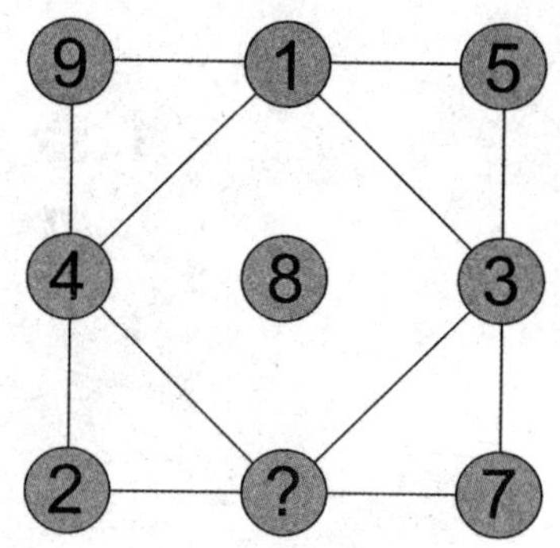

030 墨迹

哎呀！墨迹遮盖了一些数字。此题中，从1~9每个数字各使用了一次。你能重新写出这个加法算式吗？

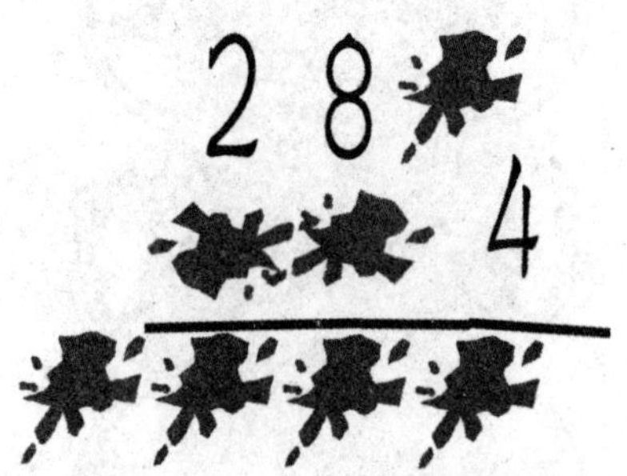

031 房顶上的数

你能找出房顶处所缺的数值为多少吗？门窗上的那些数字只能使用 1 次，并且不能颠倒。

032 数字完形（1）

你能算出缺失的数字吗？

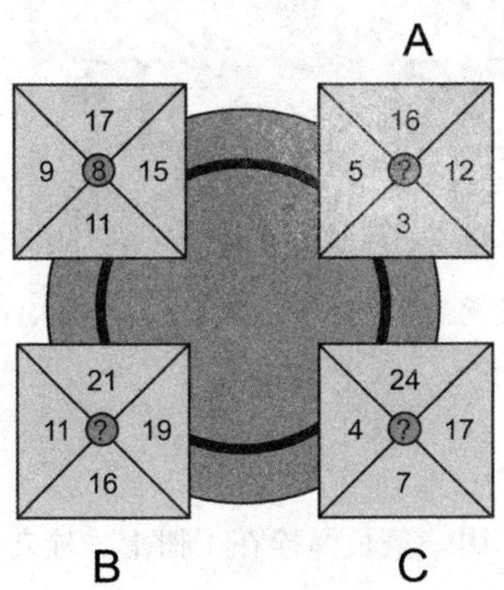

033 数字完形（2）

你能算出问号处应是什么数字吗？

034 数字难题

要完成这道题，问号处应该填上什么数字？

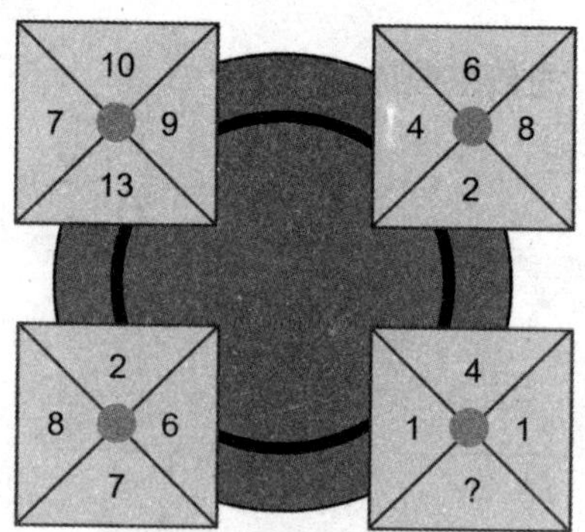

035 小狗菲多

小狗菲多被人用一条长绳拴在了树上。拴它的绳子可以到达距离树 10 米远的地方。

它的骨头离它所在的地方有 22 米。当它饿了，却可以轻松地吃到骨头。它是怎么做到的？

036 数字圆盘

第 3 个圆中缺少什么数字，你能算出来吗？

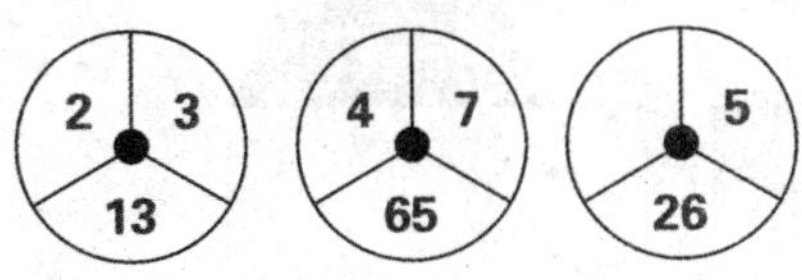

037 求面积

如图所示，假设每个小正方形的边长为 1 个单位，你能够算出下边 4 个图形的面积吗？

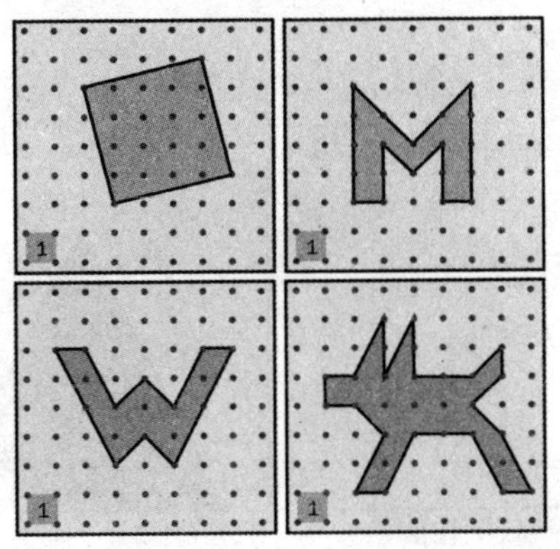

038 正方形边长（1）

可以放入 7 个等边三角形（边长为 1 个单位长度）的最小正方形的边长是多少？

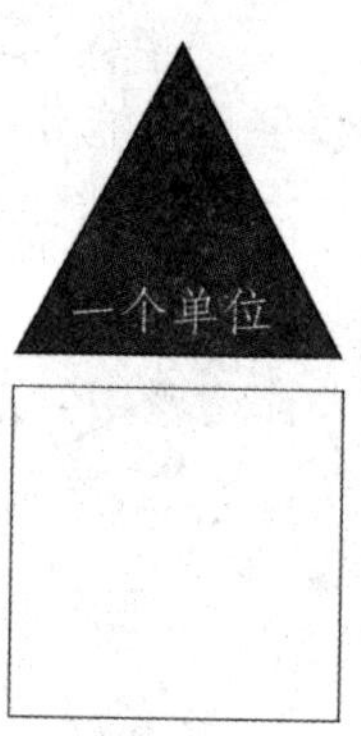

039 正方形边长（2）

可以放入 8 个等边三角形（边长为 1 个单位长度）的最小正方形的边长是多少？

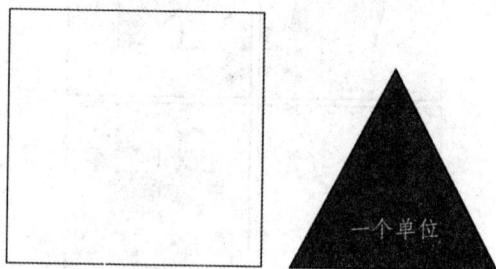

040 金字塔上的问号

金字塔每一格中的数字都是下面两格中的数字之和。用哪一个数字来替换问号呢？

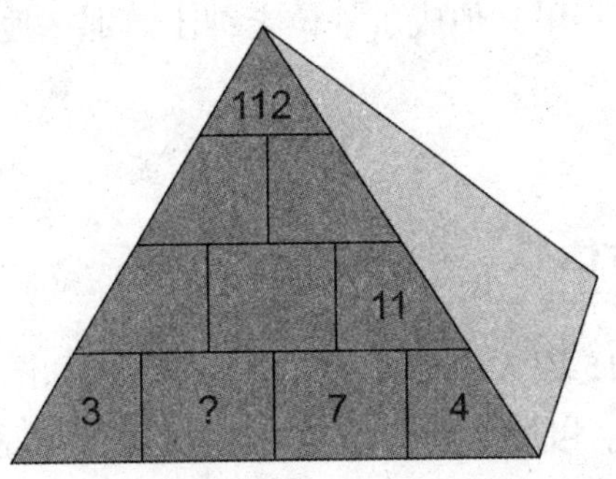

041 大小面积

在边长为 1 的正方形的内接三角形中，面积最小的是多少？面积最大的呢？

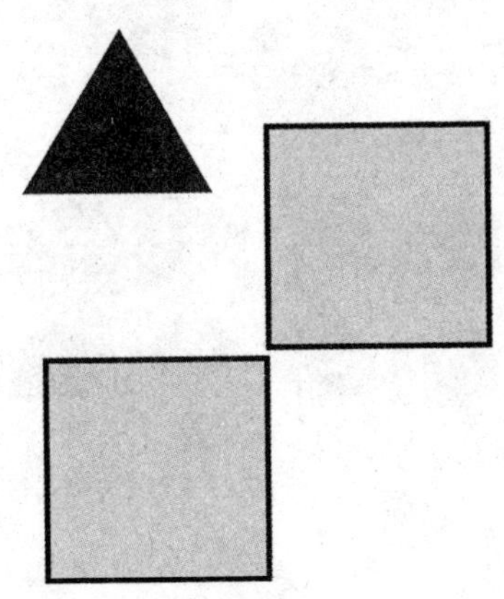

042 年龄

据说，曾有一位希腊人，孩童时期占据了他生命中 1/4 的时间，青年时期占据了 1/5，在生命中 1/3 的时间里他是成人，而在生命的最后 13 年里，他成了一位老绅士。那么他在去世时年纪有多大呢?

043 超级立方体

将数字 0~15 填入“超级立方体”中，使如图所示的每个立方体上的 8 个数字相加之和等于 60。超级立方体是四维的立方体，这里用相近的二维平面图来表示。

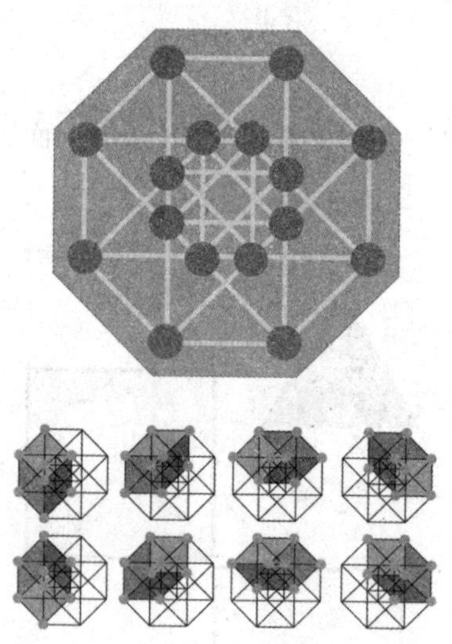

044 结果是 203

在如图所示的三角形中放入 1 个数，使得每横排、纵列及对角线上的数值之和为 203。

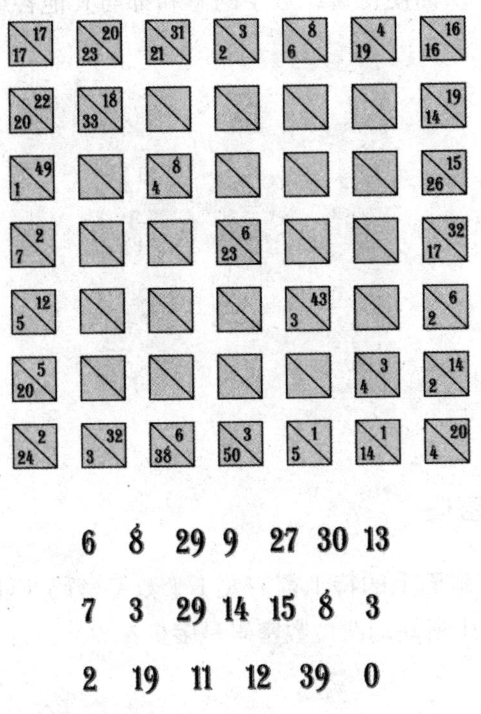

6　8　29　9　27　30　13

7　3　29　14　15　8　3

2　19　11　12　39　0

40　1　7　11　2　9　2

34　13　10　8　12　20

19　36　5　4　5　18　40

045 重新排列

观察这 3 组由标有数字的方块组成的图形。你能否通过把每组中的 1 个（且只能是 1 个）数字方块与别组进行交换将整个图形重新排列，从而使得每组数字的总和都与其他各组中数字的总和相同呢？

046 两位数密码

图中每个地面上的特工都需要 1 个数字密码才能与指挥中心联系。请问图中所缺的两位数密码是多少？

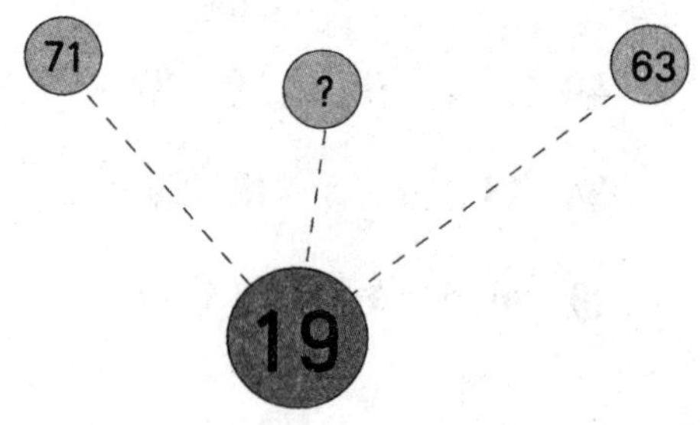

047 组合木板

现在有许多不同长度（毫米）的厚木板，如图所示，我们的目的是选择一些木板并把它们组合成一根连续长度尽可能接近某一个特定长度的木板——在这道题目里为3154毫米，如果可能，不要砍断任何木板。你能得到的最好结果是多少？

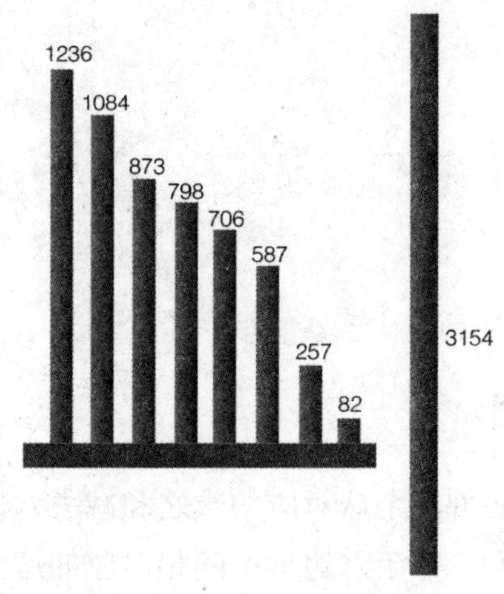

048 平衡

右边这个盒子里应放入多重的物品才能保持平衡？注意：衡量所划分的部分是相等的，每个盒子的重量是从盒子下方的中点开始计算的。

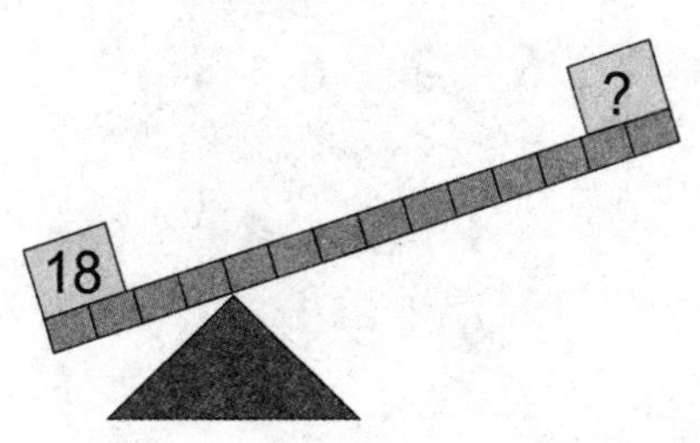

049 *AC* 的长度

图中，圆圈的中心点是 *O*，角 *AOC* 是 90° ；*AB* 与 *OD* 平行。线段 *OC* 长 5 厘米，线段 *CD* 长 1 厘米。你要做的是计算线段 *AC* 的长度。

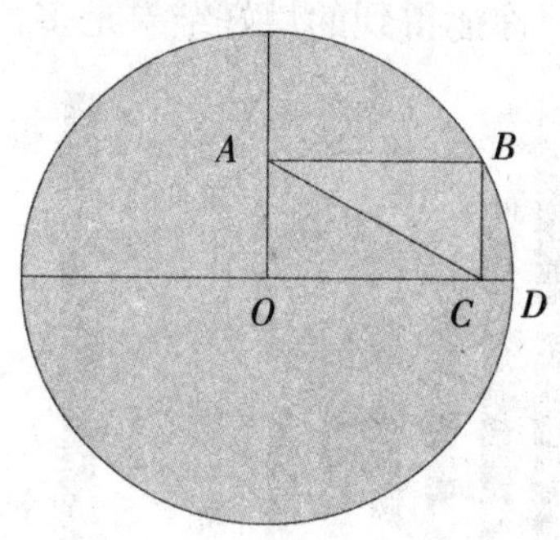

050 六边形与圆

每个六边形底部 3 个球对应的数之和减去六边形顶端的 3 个球所对应的数之和，等于六边形中间相对应的这个数。请填出空白处对应的数字。

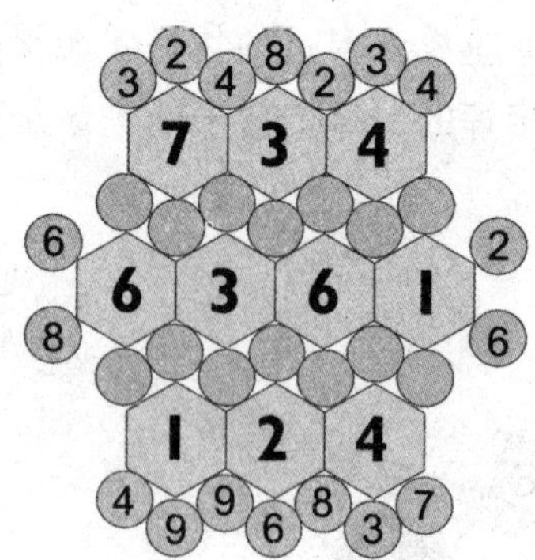

051 距离

有一位女士，她的花园小道有 2 米宽，道路一边都有篱笆。小道呈回形，直至花园中心。有一天，这位女士步行丈量小道到花园中心的长度，并忽略篱笆的宽度，假设她一直走在小道的中间，请问她走了多远的路？

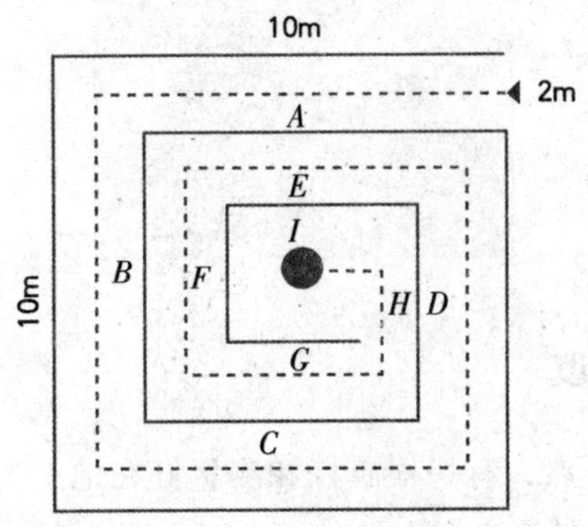

052 阴影面积

从绕地球轨道运行的人造卫星上可以看到任何种类的事物。例如，间谍卫星上配备功能强大的镜头，足以“读取”到地球上汽车牌照上的数字。而其他类型的人造卫星则可以“看透”地球表面。所获取的这些影像能为人类的研究工作带来帮助——其中有些影像被用于那些已在滚滚黄沙中埋葬千年的失落文明的探索工作。

在这个问题中，我们将利用人造卫星来俯瞰一块土地进行调查。这块土地基本上呈正方形，边长为 20 米。假设将每一条边的中点都作为标记，把整块土地分割成9块大小、形状各不相同的土地。你能算出中间正方形阴影部分的面积是多少吗？注意：不要得意得太早，先告诉你，答案可不等于100平方米哦！

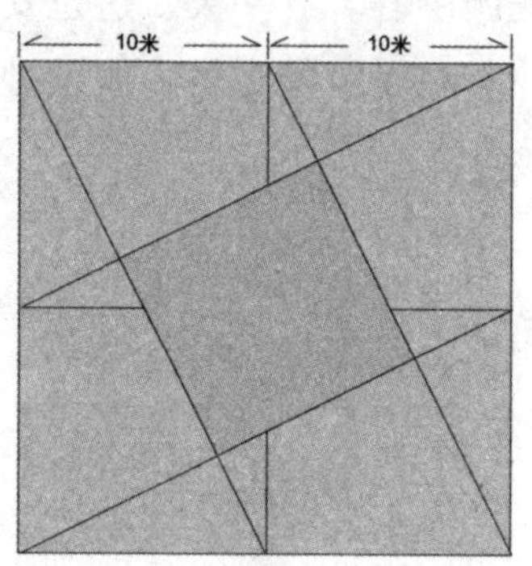

053 旗杆的长度

某天下午3点，有一根旗杆和测量杆在地上的投影如下图所示。请问旗杆的长度为多少？

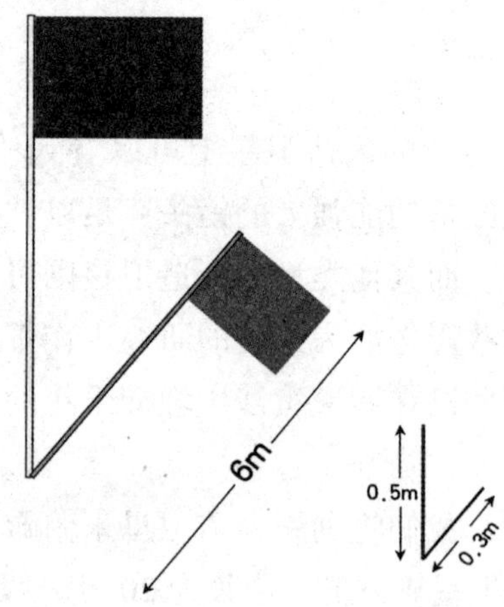

054 切割立方体

任何立方体的表面积都等于立方体 6 个面单面面积相加的总和。例如，下边这块立方体干酪每一面的边长都是 2 厘米。因此，每一面的表面积就等于 2 厘米 ×2 厘米，即 4 平方厘米。由于总共有 6 个面，因此这个立方体的表面积就是 24 平方厘米。

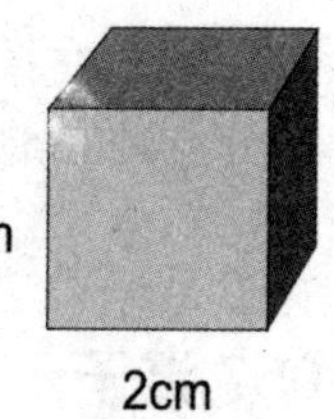

现在，挑战来了。要求你将这个立方体切成若干块，使得切割后的形体的表面积之和等于原来这个 2×2 立方体表面积的 2 倍，需要几刀就切几刀。

055 射箭

10 支箭射向了下面的靶子，1 支箭彻底地脱了靶，其他的箭都射中了靶子。如果总分为 100 分，那么各支箭都分别射在了箭靶的哪一环呢?

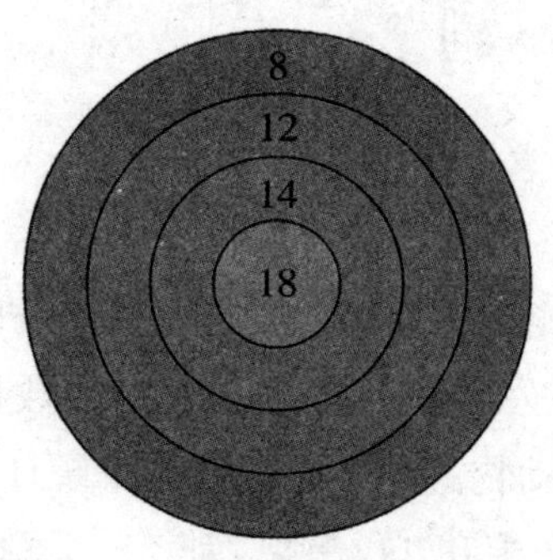

056 裙子降价

如果一件裙子降价20%出售，现在的销售价格要增加多少个百分点才是原来的价格？

057 链子

一个人有6条链子，他想把它们连成一条有29个节的链子。他去问铁匠这个需要花费多少钱。铁匠告诉他打开一个环要花1元，而要把它焊接在一起则要花5角。请问，铁匠做这条链子最少要花多少钱？

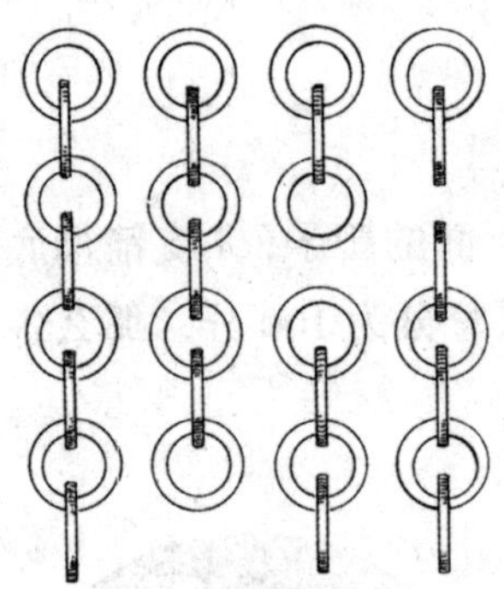

058 动物

这是一个有关管理员的游戏，它来自非洲的肯尼亚。有个管理员决定计算一下公园里的狮子和鸵鸟的数量。出于某种原因，他是通过计算这些动物的头和腿的数目来统计动物数量的。最后，他算出一共有35个头和78条腿。那么，你知道公园里分别有多少狮子和鸵鸟吗？

059 自行车

这个故事发生在自行车刚刚出现的时候。一天，有 2 名年轻的骑车人——贝蒂和纳丁·帕克斯特准备骑车到 20 千米外的乡村看望姑妈。当走过 4 千米的时候，贝蒂的自行车出了问题，她不得不把车子用链子拴在树上。由于很着急，她们决定继续尽快向前走。她们有两种选择：要么 2 人都步行；要么 1 个人步行，1 个人骑车。她们都能以每小时 4 千米的速度步行或者以每小时 8 千米的速度骑车前进。她们决定制订一个计划，即在把步行保持在最短距离的情况下，利用最短的时间同时到达姑妈家。那么，他们是如何安排步行和骑车的呢？

060 网球

很多年以前，人们在闲暇时刻乡村俱乐部举行了一场盛大的泰迪·罗斯福混双网球锦标赛。一共有 128 对选手报名参加这项赛事。管理员撒迪厄斯·拉肯卡特熬了半宿才把赛程拟订出来。那么，你知道在冠军产生之前会进行多少场混双比赛吗？

061 苍蝇

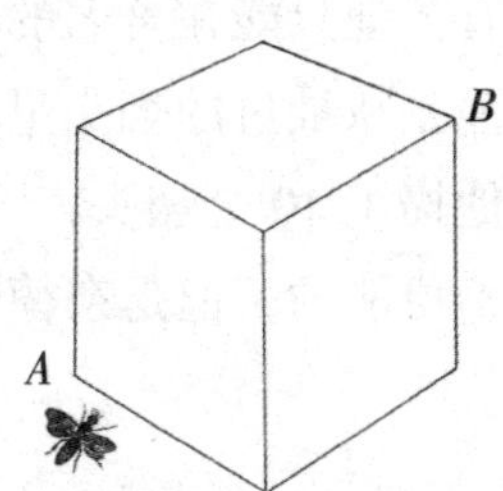

那只久经沙场的苍蝇已经在很多思维游戏当中出现过，这次它又来为难我们的读者了。它发现一块儿大理石的底座，并想从上面飞过。它准备从图中所示的这个立方体左下角的 A 点出发，然后到达立方

体对面的右上角 B 点。这个立方体的每条边都长 60 厘米。那么，你能为这只苍蝇找出一条最短的路线吗？

062 小甜饼

小阿里阿德涅现在很烦。今天早些时候，她收到妈妈亲手做的一包新鲜小甜饼。正当她打开礼物时，她的 4 个朋友就到了，她们提醒阿里阿德涅以前她们带的小甜饼也曾和她分享过，现在也该她反过来回赠她们了。

她不情愿地把其中的一半和半个甜饼分给了她的朋友劳拉；然后把剩下的一半甜饼和半个甜饼分给了梅尔瓦；接着，她又把剩下的一半甜饼和半个甜饼分给了罗伦；最后，她把盒子里剩下的一半甜饼和半个甜饼分给了玛戈特。这样，可怜的阿里阿德涅就把盒子里的甜饼都分了出去，她真是伤心极了。

那么，你能否计算出盒子里原来有多少小甜饼吗？顺便说一下，阿里阿德涅绝对没有把盒子里的甜饼切成或者掰成两半。

063 香烟

尼古丁 · 奈德看起来十分落魄，甚至连买一盒好烟的钱都没有。他只能在著名的快速卷烟机的帮助下自己卷烟抽。至于烟草，他是从抽过的烟头里积攒下来的。他可以把 3 个烟头卷成一支烟。他攒了 10 个烟头，可是他却想卷 5 支烟。也许这个听起来好像是不可能的，但是奈德却卷成了。那么，你知道他是怎么做的吗？

064 长角的蜥蜴

伯沙撒是我们镇上的自然博物馆从某个地方得到的一只长角的蜥蜴，它十分神奇。工作人员特意把它放在爬行动物观赏大厅新建的一个圆形有顶的窝里。刚放下，伯沙撒就马上开始考察它的新领地了。从门口开始，它向北爬行了 4 米到达圆的边缘；然后，它急忙转身向东爬行了 3 米，这时它又到达了围栏边。那么，你能否根据这些信息计算出它这个窝的直径吗？

065 车厢

小时候，爸爸给我买了一列玩具火车作为我的生日礼物。除了火车配备的车厢之外，他又花了 20 元买了另外 20 个车厢。乘客车厢每个 4 元，货物车厢每个 0.5 元，煤炭车厢每个 0.25 元。那么，你能否计算出这几种类型的车厢各有几个？

第3章　判断力

001 不同的图形（1）

哪个图形和其他选项不一样？

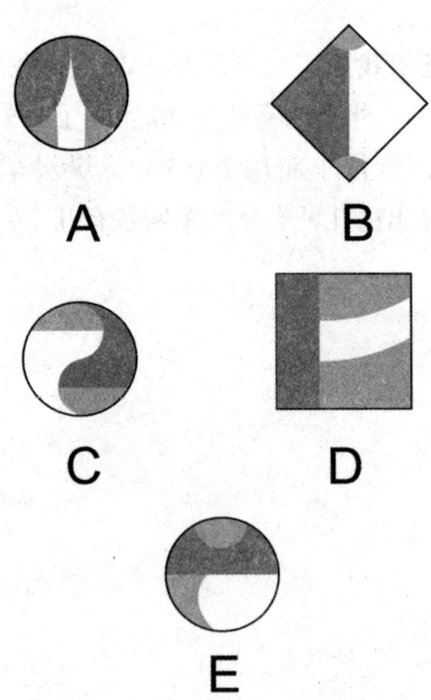

002 不同的图形（2）

仔细看一看，哪个图与其他的不同？

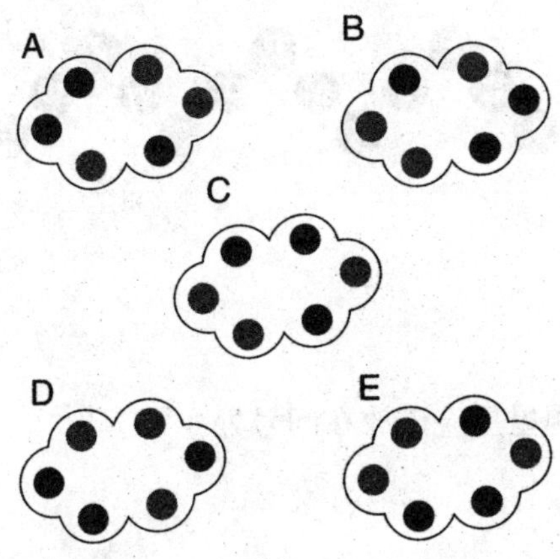

003 构成图案

请问最少需要几种图形才能构成下面 2 种图案？

004 缺失的字母

猜一猜，哪个字母可以完成这道谜题？

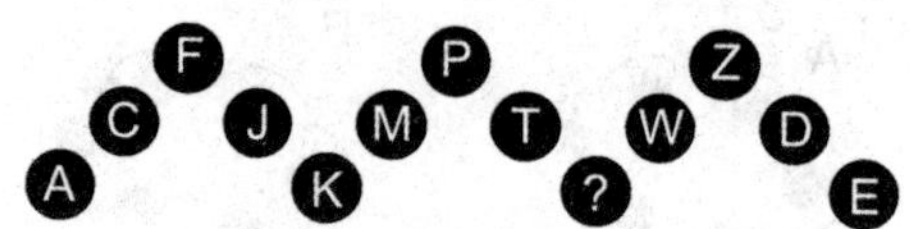

005 星星

上面哪一颗星星应该放在问号处？

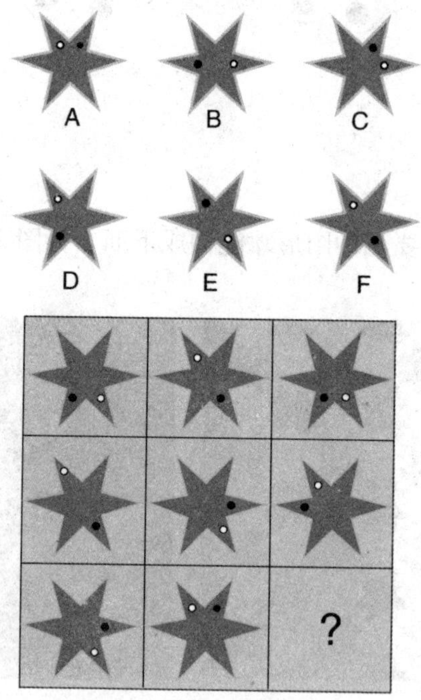

006 对应

哪个选项和图中 D1 相对应?

	A	B	C	D
1	A A B	A B C	D D D	D C A
2	B A D	A A A	C C D	B B B
3	B C C	B B A	C C C	A B D
4	C D D	A C D	D C B	B B C

选项		选项	
A	A3	B	B2
C	D4	D	C2
E	B4	F	A1

007 图形复位

哪一个图形可以放入问号处?

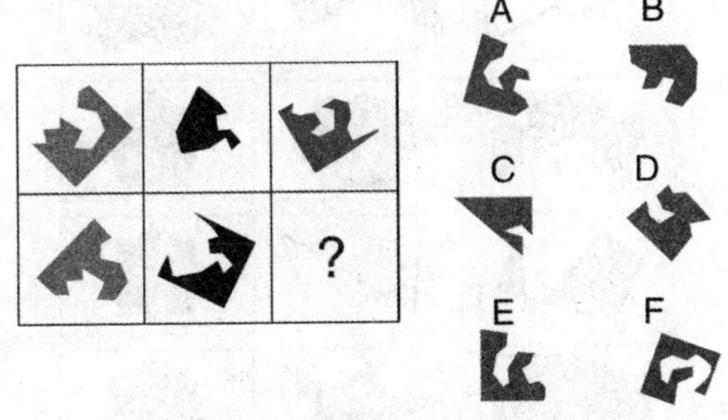

008 多边形与线段

某个多边形如果满足下面的条件我们就叫它正多边形：

1. 各条边相等；

2. 各个角相等。

圆，一般我们也将其看作有无数条边的正多边形。

最后一条边的终点跟第一条边的起点不重合的多边形我们称之为不闭合多边形。

最后一条边的终点跟第一条边的起点重合的多边形我们称之为闭合多边形。

任两条边都不相交的多边形我们称之为简单多边形，简单多边形把平面分成两个部分——多边形里面的部分和外面的部分。

多边形的边存在相交情况的多边形我们称之为复杂多边形，复杂多边形把平面分为两个以上的部分。

复合多边形是由几个简单多边形叠加所形成的多边形。

多边形内任意两点的连线所成的线段都在多边形里面，这样的多边形我们称之为凸多边形，反之则为凹多边形。

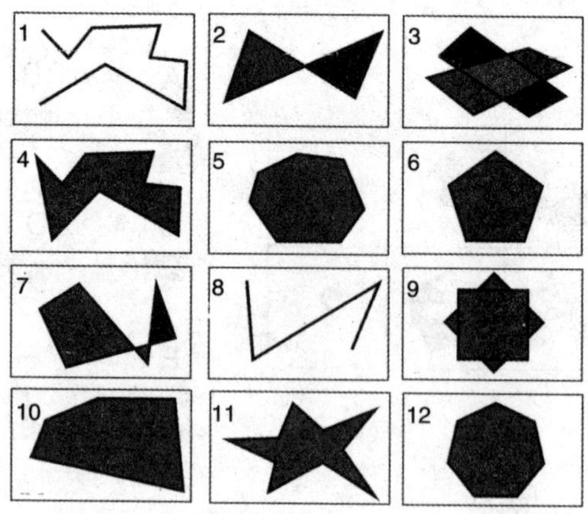

请问：上面 12 幅图中哪些是正多边形，哪些是不闭合多边形、闭合多边形、简单多边形、复杂多边形、复合多边形、凸多边形和凹多边形？

009 星形盾徽

在日本，这种星形图案经常用于诸如家族盾徽之类的物品上。乍一看，你可能会说要 8 张正方形纸张才能做出这种图案，但是也许有点多。到底需要几张正方形纸呢？

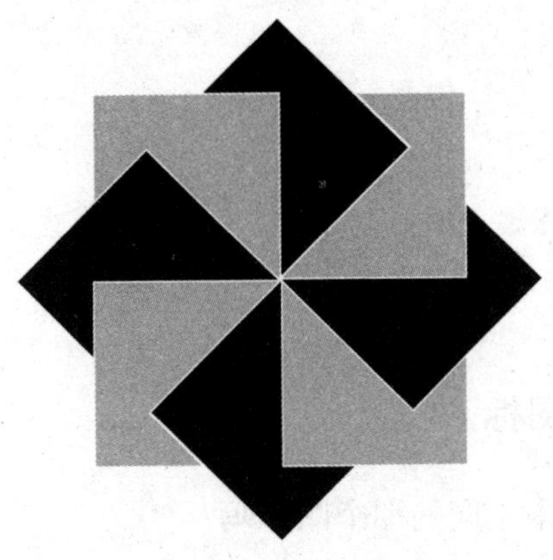

010 六边形的图案

如图所示，在圆上取 6 个相互之间等距离的点，这 6 个点用不同的连线方式可以画出不同的星形。

请问：你能找出下图众多星形中与众不同的那一个吗？

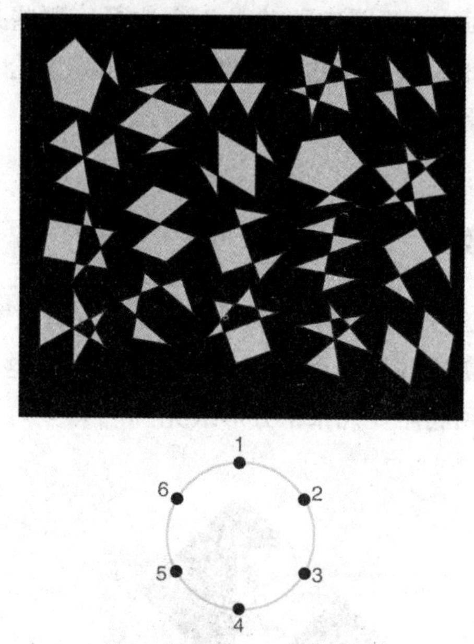

011 不一样的图标

你能找出其中不同的那个图标吗？

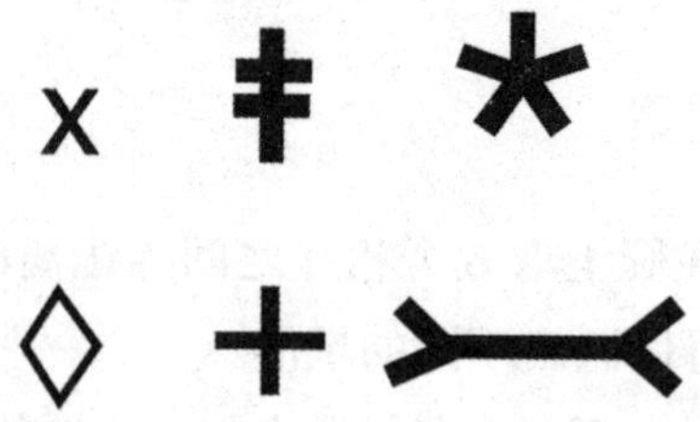

012 错误的等式

这 6 个等式中，哪一个是不正确的？

A	2943	=	9
B	2376	=	9
C	7381	=	6
D	4911	=	6
E	7194	=	3
F	5601	=	3

013 拿掉谁

想一想，应该拿掉哪一个数字下面这组数列才能成立？

1.2.3.6.7.8.14.15.30

014 绳子和管道

一条管道坐落于一段奇特的绳圈的中央。假设从开放的两端拉动这条绳子，那么这条绳子究竟是会和管道彻底分离，还是会和管道连在一起呢？

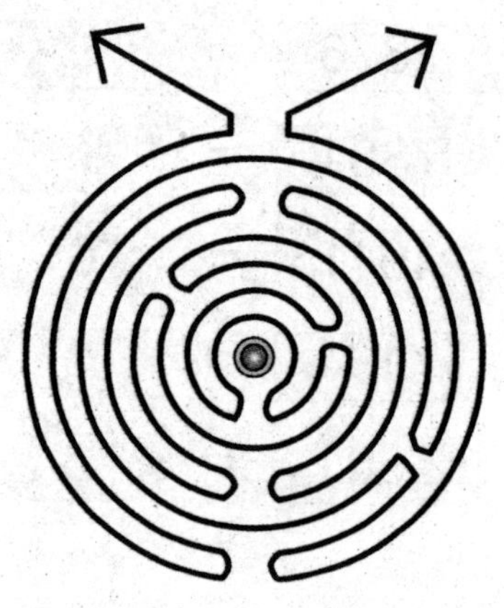

015 贪吃蛇

这些饥饿的蛇正在互相吞食着对方。由于它们采用了这种怪异的进餐方式，它们所组成的圆环正在逐渐缩小。如果它们仍旧继续吞食对方的话，最后这个由蛇构成的圆环会出现什么情况呢？

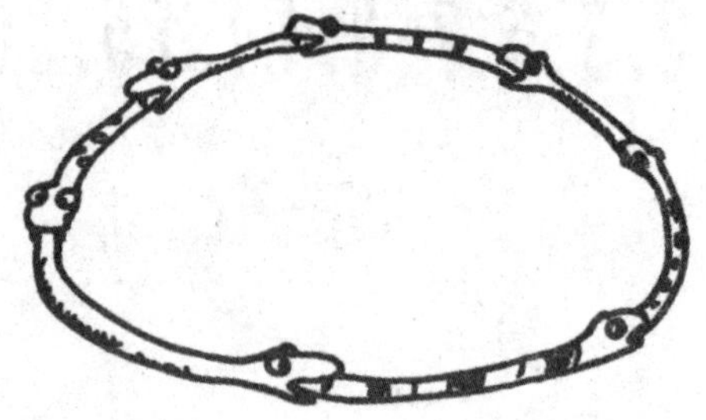

016 最大周长

从 A、B、C、D 中找出周长最长的那个图形。

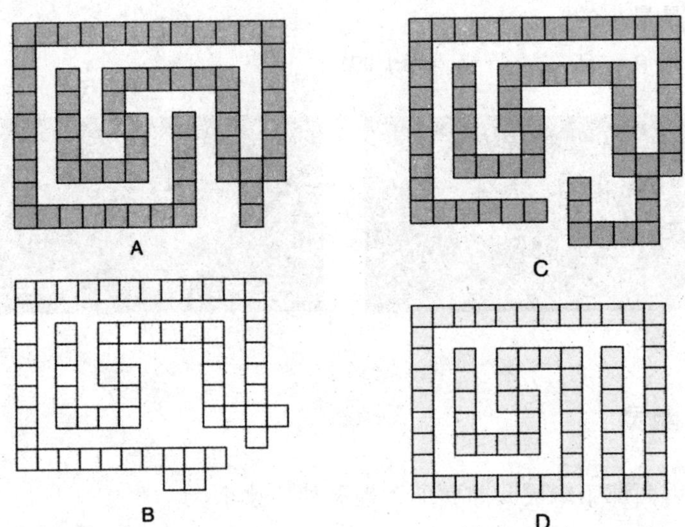

017 金鱼

你从鱼缸的上面向下看，所看到的金鱼位置和金鱼在鱼缸里的实际位置是一致的吗？

018 判断角度

图 A：不用尺子测量来判断，这些角中，哪个角是最大的，哪个是最小的？

图 B：所有的角都一样大吗？

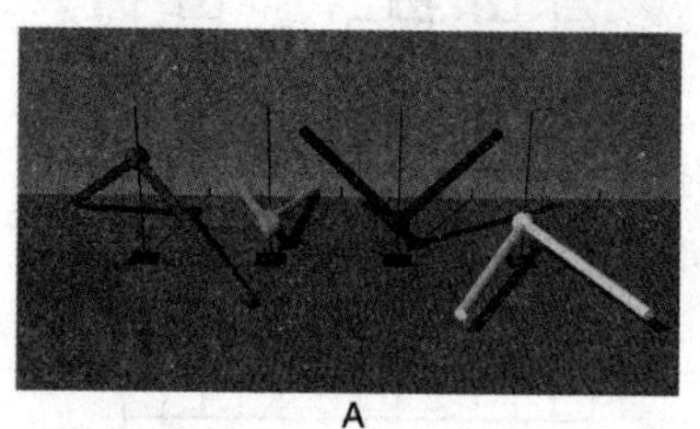

A

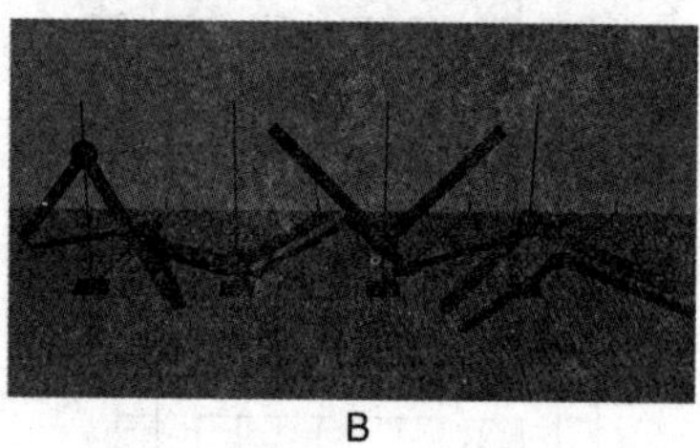

B

019 幽灵

后面那个幽灵和前面那个幽灵相比哪个大？

020 垂直

细看立方体侧面的那 3 条线，哪条线是与竖线垂直的，哪条线是斜着的？

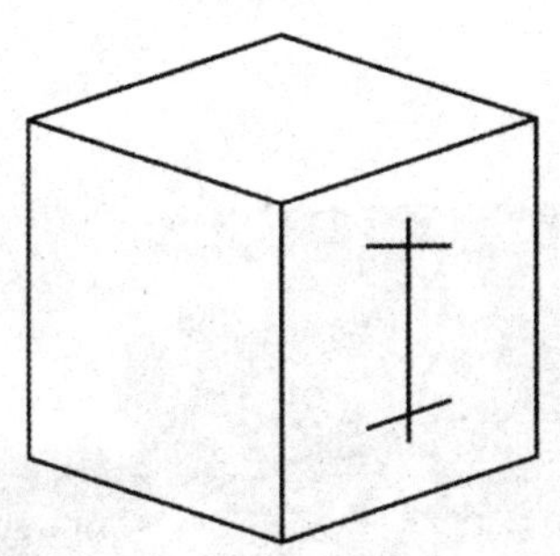

021 奶牛喝什么

你可以和你的朋友试试这个游戏，方法如下：让你的朋友不断大声重复地说“白色”，至少 10 次。然后你突然问：“奶牛喝什么？”看看他回答的是什么。

022 哪个人最矮

这是1890年法国一则关于茶叶的广告。图中哪个人最矮？在测量之前，请大胆猜一猜。

023 几根绳子

请问下图这个结构里面一共用了多少根绳子？

024 哪个更快乐

哪张脸看起来快乐一些？

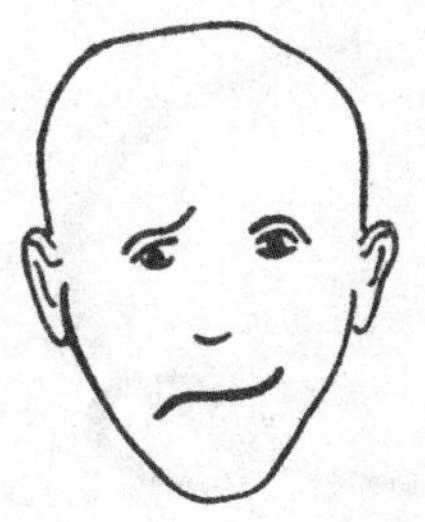

025 狗拉绳子

如果这两只狗向着相反的方向拉这根绳子，绳子将被拉直。问拉直后的绳子上面有没有结，如果有的话，有几个？

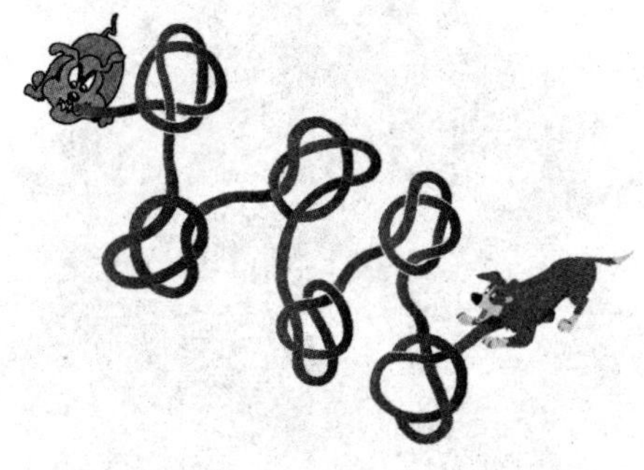

026 不同方向的结

如图，一条绳子的两个不同方向上分别有两个结。

请问这两个结能够相互抵消吗？还有，你能否将这两个结互换位置？

027 数字球

你能找出与众不同的那个数字球吗?

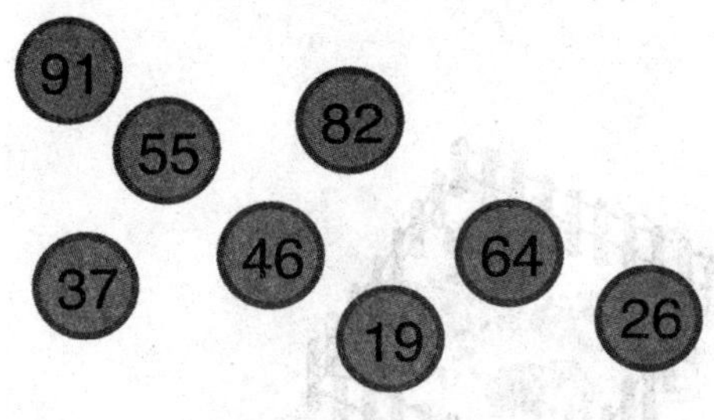

028 通往目的地

不要使用指示物,只用眼睛看,标有数字的路线中,哪一条能够到达标有字母的目的地?

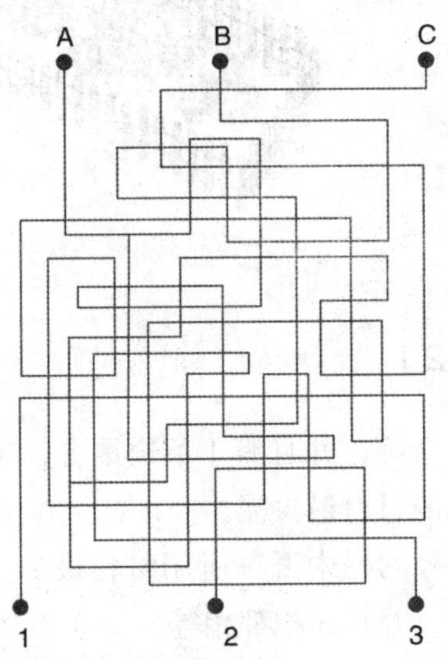

029 动物围栏（1）

这3个围栏的面积相同，请问制作哪个围栏所用的材料最少？

030 动物围栏（2）

2个矩形围栏全等，并且有1条边重合，这种情况下怎样才能使制造围栏所用的材料最少呢？

如图所示，3种围栏中哪种所用材料最少？3幅图都是按照相同的比例尺画的，并且面积都相等。

031 哈密尔敦循环

在完全有向的图里每2个顶点之间都有连线，且每条线段都有1个箭头。

对于完全有向的图有个著名的定理，即完全有向图各线段的箭头不论怎么加，总有1条路线——从某个顶点出发，沿着箭头方向通过每个顶点，且每个顶点只经过1次。这样的路线被称为哈密尔敦路线。而如果这条路线能够正好回到起点，那么这条路线就被称为哈密尔敦循环。

根据完全有向定理，哈密尔敦路线在任意完全有向图上都是一定存在的，而哈密尔敦循环则不一定。

下面是1个有7个顶点的完全有向图。你能够在它里面找到

1 个哈密尔顿循环吗？也就是说，从起点开始，到达其他每个顶点分别 1 次，然后再回到起点？

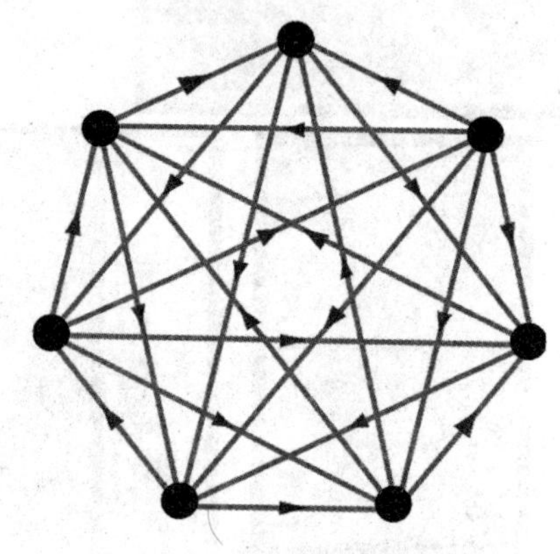

032 与众不同

哪幅图不同于其他 4 幅？

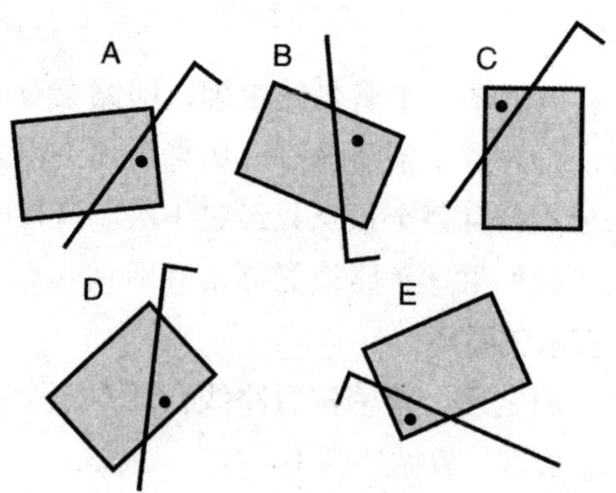

033 一笔画图（1）

如果有的话，在下边的图形中，哪个不需要横穿或者重复其他线条，一笔就能在纸上画出来？

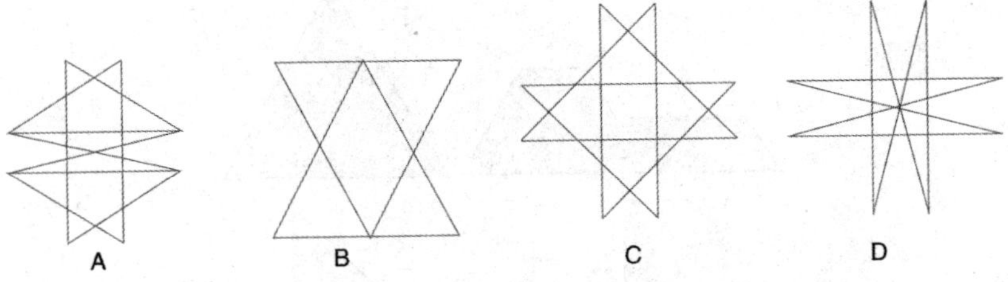

034 一笔画图（2）

你能仅仅利用一根连续的线就把下边的图形整个描画下来吗？将你的铅笔放置于图形的任意一点，然后描画出整个图形，铅笔不得离开纸面。

注意：这条线既不能自行交叉也不能重复路线中的任何部分。

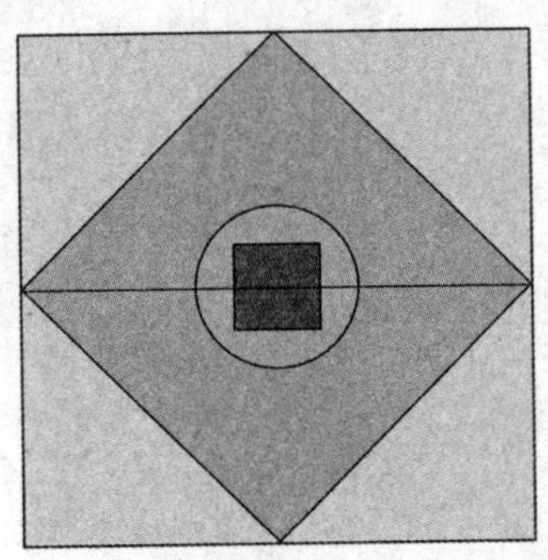

035 组成三角形

哪个图形能组成等边三角形呢？在一张纸上复制 3 个该图形，将它们组合成 1 个等边三角形。

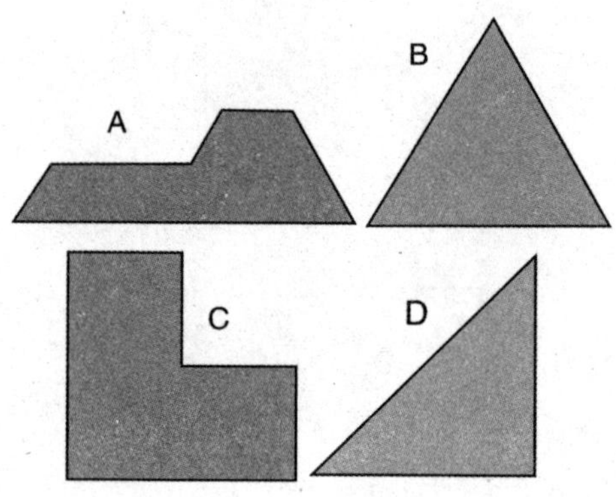

036 最先出现的裂缝

下图显示的是一块泥地，泥地上有很多裂缝，你能够说出这众多裂缝中哪一条是最先出现的吗？

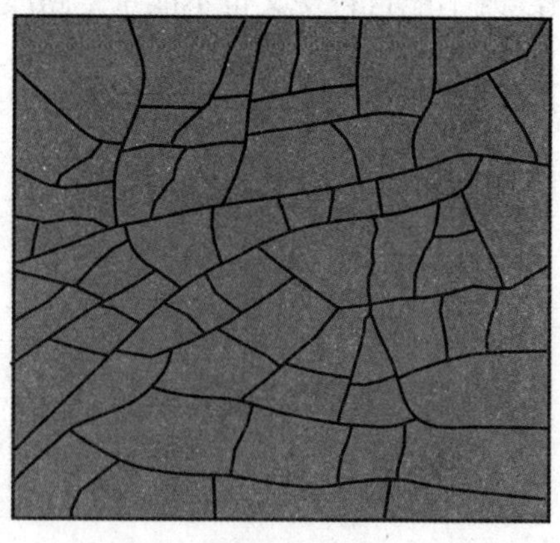

037 图形金字塔

问号处应是 A，B，C，D，E 中的哪一个呢？

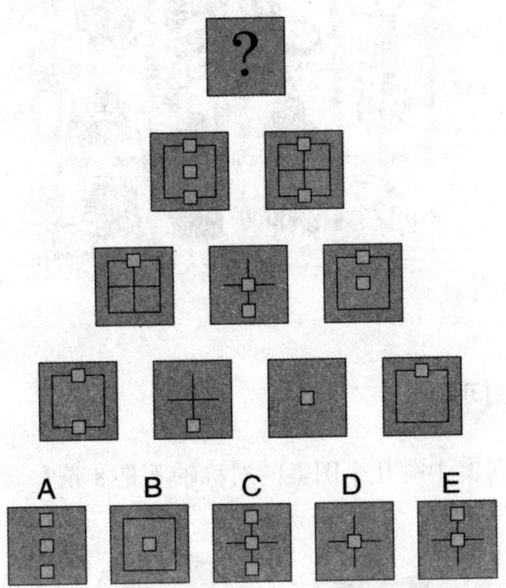

038 词以类聚

下面表格中的物品可以分成四类，每一类的 4 件物品都有一些共同点。划为一类的 4 个空格之间，起码共用一条边。它们都有一些共同点，比如说，滚刷、雨伞、网球拍、箱包的共同点是都有手柄。你能把它们划分出来吗？

039 对称轴问题

这 5 个图案中哪几个图案的对称轴不是 8 条？

040 敢于比较

你是否能答出每道问题里的哪一件物品更……试试看吧！

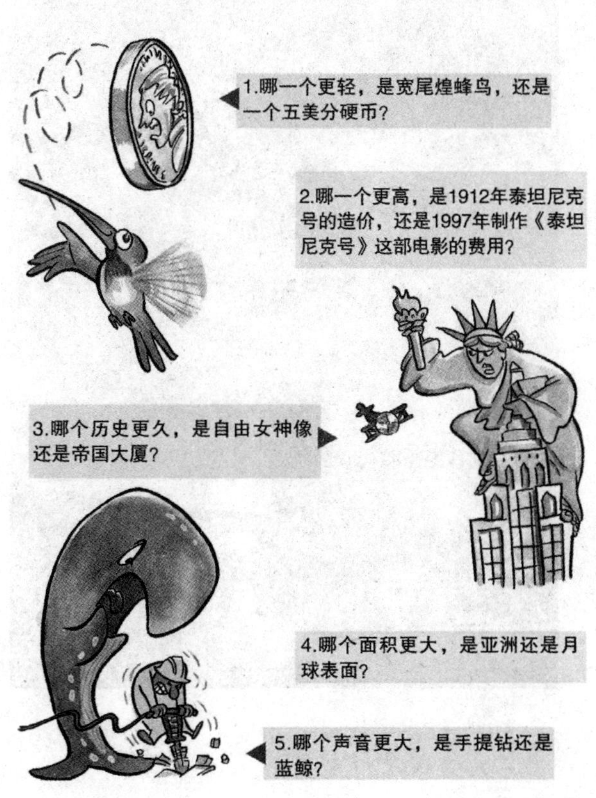

1.哪一个更轻，是宽尾煌蜂鸟，还是一个五美分硬币？
2.哪一个更高，是1912年泰坦尼克号的造价，还是1997年制作《泰坦尼克号》这部电影的费用？
3.哪个历史更久，是自由女神像还是帝国大厦？
4.哪个面积更大，是亚洲还是月球表面？
5.哪个声音更大，是手提钻还是蓝鲸？

041 地理标志

这幅图中隐藏了一个非常著名的地理标志，你知道是什么吗？

042 找错误（1）

下边这幅图的画家犯了一系列视觉的、概念的和逻辑的错误。你能把这些错误全部找出来吗？

043 找错误（2）

下边这幅图的画家犯了一系列视觉的、概念的和逻辑的错误。你能把这些错误全部找出来吗？

第 4 章　推理力

001 数列对应

如果数列 1 对应数列 2，那么数列 3 对应的是哪一个？

1 7 9 8 2 0 6　　9 6 0 2 1 7 8

1　　2

9 8 2 6 0 1 7

3

A 1 8 7 0 9 6 2　　B 0 2 1 8 7 9 6

C 7 2 1 6 0 9 8　　D 6 8 7 1 9 2 0

002 分蛋糕

要求把这个顶上和四周都有糖霜装饰的蛋糕分成 5 块体积相等，并且有等量糖霜的小蛋糕。

如果蛋糕上没有糖霜或装饰，这个问题就可以用简单的 4 条平行线解决，但是现在问题有点麻烦，因为那样做将会使 2 块蛋糕上有较多的糖霜。

003 发现规律

下列图形是按照一定规律排列的，按照这一规律，接下来应该填入方框中的是 A、B、C、D 中的哪一项？

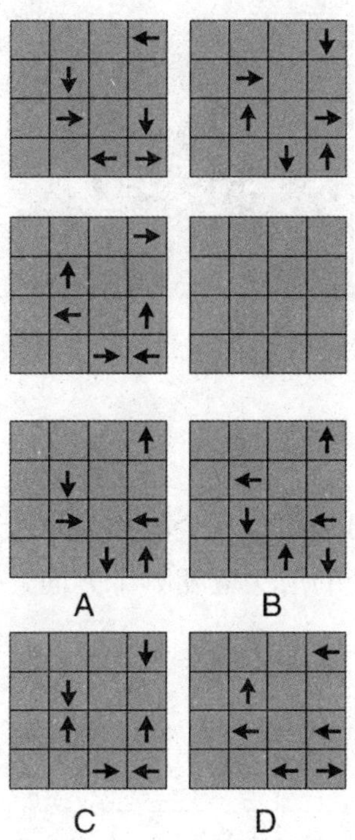

004 猫鼠游戏

下边的游戏界面上放了 3 只猫和 2 只老鼠，每只猫都看不见老鼠，同样老鼠也都看不见猫（猫和老鼠都只能看见横向、纵向和斜向直线上的物体）。

现在要求再放 1 只猫和 2 只老鼠在该游戏界面上，并且使上面的条件仍然成立，你可以做到吗？不能改变游戏界面上原有的猫和老鼠的位置。

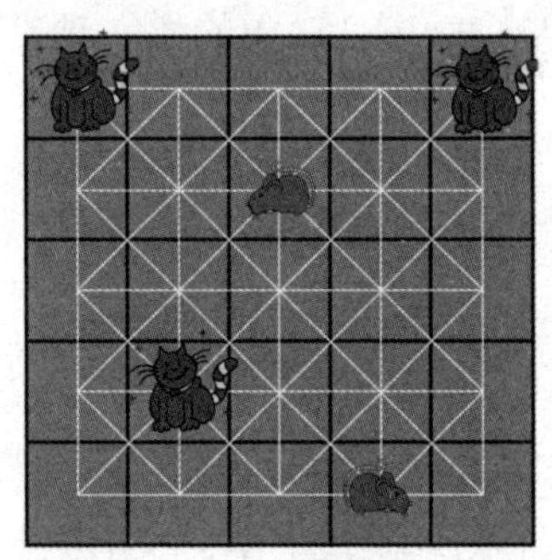

005 箭头的方向

从方格的左上角开始，每个箭头都是按照一定的逻辑顺序排列的。那么，空格处的箭头应朝哪个方向，同时，这个排列顺序是什么？

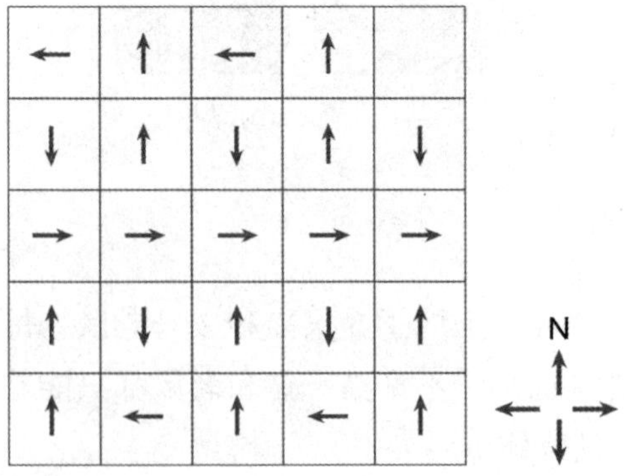

006 正确的选项

根据已给出的数列，请推测问号处应填 A、B、C、D、E、F 哪一项。

A

8	8	2
2	9	2
4	7	1

B

2	8	2
1	8	1
4	7	2

C

2	8	2
1	8	1
4	7	1

2	9	3	7	3	2	1	1	8			
			5	4	3	8	4	2	4	2	0
8	3	5	6	6	3	0	2	4			
			7	2	9	2	4	1	8	1	4
6	4	7	4	4	2	8	2	4			
			7	2				1	6	1	4
6	2	9	2	6		?		2			
			3	9				2	8	2	7
3	4	5	4	8	2	0	1	2			
			2	8	6	3	2	1	8	1	6
2	9	4	6	6	2	4	1	8			
			7	6	8	6	6	4	8	4	2
5	5	9	3	2	2	7	2	5			

D

2	8	2
2	9	2
4	7	1

E

2	8	2
1	9	1
4	5	1

F

3	8	3
1	8	1
4	7	1

007 数独

这是流行于日本的一种游戏——数独。它的规则比较简单：从 1~9 这些数字中选择 1 个，放入每个空格中，使每一横排、纵列和 3×3 的格子中都包含 1~9 这些数字且不重复。

	8				1			
6							2	7
	3	4			6			
					8			1
	2	6	5		9	4	3	
3			2					
			9			3	5	
4	9							6
			1				8	

008 字母九宫格（1）

在下面的每个格子里填上字母 S、P、A、R、K、L、I、N 和 G，使得每一横行、每一竖行，以及每个 3×3 的小方框中这 9 个字母分别出现一次。

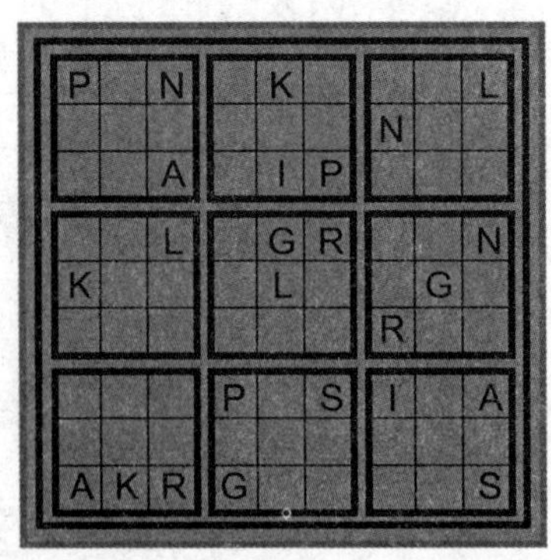

P		N		K				L
						N		
		A		I	P			
		L		G	R			N
K				L			G	
						R		
			P		S	I		A
A	K	R	G					S

009 字母九宫格（2）

在下面的每个格子里填上字母 S、P、A、R、K、L、I、N 和 G，使得每一横行、每一竖行，以及每个 3×3 的小方框中这 9 个字母分别出现一次。

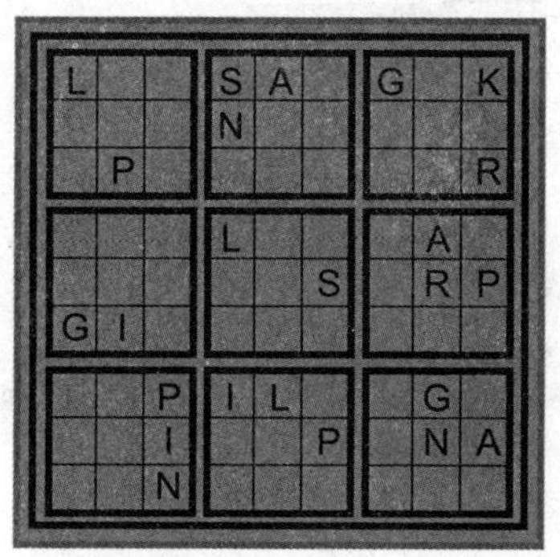

010 字母九宫格（3）

在下面的每个格子里填上字母 S、P、A、R、K、L、I、N 和 G，使得每一横行、每一竖行，以及每个 3×3 的小方框中这 9 个字母分别出现一次。

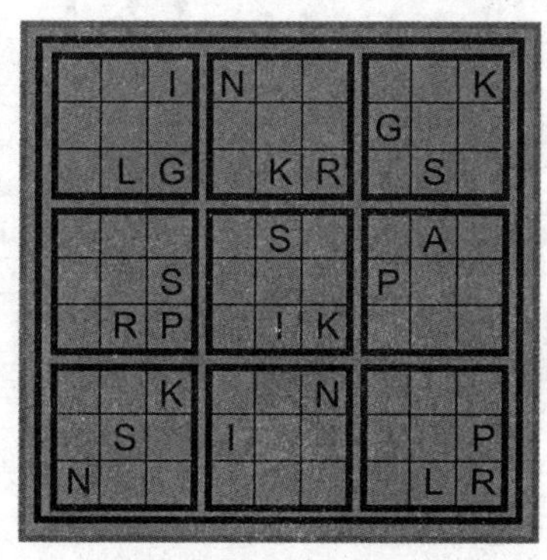

011 折叠

A 可以折叠出 B、C、D、E、F、G 选项中的哪一个？

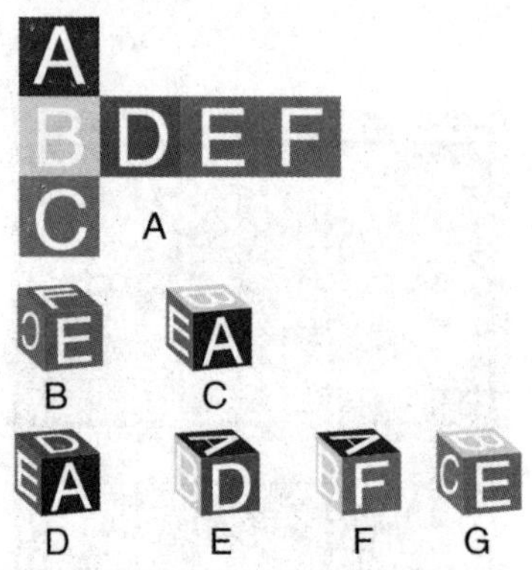

012 扑克牌（1）

猜一猜，哪张扑克牌可以替换问号完成这道题？

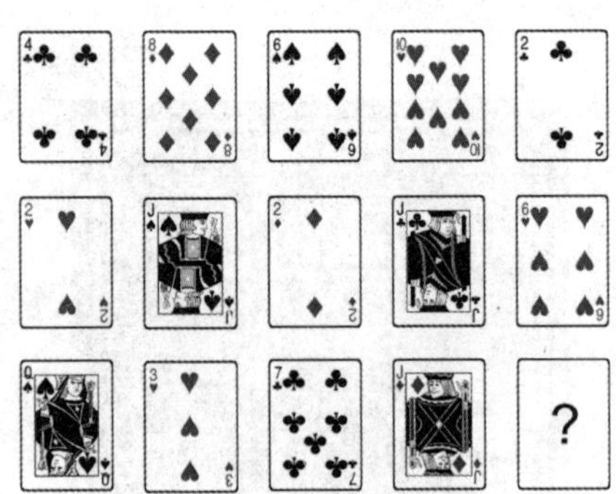

013 扑克牌（2）

想一想，哪张扑克牌替代问号后可以完成这道难题？

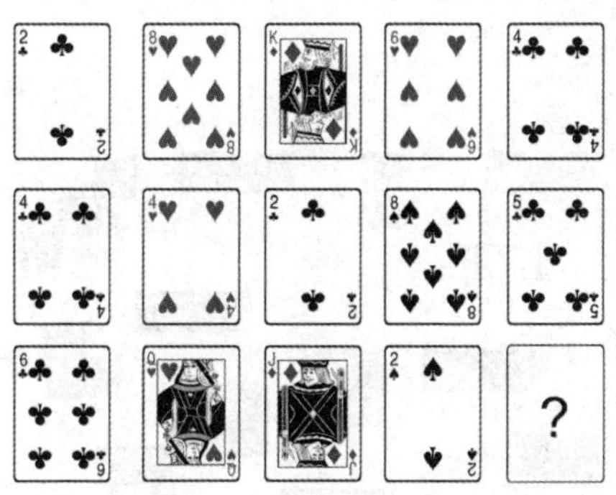

014 逻辑图框

以下图框是按照一定的逻辑排列的，你能找出问号部分应该使用的数字吗？

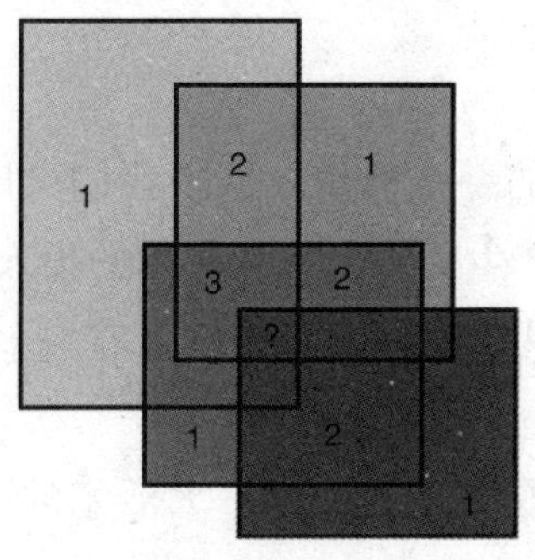

015 组合瓷砖

如果按照正确顺序排列，以下瓷砖可以组成1个正方形，横向第1排的数字等同于纵向第1列的数字，依次类推。你能成功地组成正方形吗？

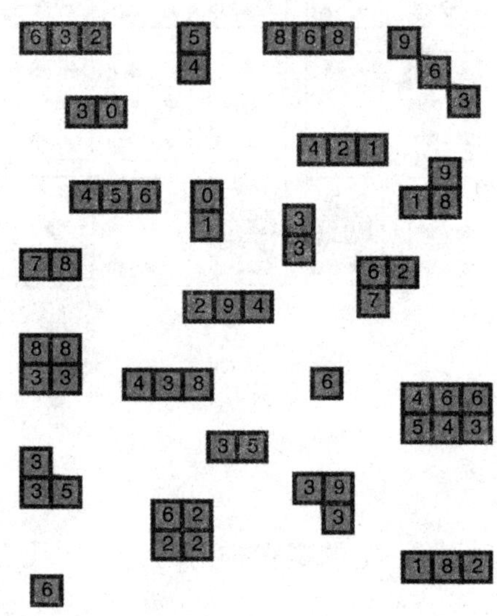

016 帕斯卡定律

下图是液压机的一个模型，从中我们可以清楚地看到它的机械效益（一台机器产生的输出力和应用的投入力之间的比率）。

这个液压机有两个汽缸，每个汽缸有一个活塞。

这个模型中：

小活塞的面积是3平方厘米；大活塞的面积是21平方厘米；机械效益为 $21 \div 3 = 7$。

请问小活塞上面需要加上多少力，才能将大活塞向上举起 1 个单位的距离？

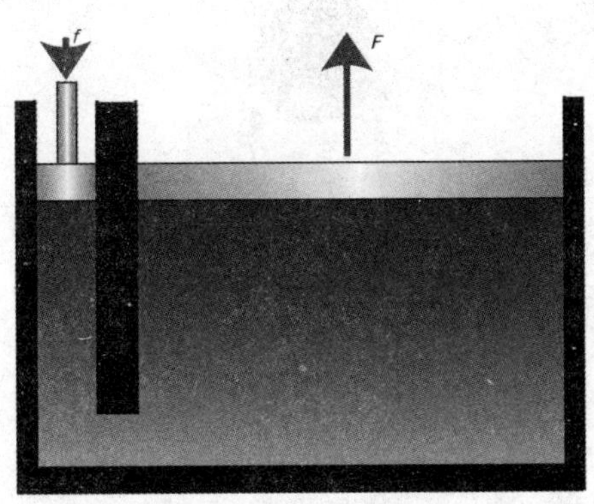

017 画符号

请在空格中画出正确的符号。

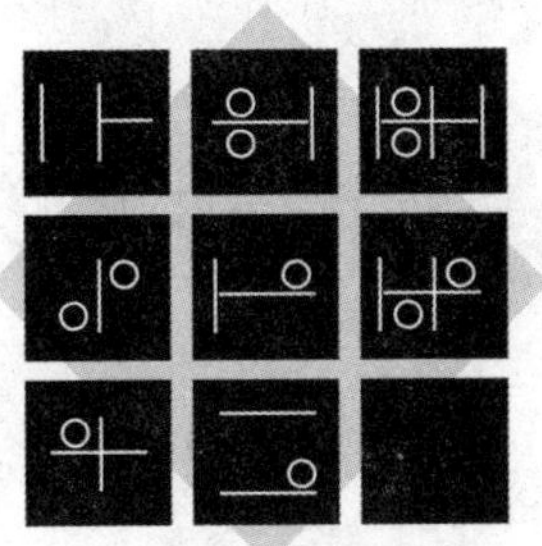

018 链条平衡

如图所示，天平右端的盘里装了一条链子，这条链子绕过一个滑轮被固定在天平左端的盘子上。

如果现在把天平左端翘起的空盘往下压，会出现什么情况？

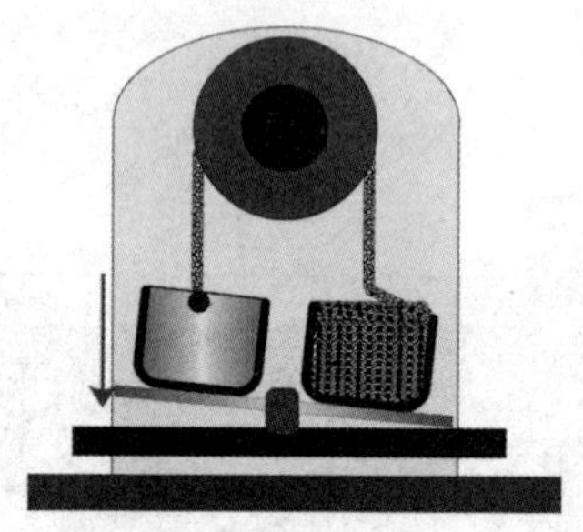

019 连续八边形

哪一个八边形可以继续这个序列？

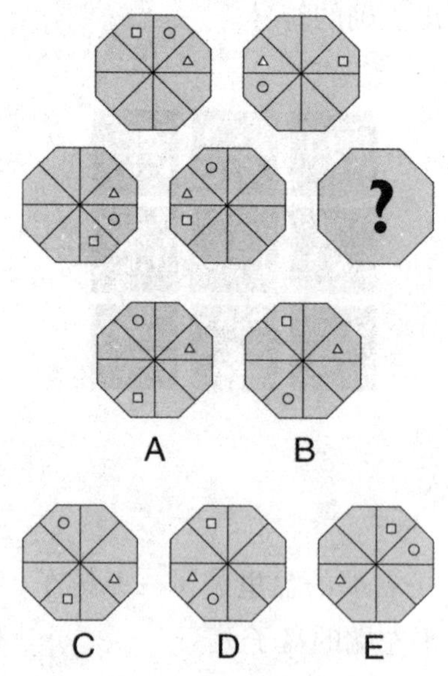

020 洪水警告

根据安装在漂浮物上的这组齿轮，你能推断出洪水警告是否正确吗？

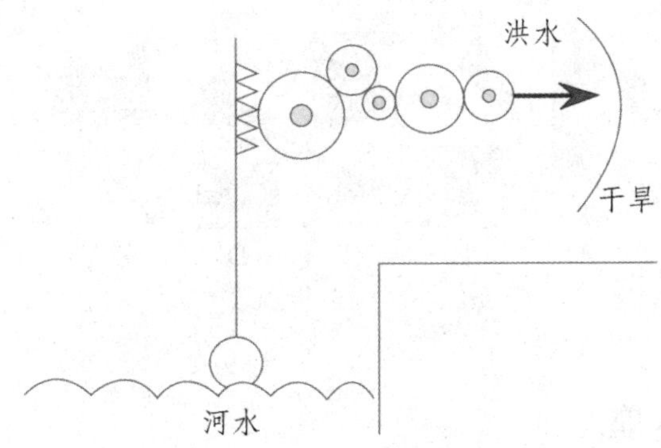

021 字母游戏

下图中标注问号的地方应该填上什么字母？

D	R	T	H
F	P	V	F
H	N	X	D
J	L	Z	?

022 下一幅

如图所示，各个图形是按一定顺序排列的，按照这一顺序，接下来的一幅图应该是 A、B、C、D、E 中的哪一个？

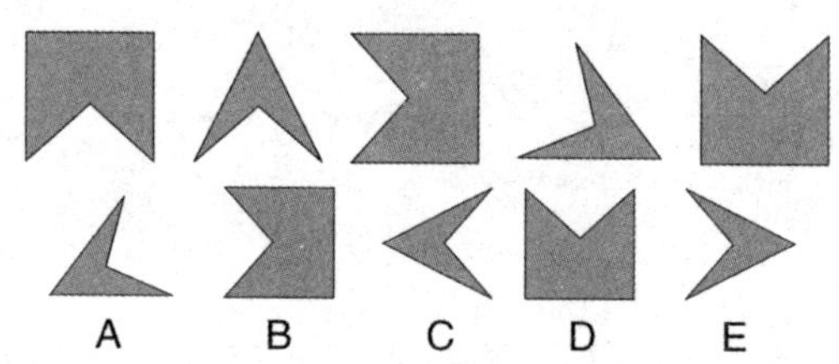

023 对号入座

仔细观察一下，问号的地方应该填入哪个图形？

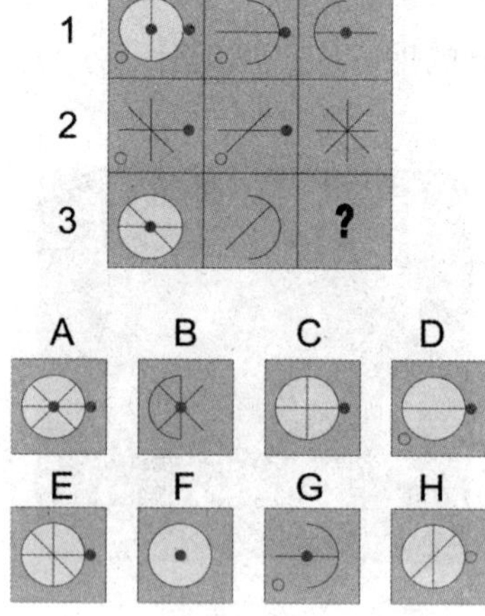

024 取代

选项中的哪个正方形可以取代空着的正方形？

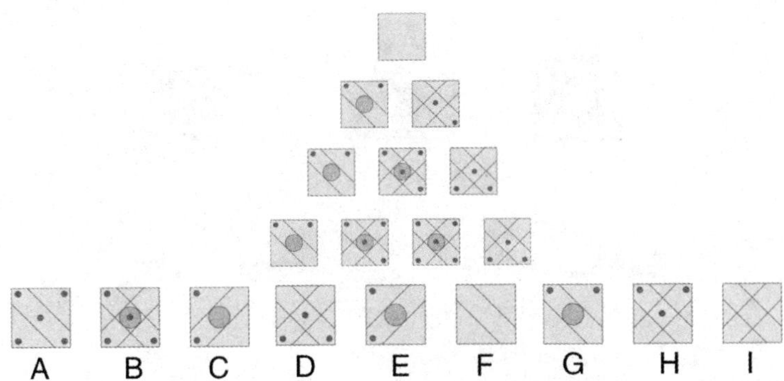

025 归位

6 个选项中哪一个可以填入下图中缺失的部分？

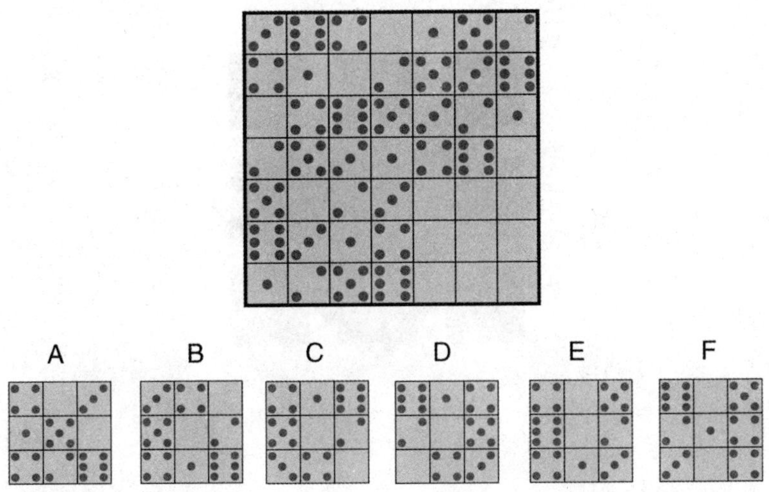

026 彼此对应

如果图形 1 对应图形 2，那么图形 3 对应哪一个图形？

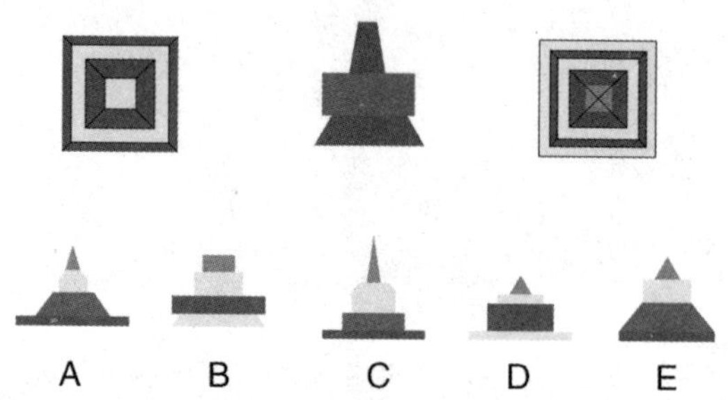

027 填充空格

请在空格中画出适当的图形。

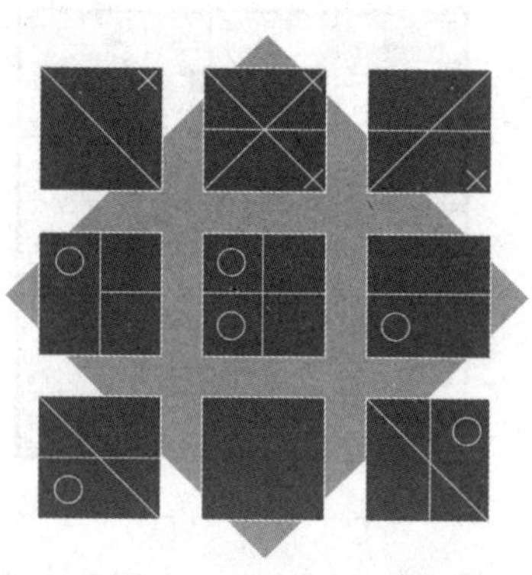

028 树形序列

你能完成这个序列吗?

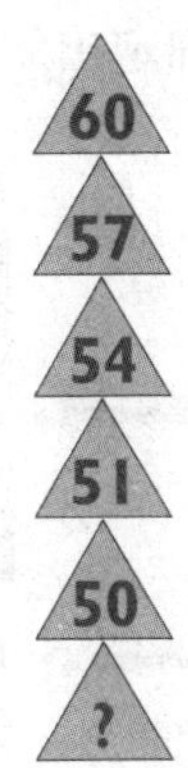

029 下一个

如何让这个序列进行下去?

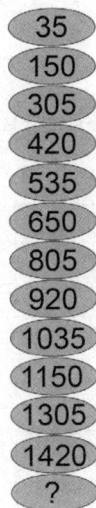

35
150
305
420
535
650
805
920
1035
1150
1305
1420
?

030 铅笔游戏

你能找出这个排列方式中所利用的逻辑关系吗？如果你能够找出，利用同样的逻辑关系确定出问号处应该是哪个字母。

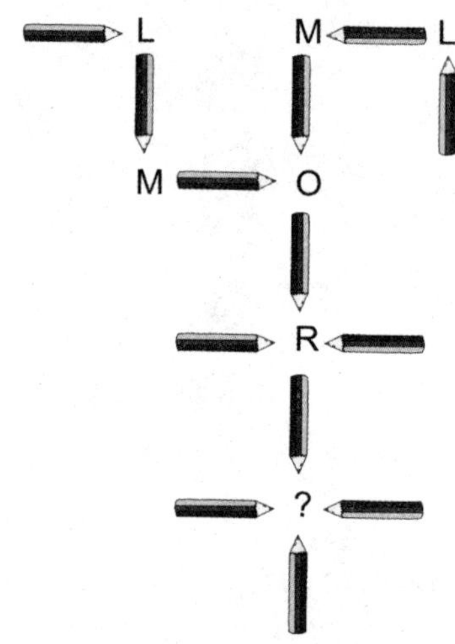

031 外环上的数

找出逻辑关系并填上缺少的数字。

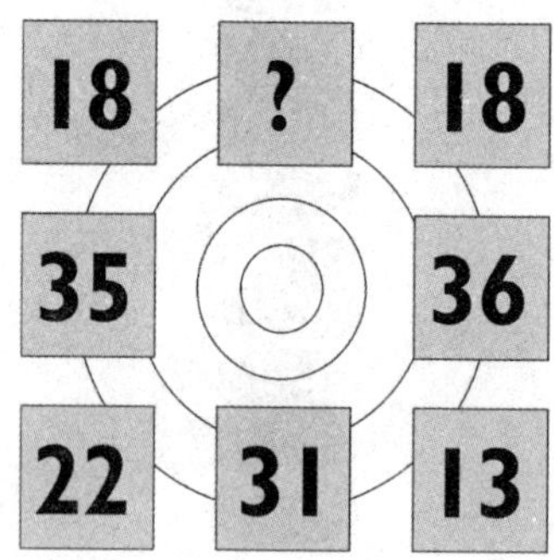

032 恰当的数字（1）

猜猜看，问号处应该填上什么数字？

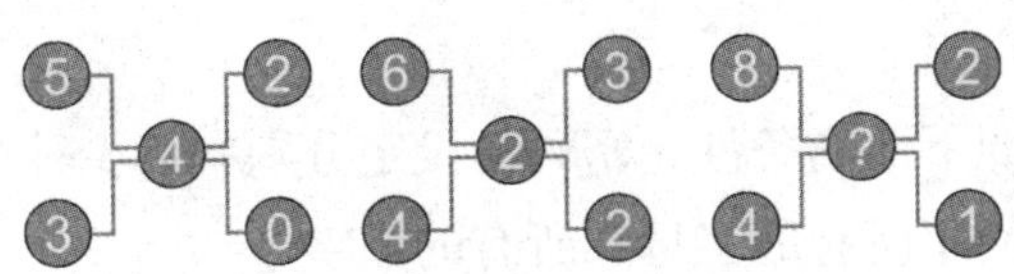

033 恰当的数字（2）

在下图中标注问号的地方填上恰当的数字。

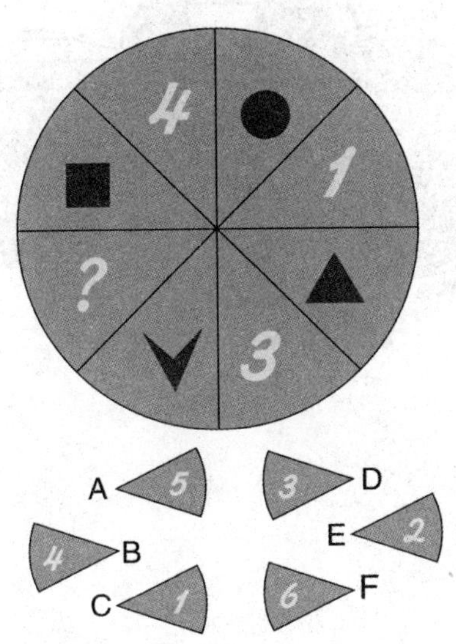

034 密码

一位男士在银行新开了一个账户，他需要为这个账户设定一组密码。按照银行的规定，密码一共有 5 位，前 3 位由字母组成，后 2 位由数字组成。

问：按照下面的条件，密码的设定分别有多少种可能性？

1. 可以使用所有的字母和所有的数字。
2. 字母和数字都不能重复。
3. 密码的开头字母必须是 T，其他条件同条件 2。

035 逻辑数字

你知道问号处应填上什么数字吗？

1\.
4 → 13
7 → 22
1 → 4
9 → ?

2\.
6 → 2
13 → 16
17 → 24
8 → ?

3\.
8 → 23
3 → 13
11 → 29
2 → ?

4\.
6 → 10
5 → 8
17 → 32
12 → ?

5\.
18 → 15
20 → 16
8 → 9
14 → ?

6\.
31 → 12
15 → 4
13 → 3
41 → ?

7\.
10 → 12
19 → 30
23 → 38
14 → ?

8\.
9 → 85
6 → 40
13 → 173
4 → ?

9\.
361 → 22
121 → 14
81 → 12
25 → ?

10\.
21 → 436
15 → 220
8 → 59
3 → ?

11\.
5 → 65
2 → 50
14 → 110
8 → ?

12\.
15 → 16
34 → 92
13 → 8
20 → ?

13\.
5 → 38
12 → 80
23 → 146
9 → ?

14\.
7 → 15
16 → 51
4 → 3
21 → ?

15\.
36 → 12
56 → 17
12 → 6
40 → ?

16\.
145 → 26
60 → 9
225 → 42
110 → ?

17\.
25 → 72
31 → 108
16 → 18
19 → ?

18\.
8 → 99
11 → 126
26 → 261
15 → ?

19\.
8 → 100
13 → 225
31 → 1089
17 → ?

20\.
29 → 5
260 → 16
13 → 3
40 → ?

036 恰当的符号

在下图中标注问号的地方填上恰当的选项。

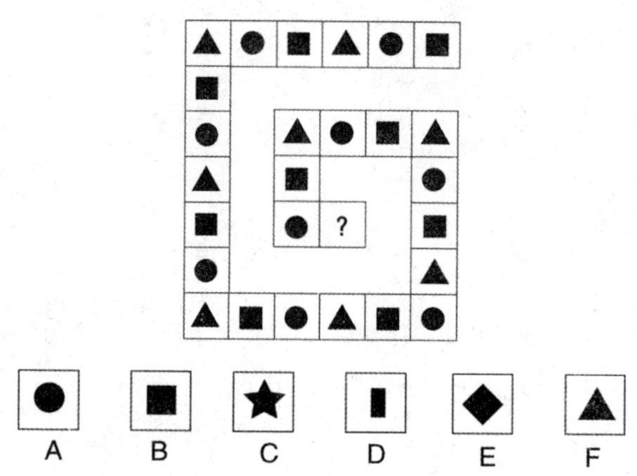

037 解开难题

你能解开这道题吗？

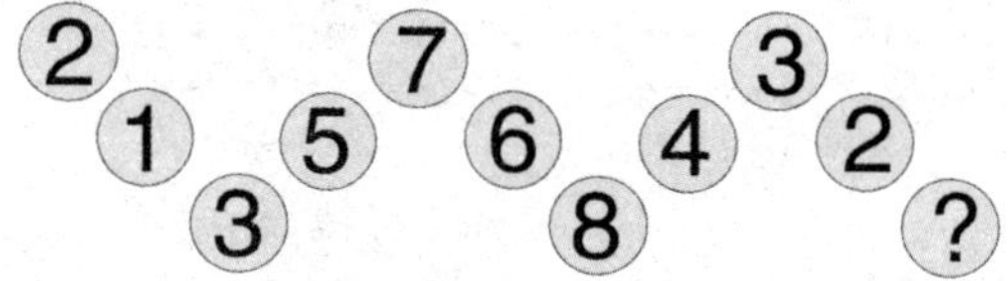

038 最后的正方形

下面 5 个正方形中的数字，都是按一定规律放进去的，你能找出这一规律并说出最后一个正方形中问号处应填的数字吗？

039 数字盘

你能找出最后那个数字盘中问号部分应当填入的数字吗?

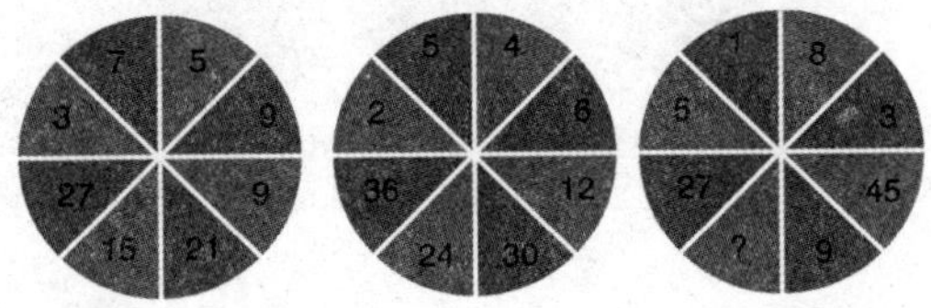

040 图形推理

你能找出最后那个三角形中问号部分应当填入的图形吗？

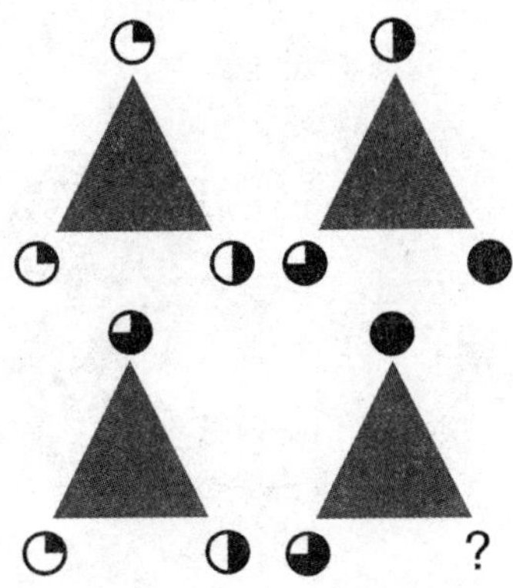

041 缺少的数字

让我们看看这道题，最后那个正方形中缺少什么呢？

042 环形图

你能想出填上什么数字后可以完成这个环形图吗？

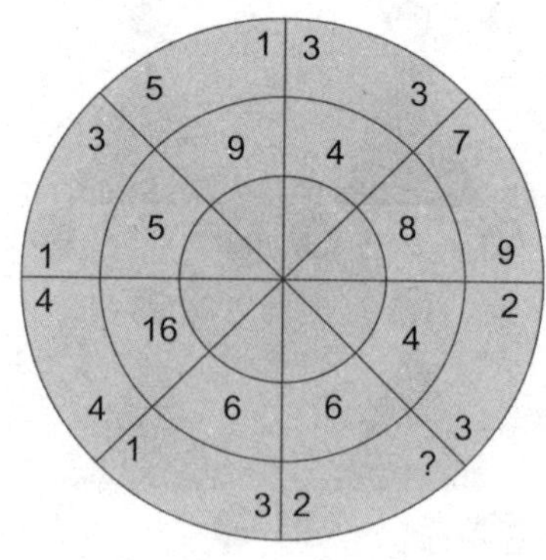

043 滑轮方向

如果齿轮 A 按照顺时针方向旋转，那么滑轮 E 将按什么方向旋转呢？

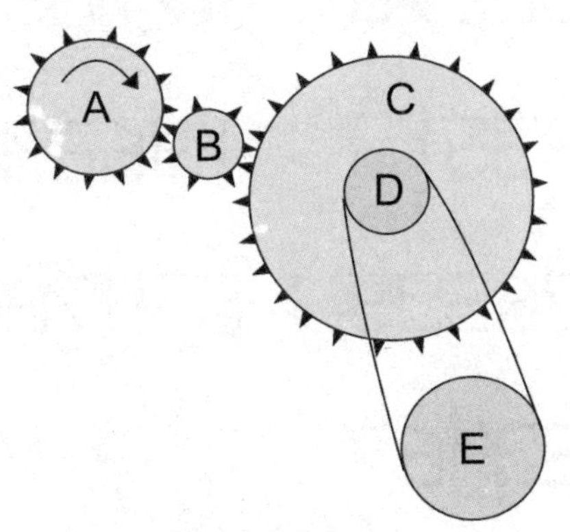

044 填补空白

找找看，哪个图适合填到空白部分？

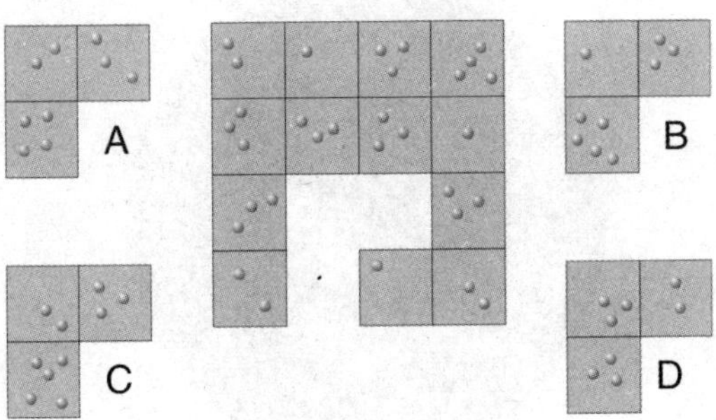

045 填入数字

问号所在位置应该填入什么数字？

39276 ：47195

23514 ：14623

76395 ：95476

29467 ： ?

046 轮形图

你能推算出完成这个轮形图需要什么数字吗？

047 城镇

在如图所示的地图中，A、B、C、D、E、F 分别代表 6 个城镇。C 在 A 的南边、E 的东南边，B 在 F 的西南边、E 的西北边。

1. 图中标注 1 处的是哪个城镇？
2. 哪个城镇位于最西边?
3. 哪个城镇位于 A 的西南边?
4. 哪个城镇位于 D 的北边?
5. 图中标注 6 处的是哪个城镇?

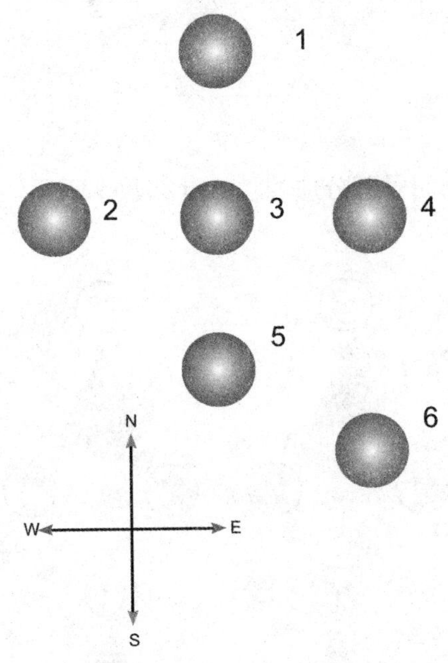

048 空缺图形

这一组图是按照一定的逻辑规律排列的，那么空缺的图形是什么呢？

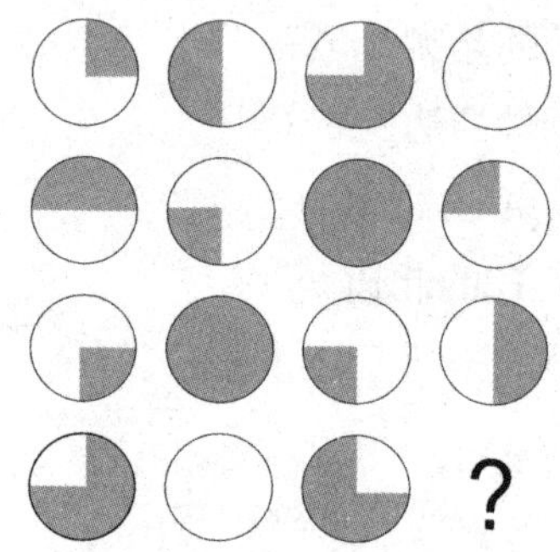

049 数字与脸型

你能推算出问号部分应当填入什么数字吗？

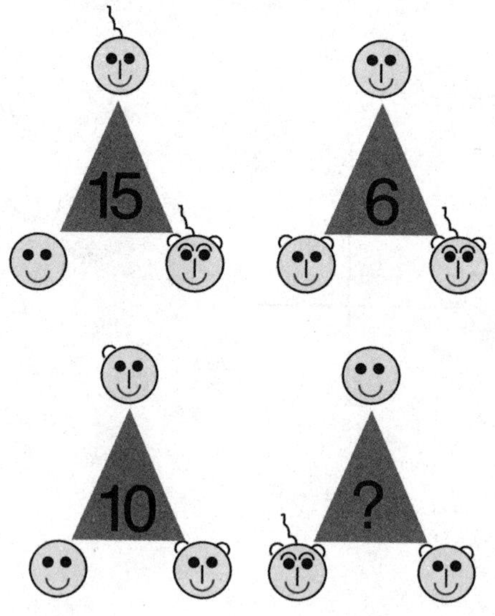

050 青蛙序列

想一想，最后填上什么数字可以承接这组序列？

051 数字难题

什么数字替代问号以后可以完成这道难题？

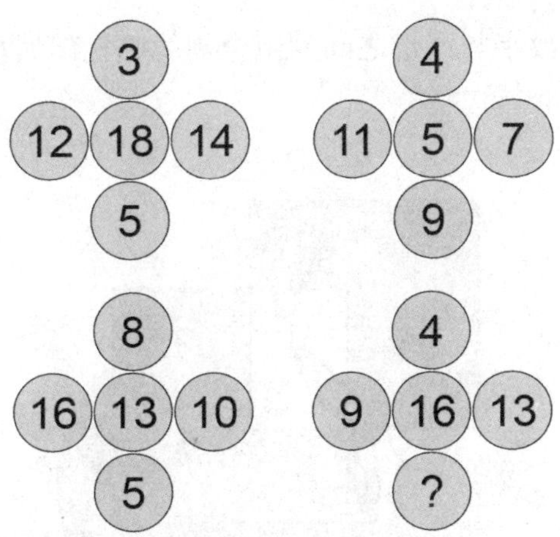

052 数字与图形（1）

数字和图是根据一定的规律组合的。你能算出问号部分应当填入什么数字吗?

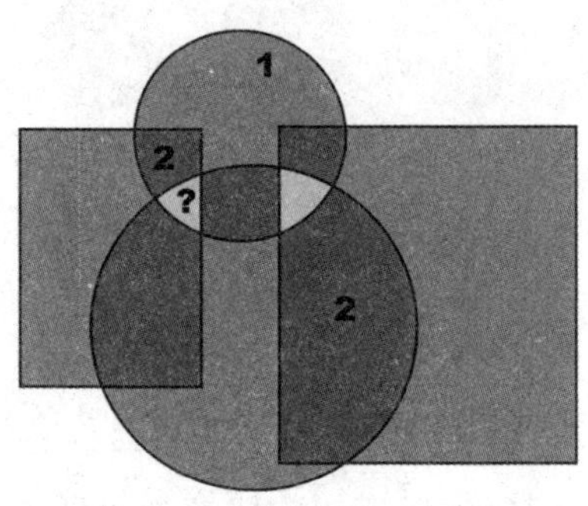

053 数字与图形（2）

你能找出数字与图形之间的组合规律吗?然后指出问号部分应当填入的数字。

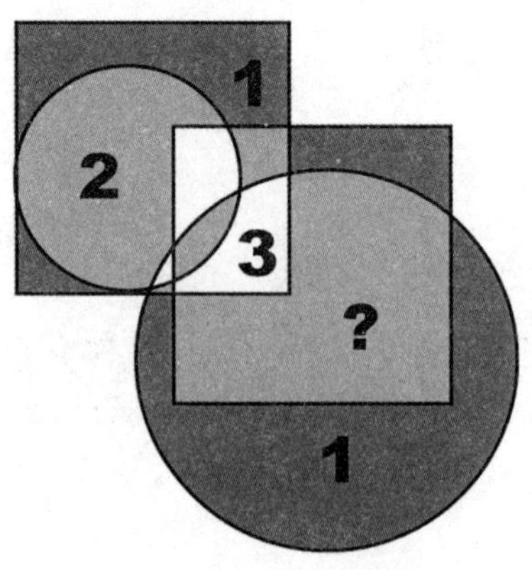

054 泡泡问题

你能解决这个泡泡的问题吗？如果图形 1 对应图形 2，那么图形 3 对应哪个选项？

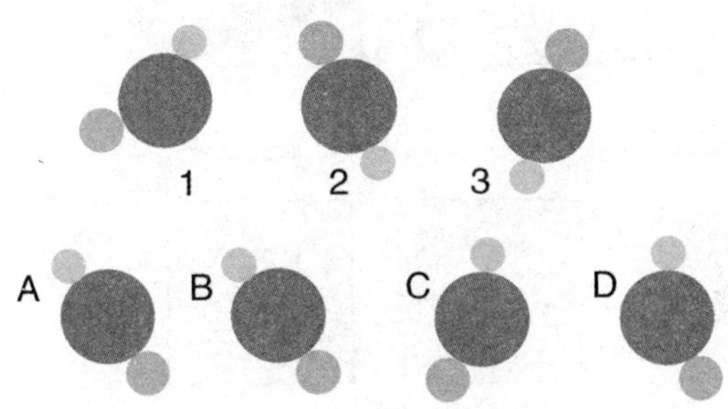

055 缺失的符号

图中空白部分应该填入哪个选项？

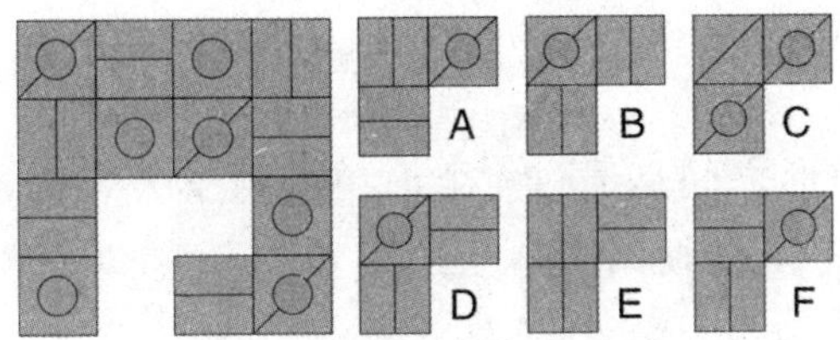

056 曲线加法

将一定的数值绘成曲线，形成了曲线 1 和曲线 2，如果把曲线 1 和曲线 2 所代表的数值加在一起，那么 4 个选项中哪一个将会是图表组合之后所形成的样子呢？

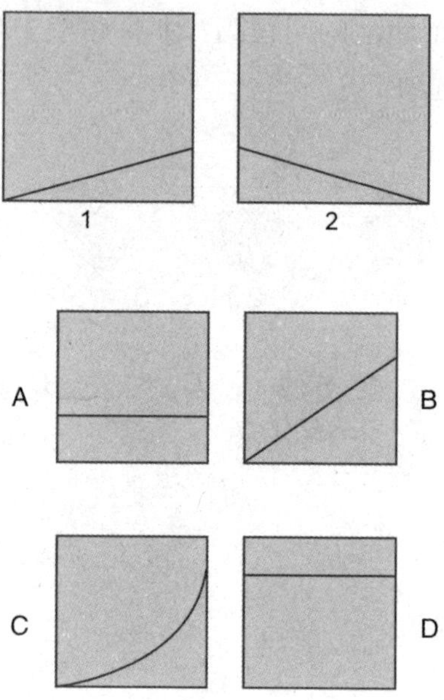

057 数学公式

4个三角形之间是通过1个简单的数学公式联系在一起的。你能找出其中不同的那个吗？

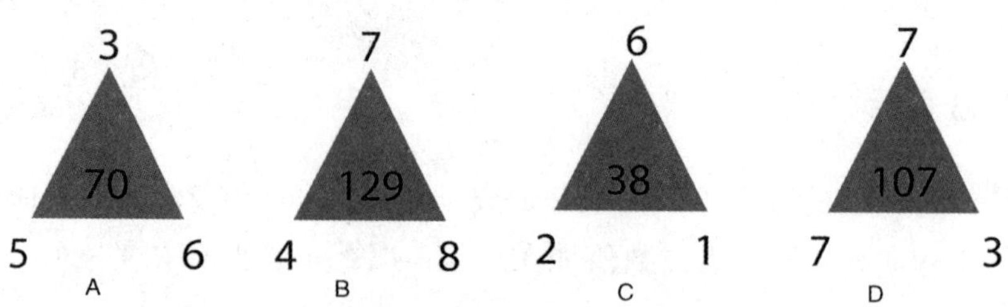

058 下一个图形

下一个图形是什么呢？

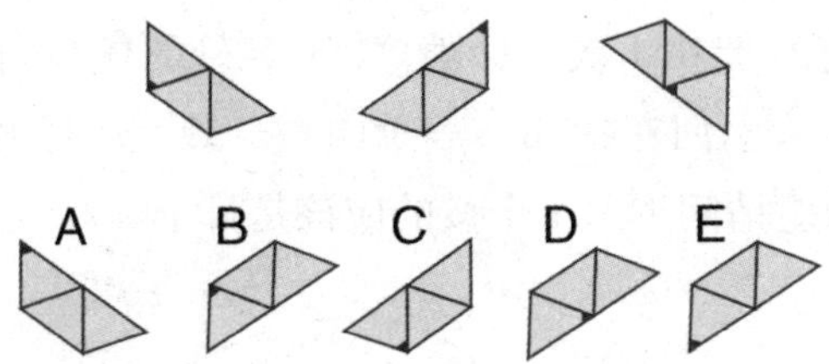

059 填补圆中问号

想一想，A，B，C，D 哪一项可以用来填补圆中的问号部分？

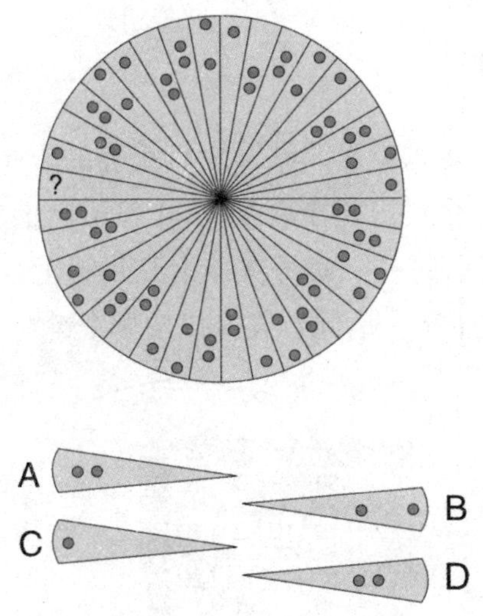

060 按键（1）

要解除这个爆炸装置，你必须按正确的顺序按键，一直按到“按键”这个键。

每个键你只能按1次，标着“U”字母的代表向上，“D”代表向下，“L”表示向左，“R”表示向右。键上所标明的数字是你需要迈的步数。请问你第1个按的应该是哪个键？

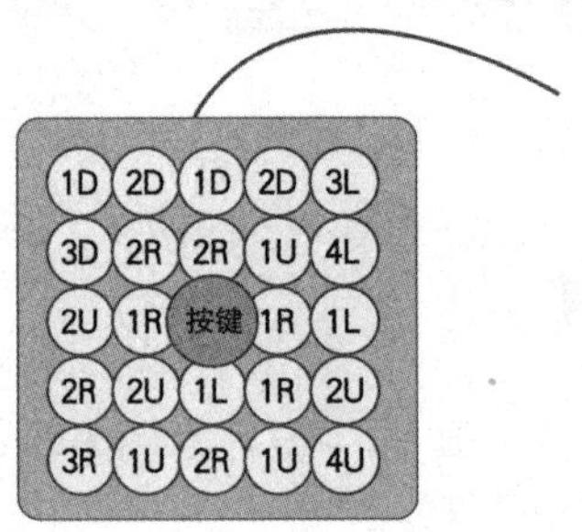

061 按键（2）

要解除这个爆炸装置，你得按照正确的顺序依次按键，直到按下“按键”这个键。键上注有U的表示向上，D表示向下，L表示向左，R表示向右。而每次该走几步键上也都做了指示。注意每个键只能按1次。请问首先应该按哪个键？

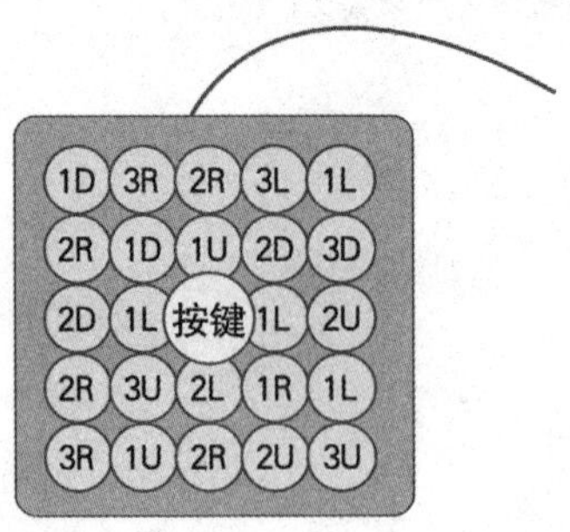

062 错误的方块

格子里有 9 个方块，标号从 A1 到 C3，每个方块都在其上边和左边有与之相同字母和数字标号的方块相对应，方块里的图形由这两个方块叠加而成。例如，B2 是 2 和 B 中所有线条和图形的叠加。9 个方块中哪一个是错的呢？

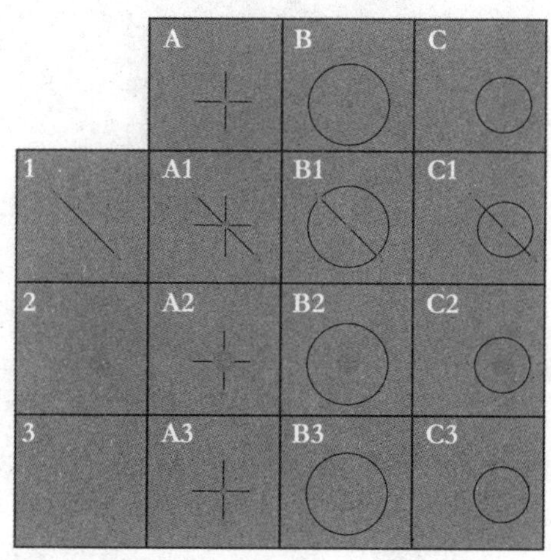

063 序列格

序列格是由一些顺序相互关联的内容所组成的。这里就有两个范例。

在第 1 个正方形中，所遵循的顺序是将格子里的数字依次一分为二。而第 2 个正方形中列举的是 1 个字母序列，这些字母之间都隔着 1 个本应存在于二者之间的字母（但该字母并未出现）。请问第 3 个正方形中问号处所缺失的是什么？

512	256	128
64	32	16
8	4	2

A	C	E
G	I	K
M	O	Q

□	□	○	□	○
△	□	○	△	△
□	○	△	△	○
□	○	△	△	○
○	□	○	△	?

064 延续数列

观察这几列数字，哪个选项可以继续这个序列？

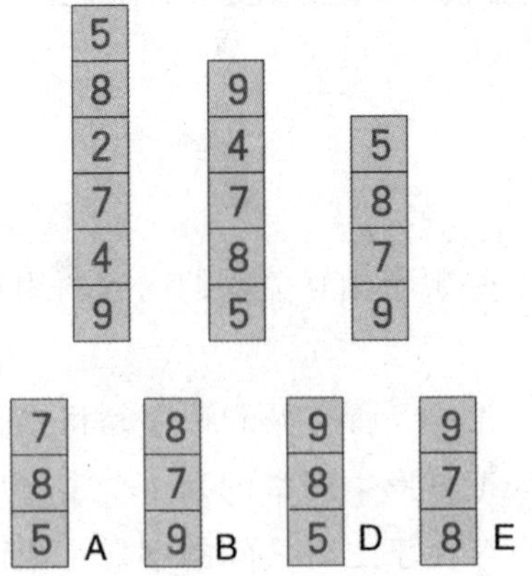

065 符合规律

A、B、C、D 中哪项符合第 1 行接下来的排列规律？

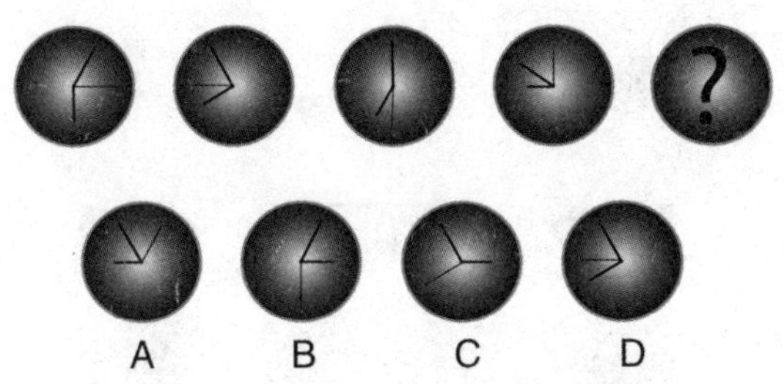

066 逻辑表格

运用第 1 个表格的逻辑，完成第 2 个不完整的表格。

	A	B	C	D	E	F
a	7	9	6	5	3	3
b	4	6	3	7	0	3
c	9	2	4	1	1	4
d	5	8	2	7	2	6

7	7	5	6	1	9
4	9	6	6	0	0
3	5	1	9	0	6
8	9	4	6	?	?

067 数字箭头

问号处的数字应是多少？

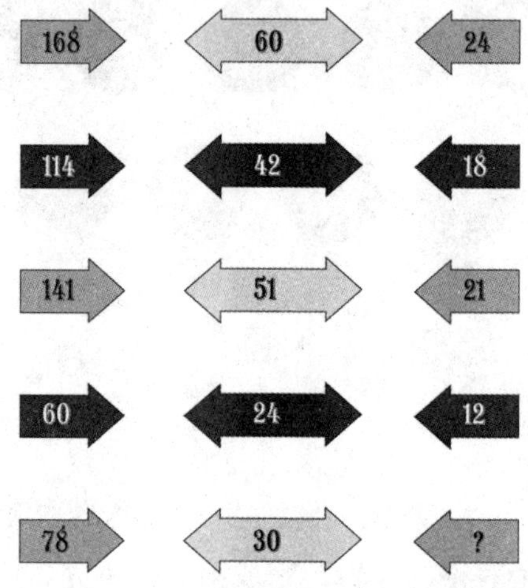

答 案

第 1 章 语言力

001 拼汉字

4 个。如图：

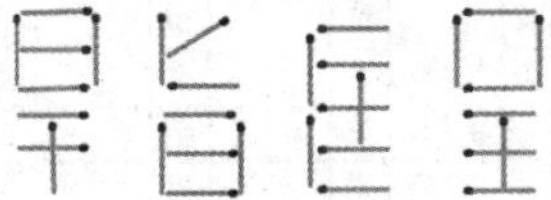

002 诗词填数

一、二、三、四、五、六、七、八、九、十、百、千、万。

003 纵横交错

横向：

1. 世界足球先生　2. 联通　3. 太平天国　4. 易如反掌　5. 安小慧　6. 堆积如山　7. 理科　8. 包法利夫人　9. 社会保险　10. 金山　11. 养老院　12. 千金

纵向：

一、世界贸易组织　二、执法如山　三、核反应堆　四、球迷　五、夫子　六、比如女人　七、生态平衡　八、社科院　九、联合国安全理事会　十、邢慧娜　十一、风险基金

004 三国演义

缺算（蒜）、少言（盐）、无缰（姜）、短将（酱）。

005 疑惑的小书童

原来冯梦龙要的是酒桌。

006 成语十字格

如图：

			自	高	自	大			
			欺			庭			
			欺			广			
先	声	夺	人	多	势	众	口	铄	金
发			微			擎			刚
制			言			易			怒
人	微	权	轻	而	易	举	世	瞩	目
			重			国			
			缓			上			
			急	转	直	下			

007 一台彩电

有声有色、不露声色

008 一笔变新字

1. 刁—习 2. 凡—风 3. 尤—龙 4. 勿—匆 5. 立—产 6. 车—轧 7. 开—卉 8. 叶—吐 9. 史—吏 10. 主—庄 11. 禾—杀 12. 灭—灰 13. 头—买 14. 玉—压 15. 去—丢 16. 舌—乱 17. 亚—严 18. 西—酉 19. 利—剁 20. 烂—烊

009 几家欢喜几家愁

翠

010 成语接龙

今是昨（非）同小（可）望不可（即）以其人之道，还治其人之（身）体力（行）若无（事）在人（为）所欲（为）富不（仁）至义（尽）心竭（力）不胜（任）重道（远）走高（飞）沙走（石）破天（惊）天动（地）利人（和）睦相（处）心积虑

醉生梦（死）去活（来）去自（如）花似（玉）树临（风）调雨（顺）手牵（羊）肠小（道）听途（说）长道（短）兵相（接）二连（三）言两（语）重心（长）驱直（入）不敷（出）其不（意）气风（发）扬光（大）材小（用）兵如（神）采飞（扬）眉吐（气）象万（千）军万（马）到成（功）败垂（成）千上（万）古长（青）红皂（白）日做（梦）寐以（求）同存（异）想天（开）天辟地

011 象棋成语

丢车保帅、车水马龙、一马当先、身先士卒、自相矛盾、如法炮制、调兵遣将、行将就木、兵荒马乱。

012 组合猜字

如图：

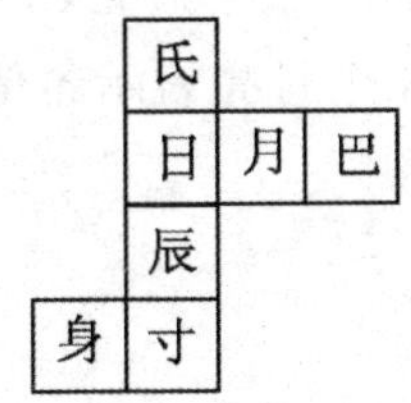

013 串门

王秀才字谜诗的谜底是："特来问安。"

朋友答字谜诗的谜底是："请坐奉茶。"

014 乌龟信

这是谐音“龟”（归）字。归、归……速归（竖龟）。

015 长联句读

五百里滇池，奔来眼底，披襟岸帻，喜茫茫，空阔无边！看：东骧神骏，西翥灵仪，北走蜿蜒，南翔缟素，高人韵士，何妨选胜登临，趁蟹屿螺洲，梳裹就风鬟雾鬓，更苹天苇地，点缀些翠羽丹霞，莫辜负四围香稻，万顷晴沙，九夏芙蓉，三春杨柳。

数千年往事，注到心头，把酒凌虚，叹滚滚，英雄谁在！想：汉习楼船，唐标铁柱，宋挥玉斧，元跨革囊，伟烈丰功，费尽移山心力，尽珠帘画栋，卷不及暮雨朝云，便断碣残碑，都付于苍烟落照，只赢得几许疏钟，半江渔火，两行秋雁，一枕清霜。

016 成语与算式

从左到右，每列依次是：一心一意、两面三刀、三令五申、四分五裂、六街三市、七上八下、十日一水

017 一封怪信

B. 表示他们分离了。C. 三个月亮表示他们分离 3 个月了。D. 表示孩子已出生了。E. 8 个月亮表示希望丈夫 8 个月后回来。F. 表示全家团聚。

018 秀才贵姓

安（谜面的意思是：生了一个“日”是“宴”字。“宴”字去掉“日”是“安”）。

019 成语加减

1.（2）龙戏珠 +（1）鸣惊人=（3）令五申（0）敲碎打 +（1）来二去=（1）事无成（3）生有幸 +（1）呼百应=（4）海升平（7）步之才 +（1）举成名=（8）面威风

2.（10）全十美–（1）发千钧=（9）霄云外（8）方呼应–（1）网打尽=（7）零八落（6）亲不认–（1）无所知=（5）花八门（2）管齐下–（1）孔之见=（1）落千丈

020“山东”唐诗

山光物态弄春晖　张旭《山行留客》
荆山已去华山来　韩愈《次潼关先寄张十二阁老使君》
峨眉山下水如油　薛涛《乡思》
两岸青山相对出　李白《望天门山》
若非群玉山头见　李白《清平调·其一》
姑苏城外寒山寺　张继《枫桥夜泊》
轻舟已过万重山　李白《早发白帝城》
东风不与周郎便　杜牧《赤壁》
瀼东瀼西一万家　杜甫《夔州歌十绝句》
碧水东流至此回　李白《望天门山》
澶漫山东一百州　杜甫《承闻河北诸道节度入朝欢喜口号》
平明日出东南地　李益《度破讷沙二首》
坑灰未冷山东乱　章碣《焚书坑》
射雕今欲过山东　吴融《金桥感事》

021 诗词影片名

1. 巴山夜雨　2. 柳暗花明　3. 燕归来　4. 八千里路云和月

5. 一江春水向东流　6. 路漫漫　7. 春眠不觉晓　8. 彩云归　9. 万水千山　10. 花开花落

022 断肠谜

一、二、三、四、五、六、七、八、九、十。

023 趣味课程表

1. 痛不欲生、物尽其用 2. 出神入化、学而不厌 3. 十全十美、不学无术 4. 九霄云外、语无伦次 5. 照本宣科、学以致用 6. 既明且哲、学富五车 7. 胸中有数、学贯中西 8. 风云人物、理屈词穷 9. 万众一心、理直气壮 10. 烽火连天、文章盖世 11. 弦外之音、乐不思蜀 12. 顶天立地、理所当然 13. 妙趣横生、物美价廉 14. 谷贱伤农、开科取士 15. 精兵简政、治病救人 16. 不识大体、封山育林 17. 一本正经、济济一堂 18. 奉公守法、严于律己 19. 甜言蜜语、文经武略 20. 历历在目、史无前例

024 屏开雀选

如图：

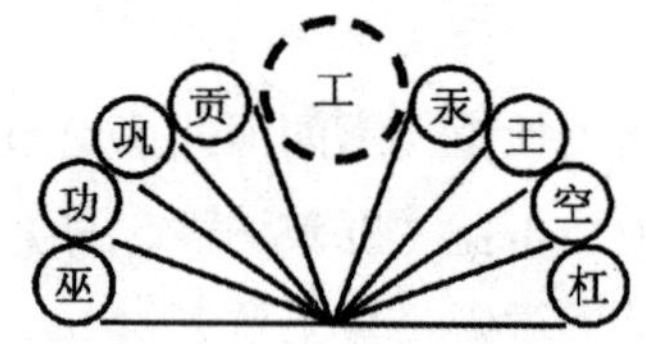

025 环形情诗

久慕秦郎假乱真，假乱真时又逢春；时又逢春花含玉，春花含玉久慕秦。

026 组字透诗意

填日字，拼成“香、晴、旭、早”四字。

027 几读连环诗

一共有 5 种读法：

（1）秋月曲如钩，如钩上画楼。画楼帘半卷，半卷一痕秋。

（2）月曲如钩，钩上画楼。楼帘半卷，卷一痕秋。

（3）月，曲如钩，上画楼。上画楼，帘半卷。帘半卷，一痕秋。

（4）秋，月曲如钩上画楼。帘半卷，一痕秋。

（5）秋痕一卷半帘楼，卷半帘楼画上钩。楼画上钩如曲月——秋。

028 孪生成语

如图：

一波未平，一波又起
一夫当关，万夫莫开
十年树木，百年树人
只可意会，不可言传
成事不足，败事有余
宁为玉碎，不为瓦全
机不可失，时不再来
有则改之，无则加勉
道高一尺，魔高一丈
言者无罪，闻者足戒

029 文静的姑娘

夺。

030 水果汉字

香蕉（立）、苹果（日）、梨（十）

031 数字藏成语

3.5（不三不四）；2+3（接二连三）；333 和 555（三五成群）；9 寸 +1 寸 =1 尺（得寸进尺）；1256789（丢三落四）；12345609（七零八落）。

032 字画藏唐诗

（1）北斗七星高；（2）山月随人归；（3）月出惊山鸟；（4）白日依山尽；（5）一览众山小。

033 心连心

如图：

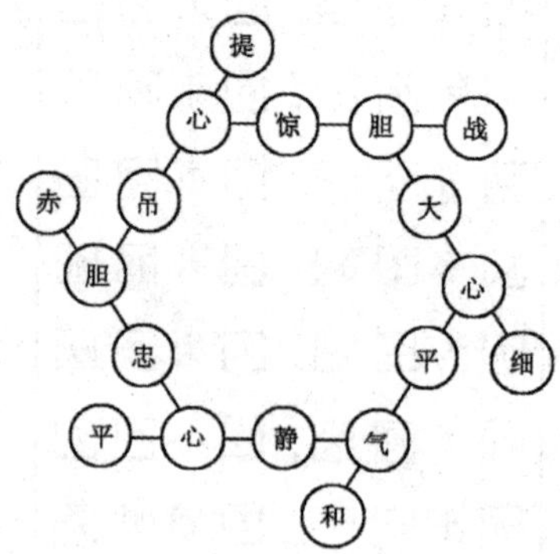

034 人名变成语

1. 生死攸关、羽扇纶巾

2. 剑拔弩张、飞黄腾达
3. 千军万马、超凡脱俗
4. 飞苍走黄、忠言逆耳
5. 完璧归赵、云开见日
6. 千疮百孔、明察暗访
7. 招兵买马、良师益友
8. 单枪匹马、忠心赤胆
9. 改弦更张、松柏之茂
10. 及时行乐、进贤任能
11. 投桃报李、通风报信
12. 信口雌黄、盖世无双
13. 不肖子孙、权倾天下
14. 目不识丁、奉公守法

035“5”字中的成语

如图：

百	花	齐	放
家			
争			
鸣	锣	开	道
			貌
			岸
不	以	为	然

036 回文成语

大快人心、心口如一、一马当先、先声夺人、人才辈出、出

其不意、意气风发、发扬光大

037 剪读唐诗

如图：

闲步浅青平绿，流水征车自逐。谁家挟弹少年，拟打红衣啄木。

038 省市组唐诗

置水写银河　崔国辅《七夕》

戎马关山北　杜甫《登岳阳楼》

未是渡河时　陈子良《七夕看新妇隔巷停车》

君问终南山　王维《答裴迪辋口过雨忆终南山》

脉脉广川流　上官仪《入朝洛堤步月》

渭水东流去　岑参《西过渭州见渭水思秦川》

三江潮水急　崔颢《长干曲四首》

村西日已斜　孟浩然《寻菊花潭主人》

山中一夜雨　王维《送梓州李使君》

西园引上才　李白药《赋得魏都》

山中无历日　太上隐者《答人》

东西任老身　司空曙《逢江客向南中故人因以诗寄》
影灭彩云断　李白《凤凰曲》
江南季春天　严维《状江南》
身征辽海边　贾岛《寄远》
寒歌宁戚牛　李白《秋浦歌十七首》
园林过新节　韦应物《寒食后北楼作》
先人辟疆园　皇甫冉《题卢十一所居》
自古黄金贵　陆龟蒙《黄金二首》
不敢向松州　薛涛《罚赴边有怀上韦令公二首》
湖里鸳鸯鸟　崔国辅《湖南曲》
北风吹白云　苏颋《汾上惊秋》
五湖风浪涌　崔颢《长干曲》
湖南送君去　崔国辅《湖南曲》
不畏浙江风　姚合《送薛二十三郎中赴婺州》
牢落江湖意　白居易《庾楼新岁》
还见南台月　贾岛《上谷送客游江湖》
茅屋深湾里　杜荀鹤《钓叟》
鱼戏莲叶南　陆龟蒙《江南曲》
犹能扼帝京　皮日休《古函关》
夜战桑乾北　许浑《塞下》
关门限二京　李隆基《潼关口号》
渺渺望天涯　钱起《江行》
家住孟津河　王维《杂诗三首》
皆言四海同　李峤《中秋月二首》
宿雨川原霁　司空图《即事九首》
水上秋日鲜　王建《汽水曲》

四海无闲田　李绅《悯农》
江水千万层　孟郊《寒江吟》
苏武节旄尽　杨衡《边思》

039 钟表成语

（1）一时半刻；（2）七上八下；（3）三长两（二）短。

040 迷宫成语

如图：

041 成语之最

如图：

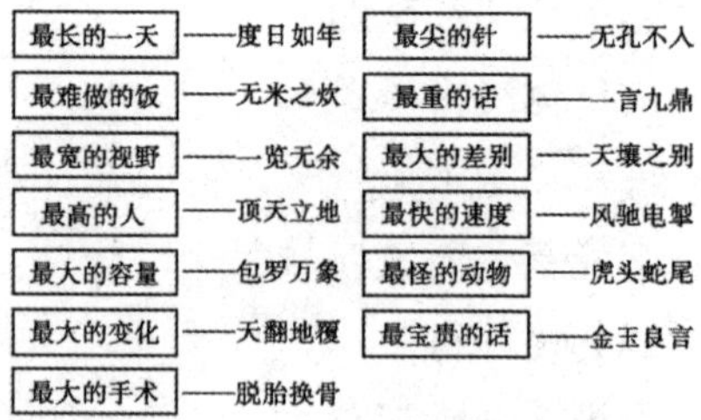

最长的一天——度日如年
最难做的饭——无米之炊
最宽的视野——一览无余
最高的人——顶天立地
最大的容量——包罗万象
最大的变化——天翻地覆
最大的手术——脱胎换骨
最尖的针——无孔不入
最重的话——一言九鼎
最大的差别——天壤之别
最快的速度——风驰电掣
最怪的动物——虎头蛇尾
最宝贵的话——金玉良言

042 藏头成语

天天树叶绿，日日百花开。地名：长春。

043 巧拼省名

如图：

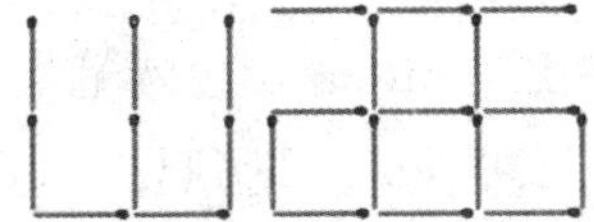

044 棋盘成语

一马当先、按兵不动。

045 虎字成语

生龙活虎　虎头蛇尾
龙潭虎穴　为虎作伥
骑虎难下　狼吞虎咽
虎视眈眈　降龙伏虎
虎背熊腰　三人成虎
养虎遗患　龙行虎步
龙吟虎啸　调虎离山
九牛二虎　虎口余生

046 给我 C，给我 D

如图所示：

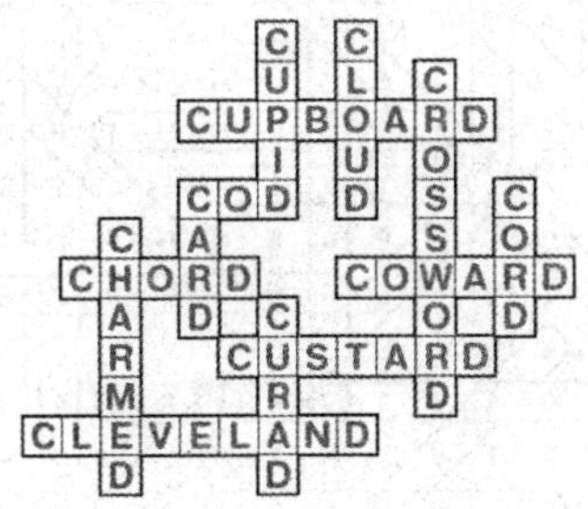

047 标签分类

上面一行：Heather 海瑟 /sweater 毛衣，Stephanie 斯蒂芬妮 /telephone 电话，Ryan 莱恩 /crayons 彩色蜡笔。

下面一行：Nicole 尼可 /unicycle 独轮车，Christopher 克里斯托夫 /microscope 显微镜，Alexander 亚历山大 /calendar 日历。

048 单词演变（1）

CAMP，DAMP 潮湿，DUMP 垃圾场，LUMP 结块，LIMP 蹒跚，LIME 酸橙，DIME 十美分硬币，DIVE 跳水，FIVE 五，FIRE。

049 单词演变（2）

TOAD，ROAD 马路，ROAR 咆哮声，REAR 尾部，BEAR 熊，BEAT 击打，NEAT 干净，NEWT。

050 夏威夷之旅

剩下的字母所连成的话：Ukulele actually means "leaping flea" in Hawaiian（在夏威夷语里，尤在里里琴实际上是"跳跃的跳蚤"的意思）。

如图所示：

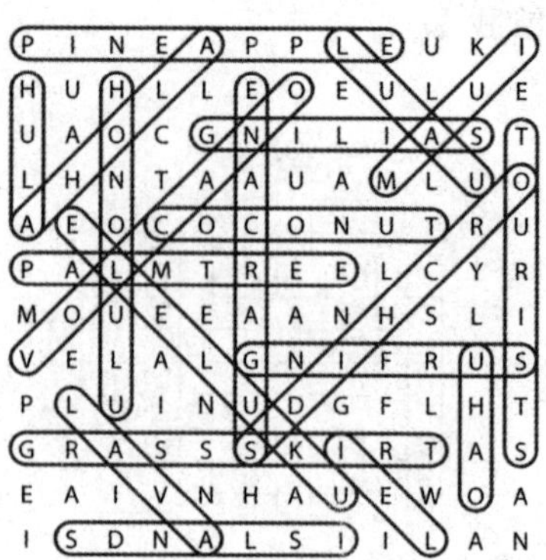

051 隐藏的美食

谜题：在万圣节游戏中谁总是透明的冬天？

谜题的答案是：GHOST（鬼）。

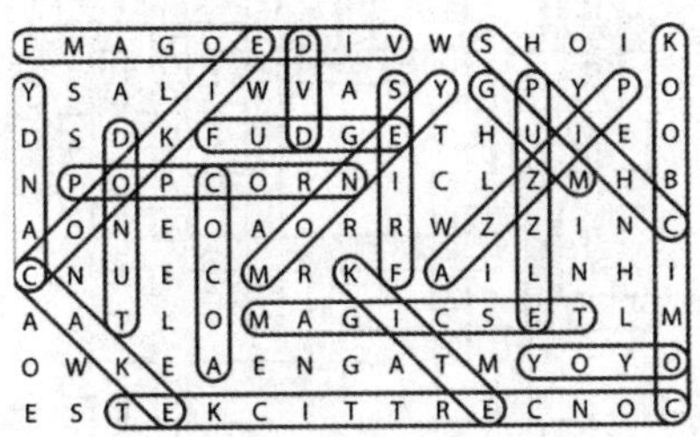

052 奇怪的球

1. Gumball 口香糖
2. Handball 手球
3. Basketball 篮球
4. Crystal ball 水晶球
5. Football 足球
6. Hair ball 毛球
7. Meatball 肉团
8. Pinball 弹球
9. Mothball 卫生球

053 哈哈大笑

如图所示：

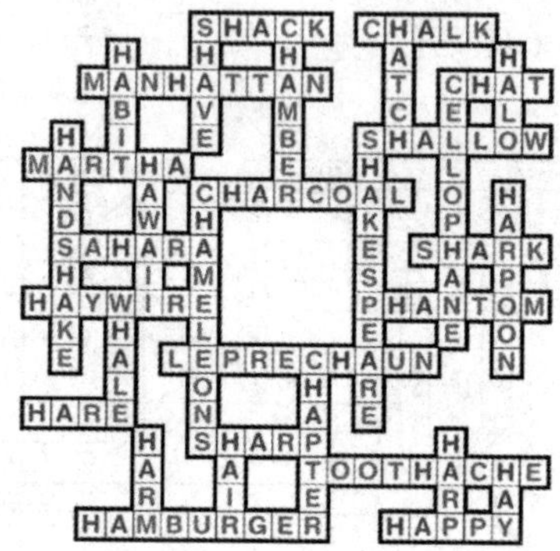

054 板子游戏

1. Keyboard 键盘
2. Clipboard 剪贴板
3. Backboard 篮板
4. Cardboard 硬纸板
5. Blackboard 黑板
6. Snowboard 滑雪板
7. Billboard 广告牌

055 跟 ABC 一样简单

1. Apes Breaking Crayons.（猿猴折断蜡笔。）
2. Ants Building Castle.（蚂蚁筑城堡。）
3. Alice Buying Cherries.（爱丽丝买浆果。）
4. Angels Baking Cookies.（天使烤蛋糕。）
5. Adam Balancing Cows.（亚当平衡牛。）
6. Astronauts Brushing Cats.（宇航员给猫刷毛。）

第 2 章　计算力

001 九宫图

九宫图中的 9 个数字相加之和为 45。

因为方块中的 3 行（或列）都分别包括数字 1~9 当中的 1 个，将这 9 个数字相加之和除以 3 便得到“魔数”——15。

总的来说，任何 n 阶魔方的“魔数”都可以很容易用这个公式求出：$S=n(n^2+1)/2$。其中 n 为魔方阶数，S 为魔数。

和为 15 的三数组合有 8 种可能性：

9+5+1　　9+4+2　　8+6+1　　8+5+2

8+4+3　　7+6+2　　7+5+3　　6+5+4

方块中心的数字必须出现在这些可能组合中的 4 组。5 是唯一在 4 组三数组合中都出现的。因此它必然是中心数字。

9 只出现于 2 个三数组合中。因此它必须处在边上的中心，这样我们就得到完整的一行：9+5+1。

3 和 7 也是只出现在 2 个三数组合中。剩余的 4 个数字只能有一种填法——这就证明了魔方的独特性（当然，旋转和镜像的情况不算）。

002 数字填空（1）

将小正方形上下 2 个数字相乘，再将正方形左右 2 个数字相乘，然后用较大的值减去较小的值，其结果就是该正方形内的值。

答案如下图所示：

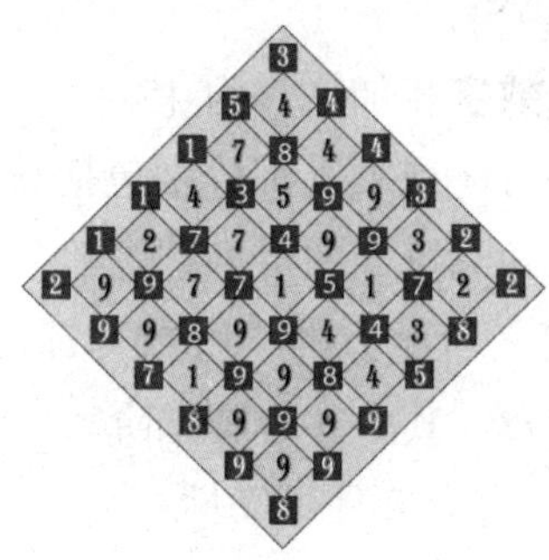

003 数字填空（2）

24。每一横行中：左边的数字 × 中间的数字 ÷ 4 = 右边的数字。（2×4）÷ 4 = 2；（16×12）÷ 4 = 48；（8×12）÷ 4 = 24。

004 四阶魔方

有 880 种解法。我们在此举一例。

16	5	2	11
3	10	13	8
9	4	7	14
6	15	12	1

005 完成等式

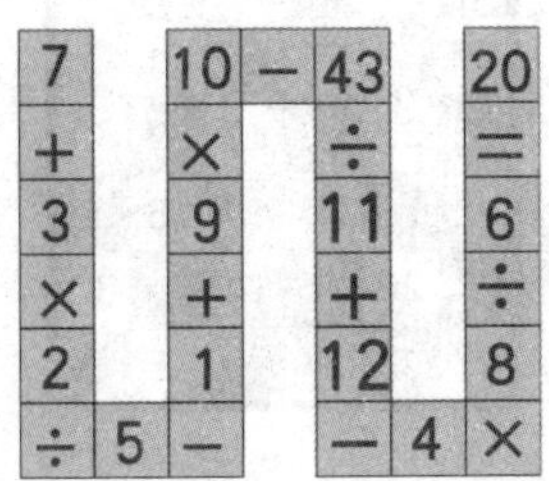

006 数字谜题

8，1。如果你把每行数字都当作是 3 个独立的两位数，中间的这个两位数等于左右两边两位数的平均值。

007 保龄球

可能的排列方法应该是 6×5×4×3=360 种。

008 按顺序排列的西瓜

? ? ? 7 ? ? ?

1 3 5 7 9 11 13

最重的西瓜是 13 千克。

009 下落的砖

这个问题把你难住了吗？许多人认为答案是 1.5 千克，实际上应该是 2 千克。

010 六阶魔方

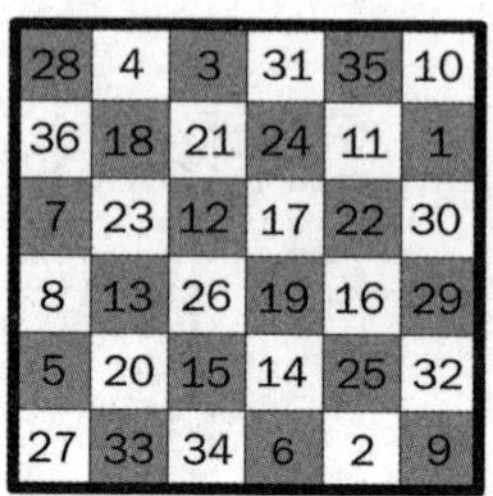

28	4	3	31	35	10
36	18	21	24	11	1
7	23	12	17	22	30
8	13	26	19	16	29
5	20	15	14	25	32
27	33	34	6	2	9

011 八阶魔方

就像杜勒的恶魔魔方一样，八阶魔方具有许多“神秘”的特性，而且超出魔方定义的一般要求。

比如说每行、每列的一半相加之和等于魔数的一半，等等。

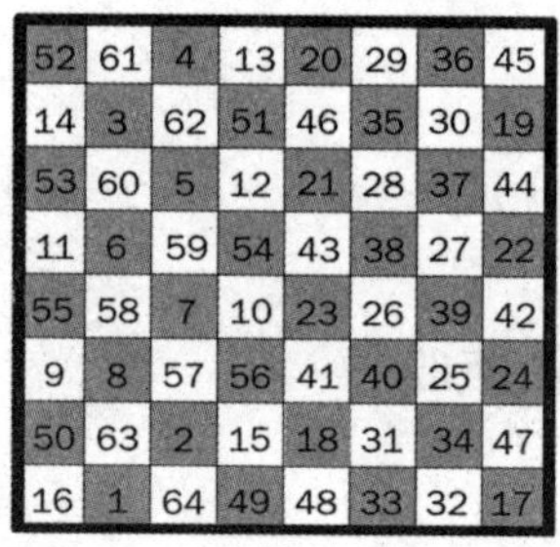

52	61	4	13	20	29	36	45
14	3	62	51	46	35	30	19
53	60	5	12	21	28	37	44
11	6	59	54	43	38	27	22
55	58	7	10	23	26	39	42
9	8	57	56	41	40	25	24
50	63	2	15	18	31	34	47
16	1	64	49	48	33	32	17

012 三阶反魔方

三阶反魔方存在，而且可以有其他答案。

013 多米诺骨牌墙

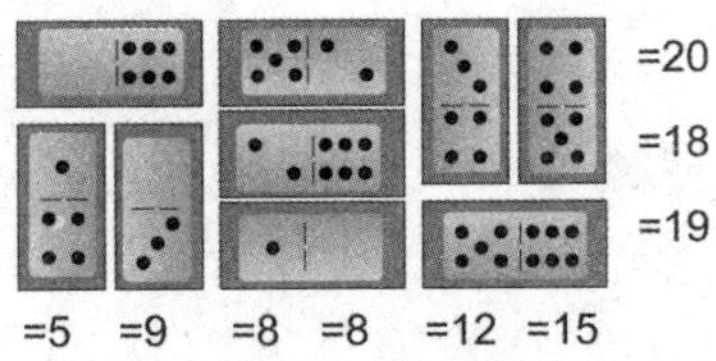

014 符号与数字

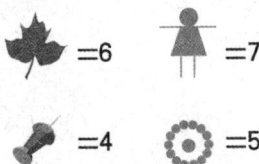

=6 =7

=4 =5

015 数字

答案如下：

```
       147
  25 ┌3675
      25
     ────
      117
      100
     ────
       175
       175
     ────
         0
```

解题步骤：（1）因为第一个值与除数相同，所以，商的第一个值就是 1；（2）根据第二次减运算，可用得知字母 E 肯定是 0，因为字母 FC 原搬不动地放在了下面；（3）字母 FEE 所代表的数字就是 100，而这正是字母 AB 与第二个值的乘积，除数不可以是 0，所以当一个两位数和一个一位数相乘能够得出 100 的只有 25，因此商的第二个值就是 4；（4）在第一次减运算中，字母 GH 与 25 的差是 11，所以字母 GH 肯定是 36；（5）这最后一个字母 C 就是 7、8 或者 9。如果你每一个都试一试，那么，你很快就可以发现只有 7 最合适。

016 五星数字谜题

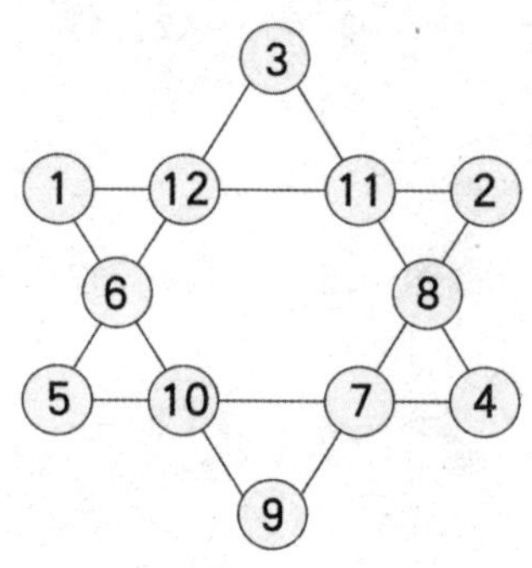

017 送货

总共要转 12 圈半。滚轴每走 1 个单位的距离，传送带就前进两个单位的距离，而滚轴走 1 个单位的距离要转 5/4 圈。

018 完成等式

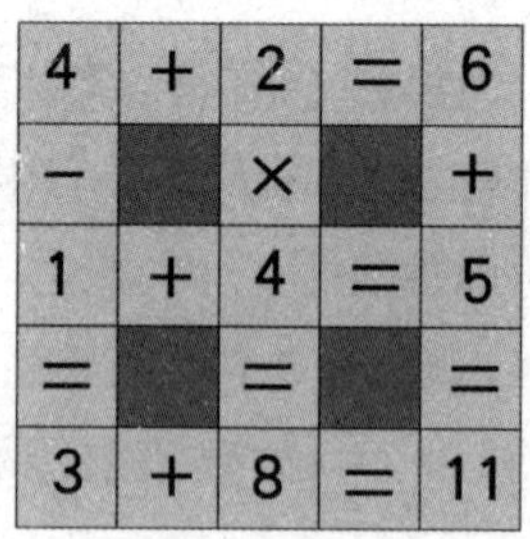

019 合力

可以把每两个力相加，按顺序算出它们的合力，直到得到最后的作用力，或者把它们按照下面所示加起来。

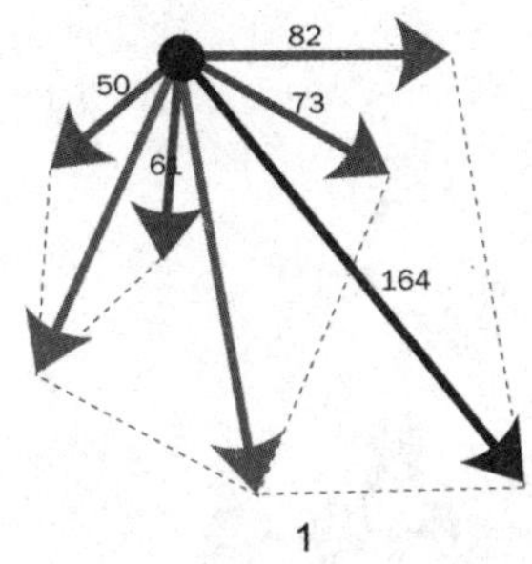

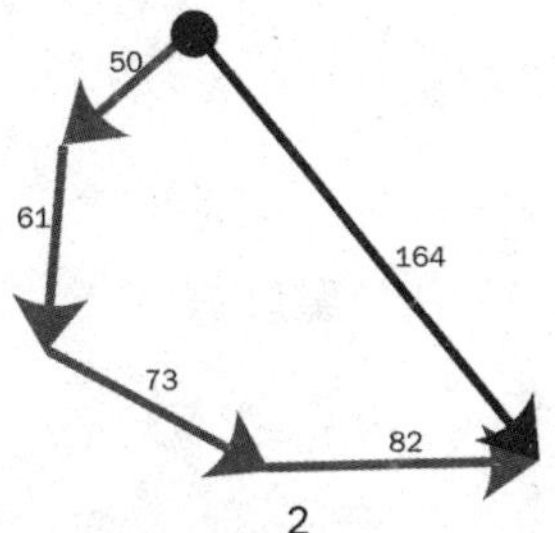

020 魔数蜂巢（1）

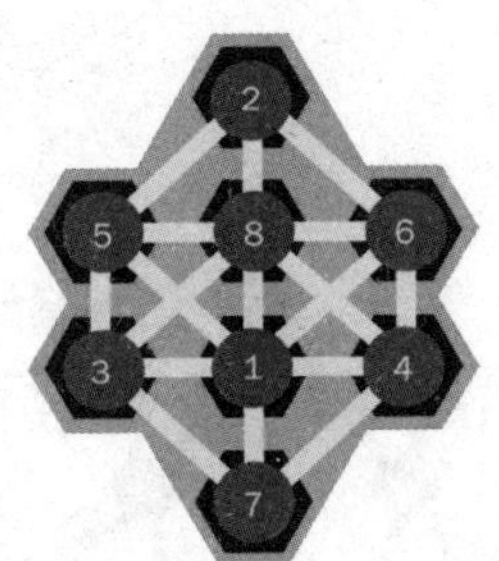

021 魔数蜂巢（2）

022 五角星魔方

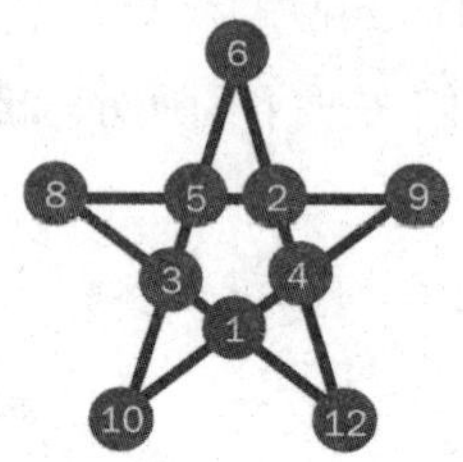

023 六角星魔方

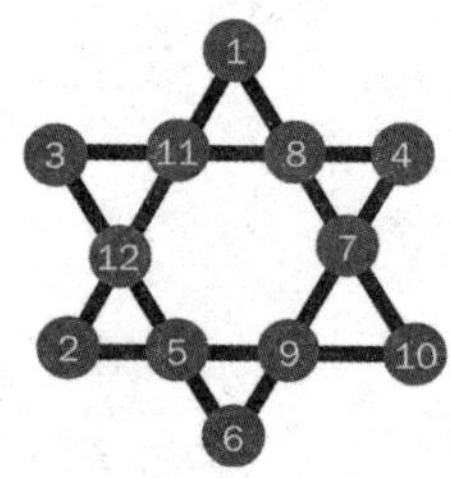

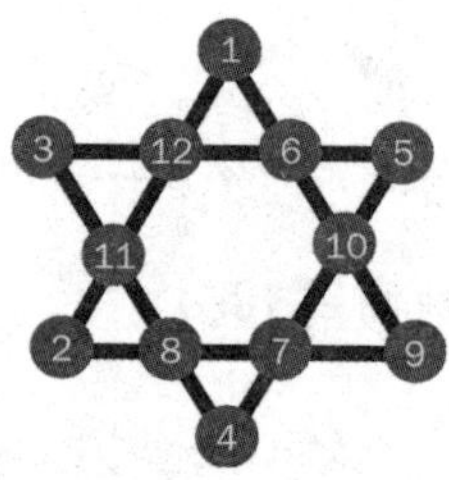

024 七角星魔方

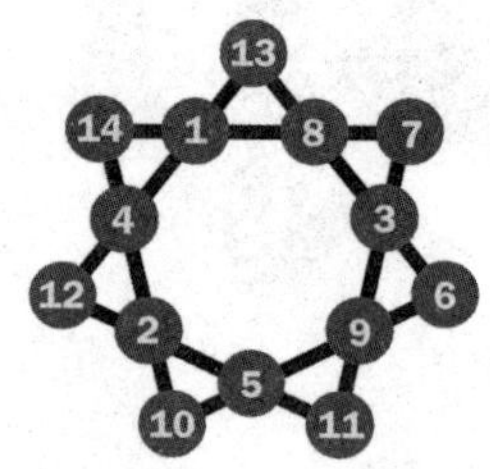

025 六角魔方

这个问题可不简单。一共有 12！（12 阶乘 = 1×2×3×…×11×12 = 479001600）种方法将数字 1~12 填入六角形上的三角形中。这里给出其中一种解法：

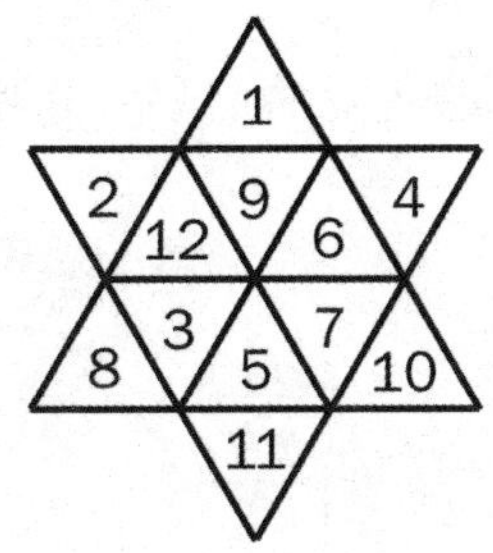

026 完成链形图

71。把前两个数字加起来，就得到第 3 个数字，在链形图中依此计算。

027 代数

4。把相邻两个椭圆中间的两个数字相减，所得结果放在两个椭圆交叉的位置上。

028 路径

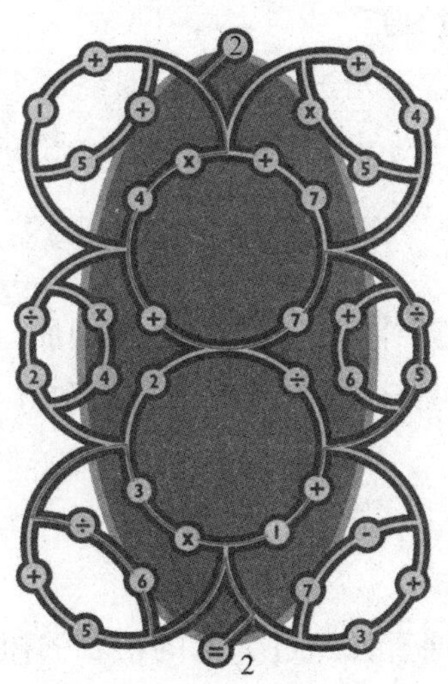

029 完成谜题

6。无论是纵向计算还是横向计算，这些数字相加都等于 15。

030 墨迹

$$\begin{array}{r} 289 \\ +764 \\ \hline 1053 \end{array}$$

031 房顶上的数

175。计算的规则是:（左窗户处的数值 + 右窗户处的数值）× 门上的数值。

032 数字完形（1）

A=4，B=14，C=20。

中间的数字是上下数字的总和与左右数字总和的差的 2 倍。

033 数字完形（2）

16。从三角形左下角进行计算，围绕这个三角形按顺时针方向行进，这些数字分别是 1，2，3，4，5，6，7，8，9 的平方数。

034 数字难题

4。把每个正方形中对应位置的数字相加，左边部分数字的和等于 20，上面的和等于 22，右边部分的和等于 24，下面部分的和等于 26。

035 小狗菲多

菲多被拴在一棵直径超过 2 米的粗壮的树上，所以菲多可以绕着树转一个直径为 22 米的圆，如图所示。

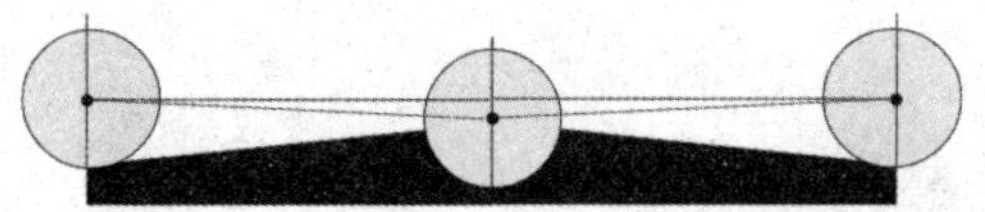

036 数字圆盘

1。在每个圆中，先把上面两格中的数字平方，所得结果相加，就是最下面的数字。

037 求面积

4 个图形的面积分别是 17，9，10，16 个单位面积。

当我们要计算一个小钉板上的闭合多边形的面积时，我们所要做的就是数出这个多边形内（不包括多边形的边线）的钉子数（N），和多边形的边线上的钉子数（B），多边形的面积就等于：$N+B/2-1$。

你可以用本题中的例子来验证一下这个公式。

038 正方形边长（1）

可以放入 7 个等边三角形的最小正方形的边长为 2 个单位。

039 正方形边长（2）

可以放入 8 个等边三角形的最小正方形的边长为 2.098 个单位。

040 金字塔上的问号

设丢失的数字为 X，然后一层层填满空格，那么顶部的数字

就为 $3X+28$。我们知道这个数字等于 112，因而 $3X=112-28=84$，所以 $X=28$。

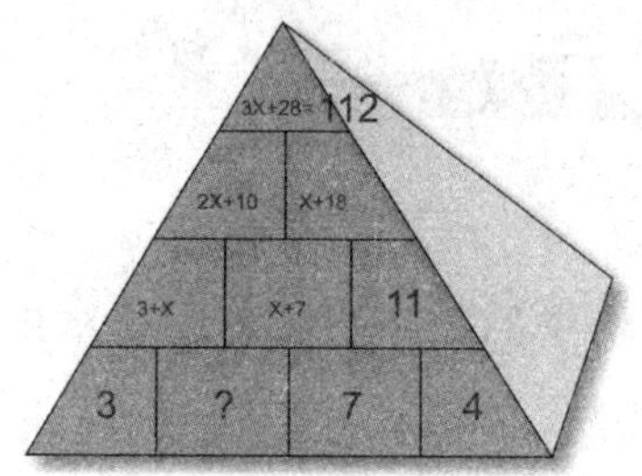

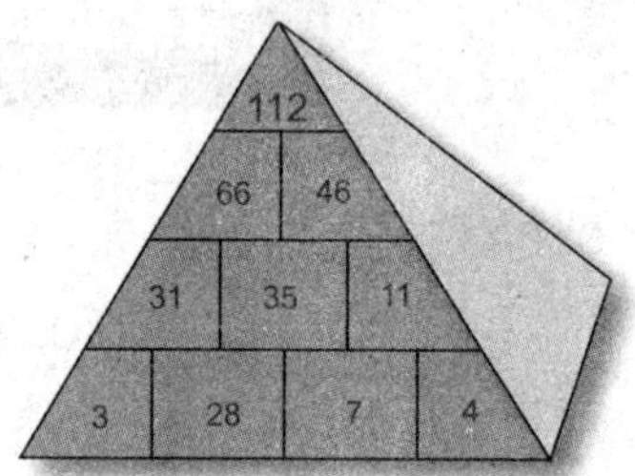

041 大小面积

最小的内接正三角形边长为 1，面积约为 0.4330;

最大的内接正三角形边长为 1.035, 面积约为 0.4641。

内接正三角形的面积计算公式是：$\frac{\sqrt{3}}{4}S^2$

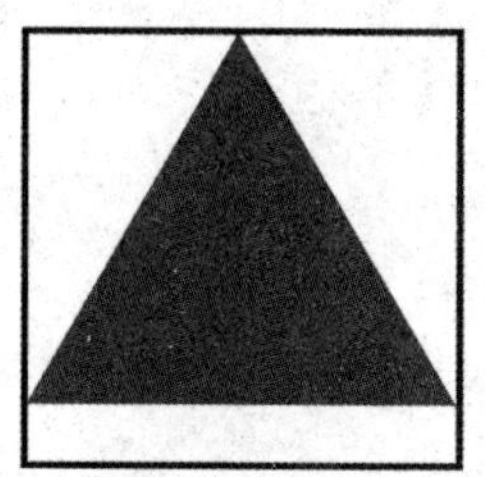

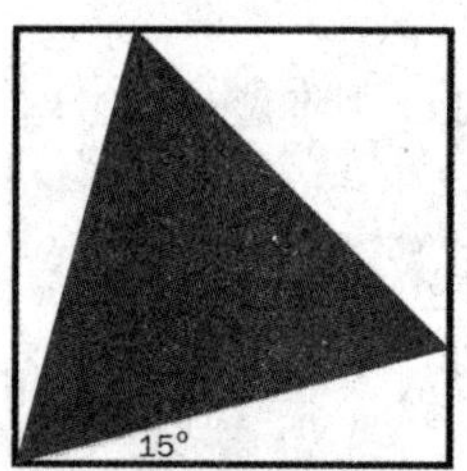

042 年龄

60 岁。如果将他的整个寿命设为“x”年，那么：

他的孩童时期 $=1/4x$

他的青年时期 $=1/5x$

他的成人期 $=1/3x$

他的老年时期 =13

$1/4x+1/5x+1/3x+13=x$

$x=60$

043 超级立方体

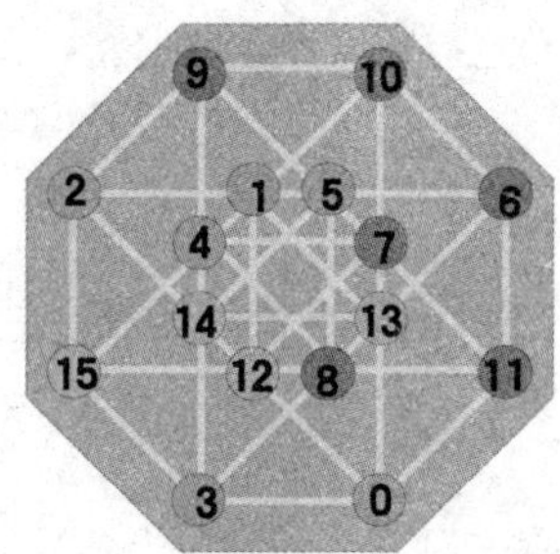

044 结果是 203

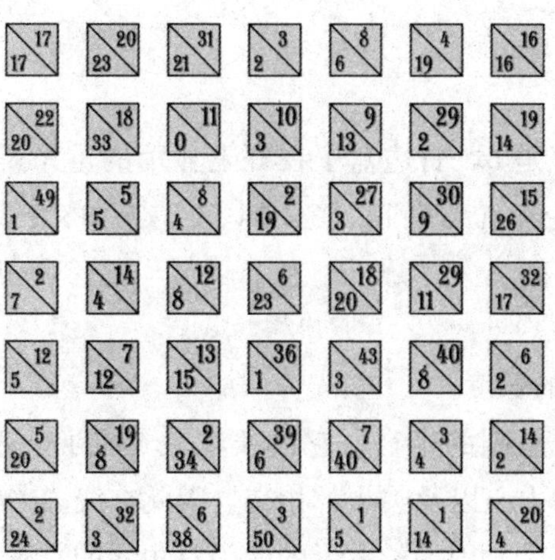

045 重新排列

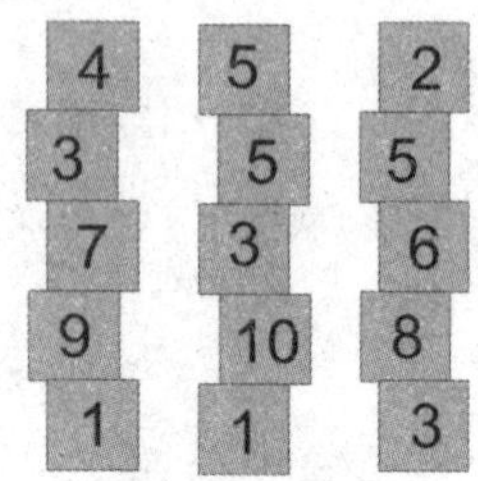

046 两位数密码

11 或 20。将 3 个圆圈内各数位上的数字相加的结果再相加，总数是 19。

047 组合木板

1236 + 873 + 706 + 257 + 82 = 3154，加起来可以精确地达到所要求的长度。

048 平衡

所需数值是 6。右边盒子在秤上显示的重量是 9 个单位，而左边则是 3 个单位。所以，6×9（54）与 18×3（54）可以使秤的两边保持平衡。

049 AC 的长度

线段 *OD* 是圆的半径，它的长度是 6 厘米。*ABCO* 是个长方形，它与圆的中心以及圆边都相交。因此，线段 *OB*，即圆的半径的长度为 6 厘米。因为长方形的两个对角线的长度都相等，所以，线段 *AC* 与线段 *OB* 的长度相等，即 6 厘米。

050 六边形与圆

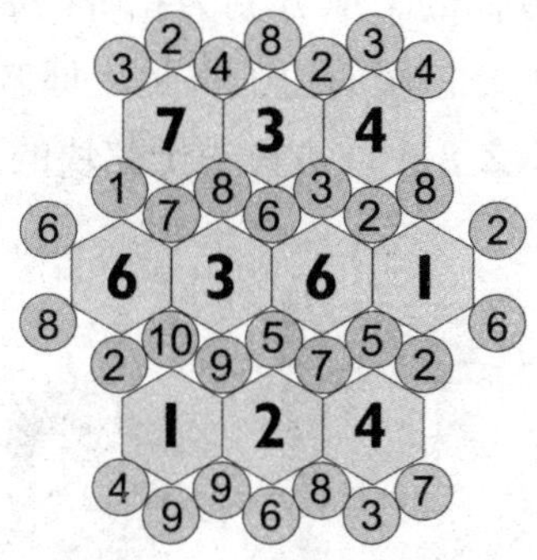

051 距离

49 米。她在各段路上行走的路程依次如下：

$A = 9$ 米；$B = 8$ 米；$C = 8$ 米；$D = 6$ 米；$E = 6$ 米；$F = 4$ 米；$G = 4$ 米；$H = 2$ 米；$I = 2$ 米。

一共 49 米。

052 阴影面积

80 平方米。如果你对这个经过切割的方格进行观察，你会发现在这些复合形状中包括了并行的几对图形，它们可以组合成 4 个正方形。整块土地的总面积是 20 米 ×20 米，即 400 平方米。这 5 个相同的正方形中任意 1 个的面积都是土地总面积的 1/5，即 80 平方米。

053 旗杆的长度

旗杆的长度为 10 米。

旗杆与它影子的比例等于测量杆与它影子的比例。

054 切割立方体

切 3 刀，将立方体的干酪分割为相等的 8 个小立方体。这 8 块立方体的小干酪中每一块的边长都是 1 厘米，因此其表面积也就是 6 平方厘米，那么 8 个立方体小干酪块的总表面积就是 48 平方厘米。

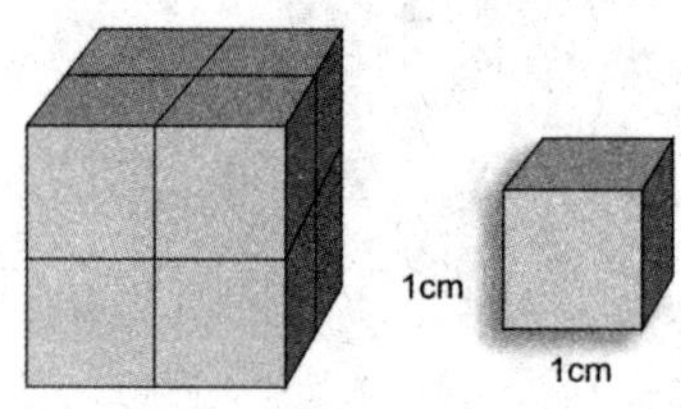

055 射箭

两支箭射中了 8 分区域（得 16 分），7 支箭射中了 12 分区域（得 84 分）。总得分：

16+84=100。

056 裙子降价

25%。

057 链子

把那条带 4 个环的链子拿出来，将上面的 4 个环都打开，这样会花费 4 元。接着，利用这 4 个环把剩余的 5 条链子连在一起；然后，把这 4 个环焊接在一起，这会花费 2 元。所以，一条 29 个节的链子一共会花费 6 元。

058 动物

公园里有 4 只狮子、31 只鸵鸟。以下是解题的方法：因为他算出有 35 个头，所以，最少有 70 条腿。但是，他算出一共有 78 条腿，也就是比最少的数多了 8 条腿，因此，多出的 8 条腿必定是狮子的。8 除以 2 便是四条腿的动物的数量。这样，狮子的数量是 4。

059 自行车

贝蒂骑 1 个小时的自行车后把自行车放在路边，并继续步行 2 个小时，行走 8 千米后到达她的姑妈家；纳丁步行 2 个小时后到达放自行车的地方，然后骑 1 个小时的自行车，这样他就能和贝蒂同时在最短的时间到达姑妈家。

060 网球

因为每场比赛都会淘汰一对选手，既然一共有 128 对选手，那么在冠军队伍产生之前会进行 127 场淘汰赛。

061 苍蝇

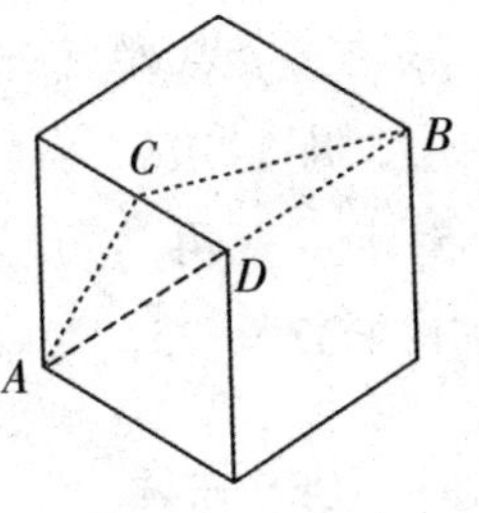

大多数人都认为苍蝇飞行的最短的路线是从 *A* 点先到 *D* 点，然后沿着边飞到 *B* 点。运用勾股定理，线段 *AD* 的长度约为 84.85 厘米（勾股定理是指直角三角形的斜边长度等于另外两条直角边的平方和的平方根）。再加上线段 *DB* 的长度（即 60 厘米），这样，我们得到的总长度为 144.85 厘米。如果，我们从立方体的顶部一条边的中点 C 画出线路 *AC*，它的长度约为 67 厘米，同时，线段 *CB* 的长度也是 67 厘米。这样，我们得到的总长度为 134 厘米，很明显这要比第一条路线要短得多。

062 小甜饼

可怜的阿里阿德涅一共有 15 块甜饼。劳拉得到 7.5 + 0.5，即 8 块甜饼，还剩下 7 块；梅尔瓦得到 3.5 + 0.5，即 4 块甜饼，还剩下 3 块；罗伦得到 1.5 + 0.5，即 2 块甜饼，还剩下 1 块；玛戈特得到 0.5 + 0.5，即 1 块甜饼，而阿里阿德涅则一块也没有。

063 香烟

奈德可以把 10 个烟头中的 9 个卷成 3 支烟。这时，他只剩下一个烟头。当他满足自己的烟瘾之后，他又有 3 个新烟头，这样，他就可以卷第四支烟了。把这支烟吸完后，再加上原来第十个烟头，奈德就剩下两个烟头。他转到和自己相邻的桌子，并且问座位上的人是否可以从他们的烟灰缸里借一个烟头，这样，他就可以卷成第五支烟了。当他抽完这最后一支烟之后，他把这个剩下的烟头还给了刚才借他烟头的人。

064 长角的蜥蜴

这只蜥蜴爬行的正好是一个直角三角形。如果一个直角三 角形的三个点都与一个圆的边相接触，那么，这个直角三角形的长边，即斜边就等于这个圆的直径。所以，圆（窝）的直径就是 5 米（直角三角形的斜边的平方等于两条直角边的平方和，即 42 + 32 = 25，25 的平方根等于 5）。

065 车厢

乘客车厢每个 4 元，买了 3 个（共 12 元）；货物车厢每个 0.5 元，买了 15 个（共 7.5 元）；煤炭车厢每个 0.25 元，买了 2 个（共 0.5 元）。这些费用加起来就是 12 + 7.5 + 0.5 = 20 元。

第 3 章 判断力

001 不同的图形（1）

E。所有图形都可以分为 4 个部分。在前 4 个图形中，都是 1 个部分可以接触到其他 3 个部分，另外 2 个部分只可以接触其他 2 个部分。而在第 5 个图形中，有 1 个部分可以接触到另外 3 个部分，2 个部分可以接触到另外 2 个部分，最后 1 个部分只能接触到其中 1 个部分。

002 不同的图形（2）

C。图形排列顺序相同，排列方向与其他的图相反。

003 构成图案

尽管看上去似乎至少需要 2 种图形，而事实上只要 1 种就够了。比如在第 1 幅图中，你把浅色部分看作背景，那么其余的部分就全部是由右图所示的紫色图形构成的。

004 缺失的字母

U。从左边开始，沿着这条曲线向右进行，这些字母按照字母表顺序排列，每次前移 1 位、2 位、3 位，然后是 4 位，以此顺序重复进行。

005 星星

E。从左上角的方框开始，按照逆时针方向以螺旋形向中心移动。白色圆圈在两个相对应的尖角之间交替，同时，黑色圆圈按逆时针方向每次移动 1 步。

006 对应

E。

007 图形复位

A。下面每个方框中的图形与其上面的图形加在一起可以形成 1 个正方形。

008 多边形与线段

正多边形：6，12。

不闭合多边形：1，8。

闭合多边形：2，3，4，5，6，7，9，10，11，12。

简单多边形：4，5，6，10，11，12。

复杂多边形：2，3，7，9。

复合多边形：3，9。

凸多边形：5，6，10，12。

凹多边形：1，2，3，4，7，8，9，11。

009 星形盾徽

只需 2 张。

010 六边形的图案

只有这个图形是单独的，其他星形都是成对出现的。

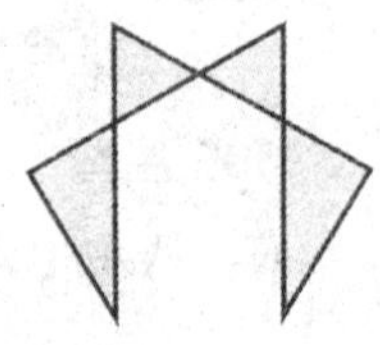

011 不一样的图标

四边形。因为它是个闭合的图形。

012 错误的等式

C。将数字相加，直到得到1个一位数字。比如，A=9（2+9+4+3=18，1+8=9）。

013 拿掉谁

8。这组数列的偶数位遵循这样的公式：把前面的数字乘以2，然后再加1，就等于后面的数字。依次类推。

014 绳子和管道

绳子将与管道分离。

015 贪吃蛇

这些蛇会逐渐相互填满对方的肚子，而且不会再继续吞食任何东西。因此这个圆环也就会停止缩小。

016 最大周长

D。哪个图形中彼此接触的面最少，那它的周长就最长。

017 金鱼

不一致。从鱼身反射出的光线，由水进入空气时，在水面发生了折射，而折射角大于入射角，折射光线进入人眼，人眼逆着折射光线的方向看去，觉得这些光线好像是从它们的反向延长线的交点鱼像发出来，鱼像是鱼的虚像，鱼像的位置比实际的鱼的位置要高。

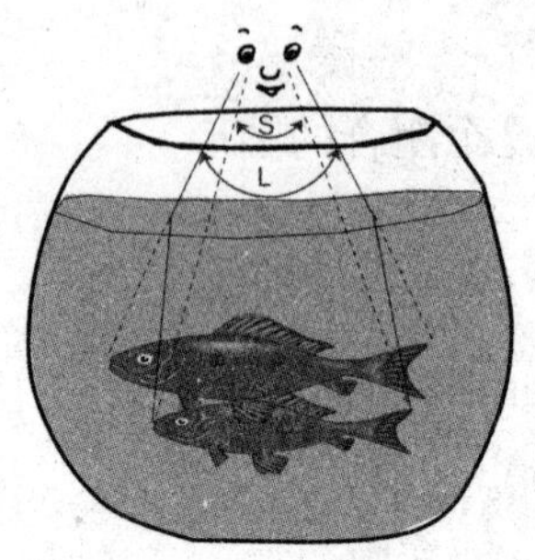

018 判断角度

在图 A 中，红色的角最大，而绿色的角最小。

在图 B 中，各角都是一样大的。

019 幽灵

是一样大的。

020 垂直

下面的线与竖线垂直，上面的线是斜着的。

021 奶牛喝什么

人们总是习惯将“奶牛”“白色”“喝”与“牛奶”而不是“水”联系在一起。通过让人不断重复白色，你强化了这种联系。

022 哪个人最矮

3 个人一样高。

023 几根绳子

只用了一根绳子。

024 哪个更快乐

许多人认为右边的脸看起来快乐一些，实际上两张脸是镜像图。

025 狗拉绳子

如图所示，绳子拉开之后有两个结。

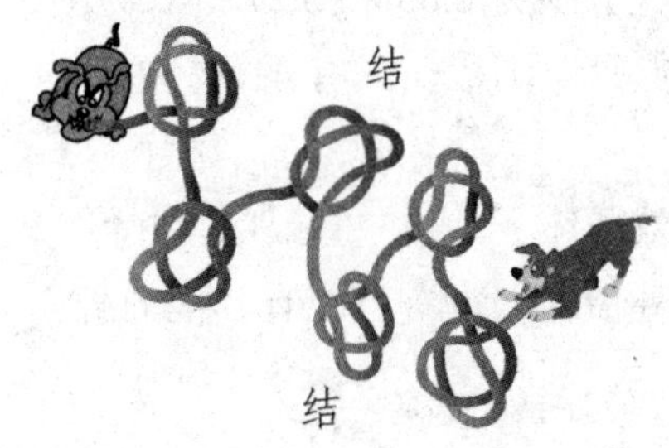

026 不同方向的结

这两个结不能互相抵消，但是可以挪动位置，使两个结位置互换。

027 数字球

26。其他各球中，个位上数字与十位上数字相加结果都等于 10。

028 通往目的地

3 – C。线路 1、2 可到达 2 的位置，线路 2 到达 1 的位置。

029 动物围栏（1）

在面积相等的 3 个围栏中正方形围栏所用的材料最少。

030 动物围栏（2）

关着大象的围栏所用的材料最少。

也就是说，2 个相连的全等图形面积相等时，周长最短的并不是正方形，而是长比宽长 1/3 的长方形。

举个例子，2 个边长为 6 厘米的相连的正方形，面积为 72 平方厘米，而围栏长为 42 厘米。

而 2 个长和宽分别为 6.83 和 5.27 的长方形，面积与上面的正方形是一样的，但是总围栏长只有 41.57 厘米。

031 哈密尔敦循环

这是其中一种情况，也有可能有其他的解。

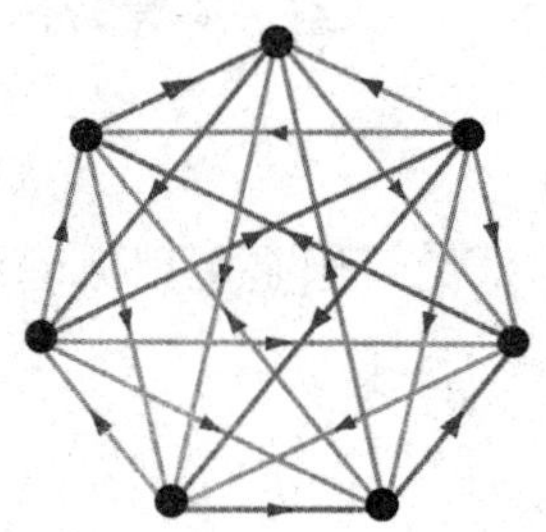

032 与众不同

B。在该项中，没有形成一个三角形。

033 一笔画图（1）

B。

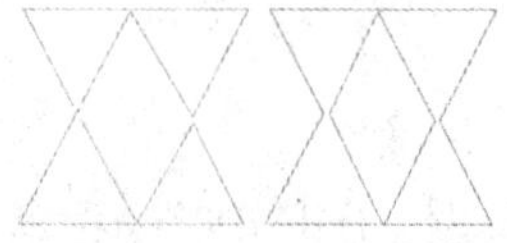

034 一笔画图（2）

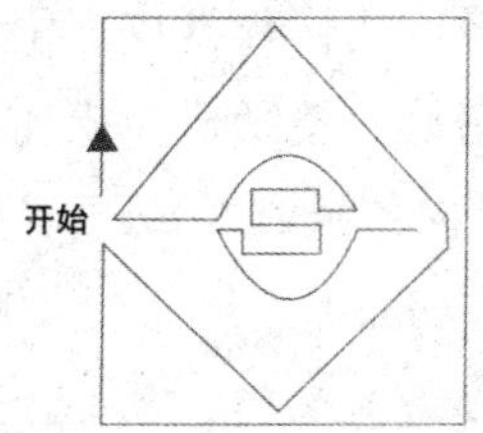

035 组成三角形

A。

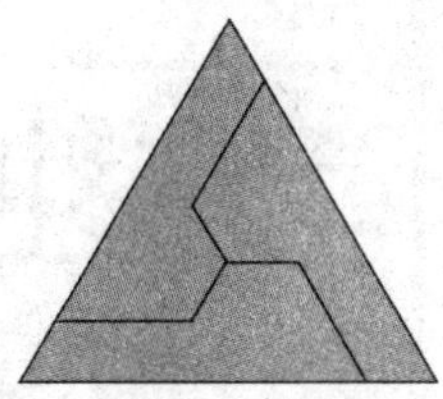

036 最先出现的裂缝

最先出现的那条裂缝是图中间横向的一条，从正方形左边的中间向右延伸到右边离右上角 1/3 的地方。

通常要判断两个裂缝中哪个更早出现并不难：更早出现的裂缝会完全穿过这两个裂缝的交点。

037 图形金字塔

D。每个正方形里的图形是由它下面的 2 个正方形里的图形叠加而成的。而当这 2 个正方形里有相同的符号或线段时，这一符号或线段将被去掉。

038 词以类聚

分为以下几类。

旋转的事物：地球、滑冰选手、陀螺、光盘。

能够挤压的事物：橡皮鸭，牙膏皮、手风琴、海绵。

带有针的事物：指南针、缝纫机、松树、医生。

单词以 X 结尾的事物：狐狸（fox）、狮身人面像（sphinix）、邮件箱（mailbox）、传真（fax）。

039 对称轴问题

如图所示，有两个图案的对称轴不是 8 条。

040 敢于比较

1. 宽尾煌蜂鸟，平均重 3.4 克。五美分硬币重 5 克。

2. 电影的制作费用，近 2 亿 5 千万美元。船的造价是 750 万美元。

3. 自由女神像，1886 年完成。帝国大厦是在 1931 年完成的。

4. 亚洲，1740 万平方英里。月球是 1460 万平方英里。

5. 蓝鲸，最高达 188 分贝，在 500 英里以外都能听到。手提钻的声音最高只有 100 分贝（一般情况下只有 30 分贝）。

041 地理标志

这幅图中隐藏的是意大利的比萨斜塔。

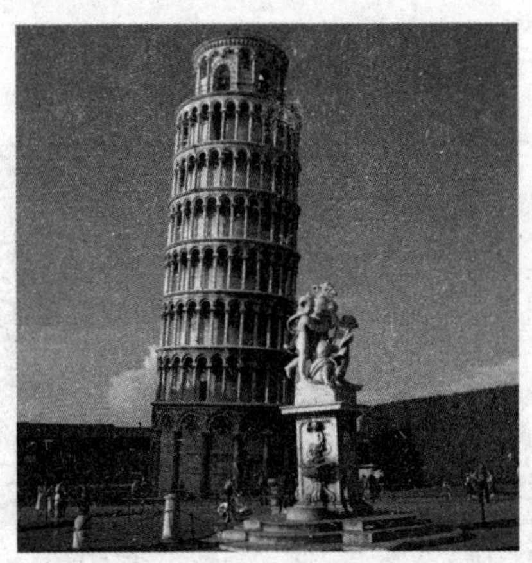

042 找错误（1）

043 找错误（2）

第 4 章 推理力

001 数列对应

B。

002 分蛋糕

你所要做的是把周长分成相等的 5 份（或“n”份，这个“n”是你所要得到的蛋糕块数）。

然后从中心按照一般切法把蛋糕切开。

诺曼 · 尼尔森和佛瑞斯特 · 菲舍在 1973 年提供了证明，证明如下。

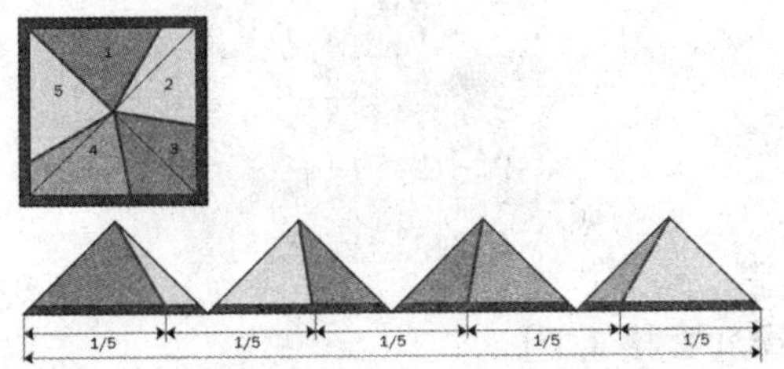

003 发现规律

B。每个小方框里的箭头每次逆时针旋转 90°。

004 猫鼠游戏

不可能做到。

005 箭头的方向

空格中的箭头应该朝西。排列的顺序是：西、南、东、北、北。在第 1 列，此顺序由上而下排列；第 2 列，由下而上排列；第 3 列，再次由上而下排列，往后依次类推。

006 正确的选项

C。数字排列的规则是：每行第 1 个和第 2 个数字之积构成该行最后 2 个数字；第 3 个和第 4 个数字之积构成该行第 6 个和第 7 个数字；第 6 个和第 7 个数字构成的两位数与第 8 个和第 9 个数字构成的两位数的差等于该行第 5 个数字。

007 数独

2	8	9	7	5	1	6	4	3
6	5	1	4	9	3	8	2	7
7	3	4	8	2	6	1	9	5
9	4	5	6	3	8	2	7	1
1	2	6	5	7	9	4	3	8
3	7	8	2	1	4	5	6	9
8	1	7	9	6	2	3	5	4
4	9	2	3	8	5	7	1	6
5	6	3	1	4	7	9	8	2

008 字母九宫格（1）

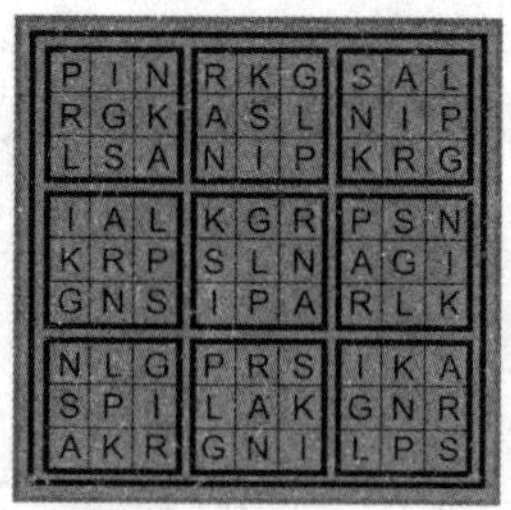

P I N R K G S A L
R G K A S L N I P
L S A N I P K R G
I A L K G R P S N
K R P S L N A G I
G N S I P A R L K
N L G P R S I K A
S P I L A K G N R
A K R G N I L P S

009 字母九宫格（2）

L	N	R	S	A	I	G	P	K
K	S	G	N	P	R	A	I	L
I	P	A	K	L	G	N	S	R
P	R	S	L	N	K	I	A	G
N	A	L	G	I	S	K	R	P
G	I	K	P	R	A	S	L	N
A	K	P	I	L	N	R	G	S
S	G	I	R	K	P	L	N	A
R	L	N	A	S	G	P	K	I

010 字母九宫格（3）

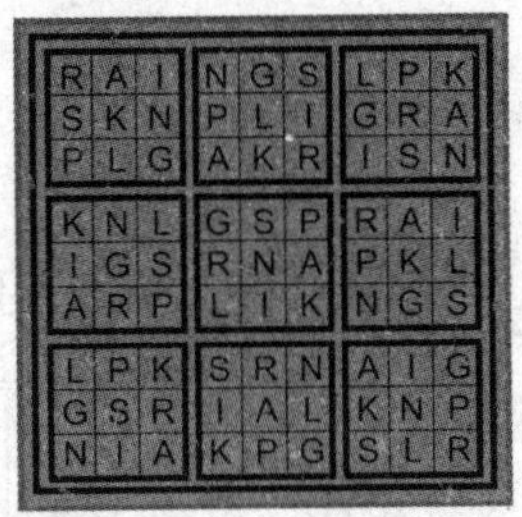

R	A	I	N	G	S	L	P	K
S	K	N	P	L	I	G	R	A
P	L	G	A	K	R	I	S	N
K	N	L	G	S	P	R	A	I
I	G	S	R	N	A	P	K	L
A	R	P	L	I	K	N	G	S
L	P	K	S	R	N	A	I	G
G	S	R	I	A	L	K	N	P
N	I	A	K	P	G	S	L	R

011 折叠

E。

012 扑克牌（1）

黑桃 3。把图形垂直分成两半，在每半部分中，以蛇形和梯子形进行，以左上角的牌为起点向右移动，然后下移 1 行向左移动，最后移到右边。左半部分牌的数值以 3 和 4 为单位交替增加，右半部分牌的数值以 4 和 5 为单位交替增加。下面让我们再来计算花色吧，仍然以蛇形和梯子形进行，从整个图形的左上角开始向下移动，然后右移1格从下向上进行，依次类推。这些牌的花色按这样的顺序排列，从红桃开始，然后是梅花、方片和黑桃。

013 扑克牌（2）

梅花9。把红色扑克牌看成是正数，把黑色扑克牌看成是负数。在图中每列扑克牌中，最下面一张牌等于上面两张牌数值的和。每列牌的花色交替重复。

014 逻辑图框

4。不同数字代表叠加在一起的四边形的个数。

015 组合瓷砖

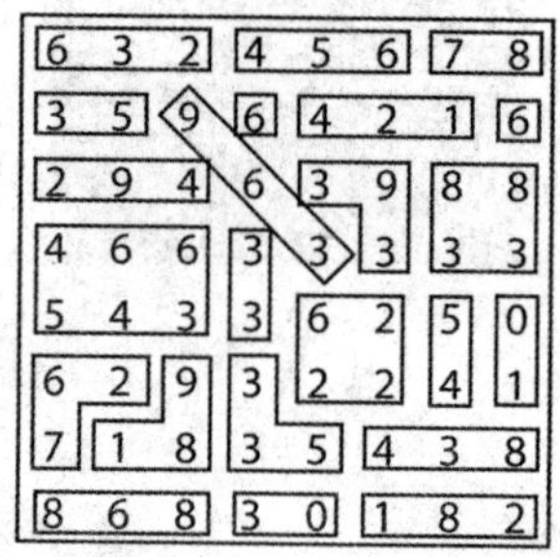

016 帕斯卡定律

我们必须记住的是水压所产生的巨大力量是以距离为代价的。

因此，大活塞每活动1个单位距离，那么小活塞应该要活动7个单位距离。

加在小汽缸上的压力应该是7个单位，那么这个压力能够举起的重量应该是49，也就是7倍。

017 画符号

从左向右横向进行，把前两个图形叠加在一起，就可以得到第 3 个图形。

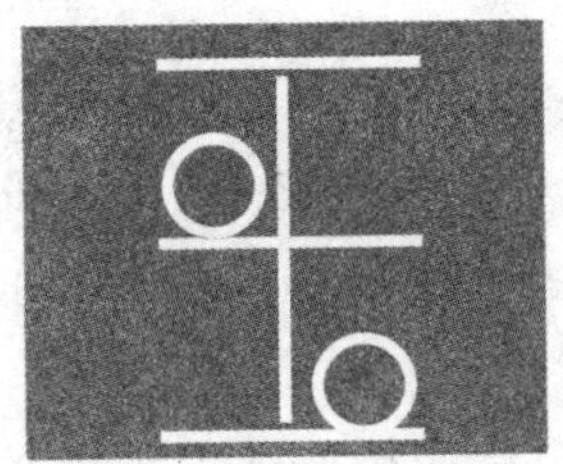

018 链条平衡

链条会开始向空盘的这一端滑动，直到左端的“臂”要比右端更长。

019 连续八边形

B。正方形按照顺时针方向每步移动 2 格，圆圈按照逆时针方向每步移动 3 格，同时，三角形在 2 个相对且位置固定的格内交替移动。

020 洪水警告

不正确。随着水平面上升，指示标指向“干旱”。

021 字母游戏

字母 B。字母按照字母表的顺序排列，但中间跳过了 1 个字母。顺序是从方框左上角开始往下，然后从第 2 列的底部往上，再从第 3 列的顶部往下，最后从第 4 列的底部往上。

022 下一幅

A。大图形每次顺时针旋转 90°，小图形每次顺时针旋转 120°。

023 对号入座

B。第 1 排和第 2 排叠加得到第 3 排，相同的图形叠加不显示。

024 取代

F。每一个模块包含的都是它下面两个图形中共同出现过的图案。

025 归位

D。每个多米诺骨牌数字（包括空白）在每行、每列中只出现 1 次。

026 彼此对应

C。

027 填充空格

横向进行，把左右两边的图形叠加在一起，就可以得到中间的图形。应填入图形如图所示。

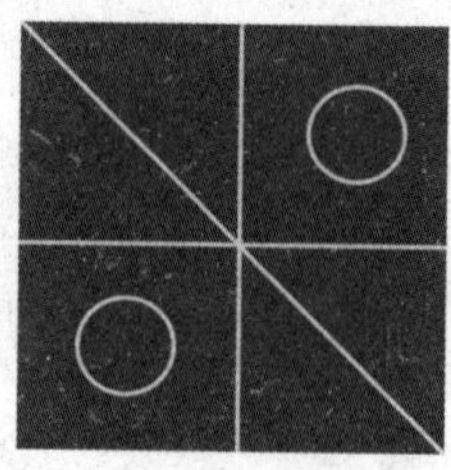

028 树形序列

48。这 6 个数字都可以用于飞镖记分。

60（20 的 3 倍），57（19 的 3 倍），54（18 的 3 倍），51（17 的 3 倍），50（靶心）及 48（16 的 3 倍）。

029 下一个

1535。这是一个 24 小时制钟表显示的时间，每一格增加 75 分钟。

030 铅笔游戏

V。这种排列是根据字母表中字母的顺序而排定的。“拐弯之处”的字母是由指向字母的铅笔数引出的。

看一下字母 L（哪个都可以）。字母 L 前进到了字母 M。但是，字母 M 却并没有前进到字母 N，这是因为有两支指向 O 的铅笔，于是字母 M 就跳了 2 步，前进到字母 O。运用同样的原理，字母 O 前进了 3 步到了字母 R，字母 R 则前进了 4 步到了字母 V。

031 外环上的数

40。按顺时针方向，每边外侧两个数字之和为下一条边上中间数字。

032 恰当的数字（1）

4。在每个图形中，左边 2 个数字的和除以右边 2 个数字的和，就得到中间的数字。

033 恰当的数字（2）

B。顺时针读，数字等于前一个图形的边数。

034 密码

1. 每个字母有 26 种可能，每个数字有 10 种可能，那么密码的可能性有：

$P=26\times26\times26\times10\times10$

$=26^3\times10^2=1757600$ 种

2. $P=26\times25\times24\times10\times9$

$=1404000$ 种

3. $P=1\times25\times24\times10\times9$

$=54000$ 种

035 逻辑数字

1. 28　（×3）+1
2. 6　（–5）×2
3. 11　（×2）+7
4. 22　（×2）–2
5. 13　（÷2）+6
6. 17　（–7）÷2
7. 20　（–4）×2
8. 20　原数的平方 +4
9. 8　将原数开方 +3
10. 4　原数的平方 –5
11. 80　（+8）×5
12. 36　（–11）×4

13. 62　　（×6）+8

14. 71　　（×4）–13

15. 13　　（÷4）+3

16. 19　　（÷5）–3

17. 36　　（–13）×6

18. 162　（+3）×9

19. 361　+2，再平方

20. 6　　–4，再开方

036 恰当的符号

F。

037 解开难题

4。将第 1 条斜线上的 3 个数字每个都加 5，得到的结果为第 2 条斜线上对应的数字，再将第 2 条斜线上的数字每个都减 4，即得到第 3 条斜线上的数字。

038 最后的正方形

2。在每个正方形中，外面三个角上的数字之和除以中间角上的数字，所得结果都是 6。

039 数字盘

72。将数字盘上半部分中的数字乘以一个特定的数，得到的积放入对应的下半部分的位置。第 1 个数字盘中乘的特定数字为 3，第 2 个为 6，第 3 个为 9。

040 图形推理

1 个全满的圆。观察三角形顶角，从前 1 个到后 1 个，刚好增加 1/4 份。同样道理，比较各个三角形的下角，从前 1 个到后 1 个，也是刚好增加 1/4 份，全满后又重新开始。

041 缺少的数字

1。把每排数字当成 1 个三位数，从上到下分别是 17，18，19 的平方数。

042 环形图

7。内环每个部分的数字都等于对面位置上外面的 2 个数字之和。

043 滑轮方向

按顺时针方向旋转。

044 填补空白

B。这样每个横排和竖排上都有 10 个点。

045 填入数字

17358。所有奇数加 1；所有偶数减 1。

046 轮形图

7。把每个部分外边的 2 个数字相加，再把得到的结果写在对面的中心位置上。

047 城镇

1. F　　2. B　　3. E　　4. F　　5. C

048 空缺图形

在每行中，从左边的圆圈开始，沿着顺时针方向增加 1/4，即得到下一个图形，圆圈的颜色互相颠倒。

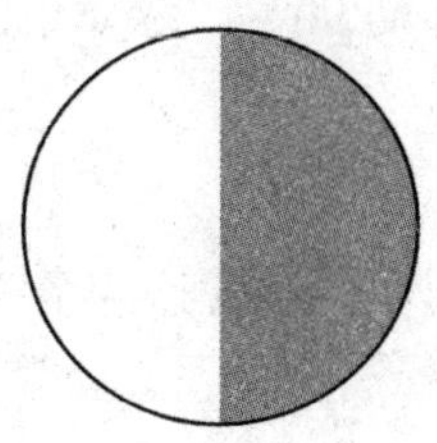

049 数字与脸型

2。表情代表的是数字，根据其内部含有的或者周边增加的元素而计（不包括头本身）。将顶部代表的数字与右下角代表的数字相乘，除以左下角代表的数字，便得到中间的数字。

050 青蛙序列

66。从左向右计算，把前一个数字乘以 2，再减去 2，就得到下一个数字。

051 数字难题

2。在每个图形中，中间的数字等于左右两边的数字之和减去上下 2 个数字之和。

052 数字与图形（1）

3。这里有 4 个面，其中的数字显示的是所叠加在一起的面的数量。

053 数字与图形（2）

2。其中的数字等于叠加在一起的面的数量。

054 泡泡问题

D。蓝色圆顺时针移动 90°，绿黄色的圆顺时针移动 135°。

055 缺失的符号

B。每一行和每一列中都包含这 4 个符号。

056 曲线加法

A。

057 数学公式

C。三角形中间的数字为顶上各数平方数的和。

058 下一个图形

D。没有点的三角形保持在原来的位置，有点的三角形顺时针旋转，落到不动的 2 个三角形最近的 1 条边上。

059 填补圆中问号

B。圆点的位置每隔 4 个部分重复 1 次。

060 按键（1）

第 5 行第 3 列的 2R。

061 按键（2）

第2行第2列的1D。

062 错误的方块

A1。

063 序列格

问号处将出现的是三角形。谜题的方格中填满了一系列图形序列，第1个序列为1个正方形，与之相邻的第2个序列中包括了1个正方形+1个圆形，第3个序列则扩展到了1个正方形+1个圆形+1个三角形，第4个序列为正方形+圆形+三角形+三角形，依次类推，第6个序列是正方形+圆形+三角形+三角形+圆形+圆形，从而可以确定出第7个序列中的问号处出现的应该是三角形。

064 延续数列

D。每一列都是去掉前一列的最小值，然后将其剩下的数字颠倒排列而成的。

065 符合规律

D。秒钟数朝前走30，朝后走15，交替变化。分钟数朝后走10，朝前走5，交替变化。时钟数朝前走2，朝后走1，交替变化。

066 逻辑表格

4，8。计算的规则是：（A×B）－（C×D）＝EF。

067 数字箭头

14。计算的规则是：每一行左边的数字与 3 的商再加上 4 等于中间的数字；再将中间的数字重复上面的计算步骤，结果便是该行右边的数字。那么，问号处的数字计算如下：

78 ÷ 3 = 26；

26 + 4 = 30；

30 ÷ 3 = 10；

10 + 4 = 14。

天才大脑潜能开发

右脑训练开发

启 文 编著

中国出版集团
中 译 出 版 社

图书在版编目（CIP）数据

天才大脑潜能开发 . 右脑训练开发 / 启文编著 . -- 北京：中译出版社，2019.12
ISBN 978-7-5001-6176-9

Ⅰ . ①天… Ⅱ . ①启… Ⅲ . ①智力开发－普及读物 Ⅳ . ① G421-49

中国版本图书馆 CIP 数据核字 (2019) 第 284554 号

天才大脑潜能开发
右脑训练开发

出版发行：中译出版社
地　　址：北京市西城区车公庄大街甲 4 号物华大厦 6 层
电　　话：（010）68359376，68359303，68359101
邮　　编：100044
传　　真：（010）68357870
电子邮箱：book@ctph.com.cn
总 策 划：张高里
责任编辑：林　勇
封面设计：青蓝工作室
印　　刷：三河市华晨印务有限公司
经　　销：新华书店
规　　格：880 毫米 ×1230 毫米　1/32
印　　张：36
字　　数：660 千字
版　　次：2019 年 12 月第 1 版
印　　次：2019 年 12 月第 1 次

ISBN 978-7-5001-6176-9　　　定价：178.80 元（全 6 册）

前　言

著名科学家霍金曾经说过，有一个聪明的大脑，你就会比别人更接近成功。大脑不仅控制着人的思想，还控制着人的感觉、情绪以及身体的各种反应，最终主宰着人一生的发展。

人类的大脑有着无穷的潜力。遗憾的是，对于大脑的这种巨大潜能，我们并没有充分开发。科学家调查结果表明，到目前为止，人类的大脑不过才开发了 5%，即使像爱因斯坦这样的科学精英，大脑的开发程度也只有 13% 左右。实践证明，合理开发左右脑，适时地进行头脑思维训练，可以迅速提升人的心智，使人们具有更强的理解力和创造力，让每个人的潜能都得到充分的发挥。

为了帮助人们更全面科学地开发自身的大脑潜力，立足于左右脑分工的理念，结合认知能力与认识特点，我们特别编写了《右脑训练开发》一书。本书荟萃了古今中外众多思维训练题，包括算术类、几何类、文字类等各种思维游戏，每一个游戏都能让读者在娱乐中带动思维高速运转，在强化右脑的基础上，让右脑和左脑交互作用，从而提高观察力、想象力、创造力、记忆力等多种思维能力，充分开发你的右脑，彻底唤醒你沉睡的右脑。此外，在本书的最后还配有详尽的解析和参考答案，以利于读者更好地掌握本书内容。

书中近 300 道训练题难易有度，有看似复杂却非常简单的推理问题，有让人着迷的图形难题，有运用算数技巧与常识解决的谜题等。无论大人、孩子，都能在此找到适合自己的题目。

在解决问题的过程中，你需要大胆地设想、判断和推测，需要尽量发挥想象力，突破固有的思维模式，充分运用创造性思维，多角度、多层次地审视问题，将所有线索纳入你的思考范围。这些精彩纷呈的训练题将让你在享受乐趣的同时，彻底地带动你的思维高速运转起来，充分发掘大脑潜力，让你越玩越开心，越玩越聪明，越玩越优秀。

无论你是 9 岁，还是 99 岁，对于任何一个想改变思维方式的人来说，本书都是不二的选择。你可以利用点滴时间阅读和练习，既可把它作为专门训练，也可把它当作业余消闲。相信阅读完本书，你将会思维更缜密，观察更敏锐，想象更丰富，心思更细腻，做事更理性，心情更愉快。

目 录

第一章　观察力

001 中心方块

中心小方块是不是比周围的区域暗？

002 灰色条纹

左右两个灰色竖条纹的灰度一样吗？

003 倾斜的棋盘

棋盘中每个小棋子的亮度相同吗?

004 双菱形

图中两个菱形的亮度相同吗?

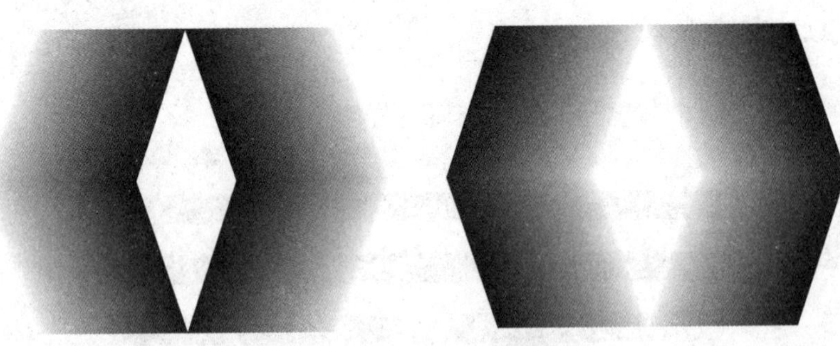

005 圆圈

看到圆圈了吗？这些圆圈是不是比背景亮一些？

006 赫尔曼栅格

看到交叉处的灰点了吗？仔细看它并不存在。你能解释这个现象吗？

007 闪烁的栅格

转动眼球，联结处会闪烁，闪烁的位置也不断改变。如果凝视任何交叉点，那个点就不再闪烁。你能解释这个现象吗？

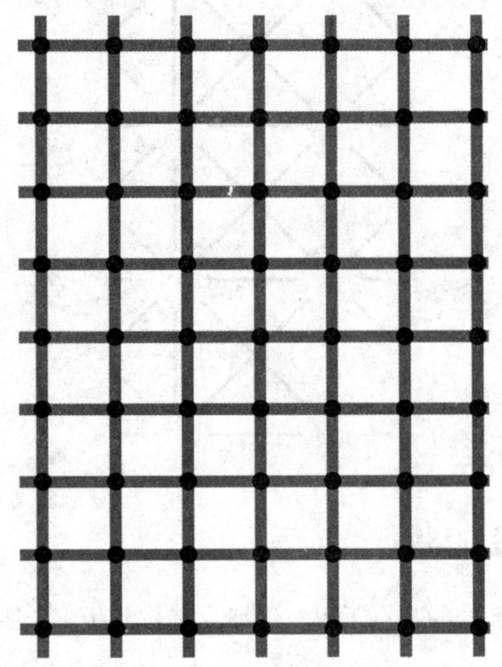

008 闪烁的点

在这幅闪烁栅格的变化中，当转动眼球观察图片时，会有什么变化？如果你注视圆心，又会有什么变化呢？

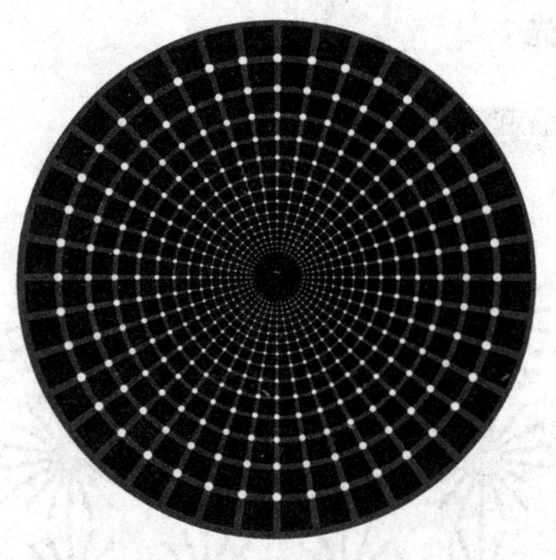

009 神奇的圆圈

扫视图片，每个圆圈中会出现小黑点。你能看到吗？

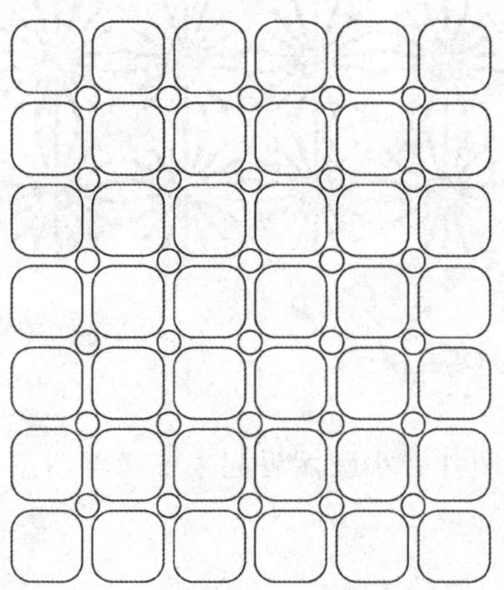

010 闪烁发光

这些圆圈看起来在闪烁吗?

011 小圆圈

环顾这张图片，小圆圈看起来好像忽明忽暗。你能感觉到吗?

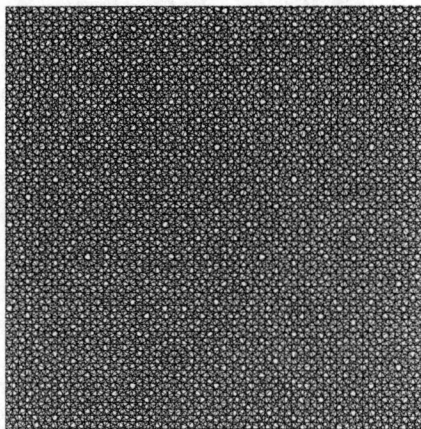

012 线条

这些竖线条是直的还是弯曲的?

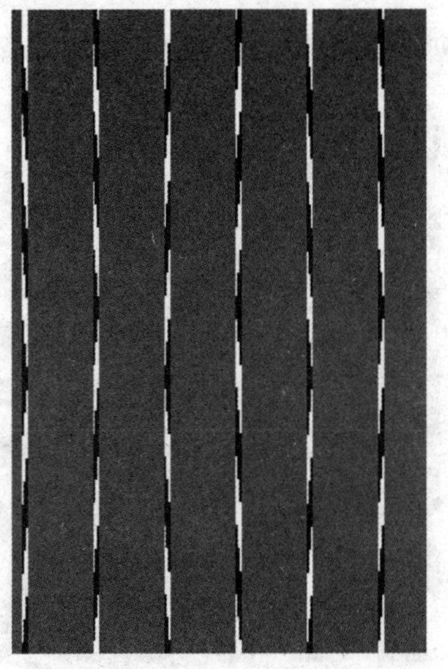

013 螺旋

这是一个螺旋还是一个个的同心圆?

014 线条组成的圆

图中由一系列线条组成的圆是同心圆还是弯曲的圆呢?

015 图像

这幅图像竖直和水平的边缘是扭曲的还是直的？

016 小方块

图中每排或每列的小方块是呈直线排列还是弯曲排列？

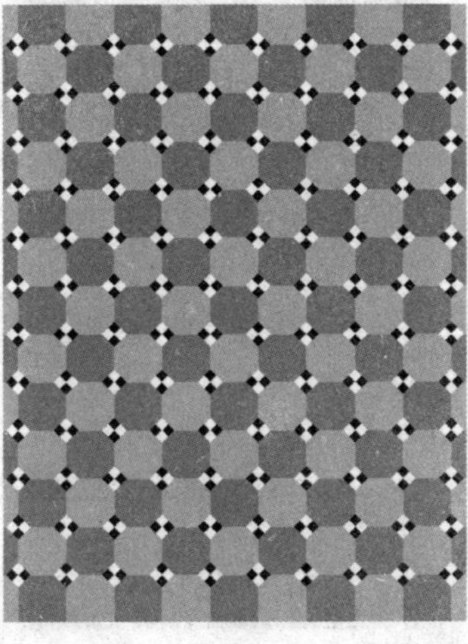

017 线

图中水平方向的线是倾斜的还是彼此平行的?

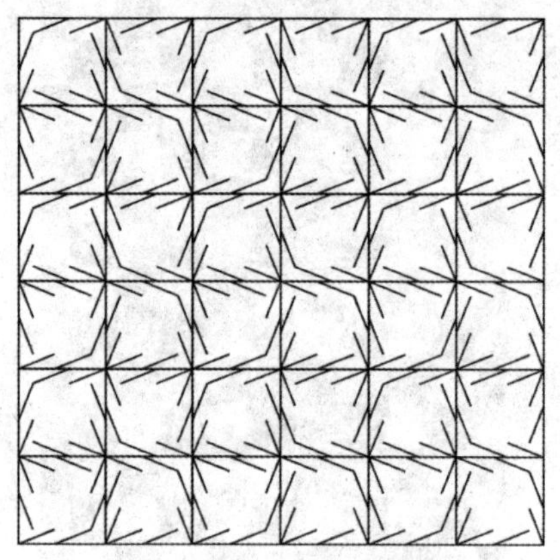

018 面孔

你应该一眼就能看到图中的高脚杯,那么,你能看到两个人的轮廓吗?

019 单词

这个图形中有Figure和Ground两个单词，你看出来了吗？

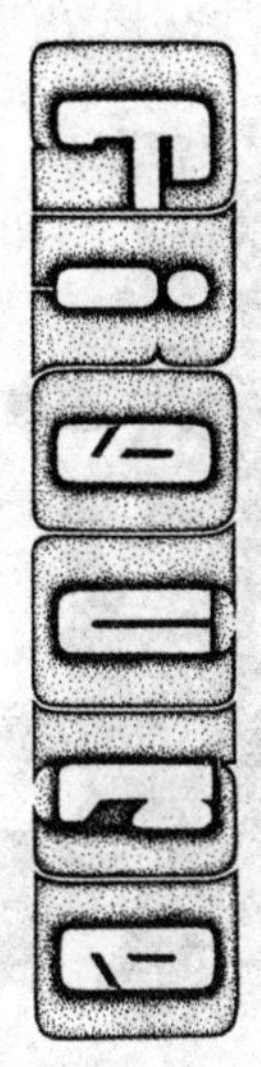

020 鱼

凝视这幅图中的鱼，它们向哪个方向游呢？

021 萨拉与内德

你能找到一张女人的脸和一个萨克斯演奏家吗？萨拉是一个女人的名字，内德是吹萨克斯的男人。

022 猫和老鼠

在图中，你能看到老鼠吗？

023 圣乔治大战恶龙

你能发现圣乔治的肖像和他与恶龙大战的场景吗?

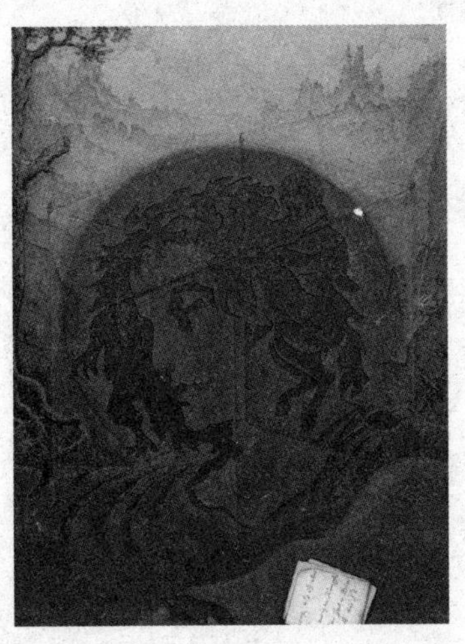

024 坟墓前的拿破仑

你能找到站在自己坟墓前的拿破仑吗?

025 紫罗兰

你能找到藏在紫罗兰中间的拿破仑、他的妻子和儿子的轮廓吗？

026 虚幻

你能看到骷髅头吗？

027 高帽

帽子的高度是不是比宽度长？

028 单词接力

请你把图片对应的单词填到它旁边的空格里，每空一个字母。注意，相邻单词之间会有交集。所以，填出来一个词，另外一个词你也就很容易猜出来了。按照顺时针的方向，把它们都找出来吧！

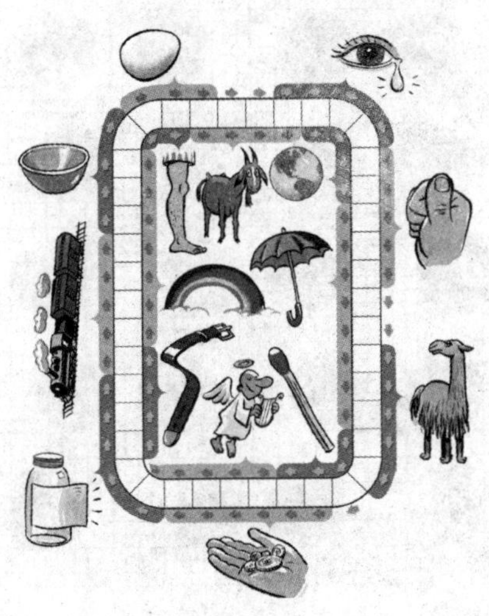

029 三维立方体

这些立方体是凸出纸面的还是凹进去的？

030 球

网格上所有球的深度一致吗？

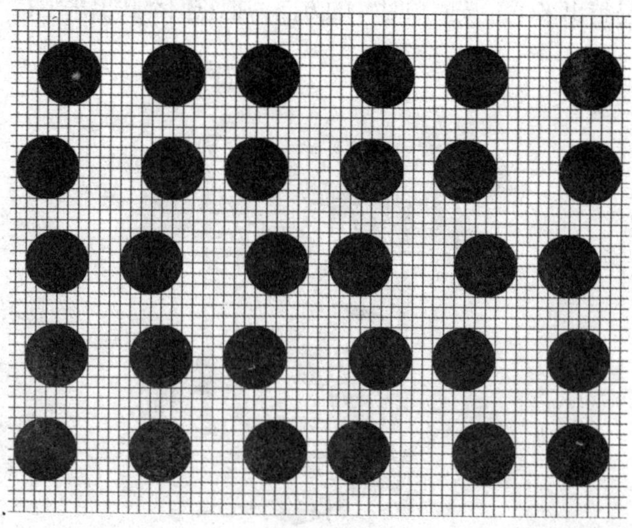

031 “雪花”

图中“雪花”的深度一样吗？

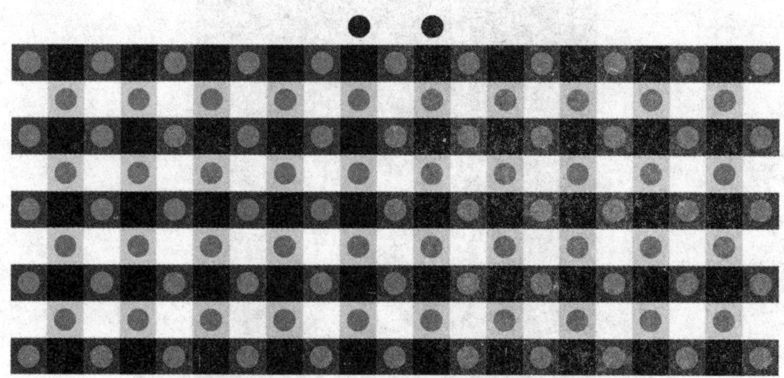

032 三维图

在下图中你看到了什么？

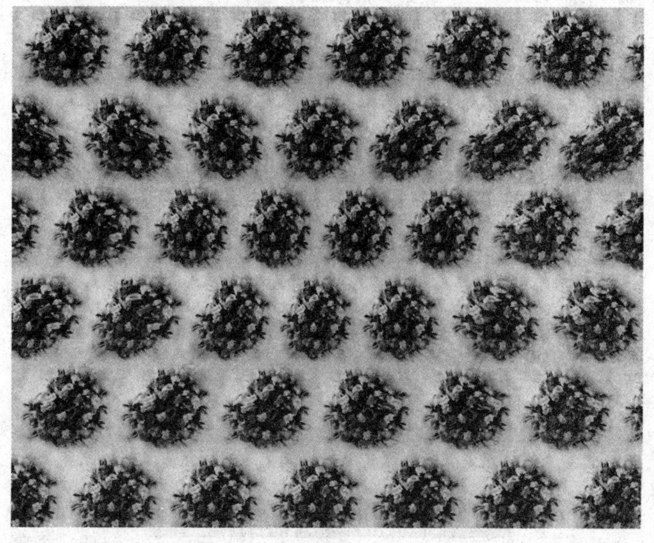

033 玫瑰

仔细观察下图，你会看到什么？

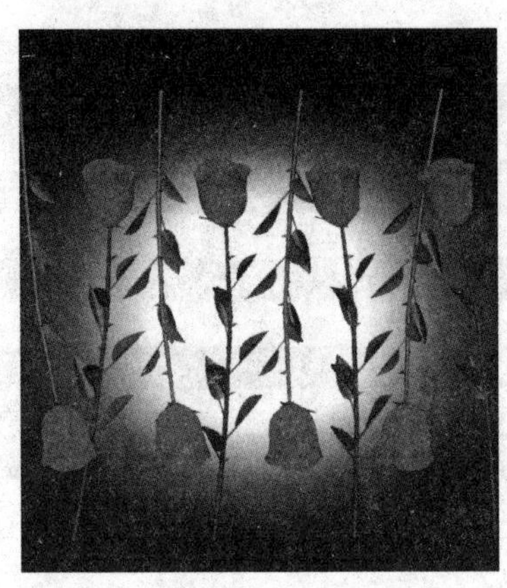

034 墙纸

仔细观察下图，你会看到什么？

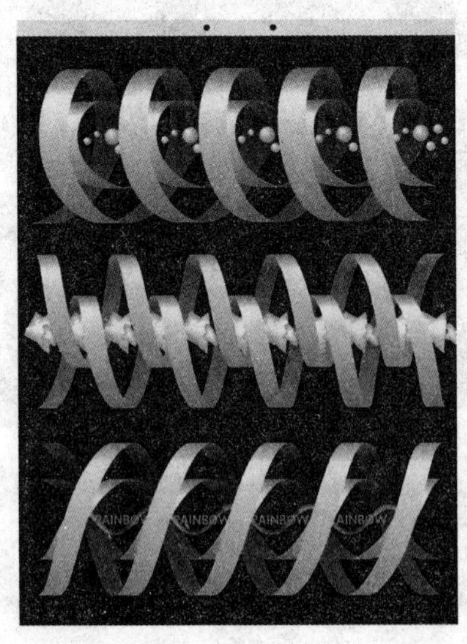

035 同心圆

如果车轮绕着圆心旋转，你会产生什么感觉？

036 “8”

将此图向左或向右转动，你会看到什么？盯着中心点看，会发现光束绕中心点慢慢转动。将目光移至中心点左侧或右侧，你会看到什么呢？

037 波

来回移动视线，你看见了什么？

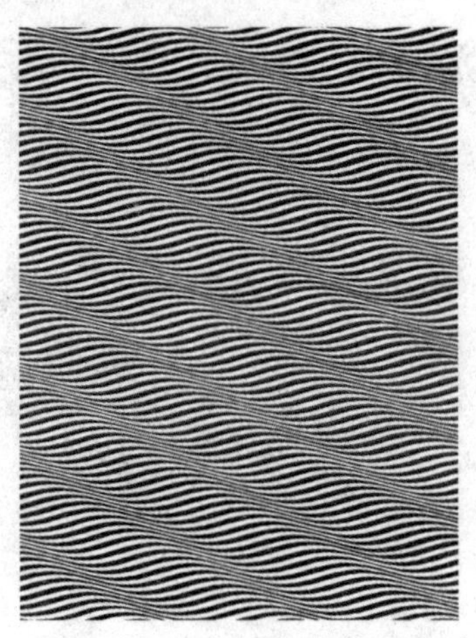

038 线条的分离

如果上下移动图片，你能看到什么？如果左右移动图片呢？

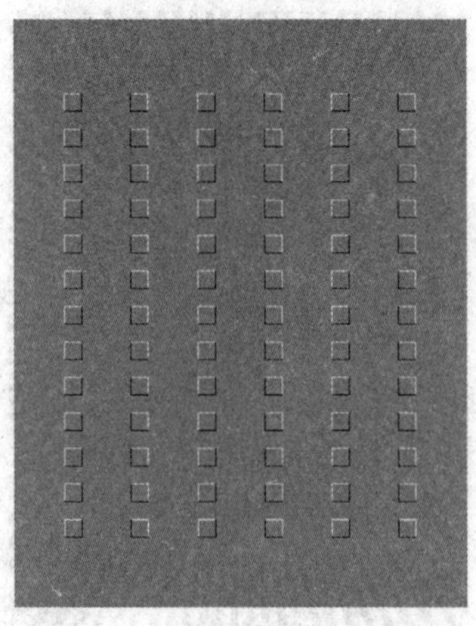

039 旋涡

头部前后移动观察图片，它会有什么变化呢?

040 方块

仔细观察图片，它会有什么变化呢?

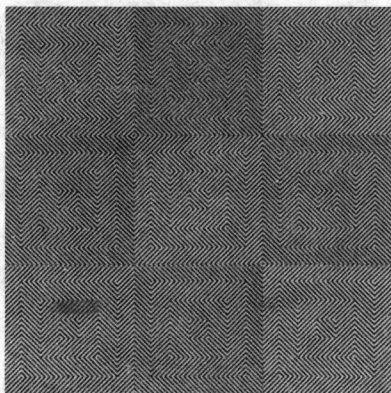

041 轮子

仔细观察图片，会发生什么变化呢？

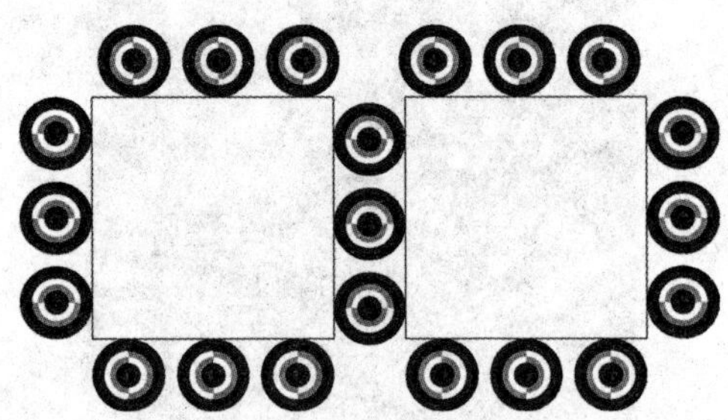

042 涡轮

仔细观察图片，会发生什么变化呢？

043 壁画

仔细观察，这幅大教堂中的壁画哪里不对呢？

044 贺加斯的透视

你能从图中找出几处透视错误呢？

045 三角形

这是奥斯卡·路透斯沃德的一幅三角形精简图。这个三角形有可能存在吗?

046 小物包大物

图中所示的景象在现实中可能吗?

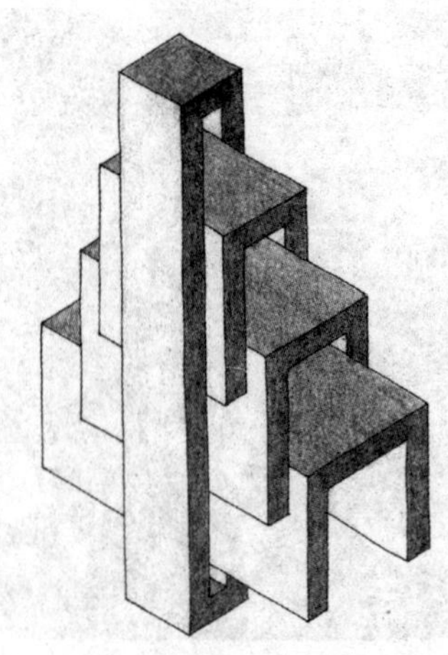

047 扭曲的三角

这幅图有问题吗?

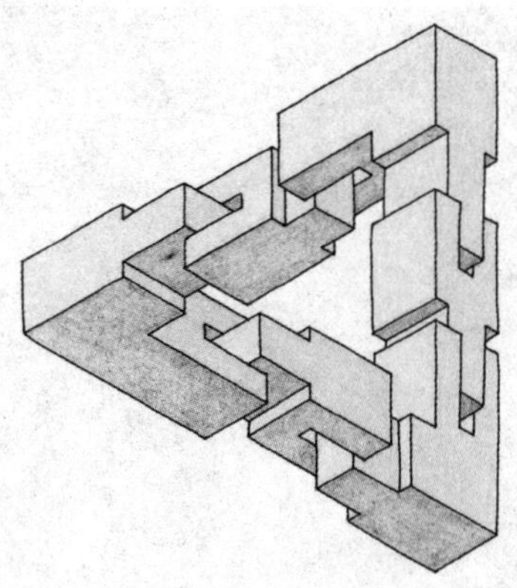

048 阶梯

这些阶梯这样排列可能吗?

049 佛兰芒之冬

仔细看下面这幅图，其中有不合适的地方吗？

050 奇怪的窗户

这幅画是比利时画家琼·德·梅的作品，画中这个坐在窗沿上的人与M. C. 埃斯彻尔的观景楼一图中那个手拿神奇方块的人颇为相似。图中有不合适的地方吗？

051 门

两扇门有什么奇异之处?

052 棋盘

此画为瑞士画家桑德罗·戴尔·普瑞特之作。画中有不合适之处吗?

053 不可思议的平台

仔细看下图，图中有不合适之处吗？

054 奇妙的旅程

仔细看下图，图中有不合适之处吗？

055 压痕

塑料模具上有许多压痕，当你把图片倒置之后压痕会发生什么变化呢？

056 麋鹿

图片中藏了一只麋鹿。你看见它了吗?

057 球和阴影

两图中球与背景的相对位置相同吗?

058 神奇的花瓶

下图中的花瓶是不是悬浮在空中?

059 猫

仔细观察图片，哪个是猫，哪个是它的影子?

060 房子

两幢房子向远处延伸。线段AB与CD谁更长？

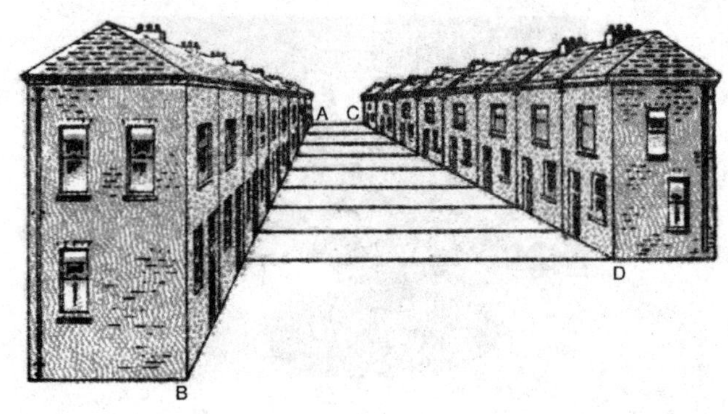

061 圆柱体

目测一下，这个圆柱体的底面周长是多少？它会和圆柱体的高一样长吗？

062 人脸图形

你看到一个人头还是两个女人的侧面像?

063 老太太还是少妇

你看到的是老太太的侧面像，还是少妇的侧面像?

第二章　想象力

001 分割空间

假设1个四面体的4个顶点都在1个球体的内部（顶点不接触球体的边）。

这个球体被沿着四面体4个面的平面分割成了几部分？是哪几部分呢？

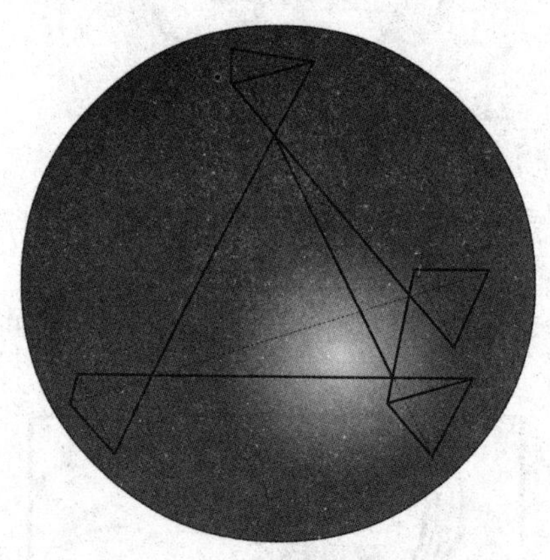

002 转角镜（1）

一个男孩分别从一面平面镜和两面以90°角相接的镜子中观察自己。

男孩的脸在两种镜子中所成的像是一样的吗？

003 转角镜（2）

男孩看左边的凸面镜发现自己是上下颠倒的。然后将镜子翻转 90°，即右边的凸面镜。这时候男孩看到的自己是什么样子的呢？

004 完美六边形

如果将直线部分连接起来的话，能形成1个完美的六边形吗？

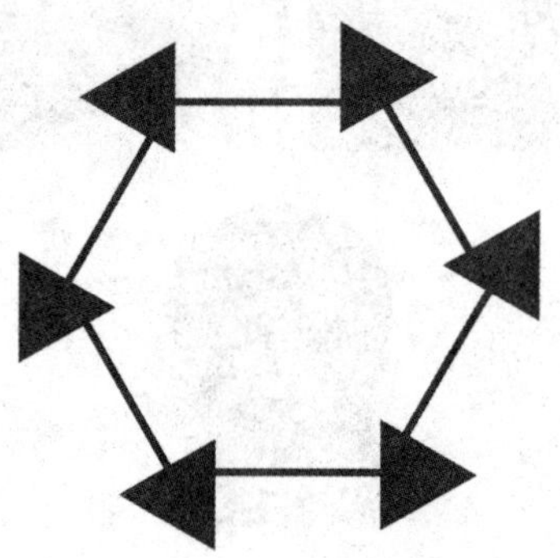

005 不可能的剖面

即使你无法看到这个不规则立体图形的全貌，你也依然能够在心中精确地勾画出它的外观。如果从不同的方向进行观察，A、B、C、D这几个剖面哪一个是不可能出现的呢？

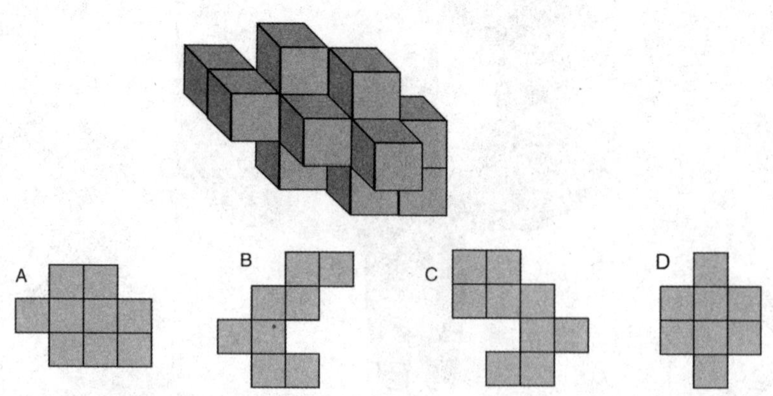

006 补全多边形

如图所示，多边形缺少了一角。从A、B、C、D、E中找出正确的答案把它补充完整。

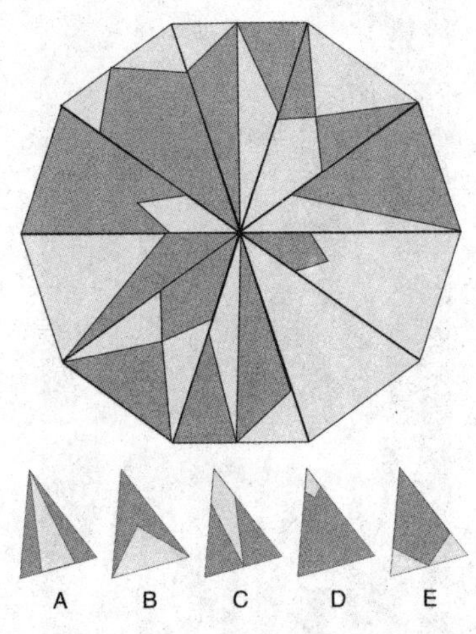

007 重力降落

如果你从北极打一个洞一直通到南极，然后让一个很重的球从这个洞里落下去，会发生什么（忽视摩擦力和空气阻力）？

008 迷路的企鹅

不横穿这些道路，你能让企鹅都回到它们自己的家吗？

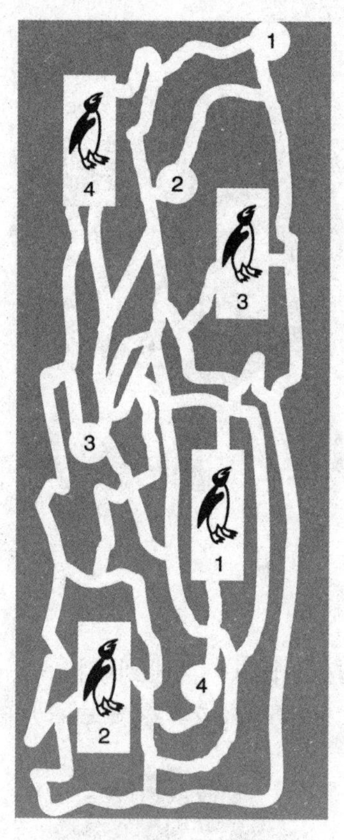

009 肥皂环

如图所示，一根垂直的铁丝上绑了两个相互平行的铁丝环。请问：如果将这个结构放进肥皂水中，附着在这个结构上的肥皂膜的最小表面积的表面是什么样子的？

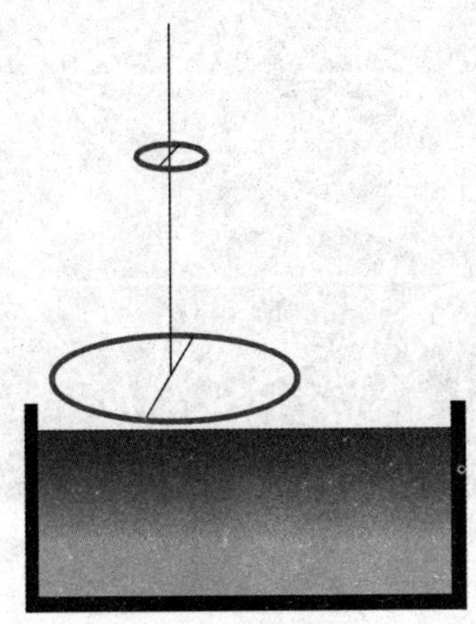

010 有向图形

如果给一个图形的每一条线段都加上一个箭头，即给每条线段加上一个方向，那么这个图形就成为一个有向图形。

而一个完全图是指该图里的每两个顶点之间都有连线（下图即是一个有7个顶点的完全图）。而给一个完全图的每条线段都加上一个方向，那么这个图就成了完全有向图。

我们这个题目就是要你根据下面的条件把下面这个图形变成一个完全有向图：给每条线段都加上一个箭头，使对于每两个顶点，都有另外一个顶点与这两点连线的箭头是分别指向这两个点的。例如图中，对于点1和点2，从点7到点1和点2的线段箭头就是分别指向这两个点的。

根据上面的条件你能够把其余的线段都加上箭头吗？

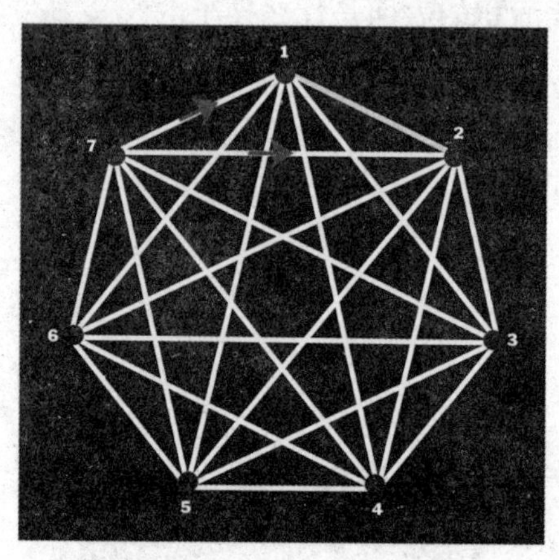

011 皮带传送

在皮带传送作业机上皮带被安在3个圆柱形的滚轴上，工作时由最顶上的滚轴带动工作，如图所示。

请问这个皮带是个简单的圆环，还是麦比乌斯圈，又或者是其他什么形状？

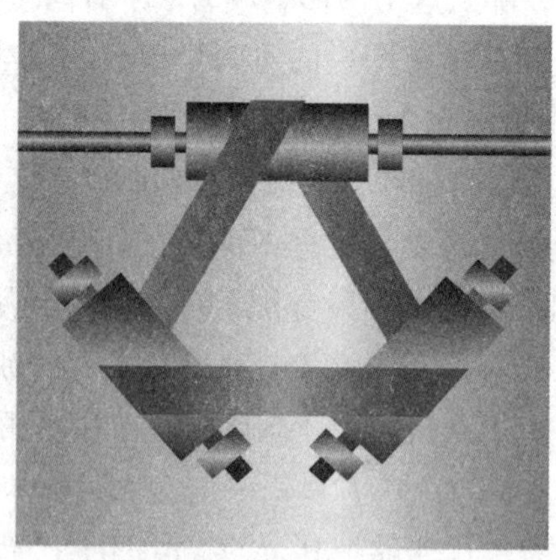

012 镜像射线（1）

假设你有一面平面镜，将镜子置于其中一条标有数字的线条上面，并放到下图方框中的原始模型上。每一次操作你都会得到由原始模型未被遮盖的部分和镜面反射产生的镜像组成的对称模型，镜子起着对称轴的作用。

下图8个模型就是由7条对称线按这一方法得到的。

你能辨别出制造每个模型的线条分别是什么吗?

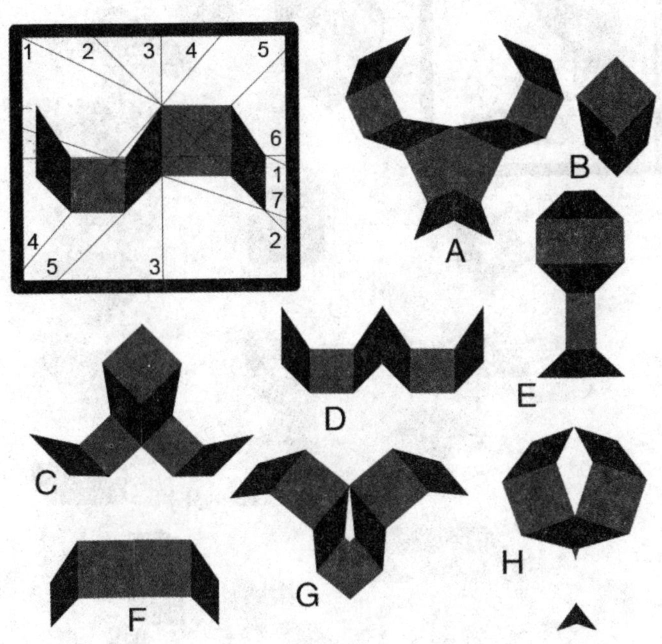

013 镜像射线（2）

题目要求同上题，但这里给出的10个模型是由5条对称线得到的。

你能辨别出制造每个模型的线条吗？

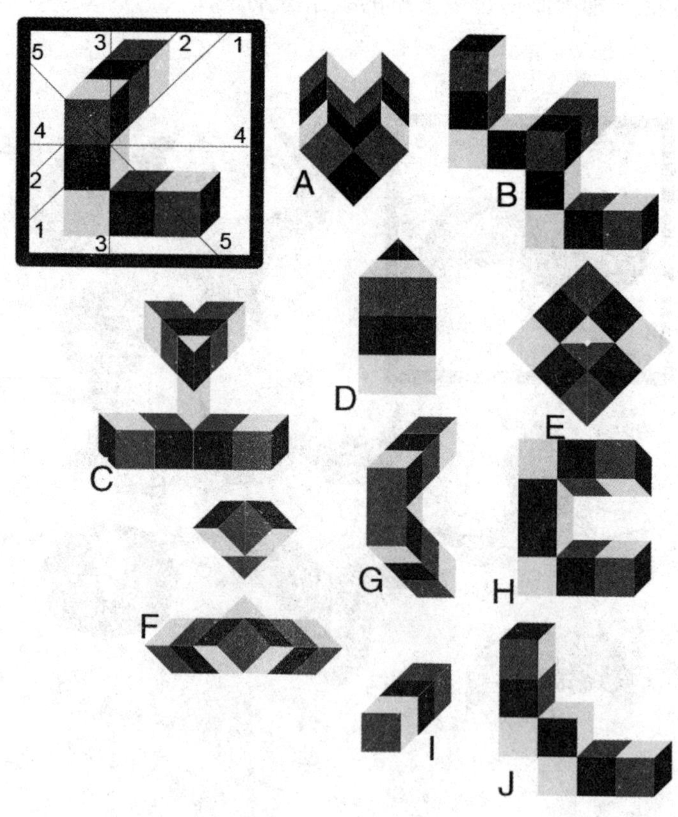

014 骑士通吃

如下图，棋盘上的12个骑士有的会被其他骑士吃掉，有的不会。

通过仔细观察能看出，其中只有4个骑士会被吃掉。

请问棋盘上至少需要多少个骑士，才能使每个骑士都会被其他骑士吃掉？

015 埃及绳

古埃及的土地勘测员用一条长度为12个单位的绳子构造出了面积为6个单位并有1个直角的三角形，这条绳子被结点分成12个相等的部分。

你可以用这样的绳子做出面积为4个单位的多边形吗?可以把绳子拉开，形成1个有直边的多边形吗？图示已经给出一种解法。你能找到其他的吗？

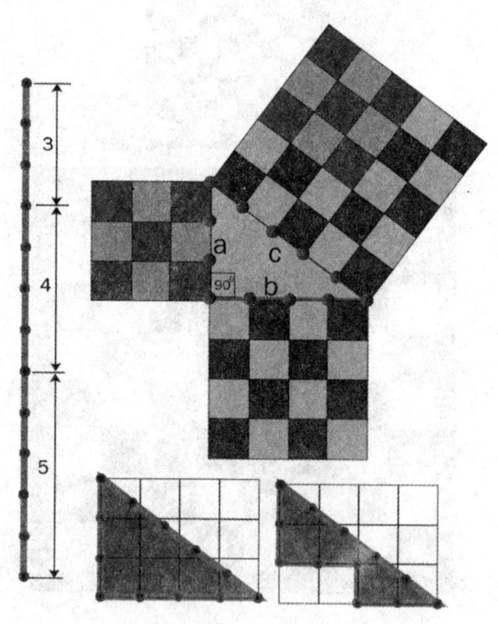

016 将洞移到中心

谜题大师约翰·P.库比克为了对自己的能力加以证明，他向人们展示了一张正方形的纸板，在纸板上偏离中心的位置有一个洞。“通过将这张纸板剪成两半，而且只有两半，并且将这两部分重新拼接，我就能把这个洞移到正方形中心的位置上。”你能想出他是怎么做的吗？

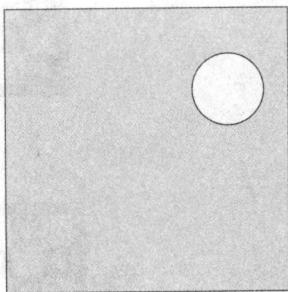

017 折叠纸片

将这幅图复印或者临摹下来，沿着虚线折叠，要求数字按正确顺序排列（即1、2、3、4、5、6、7、8），一个压着一个，“1”排最前，“8”排最后。数字朝上、朝下或在纸的下面都可以。

1	8	7	4
2	3	6	5

018 不相交的骑士巡游路线

在这些棋盘上1个骑士最多能够移动几步？其中移动的路线相互之间不能相交。

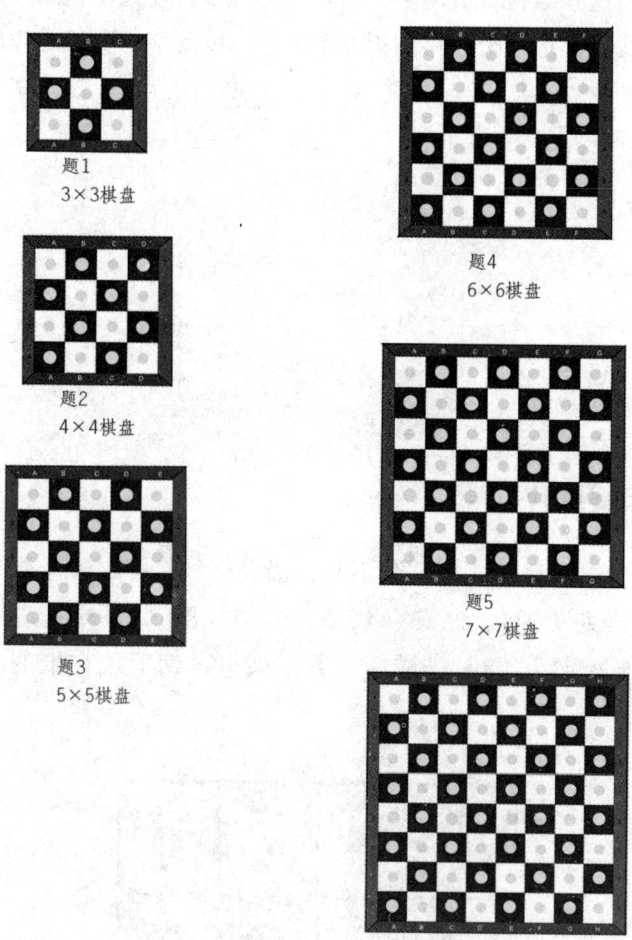

题1
3×3棋盘

题2
4×4棋盘

题3
5×5棋盘

题4
6×6棋盘

题5
7×7棋盘

题6
8×8棋盘

019 相交的骑士巡游

在这些棋盘上你能够找到多少种完整的骑士巡游路线（即骑士进入每个棋盘格1次并且只有1次）？其中移动的路线相互之间可以相交。

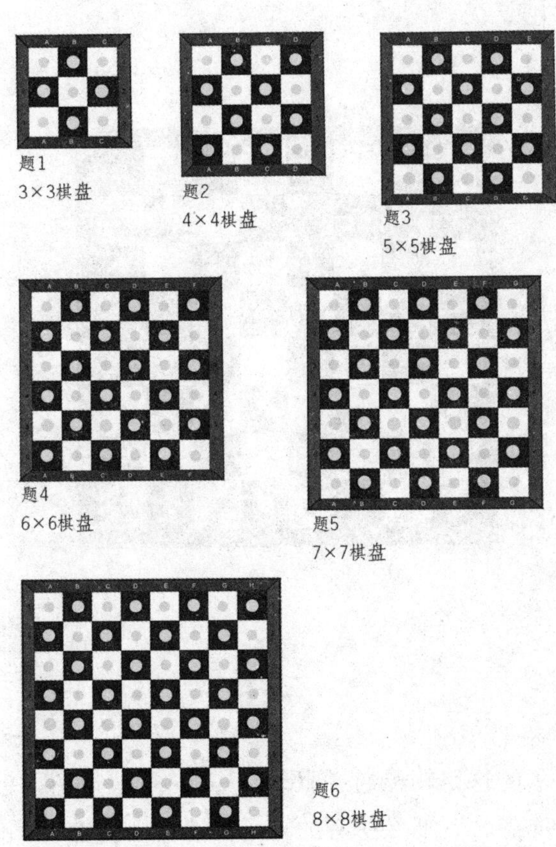

题1　3×3棋盘

题2　4×4棋盘

题3　5×5棋盘

题4　6×6棋盘

题5　7×7棋盘

题6　8×8棋盘

020 将死国王

如图所示，棋盘上摆放了9个国王，使国王能够进入棋盘上所有剩下的空格，且国王之间不能互吃。

如果把条件变动一下，使国王能够进入棋盘上的所有格子，并且每个国王都会被另外某个国王吃掉，那么最少需要在棋盘上摆放多少个国王？

021 轮子

下图所示的这组轮子通过驱动带连在一起。如果左上角的轮子顺时针方向旋转，那么所有的轮子都能自由转动吗？你知道其中的原理吗？

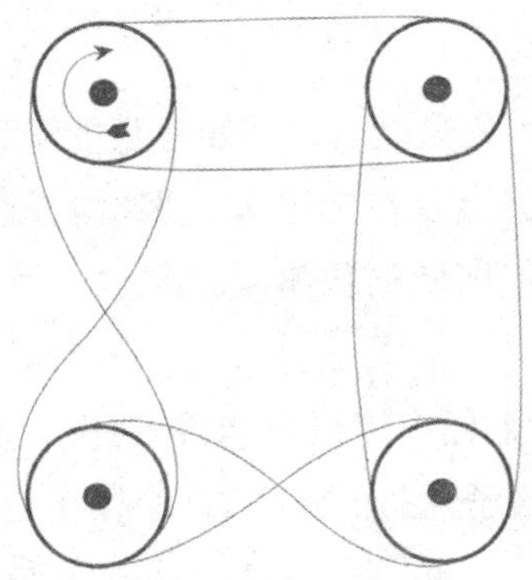

022 楼号

街道上的大厦从1开始按顺序编号，直到街尾，然后从对面街上的大厦开始往回继续编号，到编号为1的大厦对面结束。每栋大厦都与对面的大厦恰好相对。

若编号为121的大厦在编号为294的大厦对面，这条街两边共有多少栋大厦?

023 象的巡游

在国际象棋中，象只能斜走，而且只能走1种颜色的格子。

因此如果象的起点是在黑格上，那么它就只能走黑格，只能斜走，格数不限。但即使格数不限，它也不可能不重复进入就走遍所有的黑格。

题1：如果棋盘上任一黑格只能进入1次，那么象进行1次巡游最多能进入多少个格子？图1的路线有6个黑格没有进入，你能做得更好吗？

题2：如果棋盘上的格子允许多次进入，那么象最少需要几步才能进入所有的黑格？

图 1

024 拼接六边形

将这 10 个部分复制并裁下，重新组合成 1 个 4×4×4 的八边形蜂巢模式，如图 1 所示。

图 1

025 象的互吃

如果要求棋盘上的每个格子都被进入1次，且每两个象之间不能互吃，一共需要8个象，如图所示。

其他条件不变，如果要求每个象都会被另外某个象吃掉，那么棋盘上需要摆放多少个象？

026 7张纸条

准备7张纸条，写下数字1~7，按照如图所示排列。现在，将其中的6张每张剪一下，重新排列时，还是7行7列，且每行、每列和每条对角线上的数字总和为同一个数。很难哦！

1 2 3 4 5 6 7
1 2 3 4 5 6 7
1 2 3 4 5 6 7
1 2 3 4 5 6 7
1 2 3 4 5 6 7
1 2 3 4 5 6 7
1 2 3 4 5 6 7

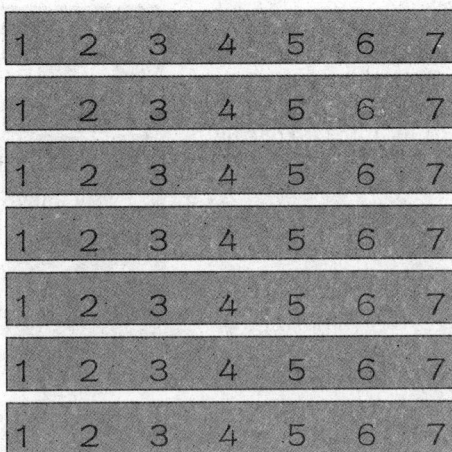

027 分出 8 个三角形

拿一张纸，在上面描绘出这个八边形。然后想一想怎样将这个图形分成8个相同的三角形，同时这些三角形还必须能组成1个星形。组成的星形要有8个尖，中间还有1个八角形的孔。

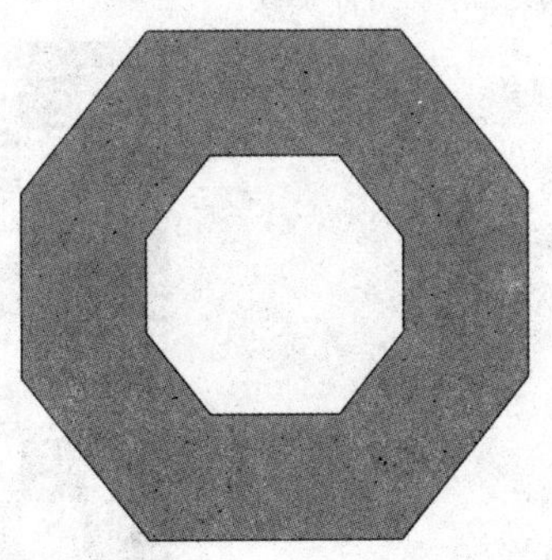

028 车的巡游

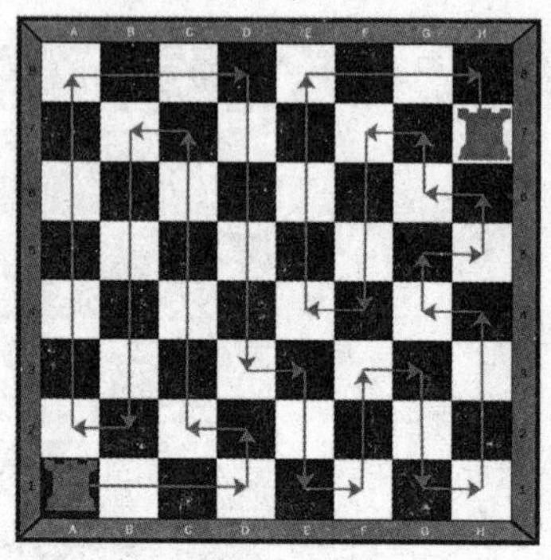
题1和题2

车的巡游是指车走遍棋盘上所有的格子，但每个格子只能进入1次。

车可以横走和竖走，格数不限，不能斜走。

在下面的这几种情况下，请问车最少走几步或最多走几步才能完成巡游？

题3和题4

题1和题2：图中从A1到H7车走了30步。请问最少走几步和最多走几步才能完成这次巡游？

题3和题4：图中从A1到A8车走了31步。请问最少走几步和最多走几步才能完成这次巡游？

题5和题6：图中车用20步完成了1次回到起点的巡游。请问最少走几步和最多走几步才能完成这次巡游？

题5和题6

029 单人跳棋

这个游戏规则是这样的：除了中间的那个小洞（编号17），其他的所有小洞上都插有钉子。

玩家的任务是通过一系列跳跃，拔掉板上所有的钉子，最后只剩下1个钉子，这个钉子的最终位置必须是板的中心（编号17）。

跳跃的规则是这样的：1个钉子跳过相邻的钉子到达1个没有钉子的小洞，同时拔掉跳过的钉子。每次跳只能是横向或竖向，不能斜向。可以连跳。

你玩这个棋需要多少跳？或者你最多能够走多远，直到最后无路可走了？

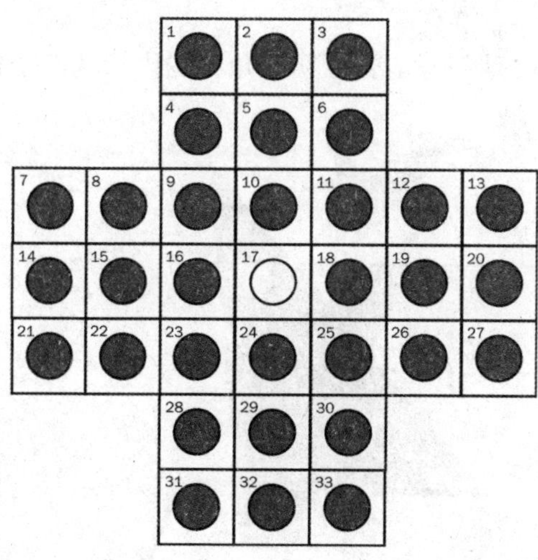

030 有链条的正方形

你要做的就是把这些图片组成1个正方形，且链条不允许中断。

031 五角星内角

如图所示，请问你能否证明五角星的内角和等于180°？

032 吉他弦

如图所示，一根吉他弦两端分别固定在1和7两处，从1~7每两点之间的距离相等。

在4、5、6处，分别放上3个折叠的小纸片。

用手捏住琴弦的3处，然后拨动2处。

纸片会有什么反应？

033 剪纸

根据爱因斯坦的理论，在某些地方，两点之间最短的距离并不是直线！思考一下这样的场景：在太空中，巨大物体的重力场具有相当的强度，而且达到了足以使得这片空间变得歪曲的程度。在这种空间维度已经变得弯曲的环境中，原本由直线所表现出的概念也会发生变化，转而去适应这扭曲空间的框架结构。那么你的思维也随之转向了吗？

下边的图形由一张纸构成，纸上没有哪部分进行过移动或是重新被贴回到适当的位置。你能用剪刀剪几下就做出这个图形来吗？你会找到乐趣的！

034 改变陶土块

你能想象出三维空间的样子吗？如果可以的话，那就试着想象出一块被制成正立方体形状的坚固陶土块。你想象出来了吗？很好。现在，我们用塑形刀将这个陶土块进行改变。那么怎样才能只切一刀就制造出如图所示的六边形呢？

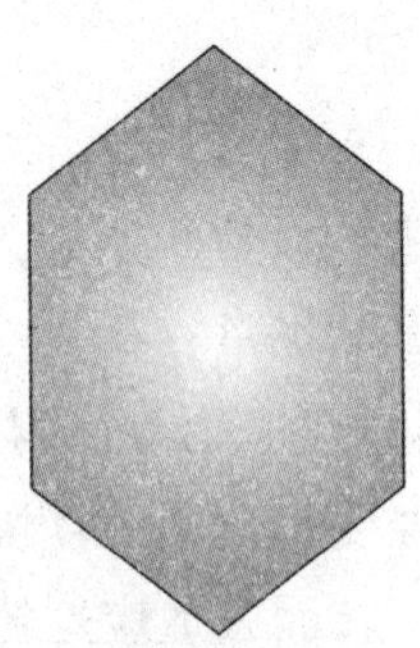

035 建筑用砖

如果下面这个建筑四面都很完整，那么它总共用了多少块砖呢？

036 三角形三重唱

这些纠结的线里面隐藏有三幅画。要找出它们，你得把所有三角形涂上颜色。完成以后，分辨出这三幅画，并且试着找出它们名字的共同点。

037 列岛游

可怜的漂流者被困在了迷岛，从这里找到出去的路相当不容易。从漂流者所在的岛开始，从岛上选择任意一样物体（除了棕榈树以外），找到别的岛上跟它相同的物体，并跳到那个岛上。然后选择新岛上的另一件物体，并找到别处跟它一样的物体。如此反复，一直到达右下角的木船处……要注意路上的死角！

038 找纱布

这两个木乃伊本不应该缠在一起的，但是有一条纱布把它们缠在了一起。所有其他纱布虽然相互之间穿过但是并不相连。你能把唯一那条把两个木乃伊连在一起的纱布找出来吗？

039 停车场

你能在车子的气用完之前找到购物中心侧面停车场的正确位置吗?

第三章　创造力

001 清理仓库

试试这个日本清理仓库的游戏。在这个游戏中，作为一个仓管员，你要把所有的“板条箱”都从出口转移出去。

规则如下：

1.可以横向或纵向推动1个板条箱。

2.不可以同时推动2个板条箱。

3.不可以往回拉动板条箱。

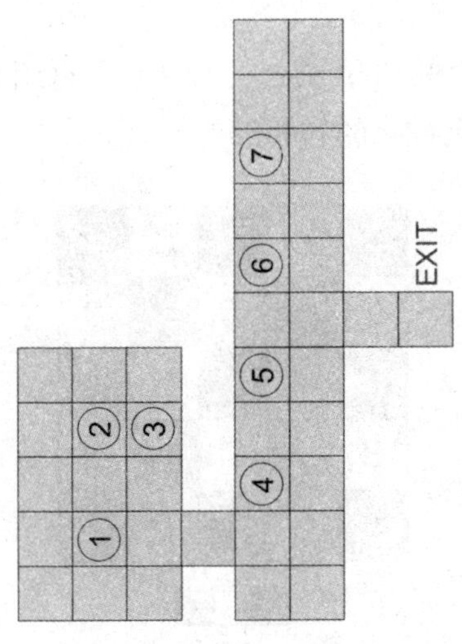

002 割据

画3条直线将方框分成6个部分，要求每部分都含有每种符号各2个。

003 3个小正方形网格

你能否将下面的格子图划分成8组，每组由3个小正方形组成，并且每组中3个数字的和相等？

004 十字

用直线连接这些小球中的12个，形成1个完美的十字，要求有5个小球在十字里面，8个在外面。

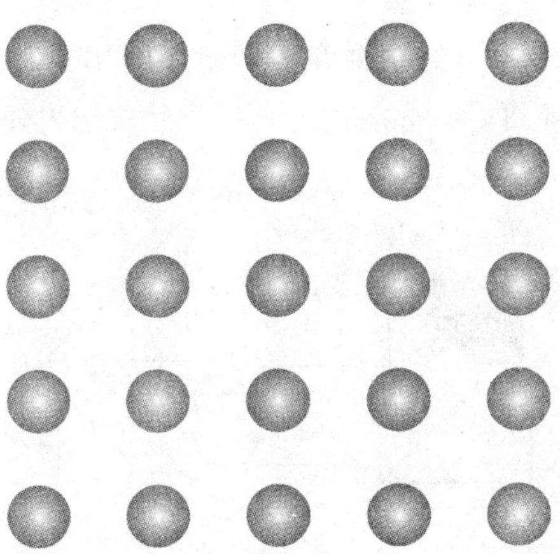

005 七巧板数字

用七巧板拼出图中所示的数字，速度越快越好。

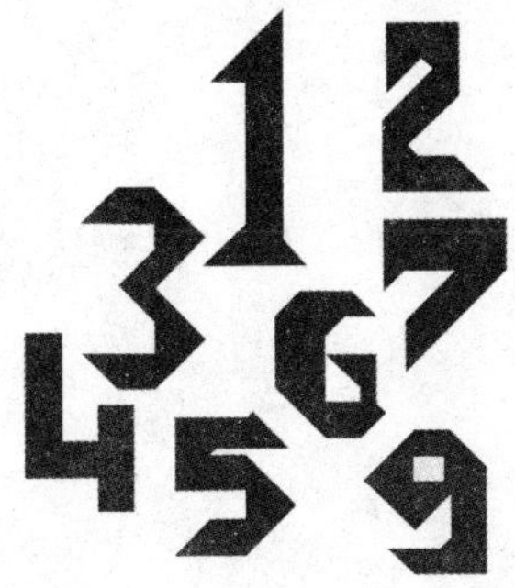

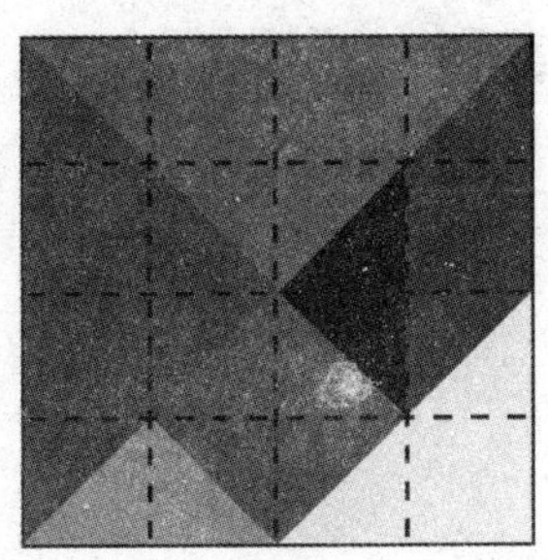

006 多边形七巧板

中国两个数学家王甫和熊川证明了用七巧板图片能拼出13个不同的凸多边形：1个三角形、6个四边形、2个五边形，还有4个六边形。

这13个凸多边形的轮廓在下面已经给出了。

正方形已经拼好，你能用七巧板图片拼出另外12个图形吗？

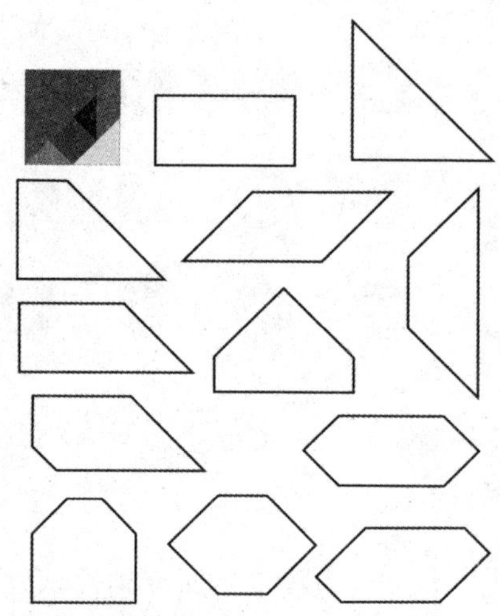

007 象形七巧板图形

下面的所有图形都是用七巧板拼起来的。你可以解决这些难题吗？

008 三角形七巧板

把1个正三角形分割成6个三角形，它们的角度分别是30°、60°、90°。我们就得到图1的图形，它们可以被拼成大量的图形（如图所示）。

你可以拼出下面左图的3个图形吗?

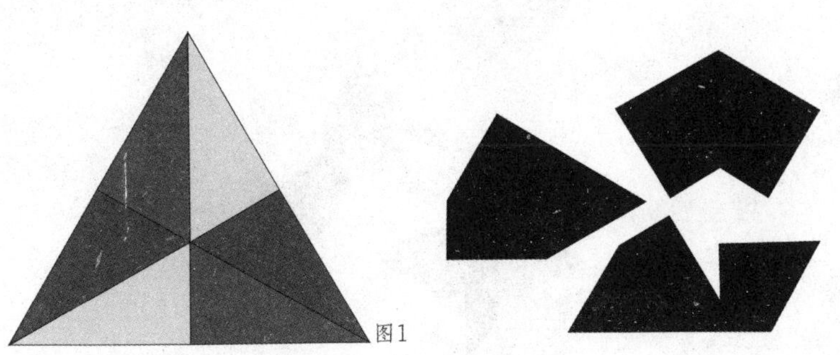

009 心形七巧板

用9片心形七巧板图片拼出这两个黑色剪影。完成题目后，试着继续创造一些图形和题目。

010 圆形七巧板

用10片圆形七巧板图片拼出下方的剪影。每个图片都可以翻转使用。

你还可以拼出哪些图形?

011 大小梯形

你能把这个梯形剪成更小的、形状相同的4个梯形吗?

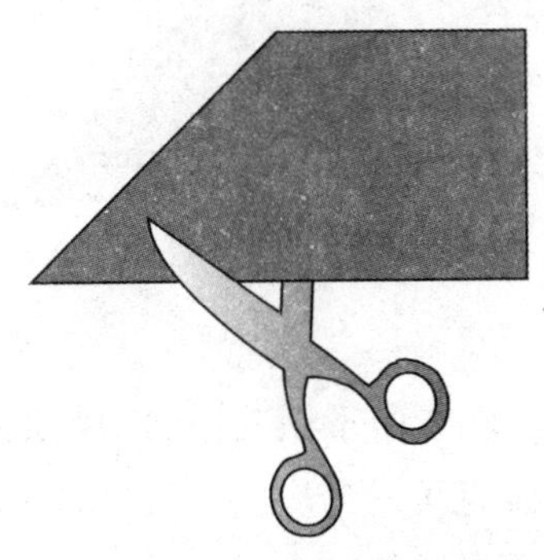

012 组合六角星

你能用这6个三角形拼出1个六角星（类似旋转的风车）吗?

013 闭合多边形

请用6条线画1个闭合的多边形，使多边形的每一条边都跟另一条边相交（交点不是顶点）。下图是1种解法，你还能找到另外的解法吗?

014 分割正方形

迪克·赫斯提出了这个问题：你可以用几种方法把1个正方形分割成6个相似的等腰直角三角形？

他找到了 27 种不同的答案，其中的一些已经列在下面了。你还能找到其他的方法吗？

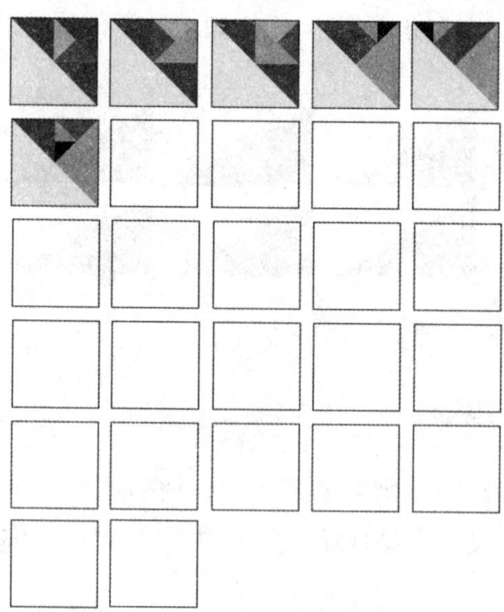

015 给 3 个盒子称重

你有3个形状相同、重量不同的盒子。用一架天平称它们的重量，你最多需要称几次就可以把它们由轻到重排列？

016 4 点连出正方形

在下边的图形中，通过将 4 个点进行连接，你总共能制造出多少个正方形呢？（注意：正方形的角必须位于点上。）

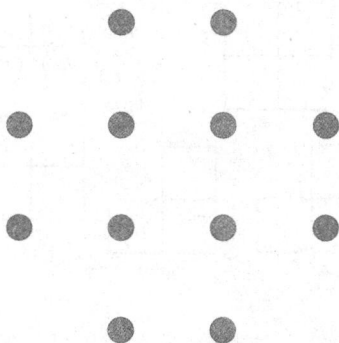

017 分割 L 形

1990 年福瑞斯 · 高波尔提出了这个问题：由 3 个小正方形组成的 L 形结构可以被分成不同份数的形状相同、面积相等的部分吗？

依据给出的数字，你可以将它平均分成与数字相等的份数吗？

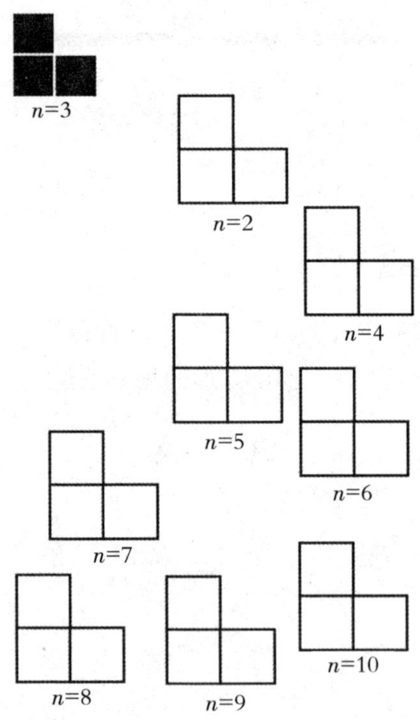

018 把正方形四等分

有 37 种不同的方法可以把 1 个 6×6 的正方形分成 4 个全等的部分（旋转和镜像不可以看作是新方法）。你能把它们都找出来吗?

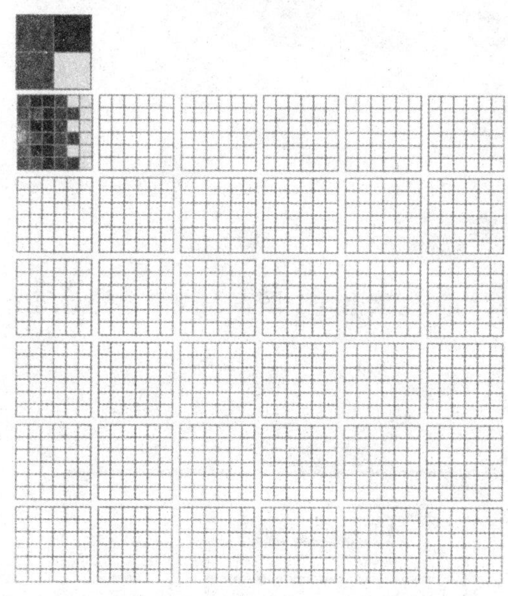

019 去电影院

现在让我们抛开那些谜题休息一下，看场电影吧。下面的地图显示的是从你家（H点）到电影院（M点）的各种路线。如果你只能向北、东或东北方向行进，那么从你家到电影院有多少种可能的路线呢?

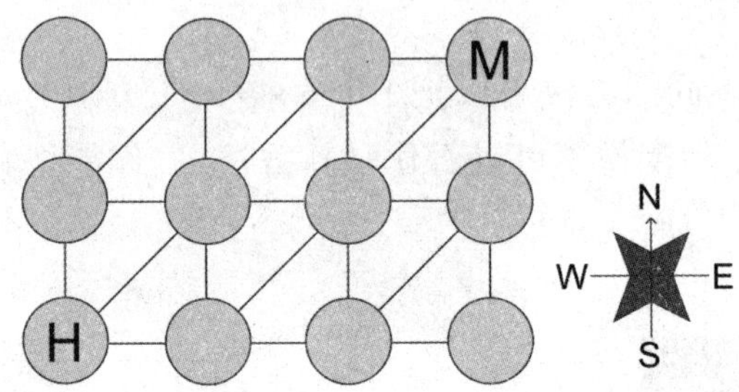

020 填涂图案

用3种不同的颜色填涂这个图案，规则是任意两个相邻区域的颜色不可以相同。

021 建造桥梁

这是风靡日本的游戏之一——建造桥梁。在这个游戏中，每个含有数字的圆圈代表一个小岛。你需要用纵向或横向的桥梁连接每个小岛，形成一条连接所有小岛的通道。桥的数量必须和岛内的数字相等。在两座小岛之间，可能会有两座桥梁连接，但这些桥梁不能横穿小岛或者与其他的桥相交。

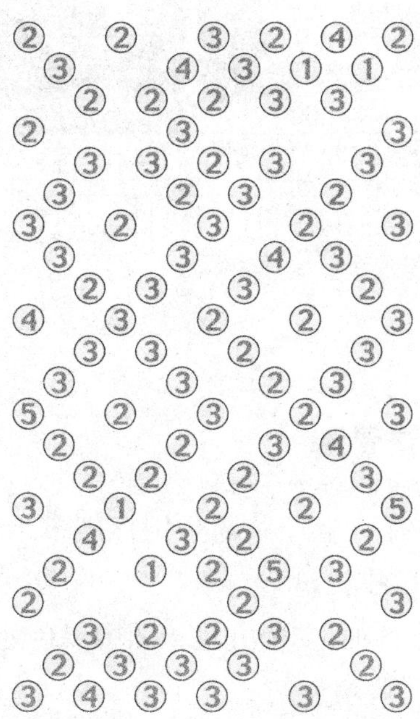

022 增加正方形

下图中的3个正方形分别被分割成4、6、8个较小的正方形，一共18个。

你能加4条直线，使分割所得的正方形达到27个吗？

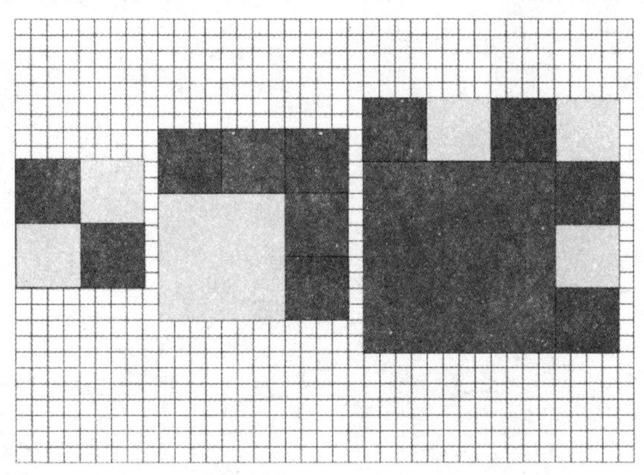

023 棋盘与多米诺骨牌

多米诺谜题中有一组经典题是用标准多米诺骨牌（1×2的长方形）覆盖国际象棋棋盘。

图中3个棋盘上各抽走2个方块（图中黑色处），留下的空缺无法用标准多米诺骨牌填充。

你能找出这3个棋盘中哪一个能用31块多米诺骨牌全部覆盖吗？

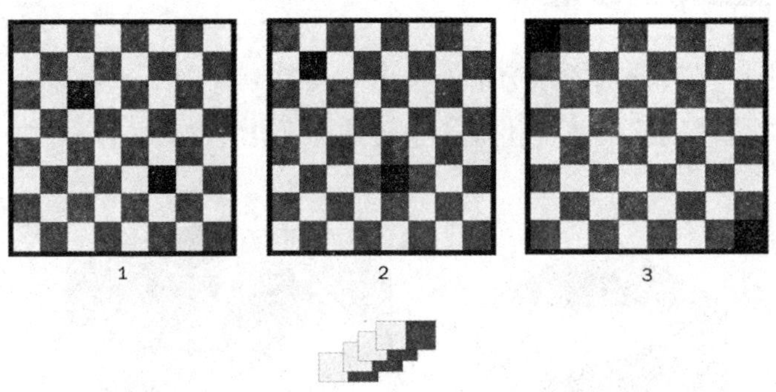

024 直线分符号

画3条直线将下图分成6个部分，每部分都包含6个符号——每种符号各2个。

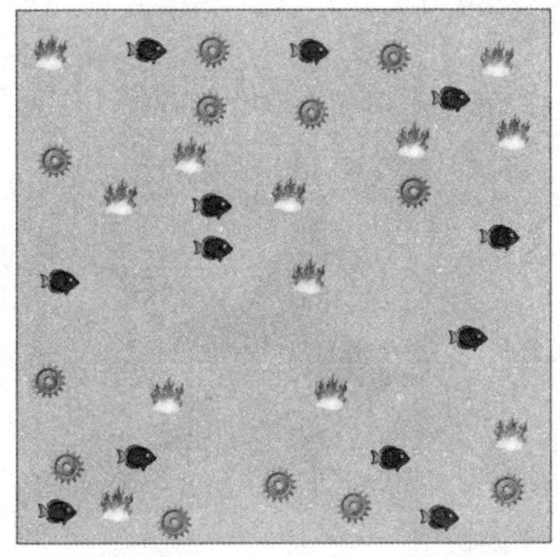

025 重组等边三角形

把这些被分割的六边形的图形碎片复制并剪下来。

你可以用这些碎片拼成 1 个等边三角形吗？

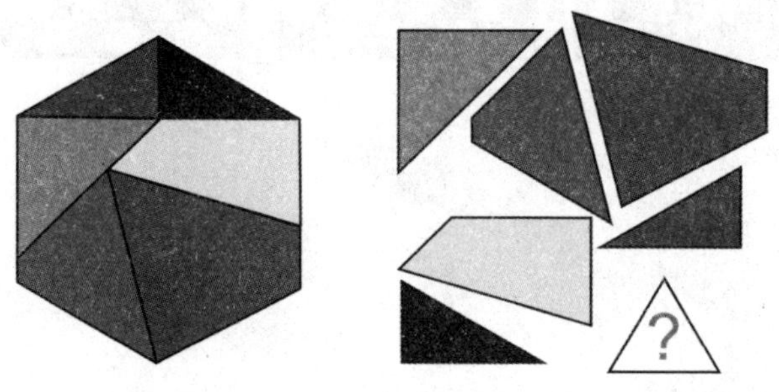

026 重组 4 个五角星

把这个大五角星复制并剪下来，把它分割成如图所示的12部分。

你可以把这12部分重新拼成 4 个小五角星吗？

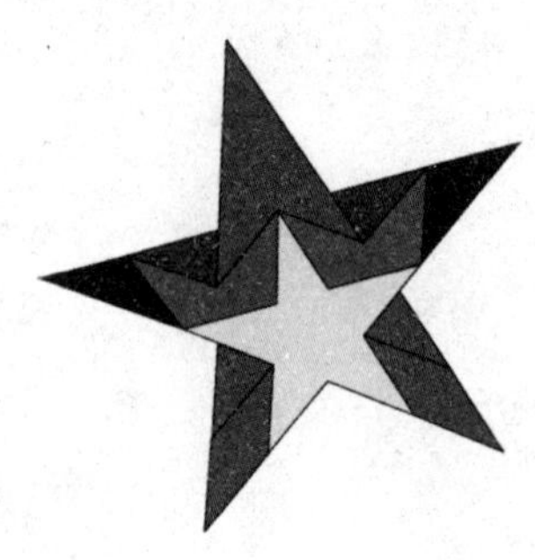

027 星形难题

把这3个小的十二角星形复制并剪成24个部分。

你可以把它们重新组合拼成1个大的十二角星形吗？

028 网格覆盖

下面的10 × 10棋盘中有5个方块被删掉了。用1 × 2的长方形多米诺骨牌，你能完全覆盖下图的网格吗？如果不能，你能完成多少？

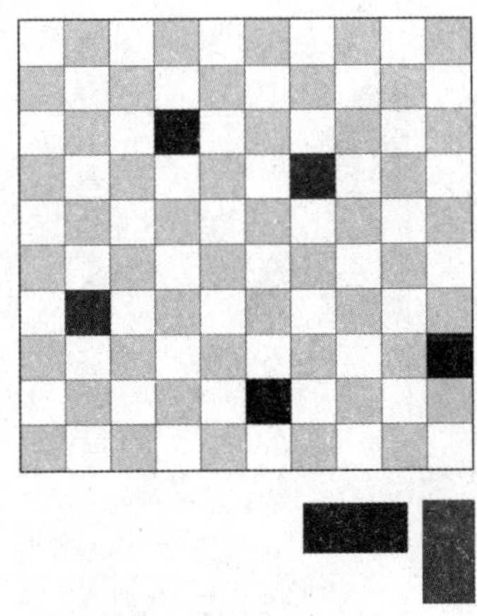

029 重拼正五边形

如图所示，把1个五角星和4个正五边形分成10部分，它们可以被重新拼成2个大的相同的正五边形。

你知道怎么拼吗？

030 重组正方形

把这个被截去一角的三角形复制并分割成8块，然后把它们重新拼成1个完整的正方形。

031 埋伏地点

8个士兵必须埋伏在森林中，并且他们每个人都不能看到其他的人。

如图，每个人都可以埋伏在网格中的白色小圆处，通过夜视镜只能看到横向、竖向或斜向直线上的东西。

请你在图中把这8个士兵的埋伏地点标出来。

032 小钉板

小钉板可以帮助我们学习和理解多边形的面积关系，在板上用线把各个钉子连起来可以得到不同的多边形。

这里要求在正方形的小钉板上用线连成1个闭合的，并且每两条边都不在同一条直线上的多边形。多边形的每个顶点都必须在板上的钉子上，并且每个钉子只能使用1次。

1. 如图所示的是在1个4×4的小钉板上连成的有9个顶点的多边形，请问你能否在这个板上用线连成1个有16个顶点的多边形，即板上的每个钉子都使用1次，并且满足上面所讲的要求？

2. 请你在从2×2到5×5的小钉板上，用上尽可能多的钉子连成符合要求的多边形。

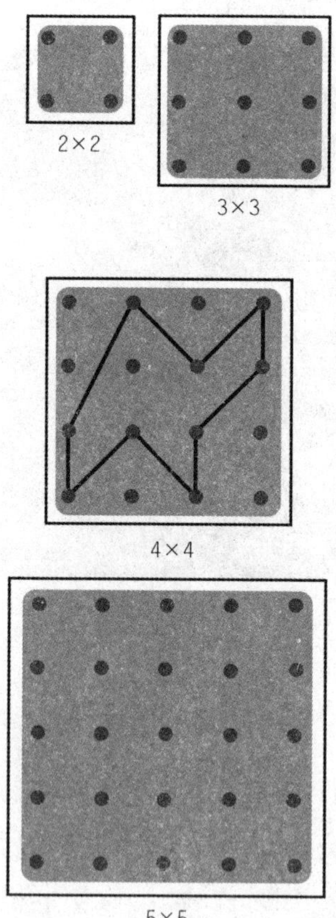

033 三角形钉板

请问你能否在这些三角形的小钉板上，用上尽可能多的钉子，连成1个闭合的，且每个顶点都在钉子上的多边形（每个钉子只能使用1次）？

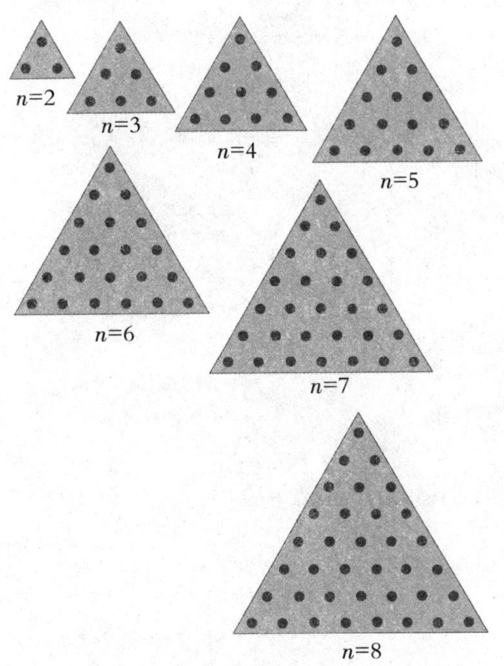

034 正六边形钉板

请问你能否在这些正六边形的小钉板上，用上尽可能多的钉子，连成符合33题要求的多边形？

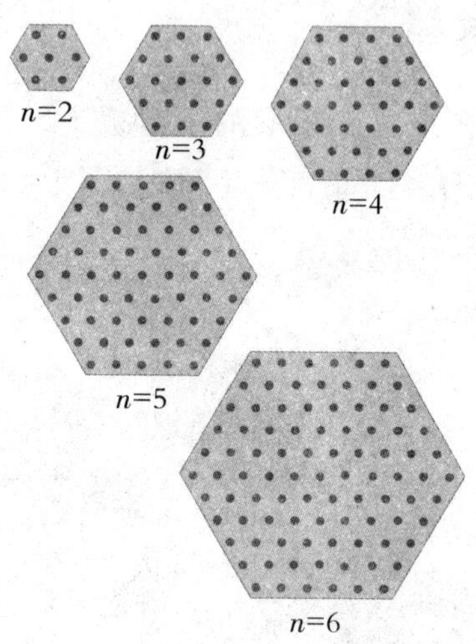

035 连接四边形

在 3×3 的小钉板上连成四边形，至少有 16 种连法，你能画出来吗？

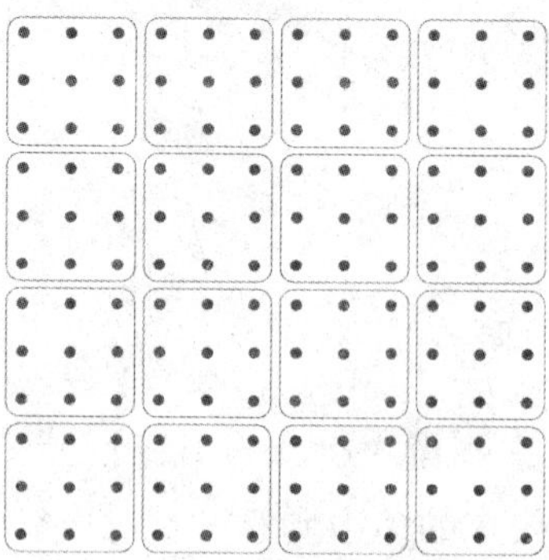

036 四等分钉板

把 3×3 的小钉板分成面积相等的 4 块，请你至少找出 10 种分法。图像的旋转和镜像不算作新的分法。

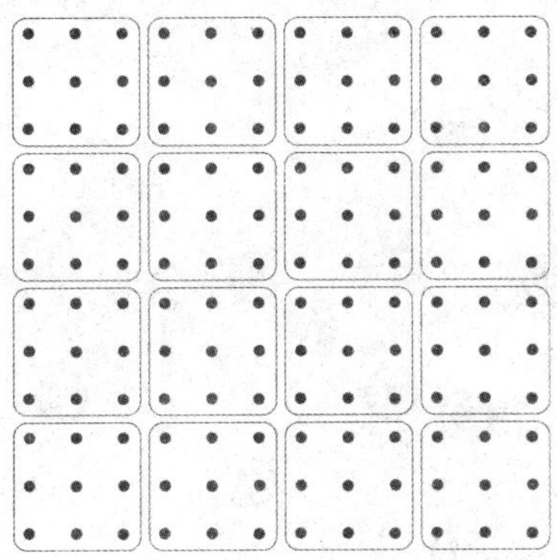

037 分割

用 3 条直线将这个正方形分成 5 部分，使得每部分所包含的总值都等于 60。

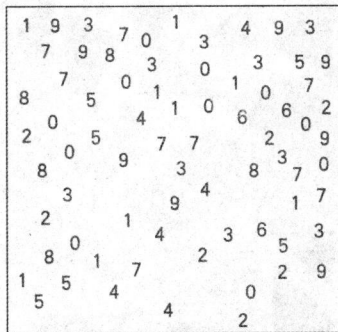

1 9 3 7 0 1 3 4 9 3
7 9 8 3 0 3 5 9
7 0 1 0 7
8 5 1 1 0 6 6 2
0 4 0
2 5 7 7 2 9
0 9 3
8 3 8 7 0
3 4 9 1 7
2 1 4 3 6 3
0 5
8 1 7 2 2 9
1 5 4 0
5 4 2

038 连接数字

你能够把下面1~18用曲线从头到尾连接起来吗？曲线之间不能相交。

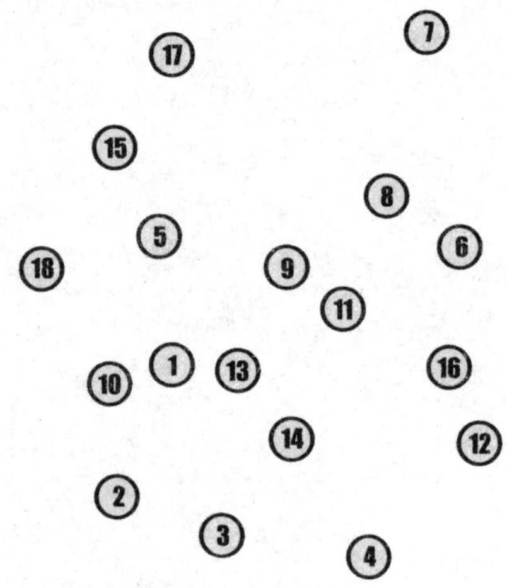

039 毕达哥拉斯正方形

你可以把这12个图形重新拼成1个完整的正方形吗？

040 走出迷宫的捷径

从中央的数字“4”开始，按你喜欢的方向走4步，横走、竖走或对角走。到达1个标有数字的方框后，再次按照你喜欢的方向，根据方框内数字所指示的步数走。通过这种方式，你可以找到走出迷宫的路。但是，最后1次移动时，你只能走1步离开迷宫。你的任务就是找到只移动3次就可以走出迷宫的捷径。

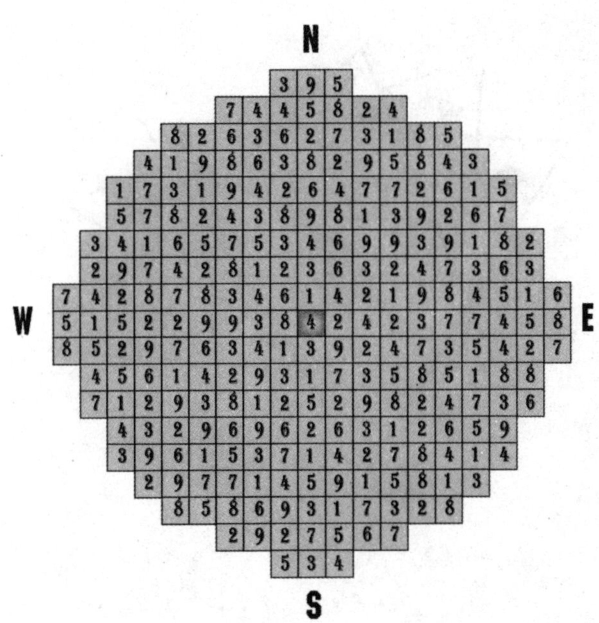

041 瓢虫

一共有19个不同大小的瓢虫，其中17个已经被分别放入了下面的图形中，每个瓢虫均在不同的空间里。

现在要求你改变一下图形的摆放方式，使整个图中多出两个空间，从而能够把19个瓢虫全部都放进去，并且每个瓢虫都在不同的空间里。

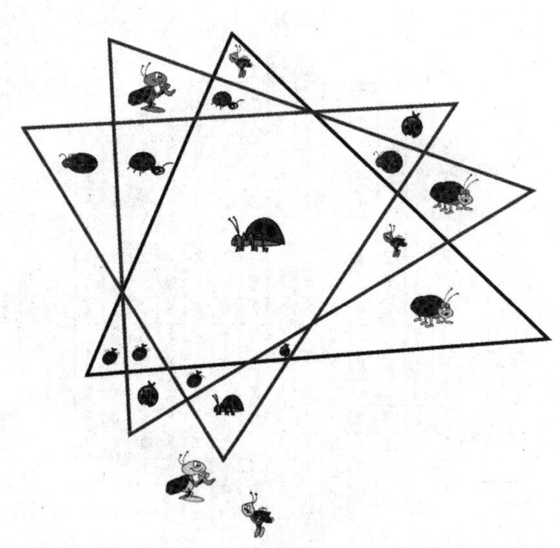

042 游戏板

你能在游戏板上的9个竖栏中放置1~9这9个数字，使它们形成3个数字的降列排序或升列排序吗？

注意：排列中包含或者不包含相邻的数字均可，如下图所示的排列中，连续3个的升序排列符合规则，但是连续4个降序排列就是错的。

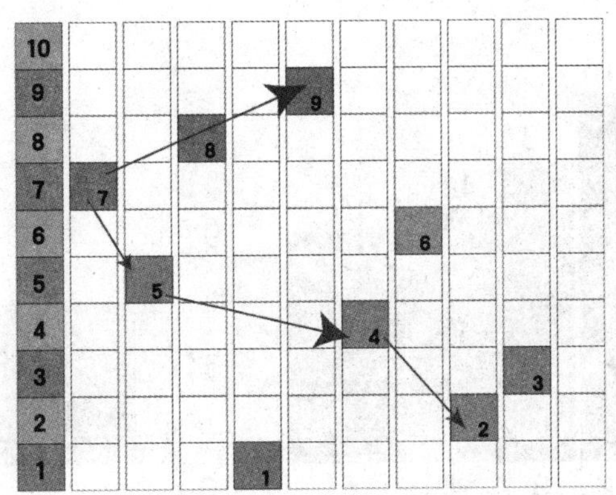

043 不可比的长方形

在数学上，2个有整数边的长方形，如果它们互相都不能被放进另一个里面（它们的边是平行的），那么我们称它们为不可比的长方形。

下面7个长方形互相不可比，而且可以被拼进1个最小的长方形。

1. 你能确定这个可以由7个不可比的长方形拼成的长方形边的比例吗？

2. 你能找到这类的图样吗？

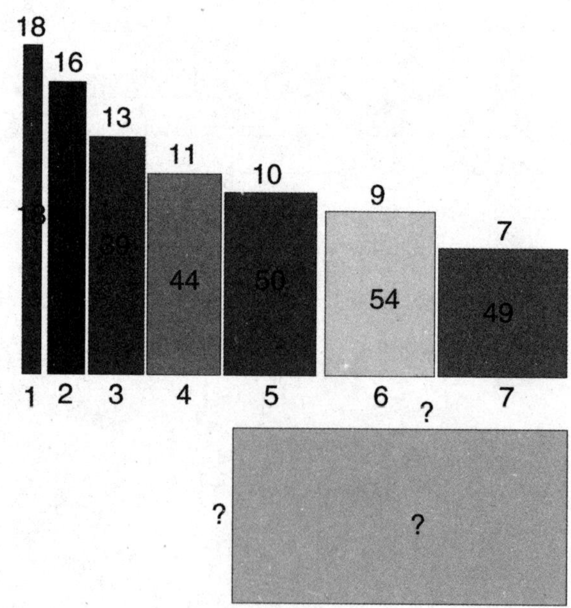

044 连接圆点

只利用6条直线，将下面的16个点全部连接起来。

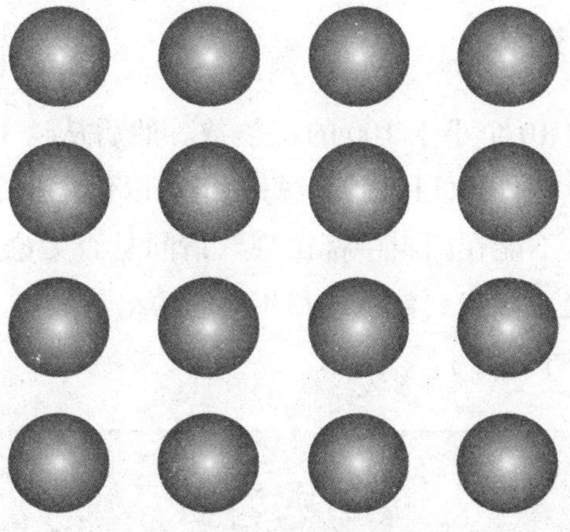

第四章　记忆力

001 数字筛选

请你选出 10 个小于 100 的正整数。然后从这 10 个数中选出两组数，使得它们的总和相等。每一组可以包含一个或者多个数，但是同一个数不能在两组中都出现。请问是否无论怎样选择，这 10 个数中总是可以找到数字之和相等的两组数呢？

下面是一个例子：

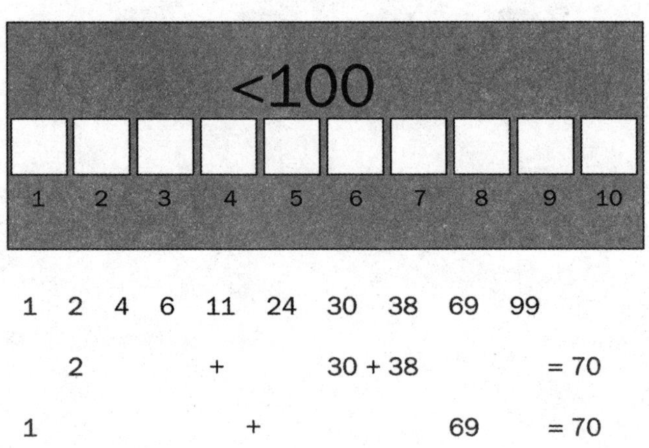

002 数字 1 到 9

将数字 1、2、3、4、5、6、7、8、9 分别填到下面等式的两边，使等号前面的数乘以 6 等于后面的数。

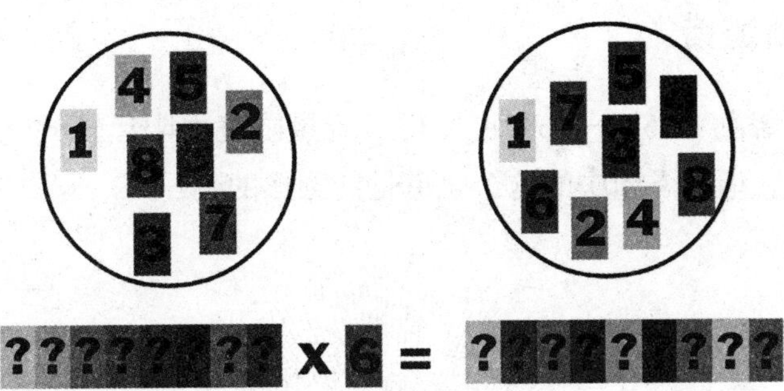

003 旋转的物体

这是一系列从同一角度观察三维物体水平旋转得到的视图，但是它们的顺序被打乱了，你能否将它们按照原来的顺序排列成一行？

004 轨道错觉

开普勒（1571—1630）发现了行星围绕太阳运转的轨道是椭圆形的。请问下图中的这个轨道是椭圆形的吗？

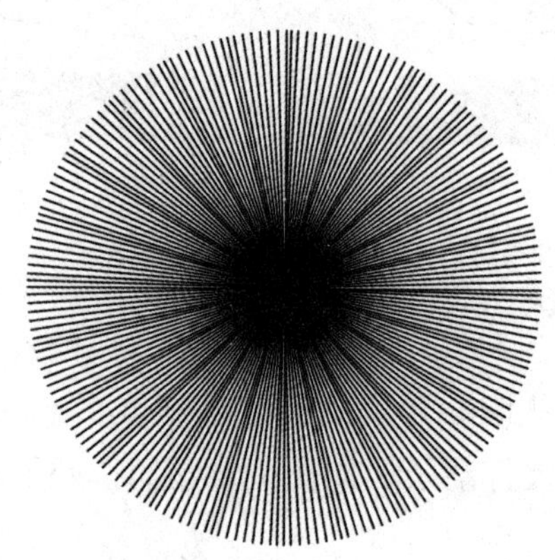

005 三维形数

三维形数是平面形数的三维类似体。小球堆成三边锥形组成四面体数，堆成四边锥形组成正方锥数。

四面体数分别是：1，4，10…

两个四面体数之间的差是三角形数。

正方锥数分别是：1，5，14…

两个正方锥数之间的差是四边形数。

上面已经分别给出了四面体数和正方锥数的前 3 个数。你能否将它们的前 7 个数都算出来？

下图的四面体是用大小相同的小球堆成的，请问它的最底层（第 10 层）有多少个小球？整个四面体由多少个小球构成？

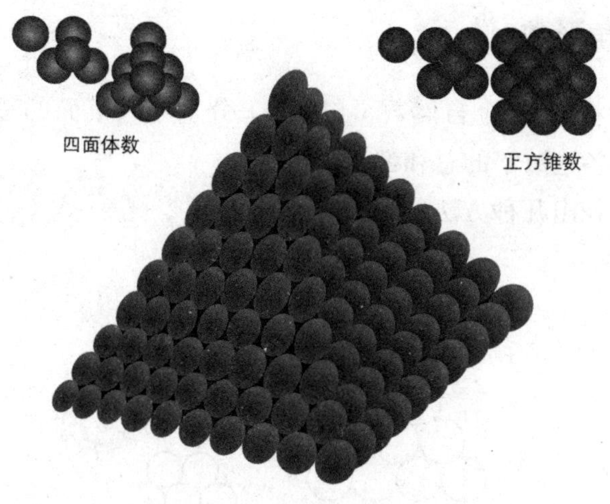

006 小猪存钱罐

我的零花钱总数的 1/4，加上总数的 1/5，再加上总数的 1/6 等于 37 美元。

请问我一共有多少钱?

007 三角形数

你能将前10个自然数（包括0）分别填入下面的三角形中，使三角形各边数字的总和都相同吗？

你能找出几种方法？

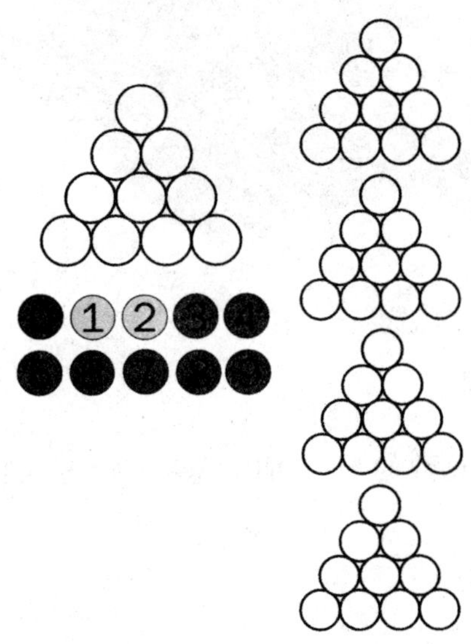

008 无理数

有没有可能构造出一个这样的直角三角形：三角形的两个直角边都相等，并且其斜边的长度为有理数？

古希腊人认为，任何长度或面积都是有理数，也就是说，这些长度和面积都可以用整数或者分数来表示。有理数全部都可以表示成 a/b 的形式，无理数则不可以。

毕达哥拉斯学派研究直角三角形使他们开始测量等腰直角三

角形的长度。他们知道怎样用直尺和圆规把这条对角线做出来，但是他们能否用有理数将它的长度表示出来呢？毕达哥拉斯的弟子希帕索斯提出了边长为有理数的正方形的对角线长度为非有理数。这一证明的基础是毕达哥拉斯定理，在这个发现之后，毕达哥拉斯之前建立在有理数基础上的数学世界完全坍塌了。

你能否想到希帕索斯是怎样证明边长为1的正方形的对角线是无理数的？

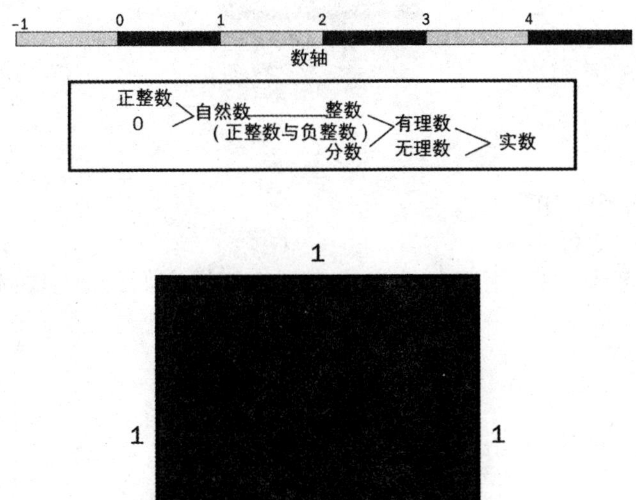

009 加减

从右边竖式里去掉 9 个数字，使得该竖式的结果为 1111。应该去掉哪 9 个数字呢？

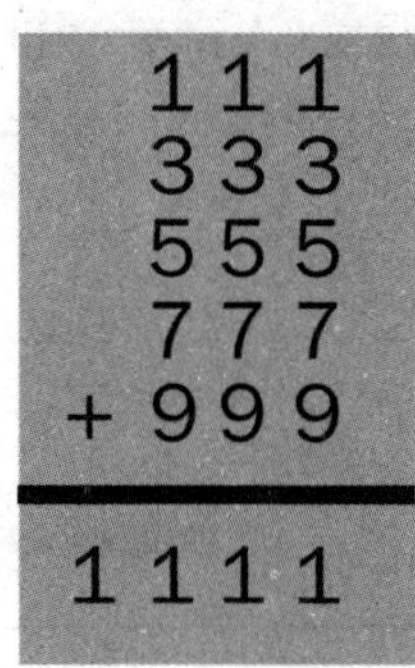

010 8 个“8”

将 8 个“8”用正确的方式排列，使得它们的总和最后等于 1000。

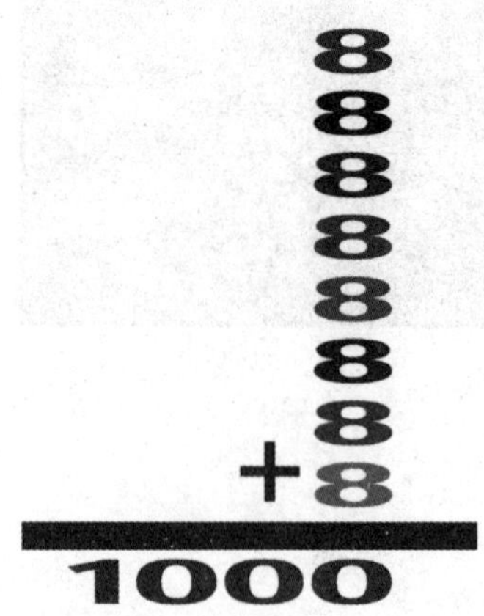

011 总和为 15

请问下面的这行数中有多少组连续的数字相加和为 15？

012 和与差

你能否将下面的 10 个数排列成一行，使得这行里的每一个数（除了第一个和最后一个）都等于与它相邻的左右两个数的和或差？

013 数列

你能否找出下面这个数列的规律，并写出它接下来的几项？

014 自创数

在多伦多安大略科学中心的数学展览上，可以看到这样一道引人注目的题。这道题要求按照下面的规则在一行 10 个空格里填上一个十位数：

第 1 个数字是这个十位数各位数字中所包含的“0”的个数，第 2 个数字是十位数各位数字中所包含的“1”的个数，第 3 个数字是十位数各位数字中所包含的“2”的个数，依次类推，直到最后一个数字是十位数各位数字中所包含的“9”的个数。

这个结果就好像是这个十位数在创造它本身，也难怪马丁·加德纳把它叫作自创数。

怎样才能解决这个具有挑战性的难题呢？这道题究竟有没有解？

麻省理工学院的丹尼尔·希哈姆找到了一些思路来解决这个问题。他说，因为第 1 行一共有 10 个不同的数字，因此第 2 行的各个数字之和一定为 10，由此就决定了这个十位数中所包含的最大数字的极限。

你能按照他的逻辑，找到这道题唯一的解吗？

015 凯普瑞卡变幻

任意列出 4 个不同的自然数，例如 2435。

把这 4 个数字按由大到小排列所组成的四位数与由小到大排

列所组成的四位数相减，得到的数再用相同的方式相减（不足四位补 0）：

5432 — 2345

几轮之后你会得到一个相同的数。

我已经猜到这个数是什么了，你呢？

016 扑克牌

如图所示，15 张扑克牌摆成一个圆形，其中两张已经被翻过来了。

这 15 张牌中每相邻 3 张牌的数字总和都是 21。

你能否由此推出每张牌上的数字？

017 计算器故障

计算器总是可信的。但是我的计算器上除了 1、2、3 这 3 个键以外，其余的键都坏了。

只用这 3 个键，可以组成多少个一位、两位和三位的数？

0,1,2,3,4,5,6,7,8,9,11,22,33,44,55,66,77,88,99,101,111,121,…?

018 回文

回文并不是只出现在文字上，数字也可以产生回文现象。

选择任意一个正整数，将它的数字顺序前后颠倒，然后再与原来的数相加。将得到的数再重复这个过程。如此重复多次以后，你会得到一个回文顺序的数，即把它的数字顺序颠倒过来还是它本身。下面举了 234、1924 和 5280 的例子。

是不是每一个数最后都可以得到一个回文顺序的数呢？

试试 89，看它是不是。

234	1924	5280	
+ 432	+4291	+0825	89
666	6215	6105	
	+5126	+5016	…
	11341	11121	
	+14311	+12111	?
	25652	23232	

019 4 个“4”

马丁·加德纳曾经将这个游戏收入他的《数学游戏》专栏。

游戏的规则是将数字 4 使用 4 次，通过简单的加减乘除将尽可能多的数展开，允许使用括号。

例如：

1 = 44/44

2 = 4/4 + 4/4

用这种方式可以将数字 1~10 都展开。

如果允许使用平方根，你可以将数字 11~20 都展开，这中间只有一个无解。

1 = $^{44}/_{44}$
2 = $^{4}/_{4}$ + $^{4}/_{4}$
3 =
4 =
5 =
6 =
7 =
8 =
9 =
10 =
11 =
12 =
13 =
14 =
15 =
16 =
17 =
18 =
19 =
20 =

020 4 个数

有没有人跟你讲过，有一种人只知道 1、2、3、4 这 4 个数字。

他们只用这 4 个数字可以组成多少个一位、两位、三位和四位的数？

021 数列

下面的数是按照一定的顺序排列的，你能否在画有问号的方框内填上一个恰当的数？

如果你做到了，下方图中缺少的那块蛋糕就是你的了！

022 足球

如果这个足球的重量等于 50 克加上它重量的 3/4，那么这个足球的重量是多少？

023 数学式子

只凭直觉，你能否将黑板上的 7 个数学式子按照从大到小的顺序排列？

024 11的一半

你能否找到一种方法，使得6等于11的一半？

$$6+6=11$$

025 加一条线

在下面这个等式中加一条线，使等式成立。

$$5+5+5=550$$

026 想一个数

随便想一个数。

加上10。

乘以2。

减去6。

除以2。

然后再减去你最开始想的那个数。

结果一定是7。为什么？

027 类似的数列

一个有趣的数列的前 8 个数如下图所示。

请问你能否写出该数列的第 9 个数和第 10 个数？

序数	数
1	1
2	11
3	21
4	1211
5	111221
6	312211
7	13112221
8	1113213211
9	?
10	?

028 冰雹数

随便想一个数。如果是一个奇数，就将它乘以 3 再加上 1；如果是一个偶数，就除以 2。

重复这个过程。例如：

1，4，2，1，4，2，1，4，2，1，4，2…

2，1，4，2，1，4，2，1，4，2…

3，10，5，16，8，4，2，1，4，2…

我们可以看到，上面的这些数列后面的部分都变成一样的了。

那么是不是不管开头是什么数，到后面都会变成同一串数呢？

试试用 7 开头，然后再看答案。

029 数的持续度

一个数的“持续度”表示的是通过把该数的各位数字相乘，经过多久可以得到一个一位数。

比如，我们将723这个数的各个数位上的数字相乘，得到7×2×3=42。然后再将42的各个数位上的数字相乘，得到8。这里将723变成一位数一共花了2步，所以2就是723的“持续度”。

那么持续度分别为2、3、4、5等的最小的数分别为多少？

是不是每个数通过重复这个过程都可以得到一个一位数呢？

030 六边形

你能否在如图所示的这些小六边形里填上恰当的数，使得三角形中的每一个数都等于它上面两个数之和？不允许填负数！

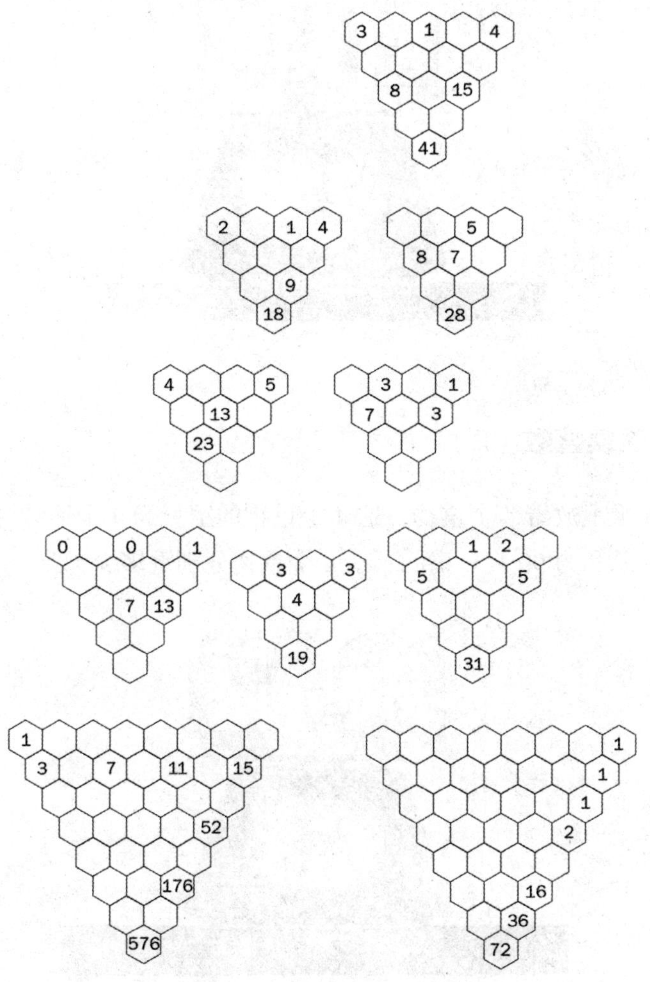

031 连续整数（1）

天平上放着 3 个重物，这 3 个重物的重量为 3 个连续的整数，它们的总和为 54 克。请问：这 3 个重物分别重多少？

032 连续整数（2）

天平上放着 4 个重物，这 4 个重物的重量为 4 个连续的整数，它们的总和为 90 克。请问：这 4 个重物分别重多少？

033 瓢虫花园

在下面的格子里一共藏有 13 只瓢虫，请你把它们都找出来。

方框里的每朵花上面都写有一个数字，这个数字表示的是它周围的 8 个格子里所隐藏的瓢虫的总数。见右下方的例子。

有花的格子里没有藏瓢虫。

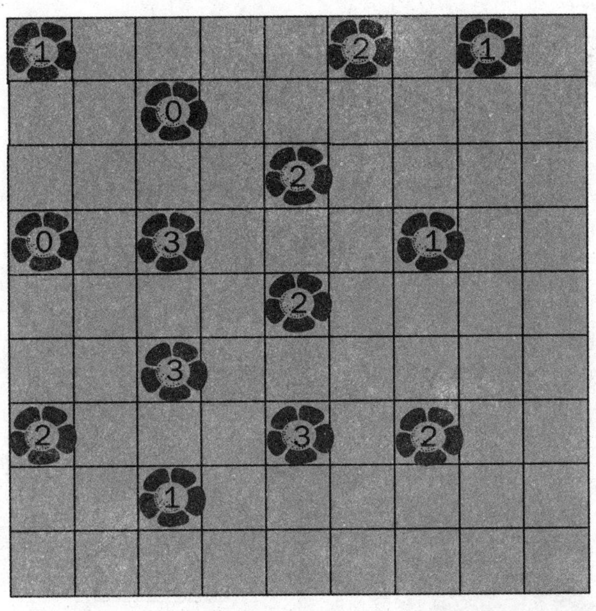

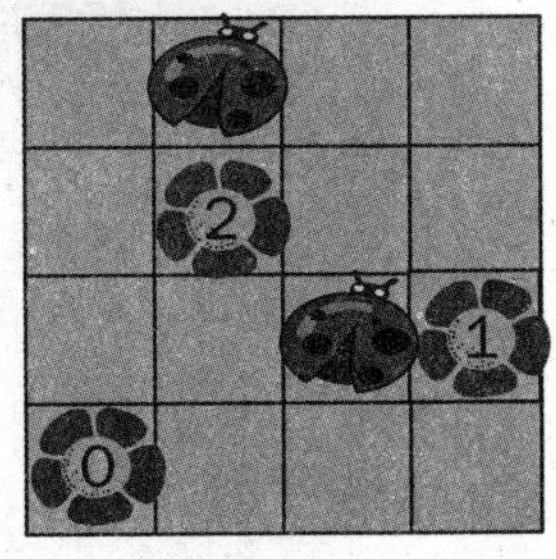

034 等式平衡

一个等式就好比一个天平。英国教师罗伯特·柯勤设计了一个天平，即在一个常规天平上加一个滑轮，如图所示。由此也就引入了“负数重物”的概念。

根据下面的图，你能否确定 x 的值？

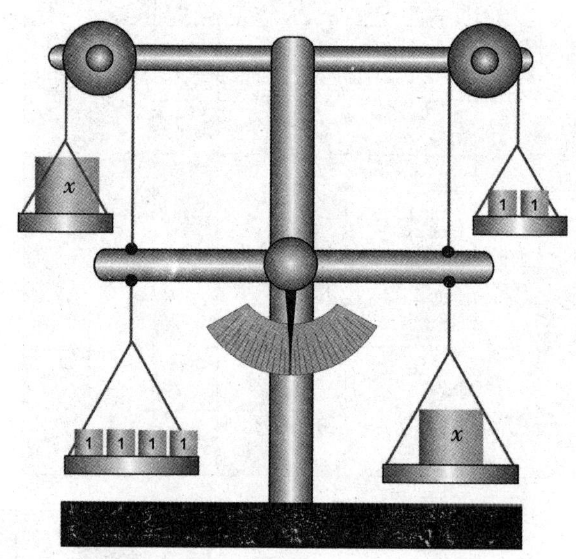

035　4 个盒子里的重物

你能否将连续整数 1~52 放进下面的 4 个盒子中，使得每个盒子里的任意一个数都不等于该盒子里任意两个数的和？

我们已经把数字 1~3 放进盒子里了。

你能将 4~52 全部都放进这 4 个盒子里吗？

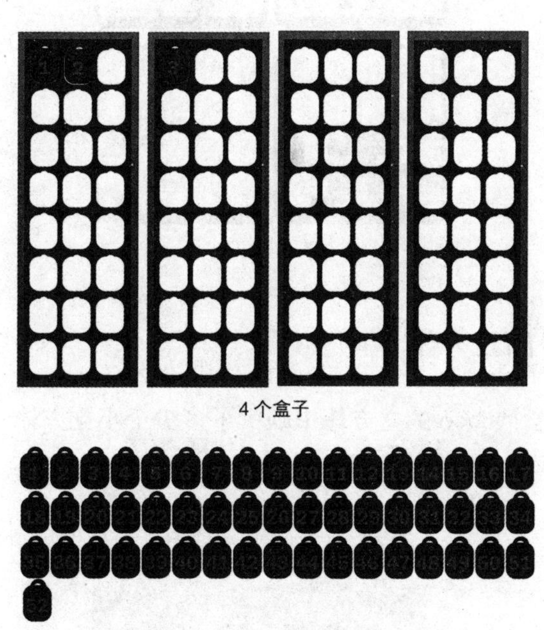

4 个盒子

036 突变

4 张卡片上的 3 幅图已经画出来了，你能把第 4 张卡片上的图也画出来吗？

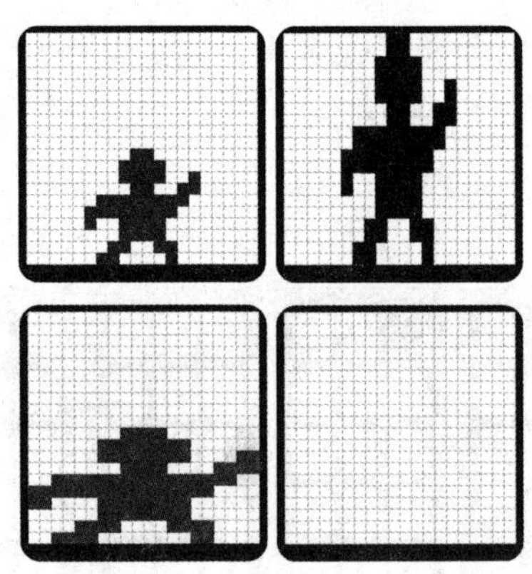

037 缺少的立方体

下图这个 6×6 的立方体中缺少了多少个小立方体？

038 立方体结构

用 16 个全等的小立方体分别做成下面的 4 个图形，请问哪一个图形的表面积最大?

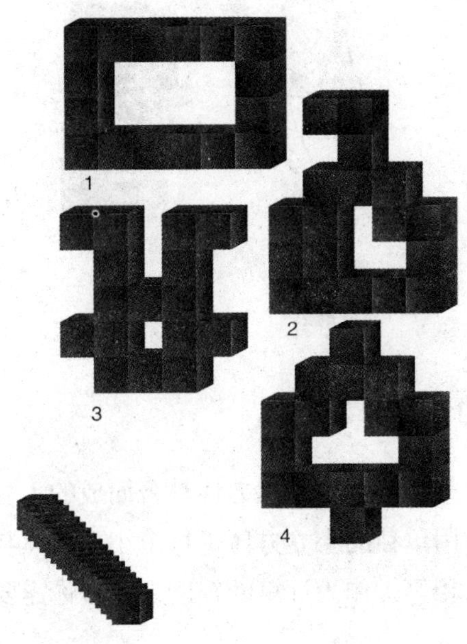

039 对角线的长度（1）

这个小男孩在玩 4 个全等的大立方体。

他只用一个直尺，能否量出立方体对角线的长度？

040 对角线的长度（2）

你能否算出一个由 8 个小立方体粘合而成的大立方体的对角线长度？允许你使用单独的小立方体（每个小立方体与组成大立方体的小立方体大小相等）作为计算的辅助工具。你需要多少个这样的小立方体？

041 代数学

我们通常认为代数就是很抽象的，但是不要忘了数学的起源是有着非常实际和直接的原因的——例如划分土地。

你能否通过几何图形解出这几个简单的代数式？

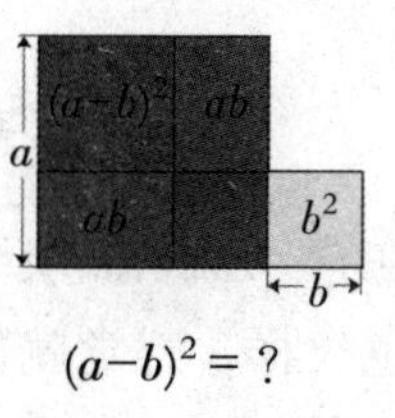

$(a-b)^2=?$

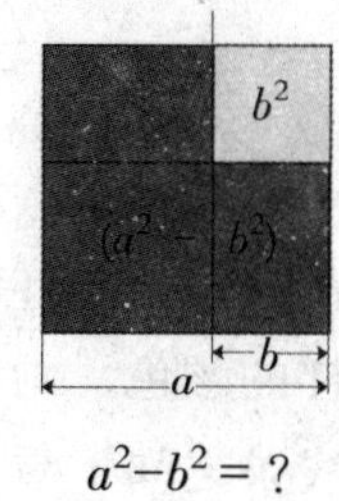

$a^2-b^2=?$

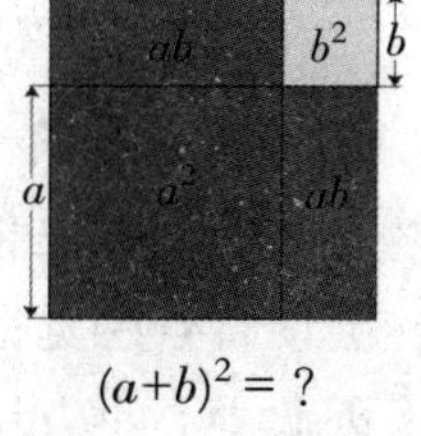

$(a+b)^2=?$

答　案

第一章　观察力

001 中心方块

中心的小方块和周围的灰度值是一样的。在背景上画黑线纹样，会使背景感觉偏黑。同样的颜色，画上白色纹样，感觉就偏白。因此中心小方块（黑色线条之间）看起来比周围方块（白色线条之间）要暗。事实上，整幅图的灰度值是一样的。你可以盖住黑线和白线交界处的线条来检查。

002 灰色条纹

两个灰色竖条纹的灰度是一样的。由于局部同时对比，产生了令人惊讶的效果——被白色环境包围的灰色条纹看起来要比被黑色环境包围的灰色条纹亮。

003 倾斜的棋盘

每个小棋子都具有相同的亮度。

004 双菱形

两个菱形具有相同的亮度。

005 圆圈

圆圈和背景的亮度是一样的。一系列射线从一个客观上并不存在的圆圈发散出来，造成一种强烈的亮度对比，因而感觉这些圆圈比背景亮。

006 赫尔曼栅格

在赫尔曼栅格中，交叉处的四边都是亮的，而白条只有两侧是亮的，所以注视交叉处的视网膜区域比注视白条的区域受到了更多的侧抑制，这样交叉处显得比其他区域暗一些，在交叉处就能看到灰点。

007 闪烁的栅格

视觉系统对中心和背景的反应时间可能存在微小的差异。对中心的反应更快、持续时间更短，这引起了交叉点闪烁。环顾图片时，视觉系统对白色交叉点做出反应，发出强烈的白色信号，但是如果凝视任何交叉点，随即信号就会变弱，背景的侧抑制发生了，视觉系统感知到的就是交叉点变暗了。

008 闪烁的点

当转动眼球观察图片时，虚幻的黑点在白点中间产生或消失；注视圆心时，白点就会消失。美国视觉科学家迈克尔·莱文和詹森·麦卡纳尼于2002年发现了这个闪烁栅格的奇异变化。该感知效果仅在特定的环境中才能发生。它可能与“视觉消失”的某些形式有关，被称为“湮灭”。目前，还不清楚什么原因导致“消失”。

009 神奇的圆圈

日本视觉科学家和艺术家秋吉北冈于 2002 年创作了这个闪烁栅格错觉的变形。

010 闪烁发光

观察图片时，视觉系统好像在“开”与“关”之间竞争，表现为“明”与“暗”的闪烁。

011 小圆圈

在这幅图中，存在许多可能存在的圆。当眼睛扫过这幅图，你的视觉系统不断寻求最佳成像效果，但另一方面又有新的效果不断产生。

012 线条

这些线条实际上是笔直而且平行的，然而给人的感觉是弯曲的。错觉是由大脑皮层中掌控方向敏感性的细胞引起的，这种细胞对空间接近的斜线和单向斜线产生交互影响，造成了弯曲效果。

013 螺旋

你所看到的好像是个螺旋，但其实它是一系列完好的同心圆！这个“螺旋”由一系列具有圆心的、逐渐缩小的、相互交叠的弧线组成。这幅图形效果如此强烈，以至于会促使你沿着错误的方向追寻它的轨迹。

在这个例子中，每一个小圆的“缠绕感”通过大圆传递出去产生了螺旋效应。因此，只要产生扭曲的线条被转化为同心圆，螺旋效果就不存在了。

014 线条组成的圆

这是弗雷泽螺旋的一种变形，由一系列同心圆组成。

015 图像

图像的边缘都是直的。

016 小方块

这些小方块均呈直线排列。

017 线

这些水平线是彼此平行的。

018 面孔

如果将卡片颠倒过来，你就可以看到杯子两边各有一个侧面像。

019 单词

将图逆时针旋转90°，“Figure”外围较暗的边缘形成“Ground”。

020 鱼

它们有的向左游，有的向右游。

021 萨拉与内德

黑色部分呈现的是吹萨克斯的男人，男人旁边的白色及部分黑色构成了女人脸的轮廓。

022 猫和老鼠

在猫的眼睛下面藏着只老鼠。

023 圣乔治大战恶龙

观察圣乔治的头发，你就能看到战争的场景。圣乔治是西方中世纪传说中的英雄，他杀死了代表邪恶的龙，解救了一个深受其害的小镇。有大量的油画和雕塑描绘了圣乔治杀掉恶龙的英雄事迹。

024 坟墓前的拿破仑

拿破仑就藏在两棵树之间。两棵树的内侧枝干勾勒出了站立的拿破仑。

025 紫罗兰

在左上侧的紫罗兰花下是拿破仑妻子的轮廓；右上边的大叶子下是拿破仑的轮廓；最下面一朵紫罗兰花上面是他们儿子的轮廓。

026 虚幻

你可以看到一位美丽的姑娘望着镜中自己年轻的面容，或者看到露齿而笑的骷髅头。女孩的头和镜中的头组成了骷髅骨的两个眼睛，梳妆台上的饰品、化妆品和桌布组成了牙齿和下巴。

027 高帽

帽子的高度和宽度是一样的。

028 单词接力

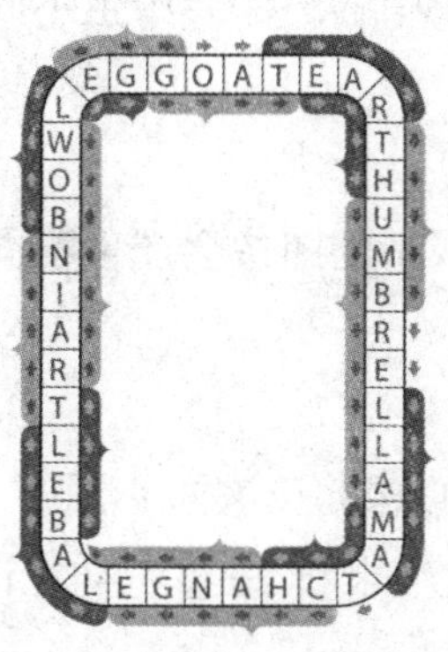

029 三维立方体

这些既可以看作是凹进去的，也可以看作是凸出来的。由于视觉的变化，这些图则会发生由凸出→凹进，或凹进→凸出的转变。

030 球

不一致。通过注视，左右眼中的球融合后会出现分层，网格上的球也随之会产生不同的深度。

031 “雪花”

左右眼分别看图，产生融合现象，就能看到雪花从右边降落。此外，灰色的圆圈好像有两种亮度，而实际上它们的亮度是一样的。

032 三维图

可以看到一颗心。

033 玫瑰

通过注视，左右眼中的图像会产生不同程度的深度变化。

034 墙纸

通过注视，左右眼中的图像会产生不同程度的深度变化。

035 同心圆

会产生车轮转动的感觉。该同心圆错觉由查尔斯·寇伯尔德创作于 1881 年，19 世纪末和 20 世纪初在许多广告中出现。

036 “8”

将此图向左或向右转动，会看到一个模糊直立的“8”；将目光移至中心点左侧或右侧，会发现光束朝反方向运动。

037 波

这是高对比度线条产生强烈相对运动错觉的一个例子。例中，你也会感到一种强烈的立体错觉。有一种波浪此起彼伏的感觉。英国欧普艺术家布耐恩特·莱比于 1963 年绘制了该作品。

038 线条的分离

如果上下移动图片，就能看到方块左右晃动；如果左右移动图片，就能看到方块上下移动。该错觉由皮纳发现于 2000 年。

039 旋涡

它会逐渐旋转起来。其中，斑点清晰的边缘是一个关键因素。

040 方块

它似乎要跳起来，泛起点点涟漪。这是一个高对比细线条引起错觉的例子。由美国艺术家雷金纳德·尼尔创作。

041 轮子

圆形的轮子会沿着正方形的轮廓缓慢移动。采用边缘视域观察效果最好。

042 涡轮

每个轮子会转动。此外，每个同心圆都像一个螺旋。采用周边视域观察效果最好。

043 壁画

大教堂中的壁画显然犯了一个透视法上的错误。中间的柱子同时出现在两个空间之中。

044 贺加斯的透视

1754 年，威廉姆·贺加斯创作了这幅著名的画，来讥讽那些滥用透视法的人，并希望以此说明正确使用透视画法的重要性。图中存在 20 多处透视错误。如：两位垂钓者的渔竿、两根墙壁外交叉在一起的木棍、趴在窗口给山上老者提供火源的妇女。

045 三角形

不可能。里面的斜边视觉上似乎成立，其实现实中是不可能的。

046 小物包大物

不可能。

047 扭曲的三角

看最上面的木板，木板的接嵌方式是不可能的。线条是不可能在3个点处忽然转弯的。

048 阶梯

这样的阶梯在现实中是不可能存在的。

049 佛兰芒之冬

这幅图犯了视觉透视错误。最左边的柱子不可能跑到最前面来。

050 奇怪的窗户

画中窗户的组合是错误的；坐着的人手中拿的立方体是不可能存在的；纸上画着的三角形是错误的。

051 门

盖住下面一部分，你会发现过道是往外的；而当你盖住上面一部分时，你又会发现这是往里的。这在现实生活中显然是不可能发生的。

052 棋盘

这样的棋盘在现实中是不可能有的。其中梯子也是错误的。

053 不可思议的平台

画家大卫·麦克唐纳以德尔·普瑞特的“棋盘”为基础创作出这幅“不可思议的平台”。图中的平台现实中是不可能有的。

054 奇妙的旅程

图中所有的屋顶在一个平面上，其中还出现了高低的差别，这在现实生活中是不可能有的。

055 压痕

图像被倒置后，大脑会收到来自另一角度的光线指示，凹陷的图形就会凸起。

056 麋鹿

将图片倒置，在图的中部你会发现一只麋鹿。

057 球和阴影

相对位置相同。两图唯一的不同在于投影的位置。在上图中，球好像落在方格表面上，并向远处滚动；下图中，球好像悬在方格上方，在上升而不是向远处滚动。

058 神奇的花瓶

花瓶是放在地面上的。对于表达物体与背景的相对位置来说，阴影是非常有用的线索。该图使用了特殊的灯光技巧使物体和影子分离，给观察者造成了花瓶悬浮的印象。

059 猫

灰墙与干草之间的界限比较模糊，因此很难弄清楚干草区是竖直的还是灰色区域是竖直的。然而，还是有很多小细节给我们提供了线索，比如猫的耳朵，影子只有一只耳朵。据此我们可以判断右边的是猫，左侧是它的影子。

060 房子

线段 AB 与 CD 一样长。

061 圆柱体

圆柱体的底面周长与高度是一样的，而大多数人会认为高度要大于底面周长。如果你用绳子绕周长一周，再将它与圆柱高对比一下，你会发现是一样长的，这与基础几何是一致的（$C=2\pi r$）。之所以产生这种错觉是因为圆周的边沿线看上去被缩短了，而圆柱的高却保持原样。

062 人脸图形

这个人脸图形是一个背景可互换的两可图画。从前面能看到一张模糊的脸，中间部分被烛台遮住了。由于面孔前的烛台，你感知到了深度。也可以看到两个妇女的侧面轮廓。面孔或者侧面像的边界都太模糊，导致了两种不同的印象。

063 老太太还是少妇

两种解释都有可能。这个经典错觉表明视觉系统如何基于你期望的内容来聚集特点。如果你看到一个特点比如眼睛像少妇，那么鼻子、下巴的特点也会聚集起来，呈现出少妇的特质。

第二章　想象力

001 分割空间

15 部分：四面体的 4 个顶点上有 4 部分；四面体的 6 条边上有 6 部分；四面体的 4 个面上有 4 部分；四面体本身。

这个数字是三维空间被 4 个平面分割时能得到的最大数字。

002 转角镜（1）

正常情况下，镜子将物体的镜像左右翻转。以正确角度接合的两面镜子则不会这样。

转角镜中右面的镜子显示的没有左右变化，男孩在镜子中看到的自己和日常生活中别人看到的他是一样的。

这种成像结果是由于左手反转以及前后反转同时作用。

003 转角镜（2）

男孩看到的自己是右边凸起的。

004 完美六边形

线条如果连接，会形成一个完美的六边形。它们相连的点被三角形掩蔽。当线条在物体后面消失时，视觉系统会延伸线的长度。就如本例中的情况，每根线条的终点好像都在三角形的中心，这导致定线错误。

005 不可能的剖面

C。

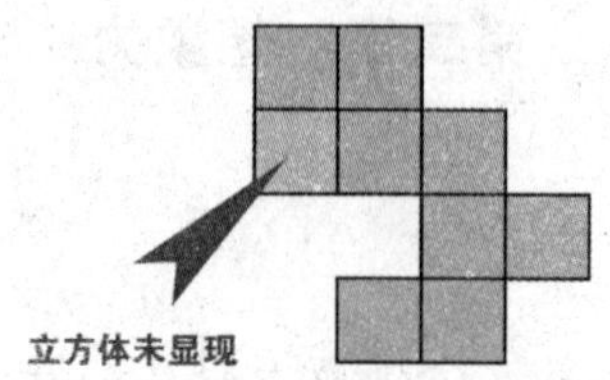

006 补全多边形

E。多边形中对角的三角形图案相同。

007 重力降落

假设没有摩擦力和空气阻力，这个球将以不断增加的速度一直下落直到到达地心。在那一点它将开始减速下落到另一边，然后停止，再无休止地重新下落。

008 迷路的企鹅

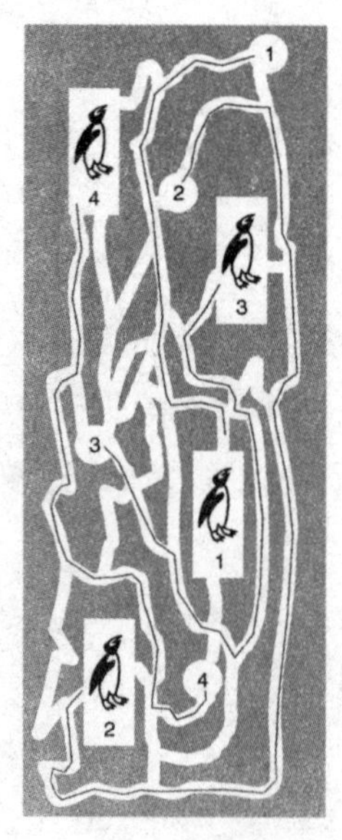

009 肥皂环

如图所示，这个曲面被称为悬链曲面。

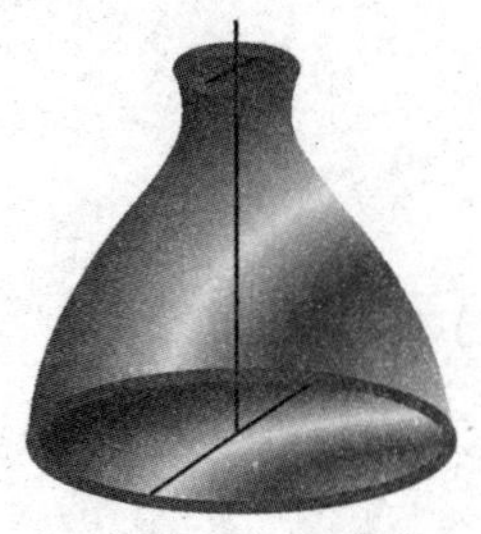

010 有向图形

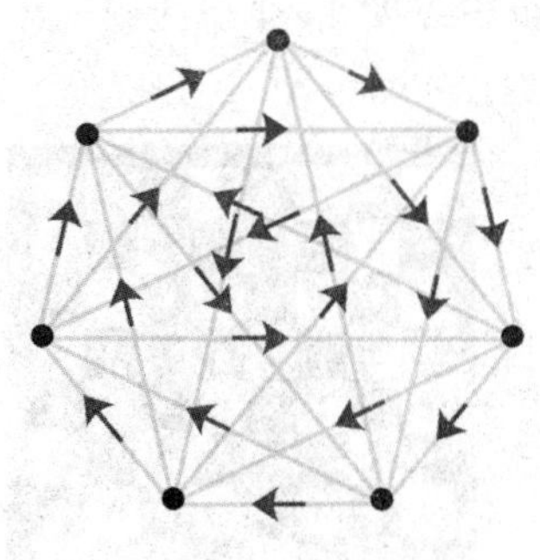

011 皮带传送

普通的圆环只能套在 2 个圆柱形的滚轴中间，而麦比乌斯圈能够套在 3 个滚轴中间，就如我们在该题中所看到的。

012 镜像射线（1）

A—1　　E—6

B—2　　F—3

C—5　　G—4

D—3　　H—7

013 镜像射线（2）

A—1　E—5　I—2

B—2　F—5　J—1

C—3　G—4

D—3　H—4

014 骑士通吃

如下图所示，至少需要 14 个骑士。

015 埃及绳

用埃及绳可以做出大量不同的面积为 4 个单位的多边形。一些方法如图所示。

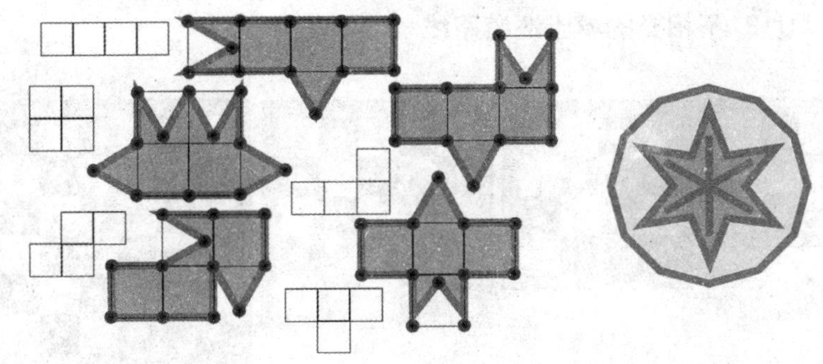

016 将洞移到中心

沿L形的方向剪下正方形的一部分，然后将其向对角翻转，令有洞的部分居于纸张中心。

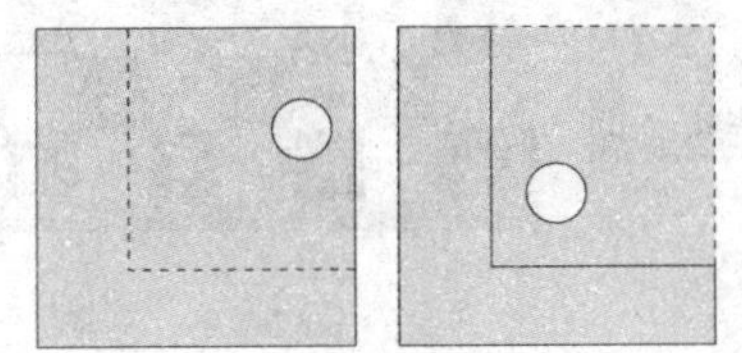

017 折叠纸片

转动纸张，空白面朝上，数字“2”在左上角。然后把纸张向左对折，这样数字“5”在数字“2”背面。现在，将下半部往上折，结果数字“4”与数字“5”相对。接下来将“4”和“5”一起向右折，位于数字“6”和“3”之间。最后，把数字“1”和“2”折到小数字堆上，到此一切结束。

018 不相交的骑士巡游路线

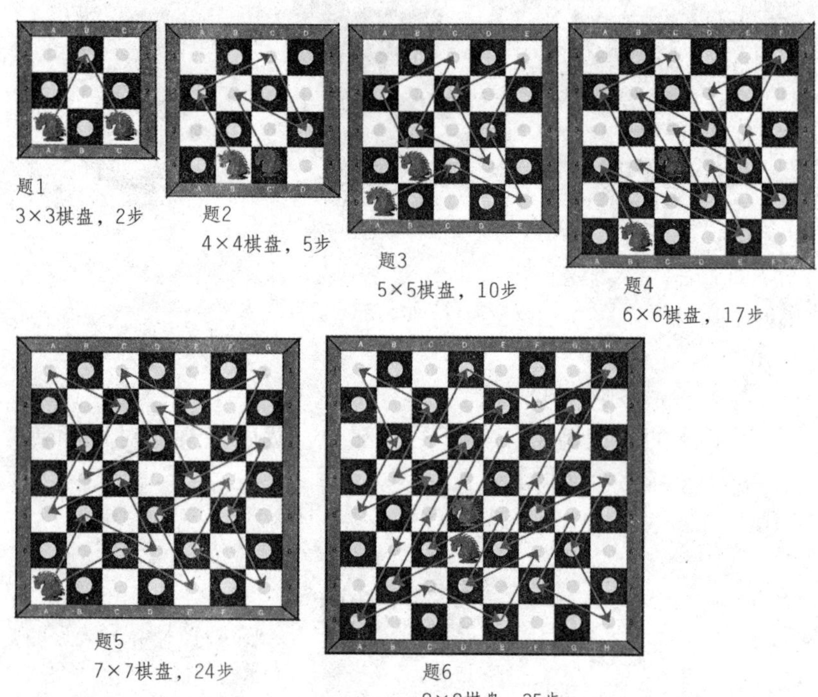

题1
3×3棋盘，2步

题2
4×4棋盘，5步

题3
5×5棋盘，10步

题4
6×6棋盘，17步

题5
7×7棋盘，24步

题6
8×8棋盘，35步

019 相交的骑士巡游

完整的骑士巡游在 3×3 和 4×4 的棋盘上都不可能实现。在 5×5 和 6×6 的棋盘上分别有 128 种和 320 种骑士巡游路线，其中有些是能够回到起点的巡游。在 7×7 的棋盘上路线总数已经超过 7000 种，而在 8×8 的棋盘上多达上百万种。

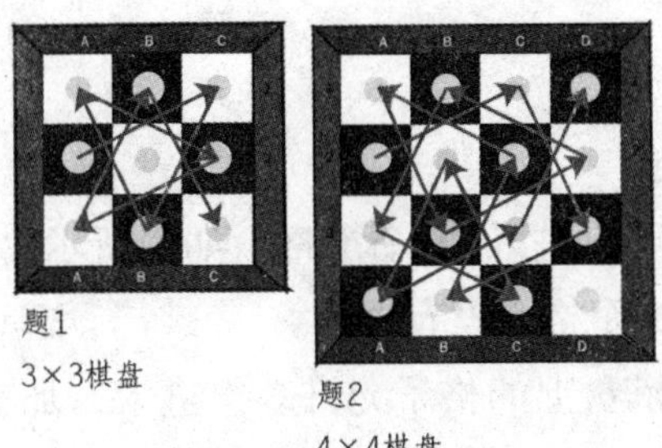

题1
3×3棋盘

题2
4×4棋盘

020 将死国王

如图所示，至少需要 12 个国王，这样国王能够进入棋盘上的每一个格子，并且包括所有上面已经摆放了棋子的格子。

021 轮子

是的。左下角的轮子将按逆时针方向转动，而其他的轮子都将按顺时针方向旋转。

022 楼号

在第 121 号大厦和第 1 号大厦之间一共有 120 栋大厦。相应地就有 120 栋编号大于 294 的大厦。因此，街两旁建筑共有 294

＋ 120=414 栋。

023 象的巡游

题 1：最多可以进入 29 个黑格，如图所示。无论你怎么走，最终还是会剩下 3 个格子没有进入。

题 2：如果棋盘上的格子允许多次进入，那么象是可以进入所有的黑格的。从棋盘上的一个顶点开始，在相对的另一个顶点结束，这样最少需要 17 步，如图所示。

题1

题2

024 拼接六边形

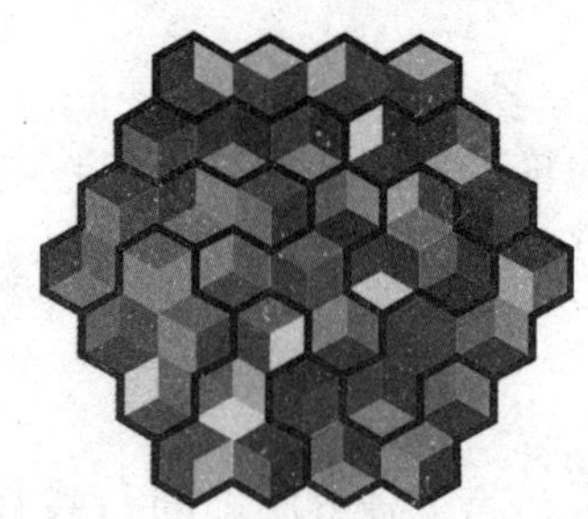

025 象的互吃

需要摆放 10 个象，如下图所示。

026 7 张纸条

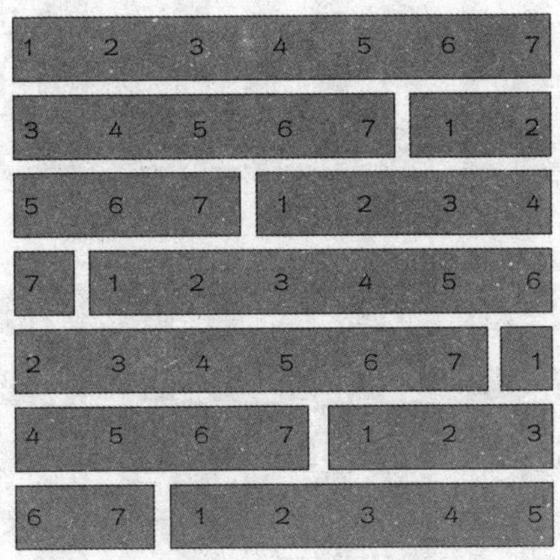

027 分出 8 个三角形

028 车的巡游

有链条的正方形

题1
最少21步

题2
最多55步

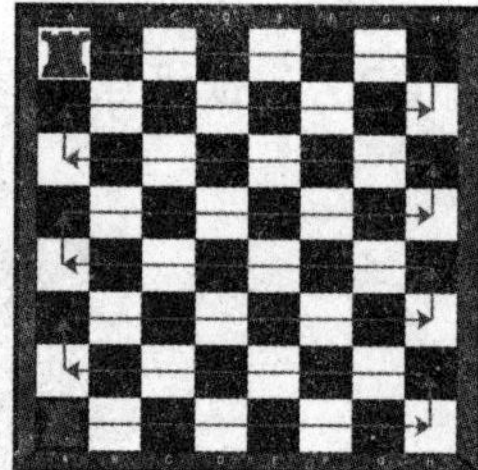

题3
最少15步

题4
最多57步

题5
最少16步

题6
最多56步

029 单人跳棋

如图所示，18 步是步数最少的解法。

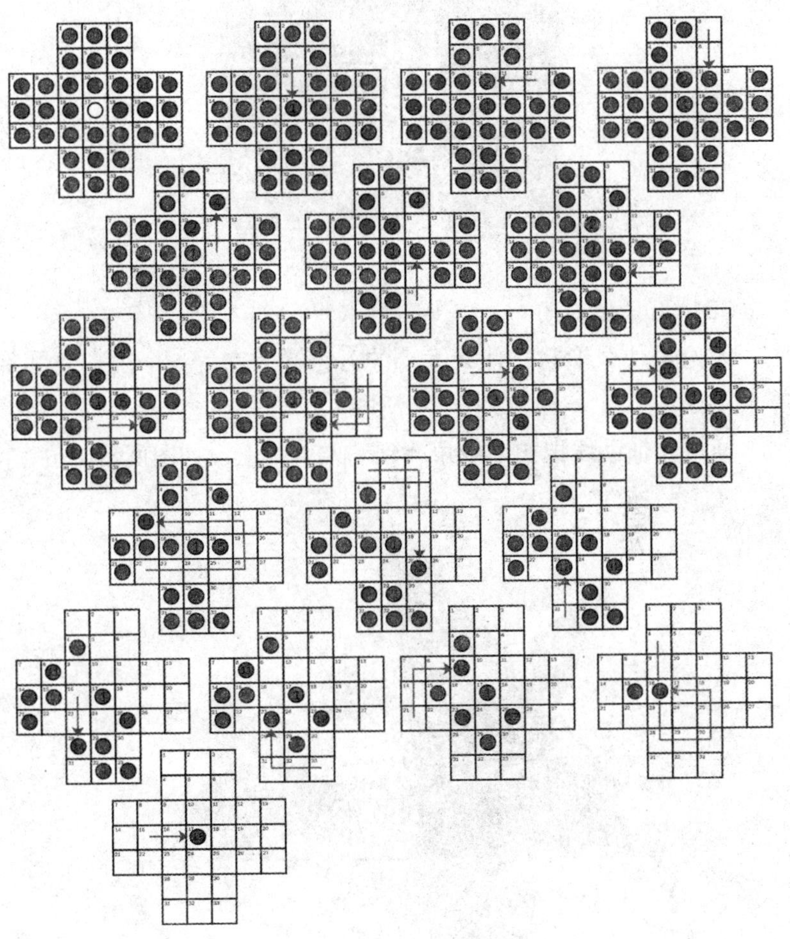

030 有链条的正方形

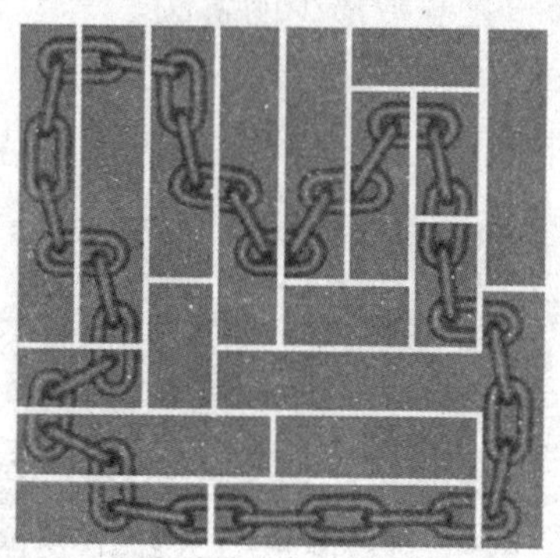

031 五角星内角

无论是什么形状，什么大小的五角星，它的5个内角之和都等于180°。

通过作辅助线把5个内角放到一条直线上，如图所示。

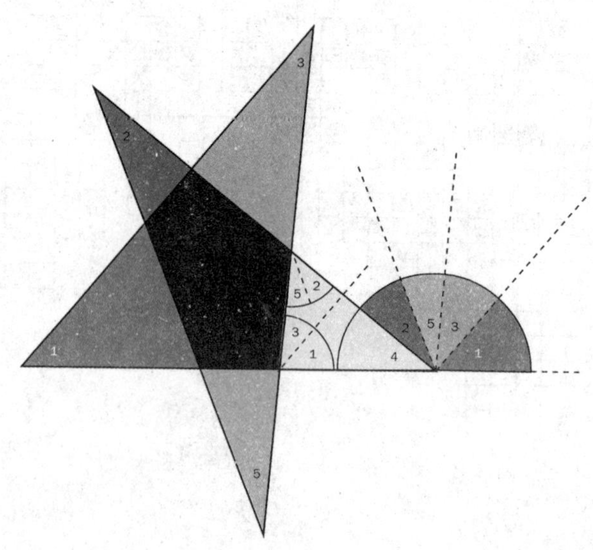

032 吉他弦

如图所示，琴弦开始振动，4 和 6 处的纸片会掉下来。

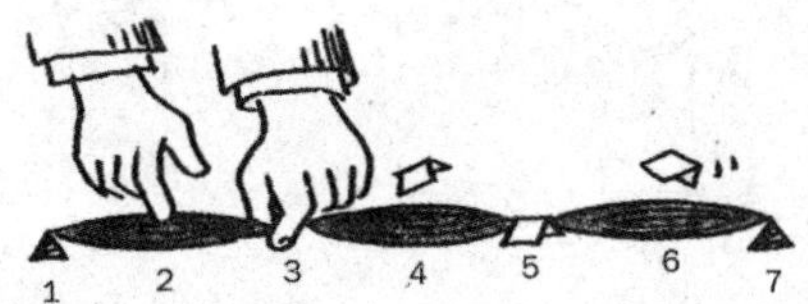

033 剪纸

在纸上沿平行方向剪 3 刀。其中 2 刀要剪在纸的一边，而另一刀则应该剪在纸另一侧的中间（如下图所示）。然后将纸弯折，使得纸的“底面”组成上表面的一半。

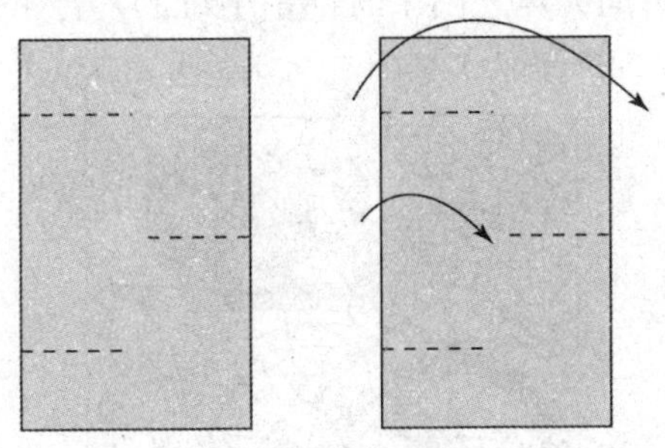

034 改变陶土块

切的动作必须要以如图所示的方法将立方体对切成两半。这样暴露出来的内表面才是六边形。

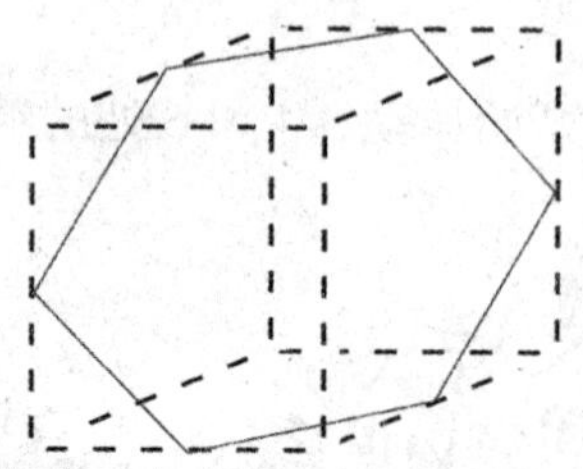

035 建筑用砖

60 块砖。你不需要将所有的砖块清点一遍，只需要数出最上面一层砖块的数量（12 块）并将其与层数（5 层）相乘，这样你就可以得出砖块的总数 60 块了。

036 三角形三重唱

三幅画如图所示，分别是 tea（茶），eye（眼睛）和 bee（蜜蜂）——这些单词大声念出来时都是字母的发音（T，I，B）。

037 列岛游

如图所示。

038 找纱布

如图所示。

039 停车场

如图所示。

第三章　创造力

001 清理仓库

这里以“3R4”表示“把3号板条箱往右推4格”。同理，“L”表示向左，“U”表示向上，“D”表示向下。

首先，1U1，然后4D1和L3。现在我们需要通过7U1、6U1和5D1来腾出一些空间。先4R4然后U4，4号板条箱就移出去了。用同样的方法移出3号、1号和2号板条箱。5D2、L3、R4，然后U4，5号就被推出去了。6号和7号也用同样的方法推出去。

002 割据

003 3个小正方形网格

事实上，由1~9当中的3个数字组成和为15的可能组合有8种。

004 十字

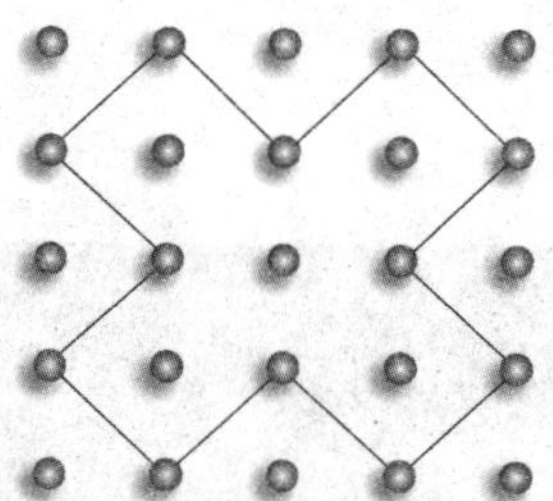

005 七巧板数字

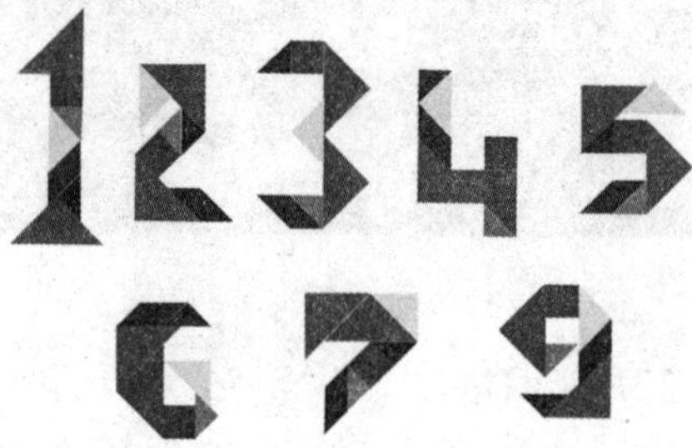

006 多边形七巧板

007 象形七巧板图形

008 三角形七巧板

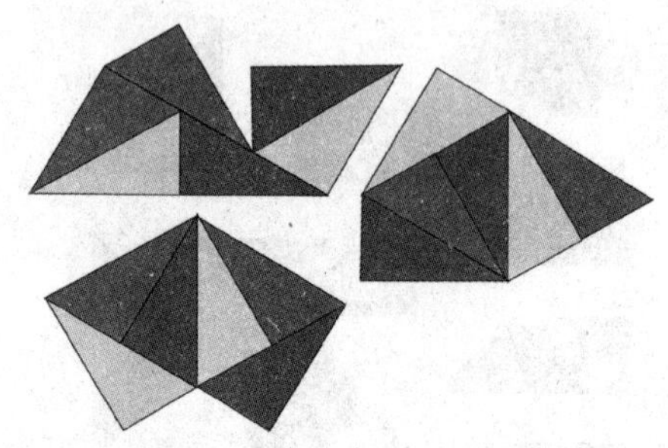

009 心形七巧板

010 圆形七巧板

011 大小梯形

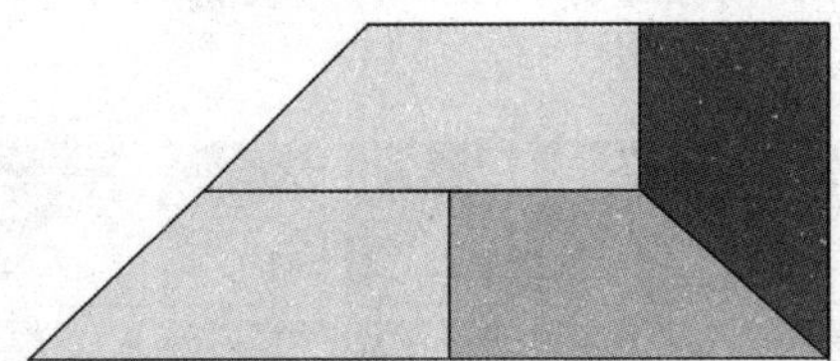

012 组合六角星

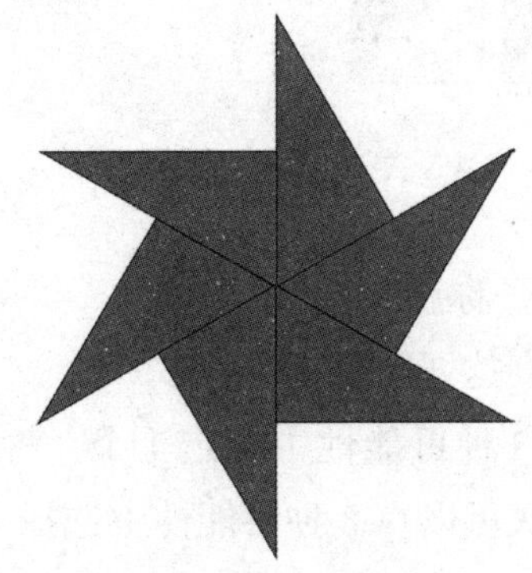

013 闭合多边形

014 分割正方形

把 1 个正方形分割成 6 个相似的等腰直角三角形有 27 种方法：

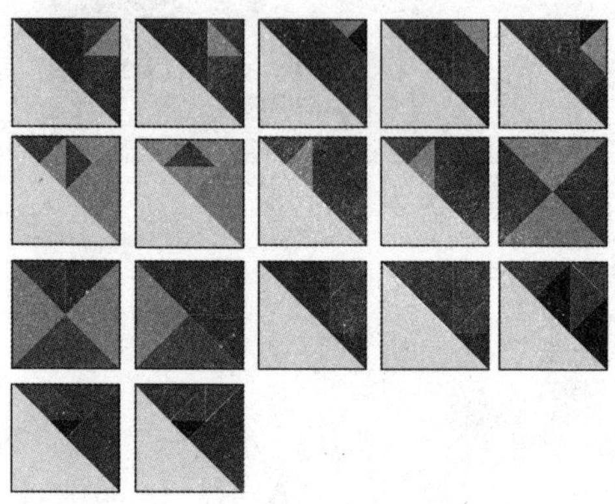

015 给 3 个盒子称重

有 6 种方法排列这 3 个盒子。

称 1 次可以在 2 种可能性中确定 1 个，称 2 次可以在 4 种可能性中选择，称 3 次可以在 8 种可能性中选择……

一般来说，"*n*" 次称重将最多决定 2*n* 种可能性。

在我们的题目中：

称重 1 次：A>B

称重 2 次：A<C

结论：C>A>B，问题就解决了。

如果第 2 步称重时：A>C

那么就有两种可能性：A>B>C 或 A>C>B，所以我们需要第 3 次称重来比较 B 和 C。所以最多需要称 3 次。

016 4 点连出正方形

总共 11 个正方形。

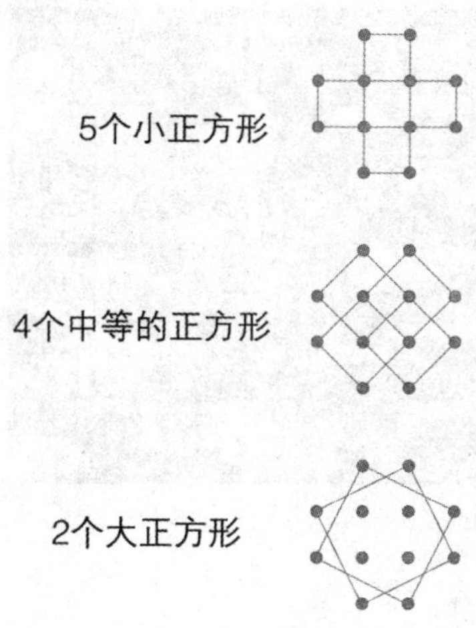

017 分割 L 形

显然 L 形结构可以被分割成任何 3 的倍数。n=4 时，答案是一个经典的难题，这时被分割成的部分是和原来一样的 L 形结构。这种图形被称作“两栖图形”，因为每个这种图形都可以被继续分割成 4 个部分。

n=2 时，答案是另外一种图形（同 n=8，32，128，512，…的答案类似）。

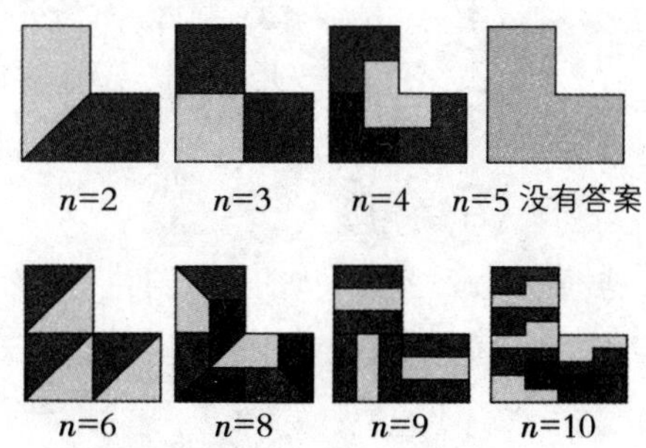

018 把正方形四等分

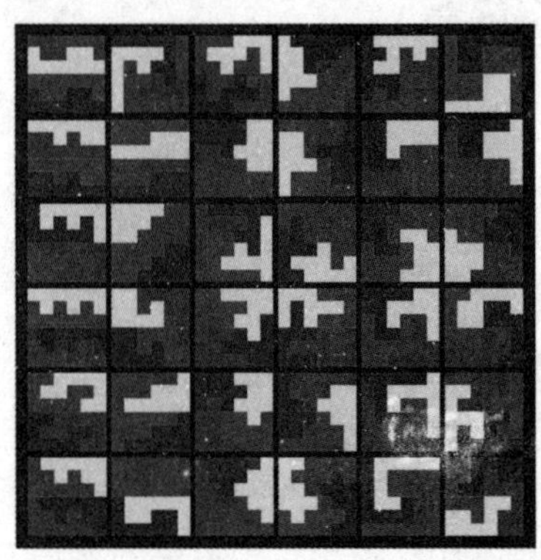

019 去电影院

一边描画一边计算，还得同时牢记所走的每一步——这肯定会让你疯掉的。要想选择简单的方法，那就只需要写下连接每一个圆圈的可能的路线。到达下一个圆圈的路线的数字和与之相连接的路线的总和是相等的。

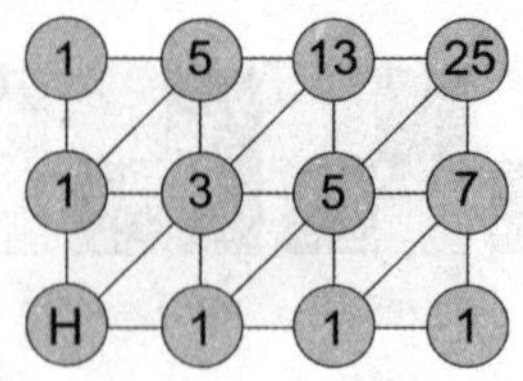

020 填涂图案

这是答案之一。

021 建造桥梁

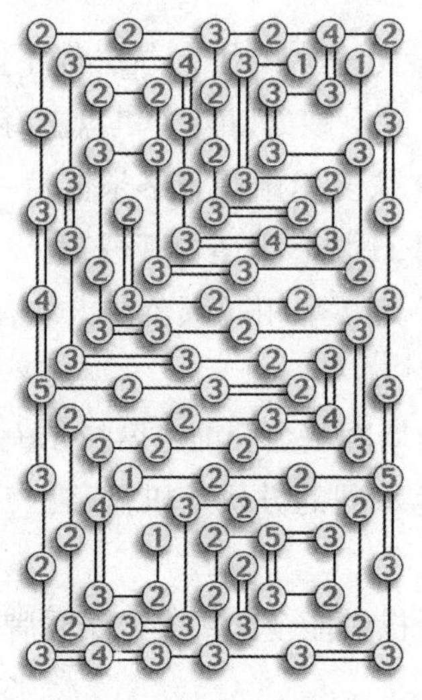

022 增加正方形

将正方形总数上升到 27 个的 4 条直线如下图所示。

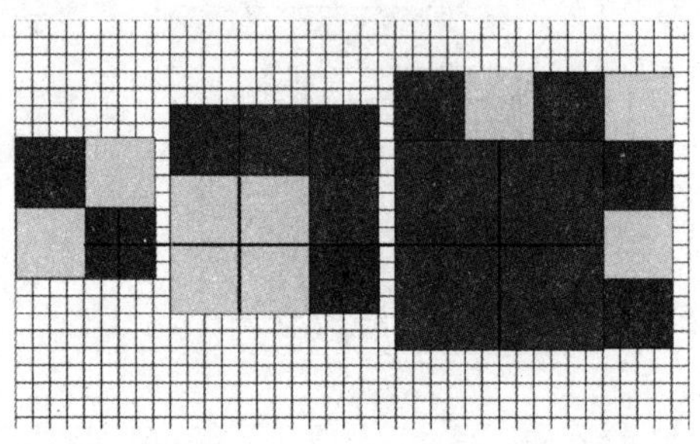

023 棋盘与多米诺骨牌

许多与棋盘有关的题目以及其他谜题都可以通过简单的奇偶数检验法解决。

第 1 个棋盘中，无论你用什么办法都不能覆盖空缺的棋盘，而证明方法很简单。除空缺处以外，棋盘上有 32 块白色方块，但只有 30 块灰色的。1 块多米诺骨牌必须覆盖一灰一白的方块，因此第 1 个棋盘不能用 31 块多米诺骨牌覆盖。

如果从棋盘中移走 2 个相同颜色的方块，剩下的方块就不能用多米诺骨牌覆盖。

该原理的反面由斯隆基金会前主席拉尔夫·戈莫里证明。

如果将 2 个颜色不同的方块从棋盘移出，剩下的部分必然能用多米诺骨牌覆盖。

因此只有第 2 个棋盘能全部用多米诺骨牌覆盖住。

024 直线分符号

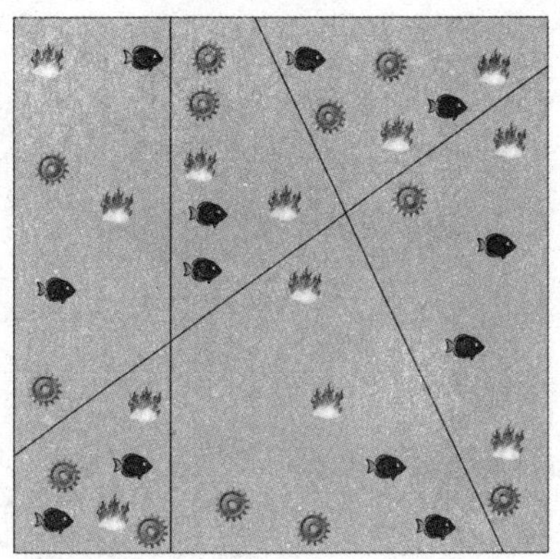

025 重组等边三角形

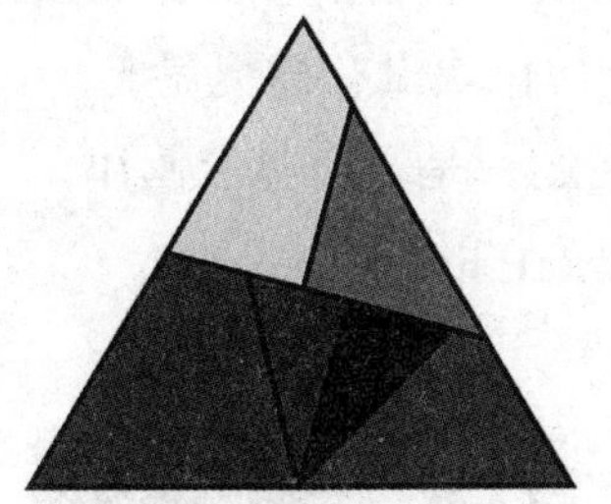

026 重组 4 个五角星

027 星形难题

028 网格覆盖

原图上的 5 个缺失方块中有 4 个是在棋盘的灰色块上的，只有 1 个在白色块上。

因此当你放进去最大数目的多米诺骨牌之后，无论你如何摆放骨牌，总会有 3 个白色块没有被覆盖上。

寻找解法的途径之一是在棋盘上画出车（国际象棋棋子）的路线图，并用骨牌覆盖它的路线。

029 重拼正五边形

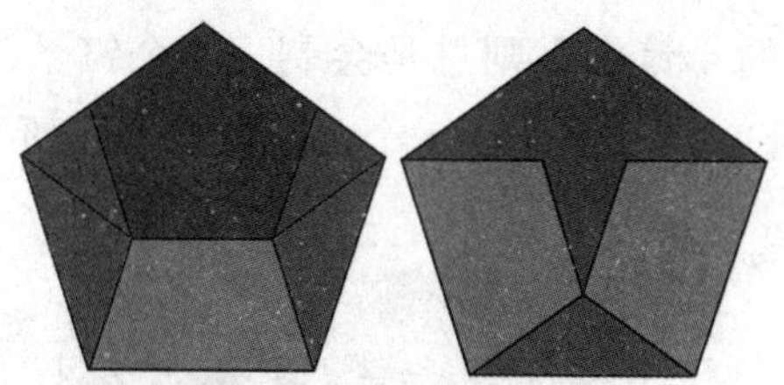

030 重组正方形

031 埋伏地点

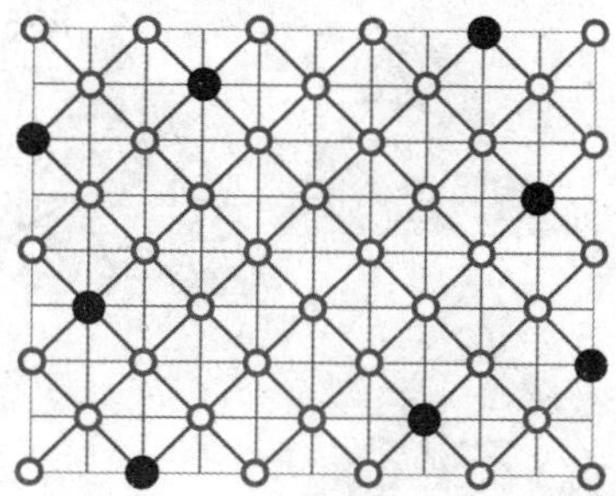

032 小钉板

在 3×3 的小钉板上不论你怎么连，最终总是会剩下 2 个钉子；而在 5×5 的小钉板上则总是会剩下 1 个钉子；在 4×4 的板上可以把 16 个钉子全部用上，1 个也不剩。如图所示。

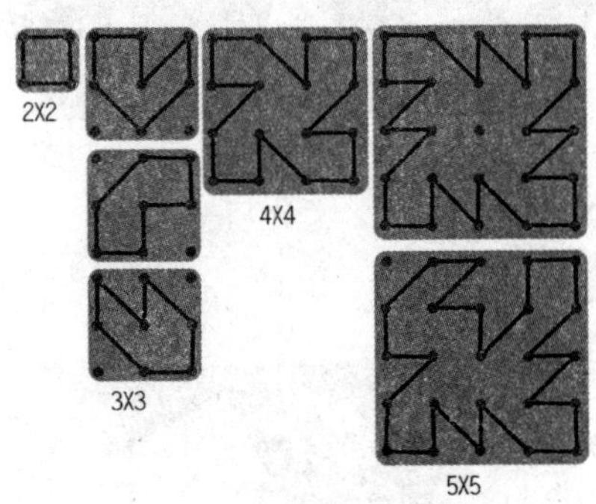

033 三角形钉板

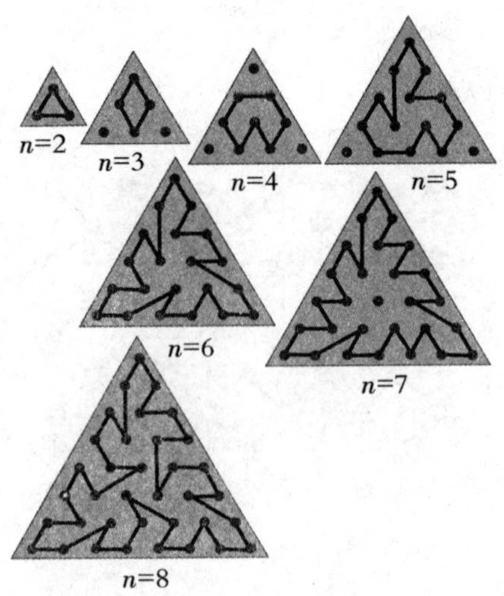

034 正六边形钉板

答案如图所示。当然还有其他的可能性。

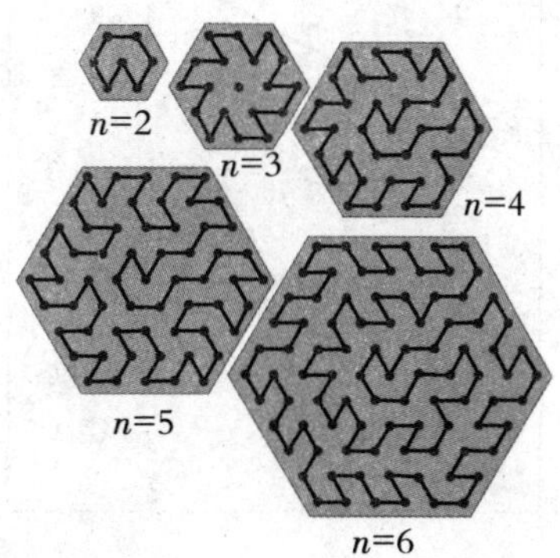

035 连接四边形

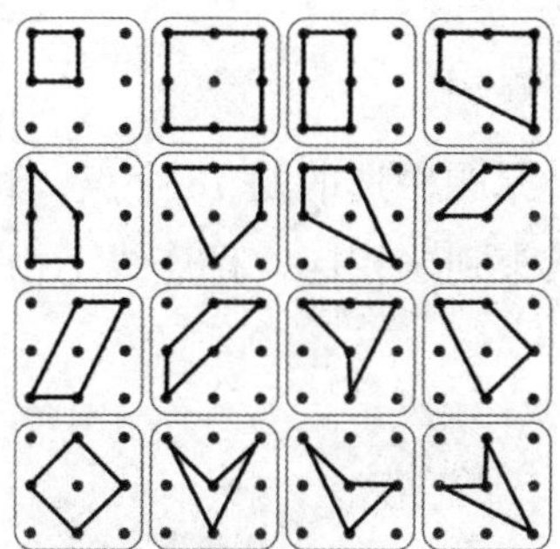

036 四等分钉板

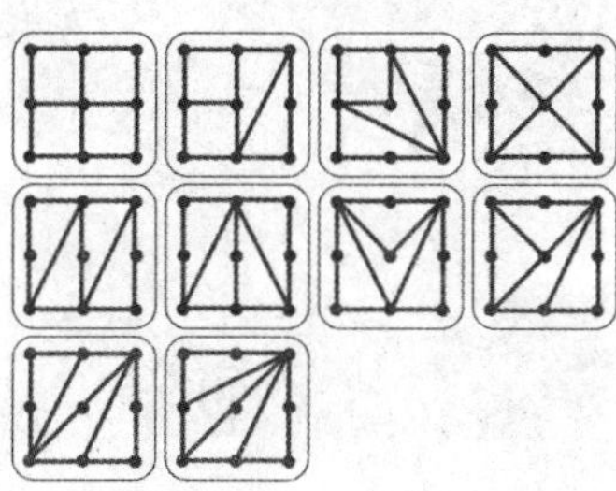

037 分割

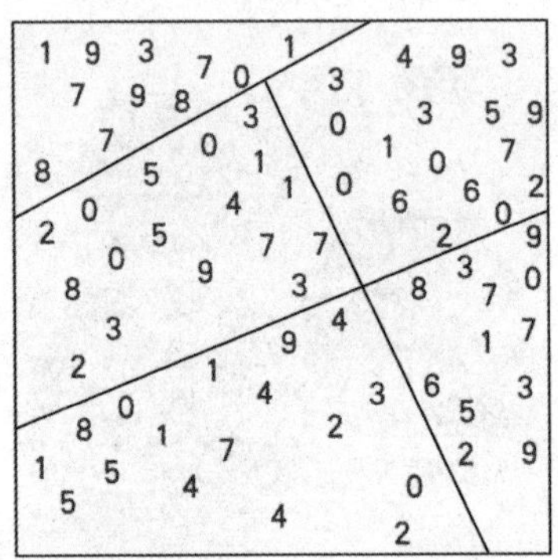

038 连接数字

答案如图所示。原题中选的是 18 个点，其实用任意多少个点都可以做到把它们从头到尾相连，且连线不相交。

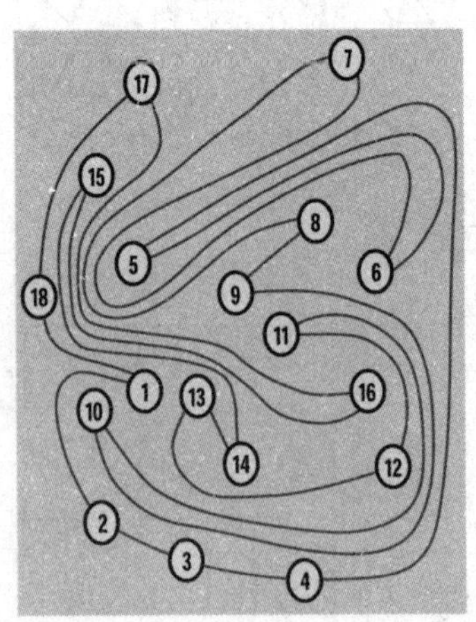

039 毕达哥拉斯正方形

040 走出迷宫的捷径

往东走到“3”，再往东南走到“3”，最后向南走出迷宫。

041 瓢虫

如图，19 个瓢虫分别在不同的空间内。

一般情况下，3 个三角形相交，最多只能形成 19 个独立的空间。

这一点很容易证明。2 个三角形相交，最多能够形成 7 个独立的空间，而第 3 个三角形的每一条边最多能够与 4 条直线相交，因此它能够与前 2 个三角形再形成 12 个新的空间，所以加起来就是 19 个空间。

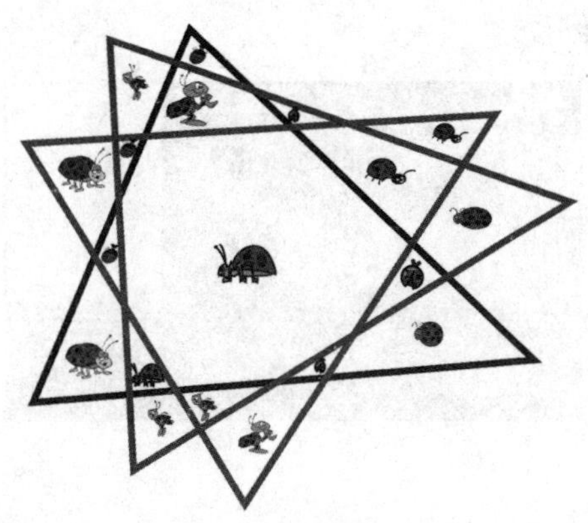

042 游戏板

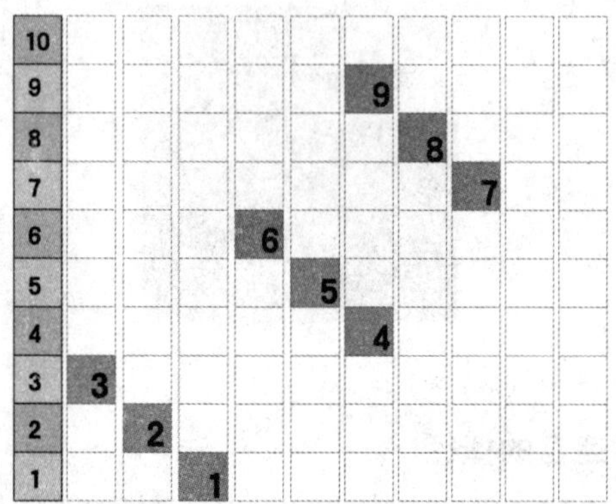

043 不可比的长方形

可以用不可比的长方形拼出的最小的长方形的长和宽的比例是 22 ∶ 13。

这 7 个不可比的长方形的总面积是 286 个单位正方形。由于这个长方形的一边最小是 18，而且边长必须是整数，就出现 2 种可能的比例：26 ∶ 11 和 22 ∶ 13。

我们这道题目的答案是第 2 种，它有更小的周长。

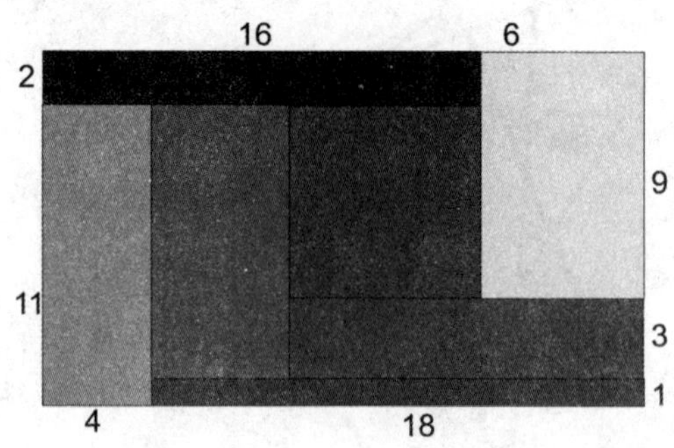

044 连接圆点

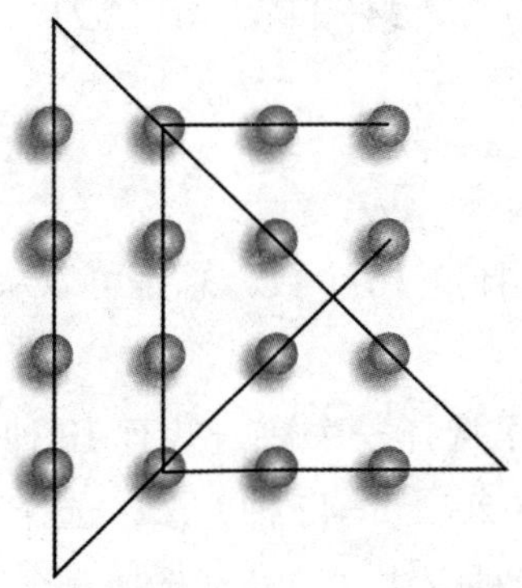

第四章　记忆力

001 数字筛选

不管你如何选择这10个数，总是可以从中找出两组数字之和相等。

在这10个数里选择一个数一共有10种方法，选择一组两个数有（10×9）÷（2×1）=45种方法，选择3个数有（10×9×8）÷（3×2×1）=120种方法，一直到选择9个数有（10×9×8×7×6×5×4×3×2）÷（9×8×7×6×5×4×3×2×1）＝10种方法。加起来一共是1012种方法。

一组数之和最小的可能是1，最大的可能是945（一组里面包含10个数，从90到99）。

也就是说，选择数字一共有1012种方法，各组的和只有944种可能。

因此，如果从小于100的整数中任意选出10个数，总是可以从中找出两组，使其数字和相等。

002 数字1到9

32547891×6=195287346

003 旋转的物体

如图所示。

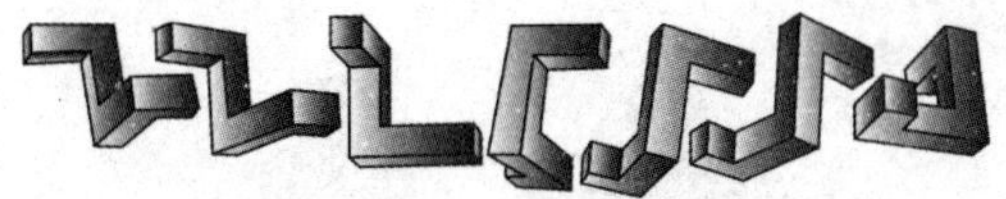

004 轨道错觉

开普勒当然是正确的，但是这幅图里面的椭圆并不是真正的椭圆。在它中部其实是两条平行的直线，但是在其他射线的干扰下，整个图形看上去像一个椭圆。

005 三维形数

四面体数：1，4，10，20，35，56，84。这类数的公式是 $1/6n(n+1)(n+2)$。

正方锥数：1，5，14，30，55，91，140。这类数的公式是 $1/6n(n+1)(2n+1)$。

其中 n 代表小球所在的层的序数，而每一层的小球数等于 n^2。

最底层小球的数量是 100，则整个四面体的小球数是：

1+4+9+16+25+36+49+64+81+100=385。

006 小猪存钱罐

$1/4x+1/5x+1/6x=37$

$x=60$

因此我一共有 60 美元。

007 三角形数

查尔斯 · W. 崔格发现了 136 种不同的排列方法。如图所示是其中 4 种。

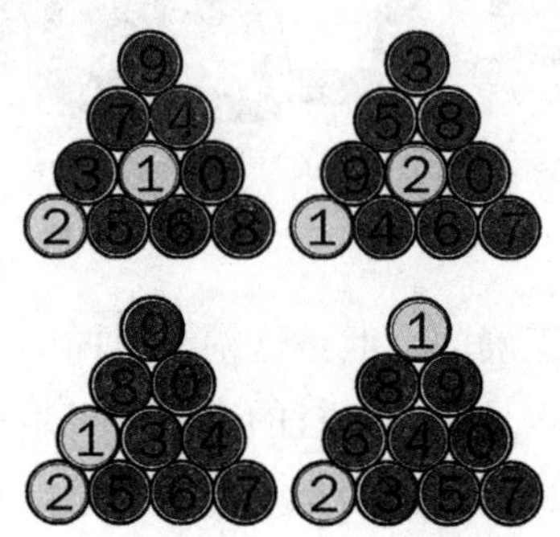

008 无理数

这个证明事实上非常简单：假定$\sqrt{2}=P/Q$，而且这已经是最简分数了（也就是说，P 和 Q 没有公约数了）。将这个式子平方，就得到了：$P^2=2Q^2$。这个式子说明 P 是一个偶数，可以写成 $P=2R$。将它代入 $P^2=2Q^2$，我们就得到了 $2R^2=Q^2$，而这说明 Q 也是一个偶数。那么这与我们刚开始的条件 P 与 Q 没有公约数不符。这种自相矛盾说明这样的 P 和 Q 不存在。

$\sqrt{2}$是无理数，也就是说它不能被写成分数的形式。它的平方等于 2。如果我们试着把它写成小数的形式，它是无限不循环小数，与无限循环小数不同，比如：

1/3=0.33333333，或者 24282/99999= 0.2428124281

计算机已经把$\sqrt{2}$计算到它的小数点后几千位了，但是迄今为止没有发现它的小数位后面的数出现循环。

009 加减

如图所示。

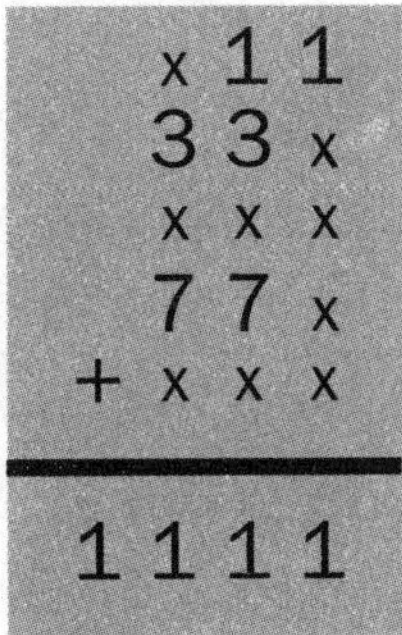

010 8 个“8”

如图所示。

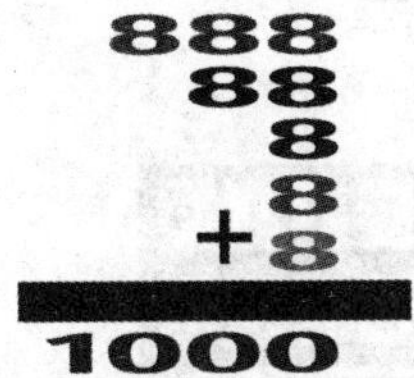

011 总和为 15

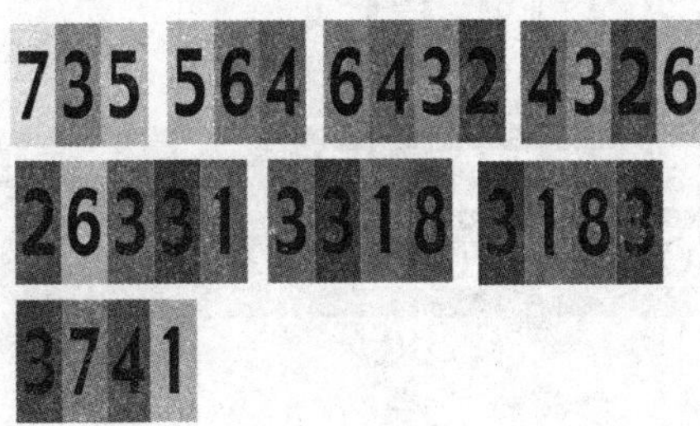

012 和与差

有 2 种解法：

4 1 5 4 1 3 2 5 3 2

4 5 1 4 3 1 2 3 5 2

将这两组解的数字顺序倒过来就构成了另外 2 种解法。

013 数列

数列里面去掉了所有的平方数。

014 自创数

如果我们系统地来试着往第 1 个格子里放一个数字，从“9”试起，我们就会发现“9”不可以，因为剩下的格子里放不下 9 个“0”了；“8”和“7”一样，如图所示。而将“6”放入的时候我们会发现这就是正确的答案。

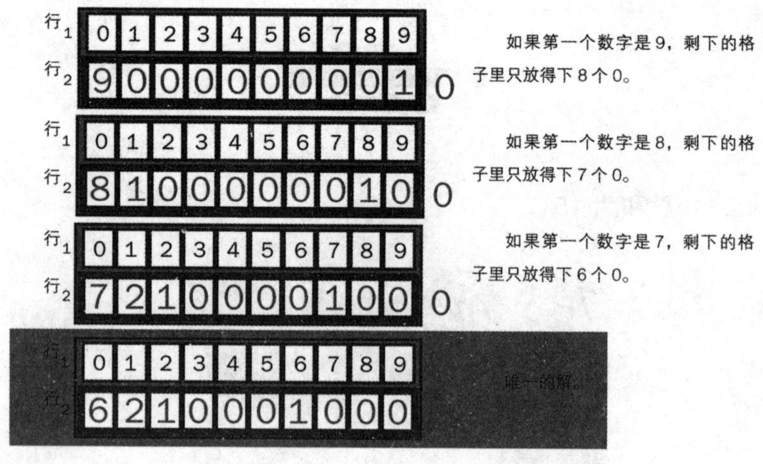

行1 0 1 2 3 4 5 6 7 8 9
行2 9 0 0 0 0 0 0 0 0 1 0
如果第一个数字是 9，剩下的格子里只放得下 8 个 0。
行1 0 1 2 3 4 5 6 7 8 9
行2 8 1 0 0 0 0 0 0 1 0 0
如果第一个数字是 8，剩下的格子里只放得下 7 个 0。
行1 0 1 2 3 4 5 6 7 8 9
行2 7 2 1 0 0 0 0 1 0 0 0
如果第一个数字是 7，剩下的格子里只放得下 6 个 0。
行1 0 1 2 3 4 5 6 7 8 9
行2 6 2 1 0 0 0 1 0 0 0
唯一的解。

015 凯普耶卡变换

你最终总是会得到 6174。

D. R. 凯普耶卡发现了这一类的数，因此这一类数都以他的名字命名，称为凯普耶卡数。

如果你以一个两位数开始，结果会是这 5 个数中的一个：9，81，63，27，45。

如果是以三位数开始，结果会是 495。

016 扑克牌

设有 4 张牌，前 3 张的和为 21，后 3 张的和也为 21。那么就说明第 1 张牌和第 4 张牌上的数字一定相等。因此在这些牌中，每隔 2 张牌上的数字都是一样的。

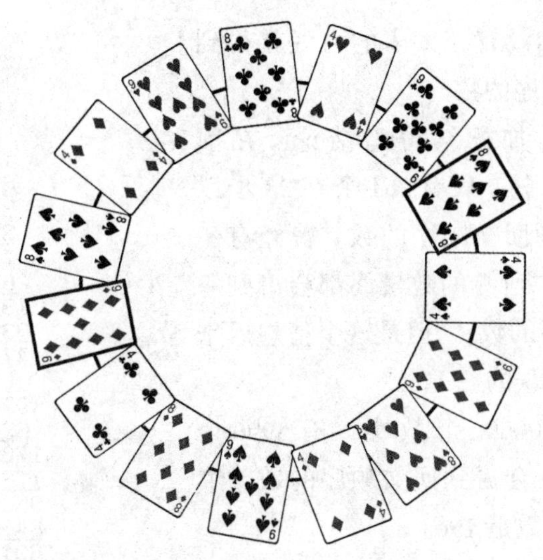

017 计算器故障

一位数有 3 个：1，2，3。

两位数有 9 个：11，12，13，21，22，23，31，32，33。

三位数有 27 个：111，112，113，121，122，123，131，132，133，211，212，213，221，222，223，231，232，233，311，312，313，321，322，323，331，332，333。

一共可以组成 39 个数，即 3+32+33=39。

018 回文

希望你没有花太多的力气就得到一个回文顺序的数。

马丁·加德纳得出结论：在前 10000 个数中，只有 251 个在 23 步以内不能得到回文顺序的数。曾经有一个猜想说："所有的数最终都会得到一个回文顺序的数。"但是这个猜想后来被证明是错误的。

在前 100000 个数中，有 5996 个数从来都不会得到回文顺序的数，第一个这样的数是 196。

89
98
187
781
968
869
1837
7381
9218
8129
17347
74371
91718
81719
173437
734371
907808
808709
1716517
7156171
8872688
8862788
17735476
67453771
85189247
74298158
159487405
504784951
664272356
653272466
1317544822
2284457131
3602001953
3591002063
7193004016
6104003917
13297007933
33970079231
47267087164
46178076274
93445163438
83436154439
176881317877
778713188671
955594506548
845605495559
1801200002107
7012000021081
8813200023188

终于得到一个回文顺序的数了！

019 4个“4”

20以内唯一不能被这样展开的数是19。如果允许用阶乘的话，也可以把它展开（$4!=1\times2\times3\times4$），19可以被写成4!–4–（4/4）。

1=44/44
2=4/4+4/4
3=(4+4+4)/4
4=4(4–4)+4
5=[(4×4)+4]/4
6=4+[(4+4)/4]
7=4+4–(4/4)
8=4+4+4–4
9=4+4+(4/4)
10=(44–4)/4
11=$44/(\sqrt{4}\times\sqrt{4})$
12=(44+4)/4
13=$(44/4)+\sqrt{4}$
14=$4+4+4+\sqrt{4}$
15=(44/4)+4
16=4+4+4+4
17=(4×4)+4/4
18=$(4\times4)+4-\sqrt{4}$
19= 无解
20=$(4\times4)+\sqrt{4}+\sqrt{4}$

020 4个数

$4+4^2+4^3+4^4=340$

021 数列

这个数列包含的数字都是上下颠倒过来也不会改变其数值的数字。

022 足球

这个足球的1/4重50克，那么这个足球的总重量就是200克。

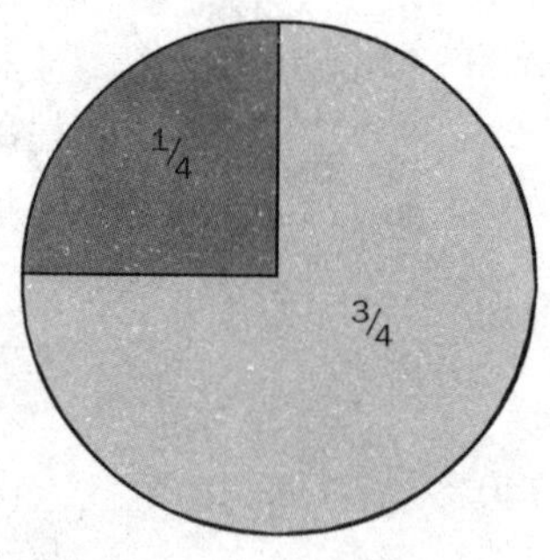

023 数学式子

如下面所示。

$$10^2 = 100$$

$$10$$

$$\frac{10}{\sqrt{10}} = 3.1622777$$

$$\sqrt{10} = 3.1622777$$

$$\frac{\sqrt{10}}{10} = 0.3162277$$

$$\frac{1}{\sqrt{10}} = 0.3162277$$

$$\frac{1}{10\sqrt{10}} = 0.0316227$$

024 11 的一半

罗马数字中的 11 如下图所示。罗马数字 6 是Ⅵ，可以看作罗马数字 11 的一半。

025 加一条线

如图所示。

545+5=550

026 想一个数

古埃及的数学家将未知数叫作“黑匣子”，我们这里也可以借用这个概念，我们把不确定的未知数称为“黑匣子”。运用这个概念，这个小游戏的秘密马上就会被破解了。你要完成两件事情：

1. 你要处理一个未知的变量。在代数学中这里的“黑匣子”用 x 表示。

2. 与找某一个特定的数来测试不同，你应该用一种一般的方式，来表示这个思维游戏的结果总是 7。

在代数学中，有很多复杂的证明可以用几何图表直观地表示出来，使这个定理的证明能够一目了然。

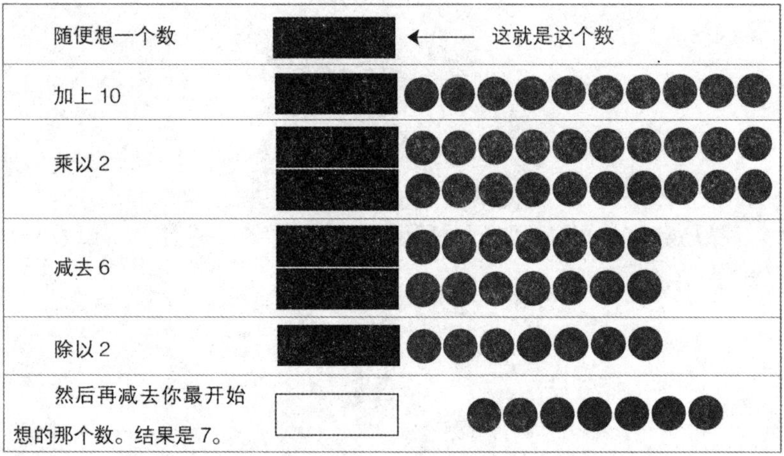

随便想一个数	← 这就是这个数
加上 10	
乘以 2	
减去 6	
除以 2	
然后再减去你最开始想的那个数。结果是 7。	

027 类似的数列

第 9 个数是 31131211131221。

第 10 个数是 13211311123113112211。

在这个数列里的每一个数都是描述前一个数各个数字的个数（3 个 1，1 个 3，1 个 2，等等）。

这个数列里的数很快就变得非常大，而且这个数列里的数字不会超过 3。比如，这个数列里的第 16 个数包含 102 个数字，而第 27 个数包含 2012 个数字。

这个数列是由德国数学家马利欧・西格麦尔于 1980 年发明的。

028 冰雹数

以 7 开头到后面也会变成同一串数，只不过过程会稍长一点：7，22，11，34，17，52，26，13，40，20，10，5，16，8，4，2，1，4，2…

至于是否以所有数开头，到后面都会变成同一串数，这个到目前为止还不知道。

以 1 ~ 26 开头很快就会成为同一串数，而 27 则会在这列数的第 77 个数时达到最大，即 9232，在第 111 个数时成为同一串数。

029 数的持续度

持续度分别为 2，3，4 的最小的数分别为 25，39，77。每个数通过重复题目中的过程都可以得到一个一位数。这个过程不是无限的。

持续度	最小的数
1	10
2	25
3	39
4	77
5	679
6	6788
7	68889
8	2677889
9	26888999
10	3778888999
11	277777788888899

注意 8 和 9 出现的频率非常高。为什么呢？没有人知道。

030 六边形

如图所示。

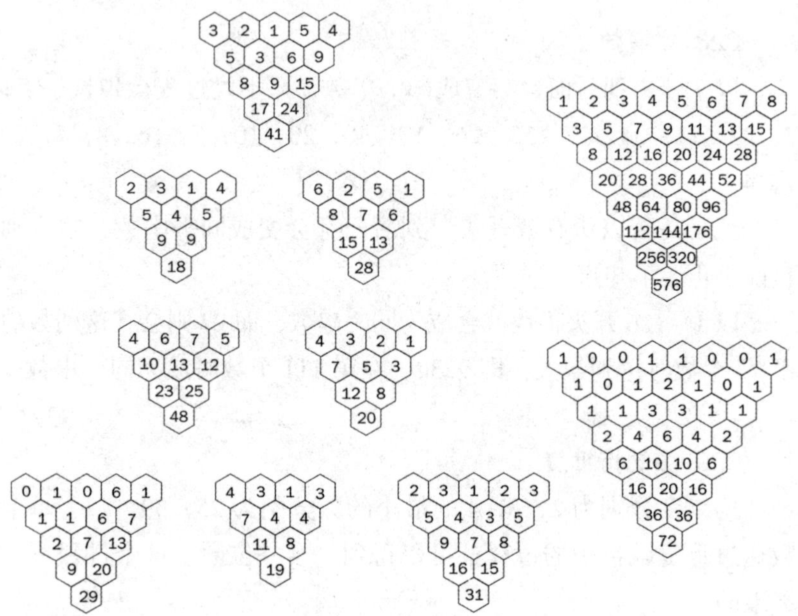

031 连续整数（1）

3 个重物的重量分别为 17，18 和 19 克。

032 连续整数（2）

$x+(x+1)+(x+2)+(x+3)=90$

$4x+6=90$

$x=21$

因此这 4 个重物分别重 21，22，23，24 克。

033 瓢虫花园

有多种解法，下图是其中的一种。

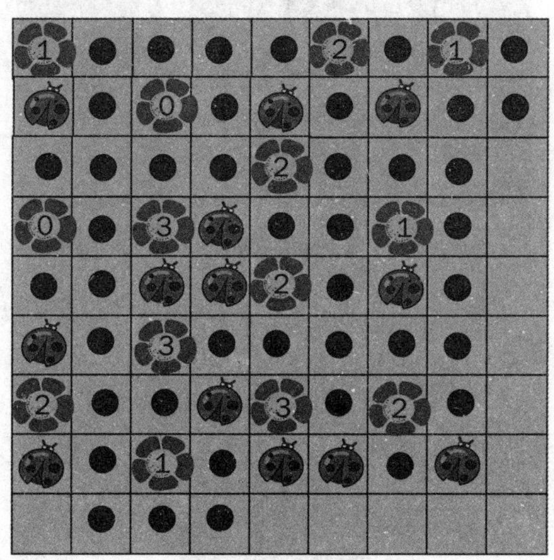

034 等式平衡

$4-x=x-2$

$6=2x$

$3=x$

035 4 个盒子里的重物

1 ~ 52 全部都能放进盒子里，如图所示。存在其他解法。

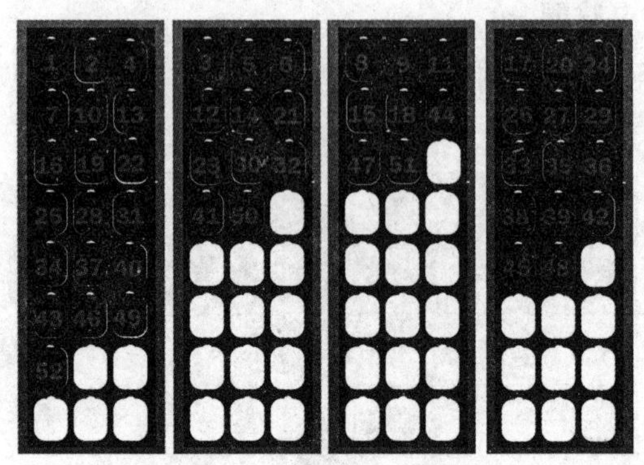

036 突变

如图所示。比原始卡片的宽和高都增加了 1 倍。

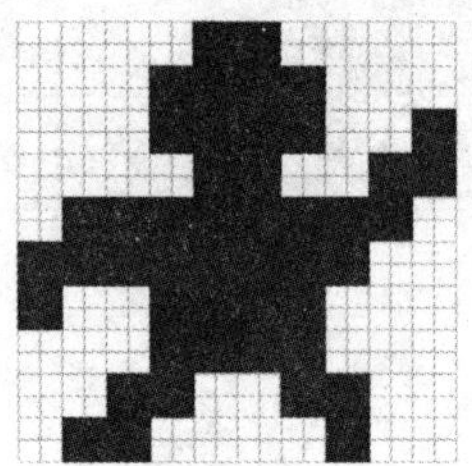

037 缺少的立方体

缺少 20 个立方体。

038 立方体结构

数一下粘在一起的表面的个数，然后把它从 96（16 个小立方体的总的表面积）里面减去，就得到了该图形的表面积。

图形 2 的表面积最大，因为它有 15 对表面粘在一起。

039 对角线的长度（1）

他可以把3个立方体排列成如图所示的样子，然后测量 x 的长度。

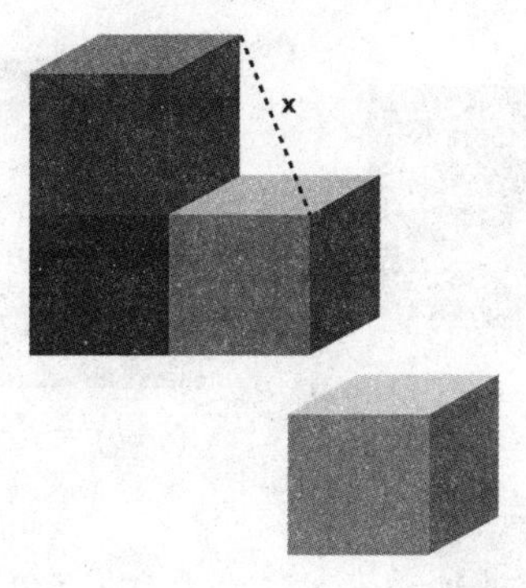

040 对角线的长度（2）

6个小立方体就足够了。将6个小立方体摆成如图所示的形状，然后测量 x 的长度。

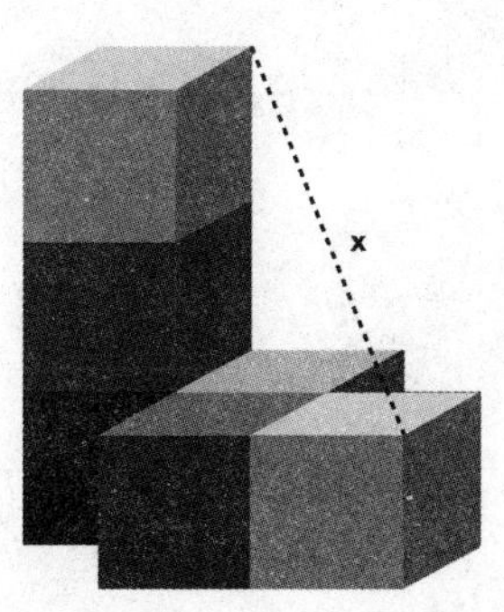

041 代数学

如图所示。

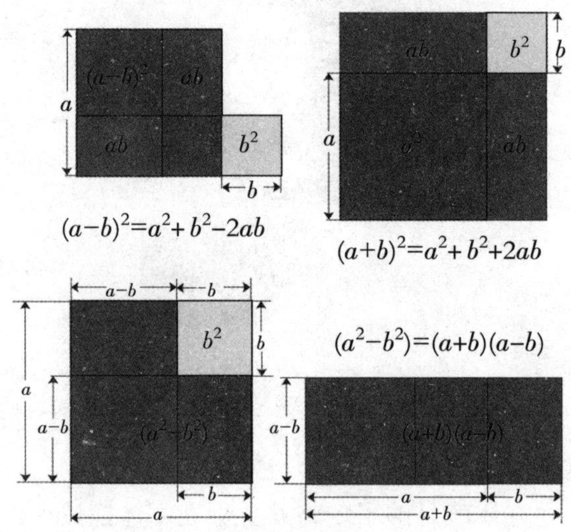
$(a-b)^2$
ab
a
ab
b^2
b
$(a-b)^2=a^2+b^2-2ab$
ab
b^2
b
a
a^2
ab
$(a+b)^2=a^2+b^2+2ab$
a−b
b
b^2
b
a
a−b
(a^2-b^2)
b
a
$(a^2-b^2)=(a+b)(a-b)$
a−b
$(a+b)(a-b)$
a
b
a+b

天才大脑潜能开发

数　独

启　文　编著

中国出版集团
中 译 出 版 社

图书在版编目（CIP）数据

天才大脑潜能开发. 数独 / 启文编著. -- 北京：
中译出版社，2019.12
ISBN 978-7-5001-6176-9

Ⅰ. ①天… Ⅱ. ①启… Ⅲ. ①智力开发—普及读物
Ⅳ. ① G421-49

中国版本图书馆 CIP 数据核字（2019）第 284539 号

天才大脑潜能开发

数独

出版发行：中译出版社
地　　址：北京市西城区车公庄大街甲 4 号物华大厦 6 层
电　　话：（010）68359376，68359303，68359101
邮　　编：100044
传　　真：（010）68357870
电子邮箱：book@ctph.com.cn
总 策 划：张高里
责任编辑：林　勇
封面设计：青蓝工作室
印　　刷：三河市华晨印务有限公司
经　　销：新华书店
规　　格：880 毫米 ×1230 毫米　1/32
印　　张：36
字　　数：660 千字
版　　次：2019 年 12 月第 1 版
印　　次：2019 年 12 月第 1 次

ISBN 978-7-5001-6176-9　　　定价：178.80 元（全 6 册）

前　言

数独（Sudoku）游戏令很多人为之痴狂，这样一个随手拿起纸笔就能玩的游戏，在欧洲随处都可以看得到有人沉迷其中——拿着纸笔玩数独，电脑上玩数独，上网玩数独，最近甚至有人拿着手机玩数独。在地铁和公交车上，总能看到埋头做数独游戏的人，很多人因此坐过了站，沉迷其中的更有将网络游戏抛在一边的年轻一代。从澳大利亚到克罗地亚，从法国到美国，各家报纸杂志纷纷刊登这种填数游戏。日本人每月购买的数独杂志超过 60 万份;《纽约时报》将数独与其备受推崇的纵横字谜一同纳入到周日刊上；在英国，数独不仅已发展成全民游戏，还有教师主张用它来训练学生的脑力，连报纸也靠它刺激销量。数独游戏相当有趣，几乎每个玩过的人都会上瘾。

数独的历史可追溯到 200 多年前的 18 世纪，由瑞士人里昂哈德·欧拉发明，当时称作“拉丁方块”，但原始版本太简单，也并未流传开来。在 20 世纪 70 年代，美国《戴尔益智杂志》（*Dell Puzzle Magazine*）开始刊载，改名“数字拼图”，但始终只是众多拼图游戏中的一种，没有得到广泛的关注。1984 年日本益智杂志《通信》员工金元信彦接触到美国猜谜书上某版本的数字游戏，认为可以用来吸引读者，便加以改良，增加难度，并取了新名字，称作“数独”（Sudoku），意思是“独立的数字”，推出后一炮而红。不久，新西兰人韦恩·古德在日本的一本杂志上发现了数独谜题，立即迷恋上这一游戏。他开始编写可以生成数独谜题的电脑程序，然后在网上发布。2004 年底，古德在伦敦走进《泰晤士报》报社，向专栏编辑展示了这一游戏，从而让这种“没有文字的填字游戏”跨越了文字和文化的疆域，掀起新一轮的全球化头脑风暴。

数独游戏不需要复杂的工具，只需要一支铅笔，一块橡皮，不需要填字游戏所要求的语言和文化背景知识，只需要认识 9 个数字，因而它大受欢迎也就不难理解了。真正的数独并非只是简单的数字和方格的机械变化，它在数字的移行换位中隐藏着独一无二的思维创意，能全面激发游戏者的想象力、逻辑推理力和创新思维，据说还有助于降低罹患阿尔茨海默氏症（老年痴呆症）的风险。数独也许算不上刺激，但非常有趣，似乎思路被卡住了，却突然之间又推敲出了某个数字，从而成功地解出答案，由此而生的满足感相当之棒。

本书精选了 200 多个数独游戏，让广大中国读者和世界同步享受这种极具挑战的益智游戏，这些游戏适于不同年龄段的读者，你将越玩越聪明，越玩越爱玩。

目　录

数独入门篇

下面将介绍数独谜题的一些基本规则和用最优攻略来解每道数独谜题的所有工具。

初识九宫格

空白的数独方阵如图 1 中所示，是一个九行九列的九宫格，又分为 3×3 的小九宫格。在本书中用方格的坐标值对其进行标识——先行后列:（1，3）表示最顶行，左起第三列;（9，8）表示最底行，左起第八列。用小九宫格来标识 3×3 的小九宫格，如图 1 中用数字标记。

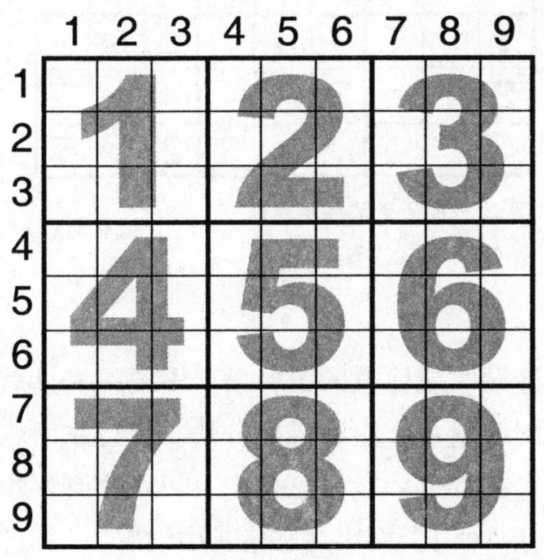

图 1 示意九宫格坐标和小九宫格标号的空白数独

从基本规则开始

如图 2 所示，每道谜题开始在九宫格中都会有一组提示数字。我们先要坚持基本原则，数独的解答只需要用到逻辑运算，不需要加减乘除。解决数独谜题，尤其是较难的谜题时，需要将待选数字做标记。这些标记应随着谜题的解答而相应改变，所以当任意数字得以解答或部分解答时应擦去其标记。

4		3	6					
					1		2	4
	1			4		5		
			9		4		6	
3		2				4		9
	7		1		3			
		1		9			4	
2	4		3					
					8	2		7

图 2 难度适中的数独谜题

将谜题分块

开始解答谜题时应注意的第一条：不要一开始就试图纵观整个九宫格。如图 3 所示，应将谜题分块。可以拿一张纸来挡住九宫格中不去观察的部分。在前三列中可以观察到，小九宫格①和小九宫格⑦各有一个 1，而小九宫格④中没有 1。第二列中的 1 排除了小九宫格④中第二列出现 1 的可能性，而第三列中的 1 使得不能将其他 1 放在小九宫格④的第三列。这表示小九宫格④中的

1 肯定是在第一列，但是不能确定是在两个空格子中的哪一个。这时我们在空格子的上方用小数字对这些待选数字进行标记。在本书中所有的待选数字用同样的方式 (方格中的小数字) 来标记。

4		3	6					
					1		2	4
	1			4		5		
1			9		4		6	
3		2				4		9
1	7		1		3			
		1		9			4	
2	4		3					
					8	2		7

图 3 将数独分块观察而不是一开始就试图解答整个谜题

4		3	6					
					1		2	4
	1			4		5		
1			9		4		6	
3		2				4		9
	7		1		3			
		1		9			4	
2	4		3					
					8	2		7

图 4 心里记着一个数字逐渐观察较大区域以寻找线索

循序渐进地观察较大区域

如图 4 所示，通过下一列的展示，在第六行找到一个 1。显然，因为此行已经有了一个 1，小九宫格④中的第六行再出现 1 的假设被否定，于是这个待选数字就可以擦去了。因此，数字 1 肯定只能出现在另一可选方格（4，1）(第四行第一列)。这是我们确定的第一个数字。

解答第二个数字

任意小九宫格、行或列中的空格子越少，对空格解答的机会就越大，所以应观察最为密集的行、列和小九宫格。如，可集中精力观察中间三行。小九宫格⑤和小九宫格⑥中各有一个 4，但小九宫格④中没有 4，所以看起来这是一个值得关注的数字。

第四行和第五行中的 4 表明小九宫格④中的 4 只能出现在（6，1）或（6，3)，所以可以用铅笔标记之。如图 5 中观察第一列其他部分后发现此列已经有了一个 4，所以小九宫格④中的 4 不能出现在（6，1)，而只能放在余下的方格（6，3)。谜题的第二个数字的位置得以确定。

顺便提一句，如果我们展示了其余的格子，你有没有观察到第二列的数字 4？如果没有用第四行和第五行的 4 来排除小九宫格④中第二列的 4，那么这个 4 可以出色地完成这项工作。有这样额外便捷的线索是少见的，但是值得指出。

④		3	6					
					1		2	4
	1			4		5		
1			9		④		6	
3		2				④		9
	7	4	1		3			
		1		9			4	
2	4		3					
					8	2		7

图 5 找 4 以解答谜题

破解第一个小九宫格

继续对已有线索进行探求，在图 6 中观察第四行和第五行的 9。这两个 9 排除了小九宫格④中除（6，1）外的任一方格出现 9 的可能性。所以用不着进行标记，9 只能放在这里。

接下来观察第四行的 6，它很好地排除了另外的 6 出现在小九宫格④中第四行的可能性。因为在此小九宫格中一些数字的位置已经得以确定，所以余下的方格中唯一一个可能出现的只能是（5，2）。小九宫格④即将圆满完成，只余下数字 8 和 5 还要解答。这两个数字中每一个都可以放在（4，2）或（4，3）。目前由可观察到的线索来看，没有显而易见的方法来判断正确方格，所以一时卡壳了。

在我们继续之前，在两个方格都标上待选数字 5 和 8：在以后某个阶段我们将会解答某一数字进而解答整个小九宫格。

从这两个未解答的方格我们可以得到重要的提示：它们都可能包含5或8（已证），同时也意味着5和8只可能出现在这两个方格，这不仅仅是针对所在的小九宫格，对于其所在行未解答的方格来说也是如此。此行只能出现一个5和一个8，所以可以得到它们所在的位置。

4		3	6					
					1		2	4
	1			4		5		
1			9		4		6	
3	6	2				4		9
9	7	4	1		3			
		1		9			4	
2	4		3					
					8	2		7

图6 方格（4，8）的6 表示小九宫格④中的6只可能出现在（5，2）

我们刚刚发现的可以称为一个成对的二元数组。二元数组的元素是指已被证明可能出现在两个方格其中之一的数字，可以用来排除此数字出现在九宫格其他部分的可能性。随着谜题难度的增加，二元数组可以帮助我们解决其他问题。

线索的使用

现在，你应该已经熟悉了给出数字的位置，不用再对九宫格进行部分遮挡，尽管在我们集中精力于某一特定部分时这会是一种十分有效的方法。如图 7 所示，“好”线索最后会自己跳入你的视野。这里已确定数字 4，可以排除另一个 4 出现在除小九宫格⑧的（9，4）外的任一位置的可能性。但这个九宫格中的数字 4 不能确定其他数字的位置，所以只好继续。

4		3	6					
					1		2	4
	1			④		5		
1	85	85	9		④		6	
3	6	2				4		9
9	7	4	1		3			
		1		9			④	
2	4		3					
			4		8	2		7

图 7 分离出“好”线索

在图 8 中我们可以对九宫格进行很好的处理。已确定位置的数字 2 并不能马上用来确定小九宫格中的数字 2 的位置，但是可以证明 2 不是在（4，9）就是在（6，9）。鉴于数字 2 不能马上用来解答谜题，可以对其标记以便以后用到。

从给出的线索和已解答的方格中我们仍能得到许多观测结果和解决方案。如，观察第四列和第六列的 3，以及第一行的 3 可以确定小九宫格②中 3 的位置。

这时你对一些数字的解答有了足够的线索，图 9 中是至此我们已解答的九宫格。从图中可以看到，这是到目前为止我们使用简单逻辑所能达到的效果。

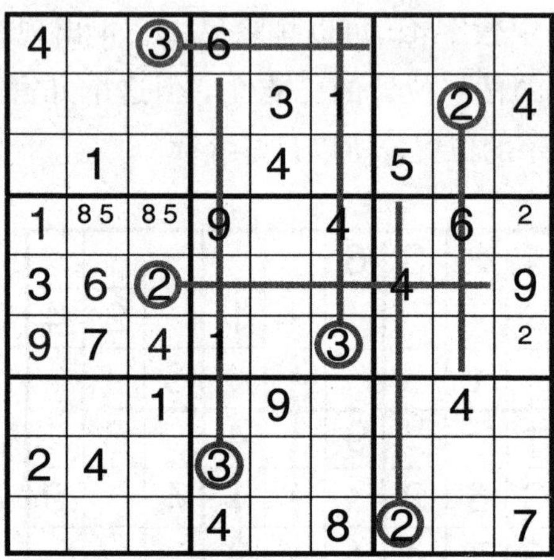

图 8 深刻掌握九宫格

<table>
<tr><td>4</td><td></td><td>3</td><td>6</td><td></td><td></td><td></td><td></td><td></td></tr>
<tr><td></td><td></td><td></td><td></td><td>3</td><td>1</td><td></td><td>2</td><td>4</td></tr>
<tr><td></td><td>1</td><td></td><td></td><td>4</td><td></td><td>5</td><td></td><td></td></tr>
<tr><td>1</td><td>8 5</td><td>8 5</td><td>9</td><td></td><td>4</td><td></td><td>6</td><td>2</td></tr>
<tr><td>3</td><td>6</td><td>2</td><td></td><td></td><td></td><td>4</td><td></td><td>9</td></tr>
<tr><td>9</td><td>7</td><td>4</td><td>1</td><td></td><td>3</td><td></td><td></td><td>2</td></tr>
<tr><td></td><td></td><td>1</td><td></td><td>9</td><td></td><td></td><td>4</td><td></td></tr>
<tr><td>2</td><td>4</td><td></td><td>3</td><td></td><td></td><td></td><td></td><td></td></tr>
<tr><td></td><td></td><td></td><td>4</td><td></td><td>8</td><td>2</td><td></td><td>7</td></tr>
</table>

图 9 请自己解答谜题中其余部分，祝你好运！

数独提高篇

现在我们开始对谜题进行系统的解答，为此必须仔细地寻找每一处方格的秘密。考虑到谜题的难度等级，首先你应该决定是啃骨头似的记下每一方格的所有待选数字，还是一个小九宫格一个小九宫格（或是一行行、一列列）的挨个解答。鉴于此谜题为中等难度，我们可循序渐进地完成解答过程。

在图 10 中，小九宫格⑥中所有未定方格的待定数字都已标记出。检查每一方格所在的小九宫格、行和列，以确定这些待定数字。你可以试着自己练习检查这些数字。

因为小九宫格④中的二元数组的位置已经确定，所以可以证明 8 或 5 都不可能出现在方格（4，7）或（4，9）。

4		3	6					
				3	1		2	4
	1			4		5		
1	8 5	8 5	9		4	7 3	6	3 2
3	6	2				4	7 8 5 1	9
9	7	4	1		3	8	8 5	8 5 2
		1		9			4	
2	4		3					
			4		8	2		7

图 10 尝试一下小九宫格⑥

选出单独的数字（独数）

观察小九宫格⑥最底行左端的方格会发现唯一能够放在此处的数字只有 8。

4		3	6					
					1		2	4
	1			4		5		
1	8 5	8 5	9		4	7 3	6	3 2
3	6	2				4	7 5 1	9
9	7	4	1		3	8	5	5 2
		1		9			4	
2	4		3					
			4		8	2		7

图 11 用独数来解答

4		3	6					
					1		2	4
	1			4		5		
1	8 5	8 5	9		4	7 3	6	3 2
3	6	2				4	7 1	9
9	7	4	1		3	8	5	2
		1		9			4	
2	4		3					
			4		8	2		7

图 12 试试这个谜题，留意独数

从其所在的行和列来看并没有什么线索足以证明 8 是此方格的解，只有通过排除其他的待选数字才可以确定 8 放在（6，7）。通过排除法而确定位置的数字我们称之为独数。

方格（6，7）中 8 的确定还有第二个作用，那就是排除了其所在的小九宫格、行和列出现其他 8 的可能性。出现的新态势如图 11。擦去所有待选数字 8 后，会发现已解答数字 8 的右边出现了新的独数 5，用同样的方法其位置也可以被确定。将 5 确定（擦去其余待选数字 5）后使得 2 单独出现在（6，9），于是其位置也可以确定，然后擦去待选数字 2，在（4，9）出现独数 3 等，尽可能地按照此方法一直做下去，如图 12 所示。余下的由你搞定。

困难数独的解答

图 13 不仅示范了在本部分其他地方讨论到的许多数独原则，还考虑了那些不明显的问题。考虑一下数字 6：

◎ **列 1 和列 3 的数字 6，与方格（9，5）的数字 6，排除了在小九宫格⑦其他地方填数字 6 的可能性，除了（7，2）或者（8，2）以外。**

◎ **因为在小九宫格⑨中的行 8 已经满了，小九宫格⑨的数字 6 只能是放到行 7 里面，所以，小九宫格⑦的数字 6 只能在（8，2）的行 8。**

◎ **方格（5，8）里的数字 6 排除了列 8 填写数字 6 的可能。这就意味着，小九宫格⑨的数字 6 不可能放在（7，8），并且，（9，5）的数字 6 也排除了在小九宫格⑨中最下一行填数字 6 的可能，那么，只剩下（7，9）了。**

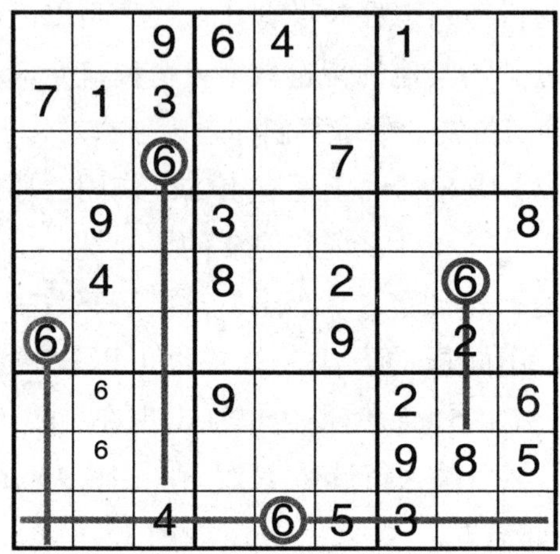

图 13 考虑那些不明显的

这时，在中间三列中，另一个数字 6 便可以很容易地解决了。由于数独的对称性，通过一组中未解决的数字总可以推断出另外一组未解决的数字。

这些数字常常有助于解答另外的数字。当我们知道这个数字只能放到这些方格的某一个中的时候，一个方格的两个未解决的数字刚好可以起到一个已解决的数字的作用。用数独的行话来说，这些未解决的数字的排列称为二元数组或三元数组。

无关的待选数字

下面是难度更高级别的数独的一些解答攻略。为了使这些图解能起到作用，你必须小心翼翼地去发现小九宫格中每一个未解答方格的所有待选数字。如图 14 所示，多数方格已经得到了解答，但是还有一些仍然留下了铅笔标记的待选数字。每一个待选数字看似都有一个二选一的方格可以放进去，这时就要用到推理。

请你集中注意力在列 4 上，它有两组待选数字 5 与 2、7 与 2，我们先考虑一下（8，4）与（9，4）的一对数字 7 与 2。这里教你点小魔法：在小九宫格⑧中，我们发现，必须将数字 7 或者 2 放到方格（8，4）或者（9，4）中的任意一个，即是说，这两个方格必须是列 4 中仅有的两个包含这些数字的方格。所以，我们现在知道了，在列 4 中，数字 7 与数字 2 就不可能出现在（2，4）中，那么，在那个方格中就只剩下数字 5 了，所以问题就解决了，因而小九宫格②的数字 2 必须出现在（2，5）中。

8 2	2 8	9	6	4	3	1	5	7
7	1	3	5 2	5 2	8	6	9	4
4	5	6	1	9	7	8	3	2
5 2	9	7 5 2	3	7 5 2	6	4	1	8
3	4	7 5 1	8	7 5 1	2	7 5	6	9
6	8 7	8 7 5 1	4	7 5 1	9	7 5	2	3
5 1	3	7 5 1	9	8	4 1	2	7 4	6
2 1	6	7 2 1	7 2	3	4 1	9	8	5
9	8 7 2	4	7 2	6	5	3	7	1

图 14 仔细看看这些待选数字

上面我们所发现的是一组配对，这些数有助于我们解答那些最麻烦的问题。有时候，你可能会在小九宫格、行或者列发现诸如 7 2 1 这样的一组数。如果数字 1 在别的地方是待选数字的话，你就可以将其从 7 2 1 的数组中移除掉了。这样，空着的两个方格就只能填数字 7 或者数字 2，即如果数字 7 放在一个方格，数字 2 放在另一个方格的话，就没有放数字 1 的地方了。在行话中，这叫隐性配对。在图 14 中，我们的配对刚好排除了一个数字 2，有时候，通过这样的配对可以逐一排除待选数字。或许，最让你头晕、最困难的数独模型是这样的——当三个数字在一个小九宫格、行或者列共用三个方格的情况下，从这些配对中进行筛选。这时适用同样的原理：这三个方格必须单独包含这三个数字。

28	28	1
3	9	7
6	5	4
58	1	358
7	6	359
4	23	23 59
59	7	359
89	4	389
1	238	6

2	8	1
3	9	7
6	5	4
58	1	358
7	6	359
4	23	23 59
59	7	359
89	4	389
1	238	6

图 15 在左边的第一列中，三个灰色方格共有三个数字，它们是相互排斥的，不能重复出现，这就意味着方格（1，1）只能填入数字 2，解决了这个方格，方格（1，2）就只能填入数字 8（见右边）。

例如，图 15 左侧第一列的第四个、第七个和第八个方格需要填入数字 5、8、9，而且这三个数字只能填入这些方格中，不能填入该列的其他地方。因此，该列的第一个小方格就只能填入数字 2。这样，方格（1，2）就只能是数字 8 了，如图 15 右侧所示。不过，这个例子仅仅排出了一种选择，你可以尝试用这种方法剔除更多的选择。

特殊的方形数独

这种数独由许多白色的小方格组成，纵向或横向排列的几个白色方格被称为"区块"。举例来说，在图 16 中，B 行的三个白色方格就是一个"区块"。

要解答这种数独，你必须遵照下面三条规则在所有的白色方格中填入数字：

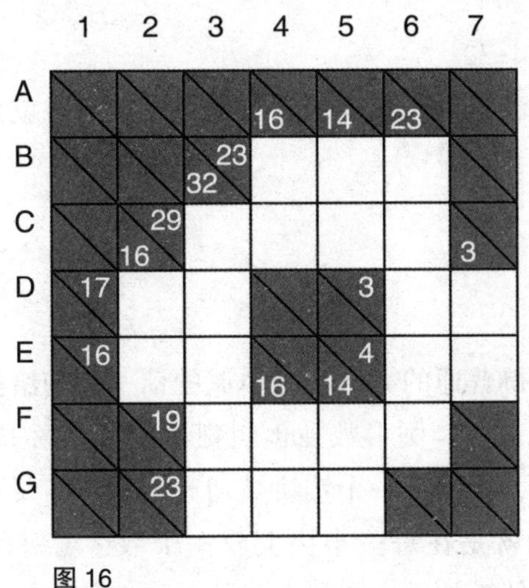

图 16

（1）你只能将 1 至 9 的数字填入空格，数字 0 不能出现。

（2）每一个区块的所有数字加起来必须等于目标总和，也就是说：斜线上方的数字等于该方格右边横向白色方格里的数字之和，斜线下方的数字等于该方格下面纵向白色方格里的数字之和。

（3）在每个区块内，每个数字只能出现一次。

举例来说，在图 16 中第 3 列区块有 5 个需要填数字的白色方格，这 5 个不同的数字加起来最后的总和为“32”，即在 5 个方格中求和 32。什么样的数字组合才合适呢？

记住哦！在同一个区块内，一个数字不能出现两次，比如：

9+8+7+4+4=32

这个式子尽管几个数字加起来等于 32，但是，数字“4”用了两次，这样是不符合规则的。而下面这些数字组合都是有效的：

9+8+7+6+2=32

9+8+7+5+3=32

9+8+6+5+4=32

现在，我已告诉你正确的数字组合，接下来就该轮到你按正确的顺序填放了。

圆形数独

如果你觉得普通的方形数独单调的话，我们给你提供了圆形的数独来调剂一下，圆形数独也叫靶子数独。图 17 的靶子数独是一个四圆环，相当于一个馅饼被切成了八份，每一份有四个小块。你的目标就是在每一小块上放一个数字（每份四个数字）。所以，每两个邻近的份上就包含了从 1 到 8 的所有数字。每个环同样必须包含从 1 到 8 的所有数字（0 到 9 的五圆环谜题则被切成了十份）。

规则：每隔一块包含着同样的数字——但是并不按照同样的顺序，因为每个数字都必须出现在每个环里。

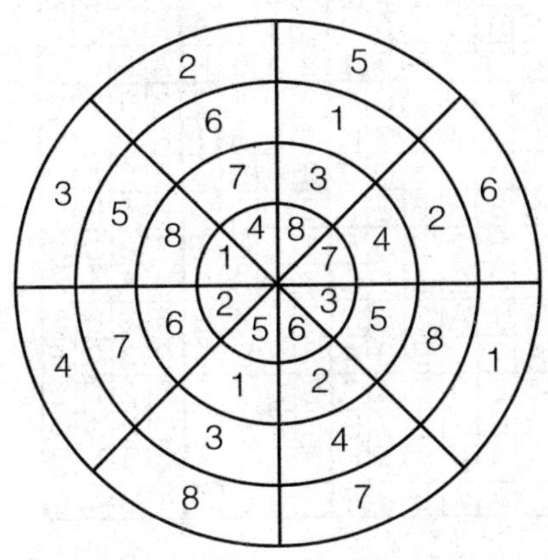

图 17 在一个圆形数独中，每两个相邻的一份上都包含了从 1 到 8 的阿拉伯数字

类固醇型的数独

如果你认为一些 9×9 的数独很难的话，这个 16×16 的数独就会让你发疯了。正如你所期望的，16×16 谜题的规则只有些许不同。同那些数字一样，你必须使用字母 A 到 G。每一个 1 到 9 的数字与 A 到 G 的字母，都必须放进每一行、每一列和每一个 4×4 的小九宫格里。图 16 示范了一个完整的 16×16 的方格。

在 9×9 的数独中所使用的所有攻略，对于 16×16 的谜题同样有效，当你攻克了一道这样的难题后，成功的喜悦会溢满你的整个身心。

怎么样？现在就启程，从简单的开始吧。

7	2	B	4	8	F	3	A	5	6	E	G	D	1	C	9
1	5	F	G	6	9	C	7	A	B	3	D	4	E	2	8
6	A	E	9	D	4	5	2	C	1	7	8	F	B	G	3
8	3	D	C	B	G	E	1	2	4	9	F	A	5	6	7
A	6	G	5	C	E	B	8	4	D	F	2	3	9	7	1
D	F	2	3	4	A	7	G	9	E	B	1	8	7	5	6
4	C	7	B	3	1	D	9	8	5	G	B	E	F	A	2
E	1	9	8	5	6	2	F	3	7	A	C	G	4	B	D
B	9	6	F	2	3	G	5	1	A	C	E	7	8	D	4
2	G	4	D	E	8	F	C	7	3	6	9	B	A	1	5
5	8	3	1	A	7	9	D	F	2	4	B	6	G	E	C
C	E	A	7	1	B	6	4	G	8	D	5	2	3	9	F
G	7	1	6	9	D	4	3	B	C	8	A	5	2	F	E
9	4	8	E	G	2	1	B	D	F	5	7	C	B	3	A
3	D	5	2	F	C	A	6	E	G	1	4	9	7	8	B
F	B	C	A	7	5	8	E	6	9	2	3	1	D	4	G

图 18 使用数字 1 到 9 与字母 A 到 G 的 16×16 谜题

数独习题

入门习题

NO. 001

	2			7	5	1	4	
5	3	7				8	6	9
		1	8	3	9		7	
3			2	8	1			5
8	9	5				2	1	4
6			9	5	4			8
	8		3	2	6	4		
1	5	6				3	2	7
	4	3	5	1			8	

NO. 002

	3	7		4				9
4	5	9		8		6		1
8			9	6	7	3		5
	8		4		1		6	3
	6	3	8		9	5	1	
9	1		6		3		2	
2		6	5	9	4			8
3		5		1		7	9	6
1				3		4	5	

NO. 003

2			1			3	6	5
7	8	6		4	5	1		
1					9	7	4	8
	9		6	7	1		3	
4	1	2				6	8	7
	7		4	2	8		5	
3	6	1	8					2
		7	5	1		4	9	3
9	5	4			2			6

NO. 004

6	1	5		9				4
4	7	2					9	8
	3			2	6	7	1	5
		7	2	8	3	5		
3	2	4				9	8	7
		6	9	7	4	1		
8	6	1	3	4			5	
2	5					4	7	1
7				5		8	6	3

NO. 005

4	1		8	3	5			
9				1		8	5	
2				7		3	1	6
	5	2	9		3	7	6	8
	3	7	5		1	2	4	
8	9	4	6		7	1	3	
3	6	8		5				1
	4	1		9				7
			1	6	4		8	3

NO. 006

5		2		8	1	7		6
1		4	6	9	3			
		8		7	5	1	4	3
3	1			2			5	9
	9		5		4		8	
4	8			1			7	2
6	4	3	9	5		2		
			8	3	2	9		4
8		9	1	4		5		7

NO. 007

5	1	8		2			4	
		3		8	7	5	2	
2		4		6	1	8	9	
1			9		3		6	2
4	3		6		2		8	7
9	6		8		4			5
	4	1	7	9		2		8
	2	9	1	3		6		
	5			4		3	1	9

NO. 008

		2	4	5	9	7		
8	4	5		7	1			9
		1			6	5	3	4
	7		2	3	8		9	
1	6	8				2	4	3
	2		6	1	4		5	
9	1	3	5			4		
4			9	8		3	1	2
		7	1	4	3	9		

NO. 009

1	8	9		2			3	
				3		9	2	8
5			9	4	8			7
8		5	7		2	3	4	6
	3	4	8		5	1	7	
6	7	2	4		3	8		9
3			1	7	9			4
2	4	8		5				
	9			8		5	6	3

NO. 010

	9	6	4	2		8		
		5	8	6		9	1	4
	8	1	3	5			7	6
3			5		4			2
8	1	7				6	4	5
5			7		6			1
9	7			4	5	1	3	
6	4	3		7	8	5		
		8		9	3	4	6	

NO. 011

		7			1	3		
9	5	3		8		2	4	
	4		2		3		6	5
4		5	7					9
				1	5			
1			9			5		2
5	3		1		8	9		
	1	8		7		6	5	4
		9	5				1	

NO. 012

	9		2		7			3
6			4	9	8			1
5	4			1		9		
	1	2		8		4		5
	8		1		5		3	
3		5				1	2	
	4		5	6		3	8	
8				7	3			4
5			8		4			

NO. 013

	5		9		2	6		7
6					8		3	9
	4		7	3			5	
	8		2	4	3			6
5	9						8	2
2			8	9	5		1	
	2			7	1			4
	3		6					8
1		6	3		4	9		

NO. 014

		2	9	7	1			
9		7	2			4		8
	5				8		9	
7		4		1		5		3
	3		4		2		7	
1		8		3		6		9
	8		7				3	
2		3			4	9		6
			3	6	9	7		

NO. 015

2	3				5			6
	6	4		2			3	5
		1	4	6			9	
6				4		5		
	5	2	3		7	6	8	
		3		5				1
	9			8	4	2		
7	2			3		9	5	
1			2				6	8

NO. 016

		5	6	1	4	2		
	9						5	
4		7		5		8		6
5			7		1			8
6		9		3		1		4
8			9		6			7
9		1		6		7		5
	5						6	
		4	1	9	5	3		

NO. 17

	7				4			3
	6		8		5	7	1	4
	5	4	3			8		
1	8	5			2	3		9
	4						8	
6		3	1			4		5
		8			1	6	4	
4	1	2	7		3		5	
5			2				3	

NO. 018

					4			6
	9	4		2		7		1
3	6		5	9			4	
9				4		8		
	7	3	9		8	6	1	
		8		3				7
	3			8	2		7	9
7		2		1		4	6	
1			7					

NO. 019

	3	6			7			5
	9			5		7	2	8
	2		4		9			
		4		2		5		3
	7		1		4		8	
1		2		3		9		
			9		8		5	
2	4	8		6			7	
7						8	6	

NO. 020

5	1		3	2				4
		3	8	9				5
8					1	2	3	
6		1			9		7	
	8		1		3		6	
	9		7			5		1
	3	8	9					6
9				1	8	7		
7				3	5		8	9

NO. 021

5	2	3		8				
6	1	7	3		4	2	8	5
8		9		2			3	
2	8	4	9	3	6	1		7
9	7	1	4		2	3		8
3		5		7		4	9	2
7					9		4	6
	5		2		3			9
	9	6	7					

NO. 022

9	1		7				5	6
		7		5		4	1	
5	4	3	2	6	1	9		8
7	3	4			6	8	9	
8	5	6	9			1	2	
	2	9	5	3	8	6	4	7
	9	1					6	4
3			4	1				9
	7		6	9				

NO. 023

5			4	2		3	8	
2	3		6			5	1	
		9	5		3	7		2
7			9			8	6	3
8			7	3		4		1
1	6	3		4	2		7	5
3	2		1			6	9	4
4			2	9		1		7
		1	3		4	2	5	

NO. 024

6	5				1	8	2	4
8		1	4	9		3	7	5
3		7	5	8	2	1	9	6
4	9		8	6	5	7		
		2	9	3	7	6		
7	6	8		1			5	
9		4		5		2		
1	8	5		2		4	3	
2								

NO. 025

	7	3	9			4	5	
1					7		2	6
	4					7	9	
3	1	4	5	7	8	9	6	2
	2	8				5	7	3
6	5	7	3	2	9		1	
7	3		8		2		4	
	8	2	1	9	5		3	
	6	1	7				8	

NO. 026

1			9	8		4	3	
4	9		2			1	6	
		3	4		6	7		9
6			1			8	9	2
9			8	2		6		3
3	2	8		7	9		4	1
7	3		5			2	8	6
2			7	6		3		4
		6	3		2	9	5	

NO. 027

4	2	6	1	7	5	8	3	
7			2		6	4	5	1
		1		4	3	7		6
	4	7		8	2	1	9	5
1		8			4		7	
2	9	5			7	3	4	8
5		2			1			
3	6				8		1	
8	1				9		6	

NO. 028

7		8	4	2		6		5
6	2	3	5	7	9	1		4
1	4	5		3		2	7	9
	8	7			3	4	5	2
	1	6			4	7	9	
2		4	9	8	7		1	
					2		4	7
8			7	4	6			
4					5		6	

NO. 029

3	4	9	6	5	1		8	
8	1			3	2		5	
	7	2	4				6	3
	3	4		9	5		7	
7	8	5	2	6	4			1
				7	8	5	4	
2		3	9	4	7		1	
1	6	8		2				
4	9	7	8				2	

NO. 030

	3			9	5			2
	6	9	2				3	
2	5	7	3	4	1		9	6
3				5	4	6	7	9
	9		7	2	6	1	8	
	7	1			9	4	2	5
				1	8	3	6	7
7	8	3	5		2	9		
9		6					5	

NO. 031

9		4		3			2	
8				7	5	1		4
			9			7	6	3
	5		1	8				
	9	1				6	8	
				6	2		5	
5	3	7			4			
2		6	7	1				9
	1			2		3		8

NO. 032

9				1	8	7		
4		3			9		6	
	7		5			8	2	
			3	6		1	7	2
		5				4		
1	6	7		9	2			
	1	6			4		8	
	9		2			6		3
		4	8	3				5

NO. 033

					1		8	2
	2	1			6	3		
8		6		7	3		4	
9	5		4			7		
4			6		2			1
		8			5		2	9
	6		1	8		9		3
		9	3			5	6	
7	4		5					

NO. 034

		5	1	7			6	
					9	2	4	8
4	9		8					5
	4	6		3				1
1			6		7			2
3				4		8	5	
7					3		8	9
5	3	1	4					
	2			6	5	3		

NO. 035

2	9		1				3	7
	6		8	2	4		9	
5			9			8		
4			6			5		
8	5						2	9
		1			8			3
		3			6			4
	7		4	5	3		8	
6	4				9		7	1

NO. 036

					8		4	9
7		2		6	5		1	
	1	8			7	2		
2	3		8			6		
5			3		1			4
		9			4		8	2
		7	1			5	3	
	4		7	9		1		6
3	6		5					

NO. 037

		2		3	8			5
	4	7	2				8	
	1				6	7		3
4	7	9	6	1				
		5				2		
				7	3	4	9	6
2		3	1				7	
	9				5	8	6	
1			8	4		9		

NO. 038

3			7	1			5	8
	9				6			
7		2		5		3		4
4	3	9			1	7		
		5				8		
		7	3			1	4	6
2		1		8		4		9
			5				1	
6	7			4	9			2

NO. 039

	5		8	2	4		6	
	6	3			1	7	8	
		8			7			4
		4			5			3
	9	1				5	2	
2			7			8		
5			1			2		
	4	6	3			9	1	
	1		5	9	8		7	

NO. 040

	3	2		6		4		1
		6	2				5	9
4			1	7	8			
3	8	5			9		6	
9			8		1			2
	4		6			9	7	8
			3	1	2			5
5	9				6	2		
1		8		9		6	4	

NO. 041

	3				7			4
6		2		4	1			
	5			3		9	6	7
	4				3			6
	8	7				3	5	
9			7				2	
7	1	8		2			4	
			1	6		8		9
4			5				3	

NO. 042

	6	1		3			2	
	5				8	1		7
					7		3	4
		9			6		7	8
		3	2		9	5		
5	7		3			9		
1	9		7					
8		2	4				6	
	4			1		2	5	

NO. 043

	8	5				2	1	
	9	4		1	2			3
			3			7		4
5		3	4		9			
	4		2		6		3	
			1		3	9		7
6		8			5			
1			8	4		3	6	
	2	7				8	9	

NO. 044

	4	7		5				8
6		5		3		2		1
			7		6		3	
		6		7			2	4
9			8		4			6
4	5			1		9		
	1		5		2			
2		8		4		5		3
5				9		7	1	

NO. 045

	8				1	6		
	7		4				2	1
5			3	9	6			
2		4		5		1	3	
		8	9		7	5		
	5	7		3		9		2
			5	6	3			9
3	1				2		5	
		5	8				4	

NO. 046

		9			1	6	2	
5	7			2	8		3	
3			7					4
8	9			7		4		
	6		5		3		9	
		1		9			7	6
6					7			8
	4		1	3			6	5
	2	7	6			9		

NO. 047

9			1	2		7	8	5
5		7	9	6	3			
4	2	1		7		6	3	
	7	9	5		6			2
	1		3		2		5	
2			4		7	9	6	
	9	6		5		4	7	8
			7	3	9	5		6
7	5	2		4	8			3

NO. 048

9		2	3	6	4		7	
7		6		9		2	4	8
	5	1		2			3	6
	6	3	2		1			
8	7		5		9		6	2
			8		6	7	5	
3	4			8		6	1	
2	9	7		1		4		5
	1		4	5	7	3		9

NO. 049

1	8	7		5	9		3	2
		2	1	8	3		7	
3		4			7	9	1	
	7	6		9				3
5	2		7		4		9	6
8				2		4	5	
	3	8	9			2		1
	4		6	3	1	7		
6	9		8	7		3	4	5

NO. 050

9			6	8	4	7		
7			9	1		2	6	8
1	6	8				9		5
	8		4	9	7		3	
2	3	1				4	7	9
	7		1	2	3		5	
6		7				3	2	4
3	9	5		4	1			7
		4	7	3	6			1

NO. 051

6		8		4	2	3		5
		3	5				7	2
	4	2	1			6		
7				3			6	
3		9		5		7		1
	2			6				9
		5			7	9		
9	3				8	1		
4		7	6	9		2	8	

NO. 052

		3		6		9	5	
	8			9				
5		1				8		6
8	6			3			4	9
		5	9	8	4	7		
7	4			1			3	8
1			6		8	3		7
				5			8	
	2	8		7		6		

NO. 053

		9	7				6	
8								9
		7	4	1		3		
	9		1		7	2		6
		4				8		
1		5	2		3		4	
		2		7	4	6		
5								4
	7				6	5	1	

NO. 054

			3		1			
	1	2				9	3	
9	8						6	1
		9	1	7	2	3		
		7	5	6	9	8		
5	9						7	3
	6	1				5	4	
			9		3			

NO. 055

8		4	1	2			7	
			9	5	4			
	5		8					
	2	6		8		9		
		8		1		4	6	
					9		4	
			7	6	8			
	3			4	1	8		6

NO. 056

7			5		9			4
	9	4	8		2	3	5	
		6	2		1	7		
4								2
		1	7		3	4		
	1	3	9		4	6	7	
9			3		8			1

NO. 057

		5				9		
	9		3		4		5	
4	3						6	8
		8	6		9	4		
2								9
		3	1		2	5		
1	8						9	5
	5		8		1		2	
		9				8		

NO. 058

	2	5				1	9	
		4	1		9	7		
9	7						8	4
			9	5	6			
				4				
			2	1	3			
4	5						2	7
		9	5		2	6		
	6	2				5	1	

NO. 059

	6	1		3			2	
	5				8	1		7
					7		3	4
		9			6		7	8
		3	2		9	5		
5	7		3			9		
1	9		7					
8		2	4				6	
	4			1		2	5	

NO. 060

	8	5				2	1	
	9	4		1	2			3
			3			7		4
5		3	4		9			
	4		2		6		3	
			1		3	9		7
6		8			5			
1			8	4		3	6	
	2	7				8	9	

NO. 061

		1		9		2	7	
		9			2		5	
2					3			
3				1	4			2
	8						4	
1			2	8				5
			9					7
	1		3			9		
	4	6		7		5		

NO. 062

		7				9		
2			5		7			6
	8		1		4		7	
	4			1			3	
6		1				8		9
	9			8			6	
	5		8		9		1	
1			6		3			2
		6				3		

NO. 063

			4		9			
	8			2		7		
	2		5		7	1		6
3			8				6	
7	6						3	1
	1				6			2
2		5	9		8		4	
		9		7			1	
			6		5			

NO. 064

	8	3			1		5	2
9			5	4		8	1	6
5	6	1	8				4	
		7	9	1	8	4		
3	9	6				2	8	1
		8	3	6	2	5		
	3				5	6	2	4
8	2	4		3	6			5
6	1		2			7	3	

NO. 065

		4	1	2	3			6
	7	1				2	8	5
6	2	9		7	8			3
			3	5	9	6	4	
9	1	3				5	2	7
	4	6	7	1	2			
2			9	3		8	5	4
4	3	5				1	6	
1			6	4	5	3		

NO. 066

3	4	9		6				2
		6	7	1	4			9
		7	2	3		4	8	6
2	5	8	4	7			9	
	7		9		6		1	
	9			8	5	7	2	4
7	6	4		5	2	9		
1			6	9	3	2		
9				4		5	6	1

NO. 067

9		5				2	4	3
6		7	3	2		5	9	8
8			9	5	4			
	9	1		4	3		7	
	2	8	7		5	3	1	
	6		2	1		8	5	
			5	9	8			1
1	8	9		3	6	7		5
3	5	4				9		6

NO. 068

2			6	9	4	3	1	5
9				8		7	2	4
	5	4	2	7				
	7	9	1		6			
6	3	2	4		8	1	7	9
			9		7	5	6	
				6	9	4	3	
8	1	6		4				7
4	9	3	7	1	5			2

NO. 069

1			8	3				2
5	7				1			
			5		9		6	4
7		4			8	5	9	
		3		1		4		
	5	1	4			3		6
3	6		7		4			
			6				7	9
8				5	2			3

NO. 070

8	5	1		6	7	2	4	9
9			1	8	5		6	7
6	7		4	9	2	1	5	
	1	9	8	4		5		
	6	8		5	3		2	1
4	3				1	9		
1	8	7	5	3	4	6	9	
							1	
	2				9	8		

NO. 071

4	7	9	2	8	1	3	5	
6			7		5	2	8	4
		8		4	3	1		9
	5	6		3	7	4	9	8
9		1			2		3	
7	3	4			8	5	1	2
3		7			6			
8	6				9		4	
1	9				4		6	

NO. 072

9	3				6	1	5	7
1		2	7	5		3	8	6
7		6	8	3	1	2	4	9
6	1		2	7	4	5		
		4	9	6	3	7		
3	2	7		8			6	
8		1		9		4		
2	9	5		4		6	7	
4								

NO. 073

3	4		9			7	8	2
2	5	9		3	8	1		4
		6			2	3		
9	1				3	4	7	6
	2			7		8	3	9
6		3	8	4		5		1
	6	7	3			2	1	8
	3			8			5	7
8	9		1		7		4	

NO. 074

5		2				7		3
7	6	9	5	2	3	1	4	
3	1	4	8	7	6			9
1	3		6	5		2	9	
6		7	1	3	2	4	8	
2				8	9	6		
	5	1						
8	7		3	4	5		1	2
	2					8	5	

NO. 075

5	3	4	9	8	7		2	
6	9			4	1		8	
	8	2	6				9	4
	7	3		2	4		5	
2	6	9	3	5	8			7
				6	9	2	3	
3		5	8	1	6		7	
7	1	6		9				
9	2	8	4				6	

NO. 076

3	2	1					5	8
6	8	9	4	1	5		7	3
	7	5	3	2		1		
5	6	3	9		1	7	8	2
9	1	8						6
7		2						
2	3		1		4			7
	5		7	9	3	6	2	1
1		7		6			3	

NO. 077

	2		1			3		8
9		3		2				6
1	6		9		3		4	2
	7	2			1	9		
8				4				3
		9	7			8	1	
6	3		2		4		8	9
5				9		6		1
2		8			5		3	

NO. 078

	2			3		1		4
				1	6		2	3
4			2					8
9		6	1	8			5	
				5				
	7			6	3	8		1
8					9			5
5	9		8	7				
3		4		2			8	

NO. 079

5		4			7	1		6
	9			6	4		5	
		1	3			2		9
4				1		8	6	
	3		2		9		1	
	5	7		8				3
9		2			5	4		
	4		8	9			7	
6			7			3		5

NO. 080

	8	4		7		2		
7	5			3	8		9	4
			5	1				7
		7	9		3	5		
	9	2		6	5	4	1	
		5	4		1	9		
5				4	7			
2	1		3	9	6		4	5
		9				3	6	

NO. 081

	4			2		3		
		9		5				6
2			4		6		1	
		4				5	3	
5		1		9		4	7	8
	2	8				6		
	1	5	2		3			7
3				6		1		
		6		7			2	

NO. 082

		6				5		
	7	2	1	8	3		9	
4		8		5	6	7		3
	5		9		4		8	
	4	7		2		1	5	
	6		7		5		4	
7		5		4		2		9
	2		5	9	7	8	3	
		9				4		

NO. 083

	5	3			2		7	6
4					1	9	5	
		6	3	5				4
5				7		8	2	
9			1		4			7
	6	1		8				9
2				4	6	7		
	7	8	5					2
3	4		7			6	1	

NO. 084

			8		1	2	6	
	7		9			3		4
	2	6		5			1	
6	8	4		9				5
9			5		2			3
5				4		1	9	8
	9			6		4	7	
8		1			5		3	
	6	3	4		9			

NO. 085

8		6		2	1		4	
					3		8	7
	7	3			6	1		
		8			5		7	9
4			6		7			3
9	5		4			2		
		9	1			5	6	
2	4		5					
	6		3	8		9		1

NO. 086

	7	1		6	5		8	
			9			4		
8	3			1			5	2
6	9	3			8			5
7								1
5			6			8	3	4
3	4			7			2	6
		6			1			
	2		4	3		5	9	

NO. 087

			8	9				3
	8		5				2	6
5	1	4				9		
		5		7	6	3		2
4			1		2			9
1		6	3	5		8		
		9				7	3	4
2	7				4		8	
3				6	5			

NO. 088

		6		7			3	9
5		4					6	8
			1	4		2	7	
3					9		5	
9		2	7		4	6		3
	8		2					1
	6	9		5	1			
2	1					5		4
7	3			9		8		

NO. 089

<table>
<tr><td></td><td>1</td><td>4</td><td></td><td></td><td>8</td><td>2</td><td>3</td><td></td></tr>
<tr><td></td><td>3</td><td></td><td>7</td><td>2</td><td>5</td><td></td><td>6</td><td></td></tr>
<tr><td>5</td><td></td><td></td><td></td><td></td><td>3</td><td>9</td><td></td><td></td></tr>
<tr><td></td><td></td><td>1</td><td>5</td><td></td><td></td><td></td><td></td><td>8</td></tr>
<tr><td></td><td>2</td><td>3</td><td></td><td></td><td></td><td>5</td><td>9</td><td></td></tr>
<tr><td>9</td><td></td><td></td><td></td><td></td><td>6</td><td>7</td><td></td><td></td></tr>
<tr><td></td><td></td><td>7</td><td>6</td><td></td><td></td><td></td><td></td><td>1</td></tr>
<tr><td></td><td>5</td><td></td><td>1</td><td>9</td><td>7</td><td></td><td>4</td><td></td></tr>
<tr><td></td><td>4</td><td>8</td><td>3</td><td></td><td></td><td>6</td><td>7</td><td></td></tr>
</table>

NO. 090

<table>
<tr><td></td><td></td><td>6</td><td></td><td></td><td>7</td><td>3</td><td></td><td>8</td></tr>
<tr><td>5</td><td>8</td><td></td><td></td><td></td><td>3</td><td></td><td></td><td></td></tr>
<tr><td>4</td><td></td><td></td><td></td><td>1</td><td>6</td><td>7</td><td>5</td><td></td></tr>
<tr><td>8</td><td>2</td><td></td><td></td><td></td><td>9</td><td>5</td><td></td><td></td></tr>
<tr><td></td><td>3</td><td></td><td>7</td><td></td><td>8</td><td></td><td>4</td><td></td></tr>
<tr><td></td><td></td><td>1</td><td>4</td><td></td><td></td><td></td><td>2</td><td>9</td></tr>
<tr><td></td><td>6</td><td>2</td><td>3</td><td>5</td><td></td><td></td><td></td><td>7</td></tr>
<tr><td></td><td></td><td></td><td>9</td><td></td><td></td><td></td><td>1</td><td>4</td></tr>
<tr><td>7</td><td></td><td>9</td><td>6</td><td></td><td></td><td>2</td><td></td><td></td></tr>
</table>

NO. 091

	3	4	5	1				7
			6				8	3
8		6	4			5		
2	9				7	1		
	7		8		4		6	
		3	2				9	8
		9			5	2		4
7	1				2			
4				3	6	9	5	

NO. 092

	5	7	3	8				
		1			7		5	
				9		8		4
	1	2	8				9	
				1				
	3				6	4	8	
5		9		3				
	2		6			5		
				5	8	7	3	

NO. 093

	6		1		9		8	
	1	9				7	4	
8								1
		7	9		2	6		
	3						2	
		1	4		3	5		
1								5
	7	5				2	3	
	9		5		6		7	

NO. 094

3	8		5		4		6	7
6								
	4		1			8		9
		3		6			1	
				4				
	2			1		6		
9		8			7		4	
								2
5	7		4		8		9	6

NO. 095

			7		9			
	8		3		6		5	
7		9				6		8
		4	2		1	8		
	6						4	
		3	5		4	1		
9		2				5		7
	4		8		7		1	
			1		2			

NO. 096

9	1						3	7
		2				6		
8			6		9			5
	9		3		2		5	
		4		8		7		
	6		7		1		8	
6			2		8			4
		1				3		
2	5						1	9

NO. 097

3	9			1			4	8
8	4		9		5		6	2
		9	1		8	2		
	2						5	
		1	6		4	3		
5	8		7		1		2	3
2	1			8			9	7

NO. 098

	4	6		9		5	1	
		2	3		1	9		
			6		5			
6	7						5	4
	8						6	
5	2						9	8
			7		4			
		5	2		9	8		
	6	1		8		7	2	

NO. 099

8		4	5		9	6		1
	9	1				7	4	
				3				
7			4		8			6
		3				9		
4			9		3			2
				9				
	7	6				5	8	
9		2	8		7	1		3

NO. 100

	9		6			7		1
2					3		8	4
7		3						
	3			6	1			
6								8
			9	4			7	
						5		2
1	5		3					9
9		6			2		1	

NO. 101

				9	6			4
		1						2
5	6				8			
2		8					9	
9		6	3		5	2		7
	3					4		6
			9				5	8
7						9		
8			4	5				

NO. 102

5			1	3				
				8		2	3	
8						5		7
3			5	6				
4	6						9	5
				2	3			8
7		6						9
	9	5		1				
				5	8			6

NO. 103

								7
2		5		8			9	3
			1		7	4	6	
7		2			5	9		
		9	2			6		8
	2	3	7		8			
4	5			6		3		2
1								

NO. 104

		6	9				3	4
			2	4			8	
		1			6			7
				2				9
5			8		4			3
8				5				
1			3			5		
	4			6	2			
9	6				5	2		

NO. 105

			4					1
	5			2				
	3	6			5	2		9
	6				1	8		
8	7						6	3
		9	8				1	
5		8	7			6	2	
				8			7	
7					4			

NO. 106

	2		9		3		1	
	6	7				3	2	
1								7
		4	2	1	9	7		
		6	3	4	7	8		
4								8
	8	2				1	7	
	1		8		2		4	

NO. 107

		3				5		
		5	3		7	6		
1	6						3	7
		7	2		6	4		
5								8
		1	5		8	7		
7	5						1	6
		4	8		1	2		
		2				9		

NO. 108

	3					8		6
		9			3	1	2	
			1	9		5		
4		7			5			
			8		1			
			6			4		2
		2		8	7			
	7	5	4			3		
3		8					4	

NO. 109

	7			6	5	8		1
		4		2				
	8	3	4				6	
3			2				9	
				5				
	2				8			7
	9				3	2	1	
				9		3		
1		2	5	7			8	

NO. 110

5			2		9			6
	1	2	8		5	9	7	
		7	5		6	2		
1								9
		3	7		1	4		
	9	4	1		7	3	5	
7			4		2			1

NO. 111

	3				1	8		
7				2			3	1
						4	2	
		7		1				6
4			8		7			2
1				6		7		
	4	6						
3	5			8				7
		8	2				1	

NO. 112

	3			8				4
	7			9	6			8
2			4					
	5					9		2
4	2						1	7
3		7					5	
					2			5
9			8	1			7	
6				3			8	

NO. 113

9			8		2			6
			9		3			
3		7				4		8
		2	5		7	8		
	4						3	
		6	1		4	2		
2		8				1		3
			3		9			
6			4		8			2

NO. 114

	3				1		9	
2		8			7			
1						2		7
	5	3		8	9	7	2	
				6				
	7	6	3	4		1	5	
7		9						8
			9			4		2
	4		5				3	

NO. 115

3	8						7	4
		5	4		2	9		
7								2
		7	6	9	1	4		
		9	7	8	4	3		
9								6
		8	5		3	7		
6	7						8	3

NO. 116

6	2		8					
	1	5					4	
7				9		3		
		4				9		6
8			2		4			5
2		1				4		
		6		3				4
	7					6	9	
					2		5	3

NO. 117

8			3		1			4
			9		4			
	6	9				2	3	
		8	6		3	5		
	3						6	
		4	7		9	3		
	7	1				9	8	
			1		5			
3			2		7			5

NO. 118

7		1	5		3	4		8
		9				5		
	5	8				1	3	
			7	5	2			
				1				
			6	3	4			
	1	6				7	9	
		7				6		
5		4	8		6	3		1

NO. 119

5	6						2	8
	2	8		6		4	3	
1	3						5	6
			9		7			
				8				
			4		2			
6	4						8	5
	8	1		5		2	9	
2	9						7	1

NO. 120

6		7		3			2	
8			7			6		
3	4					1		
4			6				8	
				4				
	2				3			1
		4					9	3
		1			9			5
	9			5		2		4

NO. 121

8		9	1			5	7	
		4			6	2	9	8
3		7		8	5		1	4
	3		6	2	4		5	
2	4	1				8	3	6
	7		8	1	3		4	
7	9		2	5		4		1
4	5	2	3			7		
	8	6			9	3		5

NO. 122

	2	4		8				
1	7			6		2	8	3
8			9	7	2	5	4	1
3	9	2	6		7			
	8	1	3		5	6	7	
			8		1	3	9	4
2	6	8	4	1	9			5
7	4	5		3			1	9
				5		4	2	

NO. 123

7	5	1	9	4				8
4	6	8		2			3	
			6	5	8	1	4	
5			3	9		8		4
2		4	8		1	7		5
8		6		7	5			2
	7	9	2	8	6			
	4			3		2	8	6
6				1	4	9	7	3

NO. 124

	7			2	6		8	
1		6	9			2	7	5
2		5	1		3	4		6
	1	7			4			
		3	2		7	8		
			8			1	3	
7			3		2	9		8
3		8			5	7		2
	9		7	8			4	

NO. 125

			4			3		2
9		6		1		4	7	5
3	1				5		6	
	9		6		4		5	8
		1				7		
7	6		8		1		9	
	5		2				8	3
	8	2		5		9		7
4		7			6			

NO. 126

		3				1		
	9		1	4	6		7	
5				3				9
	4	1		8		7	2	
	7		4	6	2		1	
	8	2		5		3	6	
7				9				1
	2		3	1	7		5	
		4				8		

NO. 127

				9		8	2	
	2					5		9
7		9		1				
	6	2	7		1		9	
				6				
	8		3		9	1	4	
				8		9		2
8		4					3	
	1	6		3				

NO. 128

	7		1		6			5
2	3	1						4
				9			3	
							8	2
		3	9		5	1		
7	4							
	5			7				
3						5	7	9
1			2		8		4	

NO. 129

9		4				2		7
	2		8		4		6	
5								3
		5	9	6	3	7		
		3	2	8	5	9		
1								5
	5		3		9		4	
8		2				3		1

NO. 130

8				3				6
			1				5	
9	7	1		2				
2		7	9			4		1
5		6			3	8		9
				6		9	2	7
	1				2			
3				7				8

NO. 131

		4			2	5		
				5		4	8	
9		2				1		7
	9			3	8		5	
				4				
	1		5	2			6	
6		9				3		1
	3	7		6				
		5	3			6		

NO. 132

6	4		8					
		1	3			8		4
7			1	2		3	6	
		2			7		5	9
	8		4		3		7	
4	5		9			6		
	1	5		6	8			3
3		9			1	5		
					9		2	7

NO. 133

	8	7		2	3			9
		2	9		5		3	
	5				7	1	6	
3			1	5		6		8
8	2						1	4
6		1		8	2			5
	1	6	2				9	
	9		4		1	7		
7			5	6		2	8	

NO. 134

7		9	1					6
6	1		4	2		9		
			7			5	8	
8			5			7	6	
	4		9		3		5	
	6	3			7			2
	3	2			4			
		5		8	1		2	9
1					9	3		4

NO. 135

6	3				7		2	1
8					3	9		
	5		4	6	9		3	
4					5	8		
9	8						6	3
		7	9					2
	1		2	8	4		9	
		2	5					4
5	4		3				1	7

NO. 136

NO. 137

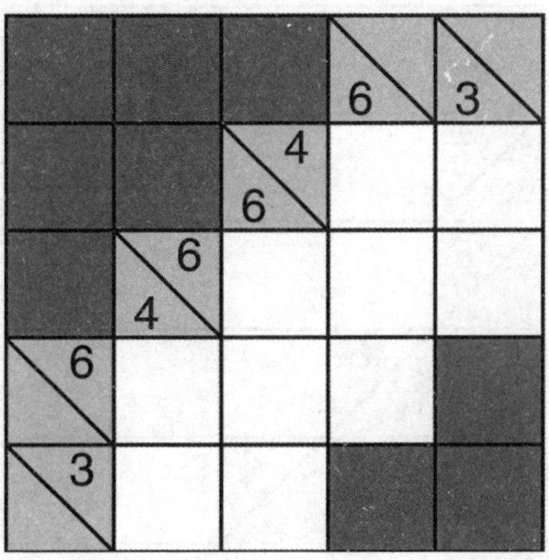

NO. 138

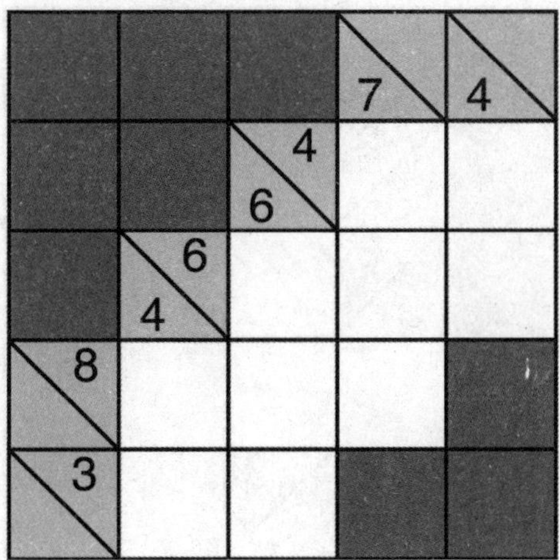

NO. 139

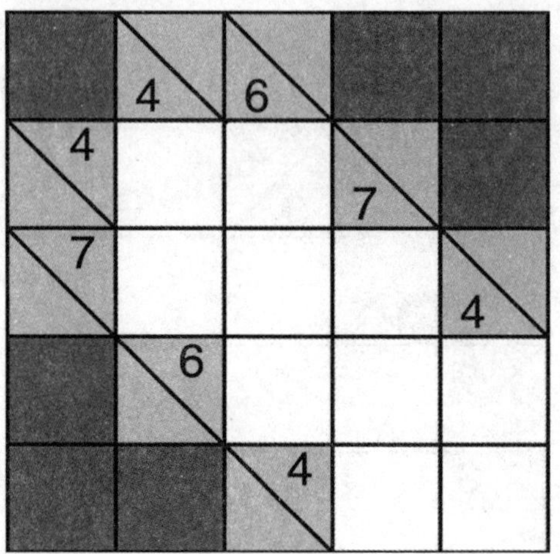

NO. 140

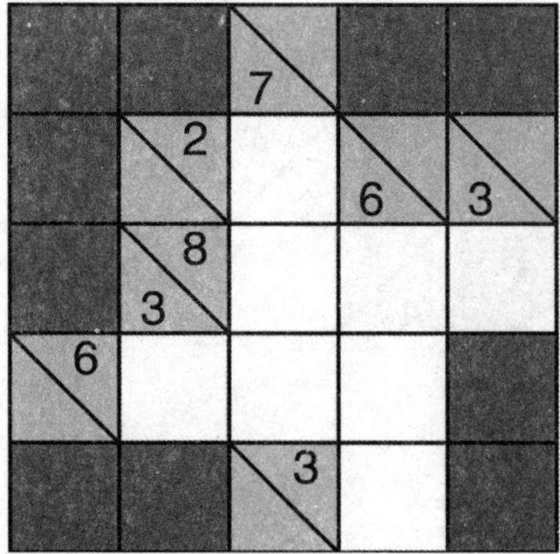

NO. 141

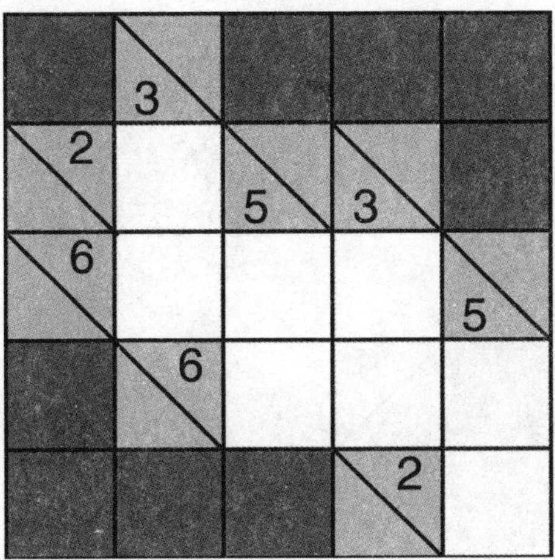

NO. 142

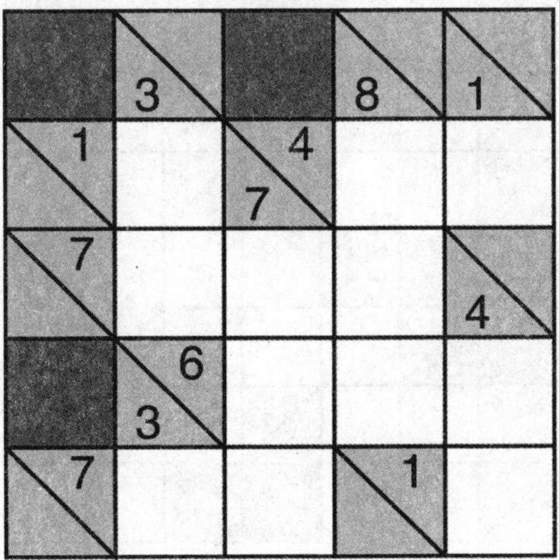

NO. 143

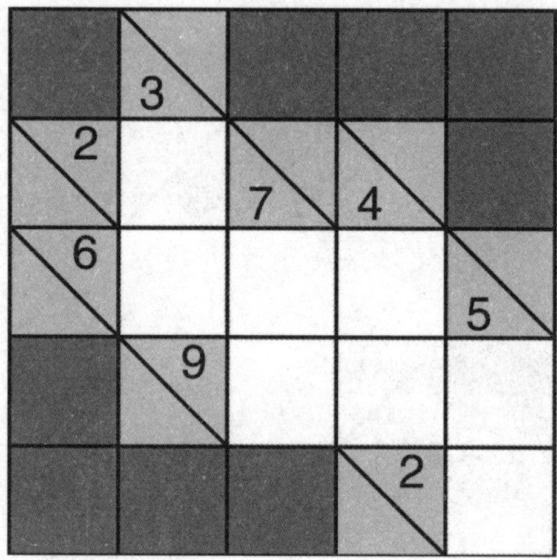

NO. 144

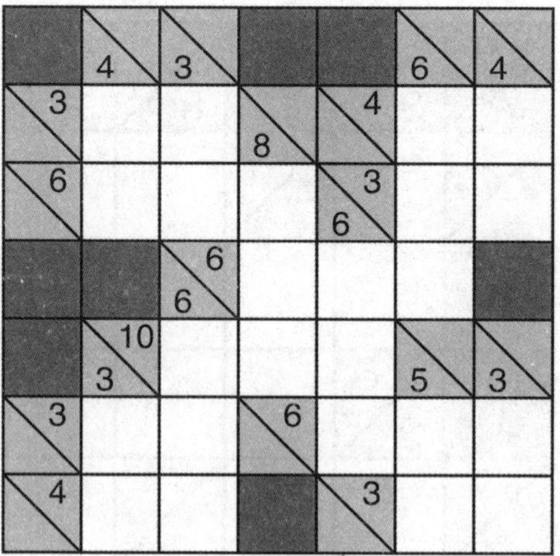

NO. 145

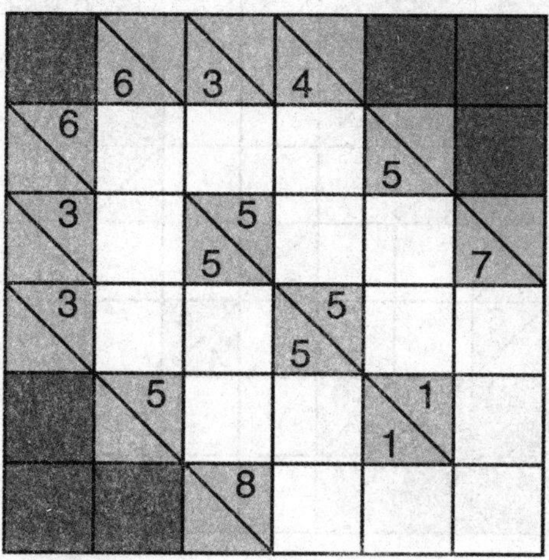

NO. 146

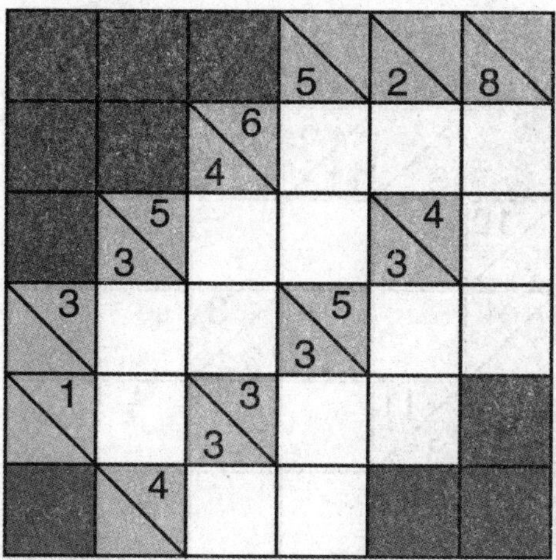

NO. 147

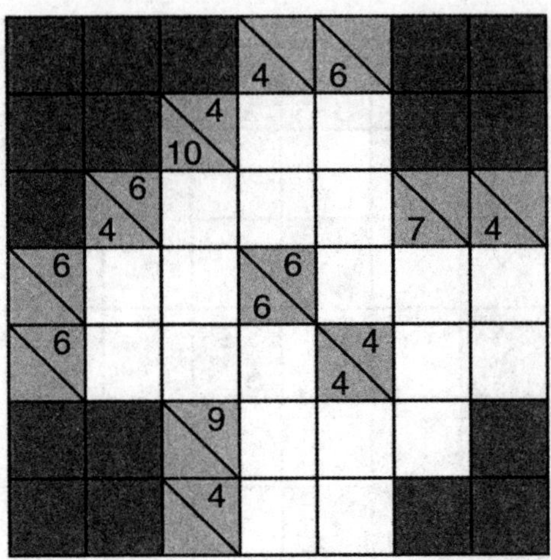

NO. 148

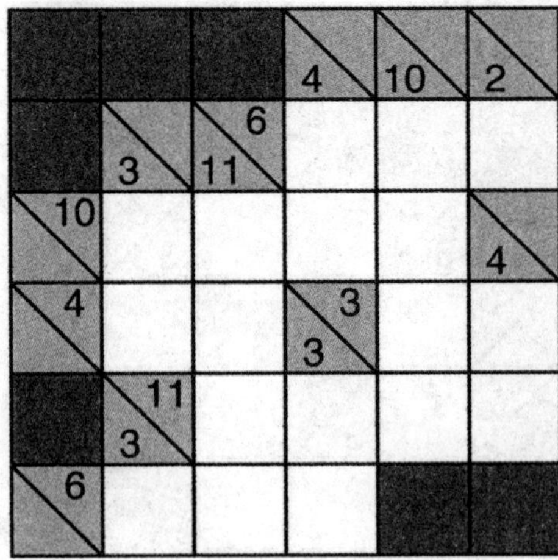

NO. 149

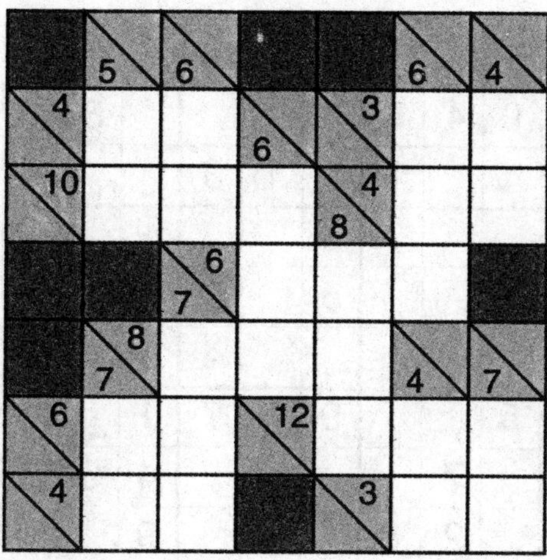

NO. 150

NO. 151

		3		5		7	6	
9	4	5					3	
		7	2	1	3			4
			8					
3			5		1			9
					4			
5			9	6	7	1		
	7					4	5	3
	2	8		4		9		

NO. 152

				3		6		9
	8			7		4		
	1			5	9	2		
2			3		1			8
9		7				3		2
8			7		6			5
		8	2	4			7	
		4		1			9	
5		3		6				

NO. 153

2							9	8
7	3	6					1	
			1	3	2			
		3	8	6		2		
9		5				1		6
		8		4	1	7		
			3	9	7			
	9					6	5	1
4	8							3

NO. 154

1	8		9		4			
	5	6						4
		9				8		7
	9		1	6			8	
	3	1				6	2	
	7			8	5		4	
5		4				2		
9						1	3	
			2		7		5	9

NO. 155

			9	4	8			3
3	2	7				8		9
8				7		1	5	
	5				1			
			6		4			
			7				9	
	4	9		2				7
7		8				6	2	4
1			4	3	7			

NO. 156

5	4	8						1
				9		6	7	
			3	8	1			
					5	2	1	
6		7	8		2	3		9
	1	9	4					
			6	7	8			
	3	2		5				
7						8	9	5

NO. 157

2					4	3		
	6		3	8		1		
	7		9			5		
5			7	2				1
1		7				4		6
8				6	1			9
		4			6		8	
		1		9	3		4	
		2	5					7

NO. 158

8			1	5	3			
	9						5	7
	4			7				3
		8	6		7	2		
9		3				6		5
		1	5		9	7		
7				4			9	
2	1						8	
			2	6	8			1

NO. 159

5	7	2						
						9	8	5
			6	3	5		4	
				7		5	6	3
9			2		8			7
1	5	7		4				
	9		8	2	1			
2	3	5						
						2	7	4

NO. 160

3	2			4				
			5	2		1	3	6
5	1				7			
		3				9	5	
				7				
	5	4				3		
			1				9	5
4	6	1		5	9			
				6			1	2

NO. 161

	7				9	5		
			3			8		9
4	9	8						
			5	3		9		
9		3				2		6
		6		2	4			
						4	1	5
2		5			7			
		4	1				7	

NO. 162

3		9				6		4
	8		3	9	1		5	
7								9
			7	2	5			
				3				
			6	1	4			
6								3
	3		8	5	7		9	
9		7				5		8

NO. 163

			6	4			3	5
				8		2		
	7					4	8	
			5		8	3		6
	6						9	
8		9	2		3			
	9	5					1	
		3		1				
6	8			3	9			

NO. 164

		4	3			5		6
1	6							
	3		6	1				
4	8	3		2				
		2				6		
				8		1	2	3
				4	7		6	
							9	2
7		8			9	4		

NO. 165

	1		2		8		3	
		8	7		9	4		
9								6
		9		8		5		
6								3
		3		5		6		
2								7
		7	3		5	1		
	6		4		7		9	

NO. 166

	2		1		3			7
		3		2		1		
5					7	9		
6					1			3
		5				6		
1			6					4
		7	5					1
		6		9		8		
8			7		2		4	

NO. 167

7								
2	4		1		8			
	6			7	2			3
		4		2	9		8	
	7						6	
	9		4	6		7		
1			6	8			3	
			3		7		9	1
								6

NO. 168

	7				9	5		
			3			8		9
4	9	8						
			5	3		9		
9		3				2		6
		6		2	4			
						4	1	5
2		5			7			
		4	1				7	

NO. 169

						1	7	
7			2			9		6
1			9	8	7			
	2					4		
	5		3		9		8	
		9					5	
			6	5	4			1
2		8			3			5
	1	5						

NO. 170

				5		2	3	
2								7
			4		1	6		8
	3	7		4	6		5	
				7				
	6		1	8		4	7	
3		9	7		2			
4								3
	7	8		3				

NO. 171

		4			1	7		
8		9				2		
						6	3	9
		5	7		2			8
			5		6			
7			1		9	4		
4	5	6						
		2				5		4
		8	2			3		

NO. 172

			6			5		4
5				3		9	6	
	7		1			2	3	
		8				1		
			9		3			
		2				4		
	3	1			6		8	
	4	5		2				1
9		6			5			

NO. 173

			9		6			
	9						7	
6	8	7				4	2	9
		6	8		3	5		
5								2
		9	7		2	1		
1	4	2				7	8	6
	6						4	
			6		7			

NO. 174

		3	4	2		1		
			6		7		8	
8			5					
	9				2			5
	8	1				6	7	
2			7				4	
					1			4
	1		2		6			
		2		7	9	5		

NO. 175

5							3	6
9		8		5		4		
6					7			
		1		8	3	7		
			6		2			
		6	4	7		5		
			7					2
		9		1		3		4
1	4							8

NO. 176

2		7		3	8			
					2	8		
1			4					9
	2			6		5	9	
		6				3		
	3	8		7			2	
8					6			3
		2	1					
			3	9		4		2

NO. 177

2								1
8	6			4	7		9	
					1	2	7	
					5		6	
4	2						3	5
	9		3					
	1	4	7					
	7		1	2			5	9
6								8

NO. 178

	6	9		8				
3				4				9
	4		5			7		
		1	3		7		8	
8								6
	5		9		8	3		
		8			2		6	
5				3				7
				7		8	4	

NO. 179

7				5			3	
6			7		9	8		
	2	4	1					
5	7	6			8			
			3			1	6	7
					7	3	1	
		5	2		6			9
	8			9				6

NO. 180

				2	4		9	
		6		8	3			
		3	9					5
				1			3	9
	6	8				1	5	
1	7			4				
9					6	4		
			8	3		5		
	2		4	7				

NO. 181

4								3
	1		7		2		8	
	7	9				5	1	
			1		3			
9	3						2	6
			4		9			
	6	8				1	4	
	2		6		7		5	
3								7

NO. 182

6	2		1			8		
	1	3			8			
	4					6		
		6	8					4
		2	9		5	1		
9					4	3		
		8					6	
			7			2	5	
		1			3		9	8

NO. 183

3		6		5			2	
				6			4	
		4	9					8
			8	4		6	5	
	2						1	
	5	9		1	6			
1					3	4		
	3			9				
	4			7		1		3

NO. 184

8		6				2		7
	7			3		9	8	
			4			5		
7		2	3					
	5						3	
					5	7		2
		8			6			
	9	1		7			5	
5		7				3		8

NO. 185

			9					
		6	2				4	
		7		6	5	1		
	4	2			6		1	
5			1		8			4
	1		4			7	9	
		9	8	4		3		
	8				7	4		
					9			

NO. 186

	7		3	2				
	8	6	5	4				
5			9				3	
1						6		
	5		6		2		4	
		9						1
	1				8			3
				7	9	4	5	
				5	3		7	

NO. 187

				1	2			9
6	4		8		3		2	
								7
	9	7						4
4			5		1			8
1						2	9	
3								
	1		6		9		4	5
9			2	3				

NO. 188

1		7				2		
2	5	4			8			
	3				2			7
			3		4	9	6	
				1				
	4	3	2		6			
4			6				8	
			7			6	2	5
		5				1		9

NO. 189

		6	5	8	2			
			1			5		4
	5	8					2	
8	3			6		4		
		7		5			3	9
	2					1	6	
4		9			1			
			8	2	7	9		

NO. 190

		3	9	1		6		
		4		2			9	3
6								1
			8				2	4
8								5
4	6				3			
5								8
3	4			8		9		
		9		4	5	7		

NO. 191

					8		3	7
		8	9	2				5
			7				6	
	2				5			8
9								6
5			2				9	
	1				2			
8				6	1	4		
6	5		8					

NO. 192

					4	8	5	9
4				5		2		
9					3		1	
5		2						
	7			6			4	
						3		5
	1		3					6
		5		8				4
6	2	3	5					

NO. 193

							1	
						7		8
4	1	8		3			5	
9	4				3			7
8			7		6			5
7			2				8	6
	6			1		4	7	3
5		3						
	8							

NO. 194

4			9					
	1		3				6	
	8			4	6	1	3	
		7			8	2		3
1		3	7			6		
	6	8	5	9			1	
	5				4		9	
					1			8

NO. 195

		3					6	5
4			2		6		8	
					5		3	
7						5		2
			3		7			
1		8						9
	1		7					
	7		1		4			8
9	6					7		

NO. 196

2		5					3	7
			7					
		6		1	8			
	5			4			8	
	4	7		5		2	9	
	2			6			5	
			6	3		4		
					1			
8	3					1		9

NO. 197

	4		9		5		8	1
2					8			
		6						3
	5		6				3	
6				3				8
	3				9		7	
5						7		
			7					2
9	2		4		6		1	

NO. 198

8		2			1		6	
	4				8	5		
				7				2
			8			6	3	
7								1
	5	6			7			
3				1				
		9	5				1	
	1		2			3		4

NO. 199

	3			4			8	9
		9		7				
	1		8			3		2
8					3			4
				9				
2			6					1
5		3			8		2	
				3		7		
9	4			2			5	

NO. 200

8	4				9	1		
				7		8	9	5
	1							
1					8	4		
			5	2	3			
		5	9					2
							6	
7	2	1		4				
		6	1				4	8

NO. 201

				7			8	9
7				4	5			
			1		8	6	4	
9	3						7	
					2	1		
	4					9		8
8		6	3	1			5	
	2		8				3	
	7						9	

NO. 202

6								
3		2			8	5	6	
1			5	3		8	7	
	2		8	4				
					2			5
8	9	4						
9								6
		1	2		7			3
				5	3	1		

NO. 203

4		7		6		9		1
8		6				5		
	1	5				3		
7					4		8	
			2	7		4		
9		2						7
6				9				5
						2		
1	2	9					3	

NO. 204

	2		6		5		7	
	8			4			3	
9								1
		4	1		7	5		
8								4
		2	4		8	9		
7								6
	4			8			9	
	5		7		1		8	

NO. 205

	3	2	1					
4	7							
8		6				1	3	4
	6		9	1				
3								1
				4	8		9	
6	2	4				3		8
							5	6
					3	9	4	

NO. 206

	8				7		6	
2				1				
1		4				2		7
4					2		5	
	2	1				6	8	
	7		3					2
7		6				4		8
				3				9
	1		8				7	

NO. 207

8			2		9			7
		9	3		6	2		
3								6
		7	6		1	3		
	3						5	
		8	9		3	6		
1								8
		3	1		8	7		
9			4		7			3

NO. 208

			1		3	9		5
9					4			
	5		2	6			8	
		2					7	
6			3		7			8
	4					2		
	8			5	2		1	
			6					9
3		6	7		1			

NO. 209

1					2			7
				5				
	6	9			1			2
	7	8	2			1		
9		5				6		4
		1			6	7	8	
5			8			2	9	
				9				
8			4					6

NO. 210

		1	2	6		3	9	
5						8		
	8		4				1	
					5	7	2	
7								1
	1	2	7					
	9				4		3	
		6						2
	3	4		8	6	5		

提高习题

NO. 211

			3		4									
5				1				3						
7	2						8	1						
1	3		9		5		7	4						
2	9		4		8		5	6						
9	7						3	2	1			7	4	6
8				7		5		9		6				
			8		9					2		9		
									9		2			1
							6	8				3	9	
						7			6		8			
								4		8		5		3
						1				9				2
						3	8	5						

NO. 212

4	7				2		5	3						
		1	9		7		2	8						
6			5			9								
	1	4						2						
8			1		3			9						
7						5	6							
					5			7			8	5		6
2	6		8		9	4				1			9	8
9	3		2				1	6	7				4	
							5		8		4	2	7	
						1								9
							4	9	1		2		3	
							7				5	6	2	
						5	2			7				3
						9		8	4			1		

NO. 213

7	5							6						
		9			3		8							
					1			9						
	1			4		2	7							
			1		8									
	4	5		2			9							
9			4				3							1
	8		9			1			8	5			2	
3							2	4			6			
						3	5		6	2	8			
										9				
									3	7	4		5	9
									9			7	3	
							9			6	1	2	4	
						5								

NO. 214

	6		9		7	2								
7	5						9							
			6	1			4							
		5		6	8	7								
3								8						
		1	3	7		4								
	4			9	6		8		4		6			9
	2					5	1	9	7			4		
		3	5		2		7		1					
												1	8	4
						4	6			8			9	3
						8	3	1						
											5		7	
								8			4		2	1
						2	5		9		7		4	

NO. 215

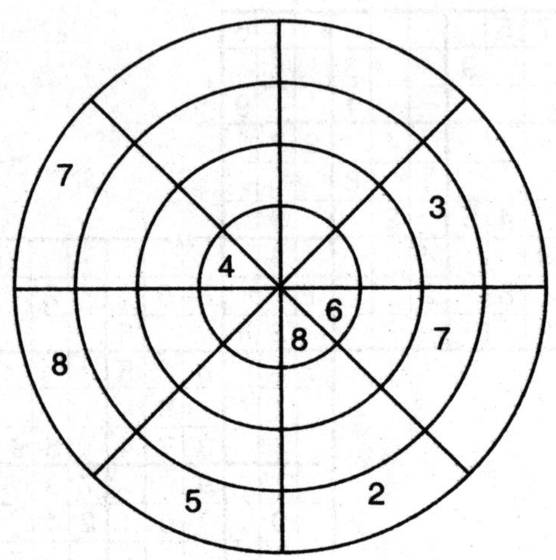

NO. 216

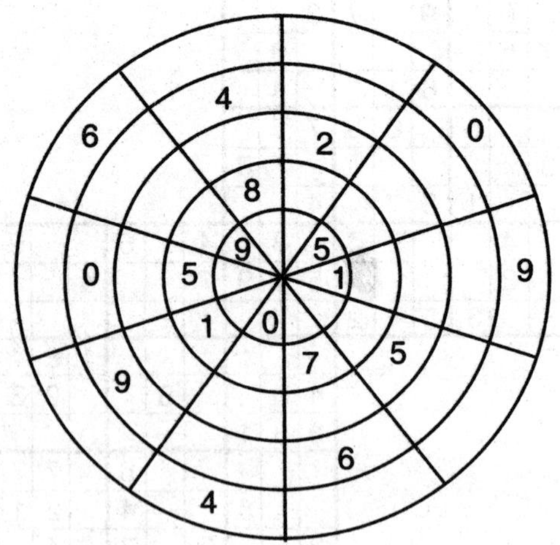

NO. 217

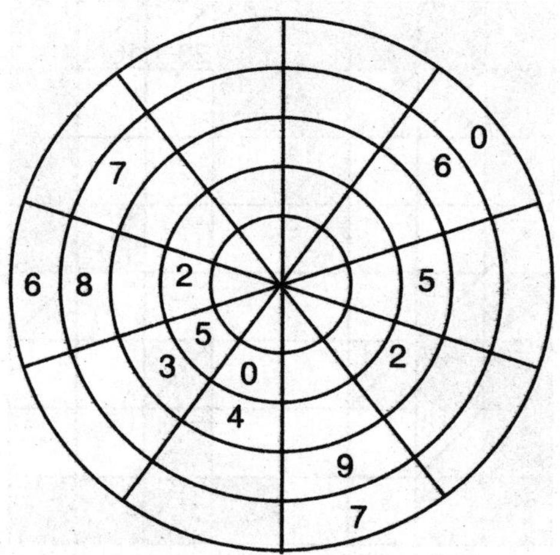

NO. 218

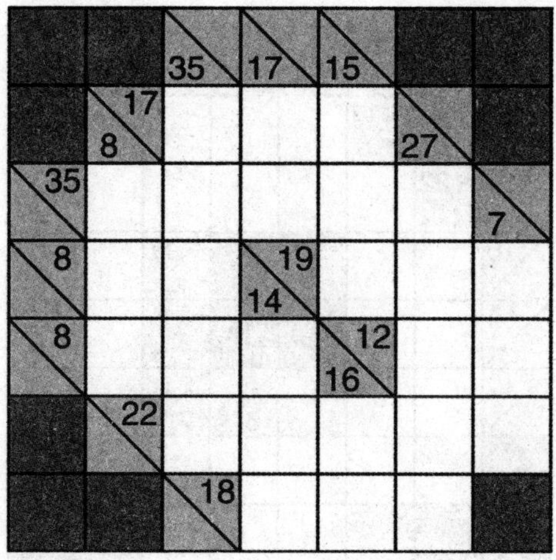

NO. 219

NO. 220

NO. 221

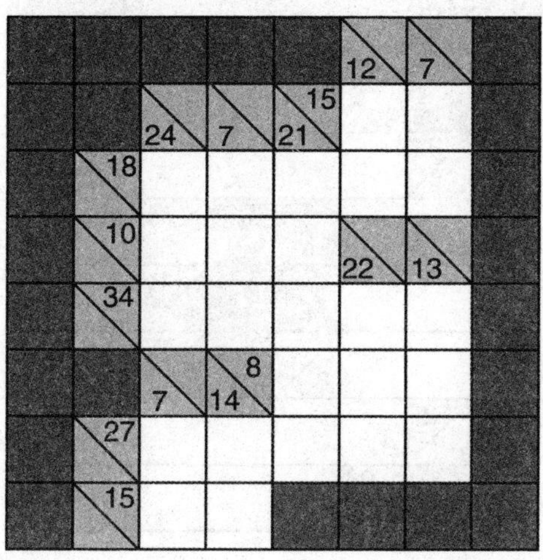

NO. 222

NO. 223

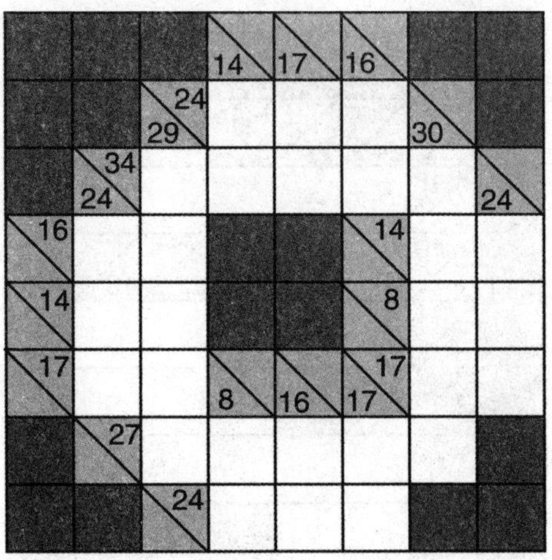

NO. 224

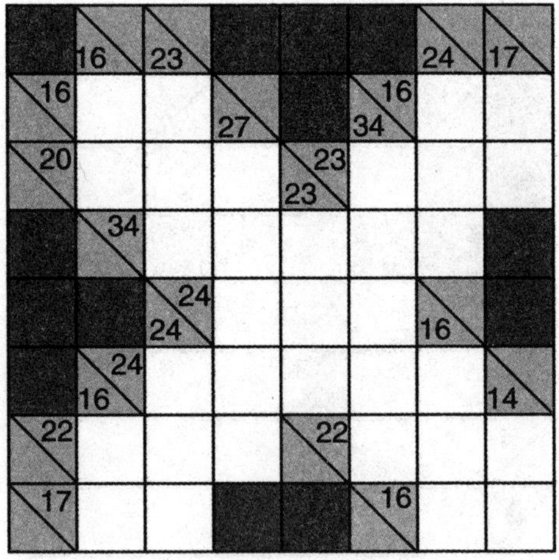

NO. 225

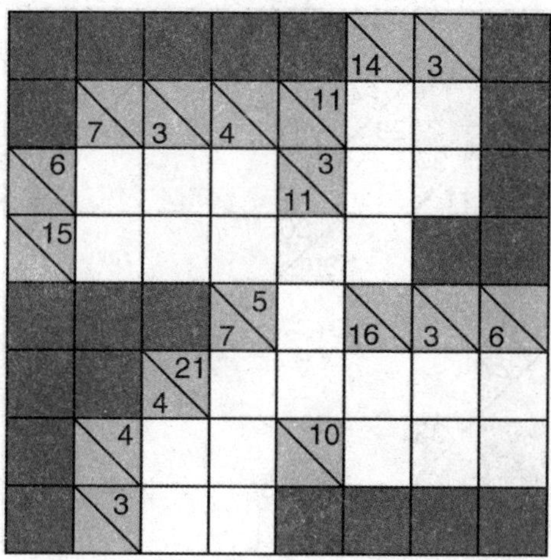

NO. 226

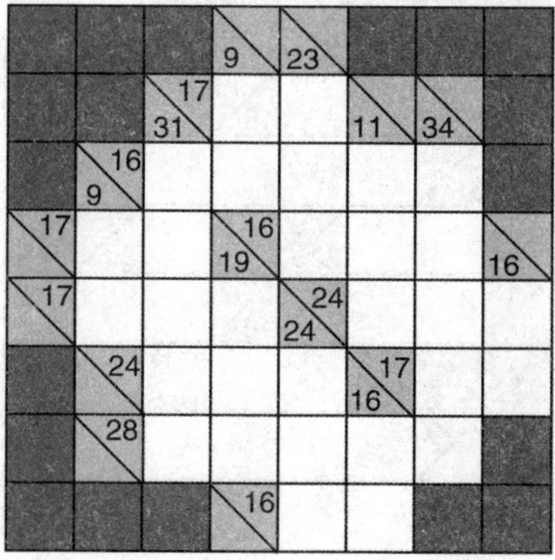

NO. 227

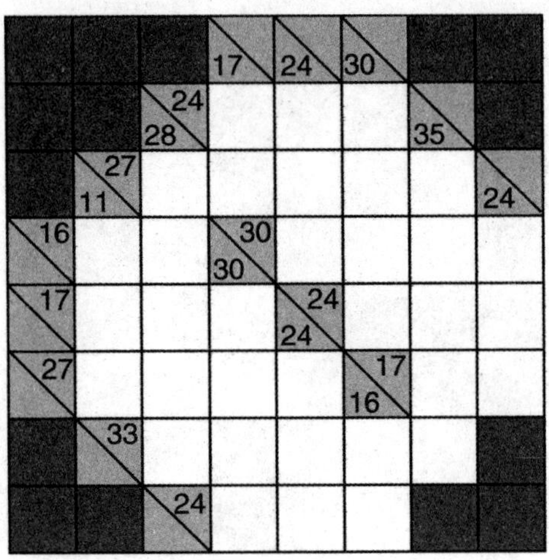

NO. 228

NO. 229

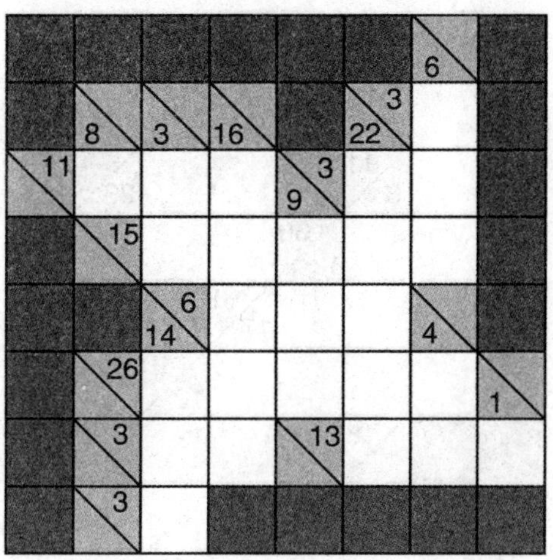

NO. 230

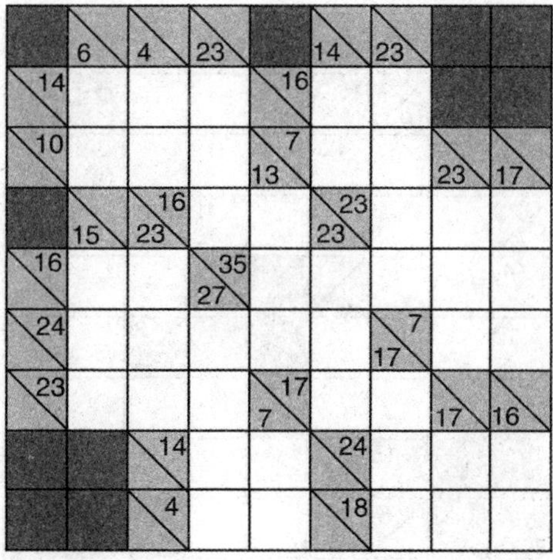

NO. 231

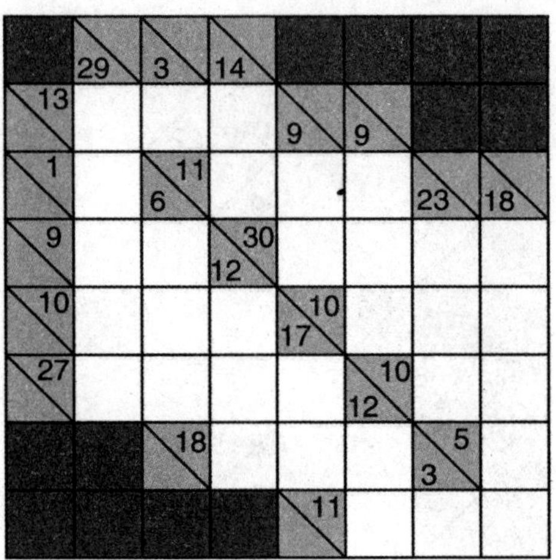
29
3
14
13
9
9
1
11
6
23
18
9
30
12
10
10
17
27
10
12
18
5
3
11

NO. 232

6
12
13
6
19
17
23
19
15
23
10
6
4
14
6
13
3
7
4
17
10
4
15
6

NO. 233

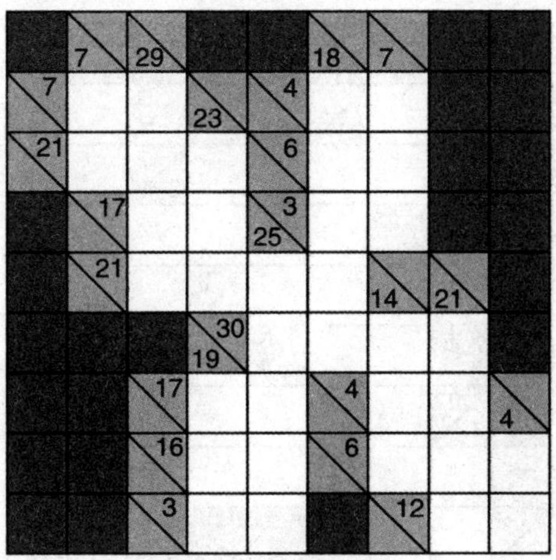

NO. 234

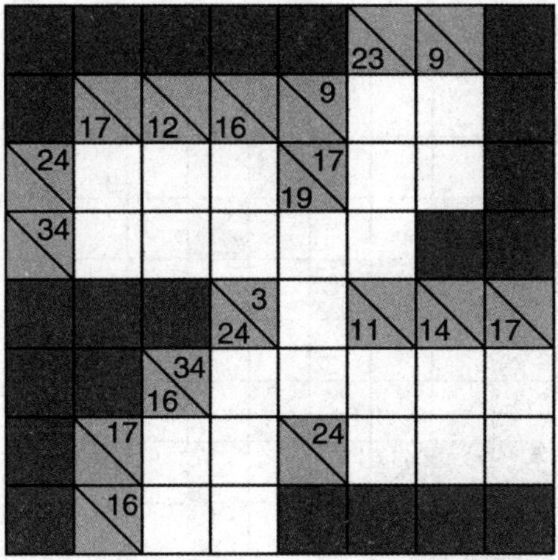

NO. 235

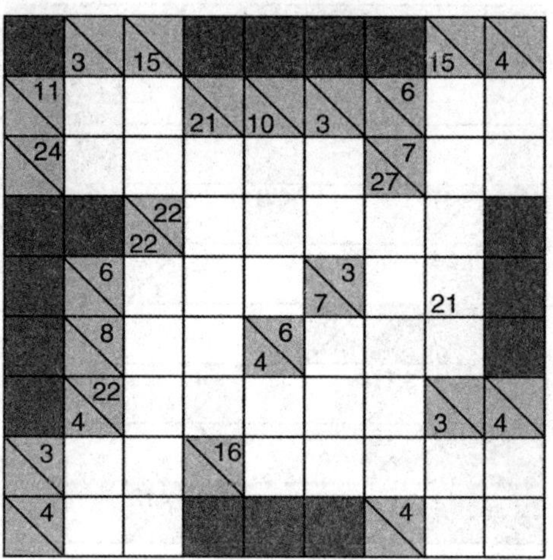

NO. 236

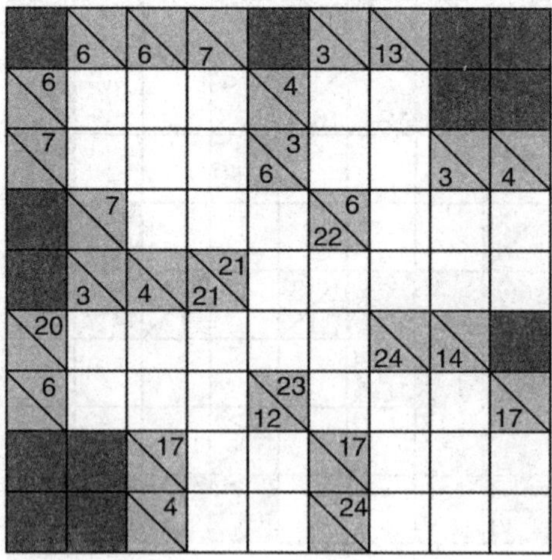

NO. 237

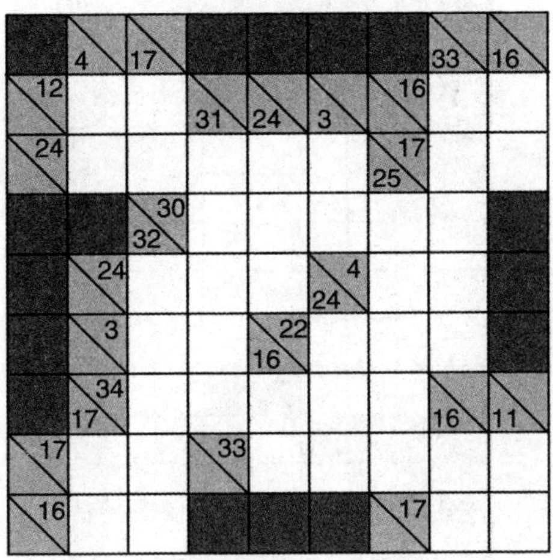

NO. 238

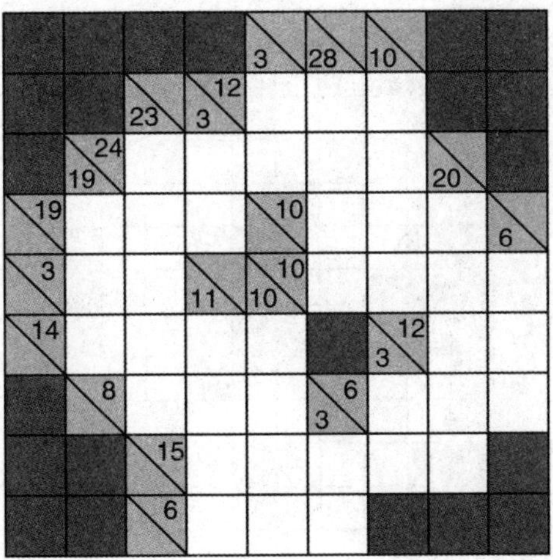

NO. 239

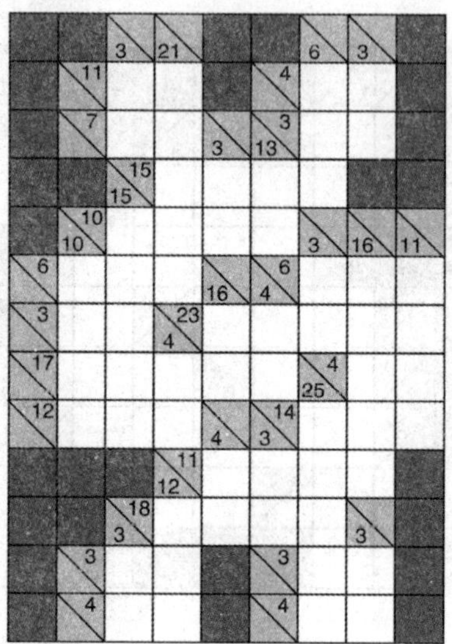

NO. 240

NO. 241

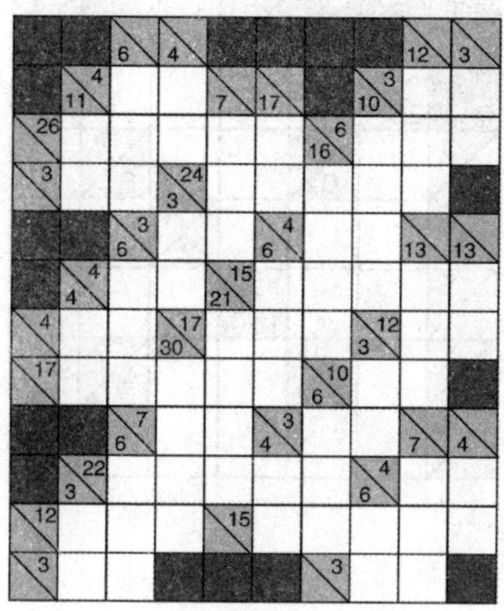

NO. 242

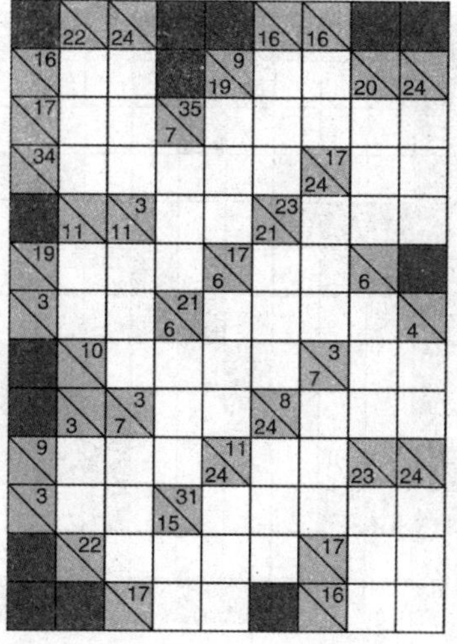

NO. 243

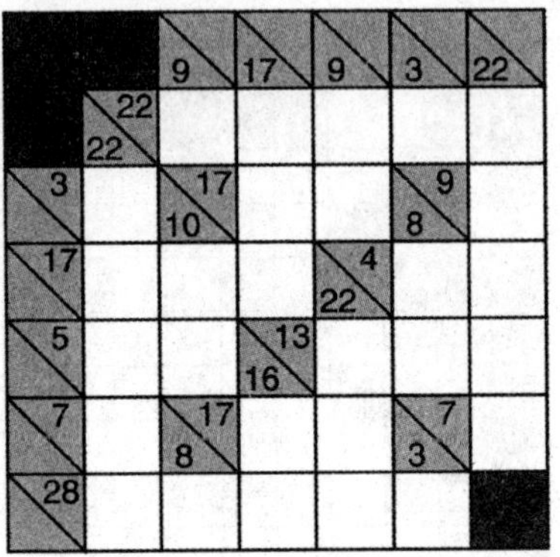

NO. 244

NO. 245

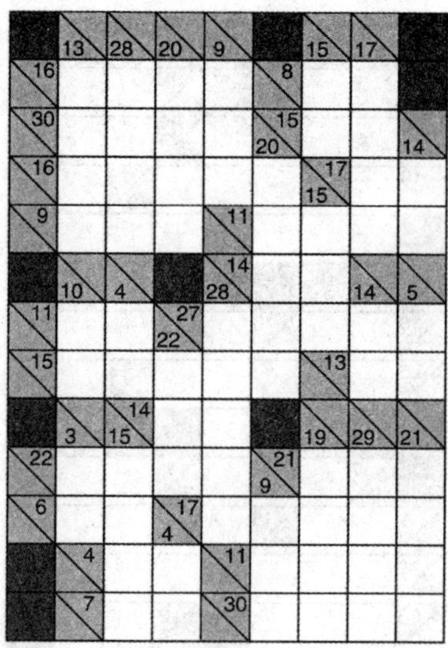

NO. 246

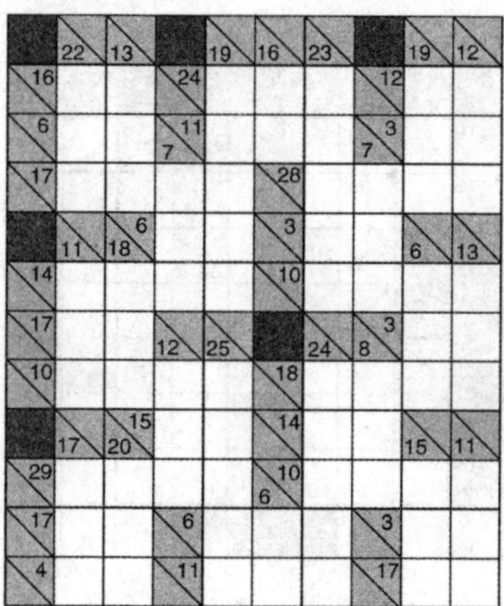

NO. 247

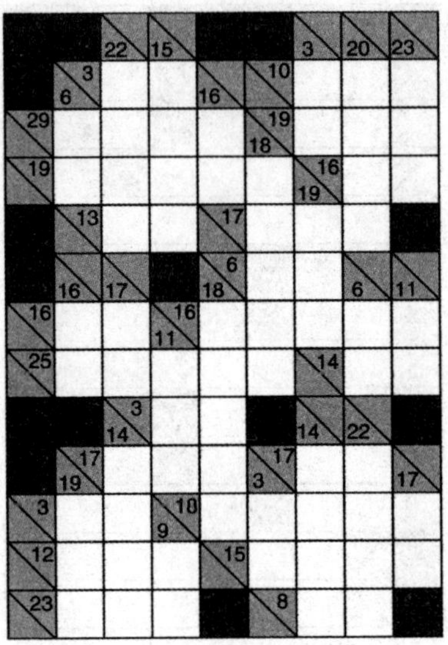

NO. 248

答 案

入门习题答案

NO. 001

9	2	8	6	7	5	1	4	3
5	3	7	1	4	2	8	6	9
4	6	1	8	3	9	5	7	2
3	7	4	2	8	1	6	9	5
8	9	5	7	6	3	2	1	4
6	1	2	9	5	4	7	3	8
7	8	9	3	2	6	4	5	1
1	5	6	4	9	8	3	2	7
2	4	3	5	1	7	9	8	6

NO. 002

6	3	7	1	4	5	2	8	9
4	5	9	3	8	2	6	7	1
8	2	1	9	6	7	3	4	5
5	8	2	4	7	1	9	6	3
7	6	3	8	2	9	5	1	4
9	1	4	6	5	3	8	2	7
2	7	6	5	9	4	1	3	8
3	4	5	2	1	8	7	9	6
1	9	8	7	3	6	4	5	2

NO. 003

2	4	9	1	8	7	3	6	5
7	8	6	3	4	5	1	2	9
1	3	5	2	6	9	7	4	8
5	9	8	6	7	1	2	3	4
4	1	2	9	5	3	6	8	7
6	7	3	4	2	8	9	5	1
3	6	1	8	9	4	5	7	2
8	2	7	5	1	6	4	9	3
9	5	4	7	3	2	8	1	6

NO. 004

6	1	5	7	9	8	3	2	4
4	7	2	5	3	1	6	9	8
9	3	8	4	2	6	7	1	5
1	9	7	2	8	3	5	4	6
3	2	4	6	1	5	9	8	7
5	8	6	9	7	4	1	3	2
8	6	1	3	4	7	2	5	9
2	5	3	8	6	9	4	7	1
7	4	9	1	5	2	8	6	3

NO. 005

4	1	6	8	3	5	9	7	2
9	7	3	2	1	6	8	5	4
2	8	5	4	7	9	3	1	6
1	5	2	9	4	3	7	6	8
6	3	7	5	8	1	2	4	9
8	9	4	6	2	7	1	3	5
3	6	8	7	5	2	4	9	1
5	4	1	3	9	8	6	2	7
7	2	9	1	6	4	5	8	3

NO. 006

5	3	2	4	8	1	7	9	6
1	7	4	6	9	3	8	2	5
9	6	8	2	7	5	1	4	3
3	1	6	7	2	8	4	5	9
2	9	7	5	6	4	3	8	1
4	8	5	3	1	9	6	7	2
6	4	3	9	5	7	2	1	8
7	5	1	8	3	2	9	6	4
8	2	9	1	4	6	5	3	7

NO. 007

5	1	8	3	2	9	7	4	6
6	9	3	4	8	7	5	2	1
2	7	4	5	6	1	8	9	3
1	8	7	9	5	3	4	6	2
4	3	5	6	1	2	9	8	7
9	6	2	8	7	4	1	3	5
3	4	1	7	9	6	2	5	8
8	2	9	1	3	5	6	7	4
7	5	6	2	4	8	3	1	9

NO. 008

6	3	2	4	5	9	7	8	1
8	4	5	3	7	1	6	2	9
7	9	1	8	2	6	5	3	4
5	7	4	2	3	8	1	9	6
1	6	8	7	9	5	2	4	3
3	2	9	6	1	4	8	5	7
9	1	3	5	6	2	4	7	8
4	5	6	9	8	7	3	1	2
2	8	7	1	4	3	9	6	5

NO. 009

1	8	9	6	2	7	4	3	5
4	6	7	5	3	1	9	2	8
5	2	3	9	4	8	6	1	7
8	1	5	7	9	2	3	4	6
9	3	4	8	6	5	1	7	2
6	7	2	4	1	3	8	5	9
3	5	6	1	7	9	2	8	4
2	4	8	3	5	6	7	9	1
7	9	1	2	8	4	5	6	3

NO. 010

7	9	6	4	2	1	8	5	3
2	3	5	8	6	7	9	1	4
4	8	1	3	5	9	2	7	6
3	6	9	5	1	4	7	8	2
8	1	7	9	3	2	6	4	5
5	2	4	7	8	6	3	9	1
9	7	2	6	4	5	1	3	8
6	4	3	1	7	8	5	2	9
1	5	8	2	9	3	4	6	7

NO. 011

6	2	7	4	5	1	3	9	8
9	5	3	6	8	7	2	4	1
8	4	1	2	9	3	7	6	5
4	8	5	7	2	6	1	3	9
3	9	2	8	1	5	4	7	6
1	7	6	9	3	4	5	8	2
5	3	4	1	6	8	9	2	7
2	1	8	3	7	9	6	5	4
7	6	9	5	4	2	8	1	3

NO. 012

1	9	8	2	5	7	6	4	3
6	7	3	4	9	8	2	5	1
2	5	4	6	3	1	8	9	7
9	1	2	3	8	6	4	7	5
4	8	7	1	2	5	9	3	6
3	6	5	7	4	9	1	2	8
7	4	1	5	6	2	3	8	9
8	2	6	9	7	3	5	1	4
5	3	9	8	1	4	7	6	2

NO. 013

3	5	8	9	1	2	6	4	7
6	1	7	4	5	8	2	3	9
9	4	2	7	3	6	8	5	1
7	8	1	2	4	3	5	9	6
5	9	3	1	6	7	4	8	2
2	6	4	8	9	5	7	1	3
8	2	9	5	7	1	3	6	4
4	3	5	6	2	9	1	7	8
1	7	6	3	8	4	9	2	5

NO. 014

8	4	2	9	7	1	3	6	5
9	6	7	2	5	3	4	1	8
3	5	1	6	4	8	2	9	7
7	9	4	8	1	6	5	2	3
5	3	6	4	9	2	8	7	1
1	2	8	5	3	7	6	4	9
6	8	9	7	2	5	1	3	4
2	7	3	1	8	4	9	5	6
4	1	5	3	6	9	7	8	2

NO. 015

2	3	7	1	9	5	8	4	6
9	6	4	7	2	8	1	3	5
5	8	1	4	6	3	7	9	2
6	1	9	8	4	2	5	7	3
4	5	2	3	1	7	6	8	9
8	7	3	9	5	6	4	2	1
3	9	6	5	8	4	2	1	7
7	2	8	6	3	1	9	5	4
1	4	5	2	7	9	3	6	8

NO. 016

3	8	5	6	1	4	2	7	9
1	9	6	2	8	7	4	5	3
4	2	7	3	5	9	8	1	6
5	4	3	7	2	1	6	9	8
6	7	9	5	3	8	1	2	4
8	1	2	9	4	6	5	3	7
9	3	1	8	6	2	7	4	5
2	5	8	4	7	3	9	6	1
7	6	4	1	9	5	3	8	2

NO. 017

8	7	1	6	9	4	5	2	3
3	6	9	8	2	5	7	1	4
2	5	4	3	1	7	8	9	6
1	8	5	4	7	2	3	6	9
9	4	7	5	3	6	2	8	1
6	2	3	1	8	9	4	7	5
7	3	8	9	5	1	6	4	2
4	1	2	7	6	3	9	5	8
5	9	6	2	4	8	1	3	7

NO. 018

5	2	1	8	7	4	9	3	6
8	9	4	6	2	3	7	5	1
3	6	7	5	9	1	2	4	8
9	5	6	1	4	7	8	2	3
2	7	3	9	5	8	6	1	4
4	1	8	2	3	6	5	9	7
6	3	5	4	8	2	1	7	9
7	8	2	3	1	9	4	6	5
1	4	9	7	6	5	3	8	2

NO. 019

8	3	6	2	1	7	4	9	5
4	9	1	6	5	3	7	2	8
5	2	7	4	8	9	1	3	6
9	8	4	7	2	6	5	1	3
3	7	5	1	9	4	6	8	2
1	6	2	8	3	5	9	4	7
6	1	3	9	7	8	2	5	4
2	4	8	5	6	1	3	7	9
7	5	9	3	4	2	8	6	1

NO. 020

5	1	6	3	2	7	8	9	4
2	7	3	8	9	4	6	1	5
8	4	9	5	6	1	2	3	7
6	5	1	2	4	9	3	7	8
4	8	7	1	5	3	9	6	2
3	9	2	7	8	6	5	4	1
1	3	8	9	7	2	4	5	6
9	6	5	4	1	8	7	2	3
7	2	4	6	3	5	1	8	9

NO. 021

5	2	3	6	8	1	9	7	4
6	1	7	3	9	4	2	8	5
8	4	9	5	2	7	6	3	1
2	8	4	9	3	6	1	5	7
9	7	1	4	5	2	3	6	8
3	6	5	1	7	8	4	9	2
7	3	2	8	1	9	5	4	6
4	5	8	2	6	3	7	1	9
1	9	6	7	4	5	8	2	3

NO. 022

9	1	2	7	8	4	3	5	6
6	8	7	3	5	9	4	1	2
5	4	3	2	6	1	9	7	8
7	3	4	1	2	6	8	9	5
8	5	6	9	4	7	1	2	3
1	2	9	5	3	8	6	4	7
2	9	1	8	7	3	5	6	4
3	6	5	4	1	2	7	8	9
4	7	8	6	9	5	2	3	1

NO. 023

5	1	7	4	2	9	3	8	6
2	3	4	6	8	7	5	1	9
6	8	9	5	1	3	7	4	2
7	4	2	9	5	1	8	6	3
8	9	5	7	3	6	4	2	1
1	6	3	8	4	2	9	7	5
3	2	8	1	7	5	6	9	4
4	5	6	2	9	8	1	3	7
9	7	1	3	6	4	2	5	8

NO. 024

6	5	9	3	7	1	8	2	4
8	2	1	4	9	6	3	7	5
3	4	7	5	8	2	1	9	6
4	9	3	8	6	5	7	1	2
5	1	2	9	3	7	6	4	8
7	6	8	2	1	4	9	5	3
9	3	4	7	5	8	2	6	1
1	8	5	6	2	9	4	3	7
2	7	6	1	4	3	5	8	9

NO. 025

2	7	3	9	1	6	4	5	8
1	9	5	4	8	7	3	2	6
8	4	6	2	5	3	7	9	1
3	1	4	5	7	8	9	6	2
9	2	8	6	4	1	5	7	3
6	5	7	3	2	9	8	1	4
7	3	9	8	6	2	1	4	5
4	8	2	1	9	5	6	3	7
5	6	1	7	3	4	2	8	9

NO. 026

1	6	2	9	8	7	4	3	5
4	9	7	2	5	3	1	6	8
5	8	3	4	1	6	7	2	9
6	7	5	1	3	4	8	9	2
9	4	1	8	2	5	6	7	3
3	2	8	6	7	9	5	4	1
7	3	4	5	9	1	2	8	6
2	5	9	7	6	8	3	1	4
8	1	6	3	4	2	9	5	7

NO. 027

4	2	6	1	7	5	8	3	9
7	8	3	2	9	6	4	5	1
9	5	1	8	4	3	7	2	6
6	4	7	3	8	2	1	9	5
1	3	8	9	5	4	6	7	2
2	9	5	6	1	7	3	4	8
5	7	2	4	6	1	9	8	3
3	6	9	7	2	8	5	1	4
8	1	4	5	3	9	2	6	7

NO. 028

7	9	8	4	2	1	6	3	5
6	2	3	5	7	9	1	8	4
1	4	5	6	3	8	2	7	9
9	8	7	1	6	3	4	5	2
3	1	6	2	5	4	7	9	8
2	5	4	9	8	7	3	1	6
5	6	1	3	9	2	8	4	7
8	3	9	7	4	6	5	2	1
4	7	2	8	1	5	9	6	3

NO. 029

3	4	9	6	5	1	2	8	7
8	1	6	7	3	2	4	5	9
5	7	2	4	8	9	1	6	3
6	3	4	1	9	5	8	7	2
7	8	5	2	6	4	9	3	1
9	2	1	3	7	8	5	4	6
2	5	3	9	4	7	6	1	8
1	6	8	5	2	3	7	9	4
4	9	7	8	1	6	3	2	5

NO. 030

8	3	4	6	9	5	7	1	2
1	6	9	2	8	7	5	3	4
2	5	7	3	4	1	8	9	6
3	2	8	1	5	4	6	7	9
4	9	5	7	2	6	1	8	3
6	7	1	8	3	9	4	2	5
5	4	2	9	1	8	3	6	7
7	8	3	5	6	2	9	4	1
9	1	6	4	7	3	2	5	8

NO. 031

9	7	4	6	3	1	8	2	5
8	6	3	2	7	5	1	9	4
1	2	5	9	4	8	7	6	3
6	5	2	1	8	9	4	3	7
3	9	1	4	5	7	6	8	2
7	4	8	3	6	2	9	5	1
5	3	7	8	9	4	2	1	6
2	8	6	7	1	3	5	4	9
4	1	9	5	2	6	3	7	8

NO. 032

9	5	2	6	1	8	7	3	4
4	8	3	7	2	9	5	6	1
6	7	1	5	4	3	8	2	9
8	4	9	3	6	5	1	7	2
2	3	5	1	8	7	4	9	6
1	6	7	4	9	2	3	5	8
3	1	6	9	5	4	2	8	7
5	9	8	2	7	1	6	4	3
7	2	4	8	3	6	9	1	5

NO. 033

3	7	4	9	5	1	6	8	2
5	2	1	8	4	6	3	9	7
8	9	6	2	7	3	1	4	5
9	5	2	4	1	8	7	3	6
4	3	7	6	9	2	8	5	1
6	1	8	7	3	5	4	2	9
2	6	5	1	8	4	9	7	3
1	8	9	3	2	7	5	6	4
7	4	3	5	6	9	2	1	8

NO. 034

2	8	5	1	7	4	9	6	3
6	1	7	3	5	9	2	4	8
4	9	3	8	2	6	1	7	5
8	4	6	5	3	2	7	9	1
1	5	9	6	8	7	4	3	2
3	7	2	9	4	1	8	5	6
7	6	4	2	1	3	5	8	9
5	3	1	4	9	8	6	2	7
9	2	8	7	6	5	3	1	4

NO. 035

2	9	8	1	6	5	4	3	7
3	6	7	8	2	4	1	9	5
5	1	4	9	3	7	8	6	2
4	3	9	6	7	2	5	1	8
8	5	6	3	4	1	7	2	9
7	2	1	5	9	8	6	4	3
9	8	3	7	1	6	2	5	4
1	7	2	4	5	3	9	8	6
6	4	5	2	8	9	3	7	1

NO. 036

6	5	3	2	1	8	7	4	9
7	9	2	4	6	5	8	1	3
4	1	8	9	3	7	2	6	5
2	3	4	8	7	9	6	5	1
5	8	6	3	2	1	9	7	4
1	7	9	6	5	4	3	8	2
9	2	7	1	4	6	5	3	8
8	4	5	7	9	3	1	2	6
3	6	1	5	8	2	4	9	7

NO. 037

9	6	2	7	3	8	1	4	5
3	4	7	2	5	1	6	8	9
5	1	8	4	9	6	7	2	3
4	7	9	6	1	2	3	5	8
6	3	5	9	8	4	2	1	7
8	2	1	5	7	3	4	9	6
2	8	3	1	6	9	5	7	4
7	9	4	3	2	5	8	6	1
1	5	6	8	4	7	9	3	2

NO. 038

3	4	6	7	1	2	9	5	8
5	9	8	4	3	6	2	7	1
7	1	2	9	5	8	3	6	4
4	3	9	8	6	1	7	2	5
1	6	5	2	7	4	8	9	3
8	2	7	3	9	5	1	4	6
2	5	1	6	8	7	4	3	9
9	8	4	5	2	3	6	1	7
6	7	3	1	4	9	5	8	2

NO. 039

1	5	7	8	2	4	3	6	9
4	6	3	9	5	1	7	8	2
9	2	8	6	3	7	1	5	4
7	8	4	2	1	5	6	9	3
6	9	1	4	8	3	5	2	7
2	3	5	7	6	9	8	4	1
5	7	9	1	4	6	2	3	8
8	4	6	3	7	2	9	1	5
3	1	2	5	9	8	4	7	6

NO. 040

7	3	2	9	6	5	4	8	1
8	1	6	2	3	4	7	5	9
4	5	9	1	7	8	3	2	6
3	8	5	7	2	9	1	6	4
9	6	7	8	4	1	5	3	2
2	4	1	6	5	3	9	7	8
6	7	4	3	1	2	8	9	5
5	9	3	4	8	6	2	1	7
1	2	8	5	9	7	6	4	3

NO. 041

8	3	9	6	5	7	2	1	4
6	7	2	9	4	1	5	8	3
1	5	4	8	3	2	9	6	7
5	4	1	2	8	3	7	9	6
2	8	7	4	9	6	3	5	1
9	6	3	7	1	5	4	2	8
7	1	8	3	2	9	6	4	5
3	2	5	1	6	4	8	7	9
4	9	6	5	7	8	1	3	2

NO. 042

7	6	1	9	3	4	8	2	5
3	5	4	6	2	8	1	9	7
9	2	8	1	5	7	6	3	4
2	1	9	5	4	6	3	7	8
4	8	3	2	7	9	5	1	6
5	7	6	3	8	1	9	4	2
1	9	5	7	6	2	4	8	3
8	3	2	4	9	5	7	6	1
6	4	7	8	1	3	2	5	9

NO. 043

3	8	5	7	6	4	2	1	9
7	9	4	5	1	2	6	8	3
2	1	6	3	9	8	7	5	4
5	7	3	4	8	9	1	2	6
9	4	1	2	7	6	5	3	8
8	6	2	1	5	3	9	4	7
6	3	8	9	2	5	4	7	1
1	5	9	8	4	7	3	6	2
4	2	7	6	3	1	8	9	5

NO. 044

3	4	7	2	5	1	6	9	8
6	8	5	4	3	9	2	7	1
1	2	9	7	8	6	4	3	5
8	3	6	9	7	5	1	2	4
9	7	1	8	2	4	3	5	6
4	5	2	6	1	3	9	8	7
7	1	3	5	6	2	8	4	9
2	9	8	1	4	7	5	6	3
5	6	4	3	9	8	7	1	2

NO. 045

4	8	3	2	7	1	6	9	5
9	7	6	4	8	5	3	2	1
5	2	1	3	9	6	4	7	8
2	9	4	6	5	8	1	3	7
1	3	8	9	2	7	5	6	4
6	5	7	1	3	4	9	8	2
8	4	2	5	6	3	7	1	9
3	1	9	7	4	2	8	5	6
7	6	5	8	1	9	2	4	3

NO. 046

4	8	9	3	5	1	6	2	7
5	7	6	4	2	8	1	3	9
3	1	2	7	6	9	5	8	4
8	9	3	2	7	6	4	5	1
7	6	4	5	1	3	8	9	2
2	5	1	8	9	4	3	7	6
6	3	5	9	4	7	2	1	8
9	4	8	1	3	2	7	6	5
1	2	7	6	8	5	9	4	3

NO. 047

9	6	3	1	2	4	7	8	5
5	8	7	9	6	3	2	1	4
4	2	1	8	7	5	6	3	9
8	7	9	5	1	6	3	4	2
6	1	4	3	9	2	8	5	7
2	3	5	4	8	7	9	6	1
3	9	6	2	5	1	4	7	8
1	4	8	7	3	9	5	2	6
7	5	2	6	4	8	1	9	3

NO. 048

9	8	2	3	6	4	5	7	1
7	3	6	1	9	5	2	4	8
4	5	1	7	2	8	9	3	6
5	6	3	2	7	1	8	9	4
8	7	4	5	3	9	1	6	2
1	2	9	8	4	6	7	5	3
3	4	5	9	8	2	6	1	7
2	9	7	6	1	3	4	8	5
6	1	8	4	5	7	3	2	9

NO. 049

1	8	7	4	5	9	6	3	2
9	6	2	1	8	3	5	7	4
3	5	4	2	6	7	9	1	8
4	7	6	5	9	8	1	2	3
5	2	3	7	1	4	8	9	6
8	1	9	3	2	6	4	5	7
7	3	8	9	4	5	2	6	1
2	4	5	6	3	1	7	8	9
6	9	1	8	7	2	3	4	5

NO. 050

9	5	2	6	8	4	7	1	3
7	4	3	9	1	5	2	6	8
1	6	8	3	7	2	9	4	5
5	8	6	4	9	7	1	3	2
2	3	1	5	6	8	4	7	9
4	7	9	1	2	3	8	5	6
6	1	7	8	5	9	3	2	4
3	9	5	2	4	1	6	8	7
8	2	4	7	3	6	5	9	1

NO. 051

6	7	8	9	4	2	3	1	5
1	9	3	5	8	6	4	7	2
5	4	2	1	7	3	6	9	8
7	5	1	2	3	9	8	6	4
3	6	9	8	5	4	7	2	1
8	2	4	7	6	1	5	3	9
2	8	5	3	1	7	9	4	6
9	3	6	4	2	8	1	5	7
4	1	7	6	9	5	2	8	3

NO. 052

4	7	3	8	6	2	9	5	1
2	8	6	5	9	1	4	7	3
5	9	1	3	4	7	8	2	6
8	6	2	7	3	5	1	4	9
3	1	5	9	8	4	7	6	2
7	4	9	2	1	6	5	3	8
1	5	4	6	2	8	3	9	7
6	3	7	1	5	9	2	8	4
9	2	8	4	7	3	6	1	5

NO. 053

2	4	9	7	3	8	1	6	5
8	3	1	6	5	2	4	7	9
6	5	7	4	1	9	3	2	8
3	9	8	1	4	7	2	5	6
7	2	4	9	6	5	8	3	1
1	6	5	2	8	3	9	4	7
9	1	2	5	7	4	6	8	3
5	8	6	3	2	1	7	9	4
4	7	3	8	9	6	5	1	2

NO. 054

4	5	6	3	9	1	7	8	2
7	1	2	6	4	8	9	3	5
9	8	3	7	2	5	4	6	1
8	4	9	1	7	2	3	5	6
6	2	5	8	3	4	1	9	7
1	3	7	5	6	9	8	2	4
5	9	8	4	1	6	2	7	3
3	6	1	2	8	7	5	4	9
2	7	4	9	5	3	6	1	8

NO. 055

8	9	4	1	2	6	3	7	5
3	6	7	9	5	4	2	8	1
2	5	1	8	7	3	6	9	4
5	2	6	4	8	7	9	1	3
4	1	3	6	9	2	7	5	8
9	7	8	3	1	5	4	6	2
6	8	5	2	3	9	1	4	7
1	4	2	7	6	8	5	3	9
7	3	9	5	4	1	8	2	6

NO. 056

7	6	2	5	3	9	8	1	4
1	9	4	8	7	2	3	5	6
8	3	5	4	1	6	2	9	7
3	5	6	2	4	1	7	8	9
4	7	9	6	8	5	1	3	2
2	8	1	7	9	3	4	6	5
6	4	8	1	5	7	9	2	3
5	1	3	9	2	4	6	7	8
9	2	7	3	6	8	5	4	1

NO. 057

7	6	5	2	1	8	9	3	4
8	9	2	3	6	4	1	5	7
4	3	1	9	7	5	2	6	8
5	1	8	6	3	9	4	7	2
2	4	6	5	8	7	3	1	9
9	7	3	1	4	2	5	8	6
1	8	7	4	2	3	6	9	5
6	5	4	8	9	1	7	2	3
3	2	9	7	5	6	8	4	1

NO. 058

8	2	5	7	3	4	1	9	6
6	3	4	1	9	8	7	5	2
9	7	1	6	2	5	3	8	4
2	8	7	9	5	6	4	3	1
1	9	3	8	4	7	2	6	5
5	4	6	2	1	3	8	7	9
4	5	8	3	6	1	9	2	7
7	1	9	5	8	2	6	4	3
3	6	2	4	7	9	5	1	8

NO. 059

7	6	1	9	3	4	8	2	5
3	5	4	6	2	8	1	9	7
9	2	8	1	5	7	6	3	4
2	1	9	5	4	6	3	7	8
4	8	3	2	7	9	5	1	6
5	7	6	3	8	1	9	4	2
1	9	5	7	6	2	4	8	3
8	3	2	4	9	5	7	6	1
6	4	7	8	1	3	2	5	9

NO. 060

3	8	5	7	6	4	2	1	9
7	9	4	5	1	2	6	8	3
2	1	6	3	9	8	7	5	4
5	7	3	4	8	9	1	2	6
9	4	1	2	7	6	5	3	8
8	6	2	1	5	3	9	4	7
6	3	8	9	2	5	4	7	1
1	5	9	8	4	7	3	6	2
4	2	7	6	3	1	8	9	5

NO. 061

5	3	1	4	9	8	2	7	6
4	7	9	1	6	2	3	5	8
2	6	8	7	5	3	4	1	9
3	5	7	6	1	4	8	9	2
6	8	2	5	3	9	7	4	1
1	9	4	2	8	7	6	3	5
8	2	3	9	4	5	1	6	7
7	1	5	3	2	6	9	8	4
9	4	6	8	7	1	5	2	3

NO. 062

4	6	7	2	3	8	9	5	1
2	1	3	5	9	7	4	8	6
5	8	9	1	6	4	2	7	3
8	4	2	9	1	6	7	3	5
6	3	1	4	7	5	8	2	9
7	9	5	3	8	2	1	6	4
3	5	4	8	2	9	6	1	7
1	7	8	6	4	3	5	9	2
9	2	6	7	5	1	3	4	8

NO. 063

1	5	7	4	6	9	3	2	8
9	8	6	1	2	3	7	5	4
4	2	3	5	8	7	1	9	6
3	9	2	8	5	1	4	6	7
7	6	8	2	9	4	5	3	1
5	1	4	7	3	6	9	8	2
2	7	5	9	1	8	6	4	3
6	4	9	3	7	2	8	1	5
8	3	1	6	4	5	2	7	9

NO. 064

4	8	3	6	7	1	9	5	2
9	7	2	5	4	3	8	1	6
5	6	1	8	2	9	3	4	7
2	5	7	9	1	8	4	6	3
3	9	6	4	5	7	2	8	1
1	4	8	3	6	2	5	7	9
7	3	9	1	8	5	6	2	4
8	2	4	7	3	6	1	9	5
6	1	5	2	9	4	7	3	8

NO. 065

8	5	4	1	2	3	7	9	6
3	7	1	4	9	6	2	8	5
6	2	9	5	7	8	4	1	3
7	8	2	3	5	9	6	4	1
9	1	3	8	6	4	5	2	7
5	4	6	7	1	2	9	3	8
2	6	7	9	3	1	8	5	4
4	3	5	2	8	7	1	6	9
1	9	8	6	4	5	3	7	2

NO. 066

3	4	9	5	6	8	1	7	2
8	2	6	7	1	4	3	5	9
5	1	7	2	3	9	4	8	6
2	5	8	4	7	1	6	9	3
4	7	3	9	2	6	8	1	5
6	9	1	3	8	5	7	2	4
7	6	4	1	5	2	9	3	8
1	8	5	6	9	3	2	4	7
9	3	2	8	4	7	5	6	1

NO. 067

9	1	5	6	8	7	2	4	3
6	4	7	3	2	1	5	9	8
8	3	2	9	5	4	1	6	7
5	9	1	8	4	3	6	7	2
4	2	8	7	6	5	3	1	9
7	6	3	2	1	9	8	5	4
2	7	6	5	9	8	4	3	1
1	8	9	4	3	6	7	2	5
3	5	4	1	7	2	9	8	6

NO. 068

2	8	7	6	9	4	3	1	5
9	6	1	5	8	3	7	2	4
3	5	4	2	7	1	8	9	6
5	7	9	1	3	6	2	4	8
6	3	2	4	5	8	1	7	9
1	4	8	9	2	7	5	6	3
7	2	5	8	6	9	4	3	1
8	1	6	3	4	2	9	5	7
4	9	3	7	1	5	6	8	2

NO. 069

1	4	9	8	3	6	7	5	2
5	7	6	2	4	1	9	3	8
2	3	8	5	7	9	1	6	4
7	2	4	3	6	8	5	9	1
6	8	3	9	1	5	4	2	7
9	5	1	4	2	7	3	8	6
3	6	2	7	9	4	8	1	5
4	1	5	6	8	3	2	7	9
8	9	7	1	5	2	6	4	3

NO. 070

8	5	1	3	6	7	2	4	9
9	4	2	1	8	5	3	6	7
6	7	3	4	9	2	1	5	8
2	1	9	8	4	6	5	7	3
7	6	8	9	5	3	4	2	1
4	3	5	2	7	1	9	8	6
1	8	7	5	3	4	6	9	2
3	9	4	6	2	8	7	1	5
5	2	6	7	1	9	8	3	4

NO. 071

4	7	9	2	8	1	3	5	6
6	1	3	7	9	5	2	8	4
5	2	8	6	4	3	1	7	9
2	5	6	1	3	7	4	9	8
9	8	1	4	5	2	6	3	7
7	3	4	9	6	8	5	1	2
3	4	7	8	1	6	9	2	5
8	6	5	3	2	9	7	4	1
1	9	2	5	7	4	8	6	3

NO. 072

9	3	8	4	2	6	1	5	7
1	4	2	7	5	9	3	8	6
7	5	6	8	3	1	2	4	9
6	1	9	2	7	4	5	3	8
5	8	4	9	6	3	7	1	2
3	2	7	1	8	5	9	6	4
8	6	1	5	9	7	4	2	3
2	9	5	3	4	8	6	7	1
4	7	3	6	1	2	8	9	5

NO. 073

3	4	1	9	6	5	7	8	2
2	5	9	7	3	8	1	6	4
7	8	6	4	1	2	3	9	5
9	1	8	5	2	3	4	7	6
4	2	5	6	7	1	8	3	9
6	7	3	8	4	9	5	2	1
5	6	7	3	9	4	2	1	8
1	3	4	2	8	6	9	5	7
8	9	2	1	5	7	6	4	3

NO. 074

5	8	2	4	9	1	7	6	3
7	6	9	5	2	3	1	4	8
3	1	4	8	7	6	5	2	9
1	3	8	6	5	4	2	9	7
6	9	7	1	3	2	4	8	5
2	4	5	7	8	9	6	3	1
9	5	1	2	6	8	3	7	4
8	7	6	3	4	5	9	1	2
4	2	3	9	1	7	8	5	6

NO. 075

5	3	4	9	8	7	1	2	6
6	9	7	2	4	1	3	8	5
1	8	2	6	3	5	7	9	4
8	7	3	1	2	4	6	5	9
2	6	9	3	5	8	4	1	7
4	5	1	7	6	9	2	3	8
3	4	5	8	1	6	9	7	2
7	1	6	5	9	2	8	4	3
9	2	8	4	7	3	5	6	1

NO. 076

3	2	1	6	7	9	4	5	8
6	8	9	4	1	5	2	7	3
4	7	5	3	2	8	1	6	9
5	6	3	9	4	1	7	8	2
9	1	8	2	5	7	3	4	6
7	4	2	8	3	6	9	1	5
2	3	6	1	8	4	5	9	7
8	5	4	7	9	3	6	2	1
1	9	7	5	6	2	8	3	4

NO. 077

7	2	4	1	5	6	3	9	8
9	8	3	4	2	7	1	5	6
1	6	5	9	8	3	7	4	2
4	7	2	8	3	1	9	6	5
8	1	6	5	4	9	2	7	3
3	5	9	7	6	2	8	1	4
6	3	1	2	7	4	5	8	9
5	4	7	3	9	8	6	2	1
2	9	8	6	1	5	4	3	7

NO. 078

6	2	9	5	3	8	1	7	4
7	5	8	4	1	6	9	2	3
4	3	1	2	9	7	5	6	8
9	4	6	1	8	2	3	5	7
1	8	3	7	5	4	6	9	2
2	7	5	9	6	3	8	4	1
8	6	7	3	4	9	2	1	5
5	9	2	8	7	1	4	3	6
3	1	4	6	2	5	7	8	9

NO. 079

5	8	4	9	2	7	1	3	6
2	9	3	1	6	4	7	5	8
7	6	1	3	5	8	2	4	9
4	2	9	5	1	3	8	6	7
8	3	6	2	7	9	5	1	4
1	5	7	4	8	6	9	2	3
9	7	2	6	3	5	4	8	1
3	4	5	8	9	1	6	7	2
6	1	8	7	4	2	3	9	5

NO. 080

3	8	4	6	7	9	2	5	1
7	5	1	2	3	8	6	9	4
9	2	6	5	1	4	8	3	7
1	4	7	9	2	3	5	8	6
8	9	2	7	6	5	4	1	3
6	3	5	4	8	1	9	7	2
5	6	3	8	4	7	1	2	9
2	1	8	3	9	6	7	4	5
4	7	9	1	5	2	3	6	8

NO. 081

6	4	7	9	2	1	3	8	5
1	8	9	3	5	7	2	4	6
2	5	3	4	8	6	7	1	9
9	6	4	7	1	8	5	3	2
5	3	1	6	9	2	4	7	8
7	2	8	5	3	4	6	9	1
8	1	5	2	4	3	9	6	7
3	7	2	8	6	9	1	5	4
4	9	6	1	7	5	8	2	3

NO. 082

3	1	6	4	7	9	5	2	8
5	7	2	1	8	3	6	9	4
4	9	8	2	5	6	7	1	3
2	5	1	9	6	4	3	8	7
9	4	7	3	2	8	1	5	6
8	6	3	7	1	5	9	4	2
7	3	5	8	4	1	2	6	9
6	2	4	5	9	7	8	3	1
1	8	9	6	3	2	4	7	5

NO. 083

8	5	3	4	9	2	1	7	6
4	2	7	8	6	1	9	5	3
1	9	6	3	5	7	2	8	4
5	3	4	6	7	9	8	2	1
9	8	2	1	3	4	5	6	7
7	6	1	2	8	5	3	4	9
2	1	5	9	4	6	7	3	8
6	7	8	5	1	3	4	9	2
3	4	9	7	2	8	6	1	5

NO. 084

4	5	9	8	3	1	2	6	7
1	7	8	9	2	6	3	5	4
3	2	6	7	5	4	8	1	9
6	8	4	1	9	3	7	2	5
9	1	7	5	8	2	6	4	3
5	3	2	6	4	7	1	9	8
2	9	5	3	6	8	4	7	1
8	4	1	2	7	5	9	3	6
7	6	3	4	1	9	5	8	2

NO. 085

8	9	6	7	2	1	3	4	5
1	2	4	9	5	3	6	8	7
5	7	3	8	4	6	1	9	2
6	3	8	2	1	5	4	7	9
4	1	2	6	9	7	8	5	3
9	5	7	4	3	8	2	1	6
3	8	9	1	7	2	5	6	4
2	4	1	5	6	9	7	3	8
7	6	5	3	8	4	9	2	1

NO. 086

4	7	1	2	6	5	3	8	9
2	6	5	9	8	3	4	1	7
8	3	9	7	1	4	6	5	2
6	9	3	1	4	8	2	7	5
7	8	4	3	5	2	9	6	1
5	1	2	6	9	7	8	3	4
3	4	8	5	7	9	1	2	6
9	5	6	8	2	1	7	4	3
1	2	7	4	3	6	5	9	8

NO. 087

7	6	2	8	9	1	4	5	3
9	8	3	5	4	7	1	2	6
5	1	4	6	2	3	9	7	8
8	9	5	4	7	6	3	1	2
4	3	7	1	8	2	5	6	9
1	2	6	3	5	9	8	4	7
6	5	9	2	1	8	7	3	4
2	7	1	9	3	4	6	8	5
3	4	8	7	6	5	2	9	1

NO. 088

1	2	6	5	7	8	4	3	9
5	7	4	9	2	3	1	6	8
8	9	3	1	4	6	2	7	5
3	4	1	6	8	9	7	5	2
9	5	2	7	1	4	6	8	3
6	8	7	2	3	5	9	4	1
4	6	9	8	5	1	3	2	7
2	1	8	3	6	7	5	9	4
7	3	5	4	9	2	8	1	6

NO. 089

7	1	4	9	6	8	2	3	5
8	3	9	7	2	5	1	6	4
5	6	2	4	1	3	9	8	7
6	7	1	5	3	9	4	2	8
4	2	3	8	7	1	5	9	6
9	8	5	2	4	6	7	1	3
2	9	7	6	8	4	3	5	1
3	5	6	1	9	7	8	4	2
1	4	8	3	5	2	6	7	9

NO. 090

2	1	6	5	4	7	3	9	8
5	8	7	2	9	3	4	6	1
4	9	3	8	1	6	7	5	2
8	2	4	1	6	9	5	7	3
9	3	5	7	2	8	1	4	6
6	7	1	4	3	5	8	2	9
1	6	2	3	5	4	9	8	7
3	5	8	9	7	2	6	1	4
7	4	9	6	8	1	2	3	5

NO. 091

9	3	4	5	1	8	6	2	7
1	5	7	6	2	9	4	8	3
8	2	6	4	7	3	5	1	9
2	9	8	3	6	7	1	4	5
5	7	1	8	9	4	3	6	2
6	4	3	2	5	1	7	9	8
3	6	9	1	8	5	2	7	4
7	1	5	9	4	2	8	3	6
4	8	2	7	3	6	9	5	1

NO. 092

4	5	7	3	8	2	9	1	6
8	9	1	4	6	7	2	5	3
2	6	3	1	9	5	8	7	4
7	1	2	8	4	3	6	9	5
6	8	4	5	1	9	3	2	7
9	3	5	7	2	6	4	8	1
5	7	9	2	3	4	1	6	8
3	2	8	6	7	1	5	4	9
1	4	6	9	5	8	7	3	2

NO. 093

7	6	4	1	5	9	3	8	2
5	1	9	2	3	8	7	4	6
8	2	3	6	7	4	9	5	1
4	5	7	9	8	2	6	1	3
9	3	6	7	1	5	4	2	8
2	8	1	4	6	3	5	9	7
1	4	2	3	9	7	8	6	5
6	7	5	8	4	1	2	3	9
3	9	8	5	2	6	1	7	4

NO. 094

3	8	1	5	9	4	2	6	7
6	9	7	2	8	3	4	5	1
2	4	5	1	7	6	8	3	9
7	5	3	8	6	2	9	1	4
1	6	9	7	4	5	3	2	8
8	2	4	3	1	9	6	7	5
9	1	8	6	2	7	5	4	3
4	3	6	9	5	1	7	8	2
5	7	2	4	3	8	1	9	6

NO. 095

2	5	6	7	8	9	4	3	1
4	8	1	3	2	6	7	5	9
7	3	9	4	1	5	6	2	8
5	9	4	2	6	1	8	7	3
1	6	7	9	3	8	2	4	5
8	2	3	5	7	4	1	9	6
9	1	2	6	4	3	5	8	7
6	4	5	8	9	7	3	1	2
3	7	8	1	5	2	9	6	4

NO. 096

9	1	6	8	5	4	2	3	7
5	4	2	1	7	3	6	9	8
8	7	3	6	2	9	1	4	5
7	9	8	3	6	2	4	5	1
1	2	4	9	8	5	7	6	3
3	6	5	7	4	1	9	8	2
6	3	9	2	1	8	5	7	4
4	8	1	5	9	7	3	2	6
2	5	7	4	3	6	8	1	9

NO. 097

3	9	5	2	1	6	7	4	8
8	4	7	9	3	5	1	6	2
1	6	2	8	4	7	9	3	5
4	3	9	1	5	8	2	7	6
6	2	8	3	7	9	4	5	1
7	5	1	6	2	4	3	8	9
9	7	3	5	6	2	8	1	4
5	8	4	7	9	1	6	2	3
2	1	6	4	8	3	5	9	7

NO. 098

3	4	6	8	9	7	5	1	2
8	5	2	3	4	1	9	7	6
9	1	7	6	2	5	4	8	3
6	7	9	1	3	8	2	5	4
1	8	4	9	5	2	3	6	7
5	2	3	4	7	6	1	9	8
2	9	8	7	1	4	6	3	5
7	3	5	2	6	9	8	4	1
4	6	1	5	8	3	7	2	9

NO. 099

8	2	4	5	7	9	6	3	1
3	9	1	2	8	6	7	4	5
6	5	7	1	3	4	2	9	8
7	1	9	4	2	8	3	5	6
2	8	3	7	6	5	9	1	4
4	6	5	9	1	3	8	7	2
5	3	8	6	9	1	4	2	7
1	7	6	3	4	2	5	8	9
9	4	2	8	5	7	1	6	3

NO. 100

4	9	8	6	2	5	7	3	1
2	6	5	7	1	3	9	8	4
7	1	3	8	9	4	2	5	6
8	3	7	2	6	1	4	9	5
6	4	9	5	3	7	1	2	8
5	2	1	9	4	8	6	7	3
3	7	4	1	8	9	5	6	2
1	5	2	3	7	6	8	4	9
9	8	6	4	5	2	3	1	7

NO. 101

3	8	2	1	9	6	5	7	4
4	9	1	5	7	3	8	6	2
5	6	7	2	4	8	1	3	9
2	7	8	6	1	4	3	9	5
9	4	6	3	8	5	2	1	7
1	3	5	7	2	9	4	8	6
6	2	4	9	3	1	7	5	8
7	5	3	8	6	2	9	4	1
8	1	9	4	5	7	6	2	3

NO. 102

5	2	7	1	3	6	9	8	4
6	4	9	7	8	5	2	3	1
8	1	3	2	9	4	5	6	7
3	7	8	5	6	9	4	1	2
4	6	2	8	7	1	3	9	5
9	5	1	4	2	3	6	7	8
7	8	6	3	4	2	1	5	9
2	9	5	6	1	7	8	4	3
1	3	4	9	5	8	7	2	6

NO. 103

6	4	1	5	9	3	8	2	7
2	7	5	4	8	6	1	9	3
3	9	8	1	2	7	4	6	5
7	6	2	8	1	5	9	3	4
8	3	4	6	7	9	2	5	1
5	1	9	2	3	4	6	7	8
9	2	3	7	4	8	5	1	6
4	5	7	9	6	1	3	8	2
1	8	6	3	5	2	7	4	9

NO. 104

2	5	6	9	7	8	1	3	4
3	7	9	2	4	1	6	8	5
4	8	1	5	3	6	9	2	7
6	1	4	7	2	3	8	5	9
5	9	2	8	1	4	7	6	3
8	3	7	6	5	9	4	1	2
1	2	8	3	9	7	5	4	6
7	4	5	1	6	2	3	9	8
9	6	3	4	8	5	2	7	1

NO. 105

9	8	2	4	3	6	7	5	1
1	5	7	9	2	8	4	3	6
4	3	6	1	7	5	2	8	9
2	6	5	3	9	1	8	4	7
8	7	1	5	4	2	9	6	3
3	4	9	8	6	7	5	1	2
5	9	8	7	1	3	6	2	4
6	1	4	2	8	9	3	7	5
7	2	3	6	5	4	1	9	8

NO. 106

5	2	8	9	7	3	6	1	4
9	6	7	1	8	4	3	2	5
1	4	3	5	2	6	9	8	7
8	5	4	2	1	9	7	3	6
3	7	1	6	5	8	4	9	2
2	9	6	3	4	7	8	5	1
4	3	5	7	9	1	2	6	8
6	8	2	4	3	5	1	7	9
7	1	9	8	6	2	5	4	3

NO. 107

8	7	3	1	6	9	5	4	2
4	2	5	3	8	7	6	9	1
1	6	9	4	5	2	8	3	7
9	8	7	2	1	6	4	5	3
5	4	6	7	9	3	1	2	8
2	3	1	5	4	8	7	6	9
7	5	8	9	2	4	3	1	6
6	9	4	8	3	1	2	7	5
3	1	2	6	7	5	9	8	4

NO. 108

7	3	1	5	2	4	8	9	6
8	5	9	7	6	3	1	2	4
2	6	4	1	9	8	5	7	3
4	9	7	2	3	5	6	8	1
5	2	6	8	4	1	7	3	9
1	8	3	6	7	9	4	5	2
6	4	2	3	8	7	9	1	5
9	7	5	4	1	2	3	6	8
3	1	8	9	5	6	2	4	7

NO. 109

2	7	9	3	6	5	8	4	1
6	1	4	8	2	7	5	3	9
5	8	3	4	1	9	7	6	2
3	5	7	2	4	6	1	9	8
9	6	8	7	5	1	4	2	3
4	2	1	9	3	8	6	5	7
7	9	5	6	8	3	2	1	4
8	4	6	1	9	2	3	7	5
1	3	2	5	7	4	9	8	6

NO. 110

5	4	8	2	7	9	1	3	6
6	1	2	8	3	5	9	7	4
3	7	9	6	1	4	5	2	8
4	8	7	5	9	6	2	1	3
1	2	5	3	4	8	7	6	9
9	6	3	7	2	1	4	8	5
2	5	1	9	8	3	6	4	7
8	9	4	1	6	7	3	5	2
7	3	6	4	5	2	8	9	1

NO. 111

5	3	2	6	4	1	8	7	9
7	8	4	5	2	9	6	3	1
6	1	9	7	3	8	4	2	5
8	2	7	3	1	5	9	4	6
4	6	3	8	9	7	1	5	2
1	9	5	4	6	2	7	8	3
2	4	6	1	7	3	5	9	8
3	5	1	9	8	4	2	6	7
9	7	8	2	5	6	3	1	4

NO. 112

5	3	9	2	8	1	7	6	4
1	7	4	5	9	6	3	2	8
2	6	8	4	7	3	5	9	1
8	5	1	6	4	7	9	3	2
4	2	6	3	5	9	8	1	7
3	9	7	1	2	8	4	5	6
7	8	3	9	6	2	1	4	5
9	4	2	8	1	5	6	7	3
6	1	5	7	3	4	2	8	9

NO. 113

9	5	4	8	7	2	3	1	6
8	6	1	9	4	3	7	2	5
3	2	7	6	5	1	4	9	8
1	3	2	5	9	7	8	6	4
7	4	9	2	8	6	5	3	1
5	8	6	1	3	4	2	7	9
2	9	8	7	6	5	1	4	3
4	1	5	3	2	9	6	8	7
6	7	3	4	1	8	9	5	2

NO. 114

5	3	7	8	2	1	6	9	4
2	6	8	4	9	7	3	1	5
1	9	4	6	5	3	2	8	7
4	5	3	1	8	9	7	2	6
9	2	1	7	6	5	8	4	3
8	7	6	3	4	2	1	5	9
7	1	9	2	3	4	5	6	8
3	8	5	9	1	6	4	7	2
6	4	2	5	7	8	9	3	1

NO. 115

3	8	2	9	5	6	1	7	4
1	6	5	4	7	2	9	3	8
7	9	4	1	3	8	6	5	2
8	3	7	6	9	1	4	2	5
4	1	6	3	2	5	8	9	7
5	2	9	7	8	4	3	6	1
9	5	3	8	1	7	2	4	6
2	4	8	5	6	3	7	1	9
6	7	1	2	4	9	5	8	3

NO. 116

6	2	3	8	4	7	5	1	9
9	1	5	3	2	6	8	4	7
7	4	8	5	9	1	3	6	2
5	3	4	1	7	8	9	2	6
8	9	7	2	6	4	1	3	5
2	6	1	9	5	3	4	7	8
1	5	6	7	3	9	2	8	4
3	7	2	4	8	5	6	9	1
4	8	9	6	1	2	7	5	3

NO. 117

8	2	5	3	6	1	7	9	4
7	1	3	9	2	4	8	5	6
4	6	9	5	7	8	2	3	1
2	9	8	6	4	3	5	1	7
1	3	7	8	5	2	4	6	9
6	5	4	7	1	9	3	2	8
5	7	1	4	3	6	9	8	2
9	4	2	1	8	5	6	7	3
3	8	6	2	9	7	1	4	5

NO. 118

7	2	1	5	9	3	4	6	8
3	6	9	4	8	1	5	7	2
4	5	8	2	6	7	1	3	9
9	4	3	7	5	2	8	1	6
6	7	5	9	1	8	2	4	3
1	8	2	6	3	4	9	5	7
8	1	6	3	2	5	7	9	4
2	3	7	1	4	9	6	8	5
5	9	4	8	7	6	3	2	1

NO. 119

5	6	9	3	7	4	1	2	8
7	2	8	5	6	1	4	3	9
1	3	4	2	9	8	7	5	6
8	1	6	9	3	7	5	4	2
4	7	2	6	8	5	9	1	3
9	5	3	4	1	2	8	6	7
6	4	7	1	2	9	3	8	5
3	8	1	7	5	6	2	9	4
2	9	5	8	4	3	6	7	1

NO. 120

6	1	7	9	3	5	4	2	8
8	5	2	7	1	4	6	3	9
3	4	9	2	6	8	1	5	7
4	7	5	6	9	1	3	8	2
1	8	3	5	4	2	9	7	6
9	2	6	8	7	3	5	4	1
5	6	4	1	2	7	8	9	3
2	3	1	4	8	9	7	6	5
7	9	8	3	5	6	2	1	4

NO. 121

8	6	9	1	4	2	5	7	3
5	1	4	7	3	6	2	9	8
3	2	7	9	8	5	6	1	4
9	3	8	6	2	4	1	5	7
2	4	1	5	9	7	8	3	6
6	7	5	8	1	3	9	4	2
7	9	3	2	5	8	4	6	1
4	5	2	3	6	1	7	8	9
1	8	6	4	7	9	3	2	5

NO. 122

5	2	4	1	8	3	9	6	7
1	7	9	5	6	4	2	8	3
8	3	6	9	7	2	5	4	1
3	9	2	6	4	7	1	5	8
4	8	1	3	9	5	6	7	2
6	5	7	8	2	1	3	9	4
2	6	8	4	1	9	7	3	5
7	4	5	2	3	6	8	1	9
9	1	3	7	5	8	4	2	6

NO. 123

7	5	1	9	4	3	6	2	8
4	6	8	1	2	7	5	3	9
9	2	3	6	5	8	1	4	7
5	1	7	3	9	2	8	6	4
2	3	4	8	6	1	7	9	5
8	9	6	4	7	5	3	1	2
3	7	9	2	8	6	4	5	1
1	4	5	7	3	9	2	8	6
6	8	2	5	1	4	9	7	3

NO. 124

4	7	9	5	2	6	3	8	1
1	3	6	9	4	8	2	7	5
2	8	5	1	7	3	4	9	6
8	1	7	6	3	4	5	2	9
9	5	3	2	1	7	8	6	4
6	2	4	8	5	9	1	3	7
7	4	1	3	6	2	9	5	8
3	6	8	4	9	5	7	1	2
5	9	2	7	8	1	6	4	3

NO. 125

5	7	8	4	6	9	3	1	2
9	2	6	3	1	8	4	7	5
3	1	4	7	2	5	8	6	9
2	9	3	6	7	4	1	5	8
8	4	1	5	9	2	7	3	6
7	6	5	8	3	1	2	9	4
1	5	9	2	4	7	6	8	3
6	8	2	1	5	3	9	4	7
4	3	7	9	8	6	5	2	1

NO. 126

4	6	3	5	7	9	1	8	2
2	9	8	1	4	6	5	7	3
5	1	7	2	3	8	6	4	9
6	4	1	9	8	3	7	2	5
3	7	5	4	6	2	9	1	8
9	8	2	7	5	1	3	6	4
7	5	6	8	9	4	2	3	1
8	2	9	3	1	7	4	5	6
1	3	4	6	2	5	8	9	7

NO. 127

6	4	3	5	9	7	8	2	1
1	2	8	6	4	3	5	7	9
7	5	9	2	1	8	4	6	3
4	6	2	7	5	1	3	9	8
9	3	1	8	6	4	2	5	7
5	8	7	3	2	9	1	4	6
3	7	5	4	8	6	9	1	2
8	9	4	1	7	2	6	3	5
2	1	6	9	3	5	7	8	4

NO. 128

4	7	9	1	3	6	8	2	5
2	3	1	5	8	7	6	9	4
5	6	8	4	9	2	7	3	1
9	1	5	7	6	3	4	8	2
8	2	3	9	4	5	1	6	7
7	4	6	8	2	1	9	5	3
6	5	4	3	7	9	2	1	8
3	8	2	6	1	4	5	7	9
1	9	7	2	5	8	3	4	6

NO. 129

9	8	4	6	3	1	2	5	7
3	2	7	8	5	4	1	6	9
5	6	1	7	9	2	4	8	3
4	1	5	9	6	3	7	2	8
2	9	8	1	4	7	5	3	6
6	7	3	2	8	5	9	1	4
1	3	9	4	2	8	6	7	5
7	5	6	3	1	9	8	4	2
8	4	2	5	7	6	3	9	1

NO. 130

8	2	5	7	3	4	1	9	6
6	3	4	1	9	8	7	5	2
9	7	1	6	2	5	3	8	4
2	8	7	9	5	6	4	3	1
1	9	3	8	4	7	2	6	5
5	4	6	2	1	3	8	7	9
4	5	8	3	6	1	9	2	7
7	1	9	5	8	2	6	4	3
3	6	2	4	7	8	5	1	8

NO. 131

3	8	4	7	1	2	5	9	6
7	6	1	9	5	3	4	8	2
9	5	2	4	8	6	1	3	7
2	9	6	1	3	8	7	5	4
5	7	8	6	4	9	2	1	3
4	1	3	5	2	7	8	6	9
6	4	9	8	7	5	3	2	1
8	3	7	2	6	1	9	4	5
1	2	5	3	9	4	6	7	8

NO. 132

6	4	3	8	9	5	7	1	2
5	2	1	3	7	6	8	9	4
7	9	8	1	2	4	3	6	5
1	3	2	6	8	7	4	5	9
9	8	6	4	5	3	2	7	1
4	5	7	9	1	2	6	3	8
2	1	5	7	6	8	9	4	3
3	7	9	2	4	1	5	8	6
8	6	4	5	3	9	1	2	7

NO. 133

1	8	7	6	2	3	5	4	9
4	6	2	9	1	5	8	3	7
9	5	3	8	4	7	1	6	2
3	7	9	1	5	4	6	2	8
8	2	5	7	9	6	3	1	4
6	4	1	3	8	2	9	7	5
5	1	6	2	7	8	4	9	3
2	9	8	4	3	1	7	5	6
7	3	4	5	6	9	2	8	1

NO. 134

7	5	9	1	3	8	2	4	6
6	1	8	4	2	5	9	3	7
3	2	4	7	9	6	5	8	1
8	9	1	5	4	2	7	6	3
2	4	7	9	6	3	1	5	8
5	6	3	8	1	7	4	9	2
9	3	2	6	7	4	8	1	5
4	7	5	3	8	1	6	2	9
1	8	6	2	5	9	3	7	4

NO. 135

6	3	9	8	5	7	4	2	1
8	7	4	1	2	3	9	5	6
2	5	1	4	6	9	7	3	8
4	2	3	6	1	5	8	7	9
9	8	5	7	4	2	1	6	3
1	6	7	9	3	8	5	4	2
7	1	6	2	8	4	3	9	5
3	9	2	5	7	1	6	8	4
5	4	8	3	9	6	2	1	7

NO. 136

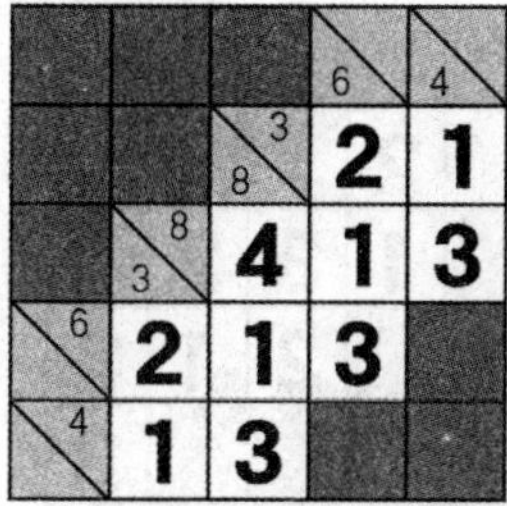

NO. 137

NO. 138

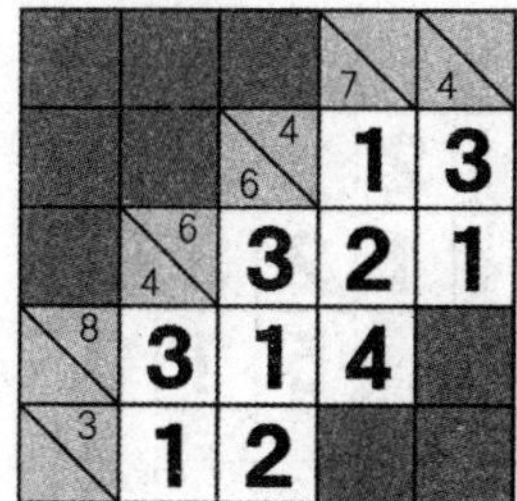

NO. 139

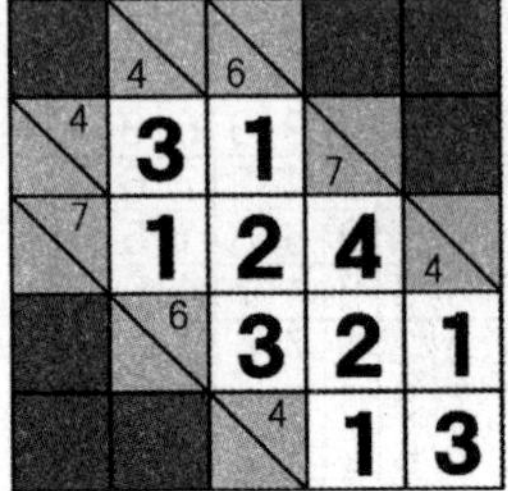

NO. 140

NO. 141

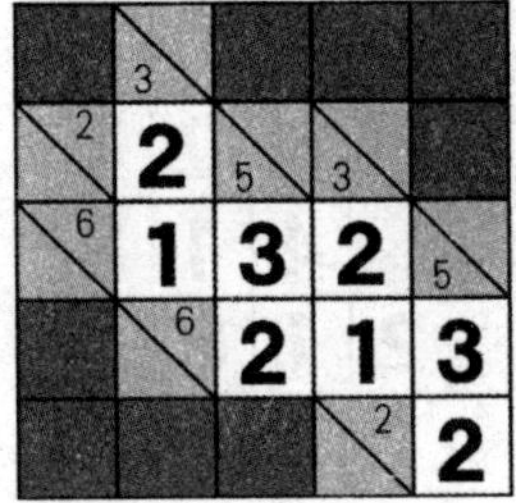

NO. 142

NO. 143

NO. 144

NO. 145

NO. 146

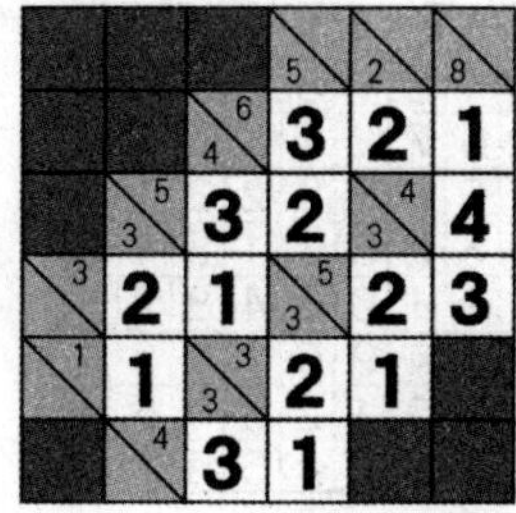

NO. 147

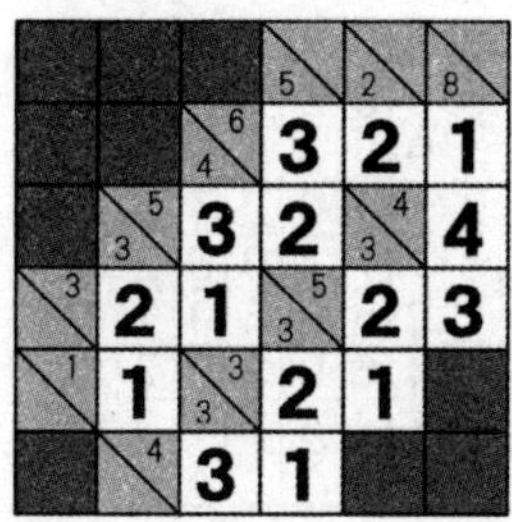

NO. 148

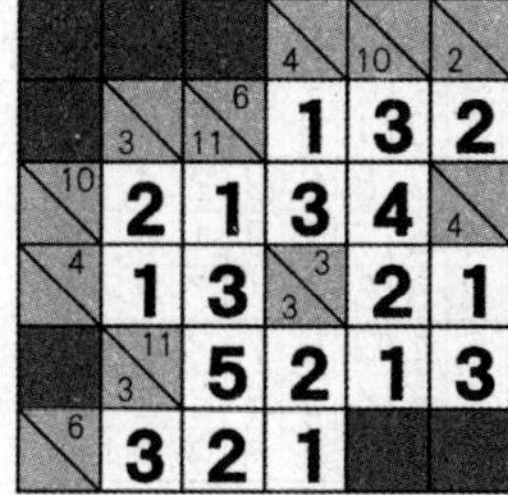

NO. 149

NO. 150

NO. 151

2	1	3	4	5	9	7	6	8
9	4	5	7	8	6	2	3	1
8	6	7	2	1	3	5	9	4
4	5	6	8	9	2	3	1	7
3	8	2	5	7	1	6	4	9
7	9	1	6	3	4	8	2	5
5	3	4	9	6	7	1	8	2
6	7	9	1	2	8	4	5	3
1	2	8	3	4	5	9	7	6

NO. 152

7	5	2	1	3	4	6	8	9
3	8	9	6	7	2	4	5	1
4	1	6	8	5	9	2	3	7
2	4	5	3	9	1	7	6	8
9	6	7	4	8	5	3	1	2
8	3	1	7	2	6	9	4	5
1	9	8	2	4	3	5	7	6
6	2	4	5	1	7	8	9	3
5	7	3	9	6	8	1	2	4

NO. 153

2	1	4	7	5	6	3	9	8
7	3	6	9	8	4	5	1	2
8	5	9	1	3	2	4	6	7
1	7	3	8	6	9	2	4	5
9	4	5	2	7	3	1	8	6
6	2	8	5	4	1	7	3	9
5	6	1	3	9	7	8	2	4
3	9	7	4	2	8	6	5	1
4	8	2	6	1	5	9	7	3

NO. 154

1	8	3	9	7	4	5	6	2
7	5	6	8	2	1	3	9	4
2	4	9	5	3	6	8	1	7
4	9	5	1	6	2	7	8	3
8	3	1	7	4	9	6	2	5
6	7	2	3	8	5	9	4	1
5	1	4	6	9	3	2	7	8
9	2	7	4	5	8	1	3	6
3	6	8	2	1	7	4	5	9

NO. 155

6	1	5	9	4	8	2	7	3
3	2	7	1	6	5	8	4	9
8	9	4	3	7	2	1	5	6
4	5	3	2	9	1	7	6	8
9	7	1	6	8	4	5	3	2
2	8	6	7	5	3	4	9	1
5	4	9	8	2	6	3	1	7
7	3	8	5	1	9	6	2	4
1	6	2	4	3	7	9	8	5

NO. 156

5	4	8	7	2	6	9	3	1
1	2	3	5	9	4	6	7	8
9	7	6	3	8	1	4	5	2
3	8	4	9	6	5	2	1	7
6	5	7	8	1	2	3	4	9
2	1	9	4	3	7	5	8	6
4	9	5	6	7	8	1	2	3
8	3	2	1	5	9	7	6	4
7	6	1	2	4	3	8	9	5

NO. 157

2	1	9	6	5	4	3	7	8
4	6	5	3	8	7	1	9	2
3	7	8	9	1	2	5	6	4
5	4	6	7	2	9	8	3	1
1	9	7	8	3	5	4	2	6
8	2	3	4	6	1	7	5	9
9	5	4	1	7	6	2	8	3
7	8	1	2	9	3	6	4	5
6	3	2	5	4	8	9	1	7

NO. 158

8	6	7	1	5	3	9	2	4
3	9	2	4	8	6	1	5	7
1	4	5	9	7	2	8	6	3
4	5	8	6	1	7	2	3	9
9	7	3	8	2	4	6	1	5
6	2	1	5	3	9	7	4	8
7	8	6	3	4	1	5	9	2
2	1	4	7	9	5	3	8	6
5	3	9	2	6	8	4	7	1

NO. 159

5	7	2	9	8	4	6	3	1
3	4	6	7	1	2	9	8	5
8	1	9	6	3	5	7	4	2
4	2	8	1	7	9	5	6	3
9	6	3	2	5	8	4	1	7
1	5	7	3	4	6	8	2	9
7	9	4	8	2	1	3	5	6
2	3	5	4	6	7	1	9	8
6	8	1	5	9	3	2	7	4

NO. 160

3	2	8	6	4	1	5	7	9
9	4	7	5	2	8	1	3	6
5	1	6	9	3	7	8	2	4
2	7	3	4	1	6	9	5	8
6	8	9	3	7	5	2	4	1
1	5	4	8	9	2	3	6	7
7	3	2	1	8	4	6	9	5
4	6	1	2	5	9	7	8	3
8	9	5	7	6	3	4	1	2

NO. 161

3	7	2	8	4	9	5	6	1
6	5	1	3	7	2	8	4	9
4	9	8	6	5	1	7	2	3
1	2	7	5	3	6	9	8	4
9	4	3	7	1	8	2	5	6
5	8	6	9	2	4	1	3	7
7	6	9	2	8	3	4	1	5
2	1	5	4	6	7	3	9	8
8	3	4	1	9	5	6	7	2

NO. 162

3	1	9	5	7	2	6	8	4
4	8	6	3	9	1	7	5	2
7	2	5	4	8	6	3	1	9
8	6	3	7	2	5	9	4	1
1	7	4	9	3	8	2	6	5
5	9	2	6	1	4	8	3	7
6	5	8	2	4	9	1	7	3
2	3	1	8	5	7	4	9	6
9	4	7	1	6	3	5	2	8

NO. 163

2	1	8	6	4	7	9	3	5
5	3	4	9	8	1	2	6	7
9	7	6	3	5	2	4	8	1
1	4	7	5	9	8	3	2	6
3	6	2	1	7	4	5	9	8
8	5	9	2	6	3	1	7	4
4	9	5	7	2	6	8	1	3
7	2	3	8	1	5	6	4	9
6	8	1	4	3	9	7	5	2

NO. 164

2	7	4	3	9	8	5	1	6
1	6	5	4	7	2	3	8	9
8	3	9	6	1	5	2	7	4
4	8	3	1	2	6	9	5	7
9	1	2	7	5	3	6	4	8
6	5	7	9	8	4	1	2	3
3	9	1	2	4	7	8	6	5
5	4	6	8	3	1	7	9	2
7	2	8	5	6	9	4	3	1

NO. 165

7	1	6	2	4	8	9	3	5
5	3	8	7	6	9	4	2	1
9	2	4	5	3	1	7	8	6
1	7	9	6	8	3	5	4	2
6	5	2	9	7	4	8	1	3
4	8	3	1	5	2	6	7	9
2	4	1	8	9	6	3	5	7
8	9	7	3	2	5	1	6	4
3	6	5	4	1	7	2	9	8

NO. 166

9	2	8	1	5	3	4	6	7
7	6	3	4	2	9	1	5	8
5	4	1	8	6	7	9	3	2
6	8	4	9	7	1	5	2	3
3	7	5	2	4	8	6	1	9
1	9	2	6	3	5	7	8	4
4	3	7	5	8	6	2	9	1
2	1	6	3	9	4	8	7	5
8	5	9	7	1	2	3	4	6

NO. 167

7	3	1	9	4	6	5	2	8
2	4	5	1	3	8	6	7	9
9	6	8	5	7	2	1	4	3
6	1	4	7	2	9	3	8	5
5	7	2	8	1	3	9	6	4
8	9	3	4	6	5	7	1	2
1	5	9	6	8	4	2	3	7
4	2	6	3	5	7	8	9	1
3	8	7	2	9	1	4	5	6

NO. 168

3	7	2	8	4	9	5	6	1
6	5	1	3	7	2	8	4	9
4	9	8	6	5	1	7	2	3
1	2	7	5	3	6	9	8	4
9	4	3	7	1	8	2	5	6
5	8	6	9	2	4	1	3	7
7	6	9	2	8	3	4	1	5
2	1	5	4	6	7	3	9	8
8	3	4	1	9	5	6	7	2

NO. 169

5	9	2	4	3	6	1	7	8
7	8	4	2	1	5	9	3	6
1	3	6	9	8	7	5	4	2
3	2	7	5	6	8	4	1	9
4	5	1	3	2	9	6	8	7
8	6	9	7	4	1	2	5	3
9	7	3	6	5	4	8	2	1
2	4	8	1	9	3	7	6	5
6	1	5	8	7	2	3	9	4

NO. 170

9	8	1	6	5	7	2	3	4
2	4	6	3	9	8	5	1	7
7	5	3	4	2	1	6	9	8
8	3	7	9	4	6	1	5	2
1	9	4	2	7	5	3	8	6
5	6	2	1	8	3	4	7	9
3	1	9	7	6	2	8	4	5
4	2	5	8	1	9	7	6	3
6	7	8	5	3	4	9	2	1

NO. 171

6	2	4	3	9	1	7	8	5
8	3	9	6	7	5	2	4	1
5	1	7	4	2	8	6	3	9
9	4	5	7	3	2	1	6	8
2	8	1	5	4	6	9	7	3
7	6	3	1	8	9	4	5	2
4	5	6	9	1	3	8	2	7
3	9	2	8	6	7	5	1	4
1	7	8	2	5	4	3	9	6

NO. 172

8	2	3	6	7	9	5	1	4
5	1	4	8	3	2	9	6	7
6	7	9	1	5	4	2	3	8
4	9	8	2	6	7	1	5	3
1	5	7	9	4	3	8	2	6
3	6	2	5	8	1	4	7	9
2	3	1	4	9	6	7	8	5
7	4	5	3	2	8	6	9	1
9	8	6	7	1	5	3	4	2

NO. 173

2	1	4	9	7	6	3	5	8
3	9	5	2	8	4	6	7	1
6	8	7	5	3	1	4	2	9
4	2	6	8	1	3	5	9	7
5	7	1	4	6	9	8	3	2
8	3	9	7	5	2	1	6	4
1	4	2	3	9	5	7	8	6
7	6	3	1	2	8	9	4	5
9	5	8	6	4	7	2	1	3

NO. 174

6	7	3	4	2	8	1	5	9
1	5	4	6	9	7	2	8	3
8	2	9	5	1	3	4	6	7
4	9	7	1	6	2	8	3	5
5	8	1	9	3	4	6	7	2
2	3	6	7	8	5	9	4	1
9	6	8	3	5	1	7	2	4
7	1	5	2	4	6	3	9	8
3	4	2	8	7	9	5	1	6

NO. 175

5	7	2	1	4	8	9	3	6
9	3	8	2	5	6	4	1	7
6	1	4	9	3	7	2	8	5
4	2	1	5	8	3	7	6	9
7	5	3	6	9	2	8	4	1
8	9	6	4	7	1	5	2	3
3	8	5	7	6	4	1	9	2
2	6	9	8	1	5	3	7	4
1	4	7	3	2	9	6	5	8

NO. 176

2	6	7	9	3	8	1	4	5
4	5	9	6	1	2	8	3	7
1	8	3	4	5	7	2	6	9
7	2	4	8	6	3	5	9	1
5	1	6	2	4	9	3	7	8
9	3	8	5	7	1	6	2	4
8	4	5	7	2	6	9	1	3
3	9	2	1	8	4	7	5	6
6	7	1	3	9	5	4	8	2

NO. 177

2	4	7	5	9	3	6	8	1
8	6	1	2	4	7	5	9	3
5	3	9	6	8	1	2	7	4
7	8	3	4	1	5	9	6	2
4	2	6	8	7	9	1	3	5
1	9	5	3	6	2	8	4	7
9	1	4	7	5	8	3	2	6
3	7	8	1	2	6	4	5	9
6	5	2	9	3	4	7	1	8

NO. 178

7	6	9	2	8	3	4	5	1
3	8	5	7	4	1	6	2	9
1	4	2	5	9	6	7	3	8
9	2	1	3	6	7	5	8	4
8	3	7	4	2	5	1	9	6
6	5	4	9	1	8	3	7	2
4	7	8	1	5	2	9	6	3
5	9	6	8	3	4	2	1	7
2	1	3	6	7	9	8	4	5

NO. 179

7	1	9	8	5	4	6	3	2
6	5	3	7	2	9	8	4	1
8	2	4	1	6	3	9	7	5
5	7	6	9	1	8	4	2	3
4	3	1	6	7	2	5	9	8
2	9	8	3	4	5	1	6	7
9	6	2	5	8	7	3	1	4
1	4	5	2	3	6	7	8	9
3	8	7	4	9	1	2	5	6

NO. 180

7	8	1	5	2	4	3	9	6
5	9	6	1	8	3	2	4	7
2	4	3	9	6	7	8	1	5
4	5	2	6	1	8	7	3	9
3	6	8	7	9	2	1	5	4
1	7	9	3	4	5	6	2	8
9	3	7	2	5	6	4	8	1
6	1	4	8	3	9	5	7	2
8	2	5	4	7	1	9	6	3

NO. 181

4	5	2	9	8	1	6	7	3
6	1	3	7	5	2	9	8	4
8	7	9	3	4	6	5	1	2
2	4	7	1	6	3	8	9	5
9	3	1	5	7	8	4	2	6
5	8	6	4	2	9	7	3	1
7	6	8	2	3	5	1	4	9
1	2	4	6	9	7	3	5	8
3	9	5	8	1	4	2	6	7

NO. 182

6	2	5	1	4	9	8	3	7
7	1	3	2	6	8	5	4	9
8	4	9	3	5	7	6	1	2
1	5	6	8	3	2	9	7	4
4	3	2	9	7	5	1	8	6
9	8	7	6	1	4	3	2	5
2	7	8	5	9	1	4	6	3
3	9	4	7	8	6	2	5	1
5	6	1	4	2	3	7	9	8

NO. 183

3	8	6	4	5	7	9	2	1
2	9	1	3	6	8	5	4	7
5	7	4	9	2	1	3	6	8
7	1	3	8	4	2	6	5	9
6	2	8	5	3	9	7	1	4
4	5	9	7	1	6	8	3	2
1	6	7	2	8	3	4	9	5
8	3	5	1	9	4	2	7	6
9	4	2	6	7	5	1	8	3

NO. 184

8	3	6	5	1	9	2	4	7
4	7	5	6	3	2	9	8	1
1	2	9	4	8	7	5	6	3
7	1	2	3	6	8	4	9	5
9	5	4	7	2	1	8	3	6
6	8	3	9	4	5	7	1	2
3	4	8	2	5	6	1	7	9
2	9	1	8	7	3	6	5	4
5	6	7	1	9	4	3	2	8

NO. 185

8	2	1	9	7	4	5	3	6
3	5	6	2	8	1	9	4	7
4	9	7	3	6	5	1	8	2
9	4	2	7	5	6	8	1	3
5	7	3	1	9	8	2	6	4
6	1	8	4	2	3	7	9	5
7	6	9	8	4	2	3	5	1
1	8	5	6	3	7	4	2	9
2	3	4	5	1	9	6	7	8

NO. 186

9	7	4	3	2	1	8	6	5
3	8	6	5	4	7	9	1	2
5	2	1	9	8	6	7	3	4
1	4	3	8	9	5	6	2	7
8	5	7	6	1	2	3	4	9
2	6	9	7	3	4	5	8	1
7	1	5	4	6	8	2	9	3
6	3	2	1	7	9	4	5	8
4	9	8	2	5	3	1	7	6

NO. 187

5	7	8	4	1	2	6	3	9
6	4	9	8	7	3	5	2	1
2	3	1	9	6	5	4	8	7
8	9	7	3	2	6	1	5	4
4	2	3	5	9	1	7	6	8
1	6	5	7	4	8	2	9	3
3	8	6	1	5	4	9	7	2
7	1	2	6	8	9	3	4	5
9	5	4	2	3	7	8	1	6

NO. 188

1	6	7	4	3	9	2	5	8
2	5	4	1	7	8	3	9	6
8	3	9	5	6	2	4	1	7
7	8	1	3	5	4	9	6	2
5	2	6	9	1	7	8	3	4
9	4	3	2	8	6	5	7	1
4	1	2	6	9	5	7	8	3
3	9	8	7	4	1	6	2	5
6	7	5	8	2	3	1	4	9

NO. 189

1	4	6	5	8	2	3	9	7
3	7	2	1	9	6	5	8	4
9	5	8	4	7	3	6	2	1
8	3	5	7	6	9	4	1	2
2	9	4	3	1	8	7	5	6
6	1	7	2	5	4	8	3	9
7	2	3	9	4	5	1	6	8
4	8	9	6	3	1	2	7	5
5	6	1	8	2	7	9	4	3

NO. 190

2	5	3	9	1	4	6	8	7
7	1	4	6	2	8	5	9	3
6	9	8	5	3	7	2	4	1
9	3	5	8	7	6	1	2	4
8	7	1	4	9	2	3	6	5
4	6	2	1	5	3	8	7	9
5	2	7	3	6	9	4	1	8
3	4	6	7	8	1	9	5	2
1	8	9	2	4	5	7	3	6

NO. 191

2	4	6	1	5	8	9	3	7
7	3	8	9	2	6	1	4	5
1	9	5	7	3	4	8	6	2
3	2	4	6	9	5	7	1	8
9	8	7	4	1	3	5	2	6
5	6	1	2	8	7	3	9	4
4	1	9	5	7	2	6	8	3
8	7	2	3	6	1	4	5	9
6	5	3	8	4	9	2	7	1

NO. 192

2	3	7	6	1	4	8	5	9
4	8	1	7	5	9	2	6	3
9	5	6	8	2	3	4	1	7
5	4	2	9	3	8	6	7	1
3	7	8	1	6	5	9	4	2
1	6	9	4	7	2	3	8	5
8	1	4	3	9	7	5	2	6
7	9	5	2	8	6	1	3	4
6	2	3	5	4	1	7	9	8

NO. 193

3	5	7	9	2	8	6	1	4
6	9	2	1	5	4	7	3	8
4	1	8	6	3	7	2	5	9
9	4	6	5	8	3	1	2	7
8	2	1	7	9	6	3	4	5
7	3	5	2	4	1	9	8	6
2	6	9	8	1	5	4	7	3
5	7	3	4	6	2	8	9	1
1	8	4	3	7	9	5	6	2

NO. 194

4	3	6	9	1	7	8	5	2
7	1	2	3	8	5	4	6	9
5	8	9	2	4	6	1	3	7
6	9	7	1	5	8	2	4	3
8	2	5	4	6	3	9	7	1
1	4	3	7	2	9	6	8	5
3	6	8	5	9	2	7	1	4
2	5	1	8	7	4	3	9	6
9	7	4	6	3	1	5	2	8

NO. 195

2	9	3	4	7	8	1	6	5
4	5	1	2	3	6	9	8	7
6	8	7	9	1	5	2	3	4
7	3	6	8	9	1	5	4	2
5	2	9	3	4	7	8	1	6
1	4	8	6	5	2	3	7	9
8	1	2	7	6	9	4	5	3
3	7	5	1	2	4	6	9	8
9	6	4	5	8	3	7	2	1

NO. 196

2	1	5	4	9	6	8	3	7
4	8	3	7	2	5	9	1	6
9	7	6	3	1	8	5	4	2
1	5	9	2	4	7	6	8	3
6	4	7	8	5	3	2	9	1
3	2	8	1	6	9	7	5	4
5	9	1	6	3	2	4	7	8
7	6	4	9	8	1	3	2	5
8	3	2	5	7	4	1	6	9

NO. 197

7	4	3	9	2	5	6	8	1
2	1	5	3	6	8	9	4	7
8	9	6	1	4	7	2	5	3
1	5	8	6	7	2	4	3	9
6	7	9	5	3	4	1	2	8
4	3	2	8	1	9	5	7	6
5	8	1	2	9	3	7	6	4
3	6	4	7	5	1	8	9	2
9	2	7	4	8	6	3	1	5

NO. 198

8	7	2	9	5	1	4	6	3
1	4	3	6	2	8	5	7	9
6	9	5	3	7	4	1	8	2
4	2	1	8	9	5	6	3	7
7	3	8	4	6	2	9	5	1
9	5	6	1	3	7	2	4	8
3	6	4	7	1	9	8	2	5
2	8	9	5	4	3	7	1	6
5	1	7	2	8	6	3	9	4

NO. 199

7	3	2	5	4	1	6	8	9
6	8	9	3	7	2	4	1	5
4	1	5	8	6	9	3	7	2
8	6	7	1	5	3	2	9	4
3	5	1	2	9	4	8	6	7
2	9	4	6	8	7	5	3	1
5	7	3	4	1	8	9	2	6
1	2	6	9	3	5	7	4	8
9	4	8	7	2	6	1	5	3

NO. 200

8	4	7	3	5	9	1	2	6
2	6	3	4	7	1	8	9	5
5	1	9	6	8	2	3	7	4
1	9	2	7	6	8	4	5	3
6	8	4	5	2	3	9	1	7
3	7	5	9	1	4	6	8	2
4	3	8	2	9	5	7	6	1
7	2	1	8	4	6	5	3	9
9	5	6	1	3	7	2	4	8

NO. 201

3	1	4	2	7	6	5	8	9
7	6	8	9	4	5	3	1	2
2	5	9	1	3	8	6	4	7
9	3	2	6	8	1	4	7	5
5	8	7	4	9	2	1	6	3
6	4	1	7	5	3	9	2	8
8	9	6	3	1	7	2	5	4
4	2	5	8	6	9	7	3	1
1	7	3	5	2	4	8	9	6

NO. 202

6	5	8	7	2	9	3	1	4
3	7	2	4	1	8	5	6	9
1	4	9	5	3	6	8	7	2
5	2	3	8	4	1	6	9	7
7	1	6	3	9	2	4	8	5
8	9	4	6	7	5	2	3	1
9	3	5	1	8	4	7	2	6
4	8	1	2	6	7	9	5	3
2	6	7	9	5	3	1	4	8

NO. 203

4	3	7	5	6	8	9	2	1
8	9	6	1	2	3	5	7	4
2	1	5	7	4	9	3	6	8
7	6	3	9	5	4	1	8	2
5	8	1	2	7	6	4	9	3
9	4	2	8	3	1	6	5	7
6	7	4	3	9	2	8	1	5
3	5	8	6	1	7	2	4	9
1	2	9	4	8	5	7	3	6

NO. 204

4	2	3	6	1	5	8	7	9
1	8	7	9	4	2	6	3	5
9	6	5	8	7	3	2	4	1
3	9	4	1	2	7	5	6	8
8	1	6	3	5	9	7	2	4
5	7	2	4	6	8	9	1	3
7	3	8	2	9	4	1	5	6
2	4	1	5	8	6	3	9	7
6	5	9	7	3	1	4	8	2

NO. 205

5	3	2	1	6	4	8	7	9
4	7	1	8	3	9	2	6	5
8	9	6	7	5	2	1	3	4
7	6	8	9	1	5	4	2	3
3	4	9	2	7	6	5	8	1
2	1	5	3	4	8	6	9	7
6	2	4	5	9	7	3	1	8
9	8	3	4	2	1	7	5	6
1	5	7	6	8	3	9	4	2

NO. 206

3	8	9	2	4	7	1	6	5
2	6	7	5	1	3	8	9	4
1	5	4	9	6	8	2	3	7
4	9	3	6	8	2	7	5	1
5	2	1	4	7	9	6	8	3
6	7	8	3	5	1	9	4	2
7	3	6	1	9	5	4	2	8
8	4	2	7	3	6	5	1	9
9	1	5	8	2	4	3	7	6

NO. 207

8	6	5	2	1	9	4	3	7
7	1	9	3	4	6	2	8	5
3	2	4	8	7	5	1	9	6
5	9	7	6	8	1	3	2	4
6	3	1	7	2	4	8	5	9
2	4	8	9	5	3	6	7	1
1	7	6	5	3	2	9	4	8
4	5	3	1	9	8	7	6	2
9	8	2	4	6	7	5	1	3

NO. 208

2	7	4	1	8	3	9	6	5
9	6	8	5	7	4	1	3	2
1	5	3	2	6	9	4	8	7
8	3	2	9	4	5	6	7	1
6	9	1	3	2	7	5	4	8
5	4	7	8	1	6	2	9	3
7	8	9	4	5	2	3	1	6
4	1	5	6	3	8	7	2	9
3	2	6	7	9	1	8	5	4

NO. 209

1	5	3	6	8	2	9	4	7
7	8	2	9	5	4	3	6	1
4	6	9	3	7	1	8	5	2
6	7	8	2	4	9	1	3	5
9	3	5	7	1	8	6	2	4
2	4	1	5	3	6	7	8	9
5	1	4	8	6	7	2	9	3
3	2	6	1	9	5	4	7	8
8	9	7	4	2	3	5	1	6

NO. 210

4	7	1	2	6	8	3	9	5
5	2	3	9	7	1	8	6	4
6	8	9	4	5	3	2	1	7
9	4	8	6	1	5	7	2	3
7	6	5	8	3	2	9	4	1
3	1	2	7	4	9	6	5	8
8	9	7	5	2	4	1	3	6
1	5	6	3	9	7	4	8	2
2	3	4	1	8	6	5	7	9

提高习题答案

NO. 211

6	1	9	3	8	4	7	2	5						
5	8	4	7	1	2	9	6	3						
7	2	3	5	9	6	4	8	1						
1	3	8	9	6	5	2	7	4						
4	5	6	1	2	7	3	9	8						
2	9	7	4	3	8	1	5	6						
9	7	5	6	4	1	8	3	2	1	5	9	7	4	6
8	6	1	2	7	3	5	4	9	3	6	7	1	2	8
3	4	2	8	5	9	6	1	7	8	2	4	9	3	5
						4	5	3	9	7	2	8	6	1
						2	6	8	4	1	5	3	9	7
						7	9	1	6	3	8	2	5	4
						9	2	4	7	8	6	5	1	3
						1	7	6	5	9	3	4	8	2
						3	8	5	2	4	1	6	7	9

NO. 212

4	7	9	6	8	2	1	5	3						
3	5	1	9	4	7	6	2	8						
6	8	2	5	3	1	9	7	4						
5	1	4	7	9	6	3	8	2						
8	2	6	1	5	3	7	4	9						
7	9	3	4	2	8	5	6	1						
1	4	8	3	6	5	2	9	7	3	4	8	5	1	6
2	6	7	8	1	9	4	3	5	2	1	6	7	9	8
9	3	5	2	7	4	8	1	6	7	5	9	3	4	2
						6	5	3	8	9	4	2	7	1
						1	8	2	5	3	7	4	6	9
						7	4	9	1	6	2	8	3	5
						3	7	1	9	8	5	6	2	4
						5	2	4	6	7	1	9	8	3
						9	6	8	4	2	3	1	5	7

NO. 213

7	5	8	2	9	4	3	1	6						
1	6	9	7	5	3	4	8	2						
4	3	2	6	8	1	7	5	9						
6	1	3	5	4	9	2	7	8						
2	9	7	1	6	8	5	4	3						
8	4	5	3	2	7	6	9	1						
9	2	1	4	7	6	8	3	5	2	4	9	6	7	1
5	8	4	9	3	2	1	6	7	8	5	3	9	2	4
3	7	6	8	1	5	9	2	4	7	1	6	5	8	3
						3	5	9	6	2	8	4	1	7
						4	7	8	1	9	5	3	6	2
						2	1	6	3	7	4	8	5	9
						6	4	1	9	8	2	7	3	5
						7	9	3	5	6	1	2	4	8
						5	8	2	4	3	7	1	9	6

NO. 214

1	6	8	9	4	7	2	5	3						
7	5	4	8	2	3	1	9	6						
2	3	9	6	1	5	8	4	7						
4	9	5	2	6	8	7	3	1						
3	7	2	4	5	1	9	6	8						
6	8	1	3	7	9	4	2	5						
5	4	7	1	9	6	3	8	2	4	5	6	7	1	9
8	2	6	7	3	4	5	1	9	7	3	8	4	6	2
9	1	3	5	8	2	6	7	4	1	9	2	8	3	5
						9	2	5	6	7	3	1	8	4
						4	6	7	5	8	1	2	9	3
						8	3	1	2	4	9	6	5	7
						1	4	3	8	2	5	9	7	6
						7	9	8	3	6	4	5	2	1
						2	5	6	9	1	7	3	4	8

NO. 215

NO. 216

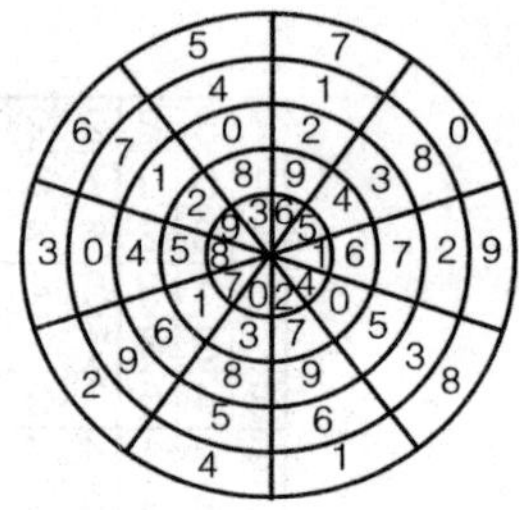

NO. 217

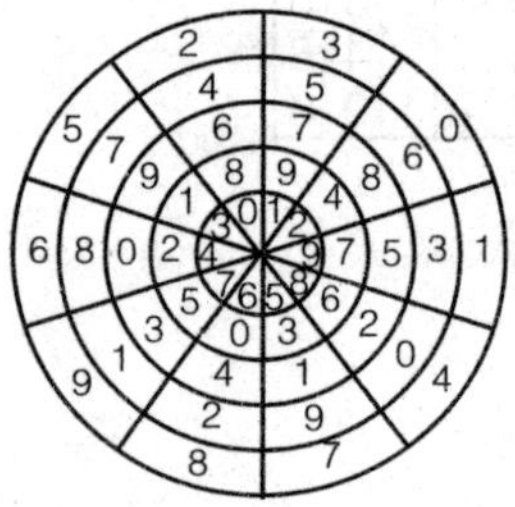

NO. 218

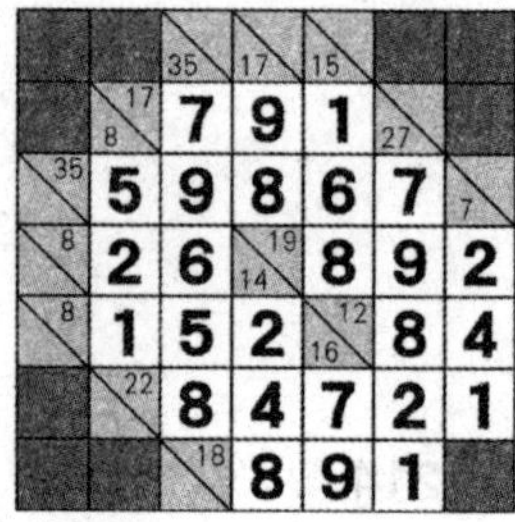

NO. 219

NO. 220

NO. 221

NO. 222

NO. 223

NO. 224

NO. 225

NO. 226

NO. 227

NO. 228

NO. 229

NO. 230

NO. 231

NO. 232

NO. 233

	7\	29\			18\	7\		
\7	2	5	23\	\4	3	1		
\21	5	7	9	\6	2	4		
	\17	9	8	25\3	1	2		
	\21	8	6	2	5	14\	21\	
			19\30	6	7	9	8	
		\17	8	9	\4	3	1	4\
		\16	9	7	\6	2	3	1
		\3	2	1		\12	9	3

NO. 234

NO. 235

NO. 236

NO. 237

NO. 238

NO. 239

NO. 240

NO. 241

NO. 242

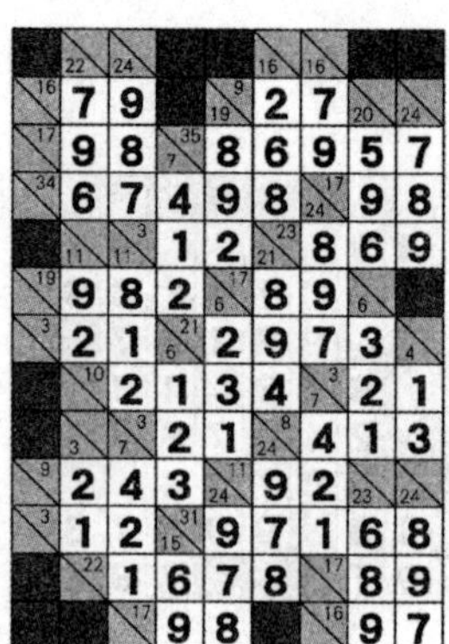

NO. 243

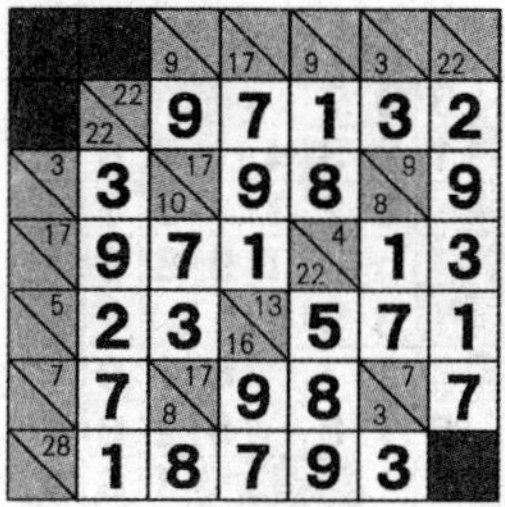

NO. 244

NO. 245

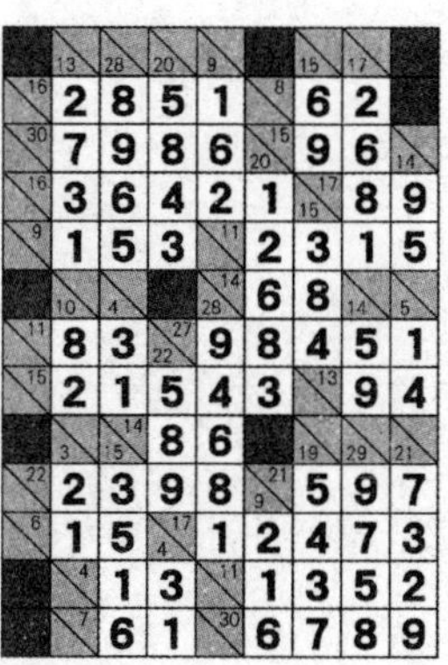

NO. 246

	22\	13\		19\	16\	23\		19\	12\
\16	9	7	\24	8	9	7	\12	8	4
\8	5	1	7\11	1	7	3	7\3	2	1
\17	8	5	1	3	\28	8	4	9	7
	11\	18\6	4	2	\3	1	2	6\	13\
\14	1	6	2	5	\10	4	1	2	3
\17	8	9	12\	25\		24\	8\3	1	2
\10	2	3	1	4	\18	5	2	3	8
	17\	20\15	6	9	\14	9	5	15\	11\
\29	7	9	5	8	6\10	3	1	4	2
\17	9	8	\6	3	2	1	\3	2	1
\4	1	3	\11	1	4	6	\17	9	8

NO. 247

NO. 248

天才大脑潜能开发

逻辑思维训练

启 文 编著

中国出版集团
中 译 出 版 社

图书在版编目（CIP）数据

天才大脑潜能开发 . 逻辑思维训练 / 启文编著 . --
北京 : 中译出版社 , 2019.12
ISBN 978-7-5001-6176-9

Ⅰ . ①天… Ⅱ . ①启… Ⅲ . ①智力开发—普及读物
Ⅳ . ① G421

中国版本图书馆 CIP 数据核字（2019）第 284535 号

天才大脑潜能开发

逻辑思维训练

出版发行：中译出版社
地　　址：北京市西城区车公庄大街甲 4 号物华大厦 6 层
电　　话：（010）68359376，68359303，68359101
邮　　编：100044
传　　真：（010）68357870
电子邮箱：book@ctph.com.cn
总 策 划：张高里
责任编辑：林　勇
封面设计：青蓝工作室
印　　刷：三河市华晨印务有限公司
经　　销：新华书店
规　　格：880 毫米 ×1230 毫米　1/32
印　　张：36
字　　数：660 千字
版　　次：2019 年 12 月第 1 版
印　　次：2019 年 12 月第 1 次

ISBN 978-7-5001-6176-9　　　定价：178.80 元（全 6 册）

中　译　出　版　社

前　言

逻辑思维能力是指采用科学的思维方法，对事物进行观察、比较、分析、概括、判断、推理，从而准确而有条理地表达自己思维过程的能力。逻辑是所有学科的基础。逻辑能力不但决定了思考能力、学习能力、管理能力、表达能力，还与我们日常生活中的行事、说话、交往等密切相关，它对我们理清思路、完善语言表达、统筹时间、规划人生等都有很大帮助，是每个人都必须具备的基本能力。

黑格尔曾说过，逻辑是一切思考的基础。逻辑思维能力强的人能迅速、准确地把握住问题的实质，面对纷繁复杂的问题能更容易找到解决的办法。当今社会，逻辑思维能力越来越被人重视，不仅学生应试要具备逻辑思维能力，长大后考公务员，也有逻辑思维测试题。逻辑思维能力训练题对考察一个人的思维方式及思维适应能力有极其明显的作用，这样的能力往往也与学习和今后工作中的应变与创新能力密切相关。只有通过不断的训练来活跃思维，在遇到问题时才能得心应手，游刃有余。

那么，该如何使大脑“动起来”，轻松提高逻辑思维能力呢？

本书介绍了排除法、递推法、作图法、计算法、类比法、分析法等常用的解题方法，并精选近300道世界上顶级的逻辑思维训练题，既有简单的谜题，也有复杂的游戏，每一道题都是为全方位培养和训练读者的逻辑思维能力而专门设计的，引导读者亲身实践。

编者还根据难易程度将题目分为初级、中级和高级三个等级，读者可以根据自己的实际情况逐步训练，也可以有选择地学习和训练，从而激发推理潜能，扩展想象空间，活跃思维。只有掌握正确的逻辑思维方法，才能提升逻辑思维能力。

本书适合各个年龄阶段的读者，每一位读者都能从中找到适合自己的题目。通过完成这些训练题，你会发现自己的逻辑思维潜能得到了全面的开发，无论今后遭遇什么样的问题，你都再不会感到无从下手，而是能够运用从本书中学到的各种逻辑思维方法，解决问题，迈向成功。

目　录

第四章　计算法

第五章 类比法 ……………………81

第六章 分析法 ……………………103

答 案

第一章　排除法

所谓排除法，是指在综合考虑题目内容、题干和备选答案等各种信息的基础上，运用一定的逻辑推理，排除不符合题干要求或与题目内容不符的干扰项，从而选出正确答案的一种解题方法。

排除法看似笨拙，但在解题的过程中却特别重要。正确运用排除法，往往能收到事半功倍的效果。这种方法在工作和生活中经常会被用到，对于提高大家的逻辑思维能力、推理能力有很大的作用。

001 困惑【初级】

哪一项不是箱子相同3个面的视图？

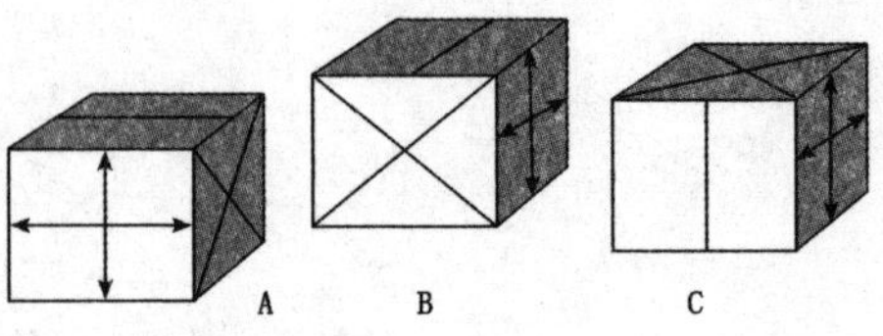

002 找出异己【初级】

在右边4个字母中，哪个与其余3个差别最大呢？

AZFN

003 破损的金字塔【初级】

年久失修的金字塔有很多裂缝，其中有两块碎片形状是一模一样的，是哪两块碎片？

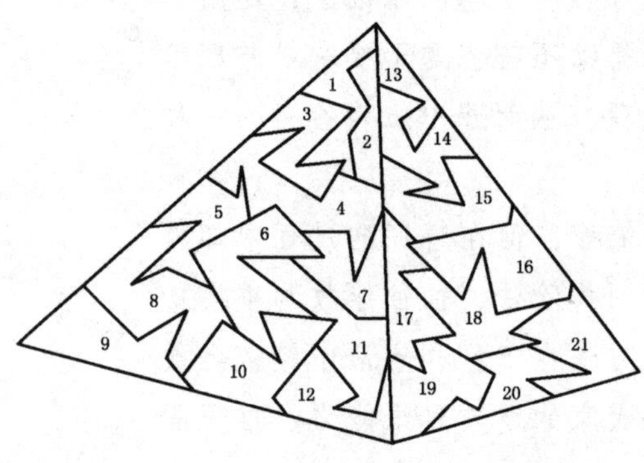

004 找袜子【初级】

图中7只袜子随便地摆放着，请你仔细地观察一下，放在最下面的是几号袜子呢？

005 波娣娅的宝盒【初级】

在莎士比亚的《威尼斯商人》一剧中，波娣娅有3个珠宝盒，一个是金的，一个是银的，一个是铜的。在其中一个盒子中，藏有波娣娅的画像。波娣娅的追求者要在这3个盒子中选择一个。如果他有足够的运气，或者足够的智慧，挑出的那个盒子藏有波娣娅的画像，他就能娶波娣娅为妻子。如下图所示，在每个盒子外面，写有一段话，内容都是有关该盒子是否装有画像。

波娣娅告诉追求者，在3句话中，最多只有一句是真的。这个追求者有可能成为幸运者吗？他应该选择哪个盒子呢？

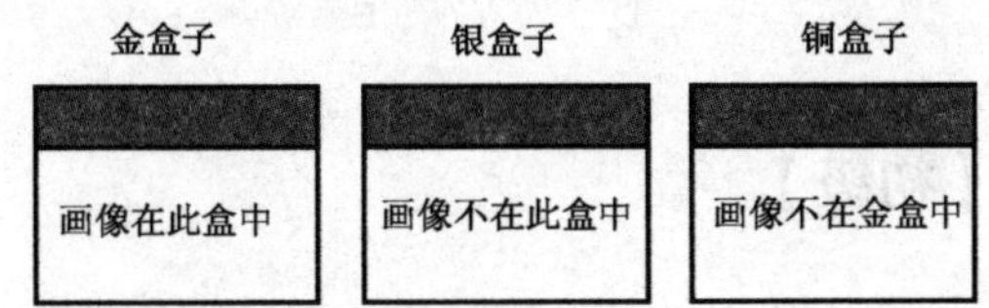

006 哪一个不一样【初级】

下面几个图片中，哪一个与其他的不一样？

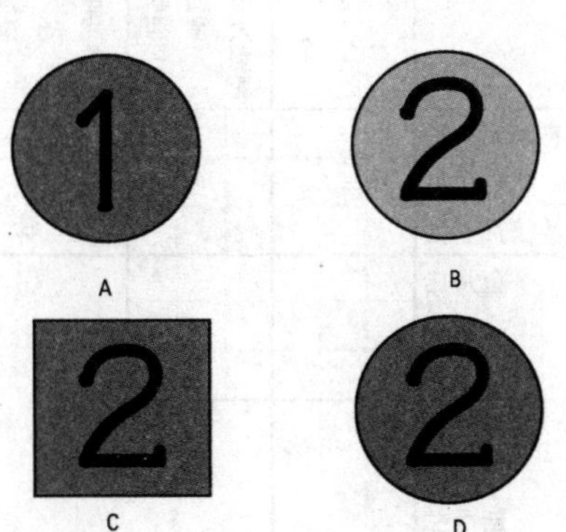

007 三棱柱【初级】

4个选项中哪一个是原图的展开图？

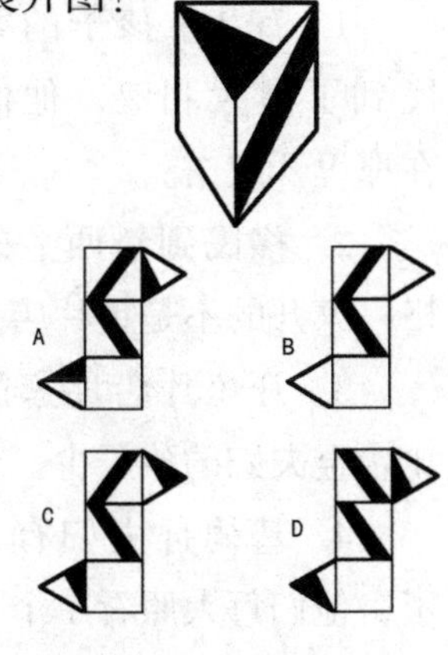

008 形单影只【初级】

下面的图形中哪一个是与众不同的？

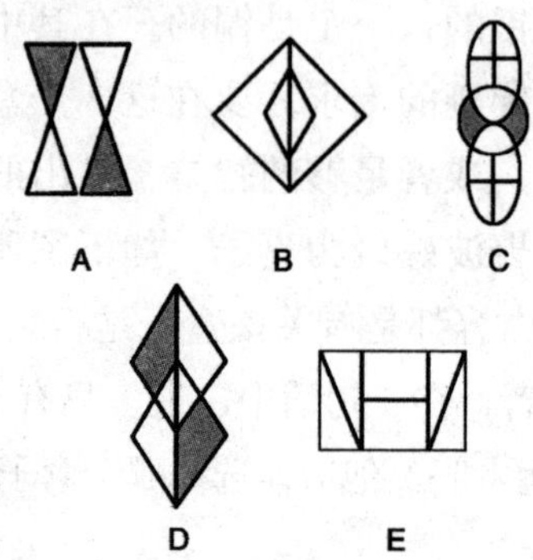

009 移民【初级】

去年有3个家庭从思托贝瑞远迁到了其他国家，现在他们在那里有声有色地经营着自己的小店。根据下面的信息，你能说出每对夫妻有几个孩子、他们移民到了哪里以及所做的是何种生意吗？

1. 有3个孩子的家庭移民到了澳大利亚，他们没有在那里开旅馆。

2. 移民到新西兰的布里格一家开的不是鱼片店。

3. 开鱼片店那家的孩子比希金夫妇的孩子少。

4. 基德拜夫妇有2个孩子，他们每人照看1个。

	1个	2个	3个	澳大利亚	加拿大	新西兰	鱼片店	农场	旅馆
布里格夫妇									
希金夫妇									
基德拜夫妇									
鱼片店									
农场									
旅馆									
澳大利亚									
加拿大									
新西兰									

010 分开链条【初级】

在收拾一盒链子时，珠宝匠发现了如图所示的3根相连的链条，并决定把这链条分开。经过观察，珠宝匠找到了只需打开1根链子就能分开整个链条的方法。你找出来了吗？

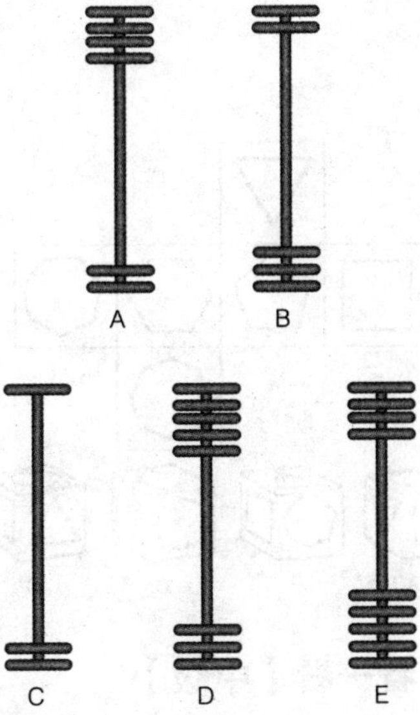

011 规律【初级】

左图中哪一项不符合排列规律？

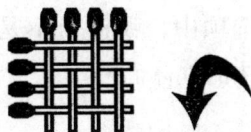

A　B　C　D　E

012 翻身【中级】

请你把右边的火柴图按箭头所指的方向翻一个身，它会变成选项中哪一个？

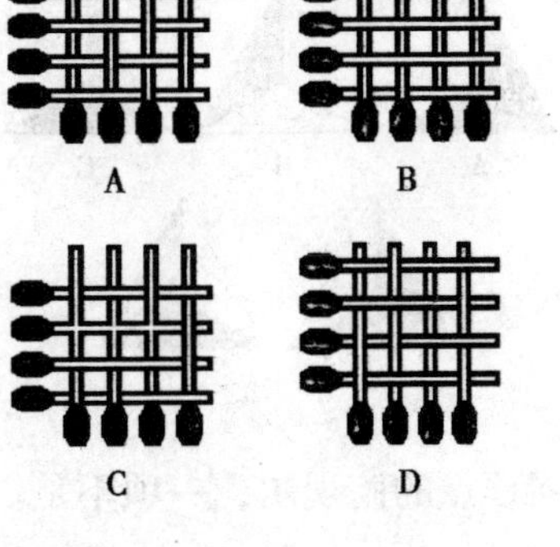

A　B　C　D

013 帽子的颜色【中级】

有 3 顶白帽子和 2 顶黑帽子。让甲、乙、丙 3 人同向列成一队，然后分别给他们戴上一顶白帽子。即丙可以看到乙、甲，乙可以看到甲，甲则看不到乙、丙。如下图。他们 3 人中，谁可以正确推导出自己头上所戴帽子的颜色？

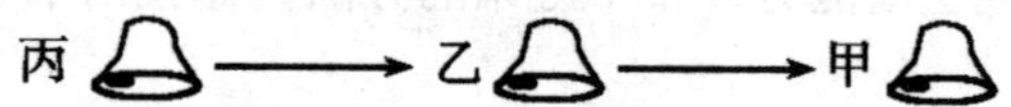

014 美丽的正方体【中级】

有一个正方体的每一个面都有美丽的图案装饰着，右图是这个正方体拆开后的各面的图案构成。那么在下面的几个选项中，哪一个不是这个正方体的立体面？

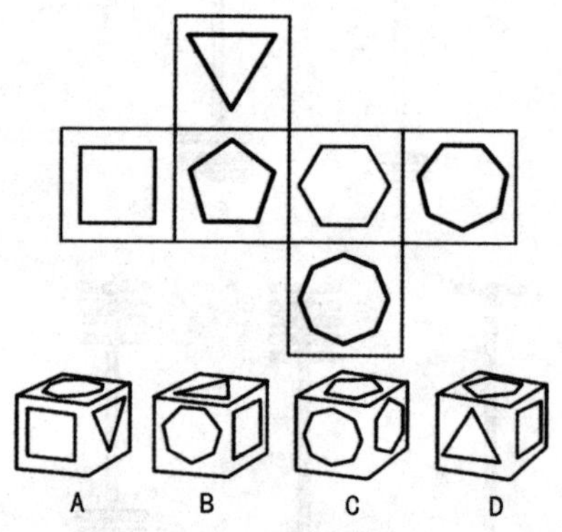

015 看一看【中级】

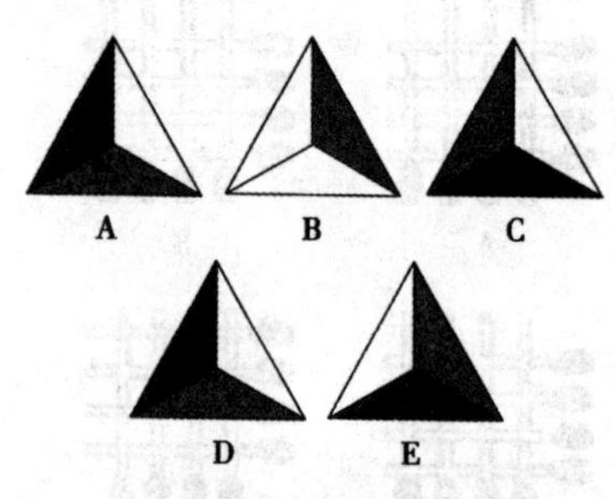

一个正四面体是由 4 个等边三角形组成的立体图形，有点像金字塔。每一个面都可以被涂上与其他面不同的颜色，在 5 个选项中，有 4 项是同一四面体从不同顶点的俯视图，一项不是。你能找出是哪一项吗？

016 一刀两断【中级】

右图的图中有4个圈，把其中的1个圈剪开，其余的3个圈就会全部分开，想一下，看看剪哪个圈，才会使其余的3个圈全部分开。

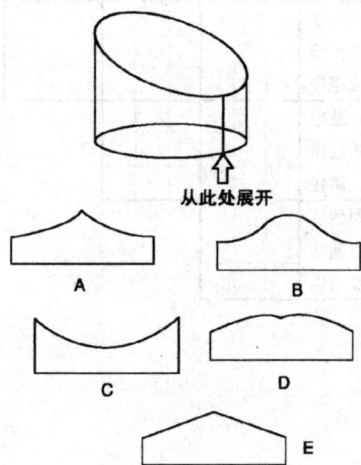

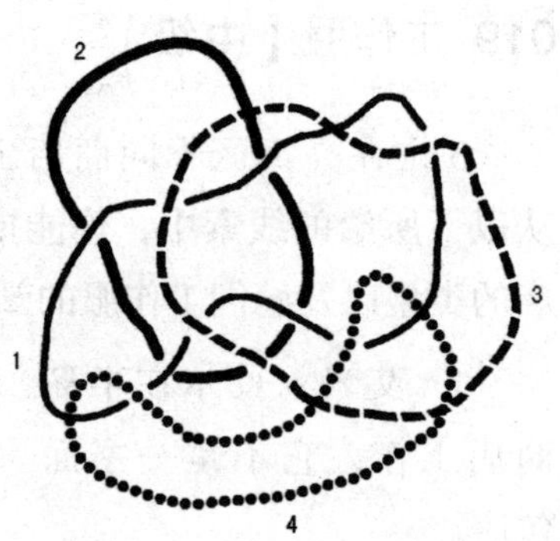

017 残缺的纸杯【中级】

一个斜切的纸杯，其侧面展开图是什么样的呢？

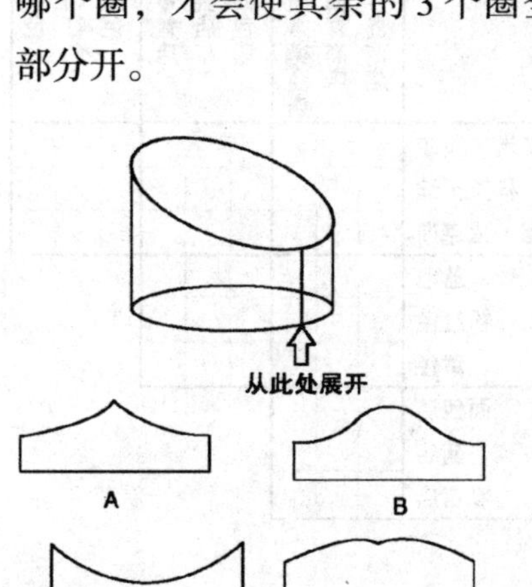

018 在海滩上【中级】

3位母亲带着各自年幼的儿子在海滩上玩，从以下所给的线索中，你能准确地推断出这3位母亲的姓名、她们儿子的名字以及孩子所穿泳衣的颜色吗？

1. 丹尼斯不是蒂米的妈妈，蒂米穿红色泳衣。

2. 莎·卡索在海滩上玩得相当愉快。

3. 曼迪的儿子穿绿色泳衣。

4. 那个姓响的小男孩穿着橙色泳衣。

		姓：卡索	姓：桑德斯	姓：响	詹姆士	莎	蒂米	绿色	橙色	红色
妈妈	丹尼斯									
	曼迪									
	萨利									
	绿色									
	橙色									
	红色									
儿子	詹姆士									
	莎									
	蒂米									

019 工作服【中级】

3位在高街区不同商店工作的女店员都需要穿工作服上班。从以下所给的线索中，你能推断出每个店员所在的商店名称、商店的类型以及她们工作服的颜色吗?

1. 艾米·贝尔在半岛商店工作，它不是一家面包店。

2. 埃德娜·福克斯每天都穿黄色的工作服上班。

3. 斯蒂德商店的女店员都穿蓝色的工作服。

4. 科拉·迪在一家药店工作。

	半岛商店	梅森商店	斯蒂德商店	面包店	药店	零售店	蓝色	粉红色	黄色
艾米·贝尔									
科拉·迪									
埃德娜·福克斯									
蓝色									
粉红色									
黄色									
面包店									
药店									
零售店									

020 夏日嘉年华【中级】

3位自豪的母亲带着各自的小孩去参加夏日嘉年华服装比赛，并且赢得了前3名的好成绩。从以下所给的线索中，你能将这3位母亲和她们各自的孩子配对，并描述出每个小孩的服装以及他们的名次吗?

1. 穿成垃圾桶装束的小孩排名紧跟在丹妮尔的孩子的

	埃莉诺	杰克	尼古拉	机器人	垃圾桶	蘑菇	第一名	第二名	第三名
丹妮尔									
梅勒妮									
谢莉									
第一名									
第二名									
第三名									
机器人									
垃圾桶									
蘑菇									

后面。

2. 杰克的服装获得了第三名。

3. 埃莉诺的服装像一个蘑菇。

4. 梅勒妮是尼古拉的母亲，尼古拉不是第二名。

021 吹笛手游行【中级】

图中展示了吹笛手带领着哈密林镇的小孩游行，原因是他用他的笛声赶走了镇里所有的老鼠，但镇里却拒绝付钱给他。从以下所给的线索中，你能说出4个小孩的名字、他们的年龄以及他们父亲的职业吗？

1. 牧羊者的小孩紧跟在6岁的格雷琴的后面。

2. 汉斯要比约翰纳年纪小。

3. 最前面的小孩后面紧跟的不是屠夫的孩子。

4. 队列中3号位置的小孩今年7岁。

5. 玛丽亚的父亲是药剂师，她要比2号位置的孩子年纪小。

姓名：格雷琴、汉斯、约翰纳、玛丽亚

年龄：5、6、7、8

父亲：药剂师、屠夫、牧羊者、伐木工

022 顶峰地区【中级】

在安第斯山脉的某个人迹罕至之地，那里的4座高峰都被当地居民当作神来崇拜。从以下所给的线索中，你能说出4座山峰的名字以及它们之前被当作哪个神来崇拜吗？最后将4座山峰按高度排序。

1. 最高那座山峰是座火山，曾经被当作火神崇拜。

2. 格美特被当作庄稼之神崇拜，是4座山峰中最矮那座的顺时针方向上的下一座。

3. 山峰1被当作森林之神崇拜。

4. 最西面的山峰叫飞弗特尔，而普立特佩尔不是第二高的山峰。

5. 最东面那座是第三高的山峰。

6. 辛格凯特比被崇拜为河神的山峰更靠北一些。

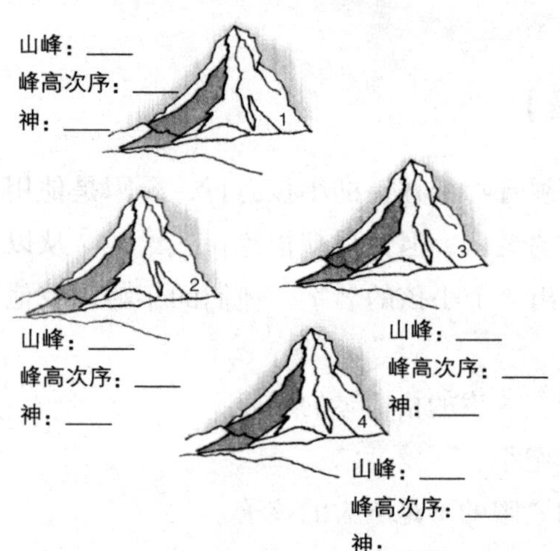

山峰：飞弗特尔、格美特、普立特佩尔、辛格凯特
峰高次序：最高、第二、第三、第四
神：庄稼之神、火神、森林之神、河神

023 出师不利【中级】

在最近的乡村板球比赛中，头3号种子选手都发挥得不甚理想，都因某个问题出局。从以下所给的线索中，你能找出得分记录簿中

		克里斯	哈里	史蒂夫	滚球	犯规	lbw	得分 2	得分 4	得分 7
位置	1									
	2									
	3									
得分	2									
	4									
	7									
	滚球									
	犯规									
	lbw									

各人的排名、他们出局的原因以及总共得分的场数吗？

1. 犯规的板球手得分的场数比克里斯少。

2. 史蒂夫得分的场数不是 2，他得分要比被判 lbw（板球的一种违规方式）的选手要低。

3. 哈里不是 1 号，因滚球出场，他的得分不是 7。

4. 3 号的得分不是 4。

024 汤姆的舅舅【中级】

汤姆是思道布市的市长，他在镇上有 3 个舅舅。3 个舅舅在退休之前从事着不同的职业，退休之后都把时间花在各自的爱好上。从以下所给的线索中，你能说出每个舅舅出生的时间、他们曾经的职业以及各自的爱好吗？

	1910年	1913年	1916年	工程师	士兵	教师	诗歌	钓鱼	制作挂毯
安布罗斯									
伯纳德									
克莱门特									
诗歌									
钓鱼									
制作挂毯									
工程师									
士兵									
教师									

1. 伯纳德要比他有不寻常爱好——制作挂毯——的兄弟年纪大。

2. 退休之前从事教师职业的舅舅不是出生于 1913 年，也不爱好诗歌。

3. 以前是工程师的舅舅把大部分的时间花在钓鱼、阅读和书写钓鱼书籍上，他的年纪要比安布罗斯小。

025 小屋的盒子【中级】

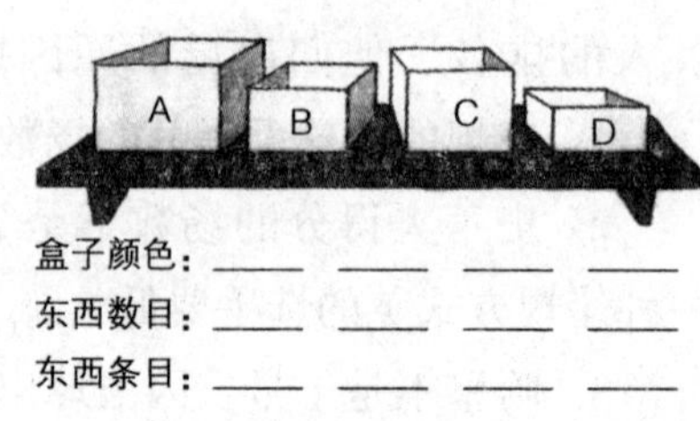

每次乔做家务要用到东西的时候，他就会去盒子里找。图中架子上立着4个不同颜色的盒子，每个盒子里都是一些有用的东西。从以下所给的线索中，你能弄清有关盒子的所有详细细节吗？

1. 不同种类的43个钉子不在灰色的盒子里。

2. 蓝色的盒子里有58样东西。

3. 螺丝钉在绿色的盒子里，绿色盒子一边的盒子里有洗涤器，另一边的盒子里放着数目最多的东西。

4. 地毯缝针在C盒子里。

盒子颜色：蓝、灰、绿、红
东西数目：39、43、58、65
东西条目：地毯缝针、钉子、螺丝钉、洗涤器

026 换装【中级】

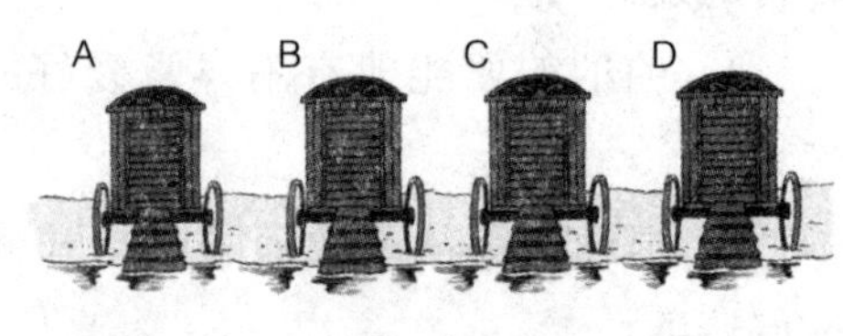

在过去，有素养的女士不像现在这样能在海边游泳，她们只能穿着及膝的浴袍坐在沐浴用的机器上，让机器把她们缓缓降入水中。上图展示的是4台机器，从所给的线索中，你能说出使用机器的4位女士的名字以及她们所穿浴袍的颜色吗？

1. 贝莎的机器紧挨马歇班克斯小姐的机器。

2. C机器是兰顿斯罗朴小姐的。

3. 卡斯太尔小姐穿着绿白相间的浴袍。

4. 拉福尼亚的机器位于尤菲米娅·坡斯拜尔的机器和穿黄白相间浴袍小姐的机器之间。

5. 使用B机器的女士穿了红白相间的浴袍。

名：贝莎、尤菲米娅、拉福尼亚、维多利亚

姓：卡斯太尔、兰顿斯罗朴、马歇班克斯、坡斯拜尔

浴袍：蓝白相间、绿白相间、黄白相间、红白相间

027 记者艾弗【中级】

上周末，记者艾弗对3位国际著名女性进行了采访。根据下面的信息，你能找出每天他所采访的女性的名字、职业和家乡吗?

	阿比·布鲁克	利亚·凯尔	帕特丝·欧文	电影演员	小说家	流行歌手	澳大利亚	加拿大	美国
星期五									
星期六									
星期日									
澳大利亚						
加拿大						
美国						
电影演员			
小说家			
流行歌手			

1. 艾弗在采访加拿大女星的第二天又采访了帕特丝·欧文。

2. 艾弗在星期五采访了一名流行歌手。

3. 艾弗在采访了一位澳大利亚的客人之后采访了畅销小说家阿比·布鲁克。

4. 艾弗在星期天访问的不是女电影演员。

028 野鸭子【中级】

在池塘的周围有4栋别墅，每栋别墅的花园都是一只母鸭子和它的一群小鸭子的领地。根据下面的线索，你能说出图中每个别墅的名字、别墅主人给母鸭子取的名字以及每只母鸭子生了多少只小鸭子吗？

1. 戴西生了7只小鸭子，它把巢筑在与洁丝敏别墅顺时针相邻的那栋别墅里。

2. 沃德拜别墅在池塘的西面。

3. 迪力生的小鸭子比在罗斯别墅孵养的小鸭子少一只，而后者在逆时针方向上和前者所在的别墅相邻。

4. 多勒生的小鸭子数量最少。

5. 达芙妮所在的别墅和小鸭子数最少的那栋别墅沿逆时针方向是邻居。

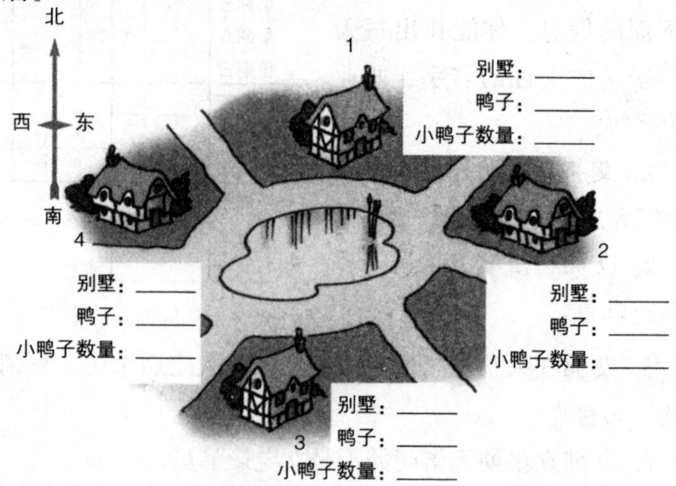

别墅：洁丝敏别墅、来乐克别墅、罗斯别墅、沃德拜别墅

鸭子：戴西、达芙妮、迪力、多勒

小鸭子数量：5、6、7、8

029 破纪录者【中级】

新闻照片上是4名年轻的女运动员，她们在最近的国家青年运动锦标赛中打破了各自参赛项目的纪录。根据下面的信息，你能认出图片中的4个女孩，并说出她们各自打破了什么项目的纪录吗?

1. 凯瑞旁边的两个女孩都打破了跑步类项目的纪录。

2. 戴尔芬·赫尔站在标枪运动员旁边。

3. 洛伊斯不在2号位置。

4. 1号位置的女孩打破了跳远项目的纪录，她不姓福特。

5. 一名姓哈蒂的运动员打破了400米项目的纪录，但她不叫瓦内萨。

名：戴尔芬、凯瑞、洛伊斯、瓦内萨
姓：福特、赫尔、哈蒂、斯琼
比赛项目：100米、400米、标枪、跳远

030 请集中注意力【中级】

乡长老斯布瑞格正在指派任务，4个老朋友看上去都很认真。根据下面的信息，你能认出1 ~ 4号位置的每个人，说出他们想做的事以及每个人穿的衣服是什么面料的吗?

1. 一个人穿着狼皮上衣，艾格挨着他并在他的右边。

2. 埃格正在想怎样面对他自己的岳母耐格，本身他的妻子就很能言善辩。

3. 穿着山羊皮上衣的人在3号位置。

4. 奥格穿着小牛皮上衣，他不打算靠粉刷他的窑洞的墙壁打发时间。

5. 穿着绵羊皮外套的那个人打算在假日里把他的小圆舟上的漏洞修补一下，坐在他左边的是阿格。

集会成员：艾格、埃格、奥格、阿格
想做的事：钓鱼、修小圆舟、粉刷窑洞的墙壁、拜访岳母
上衣：小牛皮、山羊皮、绵羊皮、狼皮

031 势单力薄的警察们【中级】

4个警察在执行一项镇压示威游行的任务，他们试图用警戒线隔离人群。在行动后期每个人的身体都受到了伤害，那种折磨让他们难以忍受。根据下面的信息，你能分辨出1～4号警官并说出他们所受到的伤害吗？

1. 时刻紧绷着神经使2号警官的肩膀都麻木了，这让他感觉很不舒服。

2. 内卫尔的鼻子痒得厉害，但他不能去抓，因为卡弗的左手紧紧抓着他的右手。

3. 图片上这群势单力薄的警察中，布特比亚瑟更靠左边，艾尔莫特站在格瑞的右面，中间隔了一个位置。

4. 斯图尔特·杜琼和有鸡眼的警官之间隔了一个人。

名：亚瑟、格瑞、内卫尔、斯图尔特
姓：布特、卡弗、艾尔莫特、杜琼
问题：鸡眼、肩膀麻木、发痒的鼻子、肿胀的脚

032 抓巫将军【中级】

在17世纪中期，“抓巫将军”马太·霍普金斯主要负责杀死那些被人们认为是巫婆或者巫师的人，其中有3个巫婆来自思托贝瑞附近的乡村。根据下面的信息，你能说出每个巫婆的名字、绰号以及各自的家乡和获得法力的时间吗?

	绰号			家乡					
	诺格斯奶奶	蓝鼻子母亲	红母鸡	盖蒙罕姆	希尔塞德	里球格特	1647年	1648年	1649年
艾丽丝·诺格斯									
克莱拉·皮奇									
伊迪丝·鲁乔									
1647年									
1648年									
1649年									
家乡 盖蒙罕姆									
家乡 希尔塞德									
家乡 里球格特									

1. 艾丽丝·诺格斯被称为“诺格斯奶奶”是很自然的事情。

2. 马太·霍普金斯1647年在盖蒙罕姆抓到了一个女巫并把她送到了法院接受审判。

3. “蓝鼻子母亲”不是在1648年被确定为女巫，也不是来自里球格特乡村，一生居住在这个乡村的也不是克莱拉·皮奇。

4. 1649年，经“抓巫将军”证实，“红母鸡”是一个和魔鬼勾结在一起的女巫；从希尔塞德抓到的那名妇女被证实是女巫，

随后的第二年伊迪丝·鲁乔也被确认为女巫。

033 英格兰的旗舰【中级】

1805年10月21日，罗德·纳尔逊在战役中不幸受伤，他在特拉法尔战役中战胜了法国舰队。他的旗舰的名字由16个字母组成。根据下面的信息，你能在每个小方框中填出正确的字母吗？

1. 任何两个水平、垂直或对角线方向上的相邻字母都不同。
2. V在R下面的第二个方框内，并在C的左边第二个方框内。
3. L不在A2位置，也不在最后一行。

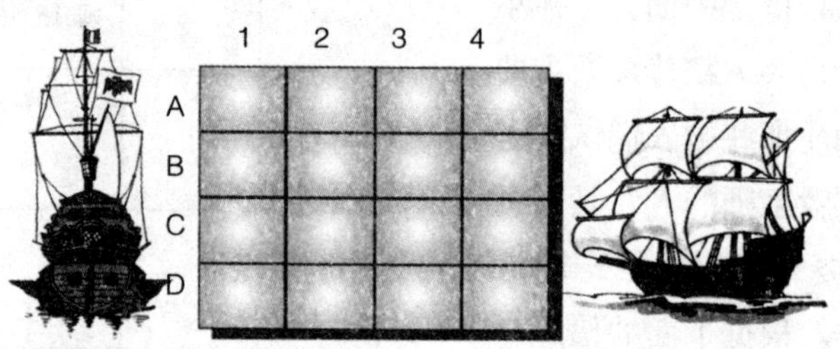

4. 其中一个A在D3位置上，但没有一个R在D4位置上。
5. A4和C2中的字母相同，紧邻它们下面的方框内的字母都是元音字母。
6. G在I所在行的上面一行。
7. O就在T上面的那个位置，在Y下面一行的某个位置，而Y在与O不同的一列的顶端。

要填的16个字母：A、A、A、C、F、G、I、L、O、R、R、R、T、T、V、Y

034 在沙坑里【中级】

在操场的一个角落里有一个沙坑，4位母亲站在沙坑的四周（A、B、C、D），看着自己的孩子在沙坑里（1、2、3、4）玩耍。根据下面的信息，你能分别说出这8个人的名字，并给他们配对吗？

1. 站在C位置上的不是汉纳，她的儿子站在顺时针方向上爱德华的旁边。

2. 卡纳在 4 号位置上，而他的母亲不在 B 位置。

3. 詹妮的孩子在3号位置。

4. 丹尼尔是莎拉的儿子，他在逆时针方向上的雷切尔儿子的旁边，而雷切尔站在D位置。

5. 没有一个孩子在沙堆里的位置与各自母亲的位置相对应。

母亲：汉纳、詹妮、雷切尔、莎拉
儿子：卡纳、丹尼尔、爱德华、马库斯

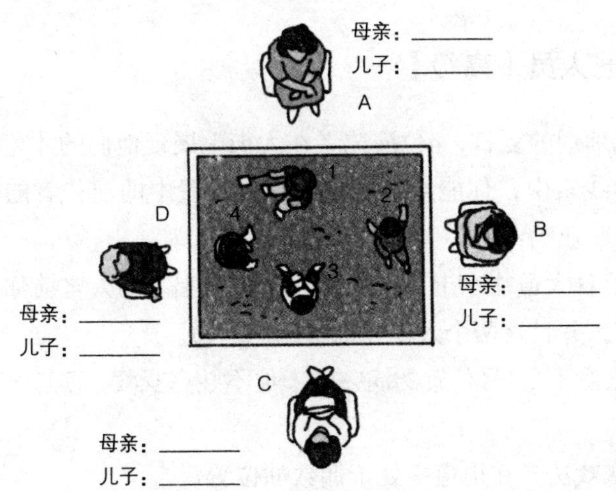

035 小宝贝找妈妈【中级】

根据题目所给条件，你能否判断出宝贝与妈妈的对应关系？

036 演艺人员【高级】

阳光灿烂的夏日，4位演艺者在大街上展现他们的才艺。从以下所给的线索中，你能判断出在1～4号位置中的演艺者的名字以及他们的职业吗？

1. 沿着大道往东走，在遇到弹着吉他唱歌的人之前你一定先遇到哈利，并且这两个人不在街道的同一边。

2. 泰萨不是1号位置的演艺者，他不姓克罗葳。莎拉·帕吉不是吉他手。

3. 变戏法者在街道中处于偶数的位置。

4. 西帕罗在街边艺术家的西南面。

5. 在2号位置的内森不弹吉他。

名：哈利、内森、莎拉、泰萨
姓：克罗葳、帕吉、罗宾斯、西帕罗
职业：手风琴师、吉他手、变戏法者、街边艺术家

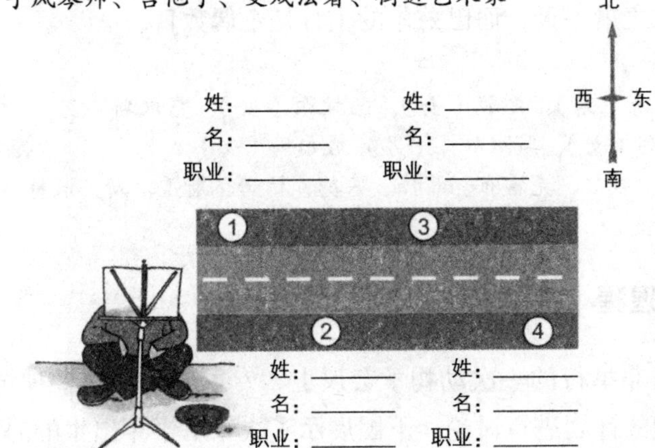

037 狮子座的人【高级】

我们知道有8个人都是狮子座的。从以下所给的线索中，你能找出各日期出生的人的全名吗?

1. 查尔斯的生日要比菲什晚3天。

2. 某女性的生日是8月4日。

3. 安格斯的生日在布尔之后一天，但不是7月31日。

日期	名	姓
7月28日		
7月29日		
7月30日		
7月31日		
8月1日		
8月2日		
8月3日		
8月4日		

4. 内奥米的生日要比斯盖尔斯早一天，比阿彻晚一天，阿彻是男的，但3人都不是出生在同一年。

5. 安妮在每年的8月2日庆祝她的生日。

6. 克雷布是8月1日生的，但拉姆不是7月30日生的。

7. 斯图尔特·沃特斯的生日和波利不是同一月，波利的生日在巴兹尔之后一天，而巴兹尔的生日是个偶数日。

名：安格斯（男）、安妮（女）、巴兹尔（女）、查尔斯（男）、内奥米（女）、波利（女）、斯图尔特（男）、威尔玛（女）
姓：阿彻、布尔、克雷布、菲什、基德、拉姆、斯盖尔斯、沃特斯

038 黑猩猩【高级】

在西非举行的一次动物学会议上，专家们正在就一项饲养稀有黑猩猩的计划进行讨论。下图展示了去年下半年出生的5只小猩猩。根据下面的线索，你能填出每只小猩猩的名字、出生月份及其母亲的名字吗?

1. 1号黑猩猩比5号黑猩猩至少大1个月，它们两个都不叫罗莫娜，也都不是格雷特的后代，而格雷特的后代和罗莫娜都不是在7月出生。

2. 里欧比它右边的格洛里亚小，它们两个都比里欧左边的雌猩猩晚出生，这个雌猩猩的母亲叫克拉雷。

3. 贝拉比左边的黑猩猩晚出生1个月，这只黑猩猩的母亲叫爱瑞克。

4. 马琳比丽贝卡晚1个月生产，丽贝卡的后代紧挨着马琳的后代并在其右边。

名字：贝拉、格洛里亚、里欧、珀西、罗莫娜
出生月份：7、8、9、10、11
母亲：爱瑞克、格雷特、克拉雷、马琳、丽贝卡

039 找出皇后【高级】

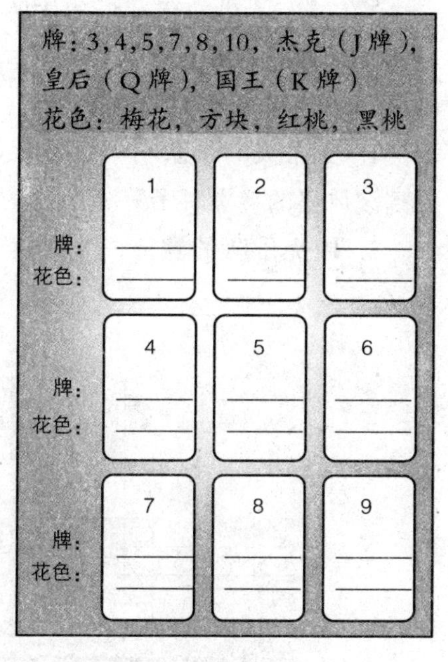

牌：3,4,5,7,8,10，杰克（J牌），皇后（Q牌），国王（K牌）
花色：梅花，方块，红桃，黑桃
1
2
3
4
5
6
7
8
9
牌：
花色：

这是一场考验耐心的游戏，图中所示的9张扑克牌就是这场游戏的道具。从以下给出的线索中，你能准确地指出这9张牌各自的牌值和花色吗？

1. 9张牌里，只有一种花色出现过3次，而在图中的排列，没有哪一列或行的花色是完全相同的。

2. 皇后紧靠在7的右边，梅花的上面。

3. 8紧靠在黑桃的下面。

4. 杰克紧靠在一张红桃的左边。

5. 图中央那张牌是红桃10。

6. 图中有一排的第一张是梅花5。

7. 9是一张方块。

8. 国王紧靠在4的左边，它们的花色不一样。4和3的花色是一样的。

9. 6和8为不同花色。而2和7为相同的花色。

040 摇滚乐队【高级】

5个年轻人准备组建摇滚乐队。通过下面的信息，你能否说出这5个人的名字、乐队的名字、乐队的第一首歌和乐队的音乐风格?

1. 史蒂夫的乐队叫“红色莱姆”，但是他们录制的不是前卫摇滚风格的《黑匣子》。

2. 内克乐队的歌——《突然》不属于歌德摇滚或另类摇滚风格。

	倾斜	红色莱姆	内克	空旷的礼拜	贝拉松	突然	毁灭世界	朱丽叶	帆布悲剧	黑匣子	前卫摇滚	独立摇滚	歌德摇滚	情绪摇滚	另类摇滚
布鲁斯															
莱泽															
梅根															
雷尔															
史蒂夫															
另类摇滚															
情绪摇滚															
歌德摇滚															
独立摇滚															
前卫摇滚															
黑匣子															
帆布悲剧															
朱丽叶															
毁灭世界															
突然															

3. 布鲁斯的乐队不叫“空旷的礼拜”。梅根的乐队也不叫“空旷的礼拜”，同时她也不是前卫摇滚风格。

4. “贝拉松”是一个情绪摇滚风格的乐队名字，但是他们的歌不叫《朱丽叶》。

5. 莱泽开始组建一个独立摇滚风格的乐队。

6. 雷尔的乐队在录制一首名为《毁灭世界》的歌，这首歌的曲风不属于情绪摇滚。

7. 有一个乐队叫“倾斜”；有一首歌叫《帆布悲剧》。

041 飞行训练【高级】

某年，有个学校的5个男孩被选去进行飞行训练，但是最后没有一个人成为飞行员，因为他们在训练过程中没能顽强地坚持下来。根据下面的信息，你能否说出这几个男孩的名字、他们被派往

	温切斯特大学	西鲁斯伯里大学	拉格比大学	海洛大学	伊顿大学	烤面包	海雀	水塘	没脑子	生姜	起飞	驾驶	演习	降落	瞄准
亚当															
詹姆士															
贾斯汀															
雷奥纳多															
塞巴斯蒂安															
瞄准															
降落															
演习															
驾驶															
起飞															
生姜															
没脑子															
水塘															
海雀															
烤面包															

训练的学校、他们的昵称以及他们没有完成训练任务的原因?

1. 被人叫作“水塘”的人去了温切斯特大学，他既不是雷奥纳多也不是贾斯汀。

2. 去西鲁斯伯里大学的总是不能瞄准，他不是亚当，亚当的昵称是“海雀”。

3. 去海洛大学的那个人不会驾驶。

4. 塞巴斯蒂安被叫作“生姜”，他的枪法好极了。

5. 詹姆士和塞巴斯蒂安都不会发生起飞错误。

6. 被叫作“烤面包”的人去的地方不是伊顿大学。

7. 雷奥纳多在演习时总是表现不好，他的绰号不叫“没脑子”。

8. 有一个人总是不能准确降落。

9. 有一个人去了拉格比大学。

042 生病【高级】

5个小孩生病了。根据所给的信息，请你说出他们的名字、他们得的什么病、他们睡衣的颜色以及他们得到了什么作为安慰。

1. 穿红色睡衣的小孩得到了一本书。

2. 得了麻疹的小孩（不是贝利叶也不是弗兰克）得到了一个玩具。

3. 艾丽斯得了腮腺炎。另外一个小孩（穿着绿色睡衣）有朋友来看望。

4. 弗兰克穿着橘色的睡衣，他得的不是扁桃体炎。

5. 里伊得了猩红热，他穿的睡衣不是绿色的。

6. 得了水痘的小孩没有得到冰激凌。

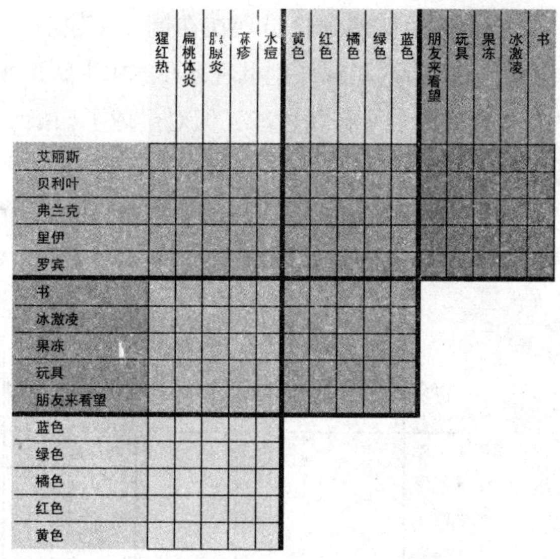

猩红热
扁桃体炎
腮腺炎
麻疹
水痘
黄色
红色
橘色
绿色
蓝色
朋友来看望
玩具
果冻
冰激凌
书
艾丽斯
贝利叶
弗兰克
里伊
罗宾
书
冰激凌
果冻
玩具
朋友来看望
蓝色
绿色
橘色
红色
黄色

7. 穿蓝色睡衣的不是罗宾，也不是里伊。
8. 有一个小孩穿着黄色睡衣。
9. 有一个小孩得到了果冻。

043 足球评论员【高级】

作为今年欧洲青年足球锦标赛报道的一部分，阿尔比恩电视台专门从节目《两个半场比赛》的足球评论员中抽调了4位，这些评论员将分别陪同4支英国球队，现场讲解球队的首场比赛。请你从以下所给的线索中，推断出是什么资历使他们成为足球评论员的，他们所陪同的球队是哪支，以及各球队分别要去哪个国家。

1. 杰克爵士将随北爱尔兰队去国外。
2. 默西塞德郡联合队曾经的经营者将去比利时。

3. 伴随英格兰队的评论员现在在挪威，他不是阿里·贝尔。

4. 曾是守门员的足球评论员现在在威尔士队；而作为前足球记者的评论员虽然从来没有踢过球，但对足球了如指掌，他伴随的不是苏格兰队。

5. 佩里·奎恩将随一支英国球队去俄罗斯，参加和俄罗斯青年队的比赛，不过他从来没进过球。

姓名	资历	英国球队	会场

044 跳棋【中级】

跳棋协会这个星期举办了一场激动人心的跳棋比赛。从给出的线索中，你能说出3个让人有所期待的选手名字、俱乐部及他们最后的排名吗？

		姓：汉克	姓：泰勒	姓：沃尔顿	五铃队	红狮队	船星队	第一名	第二名	第三名
名	比尔									
名	玛丽									
名	史蒂夫									
	第一名									
	第二名									
	第三名									
	五铃队									
	红狮队									
	船星队									

1. 跳棋选手泰勒代表红狮队。

2. 在史蒂夫胜出比赛后，紧接着是沃尔顿胜出。

3. 在第三场比赛中胜出的选手姓汉克。

4. 比尔比来自五铃队的选手早胜出比赛。

045 四人车组【高级】

英国电视台正在录制一部反映鸟类生活的纪录片。根据下面的线索，你能说出车中每个人的全名和他们的身份吗？

1. 瓦内萨·鲁特坐在录音师的斜对面。

2. 坐在D位置的鸟类学专家不姓温。

3. 姓贝瑞的摄像师不叫艾玛，而植物学家不在C位置上。

4. 盖伊不姓福特。

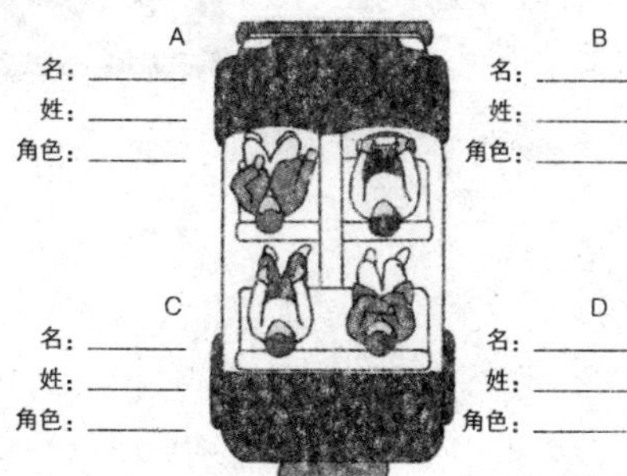

名：艾玛、盖伊、罗伊、瓦内萨
姓：贝瑞、福特、鲁特、温
身份：植物学家、摄像师、鸟类学专家、录音师

046 勋章【高级】

乔内斯特的宫廷博物馆有一个陈列橱，里面排放着14世纪~19世纪乔内斯特的国王们保留的4个骑士团大勋章。从以下给出的线索中，你能填出下图的4个勋章分别代表的4个勋爵士团的名字、制造大勋章用的金属材料和它上面的绶带的颜色吗？

1. 勋章C上悬挂着绿色的绶带。

2. 大勋章A是用纯银制作的。

3. 为14世纪乔内斯特王位的继承人命名的赖班恩王子勋爵士团的勋章有一个紫色的绶带。

4. 铁拳勋爵士团的勋章，顾名思义是铁制的大勋章，上面烙印着代表性图案——握紧的拳头，展示在有蓝色绶带的勋章旁边。

5. 青铜制的勋章紧靠在由纯金制造的勋章的右边，金制勋章不是伊斯特埃尔勋爵士团的代表。

勋爵士团：赖班恩王子、圣爱克赞讷、伊斯特埃尔、铁拳
勋章的材料：青铜、金、铁、银
绶带的颜色：蓝色、绿色、紫色、白色

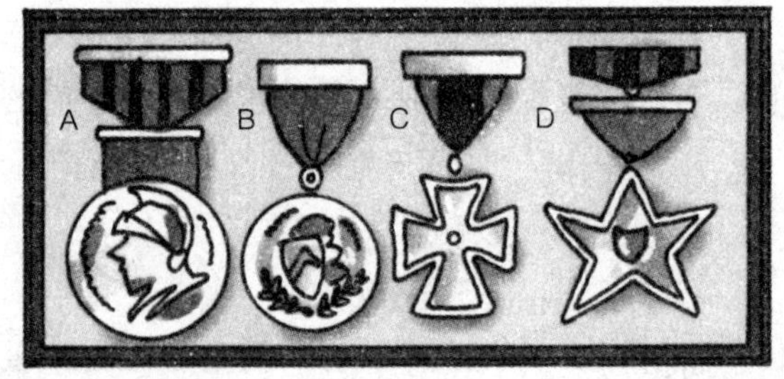

第二章　递推法

由已知条件层层分析得出结论的过程，要确保每一步都准确无误。在这个过程中，可能会有几个分支，应该本着先易后难的原则，先从简单的入手，逐个分析，直到考虑到所有的情况，找到符合题目要求的答案。这时候就要用到递推法。

递推法是利用问题本身具有的一种递推关系来求解的方法，也就是从上到下，一步步地推理。这种方法，不但有益于解决学习和工作中的问题，对于提高逻辑思维能力也大有裨益。

001 图形组合【初级】

仔细观察右边4幅图形，依据图形规律，从A~D中选出适合的第五幅图形。

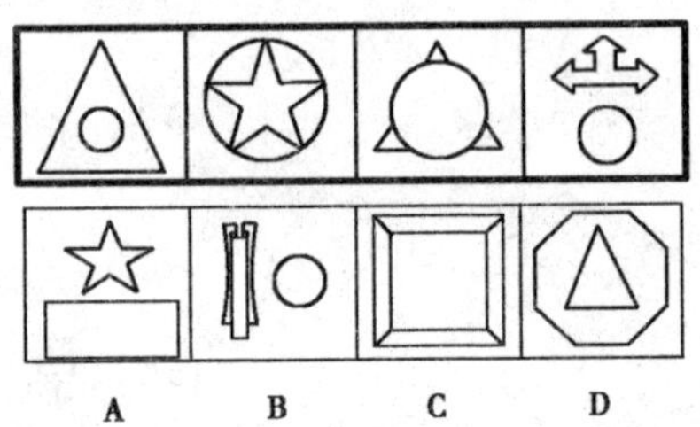

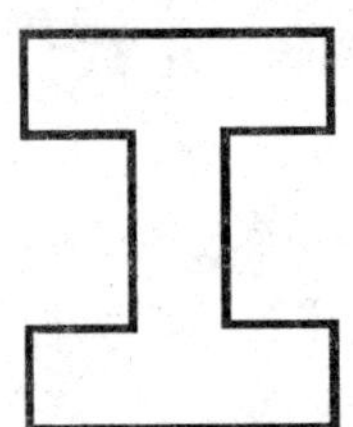

002 图形四等分【初级】

将左图分为大小和形状均相同的四等份。

003 哪个不相关【初级】

下面哪个图与其他的图不相关？

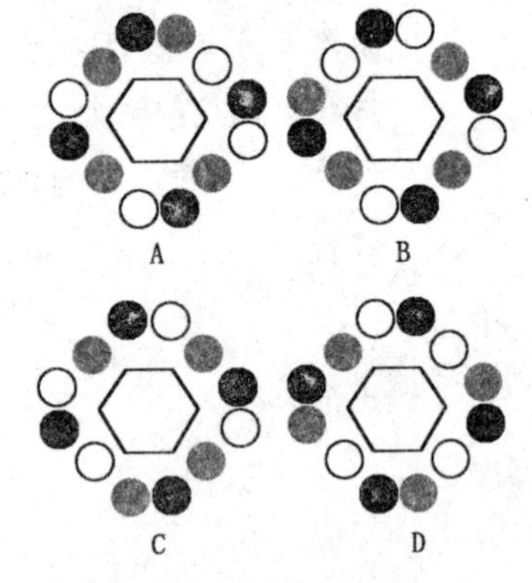

004 图形识别【初级】

依据左图的图形变化规律找出第四幅图。

005 填数字【初级】

根据规律，填数字完成右侧谜题。

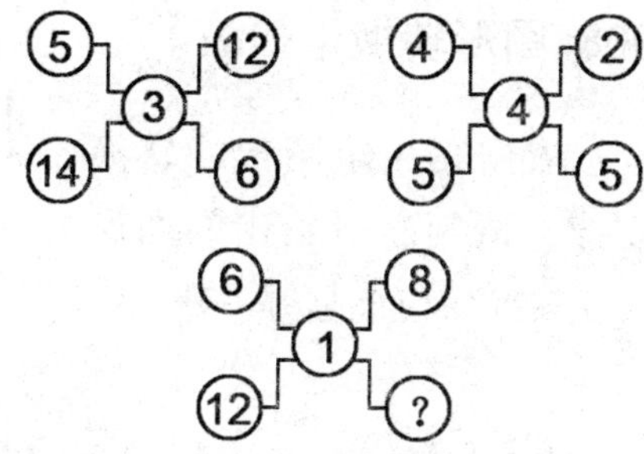

A	F	K	P	U
B	G	L	Q	V
C	H	M	R	W
D	I	N	S	X
E	J	O	T	Y

Z？

006 黑色还是白色【初级】

依照左图的逻辑，说说Z应该是黑色还是白色。

007 黑点方格【初级】

空缺处应该放入 A ~ F 项中的哪一项？

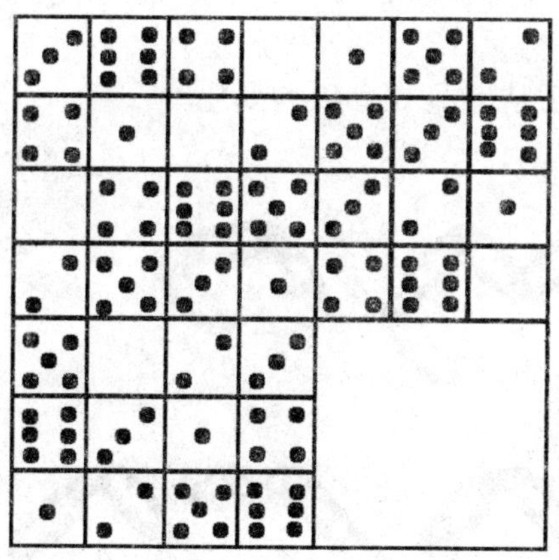

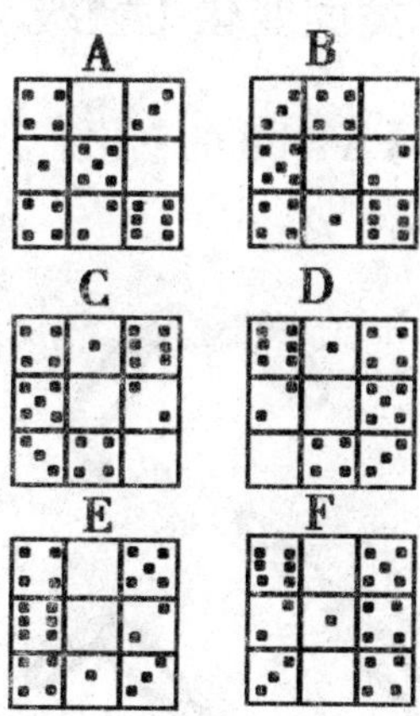

008 图形转换【初级】

依据第一组图形的转换规律，请判断所给出的图形对应转换后应该是哪一项。

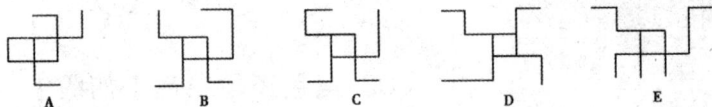

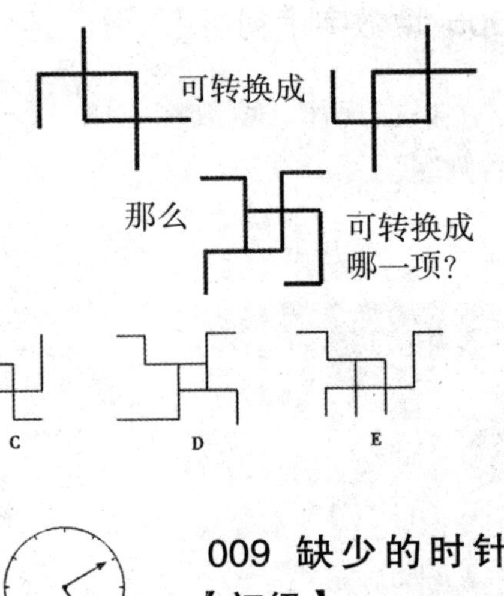

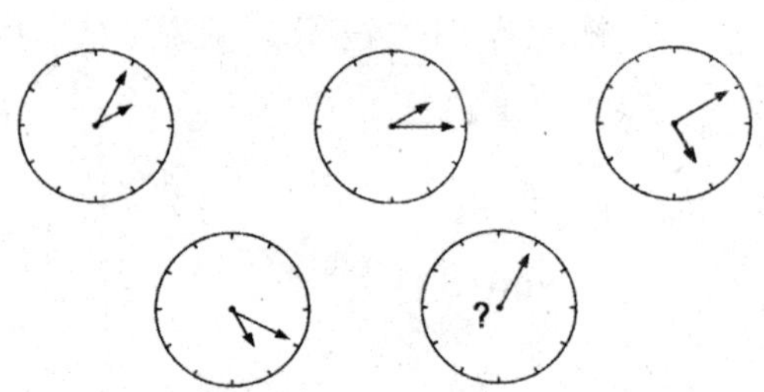

009 缺少的时针【初级】

表盘中缺少的时针应指向哪儿？

010 类同变化【初级】

从 A 到 B 的变化，类同于从 C 到哪一项的变化？

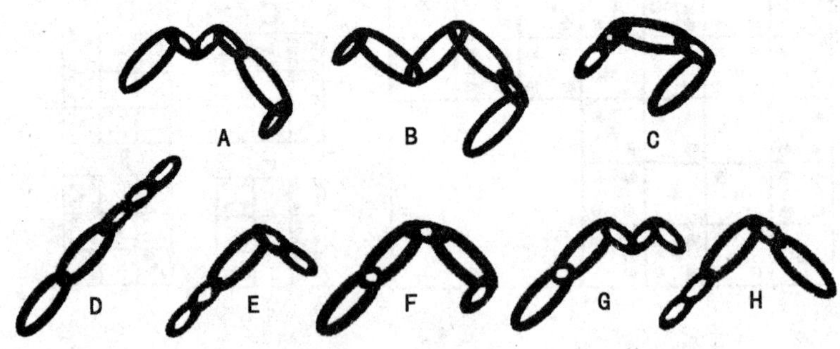

011 回忆填图【初级】

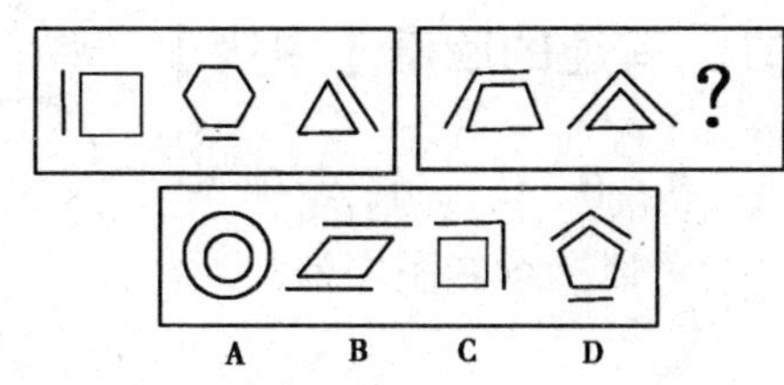

仔细观察右图上面的第一组图，然后将图遮住，从A、B、C、D中选出第二组图中缺失的图形。

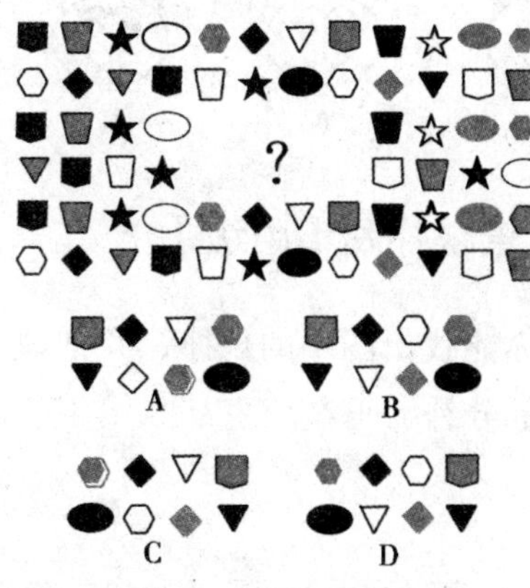

012 补充图案【初级】

仔细观察左面的图形，选择合适的答案将空白补上。

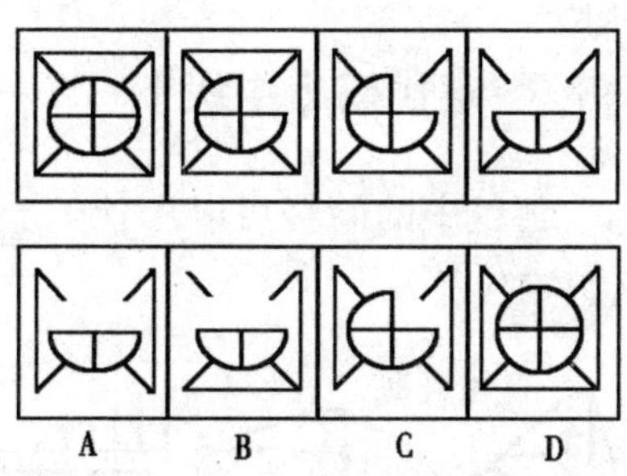

013 规律推图【初级】

仔细观察右面4幅图形，从A、B、C、D选项中选出规律相同的第五幅图形。

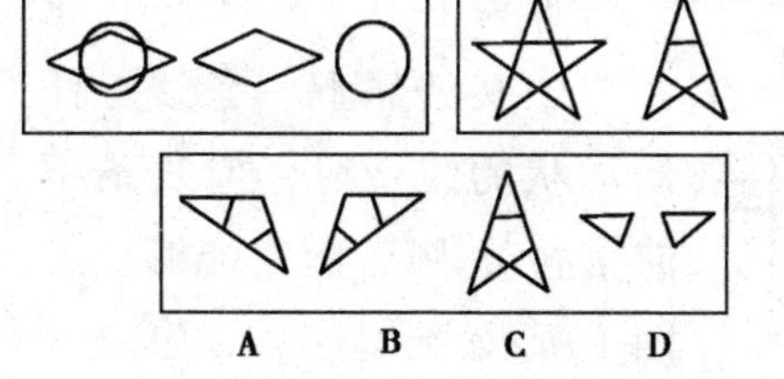

014 图形选择【初级】

观察左图中的第一组图形，依据规律选出第二组图形中缺少的图形。

015 有趣的脸谱【中级】

A、B、C 三个选项中，哪个可以接续右图序列？

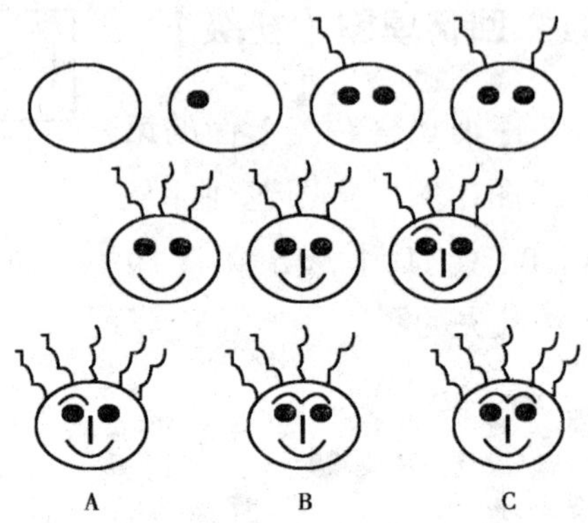

016 查缺补漏【中级】

你能找出图中的规律，并把缺掉的部分补上吗？

017 数字代码【中级】

题目中的问号可以用什么数字代替？

7628	5126	3020
9387	6243	1088
8553	2254	?

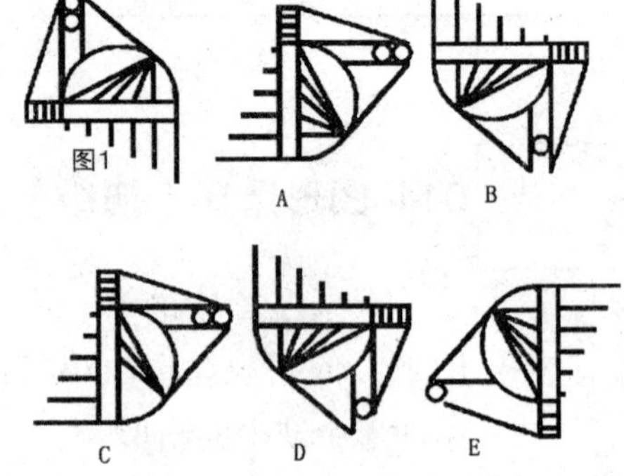

018 添上一条线【中级】

如果在 A、B、C、D、E 各图中某处添上一条线（任何形状的线皆可，但线条不能重叠），哪幅图案能够变成图 1 所示的形态？

019 推测符号【中级】

如图所示，将○、△、× 符号填入25个空格中，每格一个。问号处应该是什么符号？

○	×	△	○	○
△	×	△	×	×
×	○	○	△	△
○	△	×	○	○
?	×	○	△	×

020 中国盒【中级】

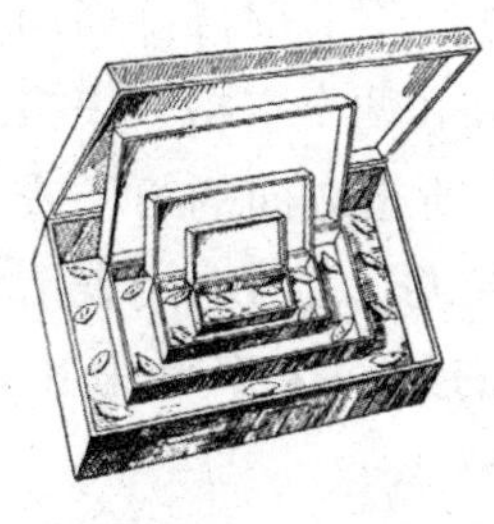

用4个盒子一盒套一盒做成1个中国盒。里面的3个盒子里各放4块糖，外面的大盒子里放9块糖。把这个盒子作为生日礼物送给你的朋友，并且告诉他（她）必须使每个盒子里的糖果变成偶数对再加1颗，然后才可以吃糖。你知道怎么放吗？

021 数字巧妙推【中级】

充分发挥你的想象力，推算出下一行的数字是什么。

1
11
21
1211
111221
312211
13112221
1113213211

022 数字矩阵【中级】

观察下边这个矩阵。你能填上未给出的数字吗？

1	1	1	1
1	3	5	7
1	5	13	25
1	7	25	?

023 补充表格【中级】

仔细看表格，然后说出表格中的问号该填什么数。

2	9	6	24
6	7	5	47
5	6	3	33
3	7	5	?

024 ABC（1）【中级】

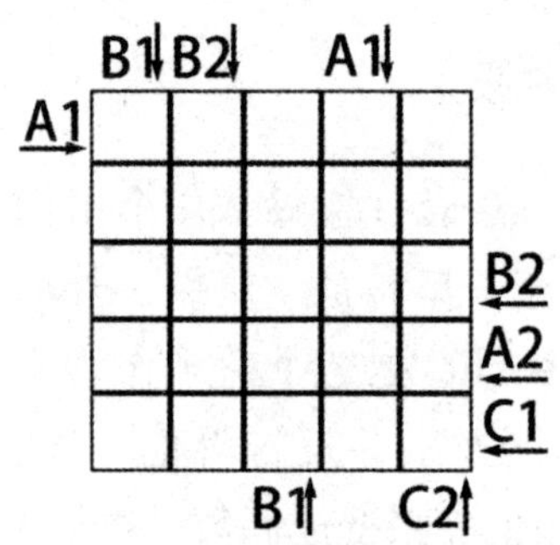

按要求填表格。要求每行每列均包含字母 A、B、C 和两个空格。表格外的字母表示箭头所指方向的第一或者第二个出现的字母，如 B1 代表箭头所指方向出现的第一个字母为 B。你能按要求完成吗？

025 战舰（1）【中级】

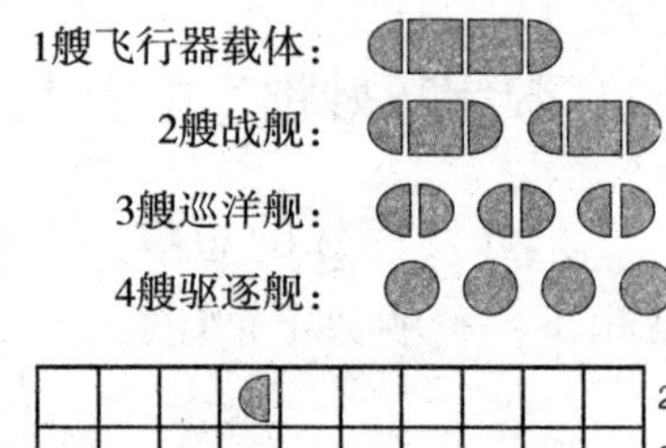

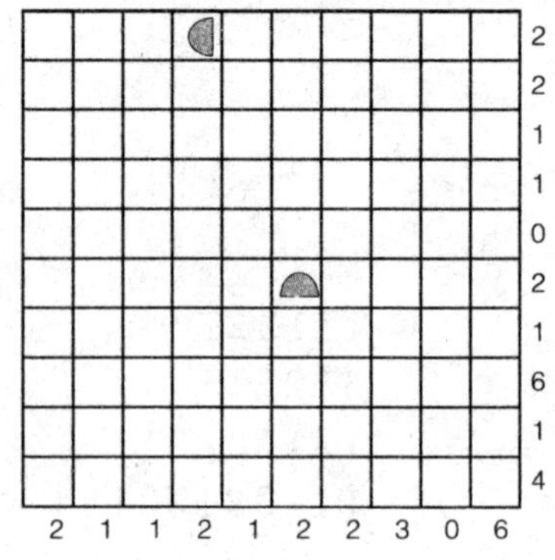

这道题是按照一个古老的战舰游戏设计的，你的任务是找出表格中的船。方格中已填入了几个代表某种船的局部的图案，而紧靠行和列边上的数字表示这行或这列被占的方格总数。船和船之间可以水平或垂直停靠，但是任意两艘船或船的某个部分都不可以在水平、垂直和对角方向上相邻或重叠。

026 战舰（2）【中级】

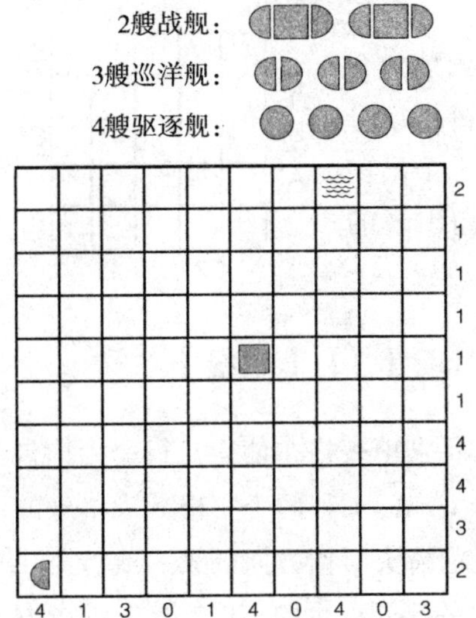

这道题是按照一个古老的战舰游戏设计的，你的任务是找出表格中的船。方格中已填入了几个代表某种船的局部的图案，而紧靠行和列边上的数字表示这行或这列被占的方格总数。船和船之间可以水平或垂直停靠，但是任意两艘船或船的某个部分都不可以在水平、垂直和对角方向上相邻或重叠。

027 寻找骨牌（1）【中级】

一副标准形式的骨牌已经展开，为了清楚起见，它使用数字而非点数来表示。你能用你细细的笔尖和灵活的脑瓜，把每个骨牌都画出来吗？右边的格子将对你非常有帮助。

0	3	0	3	6	4	6	2
5	5	0	5	4	5	5	0
6	2	0	4	2	3	4	1
1	2	2	4	4	3	1	3
1	1	0	6	5	3	3	1
1	3	6	6	6	2	2	5
2	1	4	0	4	0	6	5

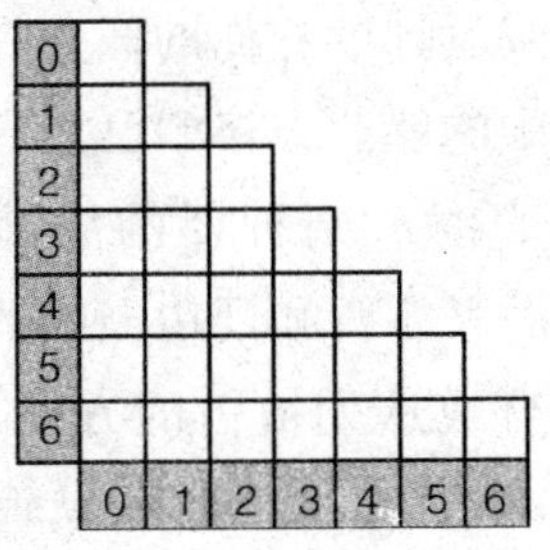

028 ABC（2）【中级】

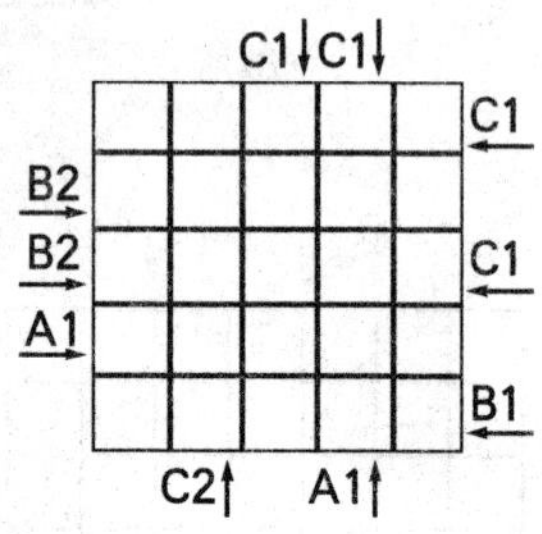

按要求填表格，使得每行每列均包含字母 A、B、C 和两个空格。表格外的字母表示箭头所指方向的第一或者第二个出现的字母，如 B1 代表箭头所指方向出现的第一个字母为 B。你能按要求完成吗？

029 ABC（3）【中级】

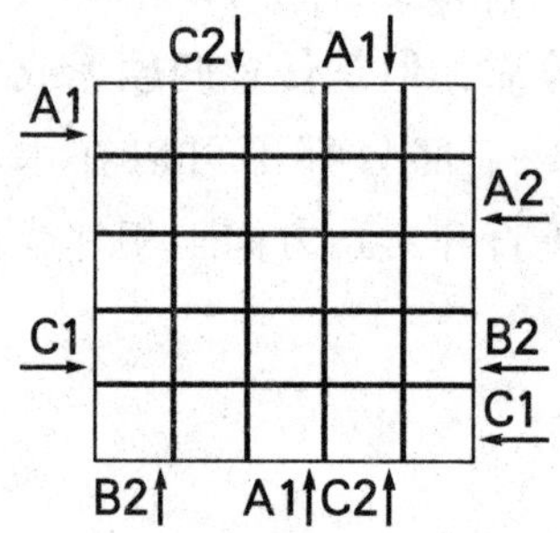

按要求填表格，使得每行每列均包含字母A、B、C和两个空格。表格外的字母表示箭头所指方向的第一或者第二个出现的字母，如B1代表箭头所指方向出现的第一个字母为B。你能按要求完成吗？

030 战舰（3）【中级】

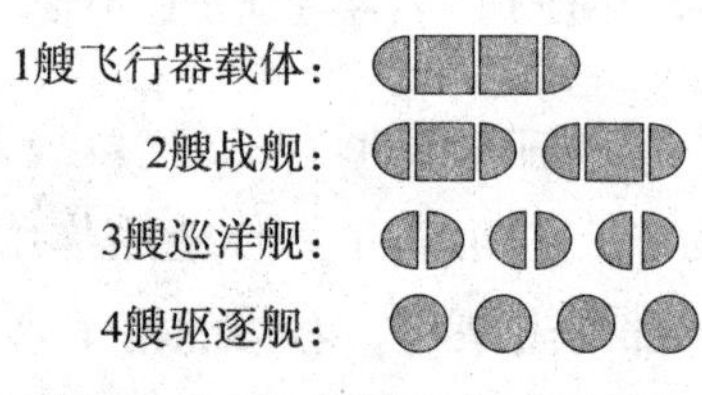

这道题是按照一个古老的战舰游戏设计的，你的任务是找出表格中的船。方格中已填入了几个代表海或某种船的局部的图案，而紧靠行和列边上的数字表示这行或这列被占的方格总数。船和船之间可以水平或垂直停靠，但是任意两艘船或船的某个

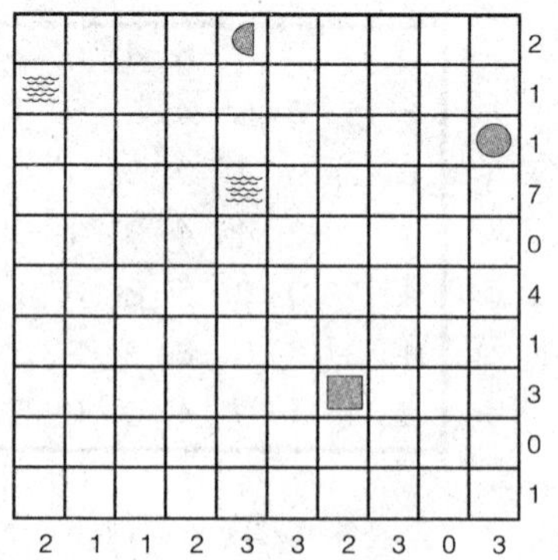

部分都不可以在水平、垂直和对角方向上相邻或重叠。

031 寻找骨牌（2）【中级】

一副标准形式的骨牌已经摆出，为了清楚起见，它使用数字而非点数来表示。你能用你细细的笔尖和灵活的脑瓜，把每个骨牌都画出来吗？右边的格子将对你非常有帮助。

1	3	4	0	2	3	0	0
6	5	5	1	2	3	4	6
4	4	4	2	2	5	5	6
3	1	0	0	3	0	5	6
6	1	1	2	2	5	3	3
1	5	6	0	2	5	6	1
4	0	4	6	2	4	1	3

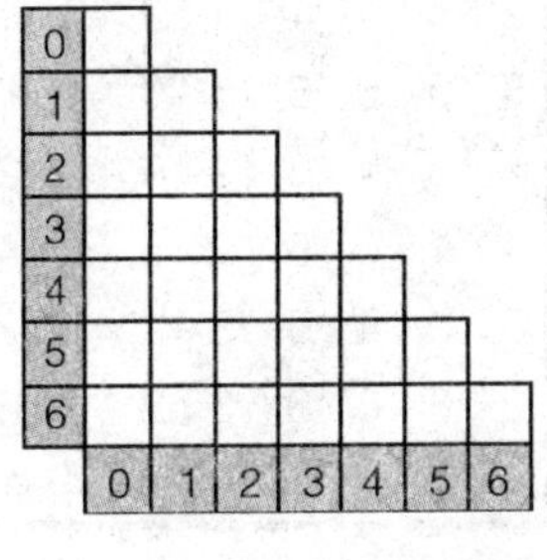

032 战舰（4）【中级】

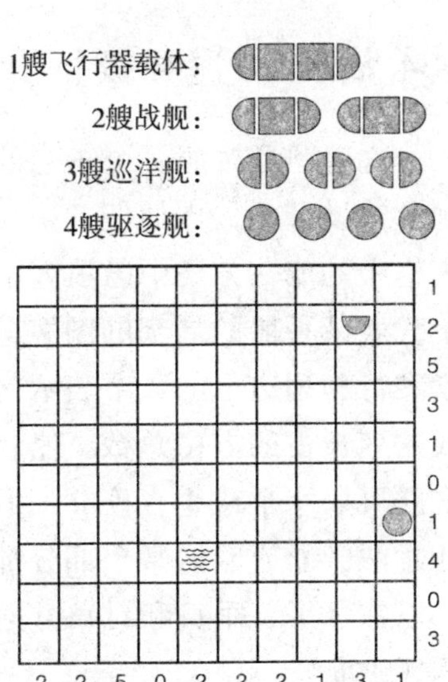

这道题是按照一个古老的战舰游戏设计的，你的任务是找出表格中的船。方格中已填入了几个代表海或某种船的局部的图案，而紧靠行和列边上的数字表示这行或这列被占的方格总数。船和船之间可以水平或垂直停靠，但是任意两艘船或船的某个部分都不可以在水平、垂直和对角方向上相邻或重叠。

033 寻找骨牌（3）【中级】

一副标准形式的骨牌已经展开，为了清楚起见，它使用数字而非点数来表示。你能用你细细的笔尖和灵活的脑瓜，把每个骨牌都画出来吗？右边的格子将对你非常有帮助。

2	5	1	1	1	2	0	6
5	0	6	6	5	3	4	4
2	3	4	5	2	5	4	2
1	1	6	5	2	5	0	4
0	0	4	5	3	3	3	2
6	6	6	3	3	2	1	6
4	1	0	0	0	1	4	3

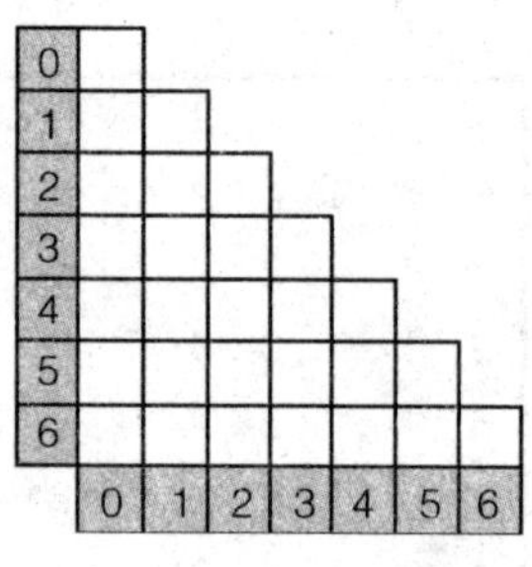

034 战舰（5）【中级】

这道题是按照一个古老的战舰游戏设计的，你的任务是找出表格中的船。方格中已填入了几个代表某种船的局部的图案，而紧靠行和列边上的数字表示这行或这列被占的方格总数。船和船之间可以水平或垂直停靠，但是任意两艘船或船的某个部分都不可以在水平、垂直和对角方向上相邻或重叠。

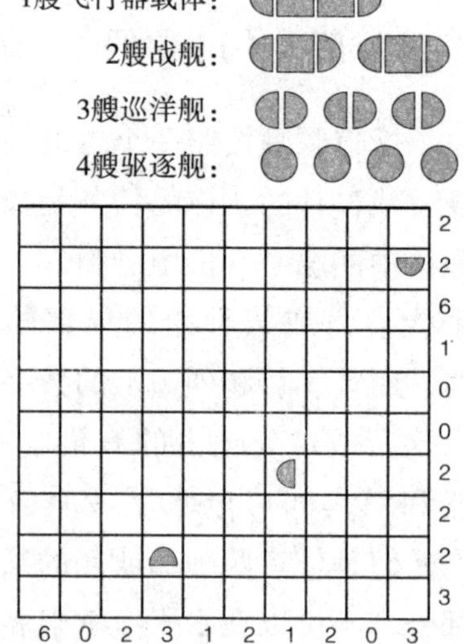

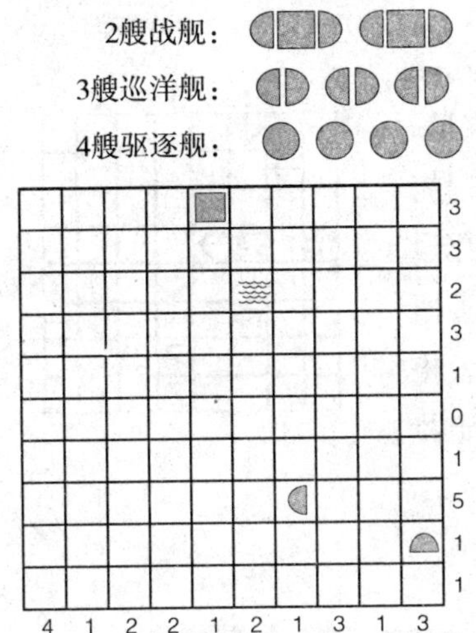

035 战舰（6）【中级】

这道题是按照一个古老的战舰游戏设计的，你的任务是找出表格中的船。方格中已填入了几个代表海或某种船的局部的图案，而紧靠行和列边上的数字表示这行或这列被占的方格总数。船和船之间可以水平或垂直停靠，但是任意两艘船或船的某个部分都不可以在水平、垂直和对角方向上相邻或重叠。

036 格拉斯哥谜题【高级】

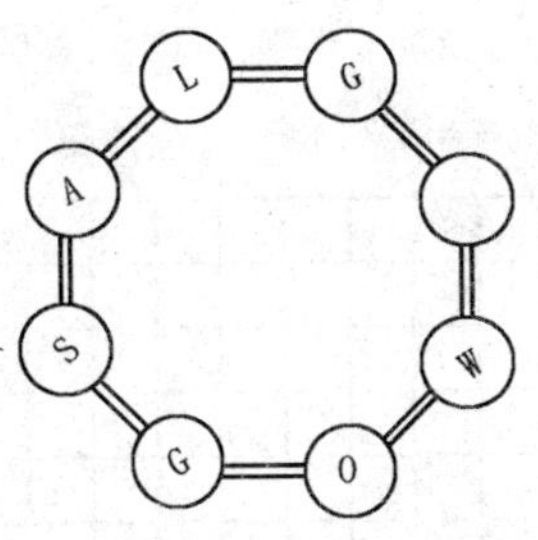

如图所示：有8个圆圈，其中7个圆圈上面依次标着字母G、L、A、S、G、O、W，连起来读作“格拉斯哥”，这是苏格兰西南部一个城市的名字。

按照现在的排列，这个地名是按逆时针方向拼读的。解题的要求是：每次移动一个字母，使GLASGOW这个地名最后可以按照正确的方向（顺时针方向）拼读。移动字母的规则是：如果旁边有一个圆圈空着，可以走一步；可以跳过一个字母走到它旁边的空圆圈里去。这样，按照L、S、O、G、A、G、W、A、G、S、O、S、W、A、G、S、O的顺序移动字母，就可以达到目的。但一共要走17步。你能少走几步来实现上述目标吗?

037 方格寻宝【高级】

在表格的每一行、每一列中，隐藏了若干珠宝，表格边的数字揭示其数量。此外，在某些方格中标记了箭头的符号，意思是：在箭头的方向藏有珠宝，数量可能不止一个。换句话说，每个箭头所指处，至少能找到一件珠宝。请在表格中标出你认为有珠宝的方格，看你能找到多少个。

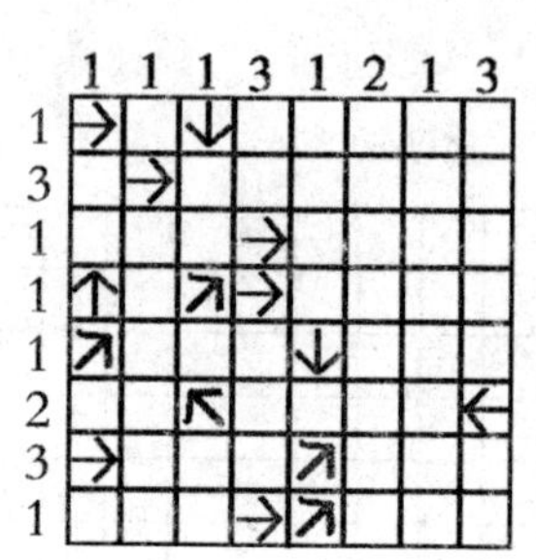

038 战舰（7）【高级】

1艘飞行器载体：

2艘战舰：

3艘巡洋舰：

4艘驱逐舰：

1 1 2 0 2 2 3 4 3 2

3 0 2 0 0 4 0 4 3 4

这道题是按照一个古老的战舰游戏设计的，你的任务是找出表格中的船。方格中已填入了几个代表某种船的局部的图案，而紧靠行和列边上的数字表示这行或这列被占的方格总数。船和船之间可以水平或垂直停靠，但是任意两艘船或船的某个部分都不可以在水平、垂直和对角方向上相邻或重叠。

039 战舰（8）【高级】

这道题是按照一个古老的战舰游戏设计的，你的任务是找出表格中的船。方格中已填入了几个代表某种船的局部的图案，而紧靠行和列边上的数字表示这行或这列被占的方格总数。船和船之间可以水平或垂直停靠，但是任意两艘船或船的某个部分都不可以在水平、垂直和对角方向上相邻或重叠。

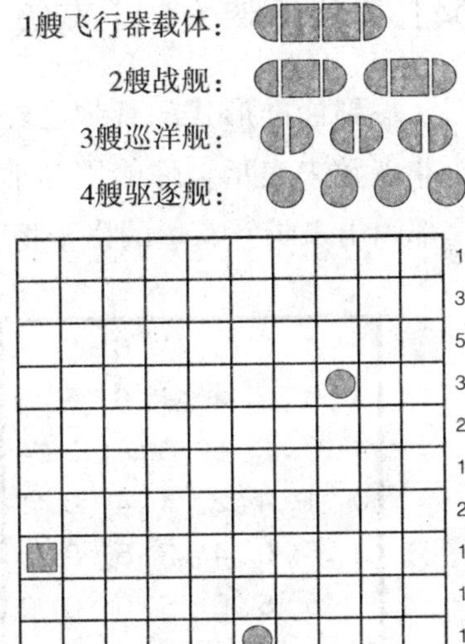

040 战舰（9）【高级】

这道题是按照一个古老的战舰游戏设计的，你的任务是找出表格中的船。方格中已填入了几个代表海或某种船的局部的图案，而紧靠行和列边上的数字表示这行或这列被占的方格总数。船和船之间可以水平或垂直停靠，但是任意两艘船或船的某个部分都不可以在水平、垂直和对角方向上相邻或重叠。

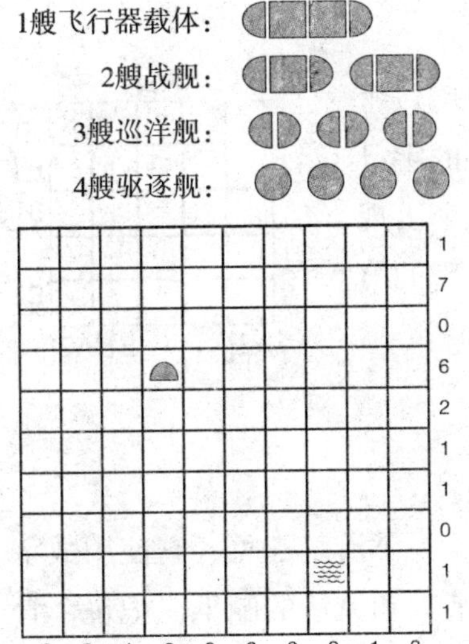

041 寻找骨牌（4）【高级】

一副标准形式的骨牌已经展开，为了清楚起见，它使用数字而非点数来表示。你能用你细细的笔尖和灵活的脑瓜，把每个骨牌都画出来吗？右边的格子将对你非常有帮助。

1	4	2	1	1	6	0	2
3	6	2	1	1	6	6	5
4	3	2	5	3	3	3	4
0	1	4	2	4	4	6	1
3	5	0	4	2	5	3	0
1	5	5	6	5	0	0	0
3	2	5	6	0	4	6	2

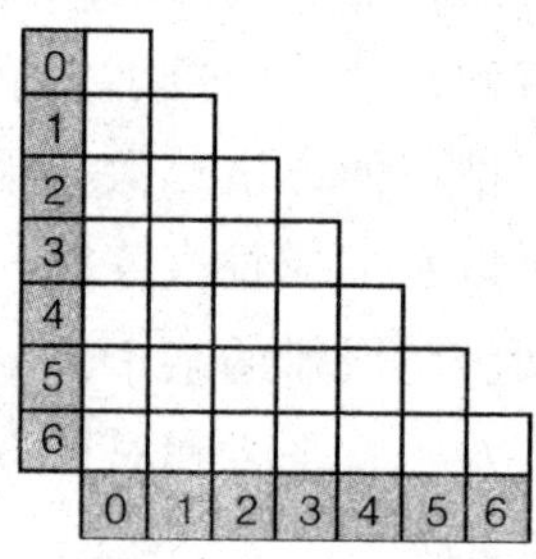

042 ABC（4）【高级】

按要求填表格，使得每行每列均包含字母 A、B、C 和两个空格。表格外的字母表示箭头所指方向的第一或者第二个出现的字母，如 B1 代表箭头所指方向出现的第一个字母为 B。你能按要求完成吗？

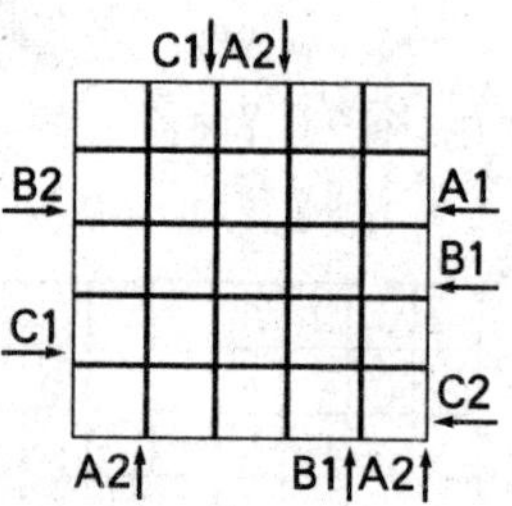

043 寻找骨牌（5）【高级】

一副标准形式的骨牌已经展开，为了清楚起见，它使用数字而非点数来表示。你能用你细细的笔尖和灵活的脑瓜，把每个骨牌都画出来吗？右边的格子将对你非常有帮助。

2	0	6	6	3	6	2	1
1	0	6	3	4	3	3	6
5	1	1	1	3	6	0	0
1	2	5	2	2	5	5	1
2	0	5	2	5	4	5	4
4	6	6	4	0	1	0	4
0	3	3	3	5	2	4	4

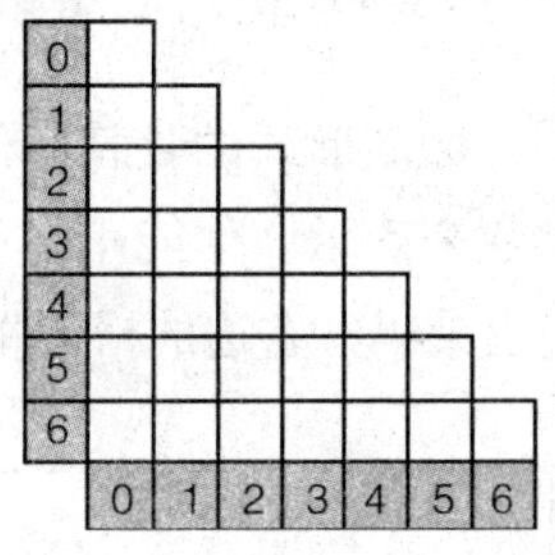

044 ABC（5）【高级】

按要求填表格，使得每行每列均包含字母 A、B、C 和两个空格。表格外的字母表示箭头所指方向的第一或者第二个出现的字母，如 B1 代表箭头所指方向出现的第一个字母为 B。你能按要求完成吗？

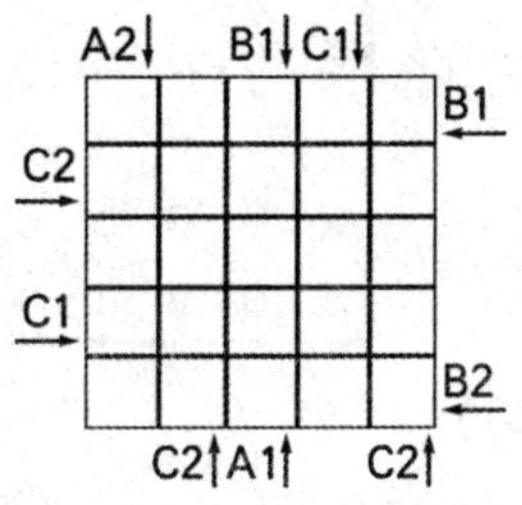

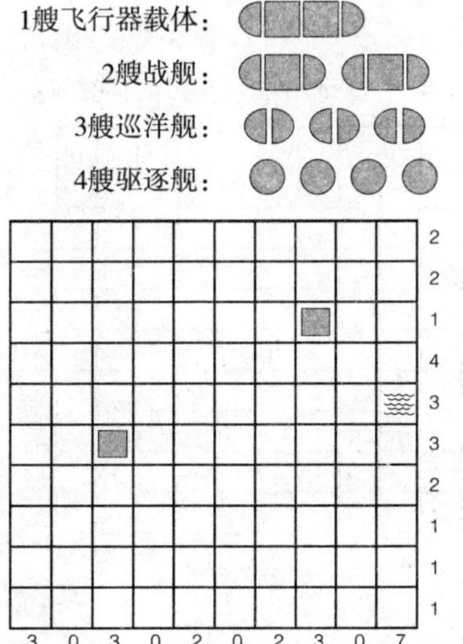

045 战舰（10）【高级】

这道题是按照一个古老的战舰游戏设计的，你的任务是找出表格中的船。方格中已填入了几个代表海或某种船的局部的图案，而紧靠行和列边上的数字表示这行或这列被占的方格总数。船和船之间可以水平或垂直停靠，但是任意两艘船或船的某个部分都不可以在水平、垂直和对角方向上相邻或重叠。

046 寻找骨牌（6）【高级】

一副标准形式的骨牌已经展开，为了清楚起见，它使用数字而非点数来表示。你能用你细细的笔尖和灵活的脑瓜，把每个骨牌都找出来吗？右边的格子将对你非常有帮助。

0	2	2	4	4	4	4	4
2	5	2	3	1	1	6	6
6	3	6	3	3	5	3	5
3	0	6	3	5	2	5	6
2	1	6	4	0	5	5	4
2	0	0	0	6	5	1	4
1	0	3	1	1	2	1	0

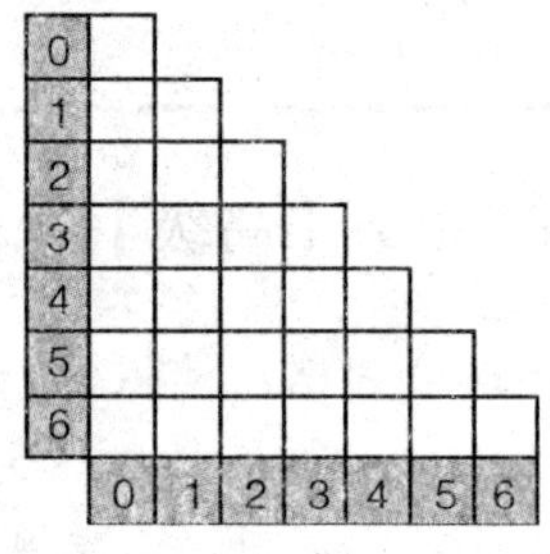

047 战舰（11）【高级】

这道题是按照一个古老的战舰游戏设计的，你的任务是找出表格中的船。方格中已填入了几个代表某种船的局部的图案，而紧靠行和列边上的数字表示这行或这列被占的方格总数。船和船之间可以水平或垂直停靠，但是任意两艘船或船的某个部分都不可以在水平、垂直和对角方向上相邻或重叠。

1艘飞行器载体：

2艘战舰：

3艘巡洋舰：

4艘驱逐舰：

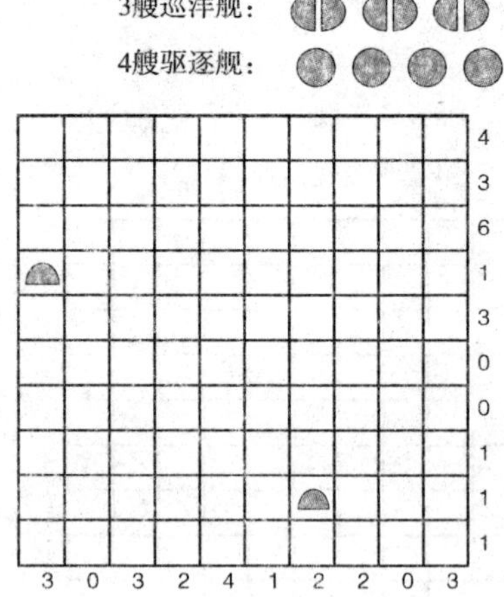

第三章　作图法

作图法是根据题目内容，把抽象复杂的条件有针对性地用图表的形式表示出来的方法。图表降低了分析和解决问题的难度。有些题目在作图之前会令人觉得无处下手，但是在作图以后就变得一目了然了。

作图法不仅能让形象直观鲜明，同时还包括抽象的严密推理过程，是逻辑推理的重要方法之一，对快速解决问题、锻炼逻辑思维能力有很大的帮助。

001 老鼠迪克【初级】

老鼠迪克要怎样才能吃到奶酪呢？

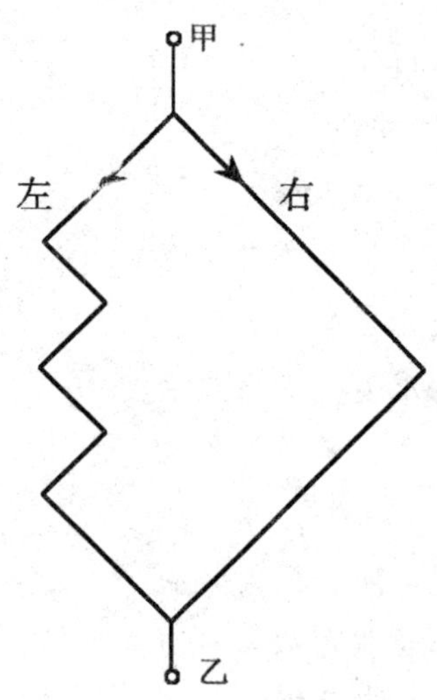

002 谁先到达【初级】

如左图所示，从甲点到乙点中间隔着一个小草坪，草坪的两边有两条小路。小明和小军同时从甲点出发，小明从左侧小路走，小军从右侧小路走，相同的速度下，谁先到达乙点？

003 男生还是女生【初级】

一个班有 90 个人排成一队去植物园。他们的排列顺序是这样的：男、女、男、男、男、女、男、男、男、女、男、男、男、女、男、男、男、女……那么，最后一个学生是男还是女呢？

004 几个正方形【初级】

如下图所示的 16 个点能围成几个正方形？

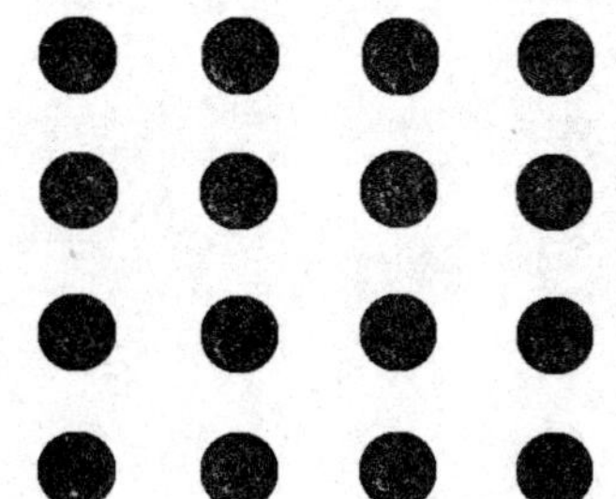

005 双胞离体【初级】

将右面5种图形分别分成形状、大小都相同的双胞图形。

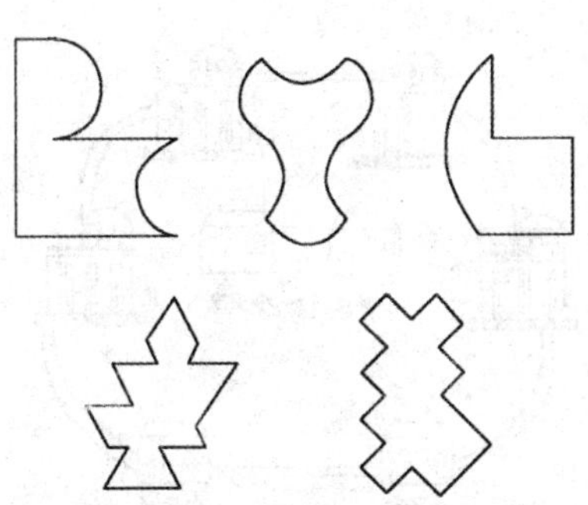

006 不向左转【初级】

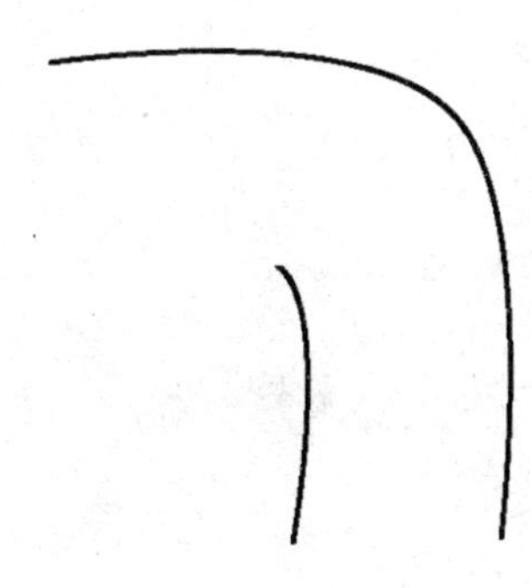

吉姆和汤米在一条马路上走着，眼见前面的马路就要向左拐弯了，汤米便考吉姆说："你能不往左转，就把这条马路走完吗？"吉姆笑道："这还不容易？"说罢，便快步向转弯处走去。没过一会，他果然没有向左转弯，就走完了这条向左转弯的路。你知道他是怎么做到的吗？

007 视图【初级】

右图是一个立方体从三个方向看的视图效果。请问黑面的对面是什么样子的？

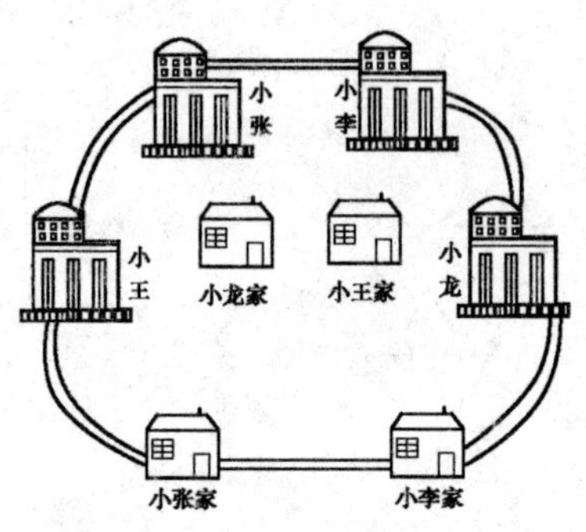

008 条条大道通罗马【初级】

小张、小李、小龙、小王的家在不同的地方，同时他们在不同的地方上班。请你为他们分别设计一条能回到家又不相互交错的路线。

009 飞船【初级】

这艘飞船正从月球飞回地球。右图所示的就是前进舱指挥舰板的平面图。伯肯舰长每个小时都会巡视飞船，他将检查从A到M的每一个走廊，而且只检查一次。但是，通过外走廊N的次数不限；同时，进入4个指挥中心（1号、2号、3号和4号）的次数也不受限制。最后，他总是在1号指挥中心结束他的检查。请你把舰长的检查路线展示出来（起点可以从任一指挥中心开始）。

010 未来时光【中级】

一位将军在战场上拿着望远镜观察远处的房屋，偶尔看见一家墙壁上的挂历有如图所示的黑字。根据这些字能不能推测出这个月的1号是星期几？

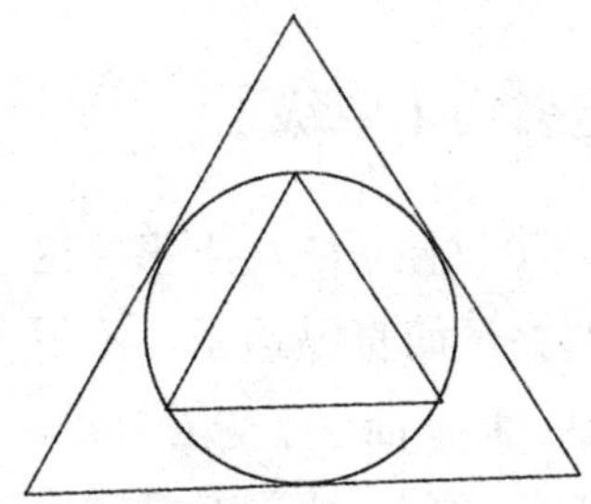

011 面积比【中级】

在一个正三角形中内接一个圆，圆内又内接一个正三角形。

请问：外面的大三角形和里面的小三角形的面积比是多少？

012 考试的结果【中级】

有A、B、C、D、E 5个人参加考试，都考了相同的5门课。老师评完考卷后，有如下结果（成绩按1、2、3、4、5分评分）：

1. 5个人的总分各不相同，而且在同一门考试中，也没有相同分数的人。但无论是谁，都有一门课程成绩是5个人中最好的。

2. 按得分总名次排列，A为第一名，其余依次为B、C、E、D。

3. A总分为18分，B比A少2分。

4. A历史最好，B语文最好，但B的地理和英语均为第三名。

5. C的地理为第一，数学为第二，历史为第三。

6. D的数学为第一，英语为第二。关于E的得分情况，老师什么也没有说。

这5个人的各科成绩各是多少？总分又各是多少？

013 人鬼同渡【中级】

3个人和3个鬼同在一个小河渡口，渡口上只有一条可容2人的小船，但是摆渡人不知去向。他们如何用这条小船全部渡到对岸去？

条件是在渡河的过程中，河两岸随时都保持人数不少于鬼数，否则鬼会把处于少数的人吃掉。

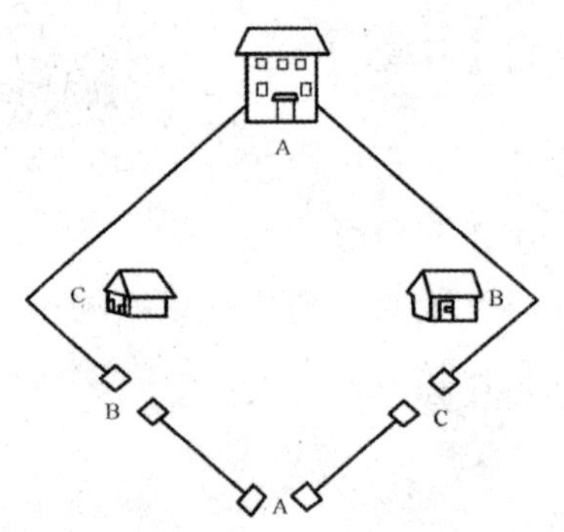

014 各走各门【中级】

一个院子里住了3户人家。这3户人家的关系简直糟透了，不只是互不说话，而且谁也不想看到谁。他们想各走各的门，也就是像图上所画的那样，A走A门，B走B门，C走C门。为了避免相遇，他们走的道也不能交叉。那么，他们该怎样走才好呢？

015 兔子难题【中级】

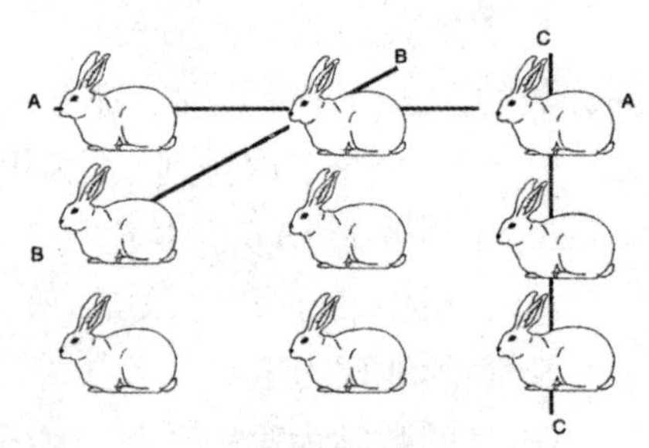

直线AA上有3只兔子，直线CC上也有3只兔子，直线BB上有2只兔子。有多少条直线上有3只兔子？有多少条直线上有2只兔子？如果拿走3只兔子，将余下的6只兔子排成3排，且每排有3只兔子，该怎么排列？

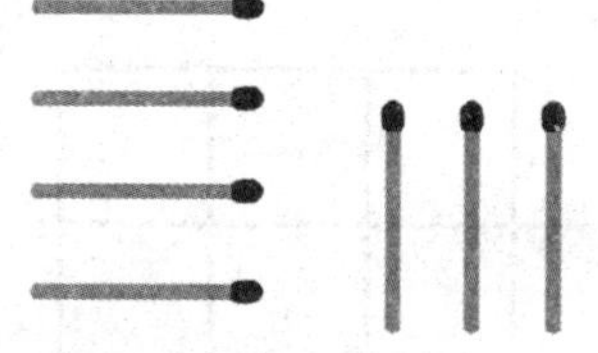

016 拼汉字【中级】

想象一下，5 根横排的火柴和 3 根竖排的火柴能拼几个汉字?

017 学生会委员【中级】

在某校新当选的 7 名学生会委员中，有 1 个大连人，2 个北方人，1 个福州人，2 个特长生，3 个贫困生。假设上述介绍涉及了该学生会中的所有委员，则以下各项关于该学生会的断定与题干相矛盾的是:

A. 两个特长生都是贫困生。

B. 贫困生不都是南方人。

C. 特长生都是南方人。

D. 大连人都是特长生。

E. 福州人不是贫困生。

018 保守的丈夫【中级】

河岸上有 3 对夫妇，他们都要渡河，可是只有一条能乘 2 个人的小船。而且，这 3 个男人都很保守，他们不希望自己的妻子在他本人不在的情况下和别的男人在一起。请想想，用什么办法把他们都渡过去。当然，船得他（她）们自己划。因此每次渡过河都要有人划回原处，直至全渡过去为止。

019 放不下的榻榻米【中级】

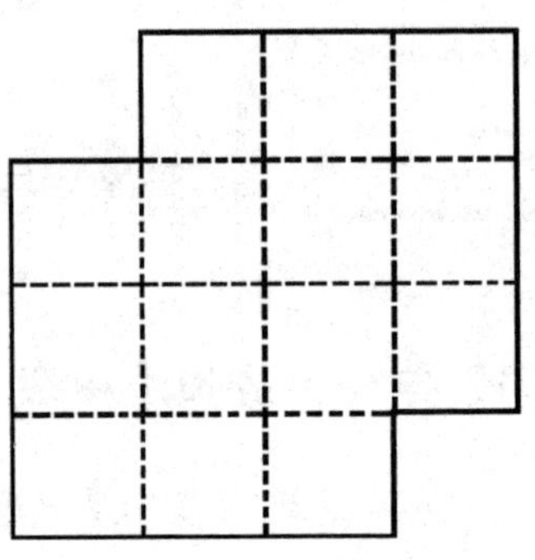

一个日本人在买榻榻米（日本人铺房间用的一种草垫子，尺寸大小一般和中国的单人凉席差不多）之前，量了一下房间地面尺寸，正好是铺7张榻榻米的面积（见右图，两方格铺一整张榻榻米）。可是，当他买回来后却发现7张榻榻米在他的房间里怎么也铺不下。你知道其中的原因吗？

020 移动汽车【中级】

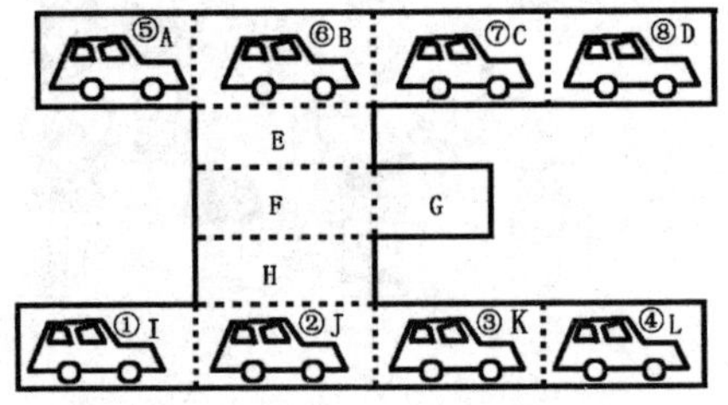

如图，这是一座汽车库，实线表示墙，虚线表示车位的划分，车可以自由移动。如果要将车对调一下，即1和5对调，2和6对调……每格只能进一辆车，但如果格是空的，车移动几格都行。该怎样移动呢？

021 戒指放盒里【中级】

一个盒子上面放着一枚钻石戒指，你能否在一分钟内把它放到盒内去？

022 聪明的家丁【中级】

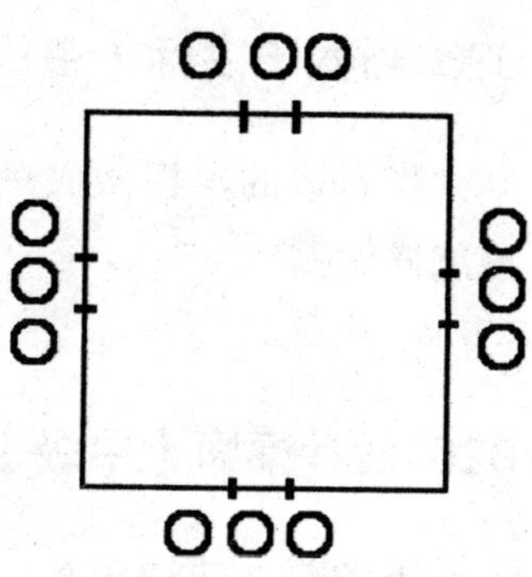

如图所示，这是一座从正上方俯视时呈正方形的城堡，堡主每面都派3个家丁日夜巡逻，自己在堡内每天都通过四面的窗口视察一下，看他们是否忠于职守。这差事如此辛苦，12个家丁叫苦不迭。他们想了一个办法，既节省了人力，又让堡主视察时看到的仍是每面3人。他们是怎样做的？

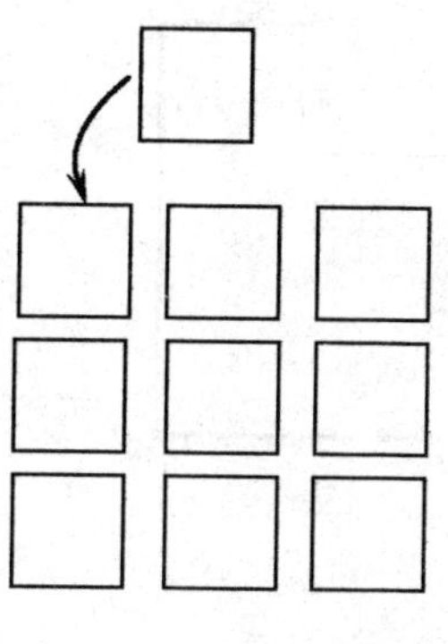

023 变大的正方形【中级】

在图中，有相同大小的正方形纸9枚，全部排列成一个大正方形。现在想再加一枚小正方形纸片，以便和原先的9张一同做出一个更大的正方形。纸张可视需要自由裁剪，只是不能有多出来或重叠的部分。你准备怎样做呢？

024 十字变方【中级】

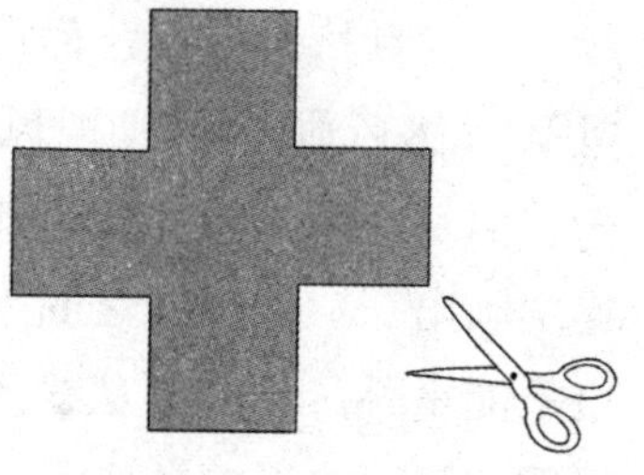

图中所示的一张十字标志图，若让你另剪一刀，并把它拼成一个正方形，应该怎么做？

025 巧做十字标【中级】

将右边的木板做成一个十字标志，应该怎样做呢?

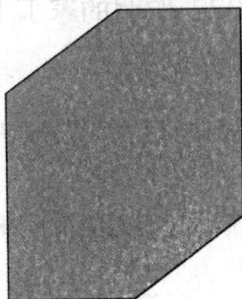

026 设计桌面【中级】

下图是一块边角料，小花想把它做成一张正方形桌面。请你帮她设计一下，怎样剪拼，才能完成呢?

027 神奇的风筝【中级】

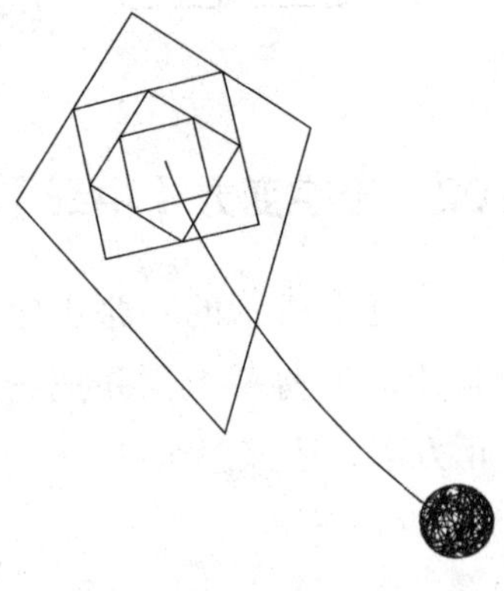

右图就是著名的“风筝思维游戏”。要做这个游戏，你得先画一个风筝，然后画一条线把风筝连接起来，但是必须一笔完成（即用一条线连续画出）。线与线之间不能交叉，也不能重叠。你必须从线团开始画，然后到风筝的正中央结束。

028 谁点了牛排【高级】

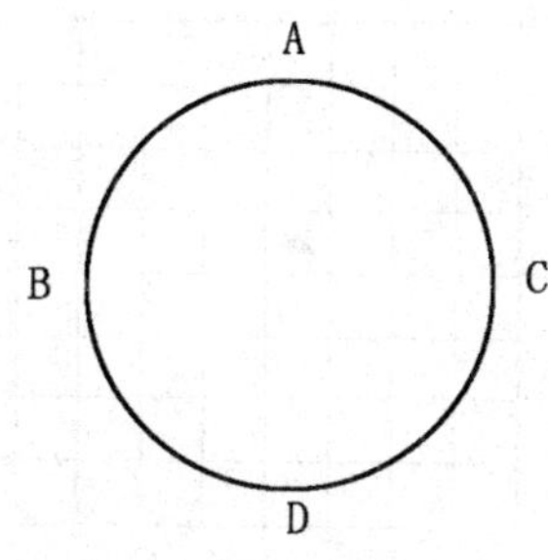

4个好朋友前往一家西餐厅用餐，他们选了个圆桌，依A、B、C、D的顺序坐下，并在看过菜单之后，彼此接续点了主菜、汤及饮料。

在主菜方面，李先生点了一份鸡排，连先生点了一份羊排，而坐在B的人则点了一份猪排。

汤水方面，萧先生及坐在B处的人都点了玉米浓汤，李先生点了洋葱汤，另一人则点了罗宋汤。至于饮料方面，萧先生点了热红茶，李先生和连先生点了冰咖啡，而另一个人则点了果汁。

当大伙儿点完之后，这才发现：邻座的人都点了不一样的东西。如果李先生是坐在A的位置，试问，坐在哪个位置的先生点了牛排？

029 火车卸运【高级】

一列火车将货物A运到B处，将货物B运到A处，但不能让它们穿越隧道，最后将火车返回原先的位置。

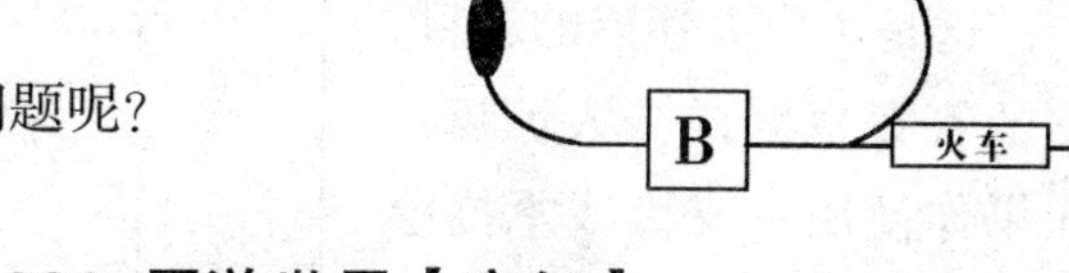

怎样解决这个问题呢？

030 周游世界【高级】

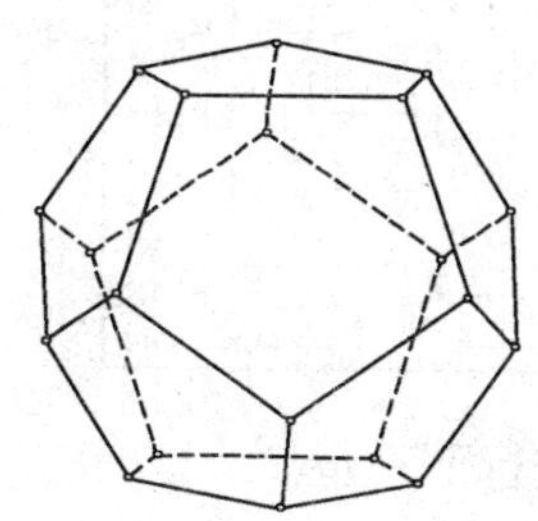

一个正十二面体，有20个顶点，每个顶点有3处棱相聚，如左图。从其中某个点出发，沿着正十二面体的棱，寻找一条路径，恰好经过每个点一次，最后返回出发地。

这样的路径能找到吗？

031 贪玩的蜗牛【高级】

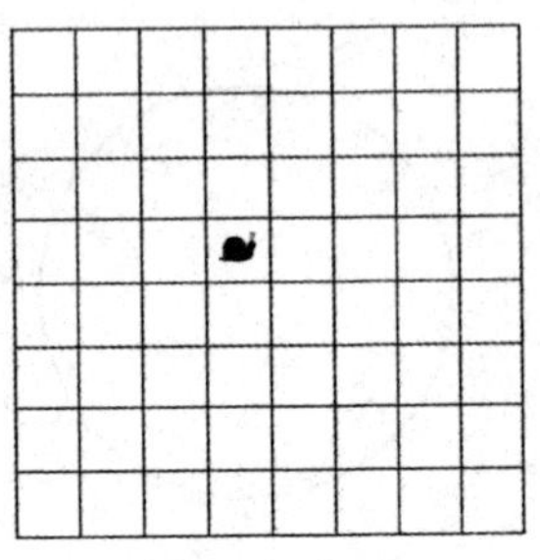

一只蜗牛掉进了棋盒，它想走完所有的格子回到原点，但它每次只能在上下或左右方向上移动一格，不能跃过格子跳动。它要怎样走呢？

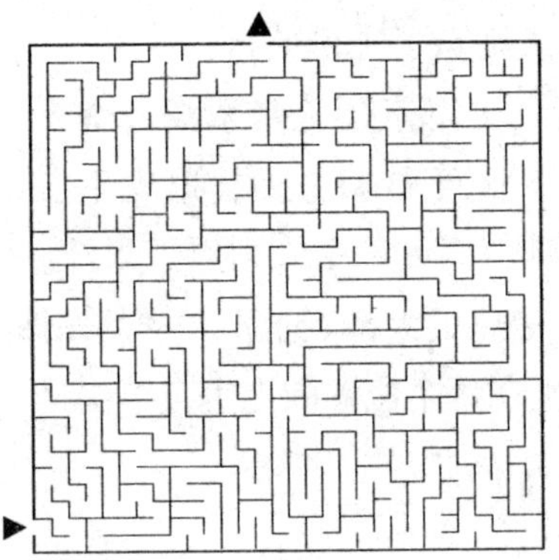

032 迷宫（1）【高级】

左边是一个路径奇特的迷宫，其中迷宫的直道构成了一幅图，当你用粗线条作标记的时候就会特别明显，这个图案看起来像一个小伙子。试试看吧！

033 迷宫（2）【高级】

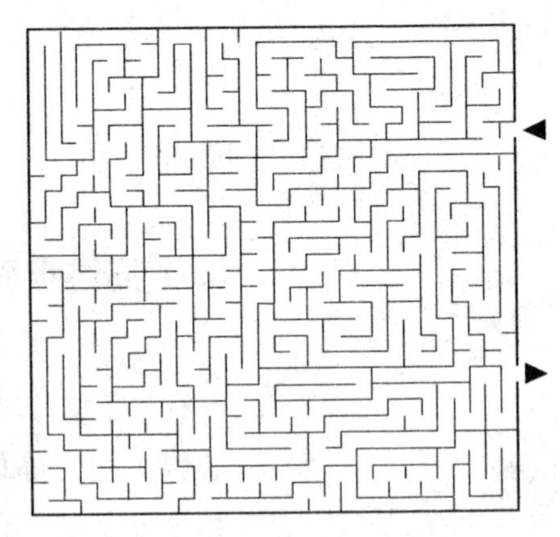

这是个令人迷惑的题目，它的答案也同样令人惊讶：如果你使用一支黑线笔描绘出正确的路径，你就可以得到一幅画。在此题中，最后画出的图是一只猴子。为了不走错路，可以使用一个小窍门：一旦你辨认出这条路是死路时，就先用笔封闭这条死路，然后再进行下一步。

034 弹孔【高级】

按照过去的西部观念，卡特尔·凯特称得上是位高人。她使用6发装左轮手枪的本领堪称传奇，这里我们看到的是她如何打赌取胜的。她说她可以在扭转头的同时往墙上射12颗子弹，这12个弹孔排列成7行，每行4个弹孔，当然，某些弹孔将同时存在于多个行列。钢琴师萨姆一点儿也不担心。那么，你认为弹孔在墙上是如何排列的呢？

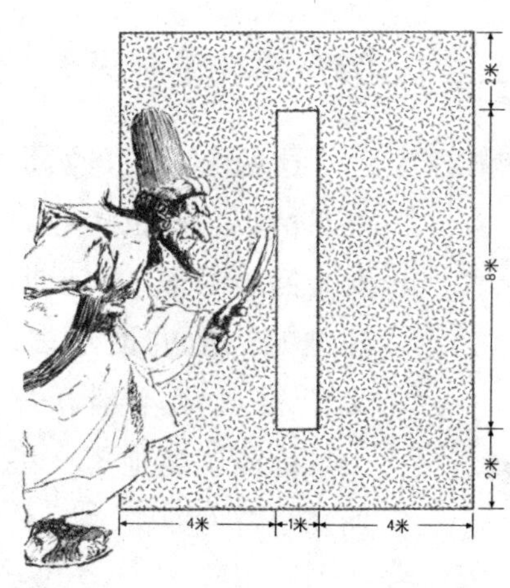

035 地毯【高级】

阿布杜是个地毯商，现在他遇到了一个大麻烦。他必须在太阳落山之前把一块边长为10米的正方形地毯交给一位十分富裕的客户。他在仓库里找出一块长12米宽9米的地毯，打算用这块地毯来做客户所要的地毯。可是，当他展开这块地毯时，发现有人在中间剪掉了一块，被剪掉的部分长8米宽1米。然而，老练的阿布杜却很快想出一个办法：他把剩下的地毯剪成了两块，然后再缝在一起，这样便做出一整块边长为10米的正方形地毯。那么，他是怎么做的呢？

036 占卜板【高级】

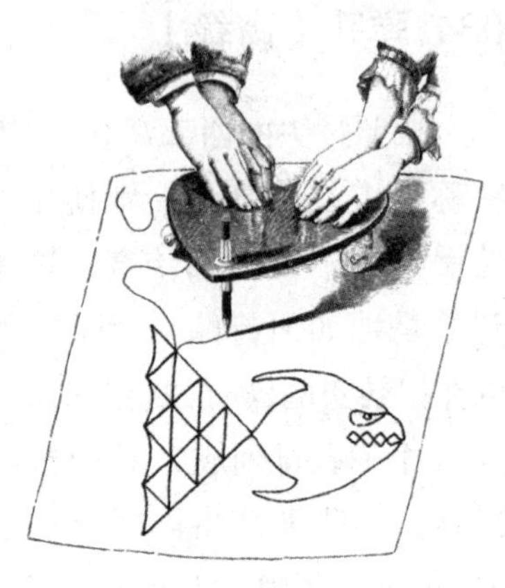

虽然你不是巫师，但同样可以解决这个题，而且可以令人刮目相看！图中的保罗和维维安正在与样子看起来像暹罗的好斗鱼进行交流。没人知道他们是怎么做的，他们说这幅画是这个占卜板用一条线画出来的，板上的笔没有离开纸，而且线条也没有相互交叉。那么，你能按照这些规则重复以上的过程吗？

037 婚礼【高级】

“那个日子的后天是‘今天’的昨天，那个日子的前天是‘今天’的明天，这两个‘今天’距离那个日子的天数相等，我们就在那个日子结婚。”

这两个人很显然是一对情侣。这位年轻的女士问她的未婚夫星期几结婚。他的话不多，又说得含糊不清。那么，你能确定他想在星期几结婚吗？

第四章　计算法

数学中一丝不苟的计算，使得每一个数学结论都不可动摇。这种思维方法是人类的巨大财富。逻辑思维中有些问题也是一样，必须经过计算才能解决。

很多时候，逻辑测试中虽设置了种种隐含的条件，但是对解题无用，反倒是给出的几个数字才是解题的关键。这时候，运用计算法，问题就会迎刃而解。

001 巧妙连线【初级】

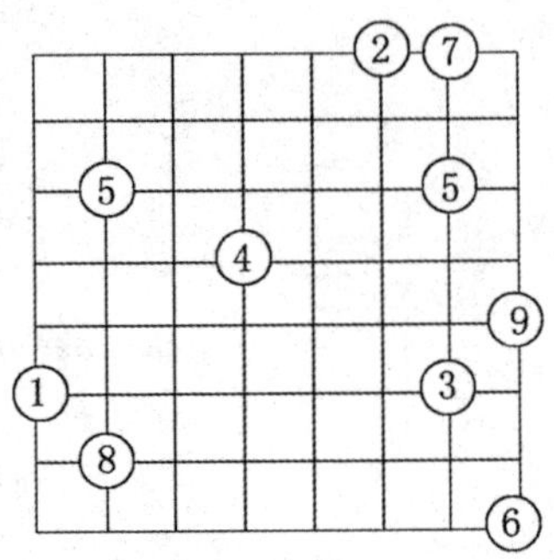

请你沿着图中的格子线，把圆圈中的数字两个两个地连起来，使两者之和为10。注意：连接线之间不能交叉或重叠。

002 数字和密码【初级】

下面是数字和相应密码的对应表。你能确定它们之间的关系并找出最后一行的数字是什么吗？

数字	密码
589	521
724	386
1346	9764
?	485

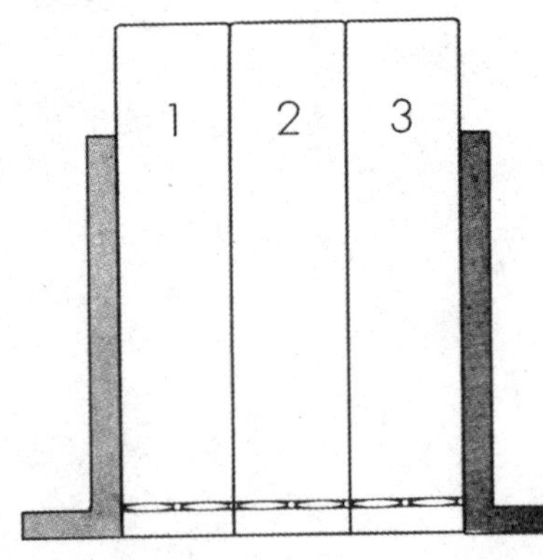

003 书蛀虫【初级】

“贪婪的书蛀虫”游戏很早就有了，而且非常有意思。书架上有一套思维游戏书，共3册。每册书的封面和封底各厚0.2厘米；不算封面和封底，每册书厚2厘米。现在，假如书蛀虫从第一册的第一页开始沿直线吃，那么，到第三册的最后一页需要走多远？

004 几何（1）【初级】

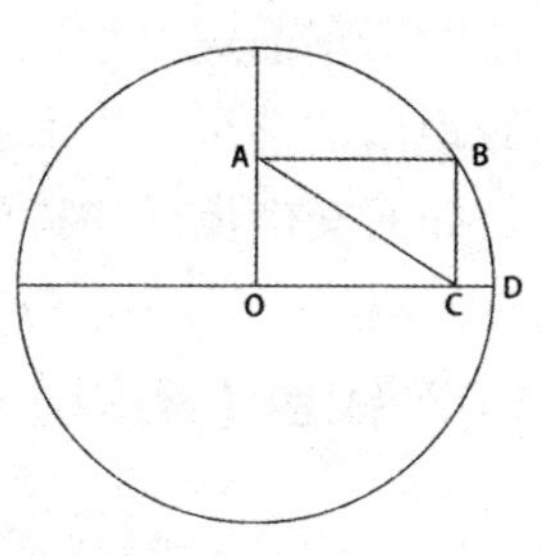

这是一个很好玩的几何思维游戏，而且要比想象的简单。右图中，圆圈的中心点是O，∠AOC是90°，线段AB与线段OD线平行，线段OC长12厘米，线段CD长2厘米。你要做的是计算线段AC的长度。

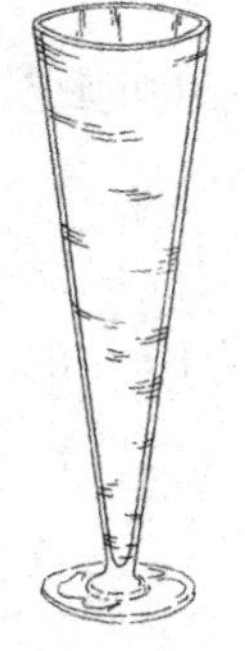

005 细长玻璃杯【初级】

图中有两个细长玻璃杯。大玻璃杯的杯口直径和杯身高度正好是小玻璃杯的2倍。现在要做的就是把小玻璃杯当作度量器将大玻璃杯装满水。先把小玻璃杯装满水，然后把水倒进大玻璃杯。那么，我们需要多少次才能把大玻璃杯装满水？

006 自行车【初级】

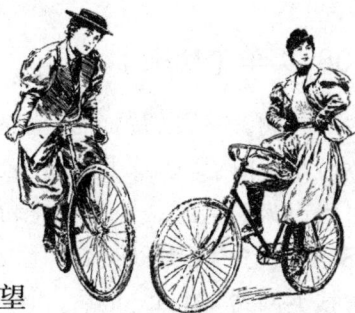

这个故事发生在自行车刚刚出现的时候。一天，有2名年轻的骑车人——贝蒂和纳丁·帕克斯特准备骑车到20千米外的乡村看望姑妈。当走过4千米的时候，贝蒂的自行车出了问题，她不得不把车子用链子拴在树上。由于很着急，她们决定继续尽快向前走。她们有2种选择：要么2人都步行；要么1个人步行，1个人骑

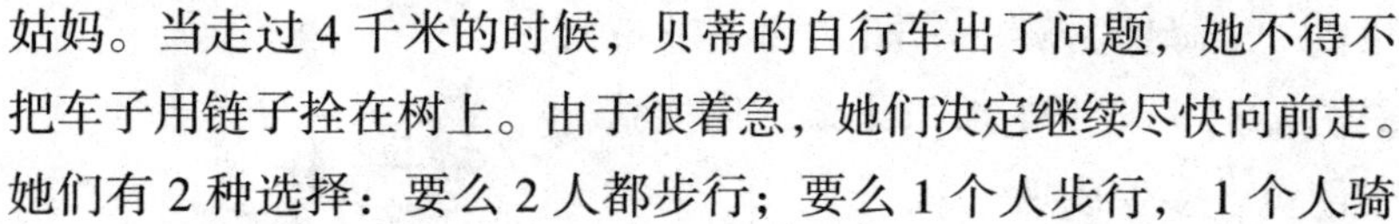

车。他们都能以每小时 4 千米的速度步行或者以每小时 8 千米的速度骑车前进。他们决定制订一个计划，即在把步行保持在最短的距离的情况下，利用最短的时间同时到达姑妈家。那么，他们是如何安排步行和骑车的呢？

007 钱包【初级】

有一天，威拉德·古特罗克斯先生急匆匆地跑进警察局，大喊自己的钱包被盗了。

“现在要镇静，古特罗克斯先生，”安德森警察说，“有人刚刚交还了一个钱包，也许是你丢的，你能把里面的东西描述一下吗？”

“好的，”威拉德回答说，“里面有一张菲尔兹的照片以及电话卡。哦，对了，还有 320 元，共 8 张钞票，而且没有 10 元的钞票。”

“完全吻合，古特罗克斯先生。给，这是你的钱包。”

那么，你知道他钱包里有哪 8 张钞票相加之后正好是 320 元吗？

008 卖车【初级】

“啊，达芙妮，今天我终于把那辆破车卖掉了。原来我标价 1 100 元，可没有人感兴趣，于是我把价钱降到 880 元，还是没有人感兴趣，我又把价钱下调到 704 元。最后，出于绝望，我再一次降价。今天一早，奥维尔·威尼萨普把它买走了。”那么，你能猜出他卖了多少钱吗？

009 加法【初级】

熊爸爸好像被它在《佩尔特维利报》上看到的一个思维游戏难住了。趁它还没有被烦透，我们来看看这个思维游戏吧：

右图所示的一行数字相加之后正好等于45。那么，你能否将其中一个加号改为乘号，使这个算式的结果变成100呢？

010 机器人【初级】

世界上的许多超现实的梦想都源自这个机器人思维游戏。图中的机器人的不同部位已经用1到12这几个数字标注。由于某种奇怪的原因，他无法离开这个超自然的行星，除非他身上的数字可以以7种不同的方式重新排列，并使由4个数字组成的各行各列相加的结果都是26。其中包括水平的两列数字、垂直的两列数字、4个中间的数字、胳膊上的4个数字以及脖子和腿上的4个数字。你知道怎样让他离开吗？

011 五行打油诗【初级】

有种思维游戏叫作五行打油诗。人们总是对这种类型的思维游戏充满期待。下面我们就来看看其中一个。这道题要求读者把一个只包括 1 和 3 的 8 个数重新排列，使它们最后组成的数学表达式的结果等于 100 万。那么，你准备好笔和纸了吗？

“以前有一个卡斯蒂利亚人，他虽然十分鲁莽，但他却能把一个十分富有的西西里岛人赌赢了。”

“他可以把一个包含 1 和 3 的 8 个数轻而易举地排列，并使它们的结果等于 100 万！”

012 破解密码算式【中级】

下面是一道算式，数字被人用英文密码隐藏了。隐藏了的数字构成了一个奇特的式子。请你运用智慧来想出每个字母代表的数字是什么。

```
VEXATIBN
       V
--------
EEEEEEEE
```

013 剩余的页数【中级】

共计 100 页的书，其中的第 20~25 页脱落了，请问剩下的书还有多少页呢？

014 计算闯关【中级】

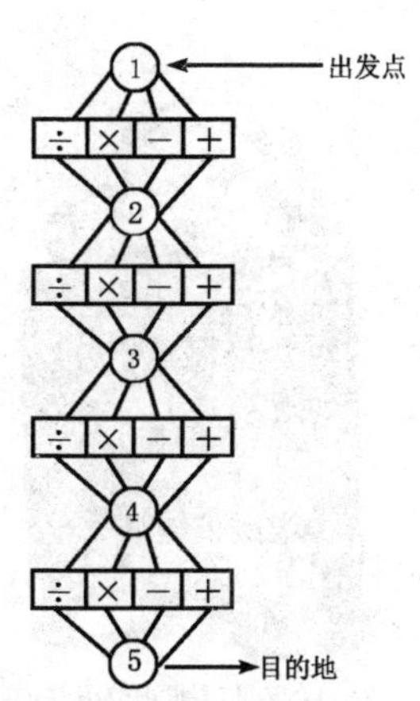

A 为 B 设计了一道游戏题，如右图所示。要求是由出发点开始，经过每一关时，从＋、－、×、÷ 中选一个符号，对相邻的两个数字进行运算，使到达目的地时，答案恰好是 1。B 想了半天，也不知道该怎么前进。你知道该怎样过关吗？

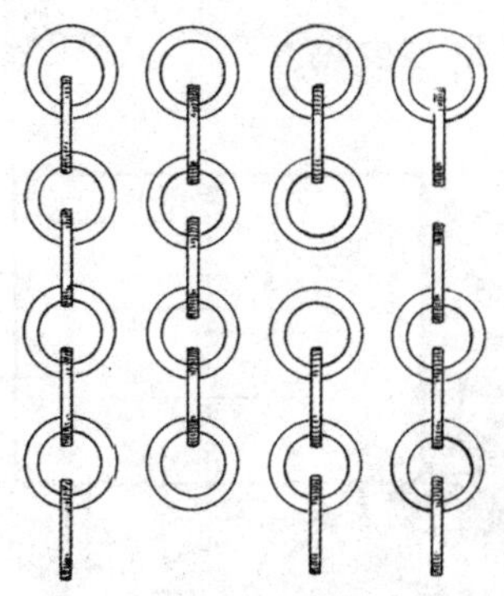

015 链子【中级】

一个人有 6 条链子，他想把它们连成一条有 29 个环的链子。他去问铁匠这个需要花费多少钱。铁匠告诉他打开一个环要花 1 元，而要把它焊接在一起则要花 5 角。请问，做这条链子最少要花多少钱？

016 动物【中级】

这是一个有关管理员的游戏，它来自非洲的肯尼亚。有个管理员决定计算一下公园里的狮子和鸵鸟的数量。出于某种原因，他是通过计算这些动物的头和腿的数目来统计动物数量的。最后，他算出一共有 35 个头和 78 条腿。那么，你知道公园里分别有多少狮子和鸵鸟吗？

017 保险箱【中级】

在犯罪记录上，没有哪个贼比纳库克拉斯·哈里伯顿更卑鄙。当他到别人家里行窃时，他会毫不犹豫地去偷孩子们的存钱罐。看着他在左图中的样子，就知道他肯定是历史上最矮的小偷了。他撬开保险箱偷走了125枚硬币，一共有70元。其中没有1角的硬币。那么，你能否判断出他偷走的是哪些硬币，而每枚硬币的面值又是多少吗？

018 数字【中级】

让我们来看看你是否有资格在润滑油补给站获得这份免费赠品。你所要做的就是将右图中数学表达式里的字母用数字代替，相同的数字必须代替相同的字母。竞赛的时限是1个小时。祝你好运！

解决了这个题，你就可以在汽车销售站免费获得润滑油！

019 长角的蜥蜴【中级】

伯沙撒是我们镇上的自然博物馆从某个地方得到的一只长角的蜥蜴，它十分神奇。工作人员特意把它放在爬行动物观赏大厅新建的一个圆形有顶的窝里。刚放下，伯沙撒就马上开始考察它的新领地了。从门口开始，它向北爬行了 4 米到达圆的边缘，然后，它急忙转身向东爬行了 3 米，这时它又到达了围栏边。那么，你能否根据这些信息计算出它这个窝的直径呢？

020 车厢【中级】

小时候，爸爸给我买了一列玩具火车作为我的生日礼物。除了火车配备的车厢之外，他又花了 20 元买了另外 20 个车厢。乘客车厢每个 4 元，货物车厢每个 0.5 元，煤炭车厢每个 0.25 元。那么，你能否计算出这几种类型的车厢各有几个？

021 开商店【中级】

哈丽和桃瑞斯正在玩开商店游戏。哈丽花了 3.1 元从桃瑞斯那里买了 3 罐草莓酱和 4 罐桃酱。那么，你能根据右图说的情况计算出每罐草莓酱和每罐桃酱的价钱吗？

“桃瑞斯！我把这罐桃酱拿回来了，我想换成草莓酱。”
“好的，哈丽，给你草莓酱。”

022 铁圈枪【中级】

铁圈枪游戏曾经是最棒的娱乐方式之一，而且，这个游戏也花不了多少钱。这里我们看到的是奈德·索尔索特赢得的又一场比赛，对手是她的妹妹和威姆威尔勒家的男孩子们。奈德将25个铁圈打进靶槽里，且每个靶槽均有得分，一共得到500分。共有4个靶槽，每个槽内的分值分别为10、20、50、100。那么，你能算出奈德在每个靶槽内打进的铁圈数吗？

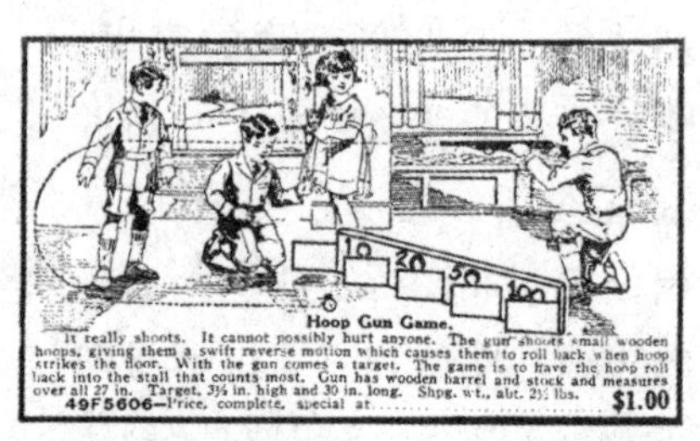

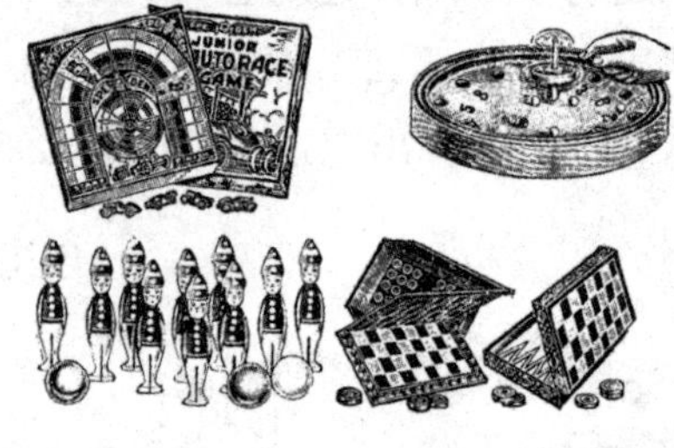

023 灵长类动物【中级】

现在是动物园的午餐时间，我们在灵长类动物的观看亭所听到的叫声是它们在抢香蕉的声音。管理员每天都会分给这100只灵长类动物100根香蕉。每只大猩猩有3根香蕉，每只猿有2根香蕉，而狐猴因为最小只有半根香蕉。

你能否根据上面所给出的信息计算出动物园里的大猩猩、猿、狐猴各有多少只？

024 面粉【中级】

当塞·科恩克利伯核对自己的补给品时，他在面布袋上发现了一些有趣的东西。面布袋每3个放在一层，共有9个布袋，上面分别标有从1到9这几个数字。在第一层和第三层，都是一个布袋与另外两个布袋分开放，而中间那层的3个布袋则被放在一起。如果他将单个布袋的数字（7）乘以与之相邻的两个布袋的数字（28）得到196，也就是中间3个布袋上的数字。然而，如果他将第三层的两个数字相乘，则得到170。

塞于是想出来一道题：你能否尽可能少地移动布袋，使得上、下两层上的每一对布袋上的数字与各自单个布袋上的数字相乘的结果都等于中间3个布袋上的数字呢？

025 排列数字【中级】

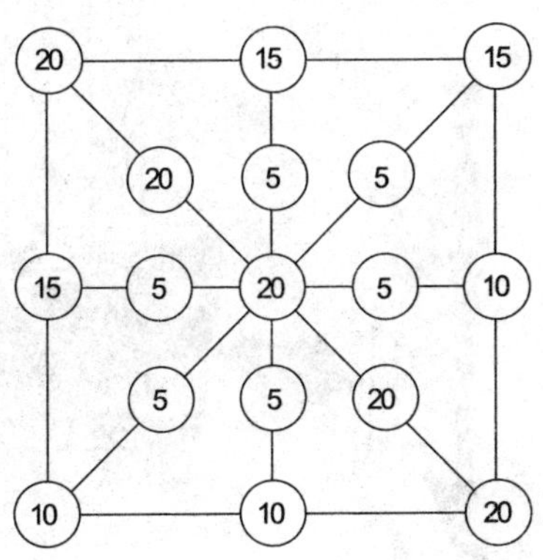

这纯粹是一道数字题。你能将图表中的17个数字重新排列，使排列之后的每一条直线上的数字相加之和都等于55吗？

026 幻方游戏【中级】

这位绅士正在解答一道设有奖项的幻方思维游戏。要解决这道题，需要将所有方格内的X换成数字，并使每一列、每一行以及两条对角线的数字相加的和都等于34。只能使用1到16之间的数字，而且，每个数字只能使用一次。

027 轮船【中级】

巨轮出现在蒸汽运用的鼎盛时期，而纽约港便成了它们的停泊地之一。一天，有3艘轮船驶出纽约湾海峡并驶向英国的朴次茅斯。第一艘轮船12天后从朴次茅斯返回，第二艘轮船用了16天完成了航行，而第三艘轮船用了20天才回到纽约港。因为轮船在港内的恢复时间是12个小时，所以轮船抵港的日期就是它们返航的日期。那么，需要多少天这3艘轮船才能再次同一天驶出纽约港，同时，在这期间每一艘轮船将会航行多少次？

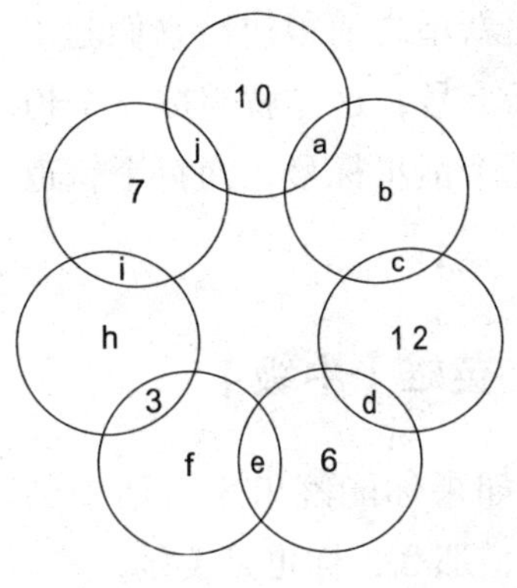

028 圆圈【中级】

在解答这道题之前，你也许会发现自己在“看圆圈”。左图是7个相互交叉的圆圈，也就有14个有限区域。现在，请你把图中的字母用1到14中的数字代替，使每一个圆圈内的数字相加的和等于21，注意，数字不能重复。

029 台球【中级】

“莱克斯福德，谁把第7个球打进横袋谁就获胜！”

我们看到的是库申斯·哈利布尔顿即将打进制胜一球，他随后获得了1903年曼哈顿花式台球锦标赛的冠军。5轮之后，他共打进了100个球，而每轮他都要比前一轮多打进6个球。那么，你能否计算出他5轮中的各轮进球数吗？

030 天文【中级】

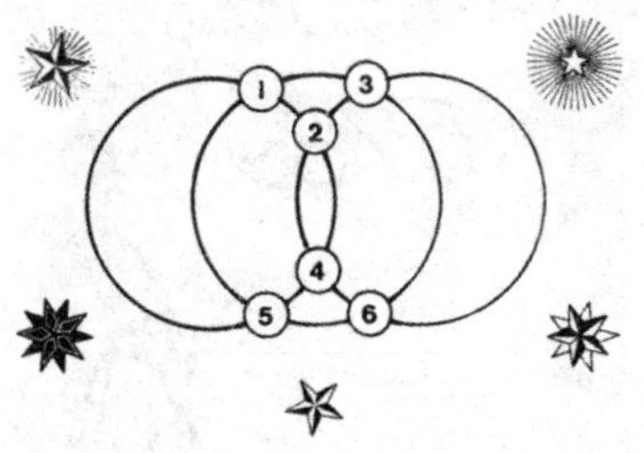

威拉德·斯达芬德在观看自己最新的发现。他发现太阳系中的6个恒星是在3个重叠的轨道

上旋转的，他在它们会聚在一点产生超新星之前很快给它们起了名字。威拉德把这几个恒星从 1 到 6 标上号，这样就组成一个恒星思维游戏。那么，你能否重新给这几个恒星标号，使每个轨道上的 4 个恒星相加的和是 14 呢？

031 数学题【中级】

普里西拉·孙珊女士今天做我们的代课老师，她很严厉，可得当心啊。

“同学们，我上次站在这里已是好几个星期之前了。这样吧，我给大家出一道题：把黑板上的这 8 个数字分成两组，每组各有 4 个数字，将每组的 4 个数字排列组合成 2 个数并相加，而两组相加的结果必须一致。谁能把这道题解答出来呢？”

032 英雄【中级】

如果你能答出来对话中的问题，那么，你也是英雄。

“弗雷斯，你赢得了年度思维游戏大赛的冠军，你是我心目中的英雄！”
“埃尔利达，那个太简单了。我需要做的只是将数字 1、2、3、4、5、6、7、8、9 按照某种方式排列，使它们相加之后的总数为 99 999。这做起来简直就是小菜一碟。”

033 神秘的正方形【中级】

让我们抽时间来解决另一个有趣而又神秘的正方形思维游戏吧。你所要做的就是将下图中正方形里的数字重新排列，使每个水平方向、垂直方向以及对角线上的数字相加的结果为33。希望你用大约5分钟的时间把答案推测出来。

1	2	3
10	11	12
19	20	21

034 几何（2）【中级】

教授现在陷入了困境。他忘记了图中题的答案，而离上课只剩下5分钟了！线段BD和GD已经画在虚构的立方体的两个面上。两条线段相交于D点。那么，你能否帮教授计算出这两条对角线之间的角度呢？

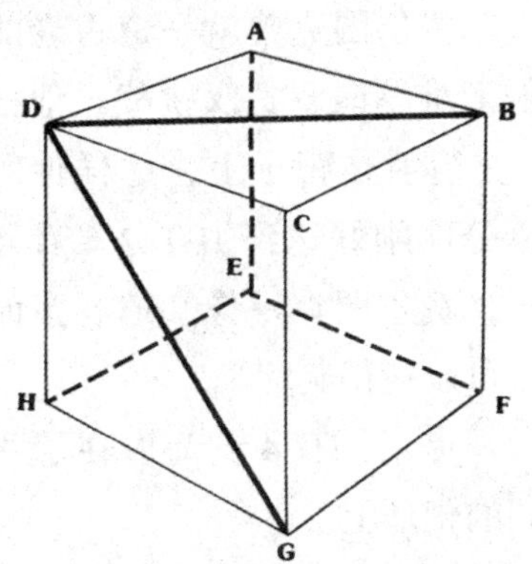

035 蜘蛛网【中级】

有一个雕像存放在格力姆斯力城堡的阴暗凹室里。凹室的部分入口被一张巨大的蜘蛛网挡住了，拱状的网的弧正好是圆周长的1/4，长20厘米。那么，你能根据这些实际情况计算出蜘蛛网遮盖部分的面积是多少平方厘米吗？

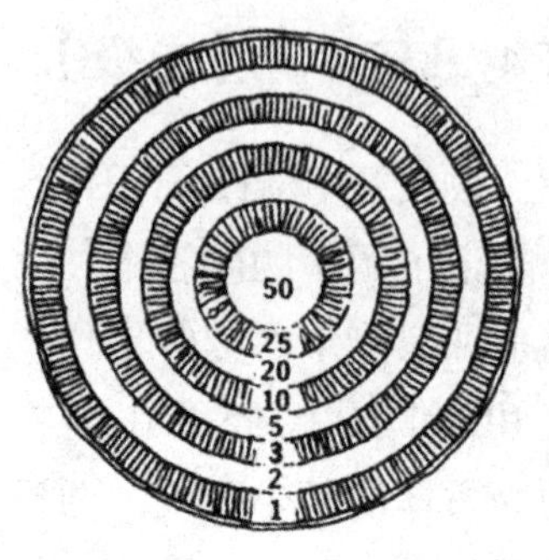

036 靶子【中级】

世纪之交的家庭娱乐节目给我们带来一个有趣的思维游戏。亚历山大和他的妹妹西比拉在靶子上打出了相同的环数，他们一共得到了 96 分。那么，你知道这些箭射在哪些环上吗？

037 射箭【高级】

费尔图克曾就一道古老的射箭难题向罗宾汉挑战。他把 6 支箭射在靶子上，这样他的总分就刚好达到 100 分。看样子，费尔图克好像知道答案而且可以摘得奖牌了。

提示：有 4 支箭射在了相同的靶环上。

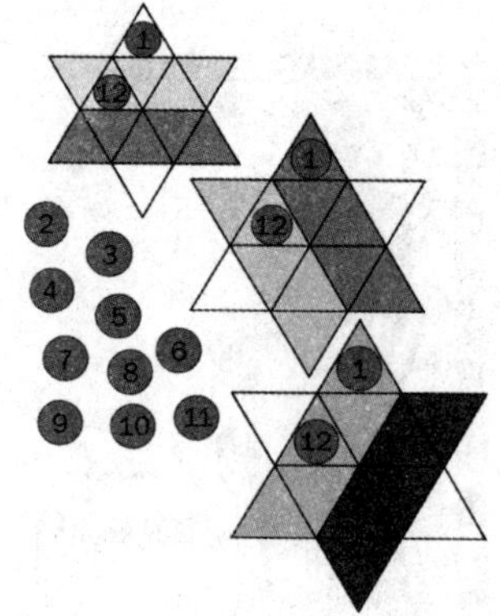

038 三角形组【高级】

你能否将数字 1 ~ 12 填入多边形的 12 个三角形中，使得多边形中的 6 行（由 5 个三角形组成的三角形组）中，每行（每组）的和均为 33？

039 替换数字【高级】

当一位魔术师在装书的箱子里翻找时遇到了一个很麻烦的思维游戏，他手里拿的木板就是这个思维游戏。要解决这个思维游戏，你必须把全部圆点用1至9这几个数字代替，这样，其实就形成了一道数学题。上面没有数字0，同时，每个数字都只能使用一次。请你试一试，看能否在半个小时之内推算出这道题的答案。

040 亚当和夏娃【高级】

亚当从别人那里收到一封信。可是，我们发现这封关于夏娃的信却给我们留下一个很大的难题。那么，你能用相同的数字代替相同的字母，最后得出一个正确的数学表达式吗?

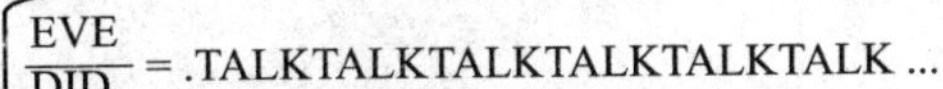

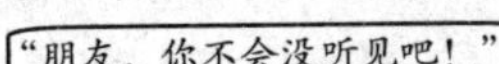

041 讨论会【高级】

随着圣诞节的临近，参加圣诞老人讨论会的动物助手也开展了圣诞前的动员会。现在我们看到的是它们正在解答一道很难的数学题。要解决它，你必须用从 1 到 9 这 9 个数字替换数学表达式中的字母，同时，必须使最后得出的减法结果正确，相同的数字要替换相同的字母。

第五章　类比法

类比推理是数学中常用的一种逻辑推理方法。类比推理是根据两个事物有一部分属性相类似，推论出这两个事物的其他属性也相类似的一种方法，生活中的很多领域都要用到类比推理。

逻辑思维中的类比法，更多的是与生活中我们熟悉的、常见的事物进行类比，这就要求大家要更多地关注生活中的一些细节。

001 真的没有时间吗【初级】

一个人经常抱怨没有学习时间。有一次他又对朋友说："你知道吗？我的时间太紧张了，以至于我没有学习的时间。你看，我每天要睡 8 个小时，这样一年的睡眠时间就是 122 天。我们寒假和暑假加起来又有 60 天。我们每星期休息 2 天，那么一年又要休息 104 天。我每天吃饭还要 3 个小时，那么一年就需要 46 天。我每天从学校到家走路共需要 2 个小时，这些时间加在一起又有 30 天。你看看，所有的这些加起来有 362 天了。"他停了一下说："我一年只有 4 天的时间学习，哪能有什么成绩呢？"你知道这个人错误的地方吗？

002 碑铭【初级】

斯皮尔牧师在去做晚祷的路上碰到了下图中的墓碑，而碑铭中的某些东西让他很烦恼。他思考了一会儿发现里面有个错误。那么，你能否找出牧师发现的那个错误呢？

悼念该教区的爱德华·方丹先生，他于 1823 年 10 月 28 日逝世，享年 66 岁；同时，也悼念莎拉·方丹太太，方丹先生的寡妇，她于 1812 年 9 月 23 日逝世，享年 82 岁。

003 文字推数【初级】

下面 5 个答案中哪一个是最好的类比？"预杉"对于"须杍"相当于 8326 对于：

A. 2368

B. 6283

C. 2683

D. 6328

E. 3628

004 单词【初级】

右图中的 8 个单词有什么共同点呢?

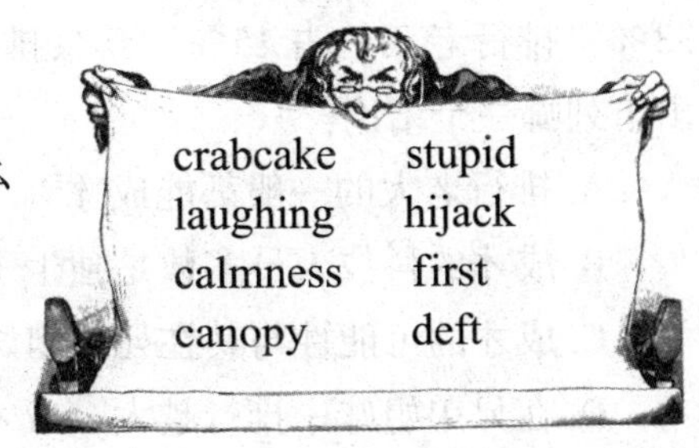

005 长袜【初级】

虽然罗杰爵士过分讲究衣饰，但他曾被称作“出色的剑客”。虽然他的击剑决斗生涯充满波折，但他总会为决斗好好打扮一番。一天早晨，当他再次为决斗装扮自己时，他要找一双长袜。他知道衣柜底下的抽屉里有 10 双白色长袜和 10 双灰色长袜。但是，由于衣柜顶上只有一根蜡烛，光线太暗，以至于他无法辨认哪个是白色哪个是灰色。那么，你认为他最少从抽屉里拿出几只袜子便可以在外边光亮处找到并穿上颜色搭配的一双袜子呢?

006 一样的小马【初级】

下边方框内的哪一个图形与给定的图形完全相同?

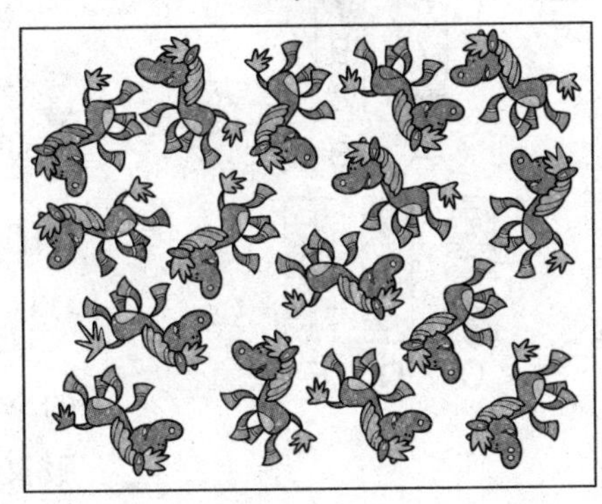

007 成才与独生【中级】

一项研究报告表明，在具有高级职称的科技人员中，在兄弟姐妹中排行老大的占 48％，排行老二的占

33%，排行老三的占15%，其余排行的占2%。由此我们可以得出下列哪一个结论?

A. 排行老大的一般都能成才。

B. 成才的科技人员多数是独生子女。

C. 成才的可能性与其在兄弟姐妹中排行次序无关。

D. 在兄弟姐妹中排行越大，成才的可能性越大。

008 最适合【初级】

图中标注问号的地方应该填上一列数字，从下列选项中选出合适的填上去。

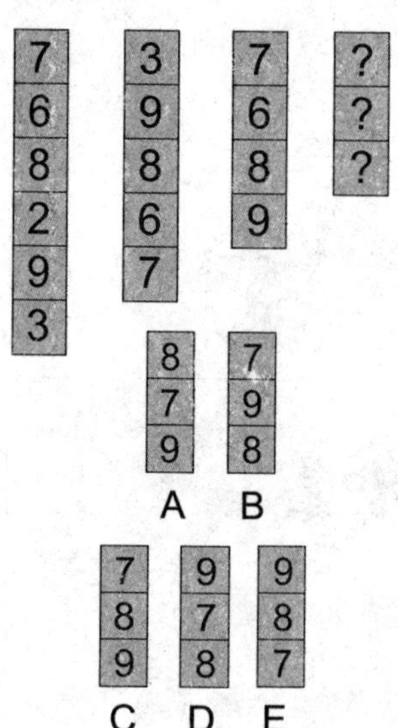

009 假设【中级】

所有的物质实体都可以再分，而任何可以再分的东西都是不完美的。因而，灵魂并非物质实体。以下哪项是使上文结论成立的假设?

A. 所有可以再分的东西都是物质实体。

B. 没有任何不完美的东西是不可再分的（所有完美的东西是不可再分的）。

C. 灵魂是可分的。

D. 灵魂是完美的。

010 哪里人【中级】

所有的赵庄人穿白衣服；所有的李庄人穿黑衣服。没有既穿白衣服又穿黑衣服的人。李四穿黑衣服。如果上述是真的，以下哪项一定是真的？

A. 李四是李庄人。

B. 李四不是李庄人。

C. 李四是赵庄人。

D. 李四不是赵庄人。

011 判断正误【中级】

下面的3个论断中，有一个是正确的，你知道是哪个吗？

1. 这里正确的论断有一个。

2. 这里正确的论断有两个。

3. 这里正确的论断有三个。

同样，下面的三个论断中，也只有一个正确，请选择出来。

1. 这里错误的论断有一个。

2. 这里错误的论断有两个。

3. 这里错误的论断有三个。

012 挽救熊猫的方法【中级】

为了挽救濒临灭绝的熊猫，一种有效的方法是把它们都捕获到动物园进行人工饲养和繁殖。以下哪项为真，最能对上述结论提出质疑？

A. 近5年在全世界各动物园中出生的熊猫总数是9只，而在野生自然环境中出生的熊猫的数字，不可能准确地获得。

B. 只有在熊猫生活的自然环境中，才有足够它们吃的嫩竹，而嫩竹几乎是熊猫的唯一食物。

C. 动物学家警告，对野生动物的人工饲养将会改变它们的某些遗传特性。

D. 提出上述观点的是一个动物园主，他的动议带有明显的商业动机。

013 犯罪嫌疑人【中级】

某珠宝店被盗，警方已发现如下线索：(1) 甲、乙、丙3人中至少有一个人是犯罪嫌疑人。(2) 如果甲是犯罪嫌疑人，则乙一定是同案犯。(3) 盗窃发生时，乙正在咖啡店喝咖啡。谁是嫌疑人呢?

A. 甲是犯罪嫌疑人。

B. 甲、乙都是犯罪嫌疑人。

C. 甲、乙、丙都是犯罪嫌疑人。

D. 丙是犯罪嫌疑人。

014 百米冠军【中级】

田径场上正在进行100米决赛。参加决赛的是A、B、C、D、E、F等6个人。关于谁会得冠军，看台上甲、乙、丙谈了自己的看法：乙认为冠军不是A就是B。丙坚信冠军绝不是C。甲则认为D、E、F都不可能取得冠军。比赛结束后，人们发现他们3个中只有一个人的看法是正确的。请问谁是100米决赛冠军?

015 堆积（1）【中级】

下面的砖堆并不是孩子们玩耍时随意堆砌的，而是暗示了右边空白砖堆的最终结果。和其他砖堆一样，空白的一堆内有6块砖，每块上标有字母A、B、C、D、E、F中的一个，且各不相同。砖堆下面的数字告诉你两个信息：

1. 每堆内符合以下条件的砖对数：这堆中相邻的砖对在结果中仍相邻且顺序相同。

2. 每堆内符合以下条件的砖对数：这堆中相邻的砖对在结果中仍相邻，但顺序颠倒。

如：A C

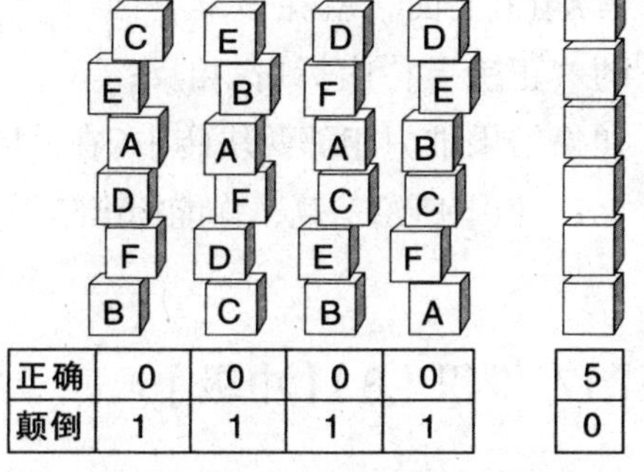

正确	0	0	0	0	5
颠倒	1	1	1	1	0

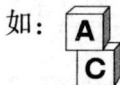

一堆内如有AC，结果堆内包含相同的相邻的两块砖，若A在C上面，就在该堆下面的“正确”栏内标1；相反，如果结果堆内相邻两块砖中C在A上面，就在相应的“颠倒”栏内标1，根据所给信息，你能标出结果堆上面的字母序列吗？

016 堆积（2）【中级】

下面的砖堆并不是孩子们玩耍时随意堆砌的，而是暗示了右边空白砖堆的最终结果。和其他砖堆一样，空白的一堆内有6块砖，每块上标有字母A、B、C、D、E、F中的一个，且各不相同。砖堆下面的数字告诉你两个信息：

1. 每堆内符合以下条件的砖对数：这堆中相邻的砖对在结果中仍相邻且顺序相同。

2. 每堆内符合以下条件的砖对数：这堆中相邻的砖对在结果中仍相邻，但顺序颠倒。

如：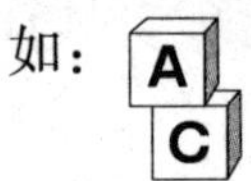

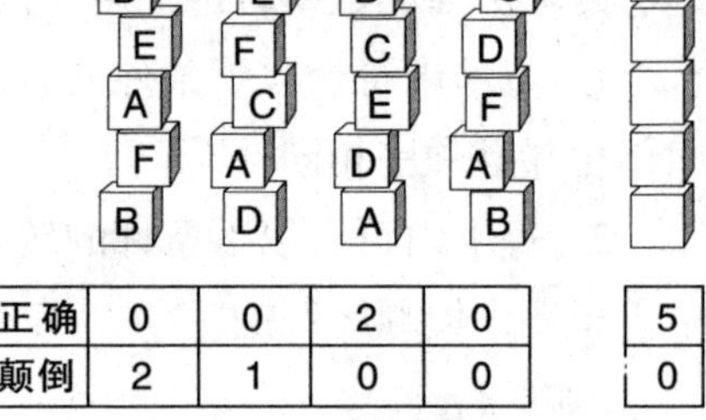

正确	0	0	2	0	5
颠倒	2	1	0	0	0

一堆内如有AC，结果堆内包含相同的相邻的两块砖，若A在C上面，就在该堆下面的“正确”栏内标1；相反，如果结果堆内相邻两块砖中C在A上面，就在相应的“颠倒”栏内标1。根据所给信息，你能标出结果堆上面的字母序列吗?

017 堆积（3）【中级】

下面的砖堆并不是孩子们玩耍时随意堆砌的，而是暗示了右边空白砖堆的最终结果。和其他砖堆一样，空白的一堆内有6块砖，每块上标有字母A、B、C、D、E、F中的一个，且各不相同。砖堆下面的数字告诉你两个信息：

1. 每堆内符合以下条件的砖对数：这堆中相邻的砖对在结果中仍相邻，且顺序相同。

2. 每堆内符合以下条件的砖对数：这堆中相邻的砖对在结果中仍相邻，但顺序颠倒。

如：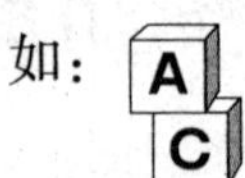

一堆内如有AC，结果堆内包含相同的相邻的两块砖，若A在C上面，就在该堆下面的“正确”栏内标1；相反，如果结果堆内相邻两块砖中C在A上面，就在相应的“颠倒”栏内标1。根据所给信息，你能标出结果堆上面的字母序列吗？

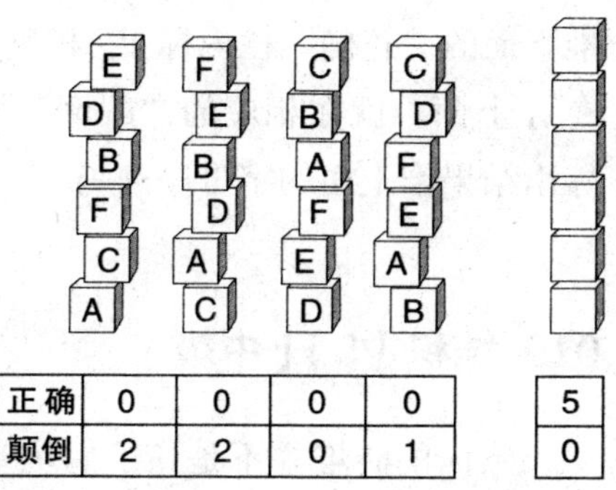

正确	0	0	0	0	5
颠倒	2	2	0	1	0

018 堆积（4）【中级】

下面的砖堆并不是孩子们玩耍时随意堆砌的，而是暗示了右边空白砖堆的最终结果。和其他砖堆一样，空白的一堆内有6块砖，每块上标有字母A、B、C、D、E、F中的一个，且各不相同。砖堆下面的数字告诉你两个信息：

1. 每堆内符合以下条件的砖对数：这堆中相邻的砖对在结果中仍相邻，且顺序相同。

2. 每堆内符合以下条件的砖对数：这堆中相邻的砖对在结果中仍相邻，但顺序颠倒。

如：A C

一堆内如有 AC，结果堆内包含相同的相邻的两块砖，若 A 在 C 上面，就在该

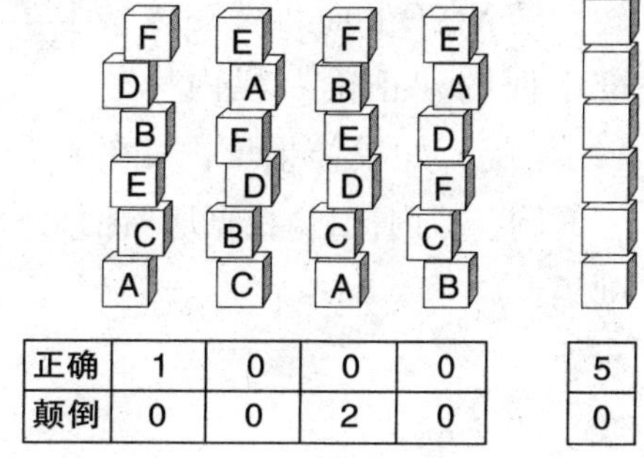

正确	1	0	0	0	5
颠倒	0	0	2	0	0

堆下面的“正确”栏内标 1，相反；如果结果堆内相邻两块砖中 C 在 A 上面，就在相应的“颠倒”栏内标 1。根据所给信息，你能标出结果堆上面的字母序列吗？

019 堆积（5）【中级】

下面的砖堆并不是孩子们玩耍时随意堆砌的，而是暗示了右边空白砖堆的最终结果。和其他砖堆一样，空白的一堆内有6块砖，每块上标有字母A、B、C、D、E、F中的一个，且各不相同。砖堆下面的数字告诉你两个信息：

1. 每堆内符合以下条件的砖对数：这堆中相邻的砖对在结果中仍相邻，且顺序相同。

2. 每堆内符合以下条件的砖对数：这堆中相邻的砖对在结果中仍相邻，但顺序颠倒。

如：

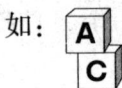

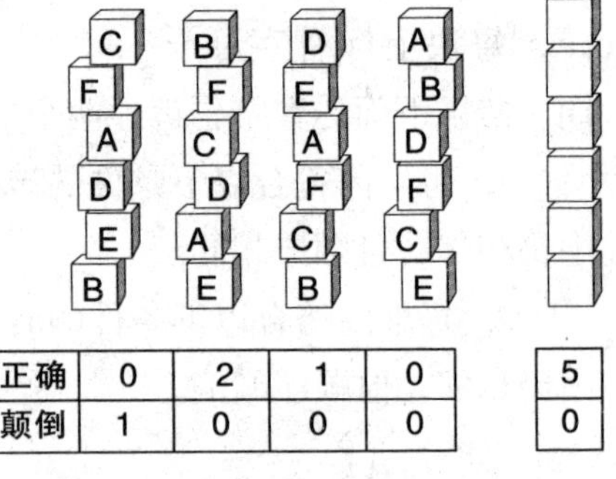

正确	0	2	1	0	5
颠倒	1	0	0	0	0

一堆内如有AC，结果堆内包含相同的相邻的两块砖，若A在C上面，就在该堆下面的“正确”栏内标1；相反，如果结果堆内相邻两块砖中C在A上面，就在相应的“颠倒”栏内标1。根据所给信息，你能标出结果堆上面的字母序列吗？

020 堆积（6）【中级】

下面的砖堆并不是孩子们玩耍时随意堆砌的，而是暗示了右边空白砖堆的最终结果。和其他砖堆一样，空白的一堆内有6块砖，每块上标有字母A、B、C、D、E、F中的一个，且各不相同。砖堆下面的数字告诉你两个信息：

1. 每堆内符合以下条件的砖对数：这堆中相邻的砖对在结果中仍相邻，且顺序相同。

2. 每堆内符合以下条件的砖对数：这堆中相邻的砖对在结果中仍相邻，但顺序颠倒。

如：A
C

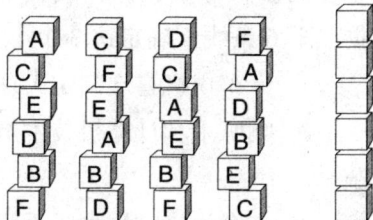

一堆内如有AC，结果堆内包含相同的相邻的两块砖，若A在C上面，就在该堆下面的“正确”栏内标1；相反，如果结果堆内相邻两块砖中C在A上面，就在相应的“颠倒”栏内标1。根据所给的信息，你能标出结果堆上面的字母序列吗？

	A	C	D	F	
	C	F	C	A	
	E	E	A	D	
	D	A	E	B	
	B	B	B	E	
	F	D	F	C	
正确	0	1	0	0	5
颠倒	1	1	1	0	0

021 巨型鱼【中级】

图中的渔夫上岸后肯定会把这个刻骨铭心的故事告诉给他的朋友们。好像他的祈祷真的应验了，那个庞然大物从他身边经过。那条鱼有多大呢？据他猜测，这条巨型鱼的头有60米长，它的尾巴是身体长度的一半与头的长度的总和，而它的身体又是整个长度的一半。那么，这个深水动物各部分的长度该如何计算呢？

022 小丑【中级】

约翰、迪克和罗杰3个小丑，每个人在冬季都扮演两个不同的角色。这6个角色分别是：卡车司机、作家、喇叭手、高尔夫球手、计算机技术员和理发师。请根据以下6条线索确定这3个小丑各自的角色。

1. 卡车司机喜欢高尔夫球手的妹妹。
2. 喇叭手和计算机技术员在和约翰骑马。
3. 卡车司机嘲笑喇叭手脚大。
4. 迪克从计算机技术员那里收到一盒巧克力。
5. 高尔夫球手从作家那里买了一辆二手汽车。
6. 罗杰吃比萨饼比迪克和高尔夫球手都要快。

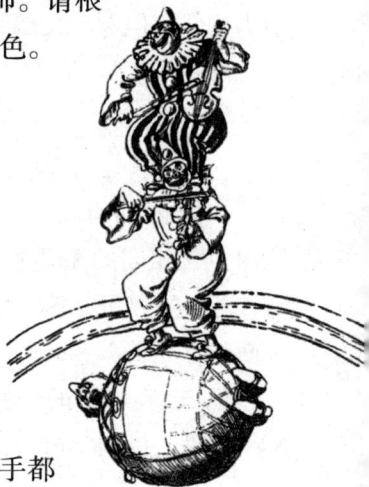

023 玩具【中级】

有一天，加尔文·克莱克特伯尔碰到了一些铁制的机械玩具收藏品，他因此大花了一笔。其中，包括自动倾卸卡车、蒸汽挖土机以及农用拖拉机。我们把他的发现编成了一道题。他买了下面 4 堆玩具：

第一堆有 1 辆拖拉机、3 辆挖土机以及 7 辆卡车，它们花了 140 元。

第二堆有 1 辆拖拉机、4 辆挖土机以及 10 辆卡车，它们花了 170 元。

第三堆有 10 辆拖拉机、15 辆挖土机以及 25 辆卡车。

第四堆有 1 辆拖拉机、1 辆挖土机以及 1 辆卡车。

请计算出加尔文为第三堆和第四堆玩具分别花了多少钱。

024 女巫【中级】

在万圣节前夕，有个醉醺醺的农民十分倒霉，他被一个恶毒的女巫抓住并被带到破烂的教堂里。“如果你想活命，你就只能说一句话！”她咆哮说，“如果说对了，我会把你榨成油；如果说错了，我会把你喂蝙蝠！”这时，那个农民立刻清醒过来，然后说了一句话，而这句话却让女巫诅咒了他并且把他释放了。那么，那个农民说了什么呢？

025 手表【中级】

克兰西三兄弟是纽约市古老的熨斗大楼里最出色的清洁工，为了对他们的准时表示感谢，业主们送给他们每人一块儿卡兰德手表。但是，麻烦也随之而来。布莱恩那块表很准时，巴里那块表每天都慢 1 分钟，而帕特里克的表则每天都快 1 分钟。如果兄弟三人在收到手表的那天中午同时把手表调到准确时间并且此后不再调整手表的话，那么这 3 块手表需要过多少天才能再次在中午显示正确时间呢?

026 考古【中级】

霍金斯和皮特里这两位刚毅的考古学家又挖掘出一件古代文物。我们来听听他们说了什么：

“皮特里，我们终于发现了举世闻名的‘斯芬克司思维游戏’墓碑，它都有 3 500 年的历史了！”

“我们？什么意思，”皮特里语无伦次地说，“别把我也扯进去！我不相信造金字塔的思维游戏大师会把它写下来！”

这个墓碑当然是假的，但是这个思维游戏的确很有趣。看看你能不能在他们向别人打听之前把它解答出来。

027 朗姆酒【中级】

传说很久以前，有两个好朋友——比利·伯恩斯和派斯特·皮耶，他们在布奇特·奥布拉德烈酒商店大吵起来。好像是比利拿来一个5升的空桶，他让派斯特往里面倒4升最好的朗姆酒，但是商店只有一个旧的3升锡铅合金的小罐，无论比利和派斯特怎么试，他们都无法用这两个容器从朗姆酒桶里正好量出4升酒。他们屡屡受挫使他们大打出手。如果你当时在场的话，你能否解决他们之间的问题呢？

028 猜纸牌【中级】

下图中的迈克·米勒、琳达·凯恩和比夫·本宁顿正在思维游戏俱乐部的游戏室里玩。迈克刚刚把扑克牌正面朝下放好，现在他向他们挑战，让他们找出这些扑克牌的数值。欢迎读者朋友一起玩（为了表达清楚，假设读者看到的线索与扑克相一致）。

这4张正面朝下的扑克是黑、红、梅、方4种花色的扑克，它们的数字是A、K、Q、J。下面有5条线索，它们会帮你确定每张扑克的花色和数字：

1. 扑克A在黑桃的右边。
2. 方块在扑克Q的左边。
3. 梅花在扑克Q的右边。
4. 红桃在扑克J的左边。
5. 黑桃在扑克J的右边。

029 埋伏地点【中级】

8个士兵必须埋伏在森林中，并且他们每个人都不能看到其他的人。

如图，每个人都可以埋伏在网格中的白色小圆处，通过夜视镜只能看到横向、竖向或斜向直线上的东西。

请你在图中把这8个士兵的埋伏地点标出来。

恭喜您，格拉德汉德尔先生，我知道您现在是我们市的新议员！
是啊，尼德斯沃斯先生，最出色的人总是能够获胜。在5 219张选票当中，我的选票比墨菲多22张，比霍夫曼多30张，比唐吉菲尔德多73张！要是按这个速度，总有一天我会成为市长的！

030 市议员【中级】

当尼德斯沃斯先生为格拉德汉德尔订制新衣服时，你可以计算一下这4位候选人各获得了多少张选票吗？

031 最重的西瓜【高级】

7个大西瓜的重量（以整千克计算）是依次递增的，平均重量是7千克。最重的西瓜有多少千克?

032 正确答案【高级】

有4道测试题（每个问题都用Y或N来回答），小兰、小朋、小乐3人是如右表那样回答的。

	Q1	Q2	Q3	Q4
小兰	Y	Y	N	N
小朋	N	Y	Y	N
小乐	Y	N	Y	Y

这道测试题中，每答对一个问题得1分，3人的分数各不相同。以下陈述中，最低分的人的话是假的。那么请问，怎么答题才能得满分呢？小兰：“问题4的正确答案是N。”小朋：“小兰只得了1分。”小乐：“小朋只得了1分。”

033 英语过级【高级】

有一次学校要统计一下英语四级过级的人数。中文专业共有学生32人。经过统计，可以有这么3个判断：

1. 中文专业有些学生过了英语四级。

2. 中文专业有些学生没有过英语四级。

3. 中文专业班长没有过英语四级。

如果只有一个判断是正确的，那么你可以判断出什么？

034 背后的圆牌【高级】

A、B、C、D、E共5人，每个人的背后都系着一块白色或黑色的圆牌。每个人都能看到系在别人背后的牌，但唯独看不见自己背后的那一块圆牌。如果某个人系的圆牌是白色的，他所讲的话就是真实的；如果系的圆牌是黑色的，他所讲的话就是假的。他们讲的话如下：

A说："我看见3块白牌和一块黑牌。"

B说："我看见4块黑牌。"

C说："我看见一块白牌和3块黑牌。"

E说："我看见4块白牌。"

根据以上情况，推出D的背后系的是什么颜色的牌。

035 3 000米决赛【高级】

世界田径锦标赛3 000米决赛中，始终跑在最前面的甲、乙、丙3人中，一个是美国选手，一个是德国选手，一个是肯尼亚选手。比赛结束后得知：

1. 甲的成绩比德国选手的成绩好。

2. 肯尼亚选手的成绩比乙的成绩差。

3. 丙称赞肯尼亚选手发挥出色。

以下哪一项肯定为真？

A. 甲、乙、丙依次为肯尼亚选手、德国选手和美国选手。

B. 肯尼亚选手是冠军，美国选手是亚军，德国选手是第三名。

C. 甲、乙、丙依次为肯尼亚选手、美国选手和德国选手。

D. 美国选手是冠军，德国选手是亚军，肯尼亚选手是第三名。

036 黑白筹码【高级】

在20世纪20年代，出版了许多令人愉快的书，它们虽然价格很低，却能带来无限的乐趣。一本5角的书就可以让你学到有关魔术、思维游戏、国际象棋以及拳击的知识。这里就有一道从这些书当中找出来的有趣的题。

在一大张纸上画出10个表格（如下图所示）。然后，把4个白色扑克筹码和4个黑色扑克筹码放在前8个方格内，按照图中的样子，将各颜色的筹码交替放置。现在，要把筹码变成下图的顺序，在这个过程当中，每一次要将相邻的两个筹码移动到 2 个空方格内，而你只能通过 4 步来完成。

037 爱丽丝【高级】

爱丽丝在去参加麦德·哈特举办的茶会途中遇到一个岔路口，她不知道该走哪条路。幸好，半斤和八两哥俩在那里帮忙。

“瓦勒斯告诉我，一条路通向麦德·哈特的家，而另一条路则通向魔兽的洞穴，我可不想去那里。他说你们知道那条正确的路应该怎么走，但同时也提醒我，你们当中的一个总是说实话，而另一个总是说谎。他还说，我只能问你们一个问题。”然后，爱丽丝提出了她的问题，而不论问他们当中的哪个，她都能得出正确的答案。那么，你知道她问了他们什么问题后找到了正确的路吗?

038 假砝码【高级】

你爸爸凯恩教授给我们出的这道思维游戏真的很不错。我们必须从这9个铅制砝码当中找出哪个是假的。其中的8个砝码每个重300克，而第9个砝码只有280¾克！
是啊，迈克，而我们在找那个假砝码时只能用这个秤。如果我们能称很多次，问题就简单了，我们很快就可以找到那个假砝码。但是，爸爸说我们只能称2次。现在该发挥你过人的直觉了！

039 鸡蛋【高级】

艾伯特是一个很有名的男管家，从未引起争论的他这次又成功了。他连续两年因设计烹饪决赛的思维游戏而获得尊重。他的问题是："如果你只有 2 个沙漏——一个11分钟的、一个7分钟的,那么你如何把鸡蛋煮15分钟呢？"他因此得到长时间的热烈掌声并获得一瓶香槟酒。欢迎你加入这个宴会，并把这道题解答出来。

040 水下【高级】

不是，米兰达，她的年龄不是 38 岁。你得再加把劲儿。记住，5 年前拜罗斯夫人的年龄是她女儿塞西莉的 5 倍。可是现在，她的年龄只是塞西莉的 3 倍。拜罗斯夫人现在多大呢？
"是38岁吗？"

这是娱乐节目历史上最奇特的表演。广告中的尼莫教授和水下答题人米兰达环游过北美洲和欧洲，他们还解答了那里的观众提出的每一个思维游戏。米兰达面对的只有问题,她别无选择,要么快速找到答案，要么面临溺水而亡的危险。你能帮她弄清楚拜罗斯夫人现在的年龄吗？

041 汽车【高级】

事情发生在1948年，斯威夫特·阿姆特维斯特正在跟慕洛格先生通电话，他可真会给人出难题。那么，当他与慕洛格先生通话时，你能否从他的话语中判断出每辆古董车的年龄分别是多少呢？

你好，慕洛格先生，我是阿姆特维斯特，我正在萨姆以前的汽车市场。刚刚收到4辆轻型轿车，我就马上想到了你……它们有多少年的历史呢？艾塞克斯轿车比第二年老的林肯敞篷车年长4年，后者又比第三年老的杜森伯格汽车年长4年，而再后者又比最年轻的考特812型汽车年长4年，同时，考特汽车的年龄是艾塞克斯轿车的一半。那么，慕洛格先生，你在听吗？

042 城镇【高级】

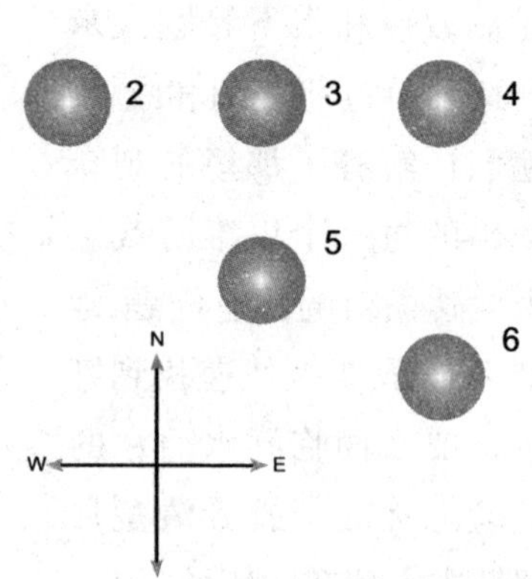

在如图所示的地图中，A、B、C、D、E、F分别代表6个城镇。C在A的南边、E的东南边，B在F的西南边、E的西北边。

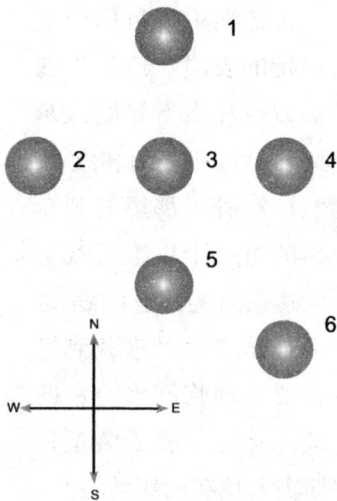

1. 图中标注1处的是哪个城镇？
2. 哪个城镇位于最西边？
3. 哪个城镇位于A的西南边？
4. 哪个城镇位于D的北边？
5. 图中标注6处的是哪个城镇？

第六章　分析法

分析法是逻辑思维中最基本的方法，每种思维几乎都会用到分析法。可以说，分析能力是体现一个人智力水平的重要方面。

分析法解题的关键是“将条件用尽”，即对于题目所给出的条件逐个列出，同时还要善于分析隐含条件。事实上，许多问题都要运用几种不同的方法才能得以解决。运用分析法的同时运用排除法，会让看上去复杂的问题变得十分简单。

在学习和工作的过程中，几乎处处离不开分析法，它对提高个人的推理能力有很大帮助。

001 标签怎样用【初级】

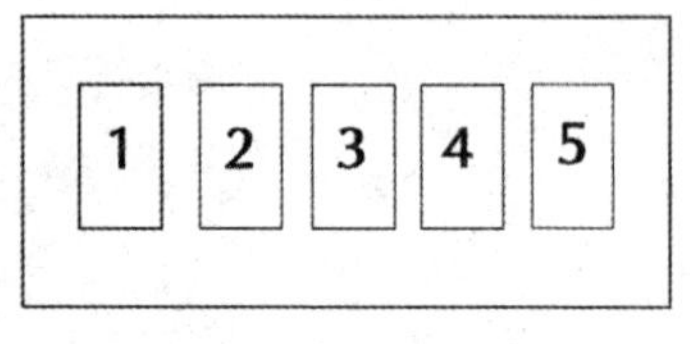

狗妈妈生了 9 只狗宝宝。

9 只狗宝宝长得都很相像，分不出哪只是哪只。

有 10 张带数字的标签，却只有 1 号到 5 号的 5 种。

那么，区别 9 只狗宝宝最少要用几种数字标签？

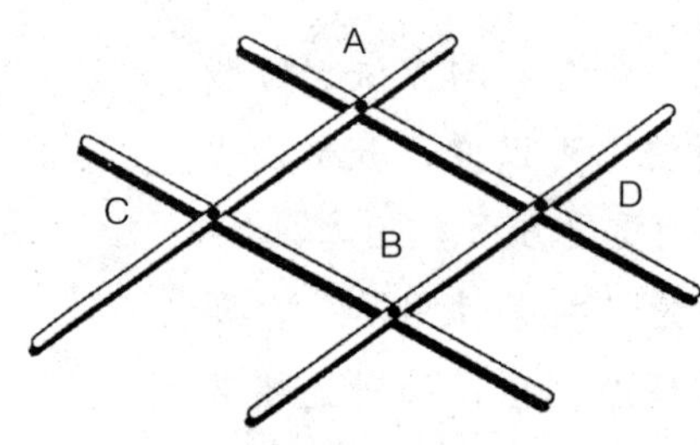

002 远近【初级】

左图中的黑点表示支点。如果将 A 点和 B 点移近，C 点和 D 点会接近些还是离远些？

003 图形变身【初级】

如果 A 变身为 B，那么 C 应变身为哪个呢？

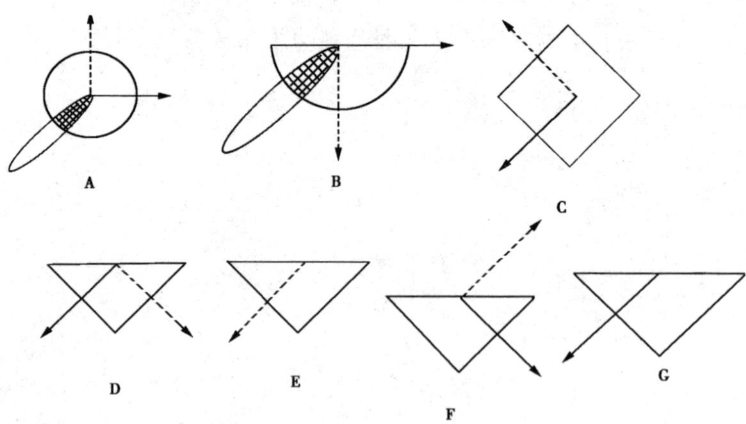

004 理发【初级】

在一个小镇上，只有两个理发师，他们各开有一家理发店。一天，有个外地人路过此地，想理个发，但他又不知道这两个理发师谁的技术好一些。于是他便走进第一家理发店，发现这个理发师的头发七长八短。于是他又走进第二家理发店，发现这个理发师的头发整整齐齐。

这个外地人最终选择了哪位理发师？

005 只动一点点【初级】

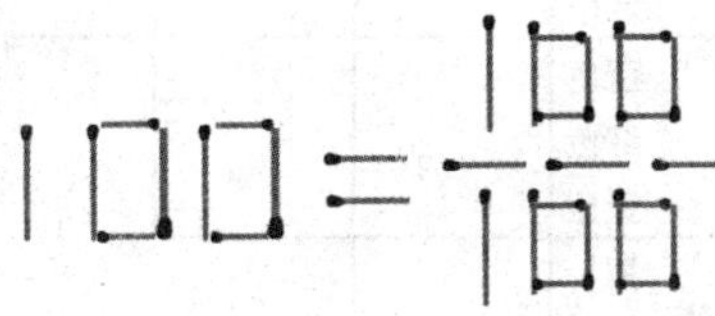

如图，请加上一支火柴棒，使式子成立。

006 机车【初级】

在考伦喀斯特铁路展览馆里有3辆曾经服役于大盎格鲁人车站的机车。根据下面的信息，你能说出每辆机车的名字、颜色、各自所属的类型以及制造时间吗？

类型	阿比	商务车	越野车	深红/白色	橄榄绿	猩红/黄色	1909年	1926年	1942年
名字 亚历山大									
罗德·桑兹									
沃克斯·阿比									
1909年									
1926年									
1942年									
深红/白色									
橄榄绿									
猩红/黄色									

1. 顾名思义，沃克斯·阿比属于阿比类发动机。

2. 外面被漆成深红色和白色的亚历山大曾被应用于制造机载导弹，而亚历山大不是越野类发动机。

3. 罗德·桑兹不是那辆制造于1942年外表为橄榄绿的机车。

4. 越野类型的机车直到1909年以后才被设计出来。

007 洗车工【初级】

为了赚些外快，比尔和他的两个朋友约定每个人清洗一辆邻居的车。根据下面的信息，你能找出他们各自为谁洗车、车的品牌及颜色吗？

1. 比尔清洗了一辆红色的车，但不是福特车。

2. 派恩先生的车是蓝色的。

3. 在他们所洗的几辆车中有一辆是黄色的普乔特。

4. 罗里清洗了斯蒂尔先生的车。

		车主								
		科顿先生	派恩先生	斯蒂尔先生	福特	普乔特	沃克斯豪	蓝色	红色	黄色
男孩	比尔									
	卢克									
	罗里									
	蓝色									
	红色									
	黄色									
	福特									
	普乔特									
	沃克斯豪									

008 在购物中心工作【初级】

3位年轻的女性刚刚到新世纪购物中心的几个店面打工。根据下面的线索，你能找出雇佣她们的商店的名字、类型以及她们各自开始工作的具体时间吗？

1. 和在面包店工作的女孩相比，安·贝尔稍晚一些找到工作，那家面包店不叫罗帕。

2. 艾玛·发不是8月份开始在万斯店工作。

3. 卡罗尔·戴不在零售店工作。

4. 其中一个女孩不是从9月份开始在赫尔拜的化学药品店工作。

	赫尔拜店	罗帕店	万斯店	面包店	化学药品店	零售店	7月	8月	9月
安·贝尔									
卡罗尔·戴									
艾玛·发									
7月									
8月									
9月									
面包店									
化学药品店									
零售店									

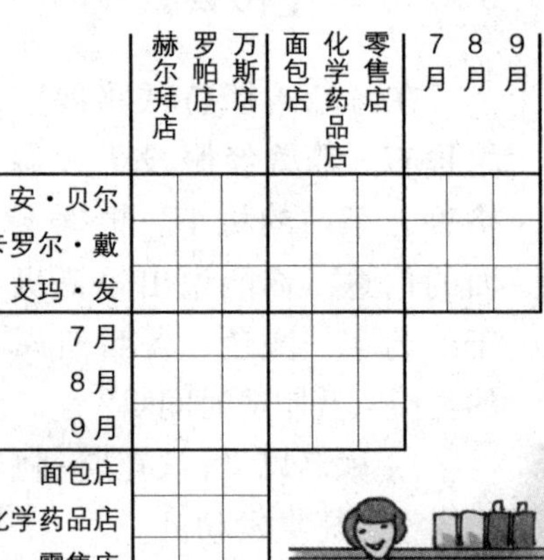

009 不同颜色的马【初级】

3个女孩各有一匹不同颜色的小马。从给出的线索中，你能说出每个女孩的全名、她们各自马的名字和颜色吗?

		姓			马					
		郝克斯	梅诺	威瑟斯	邦妮	潘多拉	维纳斯	黑色	褐色	灰色
名	贝琳达									
	凯蜜乐									
	费利西蒂									
	黑色									
	褐色									
	灰色									
马	邦妮									
	潘多拉									
	维纳斯									

1. 贝琳达的褐色小马不叫维纳斯。
2. 姓郝克斯的女孩有匹黑色小马。
3. 灰色小马的名字叫邦妮。
4. 费利西蒂姓威瑟斯。

010 长长的工龄【初级】

昨天，如同往常所有的工作日一样，3位女士在大学食堂的服务台上工作。从以下给出的线索中，你能推断出她们的名字、年龄、工龄和每个人的职责吗?

	52岁	54岁	56岁	16年	18年	20年	主菜	餐后甜点	饮料
布里奇特									
洛蒂									
内尔									
主菜									
餐后甜点									
饮料									
16年									
18年									
20年									

1. 那位54岁的女士工作的时间没有内尔长。
2. 提供主菜的那位女士今年有56岁了。
3. 洛蒂已经有18年的工作经验，她的工作不是分配饮料。
4. 布里奇特的职责是提供餐后甜点。

011 渡河【中级】

渡过小河唯一的办法就是小心翼翼地踩着一块块石头，一旦踩错了石头，就会掉进河里。从A开始，每一排只能踩一块石头，你会沿着什么顺序走呢？

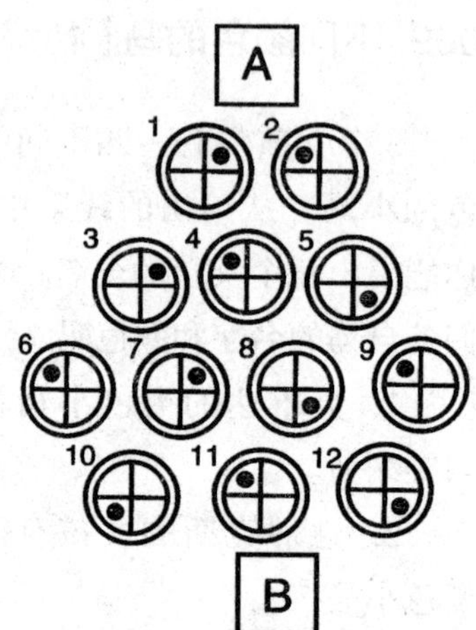

012 聪明的匪徒【中级】

一群匪徒在沙漠中遇到困难了，必须扔下一个人，于是狡猾的头目命19名匪徒排成一行，说："因为食物、饮水不足，所以在天黑前，凡点到第七名的人可以留在车上，数到最后第七名的那个人就必须留在沙漠中。"说完头目自己站到第六名匪徒后面（图中倒置的火柴是头目）。有个聪明的匪徒负责点数，他想让其他弟兄离开沙漠而让头目留在沙漠中。那么，他该如何点数？

013 多点相连【中级】

用6条直线（一笔）将16个点连接起来，怎么连呢？

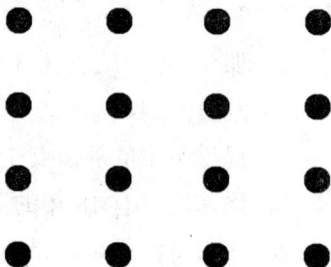

014 图形数字【中级】

请观察各图形与它下面数字间的关系，然后在问号处填上一个适当的数。

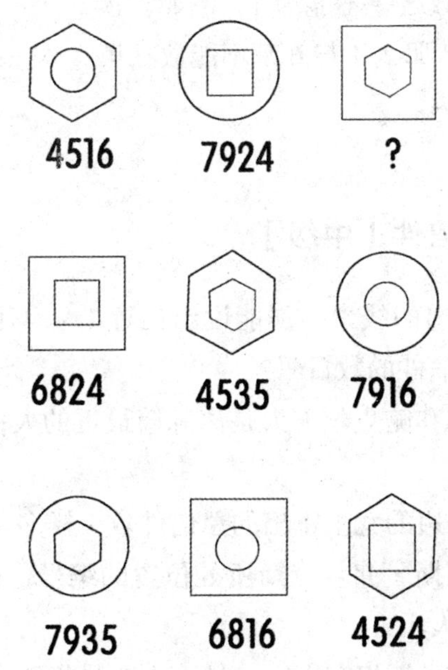

015 三只桶的称量【中级】

有一个商人用一个大桶装了 12 千克油到市场上去卖，恰巧市场上两个人分别带了 5 千克和 9 千克的两个小桶，但他们要买走 6 千克的油，而且一个买 1 千克，一个买 5 千克。这个商人要怎样称给他们呢?

016 两数之差【中级】

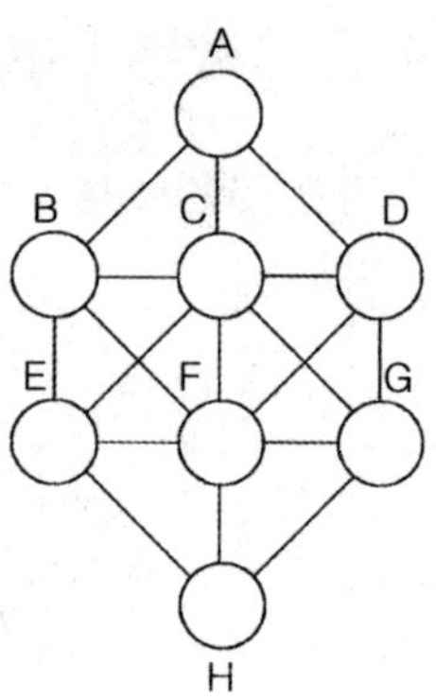

请大家在图中的8个圆圈里填上1～8这8个数字，规定由线段联系的两相邻圆圈中两数之差不能为1。例如，顶上一圈填了5，那么4与6都不能放在第二行的某圆圈内。

017 寄出的信件【中级】

根据所给出的线索，你能说出位置1～4上的女士的姓名和她们要寄出的信件的数目吗？

1. 埃德娜和鲍克丝夫人是离邮筒最近的人；前者寄出的信件数比后者少。

2. 邮筒两边的女士寄出的总信件数一样多。

3. 克拉丽斯·弗兰克斯所处位置的编号，比邮筒对面寄出3封信的那个女人小。

4. 博比不是斯坦布夫人，她不在3号位置。

5. 只有一个女人所处的位置编号和她要寄的信件数是相同的。

名：博比、克拉丽斯、埃德娜、吉马
姓：鲍克丝、弗兰克斯、梅勒、斯坦布
信件数：2、3、4、5

018 柜台交易【中级】

有两位顾客正在一家化学用品商店买东西。从以下所给的线索中，你能正确地说出售货员和顾客的姓名、顾客各自所买的东西以及找零的数目吗？

1. 杰姬参与的买卖中需要找零 17 便士，而沃茨夫人不是。

2. 朱莉娅是由一个叫蒂娜的售货员接待的，但她不是买洗发水的奥利弗夫人。

3. 图中的 2 号售货员不是莱斯利，而莱斯利不姓里德。

4. 阿尔叟小姐卖出的不是阿司匹林。

5. 2 号售货员给 4 号顾客找零 29 便士。

名：杰姬、朱莉娅、莱斯利、蒂娜
姓：阿尔叟、奥利弗、里德、沃茨
商品：洗发水、阿司匹林
找零：17 便士、29 便士

019 春天到了【中级】

某个小村庄的学校里，4 个男孩正坐在长椅 1、2、3、4 的位置上上自然科学课。在这堂课中，每位同学都要把前段时间注意到或做过的事情告诉老师和同学。从以下所给的线索中，你能辨别出这 4 个人并推断出他们各自在这堂课中所说的事件吗？

1. 从你的方向看过去，那个看到翠鸟的男孩就坐在汤米的右边，他们中间没有间隔。

2. 听到今年第一声布谷鸟叫的是一个姓史密斯的小伙子。

3. 从你的方向看过去，比利坐在埃里克左边的某个位置上，其中普劳曼是埃里克的姓。

4. 图中位置 3 上坐着亚瑟同学。

5. 位置 2 的男孩告诉了大家周末他和父亲玩鳟鱼的事，他不姓波特。

名：亚瑟、比利、埃里克、汤米
姓：诺米、普劳曼、波特、史密斯
事件：听到布谷鸟叫、看到山楂开花、看到翠鸟、玩鳟鱼

020 往返旅途【中级】

昨天，北切斯特的 3 个市民都去了市中心，他们来去都采用了不同的交通方式。从以下所给的线索中，你能说出这 3 个人的全名以及他们来回的交通方式吗？

1. 在市中心遭劫之后被警察带回家的受害者不是巴里·沃斯。

2. 姓扎吉的人不是坐巴士去市中心的。

3. 由于天下雨，范是坐计程车回来的。

4. 喜欢保持身材而步行的家伙是被救护车送回来的，因为他撞到了井栏石上。

5. 乔安妮不是那个骑新折叠自行车的人。

		姓								
		范	扎吉	沃斯	自行车	巴士	步行	救护车	计程车	警车
名	巴里									
	乔安妮									
	罗宾									
	救护车									
	计程车									
	警车									
	自行车									
	巴士									
	步行									

021 扮演马恩的4个演员【中级】

马恩是20世纪最伟大的人物之一。最近，不列颠电视台将上演休·马恩的自传，电视台的新闻办公室公布了分别扮演马恩各个时期的4个演员的照片。从以下所给出的线索中，你能说出4个演员的名字以及所扮演的时期吗？

1. C饰演孩童时代的马恩，他不姓曼彻特。

2. 安东尼·李尔王不饰演晚年的马恩，马恩在晚年时期已经成为哲学家。

3. 理查德紧贴在哈姆雷特的左边，哈姆雷特饰演的是那个正谈论他的伟大军事理想的马恩。

4. A是朱利叶斯。

名：安东尼、约翰、朱利叶斯、理查德
姓：哈姆雷特、李尔王、曼彻特、温特斯
时期：孩童、青少年、士兵、晚年

022 五月皇后【中级】

考古学家最近在一个小村镇里挖掘出了一张关于五月皇后的名单，在18世纪早期，五月皇后连续7年被推选出来执政。从以下所给的线索中，你能说出1721–1727年分别推选出的五月皇后的全名是什么、是谁的女儿吗？

1. 萨金特在教区长女儿之后两年、汉丽特之前两年成为五月皇后。

2. 布莱克是在1723年5月当选的。

3. 安·特伦特是偶数年份当选的五月皇后，她的父亲不是箍桶匠。

4. 安德鲁是在织工的女儿之前当选为五月皇后的，她不是比阿特丽斯。

5. 铁匠卢克·沃顿的女儿也是其中一位五月皇后，在沃里特之后当选，而且不是在1725年当选的。

6. 木匠的女儿苏珊娜是在索亚之前当选的五月皇后。

7. 米尔福德在箍桶匠的女儿当选之后两年成为五月皇后，她的前任是旅馆主人的女儿，旅馆主人的女儿在玛丽当选的两年之后当选。

8. 教区长的女儿紧接在简之后当选为五月皇后。

名：安、比阿特丽斯、汉丽特、简、玛丽、苏珊娜、沃里特
姓：安德鲁、布莱克、米尔福德、萨金特、索亚、特伦特、沃顿
父亲：铁匠、木匠、箍桶匠、旅馆主人、教区长、茅屋匠、织工

023 年轻人出行【中级】

某一天，同一村庄的4个年轻人朝东、南、西、北4个方向出行。从以下所给的线索中，你能推断出他们各自走的方向、出行的方式以及出行原因吗？

1. 安布罗斯和那个骑摩托车去上高尔夫课的人走的方向刚好相反。

2. 其中一个年轻人所要去的游泳池在村庄的南面，而另外一个年轻人参加的拍卖会不是在村庄的西面举行。

3. 雷蒙德离开村庄后直接朝东走。

4. 欧内斯特出行的方向是那个坐巴士的年轻人出行方向逆时针转90° 的方向。

5. 坐出租车出行的西尔威斯特没有朝北走。

姓名：安布罗斯、欧内斯特、雷蒙德、西尔威斯特
交通工具：巴士、小汽车、摩托车、出租车
出行原因：拍卖会、看牙医、上高尔夫课、游泳

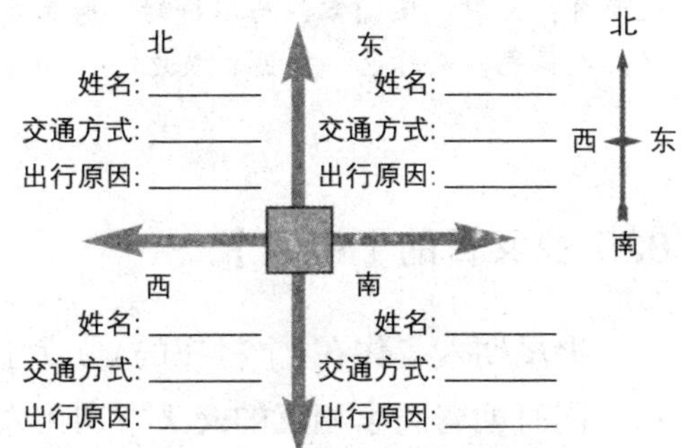

024 航海【中级】

在某个阳光灿烂的夏日午后，4艘游船在某海湾航行，位置如图。根据以下所给的线索，你能说出这4艘船的名字、航海员以及帆的颜色吗？

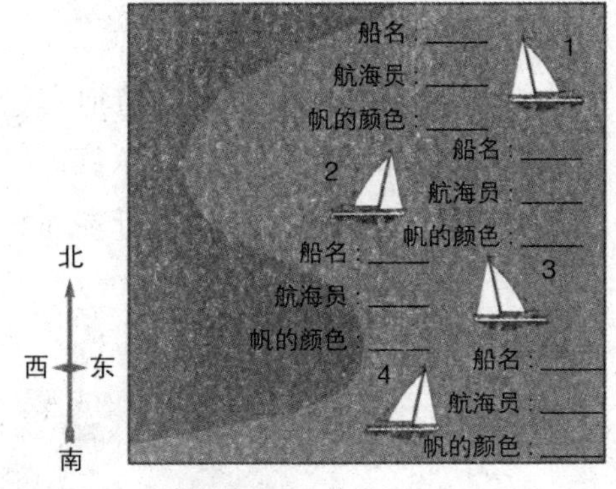

1. 海鸠在马尔科姆掌舵的船东南面，马尔科姆掌舵的船帆是白色的。

2. 燕鸥在图中处于奇数的位置，它的帆是灰蓝色的。

3. 有灰绿色帆的那艘船不是图中的4号。

4. 维克多的船处于3号位置。

5. 海雀的位置数要比有黄色帆的游船小，但比大卫掌舵的船位

置数要大。

6. 埃德蒙的船叫三趾鸥。

船名：海鸠、三趾鸥、海雀、燕鸥
航海员：大卫、埃德蒙、马尔科姆、维克多
帆：灰蓝色、灰绿色、白色、黄色

025 交叉目的【中级】

上星期六，住在4个村庄的4位女士由于不同的原因，如图所示，同时朝着离家相反的交叉方向出发。从以下所给的线索中，你能指出这4个村庄的名字、4位女士的名字以及她们各自出行的原因吗？

1. 波利是去见一位朋友。
2. 耐特泊村的居民出去遛狗。
3. 村庄4的名字为克兰菲尔德。
4. 西尔维亚住的村庄靠近参加婚礼的人住的村庄，并在这个

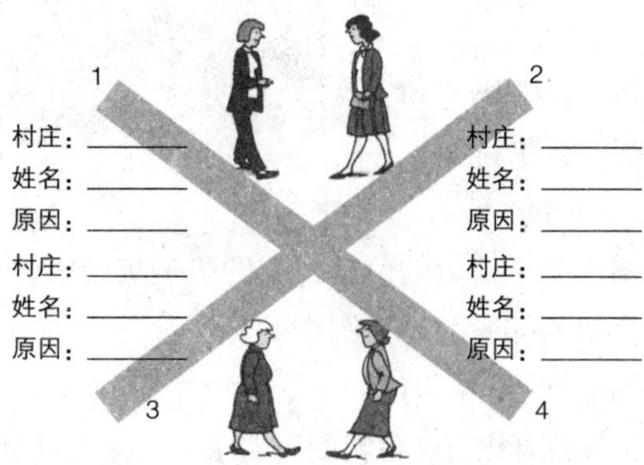

村庄的逆时针方向。

5. 丹尼斯去了波利顿村，它位于举行婚礼的利恩村的东面。

村庄：克兰菲尔德村、利恩村、耐特泊村、波利顿村
名字：丹尼斯、玛克辛、波利、西尔维亚
原因：参加婚礼、遛狗、见朋友、看望母亲

026 可爱的熊【中级】

我妹妹在她梳妆台的镜子上摆放了4张照片，这4张照片展示的是她去年去动物园时所看到的熊。从以下所给的线索中，你能说出这4只熊的名字、种类以及各个动物园的名字吗？

1. 布鲁马的照片来自它生活的天鹅湖动物园。
2. A照片上的熊叫帕丁顿，它不来自秘鲁。
3. 格林斯顿动物园的灰熊的照片印在一张正方形的明信片上。
4. 眼镜熊的照片在鲁珀特的右边，鲁珀特熊不穿裤子。
5. 泰迪的照片紧靠来自布赖特邦动物园那只熊的左边，后者不是东方太阳熊。

熊名：布鲁马、帕丁顿、鲁珀特、泰迪
种类：灰熊、极地熊、眼镜熊、东方太阳熊
动物园：布赖特邦、格林斯顿、诺斯丘斯特、天鹅湖

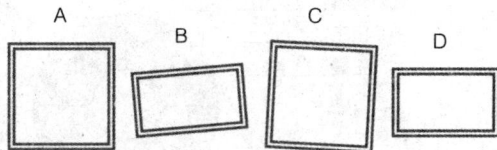

	A	B	C	D
熊名：				
种类：				
动物园：				

027 囚室【中级】

下图中的I、II、III、IV分别代表4间囚室。你能依据线索说出被囚禁者以及他或她父亲的名字等细节吗?

1. 在房间I里的是国王尤里的孩子。

2. 禁闭阿弗兰国王唯一的孩子的房间，是尤里天的郡主所在房子的逆时针方向上的第一间，后者的房子在沃而夫王子的对面。

3. 禁闭欧高连统治者孩子的房间，是国王西福利亚的孩子所在房间逆时针方向上的第一间。

4. 勇敢的阿姆雷特王子，在美丽的吉尼斯公主所在房间顺时针方向的第一个房间，即马兰格丽亚国王的小孩所在房间逆时针方向的下一间。

5. 卡萨得公主在一位优秀王子的对面，前者的父亲统治的不是卡里得罗。卡里得罗也不是国王恩巴的统治地。

被囚禁者：阿姆雷特王子、沃而夫王子、卡萨得公主、吉尼斯公主
国王：阿弗兰、恩巴、西福利亚、尤里
王国：卡里得罗、尤里天、马兰格丽亚、欧高连

被囚禁者：________
国王：________
王国：________

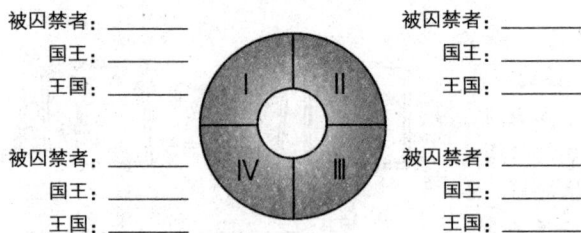

被囚禁者：________
国王：________
王国：________

I II IV III

被囚禁者：________
国王：________
王国：________

被囚禁者：________
国王：________
王国：________

028 多面体环【中级】

8个正八面体可以组成1个多面体的环，如图1所示。

请问其他几种正多面体用同样的方法能否组成这样的多面体环？

图1

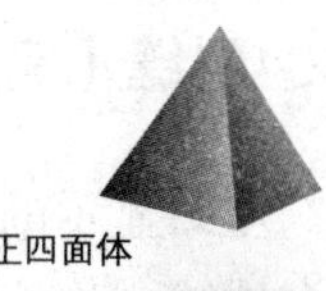
正四面体

正六面体（立方体）

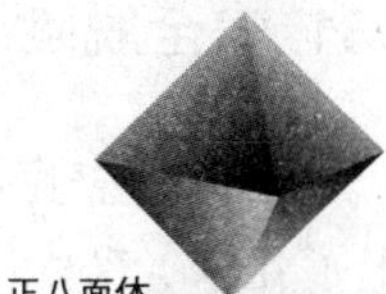
正八面体

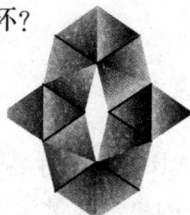

正二十面体

正十二面体

029 倒酒【高级】

最开始的时候，9升罐是满的，5升、4升和2升罐都是空的。

游戏目的是将红酒平均分成3份（这将使最小的罐留空）。

因为这些罐都没有标明计量刻度，倒酒只能以如下方式进行：使1个罐完全留空或者完全注满。如果我们将红酒从1个罐倒入2个较小的罐中，或者从2个罐倒入第3个罐，这两种方式的每种都算这2次倒酒。

达到目的的最少倒酒次数是多少？

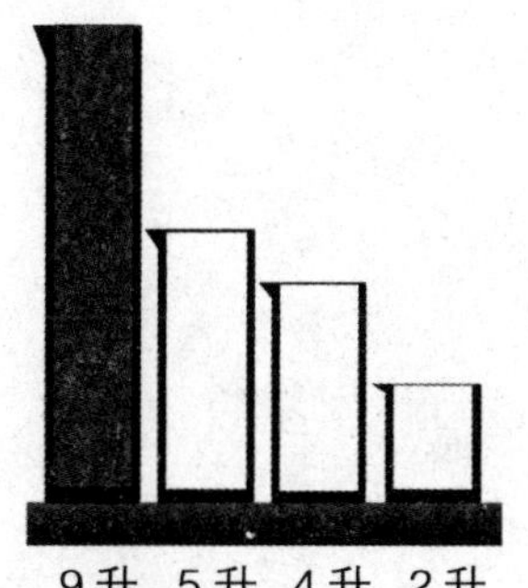

030 裂缝【高级】

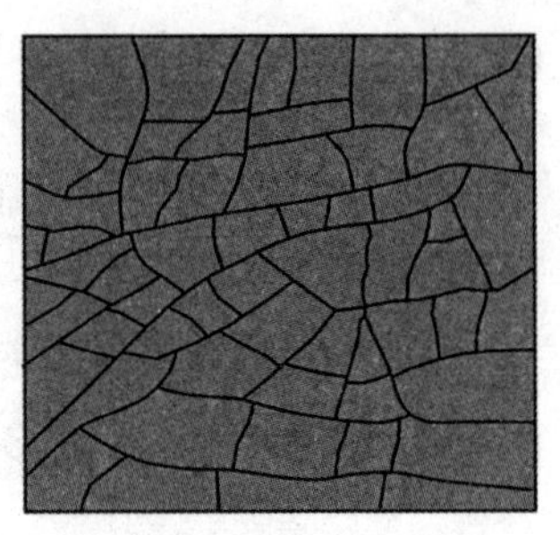

左图显示的是一块泥地，泥地上有很多裂缝。你能够说出这众多裂缝中哪一条是最先出现的吗?

031 安全脱险【高级】

迈克和杰克用软梯下到一个深谷，准备探寻谷底的洞穴。刚走了几米，忽然谷底的泉水大量涌出，不一会儿水位就到了腰部，并不断上涨。他们两人没想到谷底会发大水，既不会游泳，又没带救生用具，只能立刻攀软梯出谷。但他们所用软梯的负重是250 千克，攀下时是一个一个下来的，因为他们的体重都是 140 千克左右。如果两人同时攀梯，势必将软梯踩断；若依次先后攀梯而上，水势很急，时间来不及。你能帮助他们想一个办法安全脱险吗?

答 案

第一章 排除法

001

B。

002

A。只有A具有左右对称性，其余3个字母都不具有这种对称性。

003

10和16。

004

1号。

005

金盒子上的话和铜盒子上的话是矛盾的，所以两句话必有一真。又三句话中至多只有一句是真话，所以银盒子上的是假话。因此，画像在银盒中。

006

B图的符号和其他符号不一样，因为它是浅灰色的，而其他是深灰色的。A图的符号和其他的不一样，因为它是1，而其他是2。C图的符号也不一样，因为它是正方形而其他符号是圆形。因此，D图的符号才是真正不一样的，因为它没有“不一样”的地方。

007

C。

008

E。其他的图形都是中心对称图形。换句话说，如果它们旋转 180°，将会出现一个完全相同的图形。

009

基德拜夫妇有2个孩子（线索4），因此不只有1个孩子的希金夫妇（线索3）一定有3个孩子，并且他们去了澳大利亚（线索1）。通过排除法，去新西兰的布里格夫妇只有1个孩子；排除法又可以得出基德拜夫妇去了加拿大。希金夫妇不是开旅馆（线索1）或鱼片店（线索3），因此他们经营的一定是农场。鱼片店不是由布里格夫妇经营的（线索2），那么一定是基德拜夫妇经营的，布里格夫妇所做的生意是开旅馆。

答案：

布里格夫妇，1个，新西兰，旅馆。

希金夫妇，3个，澳大利亚，农场。

基德拜夫妇，2个，加拿大，鱼片店。

010

只需要打开最下面的链子。上面的两根链子并没有连接在一起。

011

D。在其他各项中，将直线两端的横木数量相乘，都得到偶数值，只有D项得到奇数值。

012

D。

013

甲可以正确地推导出自己头上所戴帽子的颜色。

014

A。

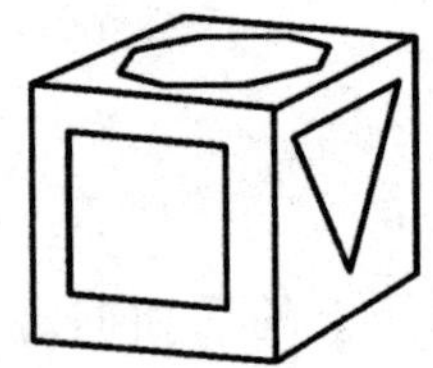

015

E 不是。

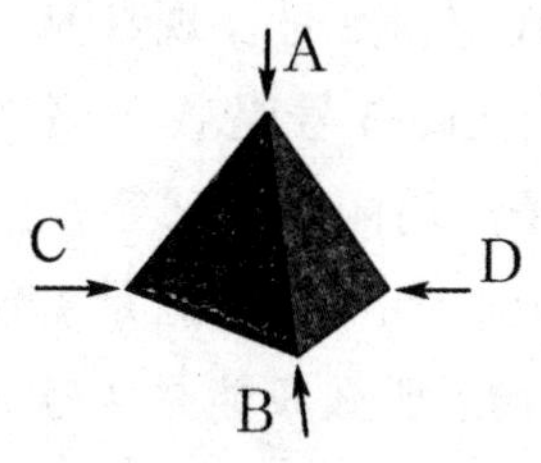

016

第三个。

017

B。

018

莎的姓是卡索（线索 2），蒂米穿红色的泳衣（线索 1），因此，穿橙色泳衣姓响的小男孩肯定是詹姆士。通过排除法，莎的泳衣一定是绿色的，她的母亲是曼迪（线索 3）。同样再次通过排除法，蒂米的姓是桑德斯，他的母亲不是丹尼斯（线索 1），那么肯定是萨利，最后剩下丹尼斯是詹姆士的母亲。

答案：

丹尼斯·响，詹姆士，橙色。

曼迪·卡索，莎，绿色。

萨利·桑德斯，蒂米，红色。

019

科拉·迪在药店工作（线索 4），而艾米·贝尔不在面包店工作（线索 1），所以她肯定在零售店工作，而埃德娜·福克斯则在面包店工作。艾米·贝尔在半岛商店工作（线索 1），斯蒂德商店店员穿蓝色工作服（线索 2），因此，穿黄色工作服的埃德娜，肯定在梅森商店工作。通过排除法，艾米的工作服肯定是粉红色的，而在斯蒂德商店工作的一定是科拉，她穿蓝色的工作服。

答案：

艾米·贝尔，半岛商店，零售店，粉红色。

科拉·迪，斯蒂德商店，药店，蓝色。

埃德娜·福克斯，梅森商店，面包店，黄色。

020

杰克获得了第三名（线索2），因此他的母亲不可能是丹妮尔（线索1），而梅勒妮是尼古拉的母亲（线索4），那么杰克只能是谢莉的儿子，剩下埃莉诺是丹妮尔的女儿，埃莉诺的服装像个蘑菇（线索3）。尼古拉不是第二名（线索4），我们知道他也不是第三名，因此他肯定是第一名，剩下埃莉诺是第二名。从线索1中知道，排名第三的杰克穿成垃圾桶装束，剩下第一名的尼古拉则穿成机器人的样子。

答案：

丹妮尔，埃莉诺，蘑菇，第二名。

梅勒妮，尼古拉，机器人，第一名。

谢莉，杰克，垃圾桶，第三名。

021

6岁的格雷琴不可能是4号（线索1），而3号今年7岁（线索4），1号是个男孩（线索3），因此，通过排除法，格雷琴肯定是2号。现在从线索1中知道，3号是牧羊者7岁的孩子。玛丽亚的父亲是药剂师（线索5），不可能是1号（线索3），那么只能是4号，从线索5中知道，她今年5岁，剩下1号男孩8岁。所以1号不是汉斯（线索2），则一定是约翰纳，剩下汉斯是牧羊者7岁的孩子。从线索3中知道，格雷琴的父亲不是屠夫，那么只能是伐木工，最后知道约翰纳是屠夫的儿子。

答案：

1号，约翰纳，8岁，屠夫。

2号，格雷琴，6岁，伐木工。

3号，汉斯，7岁，牧羊者。

4号，玛丽亚，5岁，药剂师。

022

位置3的山是第三高峰（线索5），线索2排除了格美特是位置4的山峰，格美特被称为庄稼之神，而山峰1是森林之神（线索3）。山峰2是飞弗特尔（线索4），通过排除法，格美特是位置3的高峰。通过线索2知道，第四高峰肯定是位置1的山峰。辛格凯特不是位置4的山峰（线索6），通过排除法，它一定是山峰1，剩下山峰4是普立特佩尔。它不是第二高峰（线索4），那么它肯定是最高的。因此它就是被人们当作火神来崇拜的那座（线索1）。最后通过排除法，飞弗特尔是第二高峰，而它是人们心中的河神。

答案：

山峰1，辛格凯特，第四，森林之神。

山峰2，飞弗特尔，第二，河神。

山峰3，格美特，第三，庄稼之神。

山峰4，普立特佩尔，最高，火神。

023

哈里滚球了（线索3），而史蒂夫不是lbw（线索2），那么他一定是犯规的，剩下克里斯是lbw。得了7分的不是哈里（线索3），也非史蒂夫（线索1），那么一定是克里斯。史蒂夫得分不是2分（线索2），那么一定是4分，而哈里是2分。史蒂夫不是3号（线索4），也非1号（线索2），那他一定是2号。哈里不是1号（线索3），则肯定是3号，剩下1号就是克里斯。

答案：

1号，克里斯，lbw，7分。

2号，史蒂夫，犯规，4分。

3号，哈里，滚球，2分。

024

1910年出生的舅舅的爱好不是制作挂毯（线索1），他也不是工程师，因为工程师的爱好是钓鱼（线索3），那么他肯定爱好诗歌。而他退休之前不是教师（线索2），那么只能是士兵，剩下前教师的爱好是制作挂毯。从线索1中知道，1916年不是伯纳德出生的年份，而线索3也排除了安布罗斯，那么1916年出生的只能是克莱门特。前教师出生的年份不是1913年（线索2），那么他一定是1916年出生的克莱门特，剩下前工程师是1913年出生的。从线索3中知道，安布罗斯是1910年出生的，他退休前是士兵，剩下前工程师就是伯纳德。

答案：

安布罗斯，1910年，士兵，诗歌。

伯纳德，1913年，工程师，钓鱼。

克莱门特，1916年，教师，制作挂毯。

025

蓝色的盒子里有58个东西（线索2），绿色盒子有螺丝钉（线索3），43个钉子不在灰色的盒子里（线索1），那么一定在红色的盒子。我们知道绿盒子里的东西不是43个或58个，而线索3也排除了65个，那么在绿盒子里一定是39个螺丝钉。通过排除法，灰色盒子的东西肯定是65个，它们不是洗涤器（线索3），那么一定是地毯缝针，灰色盒子就是C盒（线索4），剩下蓝色的盒子有58个洗涤器。绿盒子不是D盒（线索3），因它有2个相邻的盒子，那么知道它就是B盒，而有洗涤器的盒子就是A盒（线索3），剩下红色的盒子就是D盒。

答案：

A盒，蓝色，58个洗涤器。

B盒，绿色，39个螺丝钉。

C盒，灰色，65个地毯缝针。

D盒，红色，43个钉子。

026

B机器是穿红白相间的浴袍的女士用的（线索5），线索4排除了D是尤菲米娅·坡斯拜尔用的，因为兰顿斯罗朴小姐用了机器C（线索2），尤菲米娅的机器可能是A或者B。而拉福尼亚的是B或者C（线索4），因此她也不用机器D。我们知道兰顿斯罗朴用了机器C，那么贝莎不可能是机器D（线索1）。因此，通过排除法，维多利亚肯定用了机器D。所以她的姓不可能是马歇班克斯（线索1），我们知道她的姓也不是坡斯拜尔或者兰顿斯罗朴，那么一定是卡斯太尔，而她的浴袍肯定是绿白相间的（线索3）。因此尤菲米娅不可能用了机器B（线索4），那么一定是在A上，剩下机器B是马歇班克斯用的。因此，从线索1中可以知道，贝莎就是兰顿斯罗朴小姐，她用了机器C，装束是黄白相间的，通过排除法，尤菲米娅·坡斯拜尔是穿了蓝白相间浴袍的人。

答案：

机器A，尤菲米娅·坡斯拜尔，蓝白相间。

机器B，拉福尼亚·马歇班克斯，红白相间。

机器C，贝莎·兰顿斯罗朴，黄白相间。

机器D，维多利亚·卡斯太尔，绿白相间。

027

已知星期五拜访的女性不是帕特丝·欧文（线索1）或小说家阿比·布鲁克（线索3），那么拜访的是利亚·凯尔，并且可以知道她是个流行歌手（线索2）。通过排除法，帕特丝·欧文是个电影演员，她被拜访的时间不是星期天（线索4），而是星期六，剩下小说家阿比·布鲁克是在星期天被采访的。根据线索1，星期五拜访的利亚·凯尔来自加拿大，根据线索3，星期六的被访者帕特丝·欧文来自澳大利亚，最后排除法得出，星期天的被访者小说家阿比·布鲁克来自美国。

答案：

星期五，利亚·凯尔，流

行歌手，加拿大。

星期六，帕特丝·欧文，电影演员，澳大利亚。

星期天，阿比·布鲁克，小说家，美国。

028

因为沃德拜别墅在4号位置（线索2），那么在1号位置筑巢的不是养了7只小鸭子的戴西（线索1），也不是迪力（线索3），线索4排除了多勒，通过排除法得出是达芙妮。然后根据线索5，5只小鸭子在2号别墅的花园里。我们知道拥有小鸭子数最多的不是戴西、多勒（线索4）或迪力（线索3），而是达芙妮，它拥有8只小鸭子。1号位置小鸭子的数量比2号位置上的多3只，线索3排除了迪力在2号花园里的可能，已知多勒有5只小鸭子，剩下迪力有6只小鸭子。这样根据线索3，罗斯别墅是戴西和它的7只小鸭子的家。我们知道它们不在1号、2号或4号位置，那么一定在3号位置，根据排除法和线索3，迪力在4号沃德拜别墅的花园里抚养它的6只小鸭子。线索1现在告诉我们洁丝敏别墅在2号位置，剩下1号是来乐克别墅。

答案：

1号，来乐克别墅，达芙妮，8只。

2号，洁丝敏别墅，多勒，5只。

3号，罗斯别墅，戴西，7只。

4号，沃德拜别墅，迪力，6只。

029

由于凯瑞的运动项目不是100米或400米（线索1），她也不是在跳远比赛中获胜的1号女孩（线索1和4），因此通过排除法，她一定破了标枪比赛的纪录。1号位置上的不是跑步运动员，所以凯瑞不是2号女孩（线索1），同一个线索排除了她是1号或4号的可能，所以她在3号位置。400米冠军哈蒂不叫瓦内萨（线索5），我们知道她不叫凯瑞。赫尔的名字是戴尔芬（线索2），那么哈蒂就是洛伊斯。她不在2号位置（线索3），而她的运动项目排除了1号和3号位置，因此她一定在照片中的4号位置。1号女孩不是戴尔芬·赫尔（线索2），而是瓦内萨，戴尔芬是2号女孩，排除法得出戴尔芬的运动项目是100米。最后根据线索4，瓦内萨不姓福特，而姓斯琼，剩下凯瑞是福特小姐。

答案：

1号，瓦内萨·斯琼，跳远。

2号，戴尔芬·赫尔，100米。

3号，凯瑞·福特，标枪。

4号，洛伊斯·哈蒂，400米。

030

埃格要去拜访岳母（线索2），穿着绵羊皮外套的男人打算修他的小圆舟（线索5），并且穿着小牛皮上衣的奥格不打算粉刷他的窑洞墙壁（线索4），因此他一定是去钓鱼。由于穿着绵羊皮外套的男人不是阿格（线索5），我们知道他也不是埃格或奥格，那么他是艾格。通过排除法，剩下阿格是准备粉刷窑洞墙壁的男人。穿着绵羊皮外套的艾格不在1号位置（线索1），也不在3号位置，因为3号穿着山羊皮上衣（线索3），而线索1和3排除了他在4号位置的可能，那么他一定在2号位置，1号穿着狼皮上衣（线索1），剩下穿着小牛皮上衣的奥格在4号位置。线索5说明阿格在1号位置，他穿着狼皮上衣，通过排除法，在3号位置上穿着山羊皮上衣的人是埃格，就是那个打算拜访岳母的人。

答案：

1号，阿格，粉刷窑洞墙壁，狼皮。

2号，艾格，修小圆舟，绵羊皮。

3号，埃格，拜访岳母，山羊皮。

4号，奥格，钓鱼，小牛皮。

031

由于2号警官的肩膀麻木（线索1），线索4说明斯图尔特·杜琼不是4号警官。线索2也排除了卡弗在4号位置的可能，并且线索3排除了布特，因此通过排除法，4号警官一定是艾尔莫特。这样根据线索3，格瑞在2号位置，并且遭受肩膀麻木的痛苦。1号警官不是鼻子发痒的内卫尔（线索2），也不是亚瑟（线索3），而是斯图尔特·杜琼。这样根据线索4，3号警官受鸡眼折磨。我们知道他不是格瑞、内卫尔或斯图尔特，那么必定是亚瑟，剩下4号警官是鼻子发痒的内卫尔·艾尔莫特。通过排除法，斯图尔特·杜琼一定受肿胀的脚的折磨。亚瑟就是卡弗（线索2），剩下格瑞就是布特。

答案：

1号，斯图尔特·杜琼，肿胀的脚。

2号，格瑞·布特，肩膀麻木。

3号，亚瑟·卡弗，鸡眼。

4号，内卫尔·艾尔莫特，发痒的鼻子。

032

“红母鸡”在1649年被宣判（线索4），在1648年被认为是女巫的不是“蓝鼻子母亲”（线索3），因此她一定是“诺格斯奶奶”，并且真名是艾丽丝·诺格斯（线索1）。通过排除法，“蓝鼻子母亲”在1647年被宣判为女巫，而她来自盖蒙罕姆（线索2）。那么伊迪丝·鲁乔不是在1648年被宣判（线索4），而是在1649年，她的绰号是“红母鸡”。可以得出艾丽丝·诺格斯住在希尔塞德（线索4）。克莱拉·皮奇不是来自里球格特乡村（线索3），所以必定来自盖蒙罕姆，并且她是在1647年被宣判的“蓝鼻子母亲”；排除法得出伊迪丝·鲁乔住在里球格特。

答案：

克莱拉·皮奇，“蓝鼻子母亲”，盖蒙罕姆，1647年。

艾丽丝·诺格斯，“诺格斯奶奶”，希尔塞德，1648年。

伊迪丝·鲁乔，“红母鸡”，里球格特，1649年。

033

根据线索2，V一定在C1、C2、D1或D2中的一个格子内。因为它不是重复的，所以不可能在C2（线索5），而那个线索也排除了包含有一个元音的D2。D3内是个A（线索4），那么线索2排除了V在D1内，排除法得出它在C1内。这样根据线索2，A1内有个R，而C3内是C。线索1和4排除了在D2内的元音（线索5）是A，也不是O（线索7），因此只能是I。根据线索6，G在C排，但G只有一个，不在C2内（线索5），只能在C4内。这样B4内的元音（线索5）不是O（线索7），而是另一个A。线索7排除了O在A或D排的可能，而已经找到位置的字母除掉了B1、B3或C2、以及B4、C1、C3和C4，只剩下B2包含O，而一个T在C2内（线索7）。这样根据线索5，第二个T在A4内。根据线索7，Y在A3内。我们还需找到两个R的位置，但都不在D4内（线索4），线索1也排除了B1和A2，只剩下B3和D1。L不是在D4内，也不是在A2内（线索3），因此在B1内。线索1排除了剩下的A在D4的可能，得出F在D4，而A在A2。

R	A	Y	T
L	O	R	A
V	T	C	G
R	I	A	F

034

詹妮的孩子在3号位置上（线索3）。4号位置上的卡纳（线索2）不是D位置上的雷切尔的儿子（线索4和5），丹尼尔是莎拉的儿子（线索4），通过排除法，卡纳的母亲是汉纳。然后根据线索1，爱德华是詹妮的孩子，他在3号位置，雷切尔的儿子是马库斯。我们知道汉纳不在D位置上，也不在C位置（线索1）或B位置（线索2），因此她一定在A位置。詹妮不在C位置（线索5），而是在B位置，剩下C位置上的是莎拉。丹尼尔不在2号位置（线索4），那他一定在1号，剩下马库斯在2号位置，这由线索4证实。

答案：

A位置，汉纳；4位置，卡纳。

B位置，詹妮；3位置，爱德华。

C位置，莎拉；1位置，丹尼尔。

D位置，雷切尔；2位置，马库斯。

035

宝贝1，海蒂，是乔治亚的孩子。

宝贝2，伊莎贝尔，是詹妮的孩子。

宝贝3，戴西，是爱瑞的孩子。

宝贝4，达娜，是艾莉森的孩子。

036

弹吉他的不是1号（线索1），1号也不是变戏法者（线索3），也非街边艺术家（线索4），因此1号肯定是手风琴师，他不是泰萨，也不是莎拉·帕吉（线索2），而内森是2号（线索5），因此1号只能是哈利。因内森不弹吉他（线索5），线索1可以提示吉他手就是4号。4号不是莎拉·帕吉（线索2），而莎拉·帕吉不是1号和2号，因此只能是3

号。因此，她不是变戏法者（线索3），通过排除法，她肯定是街边艺术家，剩下变戏法者就是2号内森。从线索4中知道，他的姓一定是西帕罗，而4号位置肯定是泰萨。从线索2中知道，克罗葳不是泰萨的姓，则一定是哈利的姓，而泰萨的姓只能是罗宾斯。

答案：

1号，哈利·克罗葳，手风琴师。

2号，内森·西帕罗，变戏法者。

3号，莎拉·帕吉，街边艺术家。

4号，泰萨·罗宾斯，吉他手。

037

某位女性的生日是8月4日（线索2），她不是内奥米（线索4）或者波利。巴兹尔的生日是个偶数日（线索7），安妮的生日是8月2日（线索5），因此，通过排除法，8月4日一定是威尔玛的生日。我们知道巴兹尔的生日不是2号或者4号，通过线索7知道，她的生日一定是7月28日或者7月30日，因此波利的生日是7月29日或者31日。斯图尔特·沃特斯的生日在8月份（线索7），但是克雷布的生日是8月1日（线索6），我们知道斯图尔特不是2号或者4号，那么一定是3号。出生在7月28日的不是查尔斯（线索1）、安格斯（线索3）、内奥米（线索4）或者波利（线索7），也不是安妮、斯图尔特和威尔玛，那么一定是巴兹尔。这样，从线索7中知道，波利的生日是7月29日。安格斯不是7月31日出生的（线索3），内奥米也不是，因为她的生日是在斯盖尔斯之前的（线索4），通过排除法，7月31日一定是查尔斯的生日。这样，从线索1中知道，巴兹尔姓菲什。因为阿彻是男的（线索4），那么线索4也排除了内奥米的生日是7月

30日的可能，那么一定是8月1日，剩下7月30日是安格斯的生日。线索4现在可以告诉我们，安妮姓斯盖尔斯，查尔斯姓阿彻。从线索3中知道，布尔的名字是波利，出生在7月29日。安格斯不是拉姆（线索6），那么一定姓基德，剩下拉姆是威尔玛的姓。

答案：

7月28日，巴兹尔·菲什。

7月29日，波利·布尔。

7月30日，安格斯·基德。

7月31日，查尔斯·阿彻。

8月1日，内奥米·克雷布。

8月2日，安妮·斯盖尔斯。

8月3日，斯图尔特·沃特斯。

8月4日，威尔玛·拉姆。

038

1号黑猩猩不是罗莫娜（线索1）、里欧或格洛里亚（线索2），也不是贝拉（线索3），那它一定是珀西。5号黑猩猩的母亲不是格雷特（线索1）、克拉雷（线索2）、爱瑞克（线索3）或马琳（线索4），而是丽贝卡。由此得出4号黑猩猩的母亲是马琳（线索4）。1号黑猩猩珀西的母亲不是格雷特（线索1）或克拉雷（线索2），那一定是爱瑞克。珀西和格雷特的后代都不是在11月出生（线索1），克拉雷（线索2）或丽贝卡（线索4）的后代也不是，因此在11月生产的是马琳。现在可以知道在10月生产的丽贝卡（线索4）是5号黑猩猩的母亲。根据线索3，贝拉是2号黑猩猩。5号黑猩猩不是罗莫娜（线索1）或里欧（线索2），而是格洛里亚。里欧是4号黑猩猩（线索2），排除法得出罗莫娜是3号。根据线索2，3号罗莫娜是克拉雷的后代，排除法可以知道格雷特是贝拉的母亲。在7月出生的黑猩猩不是罗莫娜（线索1）或贝拉（线索3），那一定是珀西。贝拉在8月出生（线索3），最后通过排除法得出罗莫娜在9月出生。

答案：

1号，珀西,7月，爱瑞克。

2号，贝拉,8月，格雷特。

3号，罗莫娜，9月，克拉雷。

4号，里欧，11月，马琳。

5号，格洛里亚，10月，丽贝卡。

039

皇后不可能是1、4、7、8或9号牌（线索2）。因为中央的牌是红桃10（线索5），这又排除了皇后是2、5和6号牌的可能性，所以皇后是3号牌。因此，2号牌是7，6号牌是梅花（线索2）。再根据线索6，梅花5一定是1号牌。8紧靠在黑桃的下面（线索3），这排除了8是4或9号牌的可能性，因为已知3和5号牌是红桃，这又排除了8是6或8号牌的可能性。又已知8不可能是5号牌，所以8是7号牌；4号牌是张黑桃。9号牌是张方块（线索7），所以杰克不可能是8号牌，也不可能是6和9号牌（线索4），因此杰克是4号牌的黑桃，5号牌是红桃10（线索4），线索8揭示9号牌是方块4，因此8号牌是国王。根据线索9，国王不可能是梅花，所以是黑桃（线索8）。同样根据线索8，3号牌是方块皇后。现在我们知道，线索1中，出现3次的牌的花色不可能是方块和黑桃，因为所有的牌是已知的。2号牌和7号牌有相同的花色（线索9），但是我们已知1号牌和6号牌是梅花，而这里不可能有相同花色的4张牌（线索1），所以2号牌和7号牌是红桃，红桃就是有相同花色的3张牌的花色。最后得出6号牌是梅花3。

答案：

1号牌，梅花5。

2号牌，红桃7。

3号牌，方块皇后。

4号牌，黑桃杰克。

5号牌，红桃10。

6号牌，梅花3。

7号牌，红桃8。

8号牌，黑桃国王。

9号牌，方块4。

040

布鲁斯的乐队叫“倾斜”，他们正在录《黑匣子》，这是一首前卫摇滚风格的歌。

雷尔的乐队叫“空旷的礼拜”，在录制《毁灭世界》，这是一首歌德摇滚风格的歌。

莱泽的乐队叫“内克”，在录制《突然》，歌曲的曲风是独立摇滚。

梅根的乐队叫“贝拉松”，正在录制《帆布悲剧》，这是一首情绪摇滚风格的歌。

史蒂夫的乐队叫“红色莱姆”，在录制《朱丽叶》，这是一首另类摇滚的歌。

041

亚当去了伊顿大学，他被叫作“海雀”，他不能正确起飞。

詹姆士去了温切斯特大学，他被叫作“水塘”，他不能正确降落。

贾斯汀去了西鲁斯伯里，他被叫作“没脑子”，他总是瞄不准。

雷奥纳多去了拉格比大学，他被叫作“烤面包”，他不能通过演习。

塞巴斯蒂安去了海洛大学，他被叫作“生姜”，他不会驾驶。

042

艾丽斯得了腮腺炎，她拿到了一个冰激凌作为安慰，她穿着蓝色睡衣。

贝利叶得了扁桃体炎，有一个朋友来看望他，他穿着绿色睡衣。

弗兰克得了水痘，他得到了一个果冻，他穿着橘色睡衣。

里伊得了猩红热，她得到了一本书，她穿着红色睡衣。

罗宾得了麻疹，他得到了一个玩具，他穿着黄色睡衣。

043

阿里·贝尔，前守门员，威尔士队，匈牙利。

多·恩蒙，前足球记者，英格兰队，挪威。

杰克爵士，前经营者，北爱尔兰队，比利时。

佩里·奎恩，前足球先锋，苏格兰队，俄罗斯。

044

史蒂夫的姓不是沃尔顿（线索2），他也不可能姓汉克，汉克是第三名（线索2和3），因此他只可能姓泰勒，所以他代表红狮队（线索1）。他不是第二名（线索2），那么他只能是第一名，而沃尔顿是第二名。比尔不代表五铃队（线索4），因此他只可能代表船星队，而玛丽代表五铃队。从线索4中知道她肯定姓汉克，最后取得第三名，得出比尔肯定姓沃尔顿，取得第二名。

答案：

比尔·沃尔顿，船星队，第二名。

玛丽·汉克，五铃队，第三名。

史蒂夫·泰勒，红狮队，第一名。

045

因为摄像师姓贝瑞（线索3），坐在D位置的鸟类学专家是个男的（线索2），因此瓦内萨·鲁特（线索1）不是录音师，而是植物学家。她不在C位置上（线索3），又因为她的斜对面是录音师（线索1），所以她不在A位置上（线索2），我们知道她也不在D位置，那么她一定在B位置。这样根据线索1，录音师在C位置，通过排除法，摄像师贝瑞在A位置。坐在D位置的鸟类学专家不姓温（线索2），而姓福特，因此他不叫盖伊（线索4），而叫罗伊（线索2）。现在通过排除法，C位置的录音师姓温。A位置的贝瑞不叫艾玛（线索3），而叫盖伊，剩下C位置的录音师是艾玛·温。

答案：

位置A，盖伊·贝瑞，摄像师。

位置B，瓦内萨·鲁特，植物学家。

位置C，艾玛·温，录音师。

位置D，罗伊·福特，鸟类学专家。

046

因为勋章C有一个绿色的绶带（线索1），根据线索4，所以铁拳团的铁制勋章不可能是勋章D。勋章A用的是银作为材料（线索2），勋章D不是金制的（线索5），所以勋章D应该是青铜制的。根据线索5，勋章C是金制的。综上可得，铁拳团的铁制勋章应该是勋章B。因此，由线索4得出，悬挂蓝色绶带的勋章是勋章A。现在已知3个勋章的团名或绶带颜色，所以赖班恩王子勋爵士团的有着紫色绶带的是青铜制勋章D，因此，白色绶带的勋章是铁拳团的勋章B。最后，由线索5，不是伊斯特埃尔勋爵士团的、带绿色绶带的金制勋章C是圣爱克赞讷勋爵士团的，而伊斯特埃尔勋爵士团的是银制的蓝色绶带的勋章A。

答案：

勋章A，伊斯特埃尔勋爵士团，银，蓝色。

勋章B，铁拳勋爵士团，铁，白色。

勋章C，圣爱克赞讷勋爵士团，金，绿色。

勋章D，赖班恩王子勋爵士团，青铜，紫色。

第二章 递推法

001

B。

002

如图：

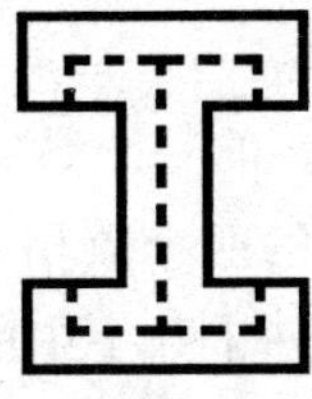

003

D。图形 B、C 依次为图形 A 逆时针旋转两次 90° 所得。

004

C。其他各个图形的中心部分是逆时针方向旋转，而周围部分是顺时针方向旋转。

005

3。每个图形上面 3 个数字之和与下面两个数字之和相等。

006

Z 应该是黑色。因为所有的黑色字母都能一笔写完，白色的字母就不能。

007

D。每一行或每一列的小方格中的黑点数目都不同。

008

B。

009

指向 10。从左上方开始，沿顺时针方向进行，每个钟上时针与分针所指向的数字之和从 3 开始，每次加 2。

010

F。大的部分变小，小的部分变大。

011

C。

012

C。每行的图形不论颜色如何都是按顺序重复着的。

013

B。

014

D。

015

A。先在脸上添画一种元素，再加画一根头发、脸上添画一种元素，接着加画一根头发，然后加画一根头发、脸上添画一种元素。此后，按照这个顺序添加。

016

每一行中的黑色楔形都可以构成一个完整的正方形。

017

0108。前一个数字中的千位和个位的两个数相乘，乘积分别是下一个数字中的千位和个位的两个数。前一个数字中的百位和十位的两个数相乘，乘积分别是下一个数字中的百位和十位的两个数。

018

B。只要再加一个小圆就可以和左图相同。A完全与图相同，其他几个相差太大。

019

填△。其排列规则是从中心向外，按照○、△、× 的次序旋转着填充。

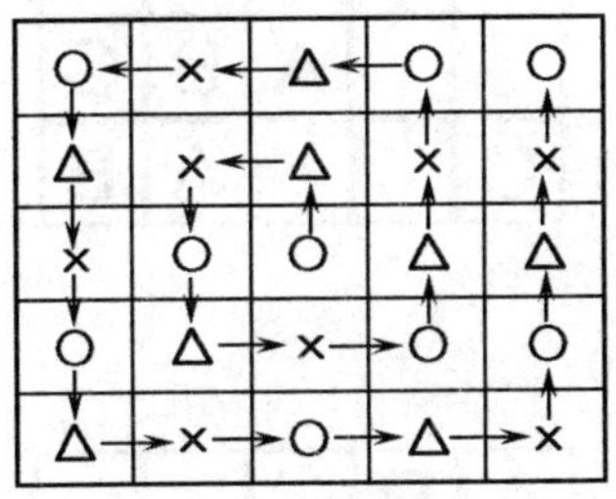

020

从外面的大盒子里拿出 1 块糖，放到里面最小的盒子里就可以了。这样，最小的盒子里就有了 5 块糖（两对加 1 块），将这 5 块糖算进第二个小盒子的糖果数目中，第二个小盒子中的糖果数现在是 5+4=9 块（4 对加 1 块）。第三个小盒子中现在有了 9+4=13 块糖果（6 对加 1 块）。最外面的大盒子中有 13+8=21 块（10 对加 1 块）。

021

每一行数字就是对其上面一行数字的描述。最下一行应该是 31131211131221。

022

四格正方形右下角的数字是该正方形其他三个数字之和，根据这条规则，未给出的数字是 63。

023

26。每行的第一列数乘以第二列数，再加上第三列的数，等于第四列的数。

024

	A		C	B
B			A	C
C	B			A
	C	A	B	
A		B	C	

025

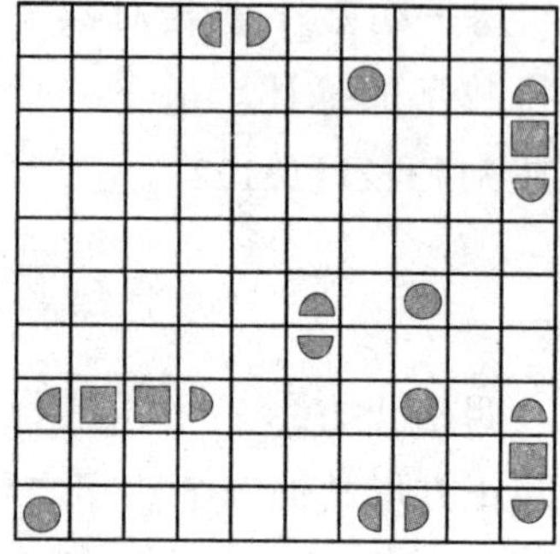

026

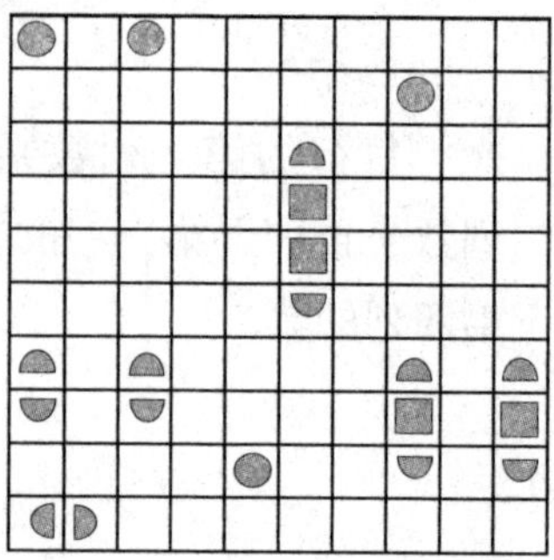

027

0	3	0	3	6	4	6	2
5	5	0	5	4	5	5	0
6	2	0	4	2	3	4	1
1	2	2	4	4	3	1	3
1	1	0	6	5	3	3	1
1	3	6	6	6	2	2	5
2	1	4	0	4	0	6	5

028

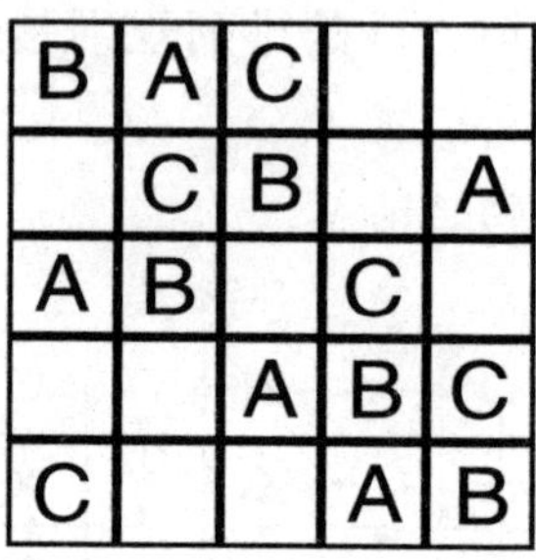

B	A	C		
	C	B		A
A	B		C	
		A	B	C
C			A	B

029

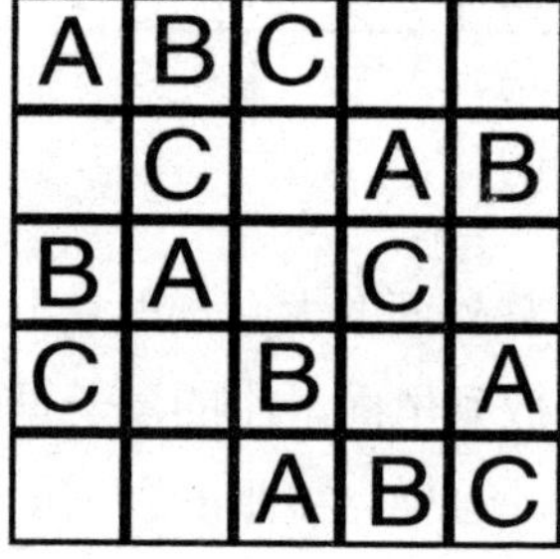

A	B	C		
	C		A	B
B	A		C	
C		B		A
		A	B	C

030

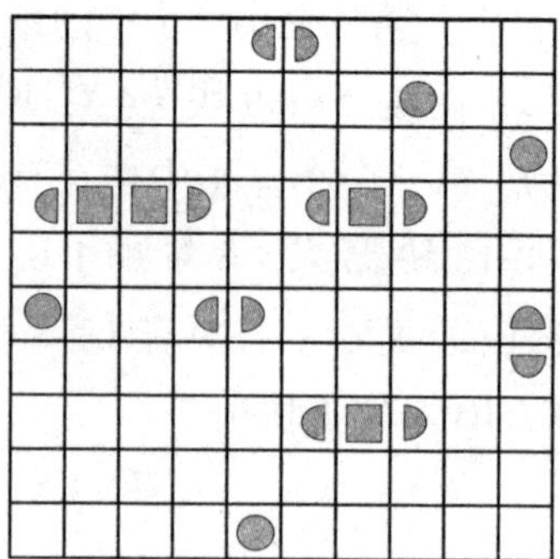

031

1	3	4	0	2	3	0	0
6	5	5	1	2	3	4	6
4	4	4	2	2	5	5	6
3	1	0	0	3	0	5	6
6	1	1	2	2	5	3	3
1	5	6	0	2	5	6	1
4	0	4	6	2	4	1	3

032

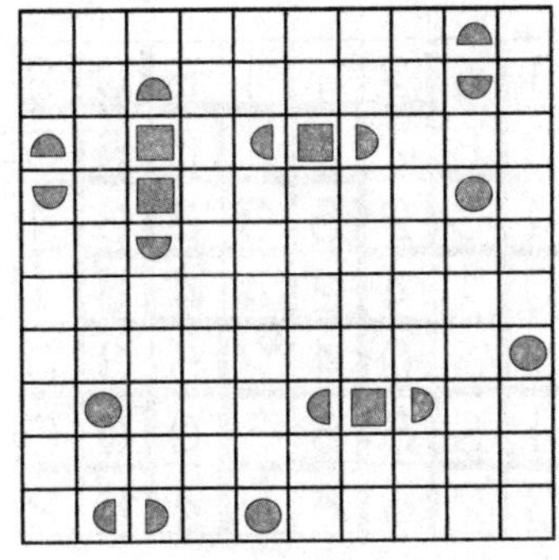

033

2	5	1	1	1	2	0	6
5	0	6	6	5	3	4	4
2	3	4	5	2	5	4	2
1	1	6	5	2	5	0	4
0	0	4	5	3	3	3	2
6	6	6	3	3	2	1	6
4	1	0	0	0	1	4	3

034

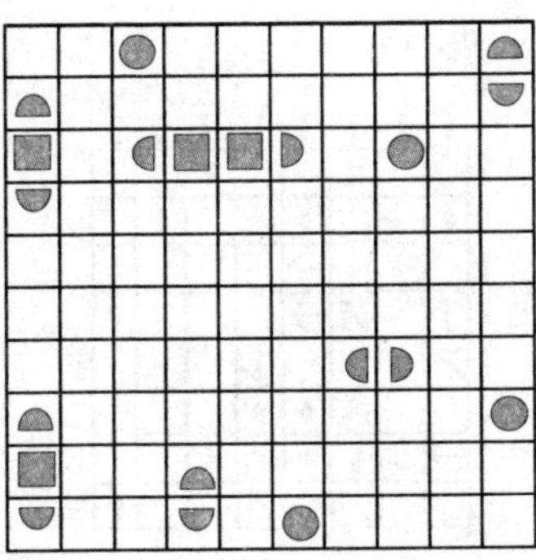

035

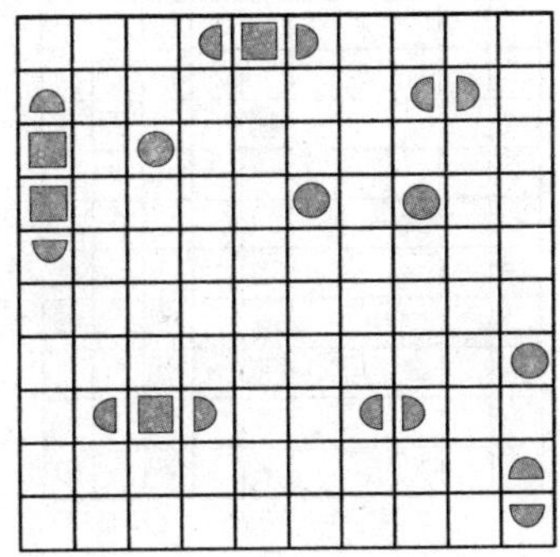

036

只需要走8步。两个G哪个做字头都可以。如用下面的G做字头，按下列顺序移动字母就可以达到目的：G、A、S、L、S、A、G、O。

037

如图：

	1	1	1	3	1	2	1	3
1	→		↓			♦		
3	♦	→		♦			♦	
1				→				♦
1	↑		↗	→				♦
1	↗	♦			↓			
2			↖	♦	♦			←
3	→		♦	♦	↗	♦		
1				→	↗			♦

038

039

040

041

1	4	2	1	1	6	0	2
3	6	2	1	1	6	6	5
4	3	2	5	3	3	3	4
0	1	4	2	4	4	6	1
3	5	0	4	2	5	3	0
1	5	5	6	5	0	0	0
3	2	5	6	0	4	6	2

042

B			A	C
	C	B		A
A			C	B
C	B	A		
	A	C	B	

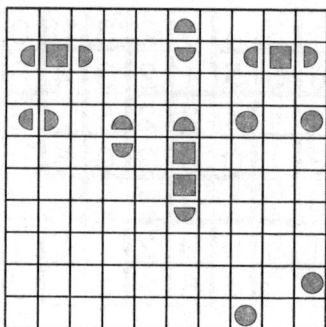

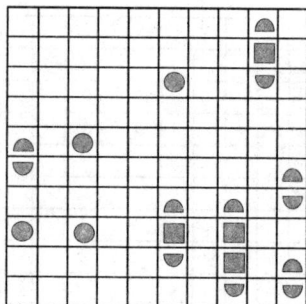

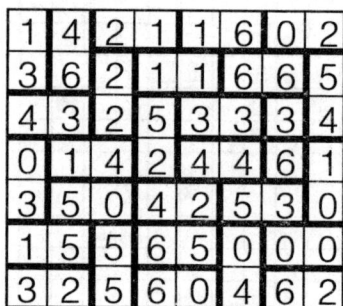

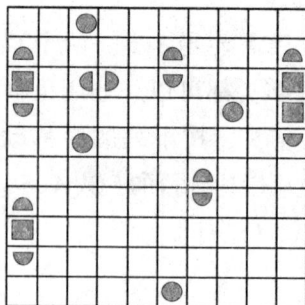

043

2	0	6	6	3	6	2	1
1	0	6	3	4	3	3	6
5	1	1	1	3	6	0	0
1	2	5	2	2	5	5	1
2	0	5	2	5	4	5	4
4	6	6	4	0	1	0	4
0	3	3	3	5	2	4	4

044

	A		C	B
B	C		A	
A		B		C
		C	B	A
C	B	A		

045

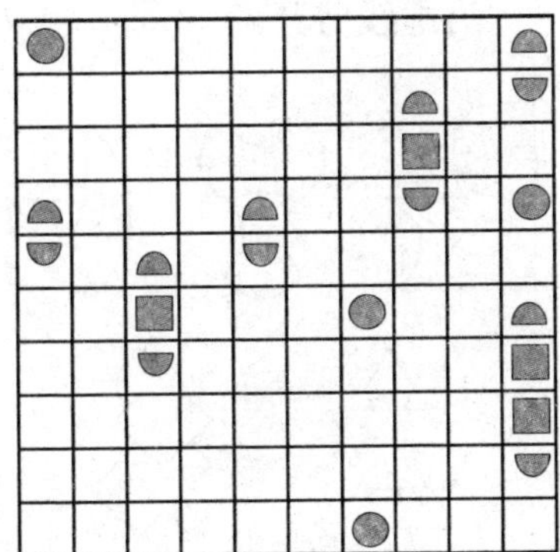

046

0	2	2	4	4	4	4	4
2	5	2	3	1	1	6	6
6	3	6	3	3	5	3	5
3	0	6	3	5	2	5	6
2	1	6	4	0	5	5	4
2	0	0	0	6	5	1	4
1	0	3	1	1	2	1	0

047

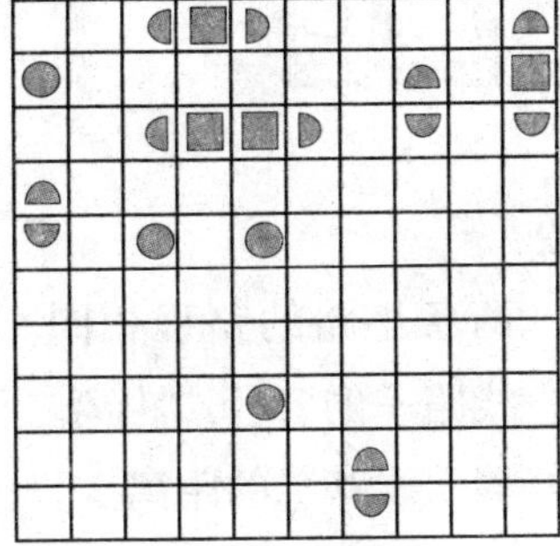

第三章　作图法

001

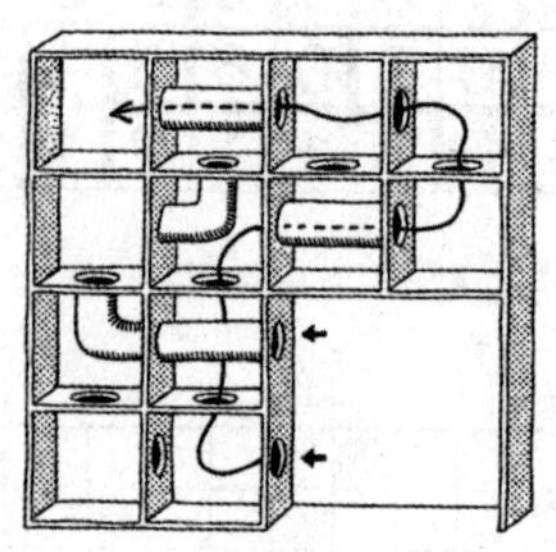

002

两条小路的路程相同。如图，线路一的各分段距离之和，正好等于线路二的距离。

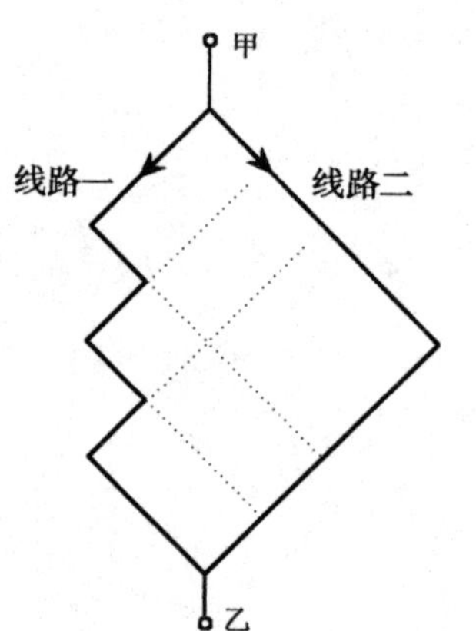

003

最后一个学生是女生。

004

20 个。如图。

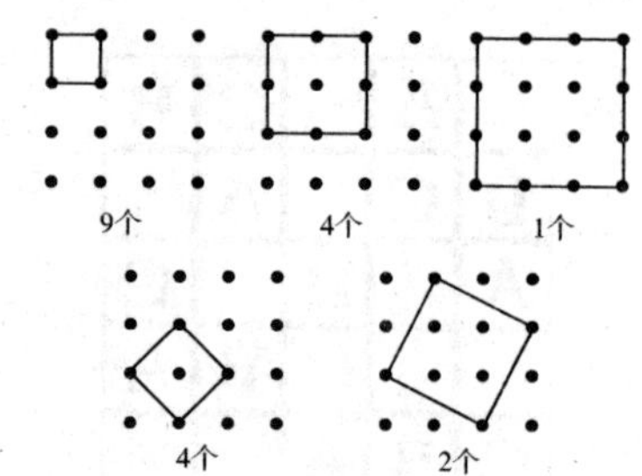

005

沿虚线剪开。

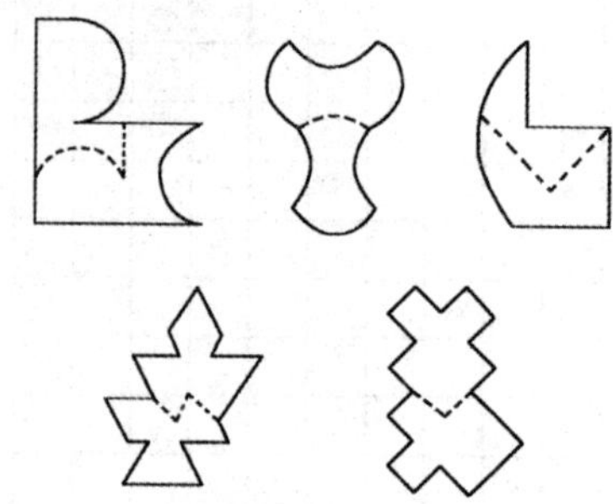

006

他走的路线如下图中虚线所示：

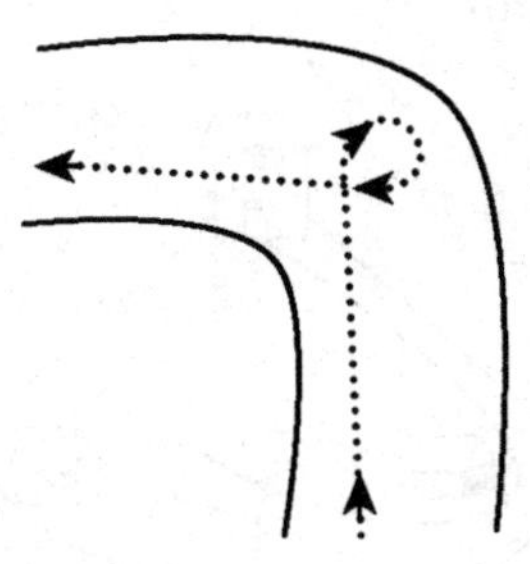

007

另一个黑面。这道题也要画一个展开图来考虑，但你很快会发现自己被捉弄了，那就是因为存在两个黑色的面，黑色面的对面还是一个黑色的面。

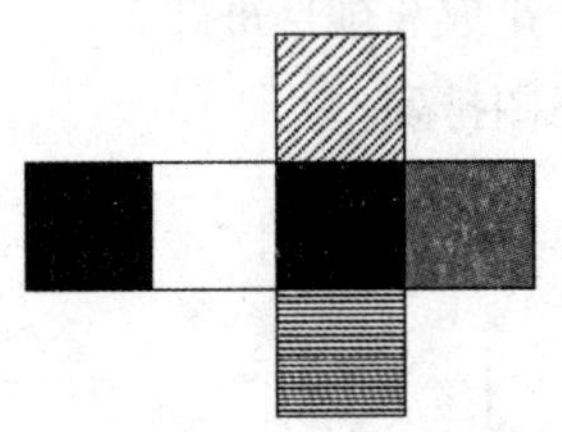

008

如图：

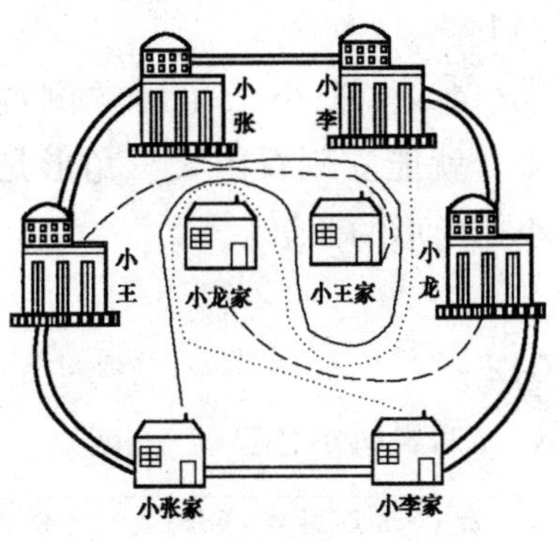

009

舰长的检查路线如下：从2号指挥中心进去，然后是E、N、H、3、J、M、4、L、3、G、2、C、1、B、N、K、3、I、N、F、2、D、N、A、1。

010

要回答这个问题，必须对日历的形式很熟悉。日历通常把每月的日期写成5行，看24/31添加栏的月份，1号将是星期五或星期六。已经知道24号是黑体字，说明这天不是休息日。因此，1号排除了星期五的可能，必然是星期六。

011

4∶1。把小三角形颠倒过来，就能立刻看出大三角形是小三角形的 4 倍。

012

如表所示：

	历史	语文	地理	英语	数学	总分
A	5	4	4	2	3	18
B	4	5	3	3	1	16
C	3	2	5	1	4	15
D	1	1	1	4	5	12
E	2	3	2	5	2	14

013

（1）一个人和一个鬼过河；（2）留下鬼，人返回；（3）两个鬼过河；（4）一个鬼返回；（5）两个人过河；（6）一个人和一个鬼返回；（7）两个人过河；（8）一个鬼返回；（9）两个鬼过河；（10）一个人返回；（11）一个人一个鬼过河。

014

走道的设计如图。既然关系不好，不想见面，走路就别怕绕路。

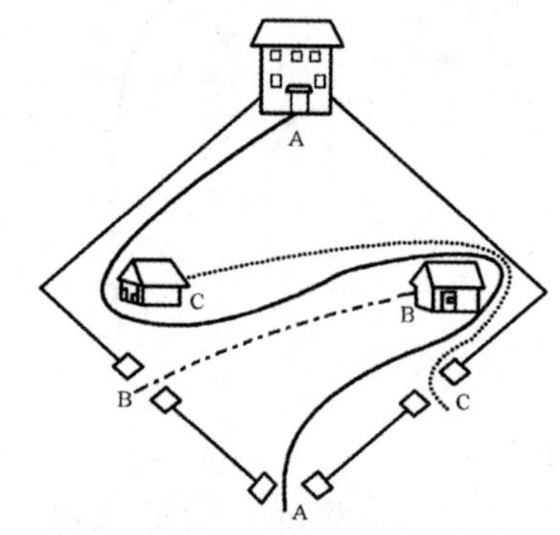

015

有 8 条直线上有 3 只兔子；有 28 条直线上有 2 只兔子；6 只兔子排成 3 排且每排 3 只，可以如下图排列：

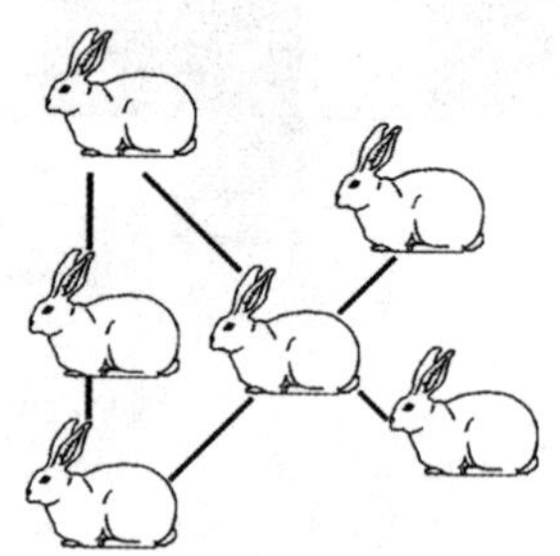

016

4个。如图：

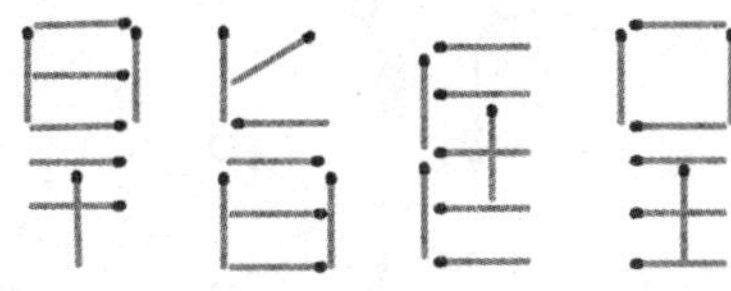

017

按不同的划分标准画两个图：

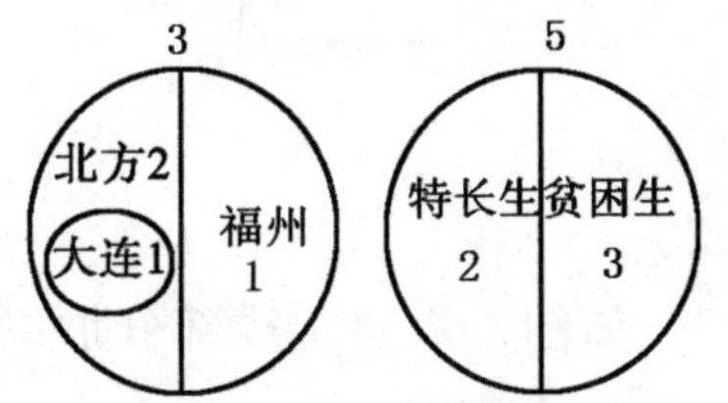

如果2个特长生都是贫困生，那么题中介绍便只涉及了6个人，与题干矛盾；其他选项均不矛盾。正确选项是A。

018

渡法如下：船来去的情况用箭头表示。人用字母代表，大写的英文字母代表丈夫，小写的英文字母代表妻子。这道题的关键是在第6至第7次之间，又把Bb夫妇渡回来了。想到这一点，问题基本解决了。

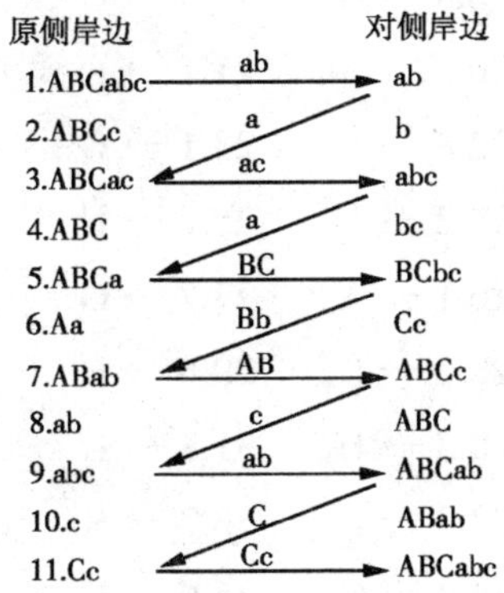

019

老头的房间确实是7张榻榻米的面积，但该房间的形状是不能整铺7张榻榻米的，而是只能铺6张整的和两个半张的。

020

照如下顺序移动即可。

1.6→G 2.2→B 3.1→E

4.3→H 5.4→I 6.3→L

7.6→K 8.4→G 9.1→I

10.2→J 11.5→H

12.4→A 13.7→F

14.8→E 15.4→D

16.8→C 17.7→A

18.8→G 19.5→C

20.2→B 21.1→E

22.8→I 23.1→G

24.2→J 25.7→H

26.1→A 27.7→G

28.2→B 29.6→E

30.3→H 31.8→L

32.3→I 33.7→K

34.3→G 35.6→I

36.2→J 37.5→H

38.3→C 39.5→G

40.2→B 41.6→E

42.5→I 43.6→J

021

添3根直线。

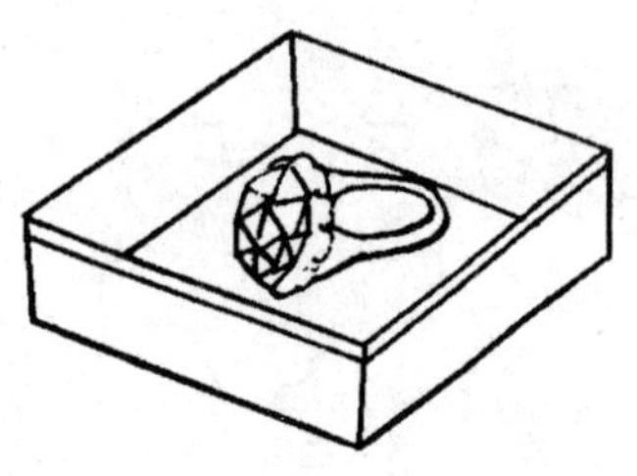

022

如图：

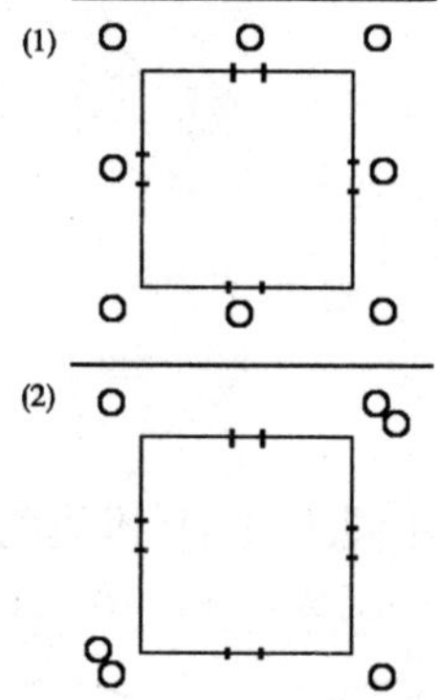

023

如图，依照实线部分加以切割组合即可。中央4个小正方形维持原状，四周的12个片断刚好可组合成6个小正方形，合计10个小正方形。

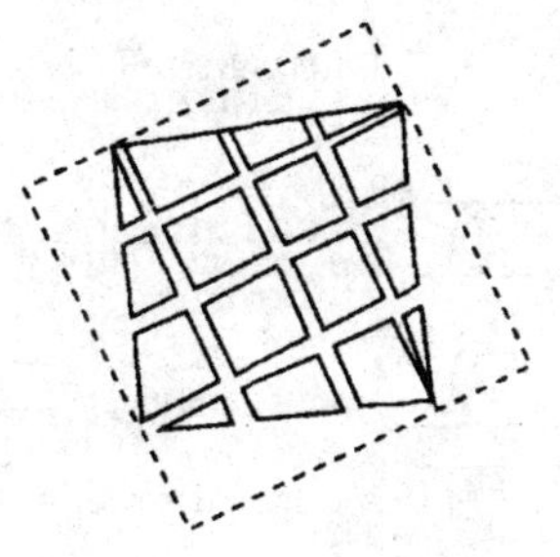

024

先沿图1的虚线折叠，然后再沿图2的虚线折叠，最后沿图3的虚线折一下，并沿这条线剪一刀，就把“十”字形分成了4块相同的图形，把它们拼起来，就是一个正方形了。

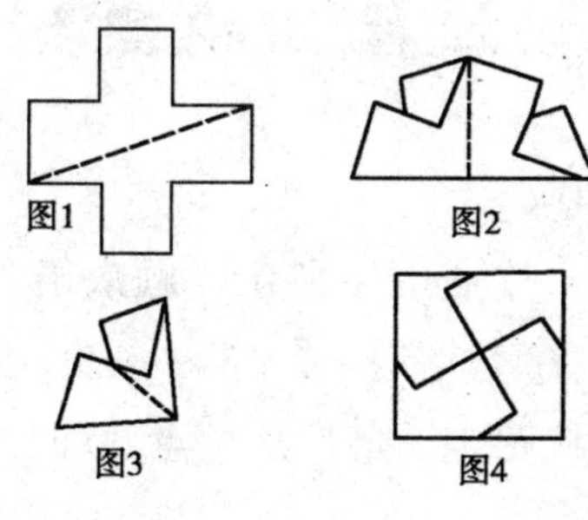

025

沿虚线锯开。

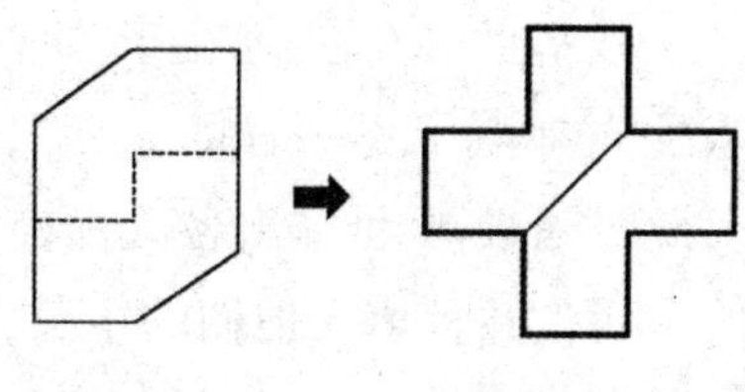

026

如图：

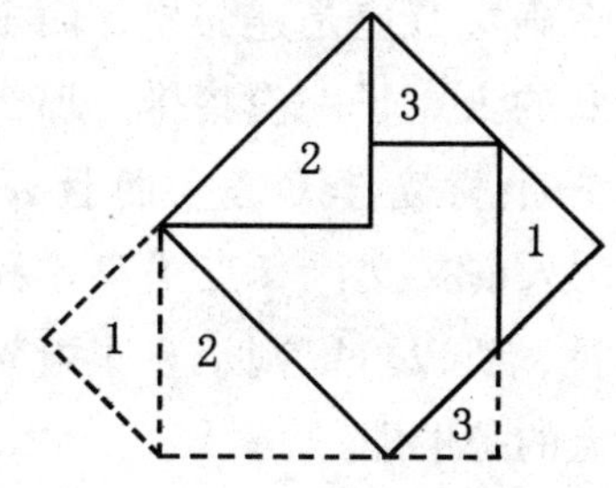

027

答案如下图：

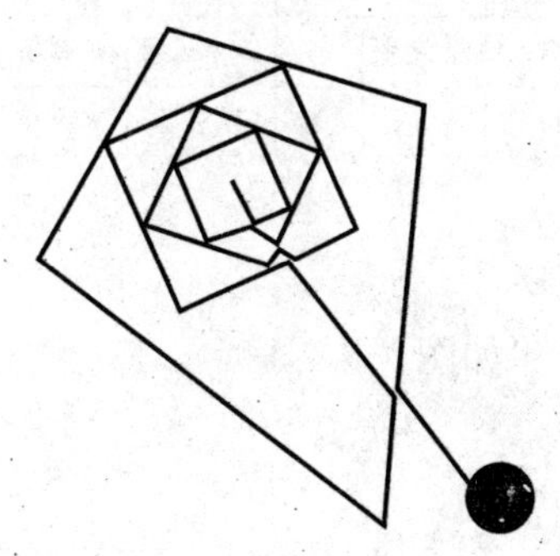

028

坐在C处的萧先生点了牛

排。破解此题的关键在于"邻座的人都点了不一样的东西"，因此，只要顺利排出各人所点的东西，并且填入他们的主菜，如此一来，主菜栏空白者便是点了牛排。李先生坐在A座，则连先生一定不是B、C座，那么确定D座是连先生，而坐在B的人点了一份猪排，那么萧先生肯定坐C座，而且A、D两人前文交代又点了鸡排和羊排，所以可以判定C座萧先生点的是牛排。

座位	人物	主菜	汤	饮料
A	李先生	鸡排	洋葱汤	冰咖啡
B	?	猪排	玉米浓汤	果汁
C	萧先生	?	玉米浓汤	热红茶
D	连先生	羊排	罗宋汤	冰咖啡

029

如图：

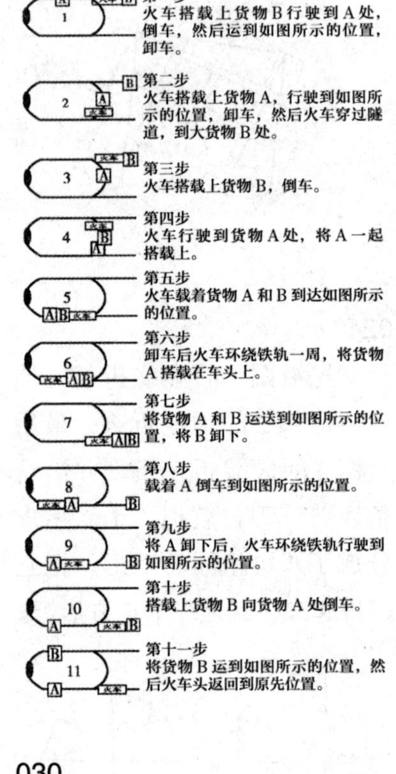

第一步
火车搭载上货物B行驶到A处，倒车，然后运到如图所示的位置，卸车。
第二步
火车搭载上货物A，行驶到如图所示的位置，卸车，然后火车穿过隧道，到大货物B处。
第三步
火车搭载上货物B，倒车。
第四步
火车行驶到货物A处，将A一起搭载上。
第五步
火车载着货物A和B到达如图所示的位置。
第六步
卸车后火车环绕铁轨一周，将货物A搭载在车头上。
第七步
将货物A和B运送到如图所示的位置，将B卸下。
第八步
载着A倒车到如图所示的位置。
第九步
将A卸下后，火车环绕铁轨行驶到如图所示的位置。
第十步
搭载上货物B向货物A处倒车。
第十一步
将货物B运到如图所示的位置，然后火车头返回到原先位置。

030

按照下图所示，顺次沿着标有数字1、2、3……19、20的线路走，最后从顶点20回到顶点1。

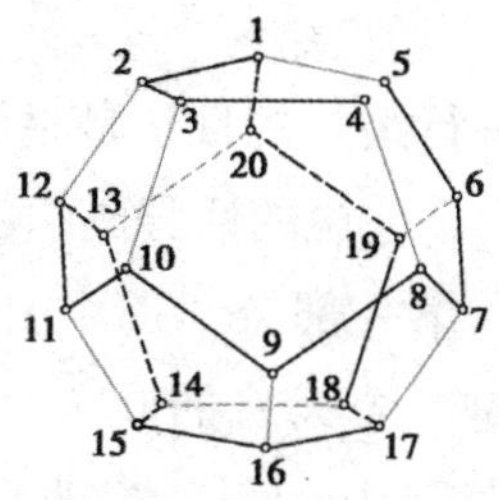

031

下图只是正确答案的一种，你可以发挥你的想象帮蜗牛设计路线。

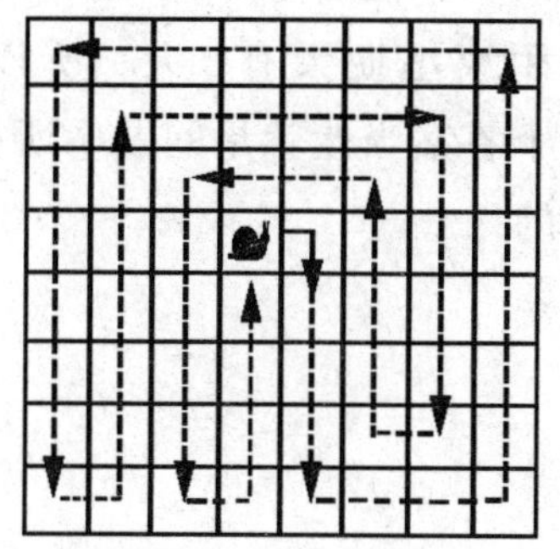

032

答案如下图：

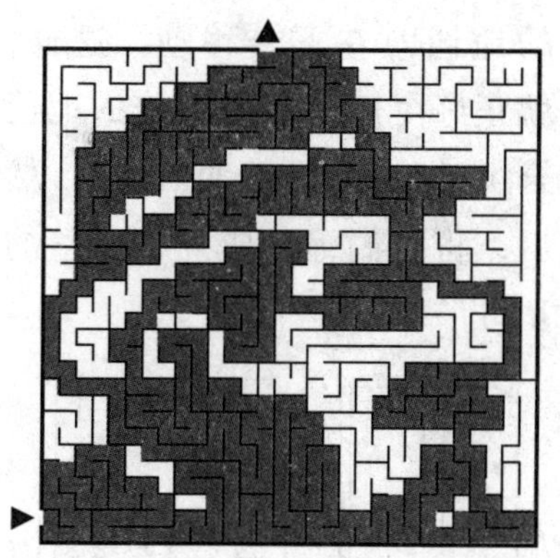

033

034

答案如下图：

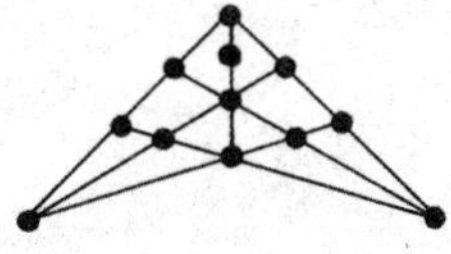

035

他先沿着图 1 中虚线把地毯剪开，然后，再把上半部分的地毯向左下方移动，这样，就正好可以与下半部分的地毯合并在一起（参见图2）。然后，将它们缝合成一个完整的正方形地毯。

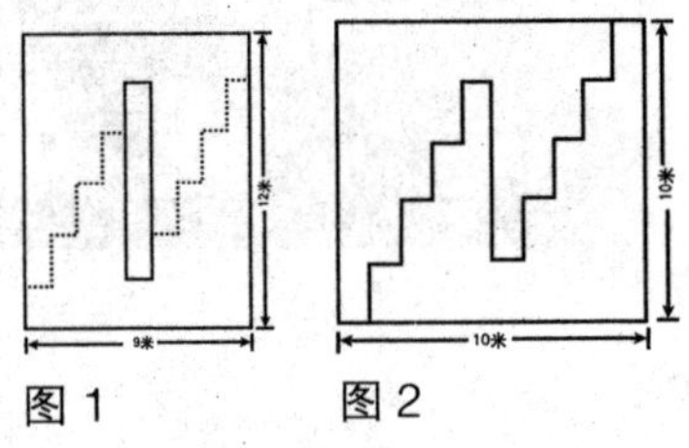

图1　　图2

036

答案如图所示：

037

举行婚礼的日子是星期日。我们得把他说的话分成两部分。

在第一部分“那个日子的后天是‘今天’的昨天……”，从星期天往前算，就到了星期三，即过了3天。在第二部分“那个日子的前天是‘今天’的明天，这两个‘今天’距离那个日子的天数相等”，从星期天往后算，这样就到了星期四，即距离星期天有3天。所以，这个答案当然就是问题中所提到的日子。

第四章 计算法

001

连接如图：

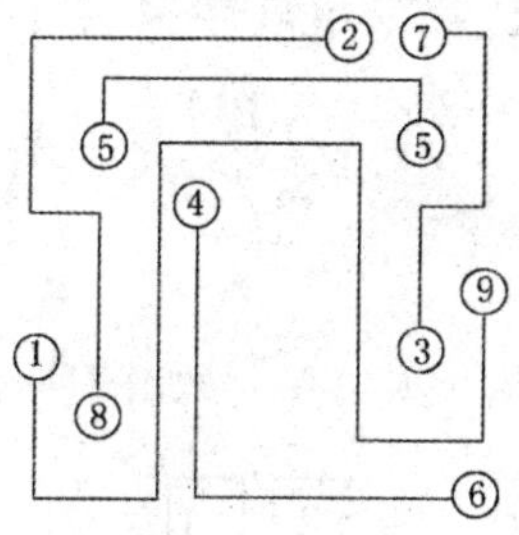

002

625。用10减去数字里的每位数上的数字得到破解后的数字。

003

书虫一共走了6.8厘米。书虫如果要从第一册第一页开始向右侧的第三册推进的话，第一件事情就是先从第一册的书开始破坏，接着是第一册的封底、第二册的封面、第二册书，之后是第二册的封底，然后是第三册的封面，最后是2厘米厚的书（即思维游戏的终点线）。期间，一共经过4个封页以及3册书的厚度，享用了6.8厘米的美味。

004

线段OD是圆的半径，它的长度是14厘米。图形ABCO是个长方形，它与圆的中心以及圆边都相交。因此，线段OB（即圆的半径）的长度为14厘米。因为长方形的两个对角线的长度都相等，所以，线段AC与线段OB的长度相等，即14厘米。

005

如果用小玻璃杯的话，我们需要倒8次才能把大玻璃杯装满水。因为大玻璃杯的杯身直径和高度是小玻璃杯的2倍，所以它的体积就是小玻璃杯的体积乘以8。比如，我们拿一个1厘米 ×1厘米 ×1厘米的立方体举例，它的体积为1立方厘米；那么，大玻璃杯的体积，即2厘米 ×2厘米 ×2厘米，这时它的体积就是8立方厘米。

006

贝蒂骑1个小时的自行车后把自行车放在路边，并继续步行2个小时，行走8千米后到达她的姑妈家；纳丁步行2个小时后到达放自行车的地方，然后骑1个小时的自行车，这样他就能和贝蒂同时在最短的时间到达姑妈家。

007

钱包里有2张50元的钞票、2张100元的钞票、4张5元的钞票。

008

车主每次都在前一次价格的基础上降价20%，所以，最后的售价是563.20元。

009

答案如下：

1 + 2 + 3 + 4 + 5 + 6 + 7 + 8 × 9 = 100

010

答案中的一种如图所示：

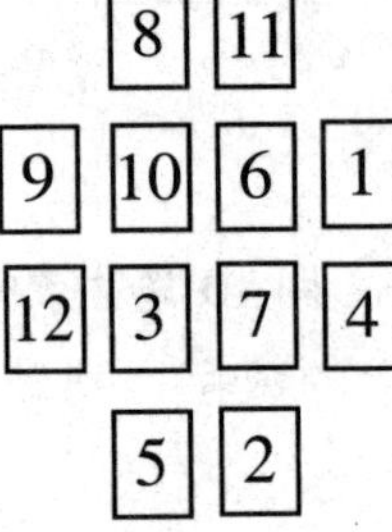

011

这道题有多种解法，下面是其中的一种解法：

333333 × 3+1 = 1000000

012

如图：

$$
\begin{array}{r}
98765432 \\
\times \qquad\quad 9 \\
\hline
888888888
\end{array}
$$

013

92页。从第20～25页共有6页，那么从100里减去6就是94页，这样计算是错的，因为纸是有正反两面的，所以不可能只脱落其中的一面。既然第20页脱落了，那么第19页也必定脱落。同理第25页脱落了，那么背面的第26页也必然随之脱落。综上所述，应该是从第19～26页共计8页脱落了。即：100-8=92。

014

如图：

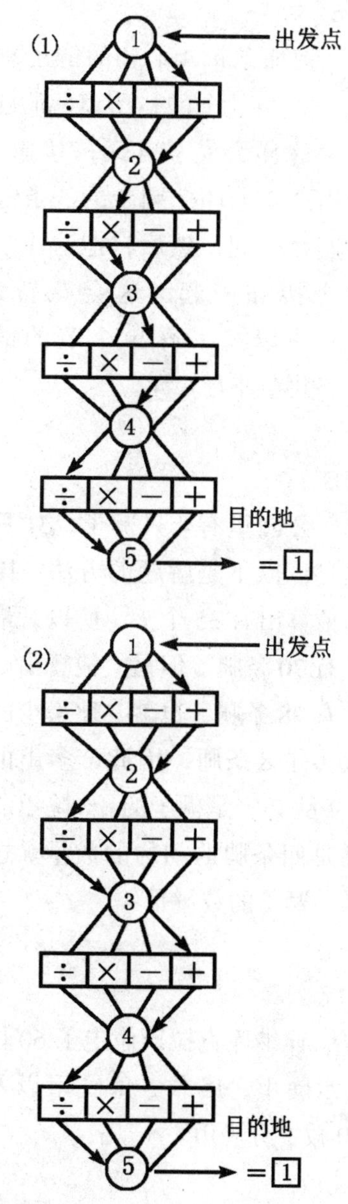

015

把那条带4个环的链子拿出来，将上面的4个环都打开，这样会花费4元；接着，利用这4个环把剩余的5条链子连在一起；然后，把这4个环焊接在一起，这会花费2元。所以，一条29个节的链子一共会花费6元。

016

公园里有4只狮子、31只鸵鸟。以下是解题的方法：因为他算出有35个头，所以，最少有70条腿。但是，他算出一共有78条腿，也就是比最少的数多了8条腿，因此，多出的8条腿必定是狮子的。8除以2便是四条腿的动物的数量。这样，狮子的数量是4。

017

比纳库克拉斯偷走了60枚1元硬币、15枚5角硬币以及50枚5分硬币。

018

答案如下：

解题步骤：(1) 因为第一个值与除数相同，所以，商的第一个值就是1；(2) 根据第二次减运算，可得知字母E肯定是0，因为字母FC原封不动的放在了下面；(3) 字母FEE所代表的数字就是100，而这正是字母AB与第二个值的乘积，除数不可以是0，所以当一个两位数和一个一位数相乘能够得出100的只有25，因此，商的第二个值就是4；(4) 在第一次减运算中，字母GH与25的差是11，所以，字母GH肯定是36；(5) 这最后一个字母C就是7、8或者9。如果你每一个都试一试，那么，你很快就可以发现只有7最合适。

$$\begin{array}{r} 147 \\ 25\overline{)3675} \\ \underline{25} \\ 117 \\ \underline{100} \\ 175 \\ 175 \end{array}$$

019

这只蜥蜴爬行时正好是一个直角三角形。如果一个直角三角形的三个点都与一个圆的边相接触，那么，这个直角三角形的长边，即斜边就等于这个圆的直径。所以，圆（窝）的直径就是 5 米（直角三角形的斜边的平方等于两条直角边的平方和，即 $4^2+3^2=25$，25 的平方根等于 5）。

020

乘客车厢每个 4 元，买了 3 个（共 12 元）；货物车厢每个 0.5 元，买了 15 个（共 7.5 元）；煤炭车厢每个 0.25 元，买了 2 个（共 0.5 元）。这些费用加起来就是 12+7.5+0.5=20。

021

其中的一个答案为：草莓酱每罐 0.5 元，而桃酱每罐 0.4 元。在原先的交易中，3 罐草莓酱花费 1.5 元，而 4 罐桃酱则花费 1.6 元，这样，一共花费了 3.1 元。

022

奈德的得分如下：10 分靶槽内有 14 个铁圈，共得分 140；20 分靶槽内有 8 个铁圈，共得分 160；50 分靶槽内有 2 个铁圈，共得分 100；100 分靶槽内有 1 个铁圈，得分 100。这样，140 + 160 + 100 + 100 = 500。

023

动物园里有 5 只大猩猩、25 只猿以及 70 只狐猴。

024

在第一层，将布袋（7）和（2）交换，这样就得到单个布袋数字（2）和两位数字（78），两个数相乘结果为 156。接着，把第三行的单个布袋（5）与中间那行的布袋（9）交换，这样，中间那行数字就是156。然后，将布袋（9）与第三行两位数中的布袋（4）交换，这样，布袋（4）移到右边成为单个布袋。这时，第三行的数字为（39）和（4），相乘的结果为156。总共移动了5步就把这道题完成了。

025

答案如下图：

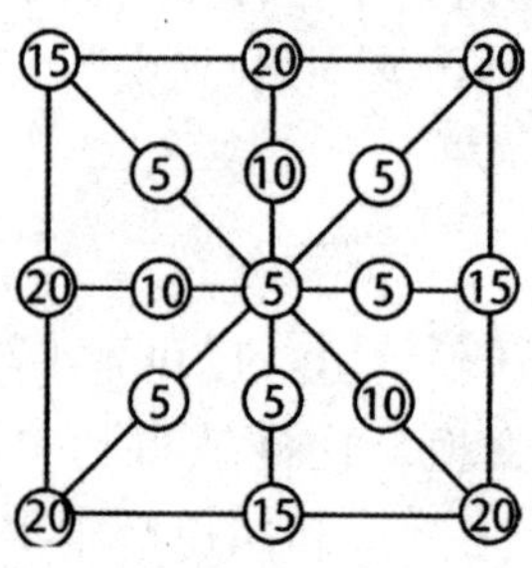

026

答案如下图：

16	3	2	13
5	10	11	8
9	6	7	12
4	15	14	1

027

这3艘轮船下次同一天驶出纽约港需要等到240天以后。因为240是12、16、20的最小公倍数，在这期间3艘轮船都可以完成航行。至于这段时间每一艘轮船所航行的次数，可以按以下方式计算。

第一艘轮船：$240 \div 12 = 20$次；

第二艘轮船：$240 \div 16 = 15$次；

第三艘轮船：$240 \div 20 = 12$次。

028

将字母用以下数字来代替：$a = 2$，$b = 11$，$c = 8$，$d = 1$，

$e = 14$，$f = 4$，$h = 13$，$i = 5$，$j = 9$。

029

他这 5 轮中，每轮分别打进了 8、14、20、26、32 个球。

030

答案如下：

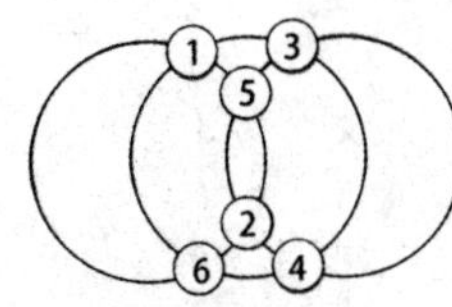

031

答案如下：

```
  173        85
+   4      + 92
-----      ----
  177       177
```

032

答案如下：

```
  98765
+  1234
-------
  99999
```

033

答案如下：

20	1	12
3	11	19
10	21	2

034

线段 BD、DG 和 GB 构成一个等边三角形。因此，线段 BD 和 DG 之间的角度是 60° 。

035

下面的步骤清楚地说明了计算过程：

步骤 1

$20 \times 4 = 80$（厘米）（周长）

步骤 2

$80 \div 3.14 = 25.48$（厘米）（直径）

步骤 3

$25.48 \times 25.48 = 649.23$（平方厘米）（正方形面积）

步骤 4

$25.48 \div 2 = 12.74$（厘米）（圆半径）

步骤 5

$12.74 \times 12.74 \times 3.14 =$

509.65（平方厘米）（圆面积）

步骤 6

649.23 − 509.65 = 139.58（平方厘米）（四个角的面积）

步骤 7

139.58 ÷ 4 = 34.9（平方厘米）（蜘蛛网的面积）

036

亚历山大和他的妹妹西比拉的得分如下：两箭射中 25 环、两箭射中 20 环、两箭射中 3 环。

037

6 支箭的分数刚好达到 100 分，那么他射中的靶环依次为：16、16、17、17、17、17。

038

这里给出其中一种解法：

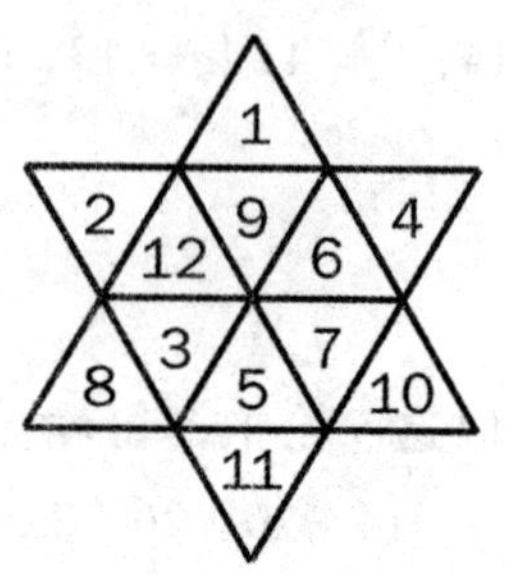

039

答案如下：

$$\begin{array}{r} 17 \\ \times \quad 4 \\ \hline 68 \\ + \quad 25 \\ \hline 93 \end{array}$$

040

这个题的答案是：

$$\frac{242}{303}=0.798679867986\cdots$$

041

以下是我们知道的两个答案：

$$\begin{array}{r} 24794 \\ -16452 \\ \hline 8342 \end{array} \qquad \begin{array}{r} 36156 \\ -28693 \\ \hline 7463 \end{array}$$

第五章 类比法

001

这个人在计算时间的时候重复计算了很多的时间，比如假期中的睡眠时间和吃饭时间、每星期中的睡眠和吃饭时间以及很多上学时走路的时间。

002

根据碑铭上所说的，莎拉·方丹太太比她的丈夫先去世。如果是那样的话，她怎么会是寡妇呢？

003

D。予：8，页：3，木：2，彡：6

004

这8个单词的共同之处就是它们每个词当中都包含字母表中连续的3个字母。

005

罗杰最少要从抽屉里拿出3只袜子。如果前两只正好搭配，他不会有疑问；如果不搭配的话，那么第三只袜子必定与前两只袜子中的一只搭配。

006

007

D。

008

E。每一竖行里的数字每次都被颠倒顺序，竖行里最小的数字被去掉。

009

D。

010

D。

011

第一个题目中正确的是 1；第二个题目中正确的是 2。

012

B。

013

D。

014

C。

015

从上到下：C、A、B、F、E、D。

016

从上到下：A、E、D、B、C、F。

017

从上到下：A、D、C、F、B、E。

018

从上到下：A、B、F、E、C、D。

019

从上到下：D、A、C、B、F、E。

020

从上到下：A、B、C、D、E、F。

021

这条鱼头长 60 米，尾巴长 180 米，身体长 240 米，鱼的总长度为 480 米。

022

约翰扮演了高尔夫球手和理发师；迪克扮演了喇叭手和作家；罗杰扮演了计算机技术员和卡车司机。

023

加尔文为每辆拖拉机花了60元，为每辆挖土机花了15元，为每辆卡车花了5元。这样，第三堆玩具一共花了950元，第四堆玩具一共花了80元。

024

他说的这句话是："你还是把我喂蝙蝠吧！"如果他说对的话，他会被榨成油；如果他说错的话，他会被喂蝙蝠。但是，找到正确的处罚却是不可能的，所以女巫的计划落败。

025

如果这3块手表要再次在中午显示正确时间，那么，每天慢1分钟的那块表必须等到它慢24小时中的12个小时，而每天都快1分钟的那块表必须等到它快24小时中的12个小时。以每天1分钟的速度，那么这3块表要过整整720天才能再次在中午显示正确时间。

026

这道题的答案与题本身一样，都有很长的历史了，即：人。当人是婴儿的时候，人四肢着地；壮年时，人用两条腿走路；年老时，人走路就需要拐杖帮忙了。

027

下面就是派斯特·皮耶应该做的：

（1）将3升的罐子倒满酒，然后，把酒倒入5升的桶中。

（2）将3升的罐子重新倒满酒，然后，再倒入5升的桶中，倒满为止。

（3）3升的罐子这时剩下1升的酒。然后，把5升桶中的酒倒回朗姆酒桶，接着，把3升的罐子里剩下的1升酒倒进去。

（4）将3升的罐子重新倒满酒，然后倒入5升的桶内。这时，桶内正好有比利·伯恩斯想得到的4升酒，即他此次想要购买的酒。

028

这4张正面朝下的扑克牌从左到右依次是红桃K、方块J、黑桃Q、梅花A。

红桃 K	方块 J	黑桃 Q	梅花 A

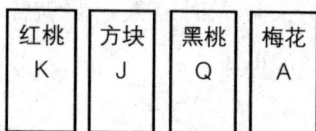

029

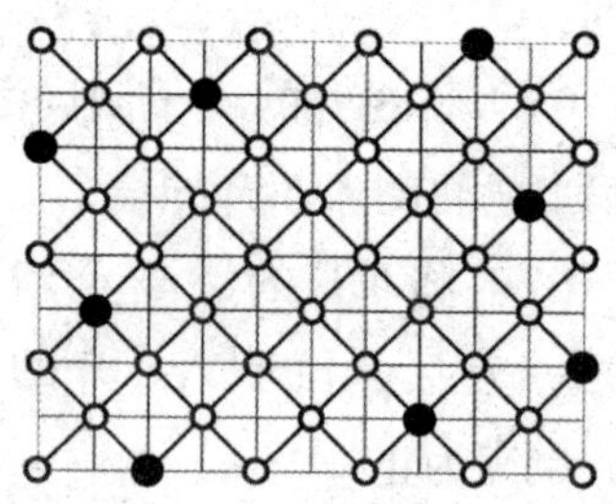

030

格拉德汉德尔先生获得1336张选票；墨菲先生获得1314张选票，少了22张；霍夫曼先生获得1306张选票，少了30张；唐吉菲尔德先生获得1263张选票，少了73张。4人共5219张选票。

031

13千克。提示如下：

? ? ? 7 ? ? ?

1 3 5 7 9 11 13

032

因为不存在同样分数的情况，所以小兰和小朋不可能都得1分，所以，小朋或者小乐有一个人撒谎了。假设小乐得了最低分的话，根据小朋的话（真实），小兰只得了1分，小乐比他还要低就是0分。就是说，4个问题的正确答案应该是与小乐的答案相反，即“NYNN”，如此小兰则得了3

分，这是相互矛盾的。所以，最低分的是小朋，根据小乐的话（真实），小朋应该得了1分。根据小兰的话（真实），小朋答对的题只有第四题。所以可知，正确答案就是“YNNN”。

033

中文专业所有人都过了英语四级。

034

白色圆牌。

035

按条件2和3，肯尼亚选手不是乙也不是丙，一定是甲。开始匹配：

美 > 肯 > 德

乙　甲　丙

正确选项是C。

036

将2号和3号筹码移到方格9和10；将5号和6号筹码移到方格2和3；将8号和9号筹码移到方格5和6；将1号和2号筹码移到方格8和9。

037

爱丽丝问：“如果我昨天问你们‘哪条路通向麦德·哈特家？’的话，你们的答案是什么呢？”

对于这个问题，说实话的那个人仍会说出正确的答案，而那个说谎话的人会再次撒谎，但是昨天他也在撒谎，所以，他的谎话在抵消后也是正确的道路。

038

首先，他们把9个砝码分成3堆、每堆3个砝码。然后把其中的两堆放在秤上，一边一堆。如果两堆中有一堆向上升，那么那个假砝码肯定在这堆砝码里；如果两边保持平衡，那么那个假砝码肯定在第三堆砝码里。无论哪种情况，琳达和迈克在称了一次后就知道假砝码在哪一堆里。称第二次时，他们从放有假砝码的那堆砝码里挑出两个砝码，然后把它们放在秤上、一边一个。如果称两边保持平衡，那么第3个砝码就是假砝码；否则，向上升的那个砝码就是他们要找的。

039

当水沸腾后，艾伯特将鸡蛋放进去，并把两个沙漏都倒放过来。当7分钟的沙漏中的沙子漏光时，他把它再倒放过来；这时，11分钟的沙漏还剩下4分钟，当里面的沙子漏光时，7分钟的沙漏底部正好有4分钟的沙子。艾伯特再把7分钟的沙漏倒放，这样，等到沙子再漏光时，时间正好是15分钟，然后他把鸡蛋从水里拿出来。

040

拜罗斯夫人是30岁，她女儿塞西莉是10岁。现在，拜罗斯夫人的年龄是她女儿的3倍。5年前，当她25岁时，塞西莉是5岁，即是女儿年龄的5倍。

041

题中在1948年所提到的汽车是：

（1）产于1924年的艾塞克斯轿车，它已经买了24年。

（2）产于1928年的林肯敞篷车，它已经买了20年。

（3）产于1932年的杜森伯格汽车，它已经买了16年。

（4）产于1936年的考特812型汽车，它已经买了12年。

042

1. F

2. B

3. E

4. F

5. C

第六章　分析法

001

正确答案是一种。当然用9个数字标签也可以轻易地区分出狗宝宝，但是，即使只有一种卡片也是可以把狗宝宝区分开的。只要把方向和贴的部位区分开，不要说是9只，就是再多的狗宝宝也可以清楚地区分开。举个例子，比如我们有写有“1”的卡片，就可以在第一只肚子上横着贴，第二只背上竖着贴，以此类推……除此之外还有很多方法。

002

离远一些。

003

E。图形等于折叠成一半。

004

选择了第一个头发七长八短的理发师。

005

如图所示，把火柴棒竖起来当作小数点。还可以将一根火柴棒放在等号上，变成“不等于”。

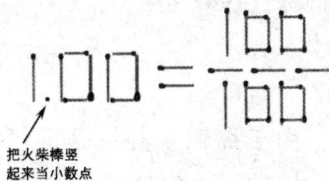

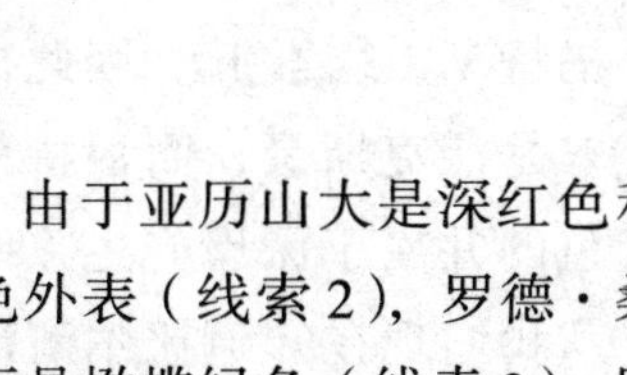

把火柴棒竖起来当小数点

006

由于亚历山大是深红色和白色外表（线索2），罗德·桑兹不是橄榄绿色（线索3），因此它是猩红色和黄色。而橄榄绿的机车是沃克斯·阿比，属于阿比类（线索1），并在1942年制造（线索3）。亚历山大不是越野类型的发动机（线索2），因此是商务车类型的，而越野类型的发动机是罗德·桑兹，它不是始于1909年（线索4），而是在1926年制造的，1909年的机车是亚历山大。

答案：

亚历山大，商务车类，深红/白色，1909年。

罗德·桑兹，越野类，猩红/黄色，1926年。

沃克斯·阿比，阿比类，橄榄绿，1942年。

007

由于那辆普乔特是黄色的（线索3），比尔清洗的红车不是福特车（线索1），因此得出红车是沃克斯豪，而福特车是蓝色的并属于派恩先生（线索2）。我们现在知道比尔清洗的是沃克斯豪，派恩先生的车是福特，罗里清洗的斯蒂尔先生的车（线索4）一定是黄色的普乔特。剩下卢克清洗的车是派恩先生的福特，最后分析得出，比尔清洗的红色的沃克斯豪是科顿先生的。

答案：

比尔，科顿先生，沃克斯豪，红色。

卢克，派恩先生，福特，蓝色。

罗里，斯蒂尔先生，普乔特，黄色。

008

由于赫尔拜店是家化学药品店（线索4），面包店不是罗帕店（线索1），因此一定是万斯店，而罗帕店是家零售店。这家店没有雇佣卡罗尔·戴（线索3）或艾玛·发，因为后者在面包店工作（线索2），所以他们雇佣的是安·贝尔，而卡罗尔·戴在赫尔拜化学药品店工作，但她的工作不是9月份开始的（线索4），艾玛·发也不是在9月份开始工作（线索1），因此9月份开始工作的一定是安·贝尔。艾玛·发开始工作的时间不是8月份（线索2）而是7月份，而卡罗尔·戴开始工作的时间是8月份。

答案：

安·贝尔，罗帕店，零售店，9月份。

卡罗尔·戴，赫尔拜店，化学药品店，8月份。

艾玛·发，万斯店，面包店，7月份。

009

灰色小马叫邦妮（线索3），属于贝琳达的褐色小马不叫维纳斯（线索1），所以一定叫潘多拉。黑色小马一定叫维纳斯，而维纳斯的主人姓郝克斯（线索2）。现在我们知道潘多拉的主人叫贝琳达，而维纳斯的主人姓郝克斯，所以费利西蒂·威瑟斯（线索4）必定是灰色小马邦妮的主人。得出凯蜜乐姓郝克斯，贝琳达姓梅诺。

答案：

贝琳达·梅诺，潘多拉，褐色。

凯蜜乐·郝克斯，维纳斯，黑色。

费利西蒂·威瑟斯，邦妮，灰色。

010

布里奇特的职责是提供餐后甜点（线索4），洛蒂不是提供饮料的（线索3），所以她是提供主菜的，而内尔是提供饮料的。因此，根据线索2，洛蒂是56岁。内尔不可能是54岁（线索1），所以是52岁；布里奇特则是54岁。洛蒂已经为此工作了18年（线索3）。内尔的工作时间一定比16年长（线索1），所以内尔是20年，布里奇特是16年。

答案：

布里奇特，54岁，16年，餐后甜点。

洛蒂，56岁，18年，主菜。

内尔，52岁，20年，饮料。

011

2、3、8和10，每一排的圆圈都是沿着顺时针方向旋转90°。

012

这位聪明的匪徒是从头目前两名开始数起的。当他点到第一个第七名时，一名弟兄就得救。再往下数，数到第二个第七名，又一名弟兄得救。依次点下去，弟兄们全部得救留在车上，最后一个第七名正好轮到狡猾的头目。

013

如图：

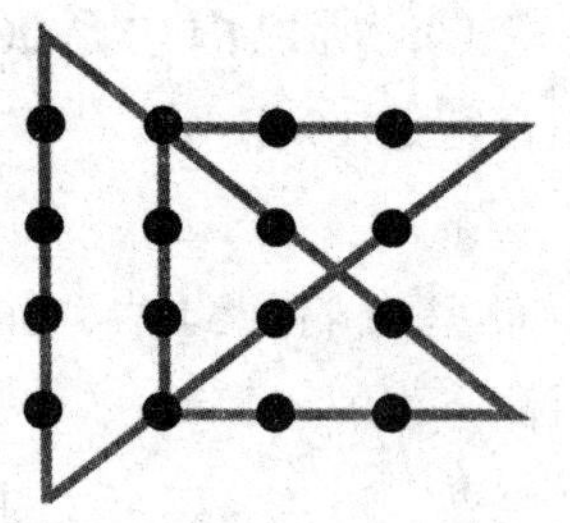

014

应该是6835。六边形在图形外面表示45，在里面表示35；圆在外面表示79，在里面表示16；正方形在外面表示68，在里面表示24。

015

先从大桶中倒出5千克油到5千克的桶，然后将其倒入9千克桶里，再从大桶里倒出5千克油到5千克的桶里，然后用5千克桶里的油将9千克的桶灌满。现在，大桶里剩有2千克油，9千克的桶已装满，5千克的桶里有1千克油。再将9千克桶里的油全部倒回大桶里，大桶里有了11千克油。把5千克桶里的1千克油倒进9千克桶里，再从大桶里倒出5千克油，现在大桶里有6千克油，而另外6千克油也被换成了1千克和5千克两份。

016

在1～8这8个数中，只有1与8各只有一个相邻数（分别是2与7），其他6个数都各有两个相邻数。图中的C圆圈，它只与H不相连，因此如果C填上了2～7中任意一个，那么只有H这一个格子可以填进它的邻数，这显然不可能，于是C内只能填1（或8）。同理，F内只能填8（或1），A只能填7(或2),H只能填2(或7)，再填其他4个数就方便了。

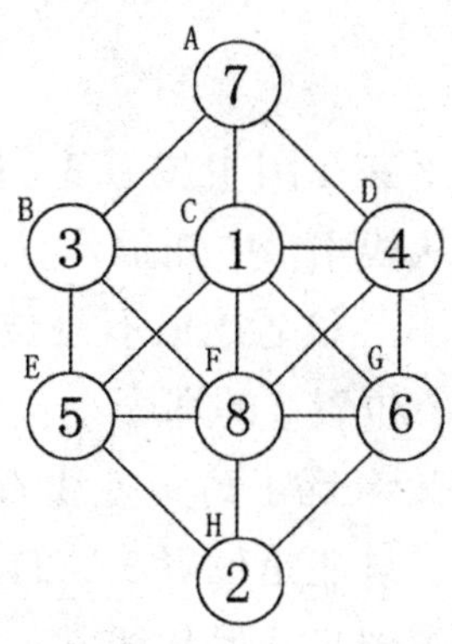

017

埃德娜和鲍克丝夫人应为2号或3号（线索1），而克拉丽斯·弗兰克斯肯定不是4号（线索3），只能是1号。寄出3封信件的女人位于图中3或者4的位置（线索3）。线索2告诉我们邮筒两边寄出的信件数量相同，那么它们必将是5封和2封在邮筒一侧，3封和4封在另一侧，所以寄出4封信件的女人必将位于3或者4的位置。但只有一个人的信件数和位置数相同（线索5），结果只可能是4号女人有3封信而3号女人有4封信。从线索5中知道，2号有2封信件要寄，剩下克拉丽斯·弗兰克斯是5封。我们知道埃德娜和鲍克丝夫人位于图中2或者3的位置，因此现在知道埃德娜是2号，有2封信要寄出，而鲍克丝夫人是3号，有4封信，她不是博比（线索4），那么她就是吉马，剩下在4号位置的博比，不是斯坦布夫人（线索4），那么她只可能是梅勒，而斯坦布夫人是埃德娜。

答案：

位置1，克拉丽斯·弗兰克斯，5封。

位置2，埃德娜·斯坦布，2封。

位置3，吉马·鲍克丝，4封。

位置4，博比·梅勒，3封。

018

朱莉娅是其中一位顾客（线索2）。29便士是2号售货员给4号顾客的找零（线索5），但是2号不是莱斯利（线索3），也不是杰姬，因为后者参与的交易是17便士的找零（线索1），因此2号肯定是蒂娜，4号是朱莉娅（线索2），而后者不是买了洗发水的奥利弗夫人（线索2），那么奥利弗夫人肯定是3号。朱莉娅一定买了阿司匹林，她是阿尔叟小姐接待的（线索4），而阿尔叟小姐肯定是蒂娜。通过分析得知，17便士的找零必定是1号售货员给3号顾客的，因此通过线索1，朱莉娅肯定是沃茨夫人，而剩下的1号售货员肯定是里德夫人，她也不是莱斯利（线索3），所以她只能是杰姬，最后得出莱斯利姓奥利弗。

答案：

1号，杰姬·里德，找零17便士。

2号，蒂娜·阿尔叟，找零29便士。

3号，莱斯利·奥利弗，买洗发水。

4号，朱莉娅·沃茨，买阿司匹林。

019

亚瑟在图中位置3（线索4），从线索1中知道，看到翠鸟的不是位置1也不是位置4的人。位置2的那个小伙子周末和父亲玩了鳟鱼（线索5），因此，只能是位置3号的亚瑟看到了翠鸟。另从线索1中知道，汤米在2号位置，且是玩鳟鱼的人。通过线索3知道，比利肯定在1号位置，而埃里克在位置4。我们现在已经知道3个位置上人的姓或者所做的事，那么，听到布谷鸟叫的史密斯（线索2）肯定是1号的比利。剩下埃里克只能是看到山楂开花的人。最后，从线索5中知道，汤米不是波特，那么他必定是诺米，剩下波特是看到翠鸟的亚瑟。

答案：

位置1，比利·史密斯，听到布谷鸟叫。

位置2，汤米·诺米，玩鳟鱼。

位置3，亚瑟·波特，看到翠鸟。

位置4，埃里克·普劳曼，看到山楂开花。

020

范是坐计程车回来的（线索3），巴里·沃斯不是坐警车回来的（线索1），则一定是被救护车送回来的，因此他去的时候是步行（线索4）。扎吉是坐警车回来的，他或者她去的时候不是坐巴士去的（线索2），那么只能是骑自行车去的，剩下范是坐巴士去的。因此扎吉不是乔安妮（线索5）的姓而是罗宾的，剩下乔安妮的姓就是范，后者去的时候坐巴士，回来时坐计程车。

答案：

巴里·沃斯，步行，救护车。

乔安妮·范，巴士，计程车。

罗宾·扎吉，自行车，警车。

021

朱利叶斯是人物A（线索4），而哈姆雷特紧靠在理查德的右边（线索3），不可能是人物A或者B，他将饰演士兵（线索3），他不可能是人物C，因为人物C扮演孩童时代的马恩（线索1），那么他必将是人物D，理查德是扮演孩童时期的C。我们现在知道3个人的名或者姓，因此安东尼·李尔王（线索2）一定是B。通过排除法，哈姆雷特肯定是约翰。安东尼·李尔王不扮演哲学家（线索2），因此他肯定扮演青少年，而朱利叶斯扮演的是哲学家。最后，通过线索1知道，理查德不是曼彻特，他只能是温特斯，剩下曼彻特就是朱利叶斯，即人物 A。

答案：

人物 A，朱利叶斯 · 曼彻特，晚年。

人物 B，安东尼 · 李尔王，青少年。

人物 C，理查德 · 温特斯，孩童。

人物 D，约翰 · 哈姆雷特，士兵。

022

布莱克在 1723 年 5 月当选（线索 2），安 · 特伦特是在偶数年份当选的（线索 3）。1721 年当选的皇后不姓萨金特（线索 1），也不是沃顿，沃顿的父亲是铁匠（线索 5），她也不是索亚（线索 6），也非米尔福德（线索 7），因此只能是安德鲁。从线索 4 中知道，织工的女儿是在 1722 年当选的。教区长的女儿不是在 1723 年之后当选的，但是她也不是在 1722 年当选的，而布莱克在 1723 年入选，线索 1 也能排除教区长的女儿在 1721 年入选。因此，知道教区长的女儿就是布莱克，即 1723 年的皇后。从线索 1 中知道，萨金特是 1725 年当选的，而汉丽特是 1727 年的皇后。我们已经知道 1721 年的五月皇后安德鲁的父亲不是织工、教区长和铁匠，也不是箍桶匠（线索 7），因为布莱克是在 1723 年当选的，所以安德鲁的父亲也不是旅馆主人（线索 7）和茅屋匠（线索 8），他只能是木匠，而安德鲁就是苏珊娜（线索 6）。线索 6 告诉我们索亚是 1722 年当选的。箍桶匠的姓不是特伦特（线索 3），也非米尔福德（线索 7），我们知道他也不姓安德鲁、布莱克、索亚、沃顿，因此只可能是萨金特。从线索 7 中知道，汉丽特的姓不是米尔福德，她的父亲不是旅馆主人（线索 7），也不是铁匠，所以只能是茅屋匠。线索 5 告诉我们，铁匠的女儿不是 1726 年的五月皇后，她应该是在 1724 年当选的，而沃里特是教区长布莱克的女儿，她在1723年当选（线索5），剩下旅馆主人的女儿是1726年当选的，通过分析，可以知道她就是安·特伦特。现在从线索7可以知道玛丽就是沃顿，1724年的皇后。织工的女儿不是比阿特丽斯（线索4），则肯定是简，最后剩下比阿特丽斯就姓萨金特，她是箍桶匠的女儿。

答案：

1721年，苏珊娜·安德鲁，木匠。

1722年，简·索亚，织工。

1723年，沃里特·布莱克，教区长。

1724年，玛丽·沃顿，铁匠。

1725年，比阿特丽斯·萨金特，箍桶匠。

1726年，安·特伦特，旅馆主人。

1727年，汉丽特·米尔福德，茅屋匠。

023

雷蒙德往东走（线索3），从线索1中知道，骑摩托车去上高尔夫课的人不朝西走。去游泳的人朝南走（线索2），拍卖会不在西面举行（线索2），因此朝西走只可能是去看牙医的人。西尔威斯特坐出租车出行（线索5），不朝北走，同时我们知道雷蒙德不朝北走，安布罗斯也不朝北走（线索1和2），那么朝北走的只可能是欧内斯特。从线索4中知道，坐巴士的人朝东走。我们知道雷蒙德不去游泳，也不去看牙医，而他的出行方式说明他不可能去玩高尔夫，因此他必定是去拍卖会。现在分析知道，骑摩托车去上高尔夫课的人肯定是欧内斯特。从线索1中知道，安布罗斯朝南出行去游泳，剩下西尔威斯特坐出租车往西走，去看牙医。最后可以得出安布罗斯开小汽车出行。

答案：

北，欧内斯特，摩托车，

上高尔夫课。

东，雷蒙德，巴士，拍卖会。

南，安布罗斯，小汽车，游泳。

西，西尔威斯特，出租车，看牙医。

024

图中3号游艇是维克多的（线索4），从线索1中知道，海鸠不可能是游艇4，有灰蓝色船帆的燕鸥也不是游艇4(线索2)。从线索5中知道海雀不是4号，因此4号游艇只能是埃德蒙的三趾鸥（线索6）。游艇1不是海鸠也不是海雀（线索1），那么它一定是燕鸥。我们知道燕鸥的主人不是埃德蒙，也不是拥有白色帆游艇的马尔科姆（线索1），那么只能是大卫，而剩下马尔科姆是游艇2的主人。从线索1中知道，游艇3是海鸠，而剩下游艇2是海雀。三趾鸥的帆不是灰绿色的（线索3），那么肯定是黄色的，剩下海鸠是灰绿色的帆。

答案：

游艇1，燕鸥，大卫，灰蓝色。

游艇2，海雀，马尔科姆，白色。

游艇3，海鸠，维克多，灰绿色。

游艇4，三趾鸥，埃德蒙，黄色。

025

村庄4的名字为克兰菲尔德（线索3），从线索5中知道，波利顿肯定是村庄2，那么利恩村肯定是村庄1，而剩下村庄3是耐特泊。村庄3的居民是出去遛狗的（线索2），从线索5中知道，这个居民一定是丹尼斯。而婚礼发生在利恩村（线索5），参加婚礼的人住的村庄一定是村庄4，即克兰菲尔德，因此，现在从线索4中可以知道，西尔维亚一定住在村庄2，即波利顿村。现在我们已经知道了村庄2和3的居民，以及村民4出行的目的，那么线索1中提到的去看朋友的波利一定住在利恩村。通过分析，最后知道玛克辛住在克兰菲尔德，而西尔维亚出行的目的是去看望她的母亲。

答案：

村庄1，利恩村，波利，见朋友。

村庄2，波利顿村，西尔维亚，看母亲。

村庄3，耐特泊村，丹尼斯，遛狗。

村庄4，克兰菲尔德村，玛克辛，参加婚礼。

026

照片A是帕丁顿（线索2），D不是鲁珀特（线索4），也不是泰迪（线索5），因此只能是布鲁马，来自天鹅湖动物园（线索1）。照片B不是格林斯顿的灰熊（线索3），也不是来自天鹅湖的熊。线索5排除了它来自布赖特邦动物园的可能性，因为布赖特邦动物园的熊就在泰迪的右边，因此照片B上的熊一定来自诺斯丘斯特。现在，从线索5中可以知道，泰迪不可能在照片C上，因此，只能是B照片上的来自诺斯丘斯特的熊，而C则是鲁珀特。来自天鹅湖的布鲁马是一只眼镜熊（线索4），从线索5中知道，鲁珀特肯定是在布赖特邦动物园，剩下帕丁顿则是来自格林斯顿的灰熊。来自布赖特邦动物园的不是东方太阳熊（线索5），那么肯定是极地熊，最后剩下东方太阳熊肯定是照片B中的来自诺斯丘斯特动物园的泰迪。

答案：

照片A，帕丁顿，灰熊，格林斯顿动物园。

照片B，泰迪，东方太阳熊，诺斯丘斯特动物园。

照片C，鲁珀特，极地熊，布赖特邦动物园。

照片D，布鲁马，眼镜熊，天鹅湖动物园。

027

卡萨得公主在一位王子的对面（线索5），那么吉尼斯公主一定在另外一位王子的对面，后者不是阿姆雷特王子（线索4），那么一定是沃而夫王子。从线索4中知道，按顺时针方向，他们房间分别是卡萨得公主、吉尼斯公主、阿姆雷特王子、沃而夫王子。从线索2中知道，吉尼斯公主的父亲是尤里天的统治者，而沃而夫王子的父亲则统治马兰格丽亚（线索4）。卡萨得公主的父亲不统治卡里得罗（线索5），那么他一定统治欧高连，通过分析，阿姆雷特王子的父亲必定统治卡里得罗。从线索2中知道，卡萨得公主的父亲一定是阿弗兰国王，而吉尼斯公主的父亲统治尤里天，后者必定是国王西福利亚（线索3）。卡里得罗的阿姆雷特王子的父亲不是国王恩巴（线索5），那么必定是国王尤里，剩下国王恩巴是沃而夫王子的父亲。最后，从线索1中知道，阿姆雷特王子的房间是I，那么沃而夫王子则是II，卡萨得公主是III，而吉尼斯公主在房间IV中。

答案：

I，阿姆雷特王子，国王尤里，卡里得罗。

II，沃而夫王子，国王恩巴，马兰格丽亚。

III，卡萨得公主，国王阿弗兰，欧高连。

IV，吉尼斯公主，国王西福利亚，尤里天。

028

所有相同大小的正多面体都可以组成1个多面体环，除了正四面体。

029

倒6次即可解决问题，有4种方法，其中一种如下图所示：

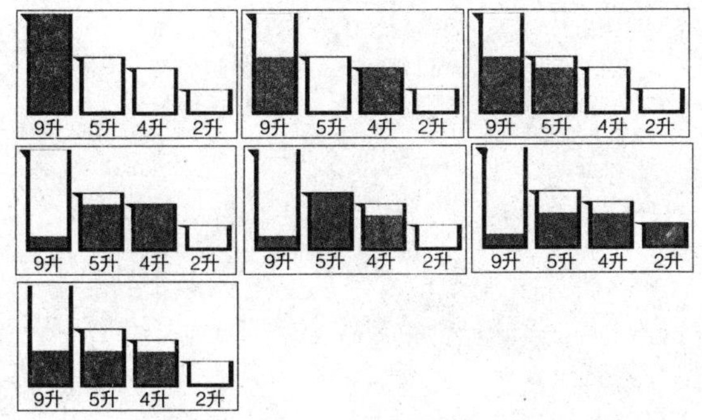

030

最先出现的那条裂缝是图中间横向的一条，从正方形左边的中间向右延伸到右边离右上角 1/3 的地方。

通常要判断两个裂缝中哪个更早出现并不难：更早出现的裂缝会完全穿过这两个裂缝的交点。

031

一个人先攀上软梯，另一个人待水齐到颈部时开始攀升。攀升速度与水涨的速度相等，使水的高度始终在人的颈部。借助水的浮力，软梯就可以负担两个人的重量了。

天才大脑潜能开发

超级记忆术

启 文 编著

中国出版集团
中 译 出 版 社

图书在版编目（CIP）数据

天才大脑潜能开发．超级记忆术 / 启文编著．-- 北京：中译出版社，2019.12
ISBN 978-7-5001-6176-9

Ⅰ．①天… Ⅱ．①启… Ⅲ．①智力开发—普及读物
Ⅳ．① G421-49

中国版本图书馆 CIP 数据核字（2019）第 284556 号

天才大脑潜能开发
超级记忆术

出版发行：中译出版社
地　　址：北京市西城区车公庄大街甲 4 号物华大厦 6 层
电　　话：（010）68359376，68359303，68359101
邮　　编：100044
传　　真：（010）68357870
电子邮箱：book@ctph.com.cn
总 策 划：张高里
责任编辑：林　勇
封面设计：青蓝工作室
印　　刷：三河市华晨印务有限公司
经　　销：新华书店
规　　格：880 毫米 ×1230 毫米　1/32
印　　张：36
字　　数：660 千字
版　　次：2019 年 12 月第 1 版
印　　次：2019 年 12 月第 1 次

ISBN 978-7-5001-6176-9　　　定价：178.80 元（全 6 册）

前　言

良好的记忆是获取成功的基石之一，也是许多人登上事业顶峰不可或缺的重要因素。记忆力的好坏，往往是学业、事业成功与否的关键。在历史上，许多杰出人物都有着超凡的记忆力。古罗马的恺撒大帝能记住每一个士兵的面孔和姓名，亚里士多德能把看过的书几乎一字不差地背诵出来……

如今，我们生活在一个信息爆炸的时代，每时每刻都有大量新技术知识和信息问世，而其中的一些知识和信息是我们不得不了解甚至是要记住的。然而，我们每个人都会遭遇遗忘的问题：写作时提笔忘字，演讲时张口忘词，面对无数英语单词、计算公式总也记不住，走出家门后突然想起煤气没关，到银行取钱却发现密码记不起来，把合作谈判的重要会议抛在脑后……

为什么学习那么用功却总也记不住？为什么电话号码、重要纪念日记了又忘？为什么看到一张十分熟悉的面孔但就是想不起名字？为什么连重要的谈判会议都能忘词？你是否对自己的记忆力抱怨不已？你的记忆潜能还有多少没有被挖掘出来？你是否想拥有超级记忆力，成为读书高手、考试强将？

研究表明，人脑潜在的记忆能力是惊人的和超乎想象的，只要掌握了科学的记忆规律和方法，每个人的记忆力都可以得到提高。记忆力得到提高，我们的学习能力、生活能力也将随之提高。

本书是迅速改善和提高记忆力的实用法宝，囊括了古今中外应用广泛、高效的超级记忆术。书中对记忆的复杂机制、影响记忆力的因素、提高记忆力的方法等诸多问题进行了深入探讨，并且介绍多种有利于提高记忆效率的“绝招秘技 ”。本书不仅告诉你如何记忆名字、数字、日期、公式、文章，并且还设有专门的章节告诉你如何学习语言，让你的记忆力更超群，学习更轻松，成功更容易。

丰富的内容、精彩的案例、科学有效的方法，再结合大量的实用技巧，本书不仅可以帮助每一位读者提高记忆力，而且对于激发读者的创造力和想象力，也有极大的帮助。

目　录

第一章
了解你的记忆

一、大脑与记忆

大脑由140亿个脑细胞组成，每个脑细胞可生长出2万个树枝状的树突用来传递信息。人脑“计算机”的功能远远超过世界上最强大的计算机。

人脑可储存50亿本书的信息，相当于世界上藏书最多的美国国会图书馆藏书（1000万册）的500倍。

人脑神经细胞间每秒可完成信息传递和交换的次数达1000亿次。

处于激活状态下的人脑，每天可以记住4本书的全部内容。

……

净重约1.5千克，拥有天文数字一样多的神经细胞以及数十亿的连接，这就是人类的大脑——我们的神经系统中起着关键作用的部分。大脑包含左、右两个半球。半球表面是层层折叠的“灰色物质”——大脑皮质，这一部分负责处理决断、记忆、言谈和其他复杂过程。左脑半球控制着右半边身体，右脑半球则控制左半边身体。两个半球中间的连接部分被称为胼胝体。

大脑控制着人类所有的动作和思维，从伸出一根手指，到做算术题目，再到回忆过去美好的时光。但是我们的大脑和记忆之间到底有什么联系呢？事实上，大脑是我们的记忆存储的地方，我们的很多行为都帮助它发挥作用。记忆在一定程度上决定了我们的身份、智力以及情绪。那么，记忆到底在哪里呢？

美国加州理工大学的心理学家罗格·斯佩里曾于20世纪60年代进行过一项针对裂脑（通过外科手术切断胼胝体，常用于治疗癫痫病）患者的研究。斯佩里在研究中发现了大量重要证据，证明了两个半球都有着它们独特的功能。

在其中一项实验中，斯佩里让患者们用手接触物体，然后把它和对应的图片联系起来。他发现：左右手完成这一行为的方法不同，并且左手能比右手更好地完成这一行为。

不过，当要求将物体和文字描述联系起来时，右手比左手完成得更好。左手（对应大脑右半球）更适合将触觉和视觉联系起来。

斯佩里的这一突破性发现为他赢得了1981年诺贝尔医学奖。其后许多科学家对这一领域进行了深入研究。目前，人们已经基本上熟悉了两个半球的思维功能。

尽管我们可以认为会计师对左脑依赖比较重而艺术家右脑用得比较多，但这两个半脑并不是独立工作的。如果它们真的如此，那我们的生活就会乱作一团。

二、记忆是什么

王太太是一家玩具商店的店员，也是一位精力充沛的女士，她有一个安排得满满当当的时间表。她的工作做得很好，也从不错过儿子的任何一场足球比赛。最近，她非常吃惊，当她在一场足球比赛上偶然遇到一个熟人时，她竟然叫不上对方的名字。一周之后，王太太走出购物中心时，她竟不记得将自己的车停在了哪里。在此之后的一个月，她发现她已经想不起来她正在读的一本小说中的人物角色。后来，她完全忘记了和一位好朋友约好共进午餐的事。这种恼人的健忘让王太太忧心不已。

李先生是一位工程师，他退休后就把自己的时间全部用于志愿工作。最近，他记不得上个月他是否给他的汽车换了机油。他忘记了要去健身房的事，直到走过几条街后才想起来。他曾把房门钥匙藏在车库，但又想不起来放在了哪里。李先生找他的医生检查，看看他的健忘是不是因为得了什么病。

你或你的朋友也许会有与王太太和李先生相似的经历，你也许已注意到了你自己的记忆问题。各种年龄段的人都抱怨记不住东西。

这是我们经常听到的一些抱怨（应该承认我们自己也经常说这些话）。

· 我进了一个房间，却不知道要来干什么。
· 我想不起来要问医生什么。
· 我忘记了我是不是已经吃过药。
· 我把我的项链收好了，却不记得放在哪里。
· 我必须要交纳一笔过时附加费，因为我没有按时交电费。
· 我忘记在旅行时带上我的照相机。
· 我去商店买牛奶，结果什么都买了，最后就是忘了买牛奶。

·我忘了我姐姐（妹妹）的生日。

如果你曾经有过任何一次这种经历，都应该尝试采取有效措施或训练来提高或改善自己的记忆力。首先需要了解一下记忆力是什么，以及记忆力是如何工作的。

记忆是我们大脑中一个存东西的地方，它为我们提供历史信息。它告诉我们昨天以及十年前我们干了什么，它也知道我们明天会干什么。童年的记忆可能会因为听到一首摇篮曲而被唤起，而一段浪漫的回忆在我们闻到某种特殊的花香时浮现在脑海。记忆用各种各样的线索让我们感觉到我们是谁。

事实上，从一个时刻到另一个时刻，你对所有东西都有一个不变的定义，且可以持续很长时间。就好像你会记得昨晚睡在你身边的那个人就是你早上醒来看到的这个人。有了这样的记忆，我们才被称为人类。没有了记忆，世界便不可能存在。

这一点并不只对于个人而言，而是整个人类社会都是如此。我们能够记住一个人、地方、东西，或者事件。设想如果我们失去了这一能力，那么世界将会变成什么样！

随着年龄的增长，我们积累越来越多的记忆。我们称之为阅历，它非常珍贵。有了它，我们可以不必绞尽脑汁去想如何解决问题或者揣测接下去将会发生什么。

经验会告诉我们，我们已经碰到过很多次这样的问题，并且知道事态将如何发展。当我们还小的时候，我们常常认为大人们有魔法能够预知电视情节。我们不知道，他们已经看过许多相似的电视节目。这些节目情节并不能迷惑他们。

由于积累了很多经验，年长的人总不如年轻人的思维来得敏锐、快速。年长的人思考得很慢，但是通常他们并不用深入地去思考问题，因为经验就已经告诉他们可能的答案。年轻人碰到问题时能够学得更多，他们会归类没有遇到过的问题。因此，小孩子在掌握新技术方面总是胜过大人。

记忆就像你的一个小帮手，它会帮助你找到车钥匙。但是，仔细想想，它的作用远远大于这些。

三、记忆是个性化的

梦想、思想、行动、姓名、地点、面孔、香味、事实、感情、味道，以及许许多多的东西通过记忆带入我们的意识。它们对于我们的记忆来说有着不同的形态。有时，记忆不是这种形态就是那种形态；而有时它是一个香味、花纹和声音组成的万花筒。一句话，记忆就如同一张由声音、香味、味道、触觉和视觉组成的网。

当你想要进行信息回忆时，记忆会通过联系走捷径来帮助完成记忆任务。然而，许多研究显示，正是你个人的知识、经历，以及一些事情对你的意义在驱动你的记忆。正是在它的帮助下，记忆有了一定的意义。

“生存还是毁灭，这是一个问题。”大多数人知道这句话引自莎士比亚的《哈姆雷特》。如果你熟悉这个故事，就知道这句话是在一个特定的时刻说的。然而，这句话与你的孩子们第一次说的话或者你的配偶第一次表示他或她爱你相比，就不是那么重要了。你可以想象出一个比莎士比亚作品更戏剧化的场景，因为它是你的。那个地点、那种香水、你的那种感受——当你记起它时，可能产生一种朦胧感而且心潮汹涌。

记忆是我们拥有的最个性化的东西。它给予我们自我感觉。

在记忆深处，就是你自己。记忆的运作很大程度上遵循的原则是："它现在或是将来某个时刻是否会与我个人有关？"这种"更高"层次的记忆就是有时我们所称的有意识感觉。

四、记忆是复杂的

记忆有三个主要的过程：编码（摄入记忆）、存储（保持记忆）、再现（再次提取记忆）。记忆是一个动态的和经常存在的活动，而我们关于如何解答记忆的十字交错谜语的理论和概念也仅仅只是处于正在开始形成的阶段。然而，这个不断发展的知识群体已经在对提高我们的记忆力产生帮助。

如果你经常说"我再也记不住什么东西了"或"我的记忆力怎么变得这么差"，你也许会认为自己的记忆力越来越差了。然而事实证明，通过训练和练习，记忆力是可以得到提高的。

记忆在做某件我们熟悉的事情时可能也在做许多其他的事情。它在许多层面开展工作。

记忆过程是在大脑中发生的。不同种类的信息被接收并存储在不同的位置。

正在运行的记忆过程，或者叫作短时记忆过程，可能发生在大脑的前部。

存储新记忆（即新学的东西）的过程发生在大脑两侧的颞叶。

大脑较大的外层部分叫作大脑皮层，它可能是记忆存储的地方。

视觉信息通过我们的眼睛进入叫作枕叶的大脑后面某部分，并在此进行加工。

听觉信息通过我们的耳朵进入，并在颞叶进行加工。

立体三维的信息是在大脑顶部的顶叶进行加工的。

还有一些特殊的区域进行着感情记忆加工，以及掌管语言和爱好习惯。

大脑的左半球更多从事的是言语记忆，而右半球更多从事的是视觉记忆。

记忆并不像电脑程序一样死板地记录过去。记忆有极端巧合性。一些没必要记住的事，我们往往能记住它，然而一些值得记忆的事，却常常从我们的记忆中溜走。电影《公民凯恩》中有这样一个引人深思的情节：男主角凯恩在弥留之际说了几个字“玫瑰花蕾”，他本可以讲述其他更多更重要的事情。这也正是影片的悬念之处。直到影片的最后，人们才发现那是凯恩幼年时玩的雪橇的名字。关于凯恩为什么在死前留下这几个字的讨论变得无休无止。

为什么我们说记忆是如此珍贵，那是因为记忆不是机械呆板的。我们的思维运作能提高自己的记忆力。无意识中，我们的记忆力得到了提升。一些不愉快的事情会从我们的记忆中扫除。

记忆的力量远远超出这些。在必要的时候，记忆能调配出你此刻需要的一些信息，而这些信息可能由于长期的储存已被遗忘。如果你曾参加过一个极富创造力的项目，那么你会发现你的记忆能产生许多没有束缚、令人惊叹的宝贵意见或主意。

也许你并没意识到你的记忆中储存着如此多的信息。所以，记忆不是一个冷冰冰、死气沉沉的工具，记忆就像一个如意库，堆满了无数令人惊叹的知识宝藏。我们不能随意地进入如意库，但是我们能够练习、训练自己的大脑，为如意库储存更多的知识宝藏。

五、记忆是分散的

与一个长久以来的看法相反的是，记忆并不是只储存在大脑的一个区域。大脑是通过神经细胞的网络结构来处理和储存各种信息的，而神经细胞的网络结构广泛分布于大脑的各个区域。一旦有一条信息需要被提交给记忆系统，无数条连接脑细胞的网线就会被同时激活，也就是说，大脑的绝大部分结构和记忆的加工、存储有密切关系。

因此所谓“记忆中心”的说法是错误的。任何信息的记忆和再现都要依靠许多不同的记忆系统以及不同类型的感觉通道（听觉、视觉等）。据此推论，记忆只储存在大脑的一个区域的说法也就无法立足。可以说，记忆是“分散的”，不同种类的记忆各自依靠大脑的不同区域。

随着科学实验的深入以及脑电图技术的进步，目前科学家已逐步发现参与记忆的加工存储过程的那些大脑区域。概括地来说包括：

瞬时记忆或短时记忆的加工需要大脑皮质的神经系统；语义记忆需要新大脑皮质对覆盖在灰质外层的两个大脑半球进行调节来完成加工；行为记忆的加工过程涉及位于灰质层之下的结构，比如说，小脑和锯齿状的灰物质块，等等；情景记忆主要依赖额叶皮质，还有海马状突起以及丘脑，这些结构都是大脑边缘系统的组成部分。

神经生物学家们通过研究发现，海马状突起在记忆的加工处理过程中起着至关重要的作用。它位于大脑的里层，属于脑边缘系统，和太阳穴叶平齐，因此它可以保证不同的大脑区域之间相互联系。短时记忆向长时记忆转换时，也就是记忆的巩固强化阶段，需要大脑的不同区域的参与，这一过程中，海马状突起发挥了关键作用。如果一个人的海马状突起受损，将会导致记忆新信息的能力完全丧失，无论是文字、形象还是图片信息。

六、关于记忆的问题

1. 如何定义记忆

记忆不是以简单的程序存在的，关于记忆最常见的说法是学习和记住信息的能力。然而，随着年龄的增长，人们发现先前的知识不断被遗忘，并开始抱怨自己的记忆。事实上，生物学的实际情况比这个相当模糊的“记忆”术语复杂得多。

面对一条新信息，通常先是一个极其短暂的感官记忆，接着是一个 20 多秒钟的短期记忆，然后是通过各种途径构筑成长期记忆。

记忆这一术语也同样应用于对三个动态过程的参照：学习新信息，将其储存在大脑的特殊空间，然后在需要的时候将其找出来。

对大多数人来说，记忆基本上被用于自主学习的场合，而在日常生活实践中我们常处于不自觉记忆的情况下，即科学家们所说的“无意识记忆”。这种应用于日常的记忆，使我们无须真正去学习就能记住邻居所穿裙子的颜色。这种能力是我们自然智力功能的基本要素之一。

2. 什么是“好的”和“差的”记忆

比较“好的”和“差的”记忆涉及记忆程序的运行效率问题，我们认真地学习并很好地储存所学的信息，是否就能够很容易地回想起来？我们会发现有许多不同的描述，并且每个人对记忆的抱怨也不相同。

另一方面，一些事物有助于发展某些人的记忆力，对另一些人则不然。所以，我们不能真正地比较“好的”或者“差的”记忆。因为，对记忆效率的感觉是非常主观的：一个人与另一个人不同，一个领域与另一个领域不同，一个年龄段也不同于另一个年龄段。另外，在医学上，虽然神经学家和心理学家能够判断一个人是否存在记忆障碍，但是，对他们来说衡量和断定一个人记忆力的真实情况是极为困难的。

（1）好的记忆是年龄的问题吗

应该以另一种方式来提出这个问题：是否存在一个学习效果最佳的年龄段？答案是肯定的。人们在大约 30 岁之前，能表现出不同寻常的记忆能力，较容易集中精神，并且学习速度较快。在这之后，人们学习变得有些困难。但是，这并没有什么可怕的！只不过为了达到同样的效果，人们需要用更多的时间。在 15 岁时我们只需要学习 3 次就能记住一首诗，而 50 岁时我们必须投入更多的精力来分析和处理信息，而且我们对干扰和噪音更敏感，所以需要更多的时间和更多的尝试来记住同一首诗。一个中学生可以边听音乐边复习功课，而一个 40 岁的人只能在安静的环境中才能保持精神集中。

然而，当涉及到重新提取信息时，年龄大则构成一个优势，随着年龄增长，记忆力会发生一些变化，在这里提供了一些解决办法。因为一个人的年龄越大，所储存的信息相对就越多。让我们来举一个例子：如果你是一位年轻记者，正在跟进一个选题，关于这项任务你一定比你的主编知道得更多。但是他可能会告诉你，关于类似的内容，在60年前的某份报纸上发表过一篇非常有意思的文章。这是记忆中经验的参与，是随着时间的推移所积累的知识的反映。如果你让我学习一篇医学文章，我将比较容易记住，因为我已经拥有了这个领域的很多知识，这将帮助我记住新的知识。相反，如果是一篇法律文章，我就只能死记硬背，而这对我来说比较困难。

（2）最好在年轻时学习一门外语吗

最好早点开始学习外语，因为它涉及精确的知识，而通常一种语言词汇的构筑、语调的学习都是在幼年自觉发生的。5岁之前，一个孩子能够自觉学习不同语言的全部语音；而年龄稍大一些，则会选择那些自己常听到的词汇进行学习。因此，一个年纪非常小的孩子可以借助一些短小的歌曲来掌握不同的外语语调。

对成人来说，这项任务更多地要求“用心”强记，因此将更难以实现。但是不要忘记，总是存在个体的例外。一家公司的老总在退休后学习了西班牙语和意大利语，并且达到了相当优秀的水平。而这对其他人来说，则被证明是比较困难的。

（3）记忆力的好坏是基因决定的吗

即使教育可能扮演着一个重要的角色，我们还是发现，一些人虽然没有在著名的院校进行过长时间的学习，却有着非常出色的记忆力；相反，有一些人虽然经常出入重点院校，却并没有良好的记忆力。因此，学习能力的不同，不仅仅归因于教育的影响。

然而，还没有任何一个研究人员发现超常记忆的主控基因！虽然在某些动物身上发现遗忘基因和记忆基因，但是直到现在，这些通常是从一些非常特殊的实验中总结出来的假设，很难用以推断人类记忆的自然功能。总之，记忆肯定表现为天生所有和后天获得、基因和教育的混合物。

（4）男性和女性以相同的方式记忆吗

回答这个问题并不容易，虽然绝大部分的性别特征与教育有关，然而通过采用激素分泌的间接方法却证明，基因也是一个需要被考虑的因素。某些激素分泌的多少是性别特征形成的主导因素，并且对许多智力功能，特别是记忆的运作具有影响。这种干预如果出现在儿童发育期间，将决定男孩和女孩的不同能力；如果出现在成人期间，将导致不同的行为效率，例如女性月经期间行为效率多少会有所下降。

通常女性在应用语言的活动中更有成就，而男性在需要求助于视觉－空间记忆时则表现得更有效率。例如，为了记住一条路线，女性趋向于记忆口语标志——“到了药店，向右拐”，而男性更注意空间方位的变化。

（5）个人文化扮演着什么角色

基本上是记忆构筑了我们的个人文化，因为文化是我们通过学习获得的知识，它既包括亨利四世于1610年5月14日在巴黎被杀、都柏林是爱尔兰的首都等这样的常识，也包括你小学四年级历史老师的姓名，或者你最喜爱的电影导演的名字。的确，新信息越是能和先前的知识建立联系，就越容易被掌握。记忆帮助我们构建了知识储存库，使我们更容易记住在同一领域里的新信息。

因此，一个律师或一个演员通常要比一个花匠更“擅长”学习一篇文章。律师将立即发现一篇文章分成四个部分，其中第二部分使他想起以前在别处读到过的论点。相比之下，一个花匠或一个猎人可能更容易记住一条路线。简而言之，越是从事一项专门的、职业的活动，就越能开发在这一领域的记忆能力。

（6）良好的记忆是智力使然吗

记忆当然与智力有关。同样不可否定的是，它参与智力的运行功能。但是从柯萨科夫综合征患者身上发现，他们虽然遗忘了许多东西，智力却保存完好。1888 年俄罗斯医生柯萨科夫曾经记录，他的一个遗忘症患者在赢得一盘象棋两分钟后，就忘记了自己获胜的事实。

心理学家用“认知”或者“认知过程”代替“智力”这个术语。如果把智力定义为解决问题或者适应新情况的能力，那么在缺乏记忆参与的情况下，它将是极为残缺的。事实上，智力因生活经验丰富而逐渐提升，而经验就是记忆。

（7）我们的大脑是否在不断地记忆

只要我们不睡觉，大脑就会感知信息，我们就可以或多或少地去记住某些信息。当我们正在聚精会神地阅读一篇文章时，有人在隔壁房间听收音机，起初我们可能没注意或者听不见……直到某个时刻阅读无法再吸引我们的注意力，于是我们的精神由于音乐的干扰而开始漫游。幸运的是，意图、动机、意识（我想学习）能够过滤这种对干扰的感知，使我们的注意力集中。

但是，我们是否能记住所感知到的一切？所有的都被储存起来了吗？我们都能够回忆起来吗？一切感知都在我们的大脑里刻印下痕迹，但其中一些被删除了，另一些改变了：不太重要和未被利用的信息将趋于消失，或隐藏在某种存在之中。总之，很可能我们记住了比我们所想象的要多的信息，但也应该考虑一下所有信息是否都真的有用。

（8）我们冒着记忆“饱和”的危险吗

我们的记忆存储似乎从来都不能达到饱和，并且我们总是能够学习更多的东西。除非在生病的情况下，一个80岁或90岁的人完全有能力学习新知识。

然而，学习机制则不同。在一段时间的学习之后，平均在45分钟到2个小时之间，记忆即达到饱和。但如果我们隔一段时间更换一个科目，就能够连续6个小时不断地学习。例如，在学医的时候，先学习1小时的肺病学，然后再学1小时的神经学，以及1小时的血液学，而不是3小时都在学习神经学。事实上，最好将知识分成小块来学习，以避免极为相近的知识之间互相干扰。虽然每门学科都没有全部学完，但是我们却能够很好地掌握已经学过的部分。当然，一段时间之后，应该休息或者更换学习内容。更换科目能重新刺激学习机制，不要忽视新事物的激励作用。

3. 我们能够在大脑中确定记忆的位置吗

解剖学的观点认为，记忆痕迹储存在整个大脑中，特别是大脑后面的感官部分。

神经元间的相互连接形成了神经“网络”，它的形状像蜘蛛网，连接着所有与同一事件相关的感觉元素。当一个神经元学习时，会产生特殊的电活动，分泌出蛋白质，并且与其他神经元建立连接形成环路。以后，每一次做同样的事情时，都会巩固相关的电痕迹和蛋白质合成的记忆。因此，环路用得越多，记忆痕迹在大脑中保存得就越持久。

当我们要回忆上个周末做了什么的时候，会尝试寻找相关的神经元地图，包括所有与其联系在一起的味道、声音、情感等。回忆的过程就是重新构建神经元地图，聚集所有分散了的记忆痕迹。

4. 我们应该在什么时候为自己的记忆担忧

约有 50% 的 50 岁以上和 70% 的 70 岁以上的人常抱怨自己的记忆，但这些抱怨并不一定对应着记忆障碍——没有疾病就没有记忆障碍。许多抱怨自己记忆不好的人，记忆检测结果却完全正常，其实他们只是缺乏注意力。然而在日常生活中对另一些情况的抱怨则确实令人担忧，比如别人重复了 20 次的问题仍然记不住；经常在马路上迷失方向；不记得 10 天以前做过什么，而那天正是侄女的生日……如果在记忆检测中确实显示出不正常，那就有可能真正患了疾病。

（1）如何进行记忆诊断

首先，帮助那些来做记忆诊断的人消除疑虑是非常必要的，要让他们有信心。记忆测试一般需要 1—3 个小时，为了确定某一种记忆障碍，必须对记忆的不同方面进行测试：视觉记忆、口头记忆、文化知识、个人经历，等等。并且不应局限于测试记忆，同样也需要测试注意力、语言能力、演绎推理能力等。

所谓对“情景”记忆的测试，包括对一列词汇、历史知识或者地图的学习，可以是简单的，也可以是复杂的。一旦被测试者已经记住了一列词汇，我们将立刻让他复述（即刻回忆），然后在

2 分钟、5 分钟或者 10 分钟之后再次复述（分散记忆）。测试可以通过提供一个线索来简易化：“请你回忆一下，在那列词汇中有一种花的名字。”也可以要求在第二列词汇中找出在第一列中出现过的词，也就是说，通过“识别”来回忆。

（2）如果测试结果显示不正常该怎么办

如果结果是正常的，测试就到此为止。如果测试表明存在记忆障碍，医生可以要求被测试者做其他医学影像的检查。通过扫描或者磁共振图像可以知道某种功能丧失是源于肿瘤还是脑部疾病发作，或是记忆区域萎缩。这种检查报告有时候对探测某些疾病非常有用。

5. 我们为什么会记住一些事情，却忘记另一些事情

在个人记忆中，感情、感觉和动机扮演着重要的角色。记忆一条信息，不仅只是学习这条信息，也是学习它所要表达的内容，也就是说不仅是记住时间和地点，也包括情感体验。我们知道，愉悦可以刺激学习机制，而当缺乏快乐的因素时，记忆力就会下降。因此，记忆的选择性必定与动机、个性、个人经历、已有的知识等因素相关。例如，一些焦虑的人较不善于记住那些不让他们担忧的事物的信息，因为他们的注意力被焦虑“消耗着”。

（1）我们为什么会遗忘

随着年龄的增长，记忆的动机和能力会改变。我们学得不好，因为我们很累，动机不够，并且注意力也降低了。以前记住的一些信息变得普通或失去作用，要想从大脑中重新提取出来变得更加困难，而且需要投入更多的注意力。这就是为什么那些年龄大

的人更容易回忆起以前那些经常被重复，并且在感情中打下深深烙印的事情的原因。

这种难以找回记忆的现象常表现为两种形式。第一种是“舌尖现象”，其特征是对一条信息的回忆非常困难，然而我们知道它就在那儿——比如一个人的名字——只是一时想不起来。而当我们成功地想起第一次遇到这条信息的场景时，它就会出现在我们脑海中。

第二种现象则与记忆的“源头”有关。我们记住了一些事情，但是却记不清事情发生的具体时间和地点。例如，我们接连几次向同一个人讲述同一则轶事，因为我们忘了在生命中的哪个时刻已经讲过它了，而且讲过不止一次。

（2）一些记忆为什么被扭曲

因为一个很简单的原因：记忆不是以一个自主的实体存在的。记忆不是你能在图书馆的书架上找到的一本书，也不是一张相片。我们记住一张相片，是记住了这张相片的组成要素，也就是说，回忆的过程是对一幅图像或者一种状况的重组。在这个过程中，我们只能重组不超过 80% 的信息，而另一个参加了同一个场景的人也记住了 80%，但是他所记住的内容和我们记住的是不同的。长久之后，一些要素将永远消失或者被别的信息干扰而改变、扭曲。因此，我们可能以为堂妹曾经在 1986 年的假期来看望过我们，而实际上她是在 1989 年的假期来的。尤其是如果我们在同一个地点度假，错误的信息就更容易对记忆造成干扰。

（3）为什么有时候我们找不到钥匙

我们的日常生活充满了很多随意的情形。当把钥匙随意放在某个地方时，我们总是不太注意，因为放钥匙的动作在记忆中与其他相似的、重复了上百遍的动作混淆在一起了。要知道，我们的大脑不能记住或者以有意识的方式回忆起所有的东西。为什么我们要记住一切？那将很可怕。我们做过太多的事情！我们的大脑使某些信息变得容易回想起来，并使另一些信息变得模糊不清，这样才能为其他更有意义的信息保留空间。因此，自动化的行为带来的更多是好处——留着空间去记住那些比把钥匙放在什么地方更重要的信息。如果我们经常忘记把钥匙放在哪儿了，不妨利用一些外部辅助工具，比如空口袋——总是把钥匙放在同一个地方。

6. 我们能否改善记忆力

通过训练可以改善记忆力，但只局限在被训练的那个领域里。如果训练的是记忆文字的能力，我们并不会更容易找到钥匙，但是却在记忆文字方面越来越有效率。我们可以训练注意力，但是记忆名字的能力并不会因此增强。通过练习能够改善一些能力，但关键还在于是否能够把得到的益处应用于实际生活中。如果利用练习来开发视觉能力，却不尝试把它应用到生活中，则没有任何意义。练习应该是快乐的并且符合自己的兴趣，否则效果将会是有限的，甚至造成焦虑。这意味着，最好的激励是在日常生活中开展各种活动，阅读、与朋友聚会、旅游等。良好的生活保健也同样是不可忽视的，失眠、劳累过度、焦虑都是影响注意力的消极因素。

是否存在可以增强记忆力的维生素？人在疲劳的状态下，补充维生素 C 能够增强注意力。脑营养学家建议每个星期吃两次饱和脂肪含量高的鱼，但这并不是说，吃鱼会使我们拥有超乎寻常的记忆力。只不过，我们不太重视养成良好的生活习惯——均衡的饮食、充足的睡眠、良好的身体状况对记忆功能的重要性。

七、了解记忆的方法

1. 使用心理测试

科学家们，特别是神经心理学家，已经开发了许多方法来研究记忆。其中一个方法就是让人们做测试以发现他们是如何反应的，以及有什么可能干涉他们的表现。例如，心理学家可能给人们看几幅图片，然后看他们是否能从其从未看到过的其他图片中将它们分辨出来。这叫作形象认知记忆。或者，他们可能读出一组词汇，然后要求人们复述。这叫作语言回忆。

通过这些种类的测试已经发现，一般来说，人们能回忆大约七个词（或其他像数字之类的信息），而且他们更容易回忆起开头和最末的几项。如果信息以某种方式组织起来，如分类，那么人们通常能回忆起更多东西和更长时间的东西。通过使用这些种类的测试，心理学家们已经拼出了他们所认为的记忆系统工作的模式。

2. 大脑及记忆的紊乱失调

我们许多有关记忆的知识都是通过研究大脑紊乱失调的人而获得的。这也同时帮助临床医生们开发出了更好的诊断技术和大脑功能紊乱康复技术。

健忘症的研究也对科学有着很大的帮助。健忘症指的是大脑中对记忆系统的一部分——具有支持功能的一部分（或几个部分）——受到了损伤。健忘症患者们经常能用不同于他们以往的方式来描述他们对这个世界的体验。他们的大脑功能也可以用测量不同类型的记忆的目标测试来进行评估。

因此，通过这些类型的案例，以及其他记忆功能失调，科学家们已经建立起了不同类型的记忆加工的轮廓和对记忆有着重要作用的大脑区域的轮廓。

第二章
记忆的要素

记忆的形成取决于多个因素，包括时间、重要性、目的、内容、强度以及刺激源——记忆的基本要素。每一个因素都会影响到人类记忆力的质量和可达性。

一、感知

烤面包和咖啡散发出来的味道、我们赤裸的双脚下冰凉的草皮、鸟儿在歌唱、蔚蓝的天空……我们能够分辨出种种色彩、感觉、声音、味道，全在于我们的大脑和它与我们感知体系的联系。

这个世界充满了各种我们能感知的事物，即各种各样的能量或结构皆能转变为感觉。感觉是眼睛、耳朵、鼻子、舌头和其他感官的活动，这些特定的器官可以对热、冷和压力做出反应。没有大脑，感觉自身没有什么特别的意义，因为它不过是把振动、光线、有气味的分子这些物理刺激转变为神经冲动。大脑对神经冲动的解释，使我们能够感觉到我们生存的这个世界中的各种颜色、形状、声音和感情。

视觉、嗅觉、味觉、感觉、听觉——这五种感官是信息从外部的大千世界进入人脑的主要途径。通过这些通道，所有的数据得到记录，并逐渐积累成为构成记忆基础的丰富原料。罗马帝国的基督教思想家奥古斯丁曾说，这五种感官是通向“记忆的殿堂”里广阔空间的“特定的入口”。

在人体内部的中心，有一个巨大的神经系统，神经系统在身体各部都有神经线分支，可以捕捉外界不断循环的信息。而这种“信息的捕捉”正是通过人的五种感官来实现的。

每一种感官都有一个相对应的波长。根据不同的情况，这些视觉、听觉、味觉、嗅觉的电波会被不同的人体器官接收，同时，它们还会被遍布人体各部、能够激活各种感觉的器官——皮肤接收。感官所捕捉的信息将会被大脑的特定部位持续不断地识别、分析、加工处理。接收来自人体外部的信息叫作感受外界刺激的信息。但是人也能感受到来自身体内部的信息，如疼痛或喜悦。

1. 我们的感觉

古希腊哲学家亚里士多德把人类的五种感觉——听觉、嗅觉、触觉、味觉和视觉比为我们大脑进行感知的五个窗口。这些窗口只能接收信息而不能对信息进行分析。感觉不像普通的窗口，因为它要把所有外部世界发生的事情（比如一声喊叫或温度下降）转变为大脑能够解读的电子神经冲动。这些神经冲动允许大脑进行感知。此外，我们的感觉也不像普通的窗户那样，能够允许各种事物通过。所有的刺激中只有一小部分能够产生大脑可以解释的神经冲动。

如果不是这样，我们就会被时刻环绕在我们周围的各种声音、图像、气味及其他感觉弄蒙。事实上，我们仅注意到许多潜在信息中的一小部分，其他的都被忽略，就像我们忽略无线电广播中的背景噪音一样。

在无线电传输中，信号与噪音的区别很明显：信号是一段信息，噪音是无序的或者可能是一段无关的信息碰巧用同样的频率播出。同样，在我们的神经系统中，信号是我们正在注意的神经活动，其他的是噪音。例如，当你读这段文字时，文字是信号；其他人的谈话声或你饿了的感觉，都可以看成“噪音”。

2. 数据消减系统

通过过滤外界的噪音，我们的大脑使我们免于被信息淹没。感觉吸收信息，然后大脑进行过滤，只保留它可以做出反应的信息量。鸡尾酒会现象对大脑扮演的这种数据消减系统角色做了很好的说明。在酒会上与他人交谈时，我们通常不会注意到我们自身周围其他话题，但我们可以瞬间转换话题。如果某个人在我们的听力范围内叫我们的名字，或提到我们感兴趣的话题，我们的注意力可能会马上转移。猛然听到谈话中的一部分，我们会促使自己倾听他们的谈话。我们在任意时间感知到的事物都会立刻引起我们有意识的关注，这就是注意力。从大脑活动层面来看，注意力和感知是不能简单地进行分割的。

3. 信号入口

我们的感觉过滤我们许多潜在的信号。一些潜在的信号，比如一名警察鞋子的颜色是一个不会引起别人注意的信号。另外一些信号，像你鼻梁上眼镜的重量，是一种持续的信号，你很快对它们做出反应。还有一些信号，比如远处乌鸦扇动翅膀的声音，你根本无法接收到。早期的心理学家古斯塔·费克纳、威廉·冯特、爱德华·布拉德福·撒切尔对于引起刺激的阈限非常感兴趣。他们会问：人眼所能感知的最弱光亮是多少？耳朵所能听到的最轻微的声音是多少？手能感觉到的最轻的触摸是多少？

为了回答这些问题，研究人员测量了物理刺激量和它们产生的效果，此举为精神物理学奠定了基础。起初，精神物理学家认为他们能够测量出引起感觉的最小刺激量。但是不久他们发现这行不通，因为一些人比其他人更加敏感，而且一个人的阈限也是随着时间而改变的。你可以非常容易地证明你自己的阈限如何变化。拿一只走动的闹钟，把它放在你房间的一端，然后走远一点，直到你听不见闹钟发出的滴答声。现在往回慢慢走，直到你能再次听到闹钟声为止。这一点就是你受刺激的阈限。但是如果你静静地站在那里几秒钟，闹钟声有可能消失或者变大。为了再次找到你的刺激阈限，你不得不前倾或后仰。因此，费克纳认为，阈限不是固定不变的。费克纳还推论说，存在这样两个点：在其中一点，任何刺激都可以感受到，而在另一点任何刺激都无法感受到。在这两点中间，所检测到的阈限应该是上下限的50%。费克纳称其为绝对阈限。

4. 恰可察觉差

早期的精神物理学家不仅想知道引起感觉的最小刺激量，而且想知道能够感受到的刺激量之间的差别。比如，有两只猫，一只重 0.9 千克，另一只重 1.8 千克，在你蒙上眼的情况下，你可以轻松分辨出哪只比较重。但是如果一只猫重 0.96 千克，另一只重 1.02 千克，你就可能无法分辨出哪只比较重。欧内斯特·韦伯认为两个刺激量之间的恰可察觉差是一种比例而不是常量。在研究了相当一部分人后，韦伯认为重量的恰可察觉差是 1/53。这就是说一个通常能够举起 90 千克重物的人可能觉察不出增加了 0.9 千克的重量，但可以觉察出增加了 2.3 千克的重量，因为 2.3 千克超过了 90 千克的 1/53。一个能举 136 千克重物的人在增加了 2.7 千克或更重的重量时，才能感到重量的增加。这就是韦伯法则，它不仅仅适用于重量，而且适用于味觉、亮度、响度。不同的人或一个人在不同的时间对于不同刺激的承受水平是不同的。

5. 现代的研究方法

在感觉与感知的研究中，重点不是测量绝对阈限和恰可察觉差。相反，现代科学家关注大脑是如何发现神经活动与感知之间的联系的。研究神经体系如何运作的科学称为神经系统科学。这一研究领域建立在对人类行为、动物、精神病人以及神经学和解剖学的研究基础之上。

也许最重要的事实在于神经系统科学家拥有精密的仪器使得

他们可以探测、勘查大脑活动，而这些手段在几十年前还无法应用。精神物理学家能够测量单个神经细胞的活动，并且通常能确认我们对刺激做出反应时所牵扯的特定的大脑区域。研究显示，在我们如何感知与我们如何在大脑中呈现外界事物两者之间存在着密切的联系。哈佛大学心理学家史蒂芬·考斯林和他的同事们进行了一系列研究。他们向参与此项研究的人员展示了一幅图景。在这幅图景中，有一些清晰的、能够辨认的标记。在参与者仔细观察这幅图景后，图景被拿走。令人惊异的是，当研究人员要求受测试者设想图景中任意两点的距离时，受测者完成此项测试所花费的时间同任意两点的实际距离有直接的比例关系——两点之间的距离越远，受测者所花费的时间越长。

6. 视觉

我们大脑所形成的图像不是平面的，而是三维的，有高度、宽度、深度。我们能够在精神上移动这些高度、宽度和深度，以便从不同的角度观测它们。根据考斯林的研究，如果问我们一张图片上的青蛙是否有嘴唇和尾巴的话，我们会先从大脑图景的一端来观察青蛙，然后在大脑中将图景旋转再从另一端来观察它。如果青蛙的尾巴与嘴唇在同一端，我们回答上述问题所花的时间就比较少。不仅你的青蛙三维图像来自你的其他感官，而且有关青蛙的其他特征也来自你的其他感官。比如，你的青蛙图景可能还包括青蛙的皮肤肌理、青蛙的叫声、青蛙的腿部力量等。同样，你大脑中形成的玫瑰可能有你无法用语言描述的香味。也许，这朵玫瑰还带着尖锐的刺。尽管你大脑中的图景不是完全可见的，但可见的绝对是这些事物现实中最显著的特色。

（1）人类的视觉

我们对于人类视觉与视觉体系所做的实验远多于对其他感知体系所做的实验。我们的眼睛是我们大脑的延伸，它沿着神经细胞突出在头部的前沿。这些神经束使我们的大脑和眼睛联系紧密。实际上，在参与将我们的神经网络与外界联系的细胞中，有40%的细胞来自于眼睛。

（2）色彩视觉

每只眼睛的视网膜包含了700万个视锥细胞（一种在视网膜上感受光线和色彩的感光细胞），视杆细胞的数量几乎是视锥细胞的20倍。那些感光细胞被压缩在一块只有棉纱厚薄、邮票大小的区域里。视杆细胞与视锥细胞有着各自不同的功能。视杆细胞比视锥细胞对光更加敏感，因此主要在黑暗中发挥作用。而视锥细胞需要较好的光线才能发挥作用。它们使得我们可以看清细节和色彩。

尽管视锥细胞和视杆细胞有着不同的功能，但它们对光线的反应是相似的。当它们吸收光线时，两者所含的吸收光线的分子都发生变化。比如，视杆细胞含有微光感受器——视紫红质，这是一种非常敏感的化学物质，单个的光子都可以打散它的一个分子。当视紫红质被打散后，它就会引发一种神经信号。如果视杆细胞要继续对光线做出反应，视紫红质的各组成部分就要重新结合。正因为这种重新组合需要在黑暗中进行，所以视杆细胞才不能在白天很好地发挥作用。

视紫红质的再生很大程度上依靠维生素A和某些特定的蛋白质。橙色的食物比如胡萝卜和杏都富含维生素A。所以说吃胡萝卜可以获得很好的夜视能力是对的。在那些缺少富含维生素A的食物的地区，夜盲症比较普遍。

（3）有关色彩视觉的理论

如果我们把彩虹中的七种色彩混合在一起，那么结果是白光。如果我们仅选其中三种色彩——蓝、绿、红，结果仍旧是白光。如果我们仅选取上述三种色彩中的两种，我们就有可能得到我们所看得见的所有颜色。

最后一种情况是三色视觉理论的基本出发点。这个理论首先由生理学家托马斯·杨（1773—1829）提出并最终获得承认。生理学家赫尔曼·赫尔姆霍茨对三色视觉理论进行扩充。根据杨—赫尔姆霍茨理论，将红、绿、蓝这三种不同波长的颜色混合，我们可以得到所有的色彩。因此眼睛只需要三种感色细胞。一种主要对红色做出反应，另一种对绿色，还有一种对蓝色。这些感色细胞体系的不同活动水平可以使我们感知不同的色彩。对色盲人群的研究显示出杨和赫尔姆霍茨是对的，但这一过程用了100多年的时间。最后，科学证实人类的视网膜上含有三种类型的视锥细胞：一种主要对长波（红光）有反应，另一种主要对中波（绿光）有反应，第三种对短波（蓝光）有反应。

（4）色盲

如果这三种类型视锥细胞的活动是帮助我们分辨颜色，那么一种或几种视锥细胞体系的缺陷所产生的结果是可以预料的。例如，视锥细胞体系不发挥作用的人群，他们眼中的世界就只有黑色、白色，一切都灰蒙蒙的。他们要么视力很差，要么白天什么也看不见。事实上的确存在这种情况，尽管比较稀少。仅有一种视锥细胞发挥作用的人群，在白天和夜晚都有正常的视力，但是他们无法区分颜色，因为他们仅能看见一种色彩密度。这种情况也比较少，但确实存在。有两种视锥细胞发挥功能的人能够看见很多色彩，但是会把某些特定的色彩弄混，而其他人则不会。实际上，有10%的人存在这种情况，他们当中90%是男人。经常被混淆的颜色是红色与绿色，最不常见的是蓝绿色盲。在许多情况下他们不是完全混淆，很明亮的色彩仍能分辨出来。这一方面是因为色彩明亮，另一方面是因为色彩是一个主观的反应，许多患有色盲的人都意识不到这一点。

三色视觉理论没有解释色彩视觉的所有方面。在赫尔姆霍茨进一步发展杨的理论50年后，神经学家尤恩·海瑞（1834—1918年）指出，我们似乎没有从纯色彩方面考虑问题，这有可能也是这个理论的基础。相反，如果我们让人们说出纯色彩的名字，他们会说出四种主要颜色：红、绿、蓝、黄。这四种颜色代表着两对互补色或相反色：红色与绿色相对，蓝色与黄色相对。我们无法设想带绿的红色或者带蓝的黄色，这就像没有带黑的白色一样。因此，海瑞的对立过程学说能够更好地解释色彩视觉。这个体系包含三个独立的通道，对应着三对互补色：红—绿、蓝—黄和黑—白。

（5）眼睛与大脑

眼睛对光波做出反应，并把它们翻译成神经信号传递给大脑。正是大脑解释信息，感知颜色、形状、质地和运动。把眼睛与大脑连接起来的是视觉神经。眼睛右半部分接收的信号传递给大脑左半球。眼睛左半部分接收的信号传递给大脑右半球。视觉信号的主要目的地是大脑的最后部——视觉皮质，也叫枕叶。视网膜上的影像是倒置的，并且比实际的物体小。视觉皮质将影像正过来并进行诠释，以便使其看起来像实际的物体。

为了检验大脑在视觉感知中的作用，调查人员在刚出生的小猩猩的眼睛上放了一个透明的护目镜。护目镜使光线可以通过，但是小猩猩无法看清物体的形状和样式。即使将护目镜摘掉或小猩猩能指引自己的空间运动以后，小猩猩也需要几个月的时间才能够辨清物体，而且大部分的小猩猩在护目镜摘除后，无法获得正常的视觉。同样，一出生就待在黑暗中或带有眼罩的小猫在打开灯光或摘除眼罩后也无法获得正常的视觉。在幼年时期失明或无法接触光线的人类也有类似的经历。这种对光线的剥夺使大脑与视觉建立联系的早期发展阶段受到损害。通过对动物的实验及某些人的个案研究，似乎可以证明早期的视觉刺激对于正常视觉感知的形成具有极其重要的作用。

（6）特征检测

为什么出生后被剥夺了一段时间的正常视觉刺激后的动物和人类会有视觉问题呢？1981年，因共同发现大脑在视觉中作用而获得诺贝尔奖的神经生物学家戴维·休伯尔和托斯登·威塞尔为我们提供了答案。他们记录了被剥夺视觉刺激的动物们的大脑活动水平，发现视觉皮质的很多细胞似乎不再发挥作用。而且，大脑视觉皮质的神经细胞之间的联系也更少。在一项研究中，研究者将猫的一只眼缝合，另一只眼保持睁开。当研究者拆除缝合以便使两只眼都发挥功用时，视觉皮质也只对没有缝合的眼睛做出反应。休伯尔和威塞尔在一些研究试验中记录了单个视觉皮质的活动，这使他们可以测量特定刺激对视网膜的效果。他们发现视觉皮质的某些细胞能够被一些明确的刺激激活。比如，一些细胞仅对特定的宽度做出反应，另一些细胞则只对特定的角度或轨迹清晰的运动有反应。一些细胞对垂直线做出反应，另一些则对水平线做出反应。如果那些做特征检测的细胞在生命早期未被激活的话，那么它们将永远不会发生作用了。我们的感知体系依赖特征检测来认识我们周围的一切，从有皮毛的猫到声音，以及人类的脸庞。

（7）识别脸庞和物体

粗略估计一下，我们可以识别大约3万种不同的物体，其中一些物体有几十亿种不同形式。人脸就是一个很好的例子。作为个体，我们仅看到这个星球上的60亿副脸孔中很小的一部分。但是拿出60亿副脸孔做例子，我们都会毫无困难地辨认出来。不仅如此，我们还可以马上识别出我们所认识的几百副脸孔。可是，那些脸孔的差别有时非常微小，以至于我们无法用语言来形容它们的差别。如果从几十幅相似的照片中挑出一副脸，你会发现你很难用语言描述它，除非这副脸孔有明显的标记，比如最近摔坏的鼻子。

那么我们是怎样识别脸孔的呢？这不是一个简单的问题。脸孔识别是非常复杂的过程，甚至精密的计算机做这件事都有困难。编程人员发现很难制定出一定的规则以便计算机能够检测出重要的特点，分辨出相似的组合。我们的感知体系好像有某种特征侦测器，它可以为视觉感知分辨出几十种重要的特征，比听觉感知分辨出的声音更多。

（8）格式塔法则

识别像脸孔一样的复杂形式，或更复杂的脸部表情似乎需要一定水平的抽象能力和决策能力——这不容易解释。根据格式塔心理学家马克斯·魏特海墨（1880—1943）、考夫卡（1886—1941）、苛勒（1887—1967）的理论，我们不是感知个别的特征，而是整体特征。

格式塔理论的基础是整体大于局部的简单相加，曲调比单个的音符更重要。是各个部分组成的结构而不是线条、角度和组成部分的简单相加决定了图形是梯形、三角形、正方形还是汽车。

我们的大脑似乎会对感官接收的信息做出最好的诠释，而且这些诠释经常反映出其他格式塔原则，如封闭性、连续性、相近性、相似性。

（9）感知运动

当一个物体穿过我们的视野时，会在我们的视网膜上产生一系列的图像。但是如果我们在把头从左转向右的同时睁着双眼，你只能得到一系列视网膜图像，却不会看见物体运动，这是因为你的大脑抵消了你头部的运动。同样，如果一个物体穿过你的视野，你的头部也同时随着物体运动，这可能无法在你的视网膜上产生图像，但是你的大脑再次抵消你的运动使你知道物体在运动。

期望的感官刺激与大脑感知的刺激之间的冲突导致大脑向身体器官发出有冲突的信息。并不是所有运动都是真正发生的运动。比如，一系列静止的图片快速展示，就会出现运动的图像。氖信号灯的快速开关也会有相同的效果。还有很多假象，例如大脑对感知的解释所产生的图像。

7. 听觉

在所有感官中，听觉对于口头表达和避免感情孤寂是最重要的。很多动物种类都是更多依靠听觉不是视觉来交流、定位和生存的。海豚在黑暗的水中不能依靠它们的视觉，而它们实际上也不需要，蝙蝠也同样不需要。这两种动物都能够发出声波，声波碰到物体后，以回声的形式返回来。神经信号从听觉器官传递到大脑，这样它们就可以依靠接收到的信息得到外部世界的图像。尽管我们不知道它们从回声中创造的心理表征是什么，但是它们对运动出色的控制力显示出它们有着同人类一样复杂的空间意识。对于所有目标，它们都可以看见，并能意识到它们周围的世界。尽管人类的心理图像比蝙蝠或海豚的心理图像更形象，但对于有听觉的人来说，声音为大脑开启了另一扇窗户。

（1）产生声音的刺激

声音是我们对由振动引发的波动效果的感知。声波通常是由分子（包括空气分子、水分子和固体分子）交替收缩和扩张引起的。实际上，叫它声波是错的，因为我们对波动的感知是声音，而不是波动本身。

声波的产生与扩散就类似于你向平静的池塘扔下一块鹅卵石。如果你仔细观察，你就会看见水波如何从鹅卵石入水的地方产生，如何一圈比一圈大地向外散开。水波的产生有一个固定比率，它们每秒中通过一些固定的点，这就是它们的频率。当波浪扩散时，频率不会发生改变。声波就像水波一样。声波的频率用赫兹来衡量。1 赫兹就是每秒一圈或者说一次颤动。假如声音达到 16—20000 赫兹，人类的耳朵就能听到。超过这个频率的就是超声波，低于这个频率的就是次声波。频率越低，我们感知到的音调就越低。

海豚发出的一些信号高达 10 万赫兹，因此人耳无法听到。而另一些信号低于 2 万赫兹，我们就可以听到。

再来看一下池塘，你会注意到靠近鹅卵石入水的地方的水波比较远的水波有着更高的顶点（更大的振幅）。振幅是一个波形的高度，它随着距离的增加而减小，直到波形完全消散。在声波中，振幅或者说是响度以分贝来衡量。0 分贝是人们刚刚能听到的最弱音。很高强度的声音是危险的，尤其长期接触高强度的声音就更危险。接触 100 分贝的声音超过 8 个小时会对听觉造成永久性损害，超过130分贝的声音会立刻损害听觉，而摇滚乐有120分贝左右。

我们向池塘中扔入两个鹅卵石会怎么样呢？水波会从每个鹅卵石入水的地方向外扩散，并相互碰撞、交织、翻滚，形成网状的小波浪。这些波浪不能仅用频率和振幅来形容，因为它们太复杂了。复杂性是声波的第三个特点。我们周围的声波通常不是单纯来自一个源的声波，更多的情况是几个声波的结合。声音的这种特性使我们能够分辨出是父母的声音还是其他人的声音。

（2）耳朵的结构

鲑鱼和其他鱼类在身体两侧有着对压力敏感的细胞线（称为侧线），这些细胞线能使鱼类侦测到水中的振动和化学物质，是它们在水下的嗅觉和听觉。同样，一些无耳蜥蜴和蛇通过骨头，特别是颚上的骨头感觉振动。但人类不像这些动物，我们有耳朵。

耳朵的可见部分是耳朵外部的耳廓。这是一块软组织，它像问号一样盘旋在我们的头部两边。而短小、充满蜡状物的耳道可以把振动从耳廓传向耳鼓。耳廓与耳道构成了外耳部分。

中耳是一个狭窄的、充满空气的腔，由三块小骨构成：锥骨、砧骨和镫骨。锥骨的一端直接与耳鼓连接，另一端与砧骨相连。砧骨与镫骨相连。镫骨上有一层小小的薄膜通向内耳。这里还有一个像欧氏管的通道，从中耳通向喉咙。

内耳包括一个充满流质的结构，形状像蜗牛壳，称为耳蜗。耳蜗向里伸展是基底膜，沿着基底膜是接收声音的毛细胞，它们构成了柯蒂氏器。

（3）耳朵如何工作

外耳把空气分子搅动形成的声波通过耳道传向中耳的耳鼓，并引起耳鼓振动。尽管振动非常微小，但它能引起中耳内三块小骨头的振动，接着振动通过卵形窗传入内耳。卵形窗的运动促使耳蜗内液体的运动，从而引发基底膜的波形运动，再促使柯蒂氏器的毛细胞运动。当毛细胞弯曲旋转，就会激起底部的神经细胞将声波转换成脉冲信号，脉冲信号再通过听觉神经传给大脑的左右半球。

（4）定位声音

我们的耳朵会在前后相差很短的时间里接收到许多声波。如果声音直接来自于耳朵一边，0.8 毫秒后，我们另一边的耳朵才会听到。最先听到声音的耳朵直接收到振动，后听到声音的耳朵所收到的振动强度比较弱，因为这些振动已经在大脑中转换了很多次。如果振动直接来自头顶、前方、后方，双耳听到声音的时间和强度是一样的。但是耳廓的形状会以不同的方式改变声波，这取决于声波的方向。我们用三种线索来判断声音的方向：时间差异、强度差异以及振动从不同角度冲击耳朵所发生的变形。

（5）感知音调

在日常生活中，我们不仅仅想知道声音来自哪里，我们还想了解更多同声音有关的事物。我们想知道声音是谁的，是歌声，是鸟叫，还是动物发出的。我们希望能够检测、学习和分辨声音。为此，我们需要能分辨音高（就像音乐中的高音和低音）。频率理论表明声波引起大脑的活动，这些活动是对声波频率的直接反应。

换句话说，每秒 500 次的波动（500 赫兹）将引发每秒 500 次的神经冲动。有证据表明，的确存在这种情况，但这仅对较低的频率而言，因为神经细胞通常无法达到每秒 1000 次的冲动。第二种解释叫作部位论，它告诉我们如何感知音调。高频和低频影响耳蜗的不同部分。如果耳蜗的底部很活跃，我们能听到较高的频率。如果耳蜗后部的上半部分比较活跃，我们能感知较低的频率。

（6）听觉与语言

口语是对我们日常生活贡献最大的。语言帮助我们创造文化。语言可以在近距离也可以在远距离发挥作用，可以在白天也可以在黑夜发挥作用。语言在人类进化过程中意义无可估量，它对我们思考、解决问题的能力和适应能力的意义也是无法衡量的。在口语中，我们使用的声音是因为我们对它们的意义有广泛的共识。语言不仅包含听觉符号，而且也包含视觉信号，比如，你正在阅读的此页的文字。口语依赖于我们的听觉，而听觉像其他感官一样，依赖于大脑的活动。来自于两只耳朵的信息通过听觉神经传递给大脑的任意一边，我们的大脑听见并处理这些信息。处理声音可能就是分辨已经出现的声音或者分辨声音的意义。大脑如何把声音与意义联系起来仍需要仔细地思考，但是科学家确实知道这个活动发生在大脑的哪个部分。

（7）有关大脑活动的研究

1861 年，外科医生保罗·布洛卡（1824—1880）碰见一位患有严重语言表达混乱症状的病人，他仅能说一个单词。这位病人死后，布洛卡对他做了尸体解剖，并发现病人左前脑皮质有一个区域有损伤。布洛卡正确地推论出，就是这个损伤导致了这名男子无法有正常的发音能力。大脑的这个区域后来被称为布洛卡区。

不久以后，神经学家卡尔·韦尼克确认大脑另外一块区域同产生语言能力的关系相对于其与语言理解力的关系来说更加密切。这部分区域称为韦尼克区域，也位于大脑的左半球。与韦尼克区域非常近的第三个结构，是角状脑回。研究人员普遍认为，相对于右脑来说，左脑对语言的作用更大。

（8）事件相关电位

脑电图、断层摄影扫描仪、脑功能测试器能够给出整个大脑或大脑各个区域的活动信息。最近的一些研究都利用了这些先进的手段来侦测大脑的活动。比如，脑电图给出了大脑活动总体记录，断层摄影扫描仪显示了大脑不同区域的活动水平，脑功能测试器描绘了各种大脑结构的神经活动。

当对一个人进行特殊刺激时，我们会采取脑电图记录。它使我们可以侦测到大脑中与刺激直接有关的电子活动，这种活动被称为事件相关电位。事件相关电位现在是大脑研究领域中最重要的变量。许多涉及事件相关电位的研究都使用听觉刺激。一些研究表明，大脑左半部分对口语的反应及与产生语言相关的反应比大脑右半部分强。而听觉刺激中的事件相关电位在大脑左右半球都出现。当一只耳朵接收到信号时，在相反大脑部位中的事件相关电位更强烈。这些发现支持了语言主要与大脑左半球相关的观点和反侧主宰的一般原则。

反侧主宰意味着身体某侧（左或右）的接收及控制中心是在大脑另一边的半球（右或左），就像视觉区域与大脑的关系一样。尽管我们知道布洛卡区域涉及产生发声能力，韦尼克区域涉及理解发声，但事件相关电位的研究表明大脑的许多区域都参与这两个过程。语言背后的神经结构是复杂的，而且不太明晰。比如，听觉信号产生的事件相关电位最早发生在脑干中，然后是其他几个大脑区域，最后才是听觉皮质。而且，事件相关电位不仅是对外界刺激的反应，独立于外界刺激的思考和感情也能引发事件相关电位。比如，当一个人期待一个信号时，就会出现事件相关电位。事件相关电位的研究仍旧处于早期阶段，但是它可能最终会告诉人们更多的有关参与不同的感知、心理、物理过程的大脑特定区域的知识。

8. 触觉、味觉和嗅觉

我们的世界不仅仅只有声音、颜色和运动，它还有气味、味道和质地结构。周围的世界有时酷热，有时寒冷，有时充满痛苦。它可以垂直、倾斜、颠倒。我们有时也会处在倾斜和颠倒的位置。幸运的是，我们有其他一些感知体系和其他能发挥作用的感官，这使得我们的大脑可以了解有关我们周围世界的这些事情。

（1）身体感觉

我们对视觉器官和听觉器官的了解比对其他器官的了解要多得多。特别是许多研究都集中在视觉研究上。这一方面归因于视觉与听觉在进化过程中明显更加重要，尤其是在交流和运动方面。另一方面在于研究其他感知体系比研究视觉、听觉更困难。但是这些感知体系对于我们身体功能也非常重要。举例来说，身体感觉（也称为体觉）对于到处走动、对于保持身体垂直或了解身体位置、对于避开那些可能伤害甚至杀死我们的事物来说都是必不可少的。

（2）触摸：触觉体系

“触觉的”一词源于希腊语“能够抓住”，因此可以作为触觉的意思来使用。触觉感知体系也称为皮肤感觉，它们由各种接收器组成，这些接收器可以告诉我们身体接触的信息。一些接收器对压力非常敏感，另一些对冷热做出反应，还有一些让我们产生痛苦的感觉。这些感觉依赖于1000多万个神经细胞，它们拥有神经末梢或接近表皮（皮肤最外层）。位于脸部和手部皮肤的接收器比身体其他部位要多，因为脸部与手部是最敏感的区域。这些区域的敏感性可能是为确保物种的生存而慢慢进化来的。

（3）压力

压力接收器在身体各部分的分布是不均衡的。两点阈限实验很容易证明这一点，让人轻触你皮肤上的两个点，同时逐渐改变两点之间的距离。压力接收器越集中的地方，你越能感受到这两点紧密靠在一起，而不是只有一点。在不太敏感的区域，这两点感觉起来就比你单独触摸起来要相距远些。对大多数人来说，手指尖的两点阈值大约是0.2毫米。前臂上的两点阈值是其5倍，再往后阈值更大。这些对触摸敏感性的测试只是近似值，它们并没有完全反映一个人对突如其来的刺激的正常敏感性。这是因为当我们预料到一次接触或振动时，我们会特别敏感。我们对毫无准备的刺激就比较迟钝，不那么确定。

（4）温度

两种不同的感受器使得我们可以感受温度的变化。一种感受器对热敏感，一种感受器对冷敏感。冷敏感器的敏感度是热敏感器的5倍。同我们对压力的敏感度一样，我们对温度的敏感随着年龄的增大而降低。脸部是对温度最敏感的地方，手足最不敏感。当温度下降时，冷接收器兴奋度提高，当温度升高时，热感受器的兴奋度提高。如果我们想保持身体的温度在正常的范围内，冷热感受器提供给大脑的信息就必不可少。大脑通过发出使血管膨胀的信息调节我们的温度。当我们太热时，大脑增加排汗；当我们太冷时，大脑使血管收缩。如果这些措施还不够，我们的温度感受器继续发出我们太冷或太热的信息，我们的大脑会建议我们烤火或跳进充满冷水的湖中。

（5）疼痛

压力接收器能够快速地适应刺激。当你从头上穿上毛线衫时，你能感受到它轻柔的压力，但几分钟后，你就不会感受到它。与此相反，疼痛感受器不会那么快适应刺激。这通常很有用，因为疼痛是某个地方出错的信号。疼痛的功能之一就是阻止我们去做对我们有害的事情，如在碎玻璃上行走或靠在发烫的炉子上。压力、热度、某些化学物质对神经末梢的刺激都会产生疼痛。身体的一些特定区域，像膝盖后面、臀部、颈部等，比鼻尖、拇指根或脚底等区域包含更多的疼痛感受器。而且，内部器官也有疼痛感受器。当它们受到刺激时，我们感到内脏疼痛。在远离真正疼痛根源的其他身体部位我们也会感受到内脏疼痛。比如，心脏疼痛的人会在手臂、脖子或手部感到疼痛。

两种特征鲜明的神经纤维链把痛感传给大脑。一个速度快，一个速度慢。每种都导致不同的痛感。当你弄伤你的手或踩在荆棘上时，你所感受到的瞬间的剧痛由快速神经纤维链传导。强烈的、持续的痛感迅速传到大脑，因为它的功能是让你迅速离开引起疼痛的地方以避免更严重的伤害。它引起的反应是急速的、自发的。第二种类型的痛感通过较慢的神经纤维传导，它引起隐约的疼痛，即使你离开引起疼痛的地方，它还是存在。

马尔札克和瓦尔提出的闸门控制学说对大脑如何处理疼痛做出解释。他们认为，当连接疼痛感受器与大脑的神经细胞被激活时，我们就感到疼痛。那些称为刺激C纤维的神经细胞通过一系列“闸门”到达大脑。但是，那些“闸门”不是一直都完全敞开的，有时会彻底关闭。这是因为有另一种称为刺激A纤维的神经细胞能关闭一些“闸门”，阻止疼痛信号传给大脑。传递疼痛信号的刺激A细胞的传输速度快于阻止痛感的刺激A纤维。这就解释了为什么我们伤害自己时，会感到强烈的疼痛。“神经闸门”涉及中脑的一部分区域，此区域的神经细胞抑制了那些通常可以传递从疼痛传感器接收痛感的细胞。当神经细胞活跃时，“神经闸门”

就关闭，反之，“神经闸门”就开放。“闸门控制”理论也可以解释为什么针刺疗法可以缓解疼痛。如果针刺疗法是有效的，那么针的插入与活动可以刺激A纤维阻止疼痛信号的传递，然后关闭“神经闸门”。这个理论有时也用来解释幻觉肢体疼痛。

（6）嗅觉

味觉和嗅觉在生物学意义上特别重要。它们的功能之一就是防止我们自己毒死自己，另一功能就是诱使我们进食。这两个功能对于生存都是必不可少的。使我们能够闻的器官是嗅觉上皮细胞，它位于鼻腔的上部。嗅觉上皮细胞表面覆盖着一团类似头发结构的纤毛。这些纤毛可以对溶解在黏液（稠且黏的液体）中的分子做出反应。这些分子成线状排列在鼻腔中，可以把神经冲动直接传递给位于嗅觉上皮细胞上面的大脑前下侧一个小突起——嗅球。

包括人类在内的许多动物的鼻孔都是向下倾斜的。这样有两个明显的优点：首先，热的物体发出的气味是向上的，开口向下的鼻子就比较容易捕捉到气味；其次，鼻孔向下，鼻子就不会被雨水或空中落下的物体阻塞。

有关气味的词汇是模糊的。我们不容易分辨相像的气味，但如果有强烈的类似的气味作比较，我们就比较容易区分。尽管有许多方法区分气味，可没有一种是大家公认的。不过，研究表明人类对气味有强大的回忆能力与联想能力。此外，尽管我们描述气味的词汇比较贫乏，可我们能够区分超过一万种不同的气味。人类的嗅觉远远没有动物的发达。人类大脑只有很小的一部分参与嗅觉，而狗的脑皮质有1/3参与嗅觉。一些科学家估计狗的嗅觉能力比人类强大100万倍。

（7）味觉

我们已经知道嗅觉依赖于溶解在黏液中的空气分子引发与感受器细胞的联系。味觉则依赖于环绕在对味道敏感的细胞周围的液体中的化学物质。这些对味道敏感的细胞就是舌头上的小突起——味蕾。味蕾上有圆形的小孔，溶解的化学物质通过这些小孔能够到达味觉细胞。味觉细胞的生命周期为4—10天，之后细胞死去并再生。随着我们年龄的增长，味觉细胞的再生速度会变慢。人们有时会向食物中加入更多的盐和胡椒来弥补他们越来越少的味觉细胞。

我们有关味道的词汇和有关气味的词汇一样贫乏。当问及某物的味道像什么时，我们都会将其与其他类似的食物做比较。否则，我们就会简单地回答说它是甜的、酸的、咸的、苦的，或者这几种味道的结合。心理学家普遍认为酸、甜、苦、咸是最普遍的味道。而且，舌头的不同部位似乎对这四种不同的味道有不同敏感度。这不意味着我们对这四种味道有不同的感受器，而是感受器对四种味道的结合做出反应，尽管不清楚这种结合会留下何种味道印象。

我们对味道的感觉只有部分来自于舌头。无嗅觉的人不能像大多数人那样品尝食物。实际上，在品尝食物的过程中，嗅觉比味蕾的反应更重要。当我们紧紧捏住鼻子，咬一口苹果和洋葱，我们就不能分辨出两者味道上的差别。温度和质地也会影响味道。冷的马铃薯泥与热的马铃薯泥味道不一样。味道的好坏也依靠经验。在特定的文化中，幼虫、甲虫、肠子、鱼眼、驯鹿的胃、动物的脑子被认为是美味佳肴。各种汉堡和炸土豆条等垃圾食品对于有些人来说就不太好吃。味道的偏好也会随着年龄的增长发生变化。

二、感觉记忆

如果没有情感活动为记忆提供材料，记忆就根本不会存在。我们所称的嗜好（事实上是你的偏好）是个人感觉长久积累的结果，只不过我们没有意识到这一点。这个过程形成了一个人最初级的感觉以及相关的情绪，并进一步塑造了人作为个体的特征，而且还在继续为人的感觉和情绪增加新的内容。对你过去所经历的一切，无论是欢乐的、期待已久的，还是讨厌的、害怕的、唯恐避之不及的，你的整个身体都是这些感觉的真实记录。

1. 味觉

人并不是一出生就有饮食上的个人偏好的。童年时周围环境所提供的选择，还有个人经历，都能影响一个人对食物的偏好。比如说，如果你不喜欢吃香蕉，是不是跟你小时候曾经看到过捣碎的香蕉泥很快变成了棕色有一定的关系呢？任何事件，如果用食物来加以纪念，就都会借助食物的滋味而被铭记于心。简而言之，人对食物的偏好是由后天的培养决定的。

2. 触觉

运用触觉时，我们就回归到生命最开始的状态，也回到了记忆最原始的来源。我们对触觉和身体接触的体验，根植于我们还在子宫里时与母亲身体的联系。

3. 嗅觉

作为一种早期的交流方式，嗅觉也和人的情绪有很大的联系。嗅觉总是包含有情感尺度：对一种气味，我们不是喜欢就是讨厌，而且嗅觉也能像味觉一样唤起记忆。你所想起的某种气味总能打开你的记忆之门，让你想起那些或喜或悲的片段，热巧克力的气味、野餐时烤肉的气味，甚至是牙医诊所里的气味。即使气味被尽量压抑，我们仍然能跟随鼻子的本能，接受无法预料的影响。商人们深谙其中的门道——他们利用新鲜面包或是鲜花等人造的香气来吸引人们购买他们的商品。

4. 视觉

视觉能够丰富你和周围世界的联系。通过视觉，数以万计的事实被大脑记录。对身边的面孔、色彩和食物的记忆就体现了视觉记忆的能力。我们都需要亲眼看才能记住一个物体，有的人尤其依赖视觉来记忆。不过，视觉也是有选择性的，因为它跟个人感兴趣的领域有关。有的人更容易记住人的面孔，而有的人更容易记住颜色或风景。同时，人们更倾向于看到具有欢乐、新奇或是恐怖特点的事物。附带有情感因素的形象要比平庸老套的形象更利于记忆。

5. 听觉

听觉是交流中使用最多的感觉手段。能够听到谈话、音乐还有鸟叫是至关重要的。听觉记忆也附带有情感因素。听到熟悉的电影插曲时，人们会回想起电影中的经典镜头；听到父母亲切的话音时，人们会回想起儿时的温馨片段。当然，拥有良好的听力记忆，对一个音乐家来说是非常关键的，否则，他将无法正确地演奏乐谱，发出协调的音调。

第三章
记忆是如何运作的

一、想象力——记忆的来源

记忆是一种生物过程，在这个过程中，信息被编码、重新读取。它使人类个性化，在动物王国里与众不同。

知道记忆究竟是什么以及它是怎样运作的，对开发人类的记忆力很重要。记忆力的形成需要特定的“路径”。记忆的形成取决于多个因素，而想象力参与了记忆的每个过程，因为正是它为记忆提供了所有的心理意象。它的创造力更体现在对储存在记忆中的信息能够有效地加以利用，以及在深刻理解现实的基础上进行的各种活动。但是它也会受你的期望或是挫折的影响，所以让想象力驰骋也要有节制——它可能会带着你脱离轨道，最终导致错误的判断，甚至是失败！

18 世纪，法国作家伏尔泰是这样定义想象的：“它是每个有感知能力的人都能意识到他所具有的、在脑海中再现真实物体的能力。这种能力取决于记忆。我们能够看到人类、动物和花园，是因为我们通过感官接收到对它们的感知。记忆将这些感知信息保存起来，而想象把这些信息组合在一起。”

现代心理学证实了这个观点。想象力为记忆的主要组成部分——大脑形象的构成做出了很大的贡献。还有观点认为想象力具有利用以前记忆的信息进行复制再现的功能。另外，想象力还有再创造的能力，它可以重新排列大脑中已经存储的信息，建立新的组合；也可以改造以前经历中记录的形象，创造全新的联系。简而言之，想象力主要以先前已经存储在记忆中的材料为基础，进而创造出全新的形象。例如，当你在头脑中想象一种完全未知的动物时，实际上你是在将你所熟悉的各种动物的一些特征拼凑在一起。

所以，真正的创造性想象，首先要求有一些感知的信息，接下来需要一个存储状况良好的记忆，能够迅速而又轻松地提取出任何已存储的信息，最后就是创造全新组合的能力。这种创造能力仍然是建立在对已存储在记忆中的信息进行高效组合的基础之上的。在科学中，一个假想只有建立在对已观察到的现象做认真分析，以及对已有知识的精确掌握的基础之上，才有可能最终引向科学规律的发现。在物理中，要想对未来做出正确的预测，或是要保证计划方案的实施，最关键的条件就是对现实情况的准确把握和理解。能够根据现实情况来设计未来发展计划的能力，是对未来进行重大干涉的前提条件。

创造出记忆力的杰作的，除了将分散的信息集中到一起，还有将它们组合在一起创造新的“事实”。

想象力总是建立在一些感官活动的基础上。经过良好训练的感官能力会使记忆变得更加高效，并且能够增强信息再现的能力。

想象力不只是伟大的创造者、艺术家或发明家的独有能力。爱幻想的儿童、遐想未来的成年人，还有在头脑中显现小说中的英雄人物和故事背景的人，他们都在运用自己的想象力。阅读（这会促使你的思想自由驰骋，将无数人物、景色和气氛的心理形象召唤出来)、写作，以及你对身边世界的兴趣和好奇心，所有这些都能激发想象力的创造能力。你的想象世界的产物也来源于你的欲望、你的幻想，还有你受到过的挫折。想象通常暗示出认为现实世界不够完整，并且相信有可能设计出新的、更加令人满意的版本，因为这些想象的版本比现实更加接近你的愿望。这就解释了为什么现实总是会让人的期望落空，例如被搬上银幕的小说，与原先互相联系但未曾谋面的人的会面，或是任何其他先做想象后化为现实的情况。

想象力的这种补偿性的作用，能够促使人行动。当然想象力也有它的缺点：会使人倾向于逃避现实，沉溺于生活在幻想的世界中。你的想象力会跟你开玩笑，伪造对事物的感知，从而误导你将自己的幻想当成现实。因此，失去束缚的想象力是幻觉和失望的主要源泉。最终，它可能会伪造甚至扭曲事实，这些可以在白日梦、疯狂和说谎狂（情不自禁地伪造）症状中看到实例。

希腊哲学家亚里士多德相信人类的灵魂必须先通过在脑海里创建图片才能思考。他坚信，所有进入灵魂（或者说人脑）的信息和知识，都必须通过五感：触觉、味觉、嗅觉、视觉和听觉。首先发挥作用的是想象力，它修饰这些感觉所传来的信息，并把它们转化为图像。只有这样智慧才能开始处理这些信息。

换句话说，为了理解身边的每一件事物，我们必须不停地在脑中创造世界的模型。

我们中大部分人从小就学着在心中构造模型，并很快精于其中。我们可以单凭脚步声认出一个人，可以从一个人最细微的动作直觉地判断出他的情绪。而你现在正在做的事情就是更为典型的例子——你的眼睛轻而易举地扫过一行行杂乱的字符，与此同时，你的大脑识别出一组组词语并在大脑中同步，从而形成图像。

想象力能做很多事，其中最突出的大概就是梦境了，不过前提是我们能记住它。有很多种仪器可以帮助我们记住梦境，其中一种能检测快速眼部运动（REM）的护目镜已经经过志愿者的测试。REM 睡眠是梦境最活跃的阶段，它一般仅在特定时间突发，持续时间也很短。一旦 REM 发生，检测器会在护目镜内部发出一道小闪光。这样做的目的是为了让志愿者能在睡眠状态下逐渐意识到他在做梦。这种亚清醒状态可以让人以奇妙的旁观视角，来体验想象力的虚拟世界。试验报告指出："所有的物体看起来都像是全息真彩照片，每一个细节都非常完美。"多年不见的亲友，面孔会被精确地再现在眼前，而且这一切体验都真实得不可思议。

二、记忆的运行

记忆的运行过程会牵涉到整个身体的参与，它的每一个步骤都需要感觉、认知和情感的参与。因此，感觉和知觉对记忆来说，就像推理和思索一样重要。

飞机上的黑匣子会记录并保留机长和地面控制台在整个航行过程中的对话，以便需要时重新提取有用的信息。记忆的形成与之类似。它包括接收信息、保持信息的完整、在需要时再现该信息三步。但是，这三个步骤的顺利进行要依赖于一些在现实中实际上很少能遇到的条件。

接收信息以及从记忆中再次提取信息是大脑的一个十分复杂的运转过程。对信息的接收、编码、整理和巩固是这个过程的必要步骤。了解记忆这个奇妙的运行过程，对充分发挥记忆的潜能非常有用。

1. 接收信息的要素

接受信息首先要求感官——视觉、听觉、嗅觉、触觉和味觉有效地发挥功效。一般情况下，记忆信息所出现的问题都可以在检查信息进入“黑匣子”的方式之后找到原因。如果看不清楚或者听不清楚，就无法清楚地记忆。事实上，如果你的感觉不够灵敏，你是无法记住任何信息的；所以不要归罪于记忆力，而应该训练你的感觉器官。

此外，良好的感觉系统也不能代表一切。另一个重要的因素是集中注意力，这是由诸如兴趣、好奇心和比较平静的心理状态决定的。有效地接受信息决定于拥有正确的思想模式，以及保持信息过程不受干扰。

在 19 世纪 90 年代，一些发明家（包括托马斯·爱迪生）在记录音像方面取得了成功。但是真正成功地完善了用胶片捕捉动作系统的人，还是要数法国人路易斯·卢米埃尔。如今我们的照相机依然保留着他所发明的图像捕捉方式，只是在每秒钟所捕捉的图像数量上有了变化：从过去的 16 个变成了现在的 18 个。

2. 信息的编码和整理

你所接收的所有信息会先被转化成“大脑语言”。这是一个被称为编码的生理过程，在这一过程中信息被输入记忆系统。在编码过程中，新的信息和记忆中已存储的相关的部分放置在一起。它会被分给一个特定的代号：可能是一种气味、一个形象、一小段音乐，或者是一个字——任何标记符号都可以，只要能够使这个信息被重新提取。如果一个词“柠檬”被用“水果”“有酸味儿”“圆形”或是“黄色”来编码，那么当你不能自发地回忆起这个信息时，这几个特征中的任何一个都可以帮助你回忆起它。如果你接受的信息属于一个新的类别，大脑会给它一个新的代号，并与记忆已经存储的信息类别建立联系。信息再现的效率取决于大脑对这条信息的编码程度，还有数据的组织情况和数据之间的联系。这个过程需要利用人脑对过去的丰富记忆做基础，对每个个体来说，这个过程都是独特的，而且它的进行方式也是不同的。尽管如此，信息编码的潜能还是要受到大脑接收信息能力大小的限制—— 一次最多可以对 5—7 条信息进行编码。

此时，信息的性质就从一种从外界接收的感官信息，转变成了一个心理映像，也就是大脑受到某种行为刺激而导致的转换过程的产物。然后，这条信息就会被保存在记忆里，只是保存的种类、强度和持续期限各不相同。

短期记忆主要是一些日常生活中的事情，这样的记忆只需要保留到任务完成——比如说购物、打电话等。

普通记忆，或者叫中期记忆，对需要一定程度的注意力的信息发挥作用。我们对这些信息感兴趣，并希望把它传递到大脑中。个人能力、时间段、感官所受的训练，还有信息所包含的情感因素，都会影响到普通记忆的多样性。普通记忆是生活中利用频率最高的。尽管如此，它的潜在容量却无法预测，没有人知道它的极限是多大。

长时记忆会在我们不自知的状态下，无须做任何额外的努力就能把一些信息铭刻于心。通常，能唤起强烈情感的事件是形成无法磨灭的记忆的基础。它们内在的情感性使我们倾向于向别人讲述，而这个叙述的过程会将记忆巩固并存储到大脑的更深处。我们并不受这些深层记忆的控制，这些被埋葬的记忆表面上似乎被长久地遗忘了，事实上却会在任何时刻重现脑海：出现在梦中或是被某种气味唤醒。

3. 巩固

有些信息由于自身所附带的强烈情感因素，会在记忆中自动留下难以磨灭的印象；而有些信息，如果你想把它保留得久一些，就必须用一些方法去巩固它，而这种巩固的过程需要存储信息时良好的组织工作。一条新的信息首先必须被划分到合适的类别中，就像你把一个新的文件放进一个文件柜时需要做的一样。至于把它划分为哪一类，就要看你个人的信息分类标准——按照意义、形状等等，或者被包含在某个计划、故事中，又或者是所能唤起的联想。举个例子，“文明”这个词，作为“文化”的义项可以被划分为“名词”的类别，但是作为“社会发展到较高阶段”的义项又可以和形容词建立联系。不过你也可能会用别的分类方式，因为没有任何两个人会对同一条信息采用同一种分类方式。

当你把新的文件归档时，很可能会把它放在其他已存的文件的前面；同样，处在不停变动中的记忆库会把新的信息储存在旧的信息之前。这样的过程不断重复，越来越多的新信息被存储，最终，“文明”的文件将会被彻底地覆盖。只有在你再次使用这个词时，它才能回到文件夹的最前面；否则，它将被转移到文件夹的最后面，束之高阁，就像其他被遗忘的信息那样。所以为了确保信息得到有效的巩固，仅仅组编数据还不够，在最初的 24 小时之内必须重复信息 4—5 遍，之后还要有规律地重复记忆，这样才能避免信息被遗忘。如果信息的重复工作得到很好的实践，我们就可以随时根据需要从记忆中提取完整的信息。

三、注意力和回想

我们经常会抱怨自己的记忆力太差，而事实上出错的通常是我们的注意力。当我们注意到某个物体，并给予特别关注时，全身的智力和才力都会被调动起来，经过大脑一番精密的操作过程之后，我们所感知到的物体形象才能被记录进记忆中，并且能够在需要时被再现。

1. 注意力概括分析

每个人的注意力保存量都不相同，因为我们的专注程度不同，关注事物的方式也各不相同。一个人接收信息的方式受他的教育背景的影响，但是同时也决定于他的性格、个人兴趣还有世界观。以下对注意力所做的概括分析，虽然是传统的分类，但是还是能够显示出个体的注意力之间的差别。

极度注意细节的人会表现出过度关注事物的行为：任何事物都会引起他们的兴趣；任何东西都可以，确切地说是必须被记住，哪怕是冒着记忆过度负担、塞满许多没有价值的信息的危险。这类人不加选择，总是投入相同的注意力。

符合上述特征的人通常会追求完美、拘泥小节，而且天生具有良好的记忆力。他会注意你的套衫衣领上的一点儿绒毛，或者是清楚地记得你觉得并不重要的事情的每个细节。而且他们还会期望别人也和他们一样不加选择、毫无遗漏地记忆。这类对所有的事物都投入注意力的人，通常会有一个庞大的信息存储库，但是他们很少会使用到这些信息。对他们来说，大部分存储的信息是没有用的，因为他们很难发现真正能够吸引自己的事物。

对特定领域有强烈兴趣的人，将他们的注意力集中在一个或几个吸引他们的方面。这类人的注意力得到了很好的利用，并被有效地施展在他们真正感兴趣的事物上；至于不感兴趣的方面，他们基本上不会关注。关注特定领域的人经常会力图向别人表现自己在这个领域知识的渊博。他们的注意力具有选择性，但是集中程度很高，他们的记忆也是如此，专而精。

粗心大意的人一般不会关注周围的环境。他们看起来总是在不切实际地幻想，因而经常会丢东西，或是忘记做事；他们也不会真正听从别人的建议，因而可能会忽视世俗常规。对周围环境的忽略是和对自我的过度关注紧密联系的。这类人对任何事物都不会深入了解，保存的记忆也多是杂凑的，充满自我影子的。这种现象在一些成年人身上表现得比较明显。

你可能在上面这几个类别中都能找到与自己某方面吻合的特征。最重要的是保持灵活多变，既能够对自己感兴趣的特定领域集中精力，同时又能思想开明，善于适应新的要求和挑战，这样才能保证对信息的成功记忆。

2. 注意力的助手

仅仅主观希望集中注意力是不够的。回忆一下，在学校里，你觉得有些课你确实是听得非常认真，但是事实上你什么都没记住。过去，你曾经拼命想要记住物理定律，却都没有效果。你怎么解释这些问题呢?

法国探险家保罗·艾美尔·维克托在88岁的时候这样解释他依然精力充沛的秘诀:“在我没有将我那有限的精力计划分配到第二天的活动中之前，我是决不会睡觉的。”通过每天进行有限而又高效的活动来保持自己的兴趣，这位年迈的探险家实际上发现了能让注意力高度集中的关键因素。当然还有其他的一些影响因素，但只有这些因素的协调统一才是注意力高度集中的保障。

兴趣　它能够触发注意力的开始。任何不能吸引你，或是不能引发某种情感的事物，都无法引起你的注意。

个性　容易受到焦虑和紧张影响的人会有想法过多和精力分散的困扰。心不在焉是个不利因素。开明的思想和乐观的态度是能够集中注意力的最好前提。

乐趣　能够产生乐趣的事物会受到人们更多的关注。

动机　要达到某个目标，要成功，或是要发挥自身潜力，这些心理期望都会使我们自动地增加注意力的投入。

警惕或冷静　超然的警觉状态能够使注意力持续集中一段时间，而且可以毫不疲倦地关注新的事物。

好奇　这会激发注意力。对自己的环境和生活越好奇，被激发的注意力就越多。

专注　这会使你的注意力能够集中在选择的目标上，而不会轻易被他物转移。需要注意的是注意力也有它的极限。在注意力能够集中的强度和时间长度方面，我们每个人各不相同；即使同一个人，在生命的不同阶段，这些因素也是不同的。

情绪　积极和消极的情绪都能自动激发注意力，并且提高其强度：害怕忘记一个极小的信息，会驱使你对它投入极大的关注。

环境因素　当周围环境有利时，没有听觉或视觉的干扰，注意力会得到增强，可以专心致志地关注目标。

这些因素中有一个不存在，注意力就无法达到最完美的状态。即使是这些因素全都实现了，记忆也不会是顺理成章的结果：除了这些，还需要记忆的意愿。

3. 注意力的分散

环境不可能总是让你可以轻易地保持高度集中的注意力。想一想日常生活中所有那些需要与之做斗争的困难：疲劳、紧张、某些治疗造成的后遗症、糟糕的生活方式、疾病……这些都是注意力集中的初级障碍。如果你不能处理好这些小问题，那么更为严重的障碍将会在暗中以一些特定的行为方式来造成不好的影响，而且这种危害会无限期地延续下去。

如果你对环境不投入足够的关注，注意力被切断，不能被激发的现象就会出现。出于各种原因，我们都倾向于不能充分利用我们的“注意力资源”。

注意力利用不足主要是长期缺乏努力造成的。懒惰潜伏到一定时间，就会损害到我们投入注意的能力，因此注意力就会很难被激发。这可以解释为什么在完成学业多年之后，如果要重新开始学习，就需要接受训练，再次适应学习的规律。

注意力缺乏专注性，无法集中的成因是注意力的利用不足。如果你没有经常将注意力集中在某物的习惯，那么要让注意力集中就会更加困难。好奇心、愿望和计划性的缺失可能是注意力最大的敌人。当你需要实行某个计划，或是非常希望实现一个愿望时，这些心理因素和对周围环境的好奇心一起，将会成为保持注意力高度集中的最好保障，最终会使信息记忆高效快捷。

4. 在所有状态下的注意力

你能描绘出一张 10 元钞票的正面吗？你不记得了，那是因为你从来都没有仔细地看过，然而你却在无数次地使用它。这个例子很好地展示了应该如何记忆：有效的感知、注意力和动机。

（1）有效的感知

在打电话或者对话时，没有听清楚的名字很难被记住；以不正确的方式阅读黑板或者印刷文件上的文字既不利于理解，也不利于记忆。当信息没有被很好地捕捉时，对它的分析就需要付出更大的努力，尤其是当信息不完整时，将很难被保留在长期记忆中。

通常情况下，不良的学习条件本身也妨碍有效的感知（例如噪音干扰）。但是困难也可能源于视觉不佳或者听觉衰退，而又拒绝佩戴眼镜或者助听器。

（2）在必要的时候需要注意力

即使感觉器官正确、完整地接收了信息，一般来说，在被存储前信息还需要被定位和处理（分析、比较等），这就要有点警觉性和注意力了。当然，根据实现目标的不同需要不同程度的注意力。

短期记忆比较容易受注意力的影响。大部分关于日常记忆的抱怨都源自缺乏注意力或者精神不集中，这主要是由于疲劳、压力、过度劳累、焦虑或者抑郁导致。同样，酒精、毒品（印度大麻、迷幻药）和某些药品（安眠药、镇静剂、抗抑郁剂等）也会影响注意力。

（3）自发或被引导的动机

有时候，我们似乎无须努力或者无意识就记住了一些东西，比如某位名家的作品。而有时候，我们需要付出很多努力才能掌握某种知识，比如学校开设的一门科目。有时候，会形成一个恶性循环：在同一个起跑点竞争力弱会让人泄气并抑制学习的欲望，即使复习了成绩仍是平平，这又进一步造成自信心的缺乏，从而使得摆在面前的任务变得更难以完成。

当缺乏自发的动机时，就必须求助于被引导的动机，以达到原本不太感兴趣的目标，比如为了从事某种职业或者梦想的事业而通过考试。动机越缺少自发性和对应该学的东西越不感兴趣，巩固记忆的机会就越小。在这种情况下，首先需要有意识地付出努力，包括求助相关辅助工具、确定合适的记忆技巧以及花更多的时间重复。当面对一个新情况而非常规任务时，这些策略就更便于应用。

如果缺乏动机呢？恒心会帮助你。还有，为什么不创造一种新的激情？通常，一个奖励就足以激发我们的动机。

（4）集中注意力

注意力与记忆联系紧密。每一刻我们都收到无数来自外部世界（图像、声音等）和内部世界（欲望、感情、思想等）的信息，我们必须做出选择。为了阅读和理解一段文字，我们必须将对它的注意力与在同一时间感知的其他信息（背景噪音、灯光的改变、一阵风吹来……）分开。然而，这不是集中注意力的唯一方法。

5. 注意力强度或高或低

如果我们必须在一天的每个时刻都保持相同程度的注意力，那么我们很快就会累了。幸运的是，不是所有的活动都要求高度的注意力。因此，我们可以根据强度区分不同的注意力形式。

（1）高强度警告

强烈的饥饿感或者消化不好，又或者宴会第二天起不来，甚至面对同一件事情，我们都应根据具体情况来确定需要投入的注意力。以一天为例，从苏醒状态到睡眠，可以看到一些逐渐、缓慢、非自愿的改变，这是源自生理上的需要。因此，良好的生活习惯能帮助我们集中注意力，并且提高记忆力。

（2）阶段性警告

如果事先被警告，我们将会做出比较快的反应。这就是为什么在向某人抛东西前喊“小心”，或者按喇叭警告其他司机和行人的原因。这样一个警示信号（视觉的、听觉的、触觉的等）会引起一种短暂的注意力，使得其在极短的时间内做出有效反应。而10秒钟后，效果就不明显了，注意力的顶峰处于0.5秒到0.75秒之间。但是警示信号并不总是能够起到积极作用，有时候反而会变成干扰，造成负面效果。比如，一个司机不恰当地按了一下喇叭，警告不成反而惊吓了骑自行车的人，导致行人摔倒。

（3）持续性注意力

上课或者听讲座、玩文字游戏、在高峰期开车……所有这些活动都需要持续性注意力，通常我们用“全神贯注”来形容。注意力障碍源于多种因素。很多情况下我们的注意力赶不上信息到来的节奏，例如当车开得太快的时候，我们看不到某些指示牌或者障碍物。注意力也可能因为我们缺乏某些必要的能力而降低，例如当我们用一种掌握得还不是很好的外语进行对话时。也可能是我们无法转移足够的注意力去完成某项活动，例如当我们已连续听了几个讲座后精神疲倦时，我们将很难再继续专注地听完最后一个讲座。注意力衰退也可能在执行一项任务的中途产生，表现为行动速度逐渐变得缓慢，或者大脑出现“空白”，即在几秒钟内没有任何行为反应。

（4）警觉性

对其他一些单调的活动，我们则需要另一种完全不同的注意力。一个钓鱼者应该明白在垂钓时要有耐心，并准备在鱼上钩的那一刻迅速做出反应。保安在面对几个录像屏幕时，需要注意所有特殊事件，以避免危险事故或紧急状况的发生。警觉性首先是为了留意和探测非常规事物，这与持续性注意力截然不同。警觉性的功能障碍表现为判断错误、做出错误警报，或由于疏忽造成行动障碍。

6. 注意力的灵活性

注意力不仅在强度上有变化，还表现出极大的灵活性，在集中于一个确定的范围之前，它会首先最大量地捕捉信息。

（1）选择性地投入注意力

研究人员给这种注意力方式起了个绰号叫“鸡尾酒宴会效应”。因为，在社交晚会上，我们能成功避开酒杯的碰撞声和其他人交谈声的干扰。日常生活中还存在很多这类情况，我们能够选择性地投入注意力。在火车站或者机场大厅，我们“滤过”嘈杂的喧闹声，竖起耳朵听广播中的提示；在商业大街，我们“忽视”各种广告信息牌，将目光锁定在一个确定的商品上；欣赏老唱片时，我们可以“略去”破坏快感的细微噪音……

（2）注意力分配

通过分配注意力我们可以同时完成多项任务，如在开车的时候听收音机、在做菜时打电话等。然而，我们可能会突然在一项活动上投入更多的注意力，而减弱对另一项活动的注意力，由此引发错误的行为（因此法律禁止在开车的时候打电话）。通常，同时从事多种活动的能力会随着年龄的增长而减弱。年轻人可以一边听喜欢的音乐，一边复习功课，而年长者则会感到背景噪音太大，干扰阅读。

（3）执行性注意力

显而易见，需要一种即刻控制以应对突发状况。例如，当我们阅读报纸或者看电视时，对电话铃声做出反应。执行性注意力就具备这一功能，尤其在运作记忆中，它能为在长期记忆中储存信息做准备。

7. 回想

回想是将信息由长期记忆转变为工作记忆意识状态的过程，

其实就是指再现已经提交给记忆的信息。

通常就是在记忆过程的这个阶段，人们会遇到问题，体会到那种话到嘴边却说不上来的恼怒感觉。信息明明已经储存在记忆中，就是无法再次提取——哪怕你无比确定你肯定是知道它的！

经验之谈是最好不要强迫自己去回忆，等过了一段时间（或长或短），当一些与你想回忆的信息有联系的东西凑巧被你注意到时，你就能够回忆起它了。

按照要求回忆信息的条目，被称为自发性回忆，比如说迅速说出《伊索寓言》中三个故事的题目。而在你被要求说出三个分别讲野兔、老鼠和狐狸的故事时所进行的回忆被称为触发性回忆。这几个动物，先是在信息的编码过程中起到建立联系的媒介作用，随后又在信息的回忆过程中起触发器的作用。

记忆所包含的情感因素越多，附带有个人联系的显著细节就越多，这样能用于触发回忆的线索就会越多。比起与你没有直接的个人联系的文明史上的重大事件，你能够记住更多你个人生命中发生的大事的生动细节——入学、作文获奖等，而正是这些细节，极大地丰富了你的短时记忆。

另一方面，当你从所给的几种可能性中准确无误地选出答案时，认知过程也在发挥着作用。举个例子，《野兔与鹳》《狗和狼》《狐狸和乌鸦》，这几个故事中哪一个是出自《伊索寓言》？

触发性回忆和认知过程带来了更好的结果：能够回忆起更多的信息，而且这些信息的生动性和准确性也大大提高了。

遇到拼命回忆也想不起来某个信息时，质疑为什么信息会被暂时忘记是没有用的，还不如看看记忆信息时所用的方法更为实际：信息是否得到了良好充分的处理，以确保它被有效地传递到记忆库中？如果这个过程没有做好，那么作为触发器的线索就不能确保信息通过简洁迅速的途径被回忆起来。

绝大多数记忆方面的疾病，主要都是由于不能按要求记住信息。然而事实上，我们在巨大的记忆库中找到一条信息并将它记住的能力是非常惊人的。

有两种方法可以让你取回长期记忆中的信息：认同和回忆。

认同是对信息的理解，它可以作为你已知的某事或某物出现。例如，当你听到你的朋友提到一个名字时，你知道这就是她儿子的名字，但你自己却记不起来。

回忆是一种自发搜索你想要的长期记忆信息的行为。例如，你想在会议上谈论你们的客户，你就需要在你的记忆库中搜索他的名字。

在大多数情况下，认同比回忆容易得多。当你说“我记不起来”时，通常你的意思就是：“我想不起来。”

如果在会议上你想不起来你们客户代表的名字，但当你听到这个名字时，你也许会很容易认出它。

想起一档特别电视节目的名字也许很难，但当你在当地报纸的电视节目单中看到它时，你会很容易识别它。

由于你需要在成千上万条长期信息中找到一条信息，因此，对信息的回忆是有难度的。

有时候，一个提示可以使你想起某条信息。提示是一个事件、想法、画面、词语、声音或其他可以引发获取长期记忆信息的事物。例如，当有人提示你一部经典电影的名字时，你可能就会想起电影中的演员。这个具有引发作用的信息，即电影的名字，就是一个提示。

人们常说：“我记不住一些人的名字，但我永远忘不掉一张脸。”

我们很容易就能记住一些人的脸，这是因为它们可以通过认同来呈现它们自己。记住了许多人的名字，就涉及长期记忆中信息的回忆，因为脸只是一个提示。

当我们正在搜寻一个名字或另一条信息时，我们会想到一些相关的事情，这些事情就可能作为提示并且常常会引发出那些想要得到的信息。例如，如果你想不起来你在暑期班中学习的课程，你可以回想一下上课的地点、和你一起上课的人，以及你曾学习过的其他课程。

四、感情扮演的角色

开学的第一天，结婚的那天，生孩子或者一次意外……只要稍微分析一下，就会发现感情在我们的记忆中扮演着重要角色。

1. 为什么我们更容易记住使自己感动的事

当认识到注意力和动机以关键的方式作用于记忆后，我们就会明白为什么感情也可以帮助构筑记忆了。强烈的感情不仅让我们的注意力放弃其他不太重要的信息，还会引发一个程序的开始——在接下来的几小时、几天甚至几个星期内，承载着这种感情的事件将不停地在我们脑海中重现。这期间，我们会自觉地将这件事与以前的事以及未来的计划联系起来，以便精确地确定它的时间和地点。

这就是为什么我们能更好地记住与自己相关的或感动自己的

事物的原因。如果事件具有特别的悲剧性，并造成重大的压力感，它甚至能够以入侵的方式固定在记忆中。

在大脑中我们是否可以给感情确定一个“位置”呢？在一个记忆测试中混合着中性词（桌子、门、椅子等）和富有感情色彩的词（快乐、幸福、疼痛等），后者通常能更好地被记住。通过功能磁共振图像我们可以观察到，在对后者的记忆过程中同时激活大脑的两个区域：海马脑回和扁桃核结构。

2. 以自我为中心的记忆

对老年人的“自传性记忆”的研究表明，一生中构筑记忆数量最多的阶段是10—30岁。其实，“记忆构建高峰”与我们在工作和感情生活中做出的大部分有强烈情感特征的选择时间相对应。在很久以后，我们仍然能够想起当时的许多细节和确切的时间，比如我们是如何遇到现在的配偶的（确切的情景、对方的衣着等）。不同的经历为我们的职业生涯划定了方向，偶然瞥见的通知、在班机上抓住的一次机会等。当然，这些重要的信息也是以我们的动机为前提的。

3. 瞬间记忆

2001年9月11日，世界贸易中心被炸的时候你在做什么？1998年7月12日，世界杯足球赛决赛中法国获胜的时候呢？1997年8月31日，戴安娜王妃去世的时候呢？1969年7月21

日，人类第一次踏上月球的时候呢？1963 年 11 月 22 日，约翰·菲茨杰拉德·肯尼迪被刺杀的那天呢？按年龄来说，无疑你对某些事件还是存在些“瞬间记忆”的。

“瞬间记忆”用来描述那些非常逼真、详细的记忆，就像瞬间拍下的照片，它能引发强烈的个人或集体情感，并持续很久。这种记忆可能涉及一个公共事件，也可能是个人事件——一次意外、一次感情伤害、一次运动拓展、学业成功等。在前一种情况下，我们几乎经常回忆起自己是如何获知某一事件的，它是在哪个确切的时间发生的，当时我们正在做什么……

4. 当感情阻碍记忆时

的确，轻微的压力可能带来良好的记忆效果。对一个焦虑的人来说，过多的麻烦可能使他产生超常记忆。但这通常是以降低对日常对话或对事件的注意力为代价的，因而很难记住细节。另外，基于情绪的疾病，比如抑郁症或者焦虑症，即使有些痛苦的记忆是因为当事人自己过分夸大了，但在回忆时通常还是会伴随着伤痛，有时还会妨碍患者面对真正的注意力和记忆问题。

在某些情况下，强烈的感情同样会妨碍记忆（遗忘症突发）或者阻碍某些个人回忆（功能性遗忘症）。压力是生活的自然产物。我们需要刺激，因而少量的压力（有利的压力）可能是有用的，能帮助我们保持最佳的思维警觉水平。例如，当我们需要完成一份重要的报告时。但是如果压力太大（不利的压力），我们就会变得惊慌和不知所措。而且在我们对它采取措施之前，生活似乎失去了控制。

五、被抑制的记忆

梦中无条理的关联景象和遗忘的随机性一定程度上显现了我们受压抑的记忆和无意识的欲望。19—20世纪，精神分析之父西格蒙德·弗洛伊德发展了精神分析学说，改变了我们关于记忆、心理机制以及自身的观念。

1. 被抑制的记忆

抑制的概念是西格蒙德·弗洛伊德（1856—1939）提出的精神分析理论的核心。

关于灾难的记忆、心理冲突或者负载太多感情的事件，当它们逃离意识，被“储存”在潜意识中时，称为“抑制”。但是，这些被抑制的东西试图以行为缺失、口误或者梦的形式“重回”意识中。在1901年出版的《日常生活的心理疾病》中，弗洛伊德分析了100多个源于他自己和周围人的例子，以表明“遗忘”——忘记人名、地名或者某个字，又或者口误、阅读错误等——不仅是简单的记忆衰退，还是潜意识欲望的表现。

然而，口误和行为缺失具有一些共同之处，都经常涉及人名、地名、时间，或词汇的颠倒，如“好”和“坏”。对于一个问题“你的旅程怎样”，一个患者的回答令自己都感到吃惊“没有比这再好的了”，而实际上他本来想表达相反的意思。精神分析专家经常提到一个经典的口误，患者本来希望谈论自己的妻子，但是他说出口的却是“我的母亲”。很显然，每个人都有错用一个词来代替另一个词的经历。

2. 精神分析革命

关于精神心理，弗洛伊德解释道：“一个个体的家园有多个主人。”我们做出错误的行为、口误或做梦时，受抑制的无意识欲望（精神分析学家称之为“本我”）上升成意识（“自我”），从内部监督者（“超我”）的控制中脱离出来。这并非记忆功能障碍或某种精神病症状，遗忘和梦的奇怪产物都是建立在贯穿我们精神生活的复杂原动力基础上的，我们无法控制。

弗洛伊德毫不自谦地把自己提出的精神分析理论与另两大科学革命相提并论——哥白尼提出的日心说和达尔文提出的进化论。

3. 通向无意识的完美途径

如何知道哪些记忆被抑制了，或者哪些潜意识的欲望试图通过某种形式表达出来？弗洛伊德利用催眠术发展了一种精神分析治疗法，这种方法试图对无意识表现进行有意识的解释，尤其是梦，它被称为“通向无意识的完美途径”。在梦中，来源于现实生活的“日间残余”与被抑制的记忆相结合，因为在潜意识中“时间不存在”。

精神分析法是一种复杂的心理治疗过程。患者面对的是有意识和无意识的记忆，精神分析专家提供的是对这些记忆的解释。通过与心理分析专家的交流，有些患者童年时期未解决的矛盾冲突能在意识中重现，在心理分析专家的分析和帮助下，使得问题得以解决。

4. 存在于幻觉和假相之间的记忆

心理分析理论甚至走得更远，对它来说，不存在被潜意识、恐惧、感情、欲望改变的记忆。因为，正是它们“冲动地投入”给我们的精神心理活动提供了动力，才使我们能“回到”过去。当精神分析专家试图找回“过去”时，他们会尽力去发现连接记忆的现实心理基础，而非真实的“历史”现实。为了揭示被隐藏的精神心理，心理分析需要进行一个扭曲幻觉的“动态”操作，这种对记忆的寻找使我们意识到，记忆若没有与其相结合的感情就永不存在。

六、必要的重复

如果强烈的情感可以保证个人经历永远刻印在记忆中，那么，学习复杂的、中性特征的东西就更需要持久的努力和不断重复。

1. 为了分析而重复

为了记住一列词、一个人名或一个电话号码，我们会以自觉的方式去重复。通常我们会把它们写在记事本上，以便需要的时候查找。这种简单的重复，被心理学家称为“维护性自动重复”。

很少情况下，我们重复有关信息是为了更好地将其巩固在长期记忆中。因为直觉告诉我们，简单的重复对长期记忆并不十分有效。所以，我们通常不仅重复需要记住的东西，同时还要对其进行深入分析。这种形式的重复被称为“加工性自动重复”。

例如，为了记住澳大利亚和塔斯曼尼亚的一种哺乳动物鸭嘴兽的名字，我们可以多次重复。但是如果我们看过鸭嘴兽的图片——它拥有鸭子的典型嘴巴、有蹼的脚掌和扁平的尾巴——将更容易想起它的名字。

已经有许多实验验证了第二种方式更有效，因为我们在重复的同时进行了分析，对信息进行了思维组合、心理成像或深刻的感觉体验……

2. 适量地重复

为什么即使拥有出色的记忆力，也要注意分步骤进行学习，特别是需要长期记住某些东西时。以下是一个关于重复影响记忆效果的例子。

（1）乌鸦先生，在一棵树上休息……

为什么，在拉封丹的寓言《乌鸦和狐狸》中，我们对前面的诗句比对后面的诗句记忆更深刻？原因很简单：我们最先用心学习了第一个诗句，然后是第二个诗句……总是在重复第一个诗句后，再进入第二个诗句，然后总是重复前两个诗句后，再进入第三个诗句，如此这样继续下去。当我们学到最后一个诗句时，第一个诗句已经被重复了至少十几次。因而，留在我们记忆最深处的还是第一句，而最后一句我们通常无法想起——即使我们可能在听到或者重新阅读它的时候辨认出来：

乌鸦先生羞愧不已，

对天发誓，今后再也不会上当受骗了，

但为时已晚。

（2）即使极富激情也需要重复

上面的例子还显示出另一点，但极少有人会注意到，对一条信息的每一次回忆都构成了一次新的学习。因此，在一个令我们着迷的领域，表面上我们似乎从来都没有努力学习过，而事实上，在许多场合我们对知识进行了重复和深化。例如，孩子们常能认识那些名字生僻的动物，因为他们总是能遇到这些动物，它们常在电影中、电视上、书中出现或者以玩具的形式出现。

3. 如果重复得更多，是否能更好地记住

如果重复得更多，是否就能更好地记住呢？不是，因为增加学习的长度或者重复的次数，不足以获得良好的效果。必须选择适当的学习节奏，最好分几个时段而不是一次性实现（尤其是学习复杂的知识），每个时段之间需要一定的间隔，而不是在极短的时间间隔内连续学习。如果我们希望为生活而非为考试而学习，

那么更应该注意这些。

我们能否更精确地指出最适用的节奏？某些研究人员，比如加拿大心理学家约翰·安德逊，试图通过数学函数描绘出学习和遗忘的过程，并衡量投入学习或者遗忘所需的时间。根据获知过程画出的曲线图常常是持续而快速的，开始时飞跃进展，之后是缓慢的巩固过程。根据遗忘过程画出的曲线图也表明先忘记一大部分，之后遗忘的就越来越少了。

但是，正如我们所知道的那样，面对同样的任务每个人的学习节奏不同，而同一个人对不同的任务学习节奏也不一样。因此，每个人应该找出适合自己的节奏。

七、记忆的工作原理

1. 编码

对学习内容进行分析有助于记忆。但是应该遵循什么原则来优化这种分析呢？为了回答这个问题，心理学家设计了一些实验来实践不同的编码方式。

（1）形状、声音和语义

当我们在大脑中“操纵”一条信息时，会进行不同类型的分析——书写（NO：是小写还是大写）、发音（“湍”与“惴”是念同样的音吗）或者语义（溜须拍马：比喻谄媚奉承）。

心理学家所做的各种实验表明，最后一种处理方式——自问词汇的意思，而非发音或者书写形式——有助于更好地记忆，这一过程经过了一个更为深入的分析。因此，这通常是我们学习时最经常的自发性处理方式。由此可见，在记忆领域也一样，“最好不要只相信表面”。

（2）联系自我进行记忆

如果成功地在信息与自我之间建立联系，很有可能改善我们的记忆能力。为了记住像“过滤器”这样普通的词，可以联想自己曾经弄坏了一个过滤器，另一个借给了邻居，在一个月前我们买了第三个。这一过程叫作“自我参考”，能最大限度地调动我们的精神重心，从而强化词汇在长期记忆中的痕迹。

（3）根据目标调整编码

我们是否必须不惜任何代价地弄清楚一个词的意思，或者将其与我们的个人生活联系在一起？事实上，我们还需要考虑到信息的不同类型。如果需要记住的是一篇散文，最好把注意力集中在它所要表达的意思上。但是，如果要背诵一首诗歌，最好注意诗句的节奏及韵律，这些才是易化记忆的有用线索。至于诗歌的意思，在回忆的时候它将帮助重组诗歌的主题。

2. 储存

信息不是以把东西放在仓库或商店里的方式存储在大脑中，因此信息的记忆需要被“巩固”。我们时刻面临着遗忘的挑战，因此必须要“强化”记忆痕迹，以增加信息被长期保存的机会。反复学习有助于巩固知识，并延长右额叶记忆。

3. 重新提取

当然，记忆的目的是为了以后的再利用。有时候，我们能毫不费力地想起一些事情。而有些时候，话就在嘴边，但是我们需要一个线索才能够回想起来。事实上，存在三种方式来“找回”记忆。

（1）自由回忆

这种回忆是最困难的。在日常生活中，常以开放式问题的方式出现，例如“你昨天晚上吃了什么？”而在关于记忆障碍的会诊时，医生或者心理学家会询问被测试者：“请告诉我你刚才所学的四个词。”

（2）借助线索易化回忆

这种回忆可以依赖于某种辅助条件来减少可能的答案。比如，在上面的第一个问题中加入一条普通的信息，“那是一种主要原料为苹果的甜点”。在第二种情况下，医生和心理学家也给出了线索：“它有可能涉及一棵树、一种鸟、一种乐器或是一种水果。”

（3）通过识别易化回忆

在这种情况下，可以在不同的可能性中选择答案。比如，第一个问题会变成“涉及一个苹果夹心蛋糕、黄油面包片还是一盒苹果酱”。在第二种情况下，医生和心理学家将给出提示：“在以下八个词中找出那四个词，鹳、李子、铃鼓、山毛榉、乌鸦、竖琴、桦树、菠萝。”

4. 不要忽略背景环境

谁没有过这种令人难堪的经历：在路上遇到一个认识的人，但是却怎么也想不起他的名字……直到在“习惯性”的环境中重新见到他的时候才知道，原来他是我们每天去买面包的面包店的售货员，或者是我们常去看的牙医的助手。

事实上，一个信息的所有元素还包括我们记忆时所依靠的背景环境，它们常常在不为我们所知的情况下被记住了，正如一些生理现象（饥饿、口渴、快乐、兴奋、呼吸加快、心跳等），还有一些背景则是我们能识别的，如时间和地点。

（1）潜入水中学习

1975 年，英国心理学家邓肯·戈顿和艾伦·巴德雷做了一个实验，要求一个大学俱乐部的潜水员分成两组学习 40 个词，第一组潜入水中学习，第二组坐在沙滩上学习。然后要求每一组的一部分成员在水中回忆，另一部分成员在沙滩上回忆。结果，第一组在水中回忆的人平均记住 11—12 个词，而在沙滩上回忆的人平均记住 8—9 个词；第二组在沙滩上回忆的人大约能记住 14 个词汇，而在水中回忆的人平均记住 8—9 个词。

也就是说，面对同等的要求，当回忆和学习的背景环境相同时效果更好。通过对饮用酒精或者吸食大麻的人的观测，也证实了这一结论。

（2）“令人难忘的演出……”

如何使演出令人难以忘怀？美国心理学家杰罗姆·瑟赫斯特考察了城市大剧院的演出，他询问了 25 年里的观众对 284 场演出的记忆。结果发现，被记得最牢的是一个歌手或者乐队指挥的名字。一个四人专家评委组给出的解释是，这些人在公众中特别“引人注目”。有感情才能有特征——初次表演或第一次和爱人约会的地方——我们才能将日期或地点记得更牢。

另一方面我们发现，人们能够更好地记住具有积极意义的词（快乐、幸福等），除非一个人具有阴暗的情绪或者患有抑郁症，描述不愉悦东西的词（害怕、恐怖等）则更容易被记住。

（3）记忆的“回归”

“2003 年 8 月到达萨那希时，我想起 2000 年夏季的一些经历。”重新进入我们获得信息的背景，回忆会变得更容易。这种记忆的“回归”可能是自觉的或者是不自觉的。有时候，学习时背景环境的独一性足以使得大量细节重新涌现出来：你住所附近新开的一家意大利餐厅的一份佳肴，就有可能引发出曾经在意大利的一次旅行的回忆。

相反，有时候由于背景环境的改变，我们无法想起一些事：在考试的时候，我们无法想起一些课程细节，而这些我们却在家里复习过了，并且已经很好地掌握了。

为了解释这种现象，心理学家提出特殊的编码原则：如果学习和回忆的背景环境相同，那么我们的记忆更有效。例如，当我们想找回某个记忆时，有时候“往回走”是很有用的，也就是在脑海中重新经历当时的过程。

八、双重编码

大脑由两个半球组成，它们各自以不同的方式发挥作用，同时又相互协作。

“我把钥匙放在哪了？”这个日常生活中常见的问题能调动大量的记忆资源。一次内省就足以说明这一点。我们“看见”钥匙，感觉它就在手中，并在锁眼里“转动”，我们尽力回想当时的环境背景和准确时间，以及和别人的谈话，有时同时进行的其他事情会干扰我们对放置钥匙的常规记忆。

用神经心理学家的话来说，对这样的任务我们既需要情景记忆，也需要语义的、程序性的记忆。尽管所有回想起来的信息——视觉的、口头的、语义的、行为的等——都与“钥匙”有关，但它们是在大脑的不同区域里被处理的。借助神经元环路，这些联系才得以在两个脑半球中被激活。

1. 脑半球的分工和协作

大脑半球的专业化致使语言发展的最主要部分与左脑半球相连。当我们学习或者回忆语义信息时，例如一组词或者一首诗歌，由左脑半球的记忆系统负责。而当信息具有视觉的或空间的属性时，右脑半球将参与进来。例如，当我们记忆一条路线或者辨认一张面孔时。每个脑半球处理信息的编码方式不同。

（1）视觉信息和口头信息

语言在我们的精神活动中扮演着一个如此关键的角色，以至口头分析可能参与像记忆路线或者面孔这样的任务。功能核磁共振图像技术使我们可以看到在执行给定任务时大脑的活动区域，通常右海马脑回负责通过视觉辨认面孔，而左海马脑回用于搜寻对应的人名。为了确定名字和面孔的对应关系，活动是双边的。

然而，应该注意两个脑半球也有其相对独立性。在大脑一边受损的情况下，另一边脑半球几乎仍可以保证正常的记忆功能。

（2）分析处理和总体处理

另外，根据某些经验，“口头”和“非口头”的区别并不总是足以解释两个脑半球各自扮演的特殊角色，它们的专门化可能并不只是与信息的属性有关，而且还与信息如何被处理有关。左脑半球可能负责分析和暂时的处理，以逻辑的方式或者根据表达的意思将信息分类。而右脑半球可能进行一个总体处理以建立空间关系，或者根据形态和感情的指示将信息分类。

无论如何，我们的精神活动经常要求两个脑半球同时参与。依赖于双重编码的记忆会更有效，因此，阅读是最好的学习方法之一。

2. 语言：左脑半球负责管理，右脑半球负责补充

几乎所有的右撇子和大多数的左撇子，都是由左脑半球掌控与语言相关的精神活动。但是，右脑半球也能够记忆简短的词汇，特别是有着具体意思能引起强烈的视觉图像或者负载着感情的词。一个词或者一句话的表面意思由左脑半球负责，而对其隐喻意的分析则需要右脑半球的参与。

3. 空间：右脑半球负责管理，左脑半球负责补充

空间管理更多地依赖于右脑半球。当我们在空间中定位，或者学习一条新的路线、辨认一个标志时，比如一栋楼房，将由右

海马脑回及其相邻区域负责掌控。同时，右脑半球也记录了一些口头编码:“在第三个红绿灯后向右拐……”

其实，每个脑半球都可能与一些特殊的定位方式有关。在一个不太熟悉的环境中，或者面对一条复杂的路线，我们倾向于自己设定一些路标默想出一张路线图，这些“路标”会刺激右海马回。另一方面，对线路的整体处理和设计则需要依靠左海马回。但是，这种任务的分工可能不只是人类特有的，因为这种任务的分工也能在鸡的身上被观察到!

九、注意与信息加工

你现在正在干什么？你在阅读这些文字。但即使在阅读时，你的感官也会接收到周围的信息。尝试思考一下你现在所能看到、听到、闻到和触摸到的一切。你仍能够集中精力于你阅读的内容吗？你的注意分散了，你发现很难顺利地继续阅读。这表明了注意和信息加工在执行日常事务中的重要性。

考察一下交通高峰时的十字交叉路口，我们发现交叉路口无法处理交通流量，它很快就形成堵塞。当只有一辆汽车行驶时，交通就非常畅通。你的心理情况同此相似。现在选择关注这一页的语句，你的大脑也很容易加工这一单个的信息源，因此很容易理解文章。如果你试图思考感官收集到的其他信息时，情况就变得更加复杂，大脑的加工能力有限，你无法同时加工所有的信息，就像交叉路口一样。

经常乘汽车的人常常会谈到交叉路口的瓶颈问题。心理学家也用这一词汇来描述大脑有意识地加工信息能力的有限性。我们怎样来对付这一局限性呢?

你也许会认为，当你阅读这一章时，周围的事物都是无关的，甚至是分散你注意的事物，你就干脆忽略它们。也就是说，你使用注意从一大堆构成注意瓶颈的信息中仅仅选择相关的信息，同时忽略其他一切信息。

美国著名哲学家威廉·詹姆斯（1842—1910）将注意描述为“利用心理占据几个可能思路中的一个”。但我们怎样选择哪些该注意，哪些该忽略呢?我们有足够的资源来分散注意吗?或者说，如果采用迫使我们仅选择一种事物的模式，我们的注意是不是很有限呢?

想象一下你正在观赏你最喜爱的电视节目。此时，有人试图与你聊他当天的见闻。你选择聚精会神看银屏上表演的内容，尽管你假装在倾听，甚至也听懂了一部分，但你不能完全集中精力于这个人所说的内容。

关注某件事而忽略周围的其他事涉及到选择性注意。选择性注意能够让你选择某一件事来占据你的心理。但如果你的注意偏离电视节目去关注他人突然所说的让你感兴趣的事情（如付钱），你的注意又会怎样呢?你也许会发现自己处于相似的境地，并因选择性耳聋而受到指责。这表明，心理在某些境况下能够关注不止一个的信息源，但有时它又选择不这样做。

1. 分散注意和集中注意

在探讨任务相似性对分散注意的重要性之前，我们首先考察一下大脑信息加工资源及其分配情况。执行所有任务占据的注意都一样吗？执行不同的任务是不是使用不同的心理资源呢？如果执行所有任务涉及的仅仅是同样普遍适用的心理资源，那么任务的性质不再重要，所有的任务将平等竞争现有的心理资源。只要提供的注意允许，我们将能做尽量多的事情。然而，如果信息加工资源因任务不同有所差异的话，执行不同任务时，我们很容易同时完成它们（如边开车边聊天），使用相似的心理资源时（如边看书边聊天），就不易同时完成。

许多研究表明，任务相似时，分散注意就比较困难。没有哪个任务是完全直截了当的，但你肯定会发现，边听收音机或电视上的谈话边找元音比较困难，因为两项任务都涉及到语言处理。在 1972 年《实验心理学季刊》发表的一个实验中，D.A. 奥尔伯特、B. 安东尼斯和 P. 雷诺德要求被试者复述一篇文章的一个小节。同时要求被试者通过耳机听一组单词或者记住一组图片。被试者的单词记得很差，但却很好地复述了文章和记住了图片。这是因为执行相似的任务需要争取我们的注意，因而会相互干扰。

两个相似的任务很难同时执行的事实支持了这一观点，即大脑信息加工资源因任务不同而相异。这就是我们为什么能边开车边聊天、边听音乐边写作的原因。然而，当汽车行驶到繁忙的交叉路口又会怎样呢？我们在进行重要谈话的同时还能处理安全通过交叉路口的信息吗？即使任务不同，我们也不能同时完成复杂的任务。这表明，我们大脑的有些信息加工资源对所有任务是普遍适用的。这就涉及到边开车边打电话的情况。这时，普遍适用的注意资源就会从执行开车任务转向打电话任务。

你在演奏乐器、学跳舞、进行体育运动和从事诸如此类的技巧性活动时，也许有人会告诉你：熟能生巧。我们知道练习某种技巧时，我们会做得更好。但这与分散注意有关吗？

我们已经谈到边开车边聊天很容易做到。但这是对有经验的驾驶者而言的，新手一般发现边开车边聊天几乎是不可能的。因此，在两个我们熟练的任务中分散注意比较容易。要想明白为什么会这样，我们必须仔细地考察一下要执行像边开车边聊天这样的任务时会涉及什么。

到目前为止，我们把开车这样的任务看成是一项任务。真的如此简单吗？驾驶任务涉及到必须注意速度、路线、方向、前后的车辆、潜在危险（如走在人行道上的小孩），等等。能说这是单一的任务吗？也许驾驶本身就是注意分散的一个例子。聊天也一样，必须控制嘴唇的运动，处理耳朵接收到的信息，还要决定该说些什么。实际上，任何任务都可以看成是小型子任务的集合。

学习驾驶确实像分散注意。学习驾驶时，所有的子任务都是分开的。你必须思考道路的弯曲情况，思考怎样用后视镜相应地调整方向盘，思考怎样控制速度等。当新手正在注意复杂路况（如交叉路口）时，他们也许忘了该用多大的力量踩刹车以减缓车速。思考这么多的子任务会用尽他们的注意资源。一旦掌握驾驶技术后，开车就变成了一项单一、有组织的任务。有经验的驾驶者能让子任务在互不干扰的情况下处理好它们。

每学习一项新任务时，你都会或多或少有意识地在子任务之间分散注意。那需要大量的信息加工资源。如学习拉小提琴，演奏 C 调时会涉及：

从乐谱上阅读正确的音符；

使用正确的琴弦；

手指正确地放在琴颈上；

用琴弓拉动琴弦。

小提琴新手必须考虑到每一步。经过大量的实践后，经验丰富的小提琴手只需简单地看看音符C，在没有注意到相关子任务的情况下就会拉出声音。这只需要一小部分注意，就有足够的注意用来执行其他任务。小提琴家利伯雷斯在表演时经常一边拉小提琴一边和听众聊天。

看来，对某项任务进行大量训练后，我们就擅长了，再执行这项任务时就不需要用光注意资源。这项任务就不再是有意识的控制行为，相反地，会成为自动行为。例如，我们小时候也许要思考走路或骑自行车所涉及的每一个子任务，现在都变成自动行为了，根本无须思考。实际上，一旦成为自动行为后，想要阻止它都很难。这就是“斯特鲁普效应”的核心。“斯特鲁普效应”是用来研究自动化的任务。

2. 人类自动驾驶仪

你曾经在周末走出家门像工作日那样径直上学或上班吗？如果自动这样做的话，我们称之为坐上自动驾驶仪。我们无须有意识地控制行动，就像飞行员坐上自动驾驶仪无须手工操作飞机一样。完成这些任务不再需要我们有限的注意资源，因而自动行为非常有用处。

为什么会发生自动化呢？约翰·安德森在1983年提出，在练习中，人们对该任务的每项子任务越来越擅长。如在学驾驶时，控制刹车、使用后视镜等的能力在提高。最终这些子任务会合并成较大的部件，因而，控制刹车和使用后视镜无须再分别思考就可以同时完成。这些较大的部件进而继续合并，直到整个任务变成单一的、整体的程序，而不是单个子任务的集合。安德森认为，当子任务完全融合成单项任务时，任务就自动化了。这一切发生得就像汽车换挡一样突然。

3. 心理地图

地图和照片在很多方面存在差异。主要差异是地图不是很真实，地图有表征用户所需的最少信息的倾向。正如我们所知，心理意象也同样缺乏细节。而且，地图有时还用错误的颜色来帮助解释。例如，宽马路和窄马路通常都是灰色的，但在交通图上通常是蓝色和绿色。

正如我们所知，心理意象和照片的准确性一样都与解释有关。因此，如果我们的大脑像地图一样表征照片，那么，大脑也用相似的方法表征外部地图提供的信息吗？正常情况下，人们都知道怎样从 A 地到 B 地。例如，你也许知道，要想从家到地铁站，你必须下山，在角落处左拐，地铁站就在右边。你也许知道怎样从游泳池到家，你得经过一座桥，爬上山，走完一条街，在角落处右拐即可。人们每天都记忆和使用着这种信息。

认为大脑拥有表示一系列心理地图的记忆集的观点颇具诱惑力。然而，与方向和地标集相比，地图包含更多的信息。你若在朋友家，你能在地图的指引下去往杂货店；你若在图书馆，你能找到朋友的家。然而，你若在图书馆，你能弄清杂货店的方向吗？除非你有地图，否则，答案也许是“不能”。大多数情况下，有丰富城镇生活经验的人和以前研究过地图的人对这些信息都记得很牢靠。

1982 年，佩里 · 桑代克和巴巴拉 · 哈耶斯 · 罗斯证明了人们心理地图的不准确性。他们访谈了在特大综合写字楼里工作的秘书。他们发现，刚来的秘书能准确地描述怎样从A地到B地。例如，他们对辨认从咖啡厅到计算机中心的方向没有什么困难。

然而，这些新来的秘书经常分不清从咖啡厅到计算机中心的直线方向。一般来说，只有在这个楼里工作过多年的秘书才能做到这一点。

即使对外部地图有多年经验的人也会犯错，除非地图就在他们面前。若你住在美国或者加拿大，问问自己蒙特利尔是否在西雅图的北边。若你在欧洲，问问自己伦敦是否在柏林的北方。两个问题的答案都是"不是"，但大多数人都回答"是"。加拿大在美国以北，但加拿大在美国东部的边境还在其西部边境以南。英国的大部分地方在德国的北边，但英格兰南部与德国的北部在同一纬度上。

人们经常会犯这类错误，这表明，大脑不能像地图一样真实地表征位置。人们会从包含这些城市的更大区域的位置来推断这些城市在哪里。这经常会犯错误。

4. 大脑中的词典

词典里储存着物体特性的信息，也储存着动作和抽象概念的信息。人们也在大脑中储存一些这样的信息。大脑也像词典一样表征这些信息吗？心理学家经常关注像猫、鞋或锤子这样的物体。他们也会关注定义不清的事物，如"心理障碍患者"。词典条目编写者旨在呈现定义属性或者特征序列。

例如，《剑桥英语辞典》将大象定义为："有能够卷起东西的长鼻（象鼻）的大型灰色哺乳动物。”戈特勒布·弗雷格（1848—1925）是第一个认为所有的概念都可以用定义属性集来描述的人。“定义属性”理论最好通过举例来说明。以“单身汉”这个词为例，这一概念的定义属性有“男性”“未婚”和“成人”。每个属性都是“必需的”。若缺少任何一个属性，这人就不是单身汉。这三个属性组合在一起就“足够了”。若你知道某人是成年的单身男性，你可以肯定他是单身汉——再也不需要更多的信息。很长时间以来，认为所有的可见物体和概念都可以用定义属性来表征的观点在哲学和心理学界占统治地位，但却遭到卢德维格·维特根斯坦的强烈反对。

心理学家将具有相同定义性特征的物体群称为“类别”。将构成类别的物体称为“成员”。弗雷格的观点导致了这样一个结论，即所有的物体要么归为类别的成员，要么归为类别的非成员。

例如，所有的物体要么是类别“家具”的成员，要么不是。类别的成员关系是“全或无的”，没有中间成员。然而，人们做出物体归类决定时并没有遵循这一规则。心理学家麦克尔·麦克罗斯基和山姆·戈拉克伯格问被试者某些物体是否属于“家具”类别。被试者都认为椅子是家具，黄瓜不是。然而，当问到压书具时，有人认为应归为家具类别，有人不这样认为。而且，被试者对物体的定义前后不一致。研究人员在不同的场合询问了被试者像压书具这样的物体应归为哪个类别。有些人在第一次被问时说是家具，但第二次被问时却说不是；或者第一次被问时说不是家具，但第二次被问时却说是。

如果人们的心理词典含有定义属性清单的话，实验结果应当是，人们在压书具是否属于家具类别这个问题的回答上保持完全一致的意见。我们期待着人们对普通类别的看法一直前后保持一致。

依莲娜·罗许的研究对定义属性的观点提出了进一步的问题。若心理词典仅仅是定义属性清单，任何东西就没有好的或者坏的实例。所有的物体要么是鸟，要么就不是鸟。罗许让人们对类别的典型性进行评级。人们通常对典型性成员和非典型性成员的观点保持一致。例如，人们都认为知更鸟是典型性鸟，但对企鹅却有不同的观点。如果人们的心理词典像弗雷格说的那样，就没有所谓的典型性鸟。这一问题应该没多大意义，但迫使人们去猜测。当人们猜测时，观点又不一致。人们观点不一致的事实表明，对于概念，除了系列定义属性外，还应当有更多的东西来定义。

罗许想让人们明白，典型性是人们思考类别的核心。她将这样的句子出示给被试者看：

知更鸟是鸟。

鸡是鸟。

被试者必须尽快地判断每个句子是对的还是错的。当物体是其类别的典型性实例时，他们就能较快地判断。例如，被试者判断“知更鸟是鸟”所花的时间比判断“鸡是鸟”所花的时间要少。很明显，这两个问题都容易回答。经测试，被试者回答第二个问题所需的时间要长一些（尽管时间差是以几分之一秒来计算）。

罗许认为，当被试者被要求思考类别时，他们不会想到定义属性清单。相反，他们想到的是那一类别的典型性成员。若有人让你思考“鸟”，你会倾向于思考一些典型的鸟。也许知更鸟会跃然脑际。如果有人问你知更鸟是否是鸟时，答案很简单，因为“鸟”这个词就会让你想起知更鸟。如果有人问你海豚是否是哺乳动物时，回答这个问题需要较长的时间，因为“哺乳动物”这个词很可能会让你想起其他更典型的哺乳动物。

即使属性很容易界定类别，人们仍然会受典型性影响。我们知道，“单身汉”可以由“男性”“未婚”和“成人”等属性来定义。然而，人们倾向于认为，有些单身汉比其他单身汉更典型。例如，人猿泰山就不是典型的单身汉，因为他住在丛林中，没有机会结婚。即使像数字这样的概念在典型性上也有差别。

5. 层级

我们都知道，词典将大象定义为“大型灰色哺乳动物”。在词典定义中，像哺乳动物这样的词很普遍。词典编写者试图将物体定义为“层级”的一部分。在层级的顶部是词汇“动物”。鸟和鱼都是动物的一种，因此在层级中，它们位于“动物”的下一个层次，并且用向下箭头与“动物”相连。知更鸟和企鹅都是鸟，它们与“鸟”相连。同样，“鳟鱼”和“鲨鱼”都是“鱼”，它们与“鱼”相连。词典编写者使用层级的目的是缩短定义。若词典陈述说“知更鸟是鸟”，读者就知道知更鸟有羽毛和翅膀，而且雌性知更鸟下蛋。词典在定义中无须包含“雌性知更鸟下蛋”的陈述，因为“知更鸟是鸟”这一陈述已经告诉了读者。

大脑也会使用同样的技巧来减少信息的储存量吗？艾伦·柯林斯和罗斯·奎利恩认为，答案是“肯定的”。他们将一系列这样的句子呈现给被试者：

金丝雀会唱歌。

金丝雀有羽毛。

被试者很快就能肯定金丝雀会唱歌，但却要更长的时间肯定金丝雀有羽毛。如果大脑像词典一样组织的话，这就是你需要的结果。

想象你对鸟一无所知，你就需要词典去查“金丝雀是否会唱歌”，词典将会告诉你“金丝雀会唱歌”。那是因为不是所有的鸟都会唱歌，唱歌就成为定义的必要成分。然而，词典并未提到羽毛。词典告诉你金丝雀是鸟。如果你查“鸟”，词典会告诉你它有羽毛。你只有在查完词典的两个地方后才知道答案，这就需要很长的时间。

柯林斯和奎利恩认为，人类大脑是像词典那样去组织信息的。许多心理学家赞同这一观点，这个观点也曾风靡一时。但柯林斯和奎利恩的观点很快就被证明是错误的。另一群心理学家，包括爱德华·史密斯、爱德华·索本和朗斯·利布斯，给被试者一系列稍有差别的句子。下面是研究人员使用的其中两个句子：

鸡是鸟。

鸡是动物。

如果大脑像词典，查第二个句子所需的时间应该比查第一个句子要长。要查鸡是鸟，你只需查“鸡”的定义。要查鸡是动物，你还需查“鸟”的定义。研究表明，结果恰恰相反。人们肯定“鸡是鸟”所需的时间比肯定“鸡是动物”所需的时间长。为什么会这样呢？

还记得依莲娜·罗许是怎样告诉我们一些类别成员比其他成员更具典型性吗？根据她的研究，知更鸟是典型的鸟，鸡不是。当让被试者想一想鸟时，他们通常想不到鸡。结果，要查“鸡是鸟”这样的句子需要更长的时间。

现在再来看第二个句子：“鸡是动物。”当有人让你想动物时，鸡有时还会出现在脑际。因此，查找和肯定“鸡是动物”需要的时间较少。同样的论据也可以应用到柯林斯和奎利恩的最初成果。当你想金丝雀时，也许歌唱是你最初想到的。拥有羽毛也是构成金丝雀定义的一部分，但这也许不是你最先想到的。人们确信金丝雀会唱歌比确信金丝雀有羽毛更快，因为与羽毛相比，唱歌是金丝雀更典型的特征。

6. 心理词典

我们不能肯定大脑是怎样储存信息的。一个流行的观点是，大脑词典的组织相当杂乱无章。我们的心理词典并没有整洁而又长长的定义清单，相反，我们的知识储存在小信息模块之间的大量联结中。心理学家将信息模块叫作特征。狗的有些特征可以是“有皮毛的”“四条腿”和“有一条会摇的尾巴”。我们小时候就是像认识狗这样来认事物的。我们的大脑是通过构建特征（如“摇尾巴”）和标签（如“狗”）之间的联系来储存信息的。心理学家将这类联系称为特征联系网络。

怎样来“阅读”这类心理词典呢？最简单的方法就是将图中的圆圈想象成灯。你如果想知道狗是否是有皮毛的，你就点亮“狗”。由于“狗”和“有皮毛的”之间有联系，“有皮毛的”这个“灯”也会亮起来。于是，你就会得出答案——狗是有皮毛的。

心理词典的另一个流行的观点是，心理词典充满实例。根据这一理论，心理词典中“狗”的词条是你碰到的特定狗的集合。该集合也许包含对你的宠物狗、邻居家的狗和你在工厂见过的看门狗的描述。你的心理词典中“猫”的词条也相似。它也许包含对你祖母家的猫、朋友家的猫和你在电视上看到的猫的描述。

想象你正在街上散步，刚好看到一个四条腿的动物向你走来。它是猫还是狗呢？你很快就把面前的动物与心理词典中的猫和狗进行比较。结果它更像猫而不是狗，于是你断定是猫。这一观点的问题是，你每次见到什么东西，都要翻查很多实例。你不仅要查找猫的实例（因为你还不知道它是否是猫），还需要查找所有的类别，将这一物体与狗、汽车、黄瓜、冰箱等一一进行比较。这样我们才在几分之一秒时间内断定该物体是否是猫。如果大脑每次都需要进行这么多的比较，那么，做出决定将要花更长的时间。我们知道，大脑非常擅长同时做很多事。如果方便做比较的话，认为心理词典仅仅是实例的集合就有可能。对这一领域的研究目前主要集中在判断这些观点哪个是正确的。

7. 脚本和主题

词典告诉人们鸡蛋和面粉是什么，但不会告诉人们怎样烤蛋糕。要想知道怎样烤蛋糕，你得查食谱。食谱只不过是人们依赖的众多操作工序说明书中的一个范本。家庭维护书籍和汽车修理手册是另外两个普通的范本。操作工序说明书告诉我们完成一项任务的步骤。当我们熟悉某项任务后，我们就无须使用操作工序说明书——我们可以依赖记忆来完成任务。例如，几乎没有人每天早上穿衣服需要操作工序说明书。

大脑像操作工序说明书一样储存日常事件信息的吗？罗格·尚克和罗伯特·埃贝森认为，人们使用心理脚本表示情境，如去餐馆。脚本是在特定情境下发生的典型事件的序列。例如，去餐馆的脚本可以是：

走进餐馆、选择餐桌、坐下、拿菜单、点菜、边等边聊、服务员上菜、边吃边聊、收单、买单、离开。

很明显，并非所有的餐馆都是这样的。有的餐馆会要求你先付钱再吃饭。脚本并不肯定地告诉你会发生什么事，但肯定会告诉你在大多数情况下很可能会发生什么事。脚本也能帮助人们更有效地交流。你如果问某人昨晚干了什么，而且他的回答是“我去了餐馆”的话，你的餐馆脚本将会让你知道那人经历的一些事件。例如，如果你去过医院，你也许就有“看医生”的脚本，通过脚本你就大体知道看医生会发生些什么事。你如果从未看过牙医，你就没有“看牙医”的脚本，也就不知道看牙医会发生什么事。“看医生”的脚本也许没什么帮助，因为你现在是在看牙医。然而，我们对事件的期待很可能比脚本更广泛。我们看任何保健专家时，我们期待的步骤会有很多。这些步骤包括预约、描述症状和接受治疗。如果我们看过医生，即使没看过牙医，在去牙医办公室的路上，也许我们能猜测出将会发生的事情。当然，人们对一些事件具有共同的知识，如去餐馆。心理学家戈登·鲍尔、约翰·布莱克和特伦斯·特纳让被试者列举去餐馆时经常会发生的 20 件事情。几乎 3/4 人认为包括 5 个关键事件。这些事件是：看菜单、点菜、吃饭、付账和离开。几乎被问的一半人认为包含 7 个事件。包括：点饮料、商量菜单、聊天、喝汤、点点心、吃点心和离开。人们对特殊事件的记忆会受到心理脚本的影响。鲍尔的研究团队让被试者阅读一些故事。故事是以脚本（如去餐馆）为基础的，但心理学家们弄乱了一些事件的顺序。例如，某个故事可能会涉及去餐馆、付账、坐下、点菜；然后是吃饭、看菜单；最后离开。

当让被试者回忆这些故事时，他们经常描述去餐馆通常发生的事情，而不是故事中实际发生的事。这个故事被典型记忆为：去餐馆、坐下、看菜单、点菜、付账、离开。脚本有助于我们对特定情境下会发生的事有所预期，同时还会对我们回忆实际发生的事情加以润色。

瓦莱里·霍尔斯特和凯西·佩兹德克认为，犯罪目击者也会有相同的问题。研究表明，当人们试图回忆他们所目击的犯罪时，他们有时会参考心理脚本，回忆典型情况下发生的事。在另一个实验中，戈登·鲍尔和他的同事让被试者阅读几个不同的故事。随后，又让他们阅读另外一些故事。有些故事是重复出现的，有些是新的。之后让被试者判断哪些是新故事，被试者一般回答得较好，但对某些类型的新故事会存在问题。

如果某个故事是新的，但描述的是与老故事相似的事件，有的被试者就会认为他们以前阅读过。被试者混淆了具有相同脚本的故事，而且也对虽然不同但有联系的脚本的故事有疑惑。例如，原来的故事说的是去看牙医。后来，被试者阅读了一篇去看医生的故事。被试者经常认为他们以前阅读过这个故事，而实际上没有读过，只是故事的主题相似而已。这表明，人们是按一般主题来记故事的。这些组织化的主题没有脚本与特殊情境的联系紧密，而且会被一般化。例如，大多数人认为，20 世纪的《西区故事》与莎士比亚的《罗密欧与朱丽叶》相似，尽管这两个故事发生在不同的国家、不同的世纪。

《西区故事》是音乐剧，而《罗密欧与朱丽叶》是 1595 年写的戏剧（实际上，《西区故事》是建立在《罗密欧与朱丽叶》基础之上的）。

罗格·尚克认为，这两个故事有共同的主题，即“追求共同目标，抗争外来反对”。罗密欧和朱丽叶互爱对方，因而在一起就是他们共同的追求。双方父母反对他们的恋爱的关系，因此，罗密欧和朱丽叶为了追求这一目标就同外来反对相抗争。《西区故事》的主题完全一样。

心理学家柯林·塞弗特和她的同事将许多细节不同但主题相同的故事给被试者看。当被试者读完这些故事后，研究人员让被试者写出相似的故事。大多数被试者写出的故事许多细节不同，但一般主题相同。塞弗特的研究团队接着让被试者对一组故事进行分类。被试者允许按照自己的意图分类，但结果是大多数人都按故事的（共同）主题进行了分类。

十、储存信息

记忆是一个关键的心理过程。没有它我们将无法学习，无法有效工作，甚至无法保留我们之前习得的任何知识。几个世纪以来，存在很多关于记忆是如何运行的理论。近年来，人们对人类记忆有大量的研究。我们现在知道，记忆不是一个被动的信息接收者，而是一个对信息进行演绎、对事件进行重组的主动过程。

记忆使我们回忆起生日、假期和其他有意义的事情。这些事情可能发生在几小时、几天、几个月甚至是很多年以前。正如达特茅斯大学著名的认知神经科学家迈克尔·加扎尼加所述："除了此时此刻，生活中的每一件事都是记忆。"没有记忆，我们不能进行对话，不能辨认出朋友的脸，不能记住约会，不能理解新思想，不能学习和工作，甚至不能学会走路。英国小说家简·奥斯汀（1775—1817）恰当地总结了记忆的这种神秘特性："记忆的功能、失效与不均衡，似乎比我们智力的其他部分更加难以言传。"

古希腊哲学家柏拉图（约公元前 428—前 348）是最先提出记忆理论的思想家之一。他认为，记忆就像一块蜡制便笺簿。印象在便笺簿上被编码，进而储存在那，这样我们便可以在一段时间后返回或者提取它们。另一些古代哲学家把记忆比作大型鸟笼中的鸟或图书馆里的书。他们指出，提取已经被存储的信息是有困难的，就像在大型鸟笼中抓住那只鸟或者在图书馆里找到那本书那样难。现代理论家如乌尔里克·内塞尔、史蒂夫·切奇、伊丽莎白·若甫图斯和艾拉·海曼开始认识到，记忆是一个选择和解读的过程，涉及大量的加工（如感知），而不仅仅是消极的信息存储。这些心理学家所做的实验表明，记忆可以重组、整合先前的编码时的观念、期待和信息（包括误导性信息）。例如，切奇向从没去过医院急诊室的孩子反复询问在他们生活中有没有发生过类似的事件。开始，孩子们准确地报告他们没有去过急诊室，但在第三次实验后（自从其中一个小孩说他的手被捕鼠器夹着并被送往医院后），孩子们开始说他们去过，还提供详细的故事。这一实验被称为“捕鼠器实验”。这些孩子并没有被给予错误的信息，但被反复提问，这导致他们开始用想象创造记忆。

作家兼哲学家 C.S. 路易斯的论述表明，我们的记忆远不够完善。这是因为它不可能记住我们所经历过的每一件事。为了在这个世界有效地生存，我们需要记住其中一些事情，当然还有一些事情无须记住。我们能记住的那些事情似乎是取决于它们在功能上的重要性。在人类进化的进程中，人们可能通过记住那些发出威胁信号（如一个潜在食肉动物的出现）或奖励信号（如一个可能食物来源的发现）的信息而得以生存下来的。我们的记忆就像筛子或过滤器这样的装置一样工作，这些装置保证我们记住的不是每一件事。我们也能利用所学到和记住的信息来选择、解释，并将一件事与另一件事联系起来。记忆的这一特质使很多当代研究者把它看作一项积极而不是消极的东西。

1. 记忆的逻辑

任何一套有效的记忆系统（无论它是合成器，还是声音混合器、录像机、电脑中的硬盘，甚至简单文具柜）编码（接收）信息；在长期记忆的情况下，经过较长的时间后能够很好地储存或保留信息；提取（能够存取）已被储存的信息。以比较常见的文件柜为例，你把文件放在某一个文件夹里，它就一直保存在那儿。当你需要它的时候，你会很容易找到这个文件。但是如果你没有一个好的查找系统，你可能不容易找到想要的文件。因此，记忆包括提取信息的能力，也包括接收和储存信息的能力。如果我们的记忆要有效地运行，那么编码、储存和提取这三个组成部分就必须共同运行好。如果当信息呈现给我们时却没有注意到它们，我们可能不能对它们进行有效地编码，甚至根本就不能编码。如果我们没有有效的编码信息，就只能说我们把它们忘记了。对提取信息而言，可利用性和可存取性之间，常常会有一个重要的差别。例如，有时我们不能很快地想起某个人的名字，但感觉到它好像就在嘴边，呼之即出。我们可能知道这个名字的第一个字，但是我们无法说出完整的名字。这就是“舌尖现象”。我们知道我们已经把信息储存在某个地方。在理论上，我们能使这些信息潜在地具有可利用性，但它目前却不可存取——我们无法想起它。

记忆失败可归因于编码、储存和存取这三个要素中一个或多个出现障碍。在“舌尖现象”例子中，就是恢复部分的功能趋于失效。因此，对于有效记忆来说，这三个要素都是必要的，只有一个要素是不够的。

2. 记忆的程序

柏拉图和他的同时代人把对大脑的思考建立在他们个人的印象基础之上。然而，当代的研究者通过操作严格、高度控制的实验研究，搜集到关于人们记忆工作方式的客观信息。实验结果往往与过去所推崇的“常识”相抵触。

过去100年的主要发现之一，是记忆有不同的类型。我们现在知道，记忆有不同的种类：感观储存、短期（工作或者初始）记忆和长期（次级）记忆。长期记忆也有不同的类型，如外显记忆与内隐记忆、情景记忆、语义记忆和程序记忆。

感官储存看上去是在潜意识层面上运行。它从感官中获取信息，并保持1秒钟，在这一刻我们决定如何处理。例如，如果你在鸡尾酒会上听到另一个地方有人谈话提到你的名字，你的注意力会自动地转向那个谈话。在感觉记忆中，我们所忽略的东西会很快被丢失，不能恢复：就如光的消失或声音的逝去。当你没有注意某个人说话时，你有时能听见那些话的某个回音，但1秒钟后，它就会消失。

注意某件事，就会将之转换成工作记忆。工作记忆有一个有限的容量，大概是在7个项目加或减2个项目的范围内。例如，当你拨一个新的电话号码时，这个储存就被使用。你的工作记忆一旦饱和，旧的信息就会被新输入的信息所取代。不太重要的信息条目（比如你不得不拨打一次的电话号码）保存在工作记忆中，被使用，再被丢弃。这个过程被使用于有意识处理的每件事——即你当前所思考的。继续处理信息就意味着将之转换成好似无限量的长期记忆。更重要的信息，就如你离开时不得不记住的新的电话号码，被放置在长期记忆库。而这正是本章的关注的焦点。

以前人们相信工作记忆是一个消极的过程。但是我们现在知道，它不仅仅只是保存信息。根据工作记忆的模态模型，人们可以在 4—5 个记忆槽中储存信息的同时进行并行信息处理，这一点已被心理学家普遍接受。此外，工作记忆还能进行其他的认知活动。

3. 工作记忆

有一个证据表明，短期记忆至少由三个部分组成。1986 年，心理学家艾伦·巴德利公布了一个短期记忆模式，它由发音回路、视觉空间初步加工系统和中枢执行系统三个部分组成。

发音回路由两部分组成：内声和内耳。内声重复被储存的信息（隐蔽语音），直到你已经注意到它，而内耳收到听觉表达。随后，该回路退出，中枢执行系统重新启动它（像一个交通指挥员）。大脑成像表明，当人们在用工作记忆储存信息时，通常大脑处理语音或听觉信号的两个区域是积极活跃的。如果外部的噪音干扰了你的耳朵，或者妨碍了你的语音系统（因说话或者咀嚼而占用发音所需的肌肉），它就无法被用作隐蔽语音，你的记忆性能就会下降，因为发音回路被妨碍了。

视觉空间初步加工系统为短暂储存和处理图像提供了一个媒介。从一些研究中我们可以推断出它的存在，而这些研究表明在同一空间并发的任务会互相干扰。如果你试图同时进行两个非语言的任务（比如，拍拍你的头和摸摸你的肚子），视觉空间初步加工系统可能会因延伸过长而不能有效运行。中枢执行系统的一项功能就是将视觉空间初步加工系统与发音回路联结起来。

中枢执行系统也被认为是用来控制工作记忆的注意和策略。它可能也与发音回路和视觉空间初步加工系统的协调有关，如果后两者同时保持活跃状态的话。在大脑的额叶受到损害后，病人经常很难做出计划和决定。他们能够进行机械的常规的运动，但不能被中断或修正。巴德利将这称为执行失调综合征，因为中枢执行系统受到了损害。

工作记忆可能相当于电脑中的随机存取内存，电脑当前执行的工作（根据它的处理来源）占据着内存。硬盘就像长期记忆，当电脑被关闭时，你输入的那些信息仍存储下来，并可能被无限期地保留下来。关闭电源就像进入睡眠。当你在良好的晚间睡眠后醒来时，你仍然可以获得储存在长期记忆中的信息，比如你是谁，在你过去生涯中的一个特别事件的日子里发生了什么事。然而，你通常无法记起入睡前在工作记忆中最后的想法，因为那些信息常常没有被转换成长期记忆。

电脑硬盘的例子也有利于解释关于记忆的编码、储存和提取之间的区别。互联网上庞大的信息可以被看作一个规模宏大的长期记忆系统。然而，如果你没有找到从互联网上搜寻并恢复信息的有效工具，那么，那些信息就是无用的。虽然这些信息在理论上是可以获得的，但当你需要它时它却无法得到。

4. 处理层级

1972 年，实验心理学家弗格斯·克雷克和罗伯特·洛克哈特提出了“处理层级”分析框架，这对后来关于记忆的理论产生了巨大的影响。它的关键原理模仿了马塞尔·普鲁斯特的思想。随后，正式的实验测试人们在一段时间间隔之后记起事物的能力，实验表明“更深层”的信息处理更优越于表层处理。

克雷克和洛克哈特指出，（记忆）材料的精细能提高我们记忆项目的能力。这是什么意思呢？假如要求你研究一串单词，然后测试你对它们的记忆。通常，如果你解释词汇表上每个词语，并赋予每个单词个性化的联系，你将会记住更多的单词——这一技巧被称为材料精细化。如果给每个单词提供一个韵律或给每个字母一个数字反映它在字母表中的位置，那么你记住的单词将更少。因为在语义学的范围内，这是更表层的任务。语义学是关于语言意义的研究。

根据“处理层级”理论，如果一个特定的操作或程序产生更好的记忆成绩，是因为处理中的深层编码在起作用。相反，如果一个操作或程序呈现出低劣的记忆成绩，它可能被归因于更为表层的处理。

为了充分论证“处理层级”理论，心理学家们需要设计出一种测量记忆处理深浅、不依赖随后记忆成绩的方法。然而，还是在克雷克和洛克哈特进行了更进一步的实验后，这一模式才被当今的心理学家普遍接受。这些实验表明，学习和记住信息的意图完全是无意义的——深层处理是必要的。

拿电脑打比方，记忆的“软件”是它的功能和程序运行部分。记忆也能运行于另一层级——“硬件”，即在记忆工作方式之下的中枢神经系统。深藏在我们大脑中的记忆被归类为大脑的一部分，称为海马体。海马体扮演一个守卫的角色，决定信息是否足够重要而需要放入长期储库。海马体也可以被称为新记忆的“印刷机”，重要的记忆被海马体“打印”，并被无限期地归档到大脑皮质。大脑最外部的折叠层容纳了几十亿个神经细胞的丛状物，电子和化学冲击波使它保留信息。大脑皮质被看作重要记忆信息的图书馆。

5. 巴特雷特传统

心理学家弗雷德里克·巴特雷特（1886—1969）举例论证了记忆研究的第二大传统。在他的《记忆》（1932）一书中，巴特雷特攻击了艾宾浩斯传统。他认为，无意义音节的研究并不会告诉我们多少关于真实世界中人们记忆的运作方式。艾宾浩斯使用无意义音节并努力排除他的测试材料的意义，而巴特雷特关注那些在相对自然的环境下被记下来的有意义的材料（或者那些我们试图赋予意义的材料）。

在巴特雷特的一些研究中，要求被试者读一个故事。然后，要求被试者回忆那个故事。巴特雷特发现被试者是以他们自己的方法回忆的，同时也发现了一些普遍的倾向：

①故事趋向更短。

②故事变得清晰紧凑。因为被试者会通过改变不熟悉的材料以适应他们的先验理念和文化期待来使这些材料变得有意义。

③被试者做出的改变与他们初次听到故事时的反应和情感是相匹配的。

巴特雷特认为，从某种程度上讲，人们所记住的东西是由他们对原始事件的情感和个人努力（投资）所驱动的。记忆系统保留了“一些突出的细节”，而剩余部分则是对原始事件的精细化或重构。巴特雷特把这些看作是记忆本质“重构”，而不是“再现”。

换句话说，我们不是再现原始事件或故事，而是基于我们现存的精神状况进行重构。例如，假想两个支持不同国家（如加拿大和美国）的人，会如何报道他们刚刚看过的这两个国家之间的体育赛事（如曲棍球或网球）？对于在赛场上发生的客观事实，加拿大支持者将很可能以与美国支持者根本不同的方式报道赛事。

巴特雷特观点的核心（即人们试图赋予自己对世界观察以意义，并且这将影响到他们对事件的记忆）对在实验室中运用抽象而无意义的材料进行的实验可能并不那么重要。然而，根据巴特雷特的观点，这种“理解意义后的努力”是人们在现实世界中记忆或遗忘方式的最突出的特征之一。

第四章
记忆的类型

一、记忆库

我们的大脑已经演化到了有单独的部分处理来自不同感官和不同时间段的信息，并能分辨不同的重要程度。某个朋友的生日、某个商务约谈的方法，以及某个购物清单，都会被存储在记忆的不同部分里。

记忆力最简单的分类与记忆时效或记忆的持续时间有关。例如，短时记忆和长时记忆。短时记忆也可使用瞬时记忆（通过感官获取信息，使信息在神经系统里的相应部位保留下来的一种时间很短的记忆）和工作记忆等术语。瞬时记忆持续时间不足 1 秒。例如，电影就是利用人的视觉暂留这种瞬时记忆特性，把本来是分离的、静止的画面呈现在脑子里，成为连续的动作。记住一个即将要在键盘上敲的足够长的单词时，短时间足矣。工作记忆也被称作短时记忆，它能持续足够长的时间，例如，拨一串刚才你所看到的电话号码或在一次买卖中一口说出应当被找多少钱。短时记忆能保留信息将近 20 秒，如果该信息被暗示或有意识地被重述的话，保留时间会更长。例如，你对泊车的地点的短时记忆，持续时间会比 20 秒长，因为醒目的标志像重复的暗示在不断提醒你。在长时记忆中被编码的信息可以被保留一生。一位能清晰地记着自己与配偶相遇日期的90岁的老人，她对此事似乎发生在昨天的鲜活记忆，显示了长时记忆的持久性和能力。

另一种关于记忆的简单分类法是通过它被编码和读取的方式——自觉或本能的。同样，记忆既是外在型（也被称作公开型）的——可通过有意识的努力达到，也是暗示型（也被称作未公开型）的——可以有机或自动地达到。外在记忆功能，比如学习拼写、命令、注意力、注视和练习回忆。大多学校规定的学习内容都是外在型的。暗示型记忆功能，比如学习生火，从另一个角度说也表明了许多最初的记忆能帮人类保护自己，确保我们人类作为一个物种延存至今。

1. 时间的推移

随着时间的推移，你的有意识体验会着重停留在当时和当地。不管你刚刚的有意识体验是什么，都会被推移到记忆系统的另外一个部分，或被抛弃。你现在的短时记忆关注的是阅读。但是你还记得昨天晚上去看过一部电影，而这是你对某个生活片段的特殊记忆（对某人生活中事件的记忆叫作自传式记忆）。你可能还记得电影中的男主角是谁。一个月后，你还会记得自己看过这部电影，但可能记得的只是一个故事大概。一年以后，你可能会在租了一部电影录制光碟，并开始播放后，记起自己已经看过这部电影了。

当时："我昨天晚上看了奥尔森·威尔斯主演的《第三人》。"

六个月以后："我看过《第三人》，主演的是，啊，他叫什么来着？”

一年以后：“我可能曾经看过《第三人》。”

2. 记忆库的种类

外部记忆主要有两类存储库。

（1）语义性记忆库

它存储的是综合的世界知识。它有点像大脑中一本不断增长的百科全书。任何种类与事实有关的知识本质上都是语义性的，包括事实（如法国的首都是巴黎）以及更多关于世界的基本知识（如知更鸟是鸟）。

（2）经历性记忆库

它存储的是更加个性化的有关片段和事件的记忆：我们昨天晚上做了什么或者为18岁生日庆典做了什么、暑假去了什么地方，等等。

二、为了记忆而记忆

一直以来，超常的记忆力都吸引着人们的注意。这样的例子不少，罗马作家普林尼（公元23—79）在他的《博物志》里记载波斯国王居鲁士能记住所有士兵的名字，数学家约翰·冯·诺伊拥有“照片式”记忆能力，2004年的奥林匹克记忆冠军鲁迪格·加马拥有超乎想象的记忆力。

1. 专业性记忆

通常，出色的记忆力会让人肃然起敬。面对一个学识渊博的行家，我们总是钦佩不已。但不可否认的是，这样的赞赏有时候也带着不相信的惊讶，尤其是当某些东西在我们看来似乎不“值得”记住时。例如，听到一小段音乐就能说出作曲者，根据发动机的噪音就能分辨出不同时期的汽车类型等。有一点我们非常清楚，漫长的职业生涯有时候能带来超乎寻常的专业性记忆。

2. 脑力田径运动

日本官员黑地阿齐·托莫友日花了许多休息时间强记圆周率π，1987 年他成功地复述出小数点后 40000 位数字，但这个纪录在之后被另一个日本人以 42195 位数字打破。1999 年马来西亚人西姆·伯罕复述出小数点后的 67053 位数，仅出现 15 处错误。

许多数字狂热者之所以醉心于“脑力田径运动”，是仅仅出于兴趣，或是期望在世界纪录中占有一席之地，还是为了赢得一个冠军？在他们身上天生的才能好像并不必要，强有力的积极性就足够了。在很大程度上，好的成绩实际上归功于从古代开始就为人们所知的记忆法的巧妙运用，就像地点法。许多著名记忆冠军和众多记忆“奇才”都毫不犹豫地公开自己的作品、成绩或者组织培训班，以满足盲目追求改善记忆力的公众的需求。

3. 维尼阿曼的例子

然而，一些人似乎比另一些人更有记忆天分。所罗门·维尼阿曼·T是研究“天才记忆”最好的专家之一。1920—1950年间，俄国神经心理学家亚历山大·卢里亚一直对他进行跟踪研究。在短短几分钟里，维尼阿曼就能记住一长串单词或数字（有时多达400个），并且能在几年之后完整地复述出来。除了特殊的天赋外，他还利用了一些记忆策略，比如把每个词同一条臆想的路线结合在一起，第一个词和窗户联系在一起，第二个词和门联系在一起，第三个词和栅栏联系在一起，等等。有时他也会忘记，那是因为他把臆想的形态与颜色搞混了，例如放在白墙前的白色鸡蛋。实际上，维尼阿曼运用了联想，就是说他把每个词的形式或发音都转换成了不可磨灭的“形象”。这个奇人永远保存着对这些词的记忆。为了忘记它们，他必须有意识地努力把它们清除掉，他想象着将这些词列在一块黑板上，然后把它们擦去或者在它们上面盖上一层不透明的薄膜。出色的记忆使他因一个耀眼的职业而闻名，当卢里亚发现他时，他只是一个没多大天分的播报员，之后他凭借自己超常的记忆力成为一个知名艺人。

三、短时记忆

了解短时记忆最简单的办法是把它当成存在于我们意识中的信息；它是对我们最近所经历的一些事情的记忆。短时记忆是一个工具，我们用它来记住电话号码，以便有足够长的时间去拨打电话，或者记住去一个不熟悉的地方该怎么走。

1. 记忆过滤

我们通过感官将信息摄入大脑。我们的意识只允许我们需要的信息通过——其他的就被过滤掉了。可能现在你就坐在客厅里，关心的只是你在读的书。暂停一下，并感受一下实际在你身边发生的事情——也许是你的伙伴翻报纸的声音、烧香肠的香味、隔壁孩子玩耍的声音，或者是你的电脑一直不断的“嗡嗡”的背景音。

现在让你的注意力重新回到书上来，渐渐地那些声音又会变得无关，于是也就不会让你分心，你的短时记忆又集中到了阅读上。这种过滤是记忆系统中至关重要的一部分，因为它让你的思维避免因为无关的信息而负载过度。

2. 短时记忆的容量

短时记忆的容量是有限的，大约七个空间，或者叫“意元”。例如，你可能记得住七个人的姓名，可一旦有更多的姓名，你就会开始遗忘。要使某样东西保持在你的短时记忆中，你就必须对它进行加工（有时也称之为加工记忆）。例如，如果你查到了一个电话号码，你就必须将它自我复述，以便能记住足够长的时间来拨打，这被称为再现。仅仅几分钟后，你意识中的这个电话号码就会被其他新进入的信息所代替。

3. 对信息进行编码

信息以几种方式进行编码后进入我们的短时记忆。

形码：我们试着将人名生成图像或想象他戴着一顶帽子。这种形象在几分钟后会开始淡去，除非我们使之保持活跃。

声码：这是一项最普通的技巧，用于使信息在我们的短时记忆中保持活跃。它包含重复信息，如姓名或数字。

意码：在这里我们运用了某些有意义的联系，例如思考一个有着同样名字的熟人。

4. 注意力

短时记忆是短暂的而且容易被打断。所以，注意力是能否让有关事情保持在脑海中的一个重要因素。它可能只有在你被分心时出现，让你感到你在“有意识地”进行记忆。下面是两个普通的例子：

（1）电话号码

你在地址簿里查了一个电话号码。可正当你要拨这个号码时，你听到有人从前门进来了。你可能就需要再查一下这个号码。这是因为你正在活跃的记忆已经被打断而暂时失去了注意力。

（2）“我到这儿来干什么？”

你正在厨房里整理一些文件并想到要一个订书机。当你走向书房取订书机时，你开始思考那天晚上的晚饭你可以做什么。当你走进书房时，突然发现自己想不起来为什么去那里了。很简单，你只是又一次分心了。

5. 潜意识记忆

有些信息可能在我们不知道的情况下通过了过滤而进入记忆。在 20 世纪 60 年代，电视广告制作者们提出了潜意识广告这样一个聪明的理念。例如，某个产品的图片、某个特定品牌的衣物清洗剂，会在电视屏幕上非常短暂地“闪现”。它可能在任何时候出现，甚至出现在一部电影的播出中间。它出现的时间很短，以至于我们不可能有意识地注意到我们看到了什么，但是，我们的记忆已经下意识地储存了这幅图片。

当下一次我们走进超市时，就会对这个品牌的衣物清洗剂有似曾相识的感觉，就会将它同其他产品分辨开来，从而使商家达到了促销的目的。有关方面开始担心这项技术可能被用于（可能实际上正在被用于）对人洗脑，因此该项技术被认定为非法。

四、长期记忆

长期记忆能够帮助我们回忆或者再认出那些在几分钟、几个小时或者几年前获得的信息。它包括：情景记忆——储存的是那些构成你的自传的一系列生活事件；程序性记忆——储存的是那些使你能够从事机械运动（例如骑自行车）的信息；语义记忆——你的关于这个世界的知识宝库。

当你使用那些为了某个特定任务而被永久储存的信息时，就会发生信息从长时记忆到短时记忆的转移。举例来说：当你要做一道几天前被详尽地解释过烹调方法的菜时，要做到记住配料和说明而不看任何笔记，就必须对它特别感兴趣，并且有很强的动机。

为了使信息不仅停留于短期记忆中，就有必要把信息传递到另一个更持久的系统中。长期记忆具有我们认为几乎无限的能力，它能够在一段时间后重组信息——一次会面、一个数学公式，或是游泳的动作——从几个小时到几天、几年，甚至有时长达几十年。

1. 两种不同的记忆方式

极少有人埋怨说忘了如何爬楼梯、如何从一个椅子上站起来或者如何刷牙。日常生活中对记忆的抱怨大多数是关于无法想起某个人的名字、某个字，或者一件近期发生的事。在个人经历方面，一个具有遗忘障碍的人将面临更大的困难。为了更好地解释这一现象，心理学家安戴尔·图勒温和拉里·斯里赫定义了两种不同的记忆方式。

（1）陈述性记忆

“你去年去过哪个城市？”“谁是现在的农业部部长？”“《英雄》的作者叫什么名字？”“恺撒是在哪一年死的？”对所有这些问题，我们可以用一个词或者一句话来回答。当然，我们也可以写出答案，在某些情况下还可以画张图或是在一张照片、卡片上指出来。但答案通常都是基于对曾经经历过的或者学过的东西有意识地回忆，并且能够通过口头的方式表述出来。这就是为什么称其为陈述性记忆的原因，也可以用“精确记忆”这一术语。

（2）非陈述性记忆

操纵电视遥控器、使用厨房用具、骑自行车、系鞋带或者仅仅是走路，这些行为都不需要我们有意识地回忆相关的姿势或动作。即使我们可能记得当初学习这些行为时的情景，但更多时候我们只能以非常简单的方式对这些行为进行描述，并且倾向于演示示范。为了解释自由泳时腿的动作，游泳教练更多地会进行动作示范，而不是用长篇大论来解释。出于这个原因，这种记忆形式被称为非陈述性记忆或者隐性记忆。

2. 从生活事件到日常例行公事

1993 年 4 月 11 日我们去过纽约，《罗密欧与朱丽叶》的作者是莎士比亚，骑自行车的方法……所有这些例子都体现了对行为的记忆，但只有第一个例子是唯一真实发生过的，其他的例子似乎和个人特殊经历无关。并且，即使我们在日常用语中应用“学习骑自行车”这种表述，但当我们涉及“学习”这个词的时候，更多会联想到在学校学到某种知识，而非某种体育活动。那么是否对不同的事物存在不同的记忆呢？

研究人员对某些记忆障碍的研究证实了我们的假设。比如，某些健忘症患者只忘记了个人新近的经历、以前学过的文化知识，或者某些特殊的行为方式。由此，科学家将记忆分成三种类型：对发生在特定时间和地点的事件的情景记忆，用来储存一般知识的语义记忆，以及为了完成一些重复性行为或者标准化动作的程序性记忆。

3. 情景记忆

情景记忆对应着我们在一个确定的时间和地点的特殊经历，上个星期我们看过的电影，或者去年夏季我们做过的事。这些经历构成了情景记忆的一大部分。

（1）一个记忆的诞生

当我们记忆这些情景时，不仅记住了事件本身，还记住了当时的环境背景。例如，在我们回忆与朋友一起吃的晚餐时，我们还记得当时的灯光、声音、气味、味道等。同时，这些要素也在我们的记忆中留下了以后回忆的线索。在回忆时，我们就可以在以往的经历中定位："星期五晚上，我去大剧院看了一场极好的表演《图兰朵》，陪同的有小贝尔纳、安娜·玛丽、吉尔伯特、丹尼尔和雅克。"当然，对这样一个事件的记忆也保存有情感的因素。正如伏尔泰观察到的那样："所有触动内心的，都刻印在记忆中。"

记忆就这样保存着事件的主要方面，然而背景线索并不位于大脑的一个确定区域。因此，记忆的程序一点也不像以前描述的那样：在一个"仓库"里储存着记忆，每一个都有其特定位置，当我们需要的时候就"去那儿找"。

（2）事件的不同方面存在于不同的大脑区域

我们在记忆时大脑是什么样子的？比如，在7月的一个早上我们看见花瓶里插着的玫瑰时。首先，对这个场景的感知需要我们不同的感官共同参与：嗅觉感知玫瑰的香味，视觉记录它的形状、颜色和在花瓶中的位置以及花瓶在房间中的位置。接着，形成各种记忆痕迹。有关玫瑰花香的记忆将存留在大脑的嗅觉区域。如果我们被玫瑰花刺扎了一下，感受到的疼痛记忆将保存在大脑的另一个区域。关于地点和时间的信息则被存储在大脑的前部……

大脑各个区域间连接的建立归功于神经元网络，每次记忆一条信息时神经元网络都会被激活。而在回忆时，右额叶会从神经元网络中的不同记忆痕迹出发，进行对场景的重组。

（3）寻找遗失的记忆

有时候寻找遗失的记忆过程需要很长的时间并且很困难，因为必须要重新激活与之相连的全部神经元网络。但有时一个线索就足以唤回全部记忆。正如《追忆逝水年华》中所描写的，一小块浸入茶水中的玛德兰娜蛋糕唤醒了故事叙事者在贡布雷的整个童年世界，因为雷欧妮阿姨曾在给他一块相同的蛋糕之前把蛋糕浸入椴花茶中。

另一方面，分散储存使得记忆更稳固——大脑部分区域受损极少会造成一个人的全部记忆消失。但是，随着时间的推移，某些记忆痕迹的功用改变或者消除了，于是回忆变得很困难。

4. 语义记忆

大脑中其他被储存的信息普遍发生在学习的环境背景下，即一般的常识，比如《罗密欧与朱丽叶》的作者是谁，意大利的首都是哪儿……我们从多种渠道获得这些知识，如果这些知识只具有一般的性质，那么当时的学习背景会逐渐从我们记忆中消失。例如，我们很少能想起第一次听到“莎士比亚”或者“罗马”这些词的地点和时间。

有时候，关于时间和地点的记忆痕迹可以帮助我们找到一时遗忘了的东西：我们想起在一本什么样的杂志上读过，要找的东西就在某一页的上方。

（1）什么样的信息储存在语义记忆中

语义记忆存储的不仅是某种类型的百科知识，或一般知识性的问题，还储存了个体在一段时间内的生活事实。借助语义记忆，我们可以给物体命名并将其归类（锤子、螺丝刀、锯子属于工具类），或者给某个种类列举例子（属于昆虫的有蚂蚁、瓢虫、蜜蜂等）。同理，当我们需要记忆一系列混乱无序的词时，我们可以先将其分类，这样就更容易记住了。

（2）对知识的良好组织

事实上，语义记忆中储存的知识相互联系着，按照逻辑与用途的不同形成复杂的网络。例如当我们想起“大象”这个词时，其他的概念（大象的颜色、形态或者与它相关的历史）也同时处于活跃状态：“大象身躯庞大，它是灰色的，有两个大耳朵、一个长鼻子和两根大牙，重量可达6吨，拥有闻名于世的记忆力。公元前3世纪，汉尼拔骑着大象穿越了阿尔卑斯山……”

实用性知识的组织形式不尽相同。特别是在日常生活中，当涉及到一系列规范性的连续动作时，例如准备早餐、购物、组织聚会等。根据早已建立好的内在逻辑顺序，这些日常规律性的活动一旦开始，接下来的各个步骤便接踵而来，而不需要“图示”或者“脚本”。为了准备早餐，只需要开始第一个动作——在咖啡机里倒入水，这之后就不再需要任何注意力了，接下来的动作会自动执行，我们可以在这段时间去想别的事情。

5. 程序性记忆

第三种记忆类型通常在很大程度上脱离意识，如骑自行车、打网球、弹钢琴、进行心算、母语的正确使用，以及玩扑克牌等，这类活动一般都基于潜意识的记忆，所以很难对其进行详细的描述。这类活动的学习过程通常很漫长，需要经过无数次的练习和重复，而一旦掌握就很难忘记。但某些复杂的活动仍需要坚持实践：一个钢琴家如果不经常练习，他的演奏水平就有可能下降；一位高水平运动员如果缺乏常规的训练，他的成绩也将滑坡。

（1）例行公事性的任务

在日常生活中“自动性动作”扮演着重要角色，让我们可以完成复杂的例行事务，而大脑却保持空闲去面对无法预知的状况。例如，开车时，我们并不十分注意控制方向盘、油门、指示灯等，直到发生某些特殊情况才需要我们动用所有的注意力并结束“自动驾驶”。

（2）按照我们的习惯和偏好

潜意识的程序也是我们许多习惯和偏好的根源。我们能够记住一系列同等商品的价格，可以在比较某种商品时作为参考，比如哪家超级市场里的苹果更便宜。当我们不能够直接地应用这些程序时，比如由于货币的改变或者临时居住在外国，我们则显得特别地不相信自己的判断。尽管早在2002年初就开始推广欧元了，可是许多法国人仍然继续用法郎进行“思考”，特别是对非日常用品，比如房子或者汽车。

（3）典型的适应状况

在吃完一种特殊的食物（例如牡蛎）后，我们生病了，从此只要看一眼这种食物就可能恶心。在俄国生理学家巴甫洛夫的实验中，铃声一响起，那条已把铃声刺激同下一餐的来临结合起来的狗就开始流口水。在人类身上也能发现类似动物的这种典型的适应状况，这类适应状况有时候与由于特殊原因引起的害怕或快乐感有关。例如，如果我们曾被野兔咬伤，即使身处距离事故很远的地方，但是周围的树木或者气味与之相似，我们都可能会心跳加剧。

（4）诱饵效应

我们也会无意识地记住一些信息（比如对话者领带的颜色），在以后某个需要的时刻，这些信息能够帮助我们更快或者更容易地回想起当时的情景，但是这些信息与我们有意识记住的信息具有不同的确定程度（“你的领带好像是红色的”）。

为了描述这一现象，科学家们提出诱饵效应。例如，一个填字游戏的答案是一条定义（比如生产、出售豪华家具），突然我们想到了一个在完全不同的背景下出现过的正确答案（“细木工”）或者类似的答案（“木工”）。有时候，这样的潜意识记忆让我们兜了“一圈”：我们以为自己找到答案了，事实上，答案是通过我们以前读过的一篇文章而得到的，只不过我们早已忘记自己曾经读过那篇文章。

6. 长时记忆

如果某个短时记忆重要到有必要保持得久一些，它就要被存储到长时记忆中。为了对长时记忆是如何工作的有个概念，想象一下某个记忆从前门进来，穿过走廊（短时记忆），然后来到一个房间被分类和存储。这个“记忆存储库”非常大，它有着许多相互连接的房间，以及几乎是无限的容量。

（1）记忆的再现

记忆的存储虽然不如图书馆那么整齐，但也是有组织的。当我们想要再现信息时，就需要搜索它。有时我们发现马上就能找到，有时则需要较长的时间。

偶尔，你可能根本找不到你想找的。这部分是因为你学的越多，那么在你想要再现信息的竞争就越大。好比有一袋玻璃球，如果其中只有几个玻璃球，相互之间就很容易区分。袋子里的球越多，就越难将它们相互区分。

（2）再现失败

有时我们会无法再现确定已知的信息。

“舌尖”现象——你确信自己知道问题的答案，可就是不能完完全全地将它说出来。

编码错误——有时我们对我们想要在以后再现的信息编码不够好。你认为自己已经理解了某件事情，可当你想要给别人解释这件事情时，却发现自己并没有想象中理解得那么好，也就是说还有距离。

五、专业象棋师和运动员的记忆

第一印象中，一个象棋冠军和一个职业足球运动员之间似乎没有什么可比性。然而，他们所运用记忆的方式却惊人地相似。

1. 大师对新手

1965 年，心理学家阿德里安·德赫罗特策划了一个著名的实验。让 5 个大师和 5 个新手一起观看一系列国际象棋棋局，每个棋局观看 5 分钟，然后要求他们在一个空棋盘上重新排列出棋局。在第一轮测试中，大师们能够重新摆出 90% 的棋子，而新手只能摆出 40%。然而，当棋子以随机的方式排列在棋盘上时，大师和新手的成绩却是相同的。

大师胜于新手之处，在于他们懂得如何学习、辨认并且记住棋子的摆放，当然前提是棋子遵循一定的模式排列，比如一盘可以下出来的残局。我们猜测，在一个大师的记忆中储存着 10000 到 100000 种棋子的摆放模式。由于扫一眼就能组合大量的棋子，凯瑞·卡斯帕罗夫在很短的时间内就可以分析出一个新手的棋局。几年前，科学家设计了一台名为“深蓝”的计算机，它能测算到每步棋的几千个可能位置，除了开局和结果。一个专业棋手有时候用几秒钟就能迅速确定那些制胜的布局，程序员成功地在“深蓝”上模拟了这部分技能，从而使得电脑战胜了国际象棋大师凯瑞·卡斯帕罗夫。

2. 获得专家式的记忆

面对重现比赛情景的图像，当被要求说出一种让球员更好地控球的动作时，传球、护球还是直接射门，球员和教练给出的答案与外行人不一样。其他集体运动的专业运动员跟足球运动员一样，当被要求准确地记住运动的顺序以及在场地上移动的初始位置时，他们总是比新手表现得更好。滑冰运动员和体操运动员——也包括体育记者评论他们的技能——能更轻松地掌握表演姿势，但是，和在象棋案例里一样，他们的优势仅局限在与自己的专业相关的运动形态中。

正如各行业的专家们一样，运动员培养了“获知－行动”的能力，但这种能力基于普通的能力：扎实的基础要以多年的努力为代价。由于定期训练，他们能更好地专注于特殊的领域，并且能更强地在精神层面上“操作”这些能力。尽管如此，这些能力不能移植到他们专长之外的领域：专家的记忆只在自己的专业领域令人惊奇。

六、莫扎特的传奇记忆力

无须乐谱，勃拉姆斯就能够演奏巴赫和贝多芬的全部曲子，交响乐队指挥汉斯·翁·布隆也可以指挥瓦格纳创作的整部《特里斯坦和伊索尔特》，莫里茨·罗森塔尔能演奏肖邦的所有曲目……音乐家的记忆有时候可列入传奇。

在意大利小提琴演奏家特利纳萨奇的要求下，莫扎特在 1784 年晚间音乐会的前一天创作了降 B 大调钢琴和小提琴奏鸣曲。但他只写下了小提琴那部分的谱子，以便特利纳萨奇可以在早上准备。在第二天晚上的音乐会上，莫扎特亲自用钢琴在奥地利皇帝面前伴奏。当皇帝要求看钢琴曲谱时，却只有一张白纸……事实上，大多数音乐家、作曲家或者演奏家对这个传说并不感到惊讶，他们自称同样也可以做到。但是，根据传记，早在 14 岁的时候，莫扎特就表现出了超凡的记忆力。

1769 年，在父亲的陪同下，年轻的沃尔夫冈·阿马戴乌斯·莫扎特从萨尔茨堡出发，进行了 15 个月的旅行穿过意大利。1770 年 4 月 11 日，他们来到罗马，这时正值复活节。和其他游客一样，他们参加了在西斯廷教堂举行的从星期三到星期五早上的圣礼拜庆祝，伴随着格雷戈里奥·阿列格里（1582—1652）的《求主怜悯》。这部音乐作品没有任何乐器伴奏，是一部带有四声部重唱的五声部合唱歌曲，在欧洲以其优美的旋律而著称，同时也被蒙上了神秘的面纱。

教皇明令禁止在西斯廷教堂和圣礼拜之外唱这首曲子，并严格禁止任何人将此乐谱抄写外传，违令者必受革出教门的重罚。在当时只存在三份正式复制本：一份给了葡萄牙国王，一份为马丁尼教士拥有，而他被认为是意大利最伟大的作曲家和教育家之一，第三份存于维也纳的皇家图书馆里。

奥地利皇帝利奥波德一世（1640—1750）游览罗马时，贵族们向他讲述了那部超凡脱俗的音乐作品，于是他向教皇要了一份作品的复制本。但是，在维也纳的演出使利奥波德一世非常失望，他以为复本弄错了。因此，他向教皇抱怨，要求立即解雇提供副本的教堂主人。这个不幸的人于是请求听证，并向教皇解释说作品的美源于教皇合唱团的歌唱技术，而这是无法在任何乐谱上标明的。于是，教皇允许他到维也纳为自己辩护，最后教堂主人获得了成功，之后重获职位……

我们再回到莫扎特。星期三，当年轻的天才听完《求主怜悯》后，回到在罗马的居室里他凭记忆将整部曲子写了下来。星期五，他再一次回到西斯廷教堂，并把手写本藏在帽子里，以便修改一些错误。4 月 14 日，他的父亲利奥波德给妻子写了一封信："……

你经常听说的著名的《求主怜悯》禁止任何演奏家演艺，也极少复制给第三者，否则会被驱除出教会。但是我们已经拥有它了，沃尔夫冈抄录下来了。如果我们的在场对演奏不是必要的，我们将通过这封信寄回萨尔茨堡。但是，演奏对它的影响比作品本身大。另外，由于这涉及罗马的一个秘密，我们不希望它落到别人手中……”

莫扎特和父亲继续在那不勒斯游历，然后又回到罗马，并在波伦亚度过了剩下的假期。他曾向《求主怜悯》的一个拥有者马丁尼教士学习过，还结识了英国著名的传记作家和曲谱家查尔斯·伯尼博士。伯尼博士到法国和意大利游历，为一本关于这两个国家音乐状况的著作收集资料。1771年底，伯尼博士回到英国后出版了自己的游记，以及圣礼拜时在西斯廷教堂演奏的音乐作品集，阿列格里的《求主怜悯》也在其中。伯尼博士的作品集结束了教皇对《求主怜悯》的垄断。在这之后，这部作品被无数次地印刷。

关于伯尼博士是如何获得复本的存在着许多猜测。是来自梵蒂冈的教堂主人桑塔雷利？还是在看了莫扎特的手记，并与马丁尼拥有的副本做了比较后，出版的删改本？伯尼博士的版本不同于其他已知版本——官方的或者“盗版的”，可是为什么缺少了合唱团成员加上的“装饰音”？是否正如某些假设那样，伯尼博士想保护莫扎特，避免这个天主教国家的年轻公民被驱逐出教会？甚至他是否毁坏了莫扎特的手记？

所有这些假设依然存在，因为莫扎特的手记似乎并没有幸存，而它的不复存在同时又导致了所有关于这个手本真实度的争论落空。因而，问题的关键就在于，是否年轻的天才在14岁时就真的拥有如此超乎寻常的记忆力……

七、自传性记忆

对于大多数人而言，“记忆”一词最先能让我们想起的是个人世界，我们自主地保留着对自己实际经历过的事件的记忆。然而，简单观察一下就会发现，这种记忆不仅仅由一系列实际发生过的事件组成。

1. 自主与不自主记忆

当我们回忆过去时（例如很久前与朋友的一次晚餐），经常需要几秒钟的时间才能想起细节。事实上，我们先要经过一般性的回忆进行确认，比如是在生命中的哪个时期发生了这一情景（我们是学生的时候），然后上溯到同一类属的事件（在这个时期与朋友的聚餐）。就这样以精神努力为代价，我们找回当时的片段。这个过程有时非常艰难漫长，需要集中注意力有意识地进行记忆重组。一些记忆可能被扭曲，而承载着深厚感情的往事（我结婚的那一天）就能够快速地被想起。

对许多往事的回忆都是由一些同时出现的特殊迹象引发的：一种气味、一种味道、一段旋律、一个词语，或者一种想法、感情或思想状态。在马塞尔·普鲁斯特的小说《追忆逝水年华》中有许多这类的描述：玛德兰娜把蛋糕放入一杯茶水中、从佩塞皮埃医生的汽车中观看马丁维尔的钟楼、香榭丽舍大街一个公共洗手间的气味、勺子与餐碟碰撞的声音……作者用了“自主”和“不自主”这两个术语来区分不同的记忆重组方式。

2. 情景记忆和语义记忆之间的差别

情景记忆使我们能在脑海里重温某些情景，有时伴随着发生在特定时间和空间里的细节（我在学校的第一节课）。这些记忆再现通常由心理图像引起，但是我们也能找出和当时有关的感情或情绪。

在语义记忆中，关于我们自己的信息（周围人的名字、我们的爱好等）和一般事件的信息（我们在乡下过的周末、在学校的生活等）是以互补形式存储的。因此，重溯一般性事件其实是为了找回拥有共同特点的特殊事件。不容忽视的是，情景记忆和语义记忆之间存在着相互过渡和转化。

（1）演员的视角与观察者的视角

受情感重大影响的事物带着大量细节被持久地保存在我们的记忆中，这些情感的印记以强烈的再现感为特征，即表现为确切意识状态的再现。在这种情形下，我们倾向于依靠记忆中所保存的和最初事件相同的观点来重现片段。这种“演员的视角”被认为结合了片段记忆，而“观察者的视角”（就像我们看电影那样）则更多地体现出语义记忆。

（2）年龄与自传性记忆

一般来说，情景记忆历时越久，就越难以被忠实地保存，但是也存在许多例外。在3—4岁前，记忆是罕有的（儿童记忆缺失）。10—30岁之间构筑的记忆能保持得较为生动，40岁后这些记忆将在回忆中占相当大的比例，心理学家称之为“记忆重生的顶峰”。因此，人生的这个阶段对构筑我们个人的特征是具有重大意义的。衰老对我们重温特殊事件（情景方面）是不利的，但却不影响我们回忆一般性事件或者个人资料（语义方面），比如周围人的名字。

承载着深厚感情的事件通常能被很好地保存，然而，太强烈的感情有时会导致相反的效果。例如，抑郁有时候会引起情景记忆的衰退。

（3）近事遗忘症

自传性记忆可能遭遇的主要障碍是近事遗忘症（一种由突然的脑部损伤引起的对既得信息的遗忘），这种病症可能影响识别能力。情景记忆的缺失是这种病症的表现之一，但语义记忆通常不受影响。一些解剖学和临床数据以及功能图像显示，在回忆自传性的情景时，额叶和颞叶右前部的连接处扮演着重要角色。

3. 如何评估自传性记忆

可以通过多种方式来测试自传性记忆受损或者保存的能力，最常用的诊断方式是关于不同生活阶段的问卷调查。除了最近的12个月，童年到17岁，18—30岁，30岁以上，最近的5年，都被认为是特殊的时期。医生或者心理学家详细地询问被测试者在每个生活阶段发生的特殊事件（例如一次印象深刻的相遇），并且让他们说出具体的时间和地点，然后将结果与其他家庭成员提供的信息做比较。

其他测试方法还有向被测试者展示一系列的词（街道、婴儿、猫等），然后要求他们说出第一次接触这些词的情景，并确定具体时间；又或者评估他们表述一系列情景的能力。测试较少用个人线索（照片或者家庭轶事）来引发回忆，但是得到的结果与其他的测试方法几乎无差别。

八、前瞻性记忆和元记忆

当回忆过去的生活情景时，思维似乎自然地转向过去。然而，在回溯性记忆之外，还应该具备前瞻性记忆，它对我们的生活来说也是必需的，因为它能使我们想起在未来应该履行的行为。

1. 记住将要做的事

“不要忘记带面包回来”“要记得去投寄这封信”“中午不要忘记吃药”……查看日程簿是用来减轻记忆压力的最广泛方法。为了确保其有效性，前瞻性记忆存储的信息应该表现为：要履行的行为和应该实现的时间，以及应该开始的最佳时间。前瞻性记忆的有效性只有在想起的那一刻才被确定，因此，在记忆时动机和背景是首要的。一旦我们拥有一个填得满满的日程表，就要时不时想着去翻看。

每个人都对不时会忘记做一些事情而感到负疚，而且这还令人非常沮丧。这种类型的记忆的好处是易于改善。只要稍微有点条理，再加上一些简单策略的帮助，就可以提高这方面的记忆。有时，生活似乎被许多小事所占据，“有条理”可以帮助你清理思路，以便处理更为有趣的事情。

为什么我把手巾打了个结？这个象征性的“结”表明线索的重要性与直接关联性。事实上，所有记忆都通过线索被异化了，这些线索或者来自于外部环境，或者是由我们自己创造的（明天我应该……）。如果需要找回的记忆缺乏外部线索，那我们将更多地依赖内部线索。

经过面包店这样的简单事实，可以帮助我们建立有效的外部线索来使自己想起应该买面包。当所要实现的是一系列相互联系的行为中的一部分时，记忆重现通常是比较容易的。例如，当我们已经花了许多时间调制正在烤的面包时，很少会忘记在恰当的时候关闭烤箱。然而，买蛋糕是一个相对孤立的行为，因此我们极有可能忘记。

我们可以利用某些工具或者自己创造一些线索，比如做饭时使用定时器，又比如在手帕上打个结。一定要选择好辅助工具，因为这些工具不仅要具备时间提醒功能，还要让我们知道该做什么。这种情况下，在手帕上打个结表达的内容就不那么详细和明确了。

2. 元记忆

所谓元记忆是指对记忆过程和内容本身的了解和控制。换句话说，元记忆是有关记忆的知识。个体对自己的记忆功能、局限性、困难以及所使用的策略等的了解程度就代表了他的元记忆水平。以下是元记忆参与记忆的三个阶段。

①学习：知道怎样学好某条信息。

②储存：知道自己认识某条信息。

③重组：知道如何重新找回某条信息。

对于“达利出生于哪一天”这个问题，可能大部分的人会回答“我不知道”，并且不会在脑海中去寻找答案。是元记忆给了我们一个确定度，去判断是否有机会找到某条信息，或者想起过去和即将发生的事。没有元记忆，我们将一直处在徒劳的寻找中。

当我们评估自己拥有的文化知识时，元记忆就开始工作了。它总是参与我们的决定，包括最实用的那些。在使用新洗衣机前是否应该阅读说明书？在女儿去学校前是否应先在地图上查看下路线？在填写字谜时是否有必要查阅字典？为了理解一篇文章，是否最好从浏览图表开始……

对策略的恰当评估能使我们的记忆更有效率，并且能改善我们获知和回忆的能力。

3. 一种脆弱的记忆

儿童的元记忆很模糊，他们总是被教育不要忘记一切。但是人们高估了孩子的记忆能力。事实上，直到 7 岁左右，随着年龄的增长，孩子们的记忆力才会伴随着判断力的增强而加强。而另一方面，从某个年龄段开始，我们越来越难以正确判断自己记忆力的极限。当然这也因人而异。

如果说回溯性记忆把我们带回过去，前瞻性记忆把我们带向未来，那么元记忆则告诉我们目前的记忆能力。

九、终极记忆

许多人不重视与特殊记忆相关的一些奇异的特性，如被科学家发现的增强记忆，只是一些普通记忆达到极限值。以表现为根本出发点的记忆术研究者们一定会证明我们记忆的伟大潜力。但是有的人怀疑他们的能力是哗众取宠的，只是为了达到娱乐的目的。众所周知，图像记忆是把更加准确清晰的印象像抓拍一样快速记忆到脑海中。异常清晰表明记忆确实可靠。但是任何人的记忆都不是可靠无误的。所以即使人们脑海中的一个图像和人们最初的记忆一部分相一致，也有发生错误的趋势。失真和省略经常发生，但是通常短期记忆就不会有这种情况，一旦被长期记忆，即使是记忆天才也可能出错。

然而，一些人确实证明了这种超乎寻常的记忆能力。拥有终极记忆能力的人往往会夸大他们的一个或多个感官感觉。例如，脑海中清晰的图像就意味着视觉感官中的真实画面。另一些记忆天才都拥有特别的听觉、嗅觉、味觉或者综合感官能力。据估计，50 万人中有一人具有天生的共感官能力，而且他的感官能力会不知不觉地交错在一起。就这样，他们把词汇、声音、实物与颜色、味觉、形状联系到一起进行终极记忆。

除了一些极少的例子外，会终极记忆的人最有可能自觉或不自觉地运用记忆术。尽管大约 5%—10% 的儿童在童年时有这种特殊的记忆能力，但是当他们长大之后就失去了这种能力。这个事实证明了一个理论，即我们都有很多未被利用的记忆潜力等待开发。

十、感官记忆

外部世界带给我们的感觉信息构成了我们的记忆，我们的五种感官——视觉、听觉、触觉、嗅觉和味觉是记忆的主要入口。但是，通过感官感知而记忆的东西绝不能和相片或者录音磁带相比。感觉信息在大脑深处被分析，然后彼此之间建立联系，在与其他信息比较后，被烙上感情的、形态的（地点）和时间的（日期）印迹。一般来说，这些程序在每个人身上都是一样的，但是每个人的感官能力似乎并不相同。

1. 感官的专业化与缺失

受雇于赌场的能够过目不忘的人、拥有绝妙的耳朵的音乐家、拥有特别敏感的鼻子的香水调剂师等，我们都知道或听说过这种拥有超常视觉、听觉或者嗅觉记忆力的人，他们某方面的感觉能力强于一般人，然而能用触觉或味觉创造价值的人就较少见了。一些理发师说，他们一拿起剪刀就知道那是不是自己的私人剪刀。

同时，一种超乎寻常的技能似乎总是与另一种感觉方式的缺失联系在一起。例如，天生失明的人成功地发展了在空间、听觉和触觉记忆方面比视力正常的人更高的技能。但是失去一种感知方式和本身缺乏是不一样的，比如用布莱叶盲文进行触摸式阅读，大脑视觉区无疑也参与了某些语言能力的管理。

接下来，我们将简单介绍视觉、听觉、味觉与记忆的关系。

2. 视觉记忆

英国作家卢迪亚·吉卜林（1865—1936）在他的小说《吉姆》中，详细描写了少年英雄吉姆如何坚持不懈地记忆放在桌子上的物品，然后再找出缺少的东西的过程。经过不断的训练，吉姆获得了一种超常的技能，他能够记住所有看过的细节。

（1）图像记忆

在一个实验中，研究人员向志愿者展示了 2500 多张幻灯片，每 10 秒钟换一张。然后，将每张幻灯片与一张新的幻灯片混合在一起，要求被测试者指出熟悉的那张，即他们之前看过的那张。结果非常令人吃惊：几天后，90% 以上的图片被认出；几个星期后，仍然有很大比例的图片被认出。之后再用 10000 张幻灯片做类似的实验，同样确认了视觉识别不同寻常的效率。

（2）如此熟悉的活动

观看是我们非常熟悉的一项大脑活动，以至我们有时候忘记视觉在记忆过程中扮演着重要角色。信息进入大脑被处理和存储后，就不再依赖语言了。为了解释视觉记忆的运作过程，神经心理学家将视觉记忆（或视觉 – 空间记忆）同行为记忆进行了比较。视觉记忆能让我们在头脑里“操纵”抽象的图案或路线，而行为记忆则是依靠语言来理解话语的内容和各种视觉信息。

事实上，重要的是不要混淆了视觉信息与视觉记忆。视觉记忆大多数都是按照双重编码的原则来处理词语、图案、照片或者真实的事物等视觉信息。在大量实验中，神经心理学家揭示了双重编码的优点，这种编码方式能将形象信息（形态、尺寸、布局）与动作信息组合在一起。

（3）自闭症患者的记忆：对细节敏锐的感知

人们有时用“照片式”记忆来引出自闭症患者典型的精确记忆。

自闭症是一种发育缺陷，会阻碍患者与社会的互动、对外界情感的反应和与他人的沟通。但这种严重的功能障碍有时却伴随着非凡的音乐记忆能力或“照片式”记忆能力，后一种记忆能力使患者能用复杂的图像表述出记忆里的少量细节，或者毫无困难地进行大量的计算，就像电影《雨人》中达斯汀·霍夫曼所饰演的人物那样。

为了解释这种自发而非凡的能力，神经心理学家提出“表面的记忆”，这种记忆并非想要脱离图像的整体感觉或整体形态，而是试图结合更重要的细节来创造“心理图像”。面对一幅画时，大多数人都是在集中注意力于总体形态后，再试图把握其中的细节，而自闭症患者在没有总体视觉的引领下将同等对待所有细节。因此，在处理信息的第一步，自闭症患者表现得更好，而正常人“消耗”的精力是为了获得更整体或更多的感官信息，以此简化记忆。有些研究人员还认为，自闭症患者越是与世隔绝，越是容易出现运作记忆障碍。

（4）记忆面孔

在图像记忆方面我们是天生的行家，但是我们中有些人在某一特定方面表现出更高的能力，如记忆面孔、建筑物、风景等。这种能力有时候是训练的结果，正如吉卜林的小说中描绘的那样，但是好像真的存在一种“天赋”，比如在过目不忘的人身上。

我们越是能从几千张脸中毫无困难地认出熟悉的那张，越是难以用言语对其进行描述。在描述时，我们通常会提取整体特征，眼睛、胡子、眉毛、痣等，在辨认面孔时语言似乎扮演着次要角色。辨认面孔的能力很早就在儿童身上得到发展，研究表明6—9个月大的儿童比成年人更容易记住周围人的面孔。

3. 听觉记忆

“如果钢琴演奏家想演奏《瓦尔基里骑士曲》或者《特里斯坦》前奏曲，威尔杜汉夫人称道，不是因为这些音乐使她不高兴，而是因为它们给她留下的印象太深刻了。‘您关心我有偏头痛吗？您知道每次他演奏同样的东西时都一样。我知道等待我的是什么！’”（马塞尔·普鲁斯特《在斯万家那边》）

（1）情绪——理解音乐的关键

情绪与音乐之间的关系是复杂的。一方面，听一段音乐或进行一次与音乐有关的实践（如唱歌或演奏乐器）会引起一些感觉（比如兴奋或放松），我们根据当时的情绪来阐释这些感觉，并且从此以后我们会把这些感觉与听到的或自己演奏的音乐联系起来。

另一方面，在精神层面，我们大多数人都能够预测一段音乐接下来的部分，“我知道这段之后，铜管将进入交响乐中”或者“节奏将加快，声音将变得更高”。然而，这种才能似乎并不来源于我们受到的音乐教育，而是来自我们从管弦乐中自发得到的“感觉”。

事实上，一段著名的乐曲产生的“震撼”很大程度依赖于我们的精神活动。神经心理学家观察到，某些患者的听力感知（对一段旋律、节奏、音色等）虽然保持完好，但他们失去了听音乐的快乐感。患者自己解释说，他们“不再能理解”不同乐器之间的音乐关系，并且他们也不能再“预知”一段音乐将如何演进。

（2）不同的倾听方式

每个人的音乐才能都不同，一些人似乎比另一些人更有天分去记住一段旋律或者辨认音色。如何解释这些不同？研究人员从对音乐家的观察中发现，他们是以不同常人的方式听，更确切地说是他们“看”所听到的音符，音符对他们来说就相当于“字”。医学图像通过对大脑刺激的研究证明了这些假设，医学刺激利用的是视觉或语言资料。

即使周围存在干扰噪音，职业的或者业余的音乐家都能成功地在意识中保留旋律，而其他人则做不到。在任何情况下，音乐家们都能毫无困难地进行记忆，除非他们同时听到另一段相似的旋律。

（3）记忆和音乐曲目库

得益于我们储存在语义记忆中的理论知识，当我们听到一段旋律或者一个作品时，就会感到熟悉，甚至能够确认其曲名、作曲家或者演奏者。对于那些长期演奏同一种乐器的人来说，曲目库是随着日积月累的实践构筑的。

（4）语言和旋律是两种不同的听觉记忆吗

对旋律的记忆是否比对语言的记忆更持久？专注于歌词和旋律之间关系的神经心理学研究表明，对歌曲的记忆实际上与这两个方面紧密结合，尽管对旋律的记忆在时间上更持久。大脑受损的音乐家能够继续从事音乐活动，但从此再也不能理解歌词或话语。因此，语言和旋律可能以独立的方式保存在长期记忆中。

如果一段音乐在记忆中能保存很久，那毫无疑问它依靠了与语言信息相关的编码，特别是情感信息。某种声音（亲属的声音、环境里的声音、旋律）与某种情感（是否快乐）联系在一起，会对巩固记忆大有帮助。另外，这样的声音现象不需要以有意识的方式被感知也能永久地被储存，而“普通的”听觉信息（如要记下的电话号码）需要意识的参与，因为它们依赖运作记忆。

4. 嗅觉记忆

《追忆逝水年华》中写道：每次在贡布雷游览时，“我总不免怀着难以启齿的艳羡，沉溺在花布床罩中间那股甜腻腻的、乏味的、难以消受的、烂水果一般的气味之中”。

（1）气味：记忆的要塞

马塞尔·普鲁斯特的这段文字，总结了嗅觉记忆的许多特征。

持久性：多年后仍能精确地描述出最初的气味感觉。

幸福的基调：与情景之间的联系。

联觉的特质：能让各种感觉相互联系。

气味是记忆的“要塞”，特别是当记忆痕迹产生于孩童时。我们每个人在成人后，都有突然想起一件极为久远的事的经历，有时候通过一种香水气味、一个房间或者一个在柜子底下找到的毛绒玩具而引发。

（2）幸福的记忆

大多数的嗅觉记忆都是幸福的，都能唤起曾经“垂涎欲滴”的生活事件。哲学家加斯顿·巴舍拉（1884—1962）曾说，当记忆“呼吸”的时候，所有的气味都是美好的。

确实，通过对500多个学生的问卷调查得出的结论是，他们的嗅觉记忆大多数时候是愉快的，无论在所记忆的内容方面，还是在与之相关的情景方面。在儿童身上，常常是重新想起假期、旅游、大自然（大海、山、乡村等）以及家人（父母和祖父母的气味、家庭聚餐、家人的房间等）。

奇怪的是，在一些情况下，也有人把公认为难闻的气味与快乐的经历联系在一起。例如，粪坑的气味让人想起在农场度过的一个假期，氯气让人想起游泳池的游戏。

正如这些联系所展现的，我们在记忆的同时刺激了所有感觉和感情的背景，多个大脑区域参与了嗅觉信息的处理——丘脑、淋巴系统等——烙下了气味的感情价值，聚集了各种感觉信息，因此这些记忆从来都不是纯粹嗅觉的记忆。

5. 嗅觉记忆与其他感觉

嗅觉记忆总是处于其他感觉的中心。例如，在吃饭或喝饮料的时候，如果没有通过鼻后腔的嗅觉信息，就会失去许多其他的感知能力。

同时，其他感觉反过来也会对嗅觉产生影响。例如，医院的气味会引起难以消化的感觉。一个护士这么描述病人身体的坏死给她留下的印象，“一小块一小块地吞噬着肌体”。另一个护士回忆说，让人难以忍受的气味“注入”了她的衣服和皮肤里。

事实上，似乎很难想象出某种嗅觉记忆，因为它并不以具体的形式同时出现在我们的记忆与身体的某个部位中。但是，嗅觉的特性确实在记忆过程中发挥了很大的功用。

十一、记忆的其他类型

还有其他几种记忆模式，它们帮助我们成功地进行每天的日常生活。

1. 预先记忆

你还需要知道有一种十分独特的记忆，它是短时记忆和长时记忆合作的产物。这就是你对未来的记忆（对尚未发生的事情的看法），名字叫预先记忆。它包含你下周或是下个月打算干什么，以及你对未来的计划、希望和梦想。

2. 计划性记忆

计划性记忆是对在合适的刺激下自动激发的行动的汇总。例如，如果开车时看见前面有红灯，你会自动地开始刹车。

3. 剧本式记忆

与剧本式记忆有关的是发生在特定的一些社会场景中的事件。它们对得体的行为举止有着影响，并且是处理日常情况时所需的那一类综合性记忆。例如，当你走进一家餐馆时，你知道通常需要坐着等一会儿，然后有人会给你一本菜单让你点菜，然后服务员会将你点的菜端上来，而且按照一定的次序，最后是埋单。

4. 脑海中的地图

我们关于周围环境的知识也会在脑海中被组合成地图。例如，当你搬到一个新的地方后，会感到有点陌生，对周围的道路也不了解。然而，当你在那儿住上几星期后，就会越来越熟悉街道的分布、上哪里去买东西，以及如何去某个地方。你有效地在脑海中建立了一幅地图。

5. 反身型记忆

反身型记忆也被称为应激反应，是人类生存的基本要素。这种暗示型的记忆路径及时并且本能地对信息进行编码、储存、重新提取。它最基本的功能是使我们远离伤害。比如，尽可能地使自己的手远离火炉；或者当一个人在你的眼前摆弄着一条蛇，你会大喊。恐怖的场景、刺耳的声音、强烈的感情，这些都可能成为反身型记忆伴随我们一生。那些经历可能会使我们一生都有某种恐惧症和持续的毫无道理的害怕。同样，当某种气味、场景、味道、歌声引发出一种核心的感触，这种反身型记忆也会形成一种强烈的感官记忆。例如，一个房子里面，炉子上炖着鸡汤，就会让我回忆起妈妈在我发烧、抑郁及患其他疾病时的照顾，以及那种温馨的感觉。尽管反身型记忆多数是在不知不觉的情况下形成的，我们仍然能通过不断的重复，通过抽认卡的学习方法进行训练。任何程序只要重复得足够多，都可以成为反身型记忆。

一个职业棒球手不用在挥棒之前去分析快速球，确切地说，他在日常训练中数不清的击球已经强化了他的反身型记忆。同样，伸出手去摇动某人的手是一种反身型的行动。反身型记忆的亚类型通常包括感情记忆、闪光灯记忆。

（1）感情记忆

感情记忆也被称为情绪型记忆，指的是因强烈的感官刺激而储存在大脑中的信息。从外伤到愉悦，这种直接的路径可以产生快速的知识。下面的两种清楚的记忆亚类型——语义记忆和插语记忆，代表了大部分我们在学校学到的知识和从日常生活经历中得到的知识。

（2）闪光灯记忆

对极端震惊事件的生动回忆，经常存在于许多人的记忆中。比如“挑战者号”爆炸，或者严重的自然灾害。事件以一种生动的形象被记忆，就仿佛时间在那一刻冻结了。尽管记忆会使我们的感情长时间保持着，但是长期的研究证明，细节上的准确性会慢慢地减弱。

6. 多种记忆类型

为了更好地认识上述的各种记忆类型，我们可以将一个生活中的早晨作为小说的章节。

杰西被从窗子透进来的阳光照醒，说明已经过了平时起床的时间（外在的，视觉记忆）。当他意识到闹钟坏了，他马上从床上跳了下来（反身型记忆）。为了报告停电，他找到了电力公司的电话号码，并在拨号之前重复了几遍（语义，工作记忆）。因为工作要迟到了，他打了脑子里记住的办公室电话（语义，长期记忆）。他察看了日历，看是否错过了什么约会（外在的，视觉记忆）。杰西不必经常停下来考虑如何准备他早晨的咖啡（暗示，程序型记忆）。但是今天他面临了电的问题，他无法使用电咖啡壶。他想起上周野营的时候买过速溶咖啡（插语记忆），这提醒他炉子是使用煤气的，不是电的（语义记忆）。杰西把茶壶灌满放在炉子上，当他听到沸腾声，他去拿茶壶，但是在碰到茶壶之前就把手缩了回来（反身型记忆，应激反应）。他很快地穿上了衣服，并开车去上班（暗示的，程序型记忆）。在办公室，他想起来下午要提交公司年度审计报告。杰西通读了一遍报告，并做出了一个提纲好记住它（外在的，语义记忆）。他想起总裁说过报告中最关键的部分是“公司的高增长率”（语义，听觉的 / 词汇记忆）。他做了一个“精神上的注释”（提示他的记忆）用来结束他的陈述。仅仅上午 10 点，杰西就已经使用了多种记忆类型了。

第五章
超级记忆技巧

一、重复和机械学习

“有的时候，我们确实需要机械地记忆一些东西”——这是一个在擅长机械记忆和不擅长机械记忆的人群之间引起热烈争论的问题。不擅长机械记忆的人群大声反驳说:“这种说法是不公正的！”然而，事实上，任何人都可以通过重复来巩固和强化所学的知识。

1. 熟记

当你已经失去了这种习惯和能力的时候，熟记不是一件容易的事情。这种学习方法是学校教育甚至是高等教育不可或缺的组成部分。如果你处在这两个学习阶段中的任何一个，这种纯粹机械记忆的方法都是简单而有效的。如果要重新唤醒这种记忆方法，你所要做的第一步就是找一个安静的地方坐下，确保不被他人打扰，依照循序渐进的原则，数次重复你的目标信息。

当我们要应对马上来临的情况时，我们会采取机械记忆的方法。这是为几天以后的考试做准备的非常有效的方法。两周以后，你也可能仍然记得整首诗的内容，但是更大的可能性是你只记得其中的某些句子。在这方面，每个人的能力以及表现不同。

无论情况怎样，机械学习都不是保持长时记忆的最好方法。我们不是总能够将兴趣长久地保持在学习过的东西上面，而且，最后期限一过，我们也不会再费力地重复所学的东西了。

2. 重复：有效巩固

把经过编码的信息转化为长时记忆，这要求你为这项信息建立起十分坚固的表象，也就是使其得到巩固和强化。巩固信息的方法有很多：通过联想，把新信息和已存在的信息联系在一起；通过分类法；通过逻辑组织法。无论你用哪种方法，强烈的感情都是必不可少的，它能够大大地提升巩固效果。

对于简单的材料来说，重复始终是最可靠、最有效的巩固法。每一次的重复对于强化信息都能起到很好的作用：已经存在的信息再次被确认并存储，会使其在大脑中保持更长的时间。此外，重复是兴趣和重视程度的体现，也是保持此信息的体现。总之，各种各样可能的原因使信息牢牢地留在你的记忆里。

另外，如果你利用每天晚上上床睡觉之前的时间来记忆一些东西，就更能促进长时记忆。但是为了防止它被其他吸引你注意力的事情或者事物所代替，你必须在第二天早上一醒来，就立刻回忆前一天晚上记忆过的内容。

二、联想记忆法

1. 联想法

联想是将你想要记住的东西和你已知的东西之间形成智力联系的过程。尽管许多联想是自动产生的，但是联想的意识创造是将新信息编译的一个极好方法。将一事物与另一事物联想起来，便于我们记忆。例如，小安时常会忘记这个词“樱草属植物”（一种植物，人们喜欢叫它“兔耳朵”）。他注意到它的叶子长得像小轮子，于是他就叫它“骑车的人”，之后就再没忘记过。联想有利于记住一些奇怪而又简单的信息。一旦你形成了联想，在心里重复几遍或大声复述几遍将有助于你记忆。

这一方法可以用于记忆这些事情：你的新邻居的名字，你的朋友居住的小区，你想推荐的一部电影的名字，去往新开张的商店的路是向右转还是向左转，去往朋友家的公共汽车。

2. 实际应用

小月：初到一个新城市，认识了许许多多的新同学，其中有一位同学的名字叫华振兴。由于某种原因，我一直记不住他的名字。后来我在记忆课上学了联想这个方法并试着使用。我默念了几次“华振兴”之后，我突然想到有一句口号“振兴中华”。我认为我可以通过将“华振兴”与“振兴中华”联系在一起记住他的名字。每次我看到他，我就会心里想着“振兴中华”。

李先生：在读中学的时候，对于汉代的三次大规模农民起义的记忆让我伤透脑筋。其中，一是公元 17 年发生的绿林起义；二是公元 18 年发生的赤眉起义；三是公元 184 年发生的黄巾起义。前两次发生在西汉，后一次发生在东汉。最让人头痛的是起义名称和先后顺序很容易搞混。为此，我通过联想进行记忆：这三次起义的名称都有颜色，即绿、红、黄，可以将这种变化同枫叶联系起来记忆。枫叶春夏时绿，秋天变红，冬天变黄。这样一来，不但不容易弄混，而且容易记忆。

岳山：我总是记不住意大利的版图，后来，我对它进行了联想。我注意到，意大利的版图很像高筒的马靴——圆柱形的靴身、流行的鞋尖、锥形的鞋跟。没错，意大利就像优雅的腿，一脚踩出欧洲大陆。经过联想处理后，我永远都忘记不了意大利版图的样子。

三、联系法

大脑总会自动地将新的信息跟已经存在的信息联系起来。你可以把大脑的这种自然的功能（联想）看成是一种记忆术。为了强化大脑的此项功能，最重要的就是充分释放你的创造力。

我们记不住东西的主要原因多半是词与词之间没有明显的联系。解决方法就是发挥你的想象力，人为地为它们创造联系。

1. 记忆和联想

记忆的过程通常包含三个步骤：信息编码、信息存储、信息提取。对于目标信息来说，首先它会被转化成“大脑语言”，然后被大脑拿来跟记忆中已有的各项信息进行比较，以便确定这则信息是否曾经已经被储存过或者是否真的携带一些新的东西，就像是电脑自动更新文档一样。如果确实含有新的东西，大脑将会为它寻找合适的已有信息，并且在二者之间建立联系。这即是信息编码的过程。每个独立个体各异的历史背景都为信息编码提供了丰富的土壤。每次你遇见新的事物，不管是具体的实物还是一种抽象的思想，你都会自动地将它与你已经知道的信息联系起来——联想是一个自发的大脑活动过程。

我们经常面临一些自己认为不知道答案的问题。利用所有你可以自行支配的信息，建立起一个联系网，借助这个联系网，你很有可能找出问题的答案。这种能力往往在那些能够娴熟地运用自己的知识的人身上表现得最为明显，这种人总是知道如何将新事物跟已有信息联系起来。他们的这种建立联系的能力已经得到了非常完善地开发。

2. 形成联系

（1）深思熟虑的联系和自发形成的联系

联想是一个心理活动过程，它能够帮助你在具有某种共性或者共同点的人、物体、图像、观点之间建立联系。简单地说，如果看见A，你就想到B，那么你已在A与B之间建立起了联系，当看见“A+B”时，你想到了C，那就证明A、B与C之间存在共同之处。有些联系是被人们普遍承认的，例如下面所划分的这几类：

音节联系

发音相似的词会很自然地被联系在一起。例如：“期求”和“乞求”。

语义联系

这种联系建立的基础是词本身的意义和你对这个词所表示的事物的了解。例如“西红柿”和“水果”。

比喻联系

A和B之间之所以存在联系，是因为B的意思和A通过某种代换物转化以后的意思相近。例如：“苹果”和“羞愧”（羞愧难当，脸红得像苹果一样）。

逻辑联系

背景相同的两个事物被联系在一起。例如：“番茄酱”和“调味汁”。

类型或种类联系

两种事物在某一方面（颜色、形状、大小、重量、味道等等）具有共同点。举例来说，“西红柿”和“红辣椒”（颜色相同，都是红色）、“西红柿”和“葡萄”（果实垂下藤蔓的形状相同）。

思想联系

两种事物之间以一种更加抽象的联系作为基础。例如：“西红柿”和“太阳”。与此同时，你也会以自身经历以及个人世界为基础建立联系，因此除了上述的七种联系以外，还需要加上下面的两种。

主观联系

这种联系只有当事人明白是怎么回事，因为它暗指了当事人关于某件事情的回忆。举例来说，“大海”和“心绞痛”——因为上次你到海边去，心绞痛发作了，很痛苦……

无意联系

这种联系的建立超越了当事人的意识范围，一般难以给出解释。

（2）借助想象，建立联系

联想这种记忆策略，帮助你在事物之间建立联系，能够大大地提高你记住这些事物的概率。经常练习能够促进信息之间建立联系，而且这种联系越具有独创性，它们就越能稳固地保留在你的记忆里。因此，你必须完全地释放你的想象力，放任图像、文字以及感觉自由地淌进你的脑海，不要对它们有任何限制条件。

对于记忆过程来说，最重要的一点就是找出适合自己的联系方式，也就是说，两个事物之间所建立的联系，对于个人来说必须是有意义的，或者能够激发你的某种感情。

四、图像记忆法

翻阅一下你的记忆，你很有可能会产生这样一种感觉：一组组的图片在你头脑中展开，就像是幻灯片一样掠过脑海。当你想保留其中的一项时，首先依赖于感觉器官对它进行登记。如果你稍加注意，不只会保留视觉性的映像，甚至还会有听觉性和触觉性的特征。如果你读一篇自己不感兴趣的文章，不投入注意力，没想过要记住内容，也不期望以后会用到这篇文章，那么将不会产生任何的心理表象。这篇文章的信息不会被提交给记忆。相反，如果以上三点都具备——兴趣、注意力，以及把信息传达给别人的期望，就会形成一系列的精神表象，并且在记忆过程中被调动起来。

有没有人会想到自己10年前、15年前或20年前的一些特别经历呢（当然如果你还小，可以想想去年或前年的特别经历）？也许这些经历是令你印象特别深刻的，可能是恐怖的或是刻骨铭心的。例如车祸，受伤的人衣服变红，躺倒在地，地上都是他的物品，还有车子的颜色，等等。这些鲜明的记忆可能会让你记住十几年，甚至一辈子。

为什么十几年后很多自认为记忆力差的人还能栩栩如生地描述上述车祸的场面呢？这就是因为回忆了记忆中图像的缘故。

我们的各种感官记忆之一就是对图像的记忆，当我们看到相关的影像时，这个图像自然就会浮现在脑海里，并被记录在右脑里。不要忘记，除了视觉的存盘，还有其他的感官记录可以加入想象的空间。例如，我们也许记得车祸时撞车的声音，因此由听觉引出图像的存盘；也许车祸引起火灾，可以闻到烟火的味道，在车祸现场还可能触摸到倒在地上的车辆或受伤者，这就有了由嗅觉、触觉所记录的图像。

总之，如果我们用各方面的感官来记录一个情景，有特别深刻的影像被记录下来，不仅会加强回忆，还会变成清晰的记忆。

你常会听人说，图像胜过千言万语。将事物清楚地呈现在脑海是一个有意识地将一件事、一个数字、一个名字、一个字或一个想法在你脑中形成一种形象的过程。如果你花些时间将话语转变成一幅富有含义的图像，然后把这幅图记在心里几分钟，你就更可能记住这个名字、事情或想法了。

一些朋友天生就具有良好的视觉能力。他们的想象生动且丰富多彩。如果你有很好的视觉记忆能力，你可以以多种方式充分地利用它们。其中一种方法就是建立记忆频道。

你可以尽情地使用这样的技巧。例如，一些朋友会将日期表刻在石头上来帮助记忆。视觉记忆还可以帮助记忆外貌和地点。如果视觉记忆对你适用，那么你只需自然地运用它即可。如果你去游览一个小镇，你要记住经过的路线，这样你就可以准确地回到停车的地方。

我们以前所说的拍照式的记忆就是现在说的“图像记忆法”。一些人能在一分钟内复述出看过的物体、设计和文件，就好像他们在脑中给这些事物拍了照一样。

当然，有一些人的确有过于常人的记忆方式。有一位老裁缝，她就能用极短的时间观察别人的着装，然后完全模仿出来。她创立了蓬勃的事业，为顾客参谋穿着，这些穿着都是她从婚礼和明星的照片上看到的。如果她能够看一眼服装杂志上的一些衣着，或是现场看到别人的衣服，那么她就能更完美地模仿它们。

五、细节观察法

1. 概述

记住你没有清楚地观察过的事物或不感兴趣的事物通常是困难的。积极观察是有意识地去注意你所看见、听见或读到的事物细节的过程。运用积极观察，你会发现一张照片、一张新面孔、一处自然景观、一席谈话、一件发生在街道上的事情或一件艺术品的含义以及带给你的震憾。积极观察相对于对周围的事物不进行思考，或因不感兴趣而听之任之的消极生活态度是截然不同的。记忆的关键是对其感兴趣。

一个短暂、未经审视的想法是毫无价值并且很容易遗忘的。当我们将一个想法或主意详细说明之后，我们就能将它更深刻地编译。当某些事情非常有趣或富有争议时，例如，第一次打篮球，我们不用有意识地去记就能将这一经历非常深刻地记住。在我们的头脑中，我们评论发生的事件，我们试图了解发生了什么，我们将它与我们知道的情形联系起来，我们问自己对它的感觉如何。这个过程可以有意地用作一种将我们想记住的信息进行编译的方法。

这种方法可以用于记忆这些事情：你在一家商店中看到一条被子的图案，如何玩朋友教你的新游戏，你看到的许多人的面貌，新买的吸尘器的使用，两位市长候选人的简介，你在大学里所学的课程，你和朋友讨论的一本书的情节。

2. 实例运用

阿曼：我最近买了一台录像机，读着冗长乏味的使用说明书，按照它们来录制我最喜欢的电视节目。第二次我试着录一个电视节目时，我想不起来如何做了，就不得不重看了一遍使用说明书。由于我想不查阅这本手册就能使用录像机，我复述了一遍所有的步骤，了解了每一步的次序和重要性。我将这些死板的手册指南转变为自己的话。我将这些步骤重复了几次并将它们牢记在我的长期记忆中。我发现，如果将这些话大声说出来，它的效果会更好。使用了详细描述的方法之后，我仍然能记住这些步骤，甚至在三周的度假之后，还能记忆犹新。

小叶：我一生只去过夏威夷群岛旅行。我去了其中的三个岛，它们都非常美丽，然而也有所不同。我想将这些岛清楚地告诉我的朋友们。我曾在报纸上读到，如果你详细地阐述了你想要记住的事物的细节，那么你就能将这些信息更好地编译。我想了想小岛之间不同的自然特征、我在每个岛上做的事情以及我住宿的地方。我将这些细节与岛的名字联系在一起进行了一些联想。我将这些细节重复了好几天，现在我发现记住它们很容易。

李明：我有严重的关节炎，出去的次数很少。我非常厌烦这种日复一日的生活，并且我的记忆力似乎变得越来越差。女儿在我生日时送给我一个鸟食容器，渐渐地我开始观察来啄食的鸟儿。一天，我看到一只我不认识的鸟。我问女儿是否认识这是只什么鸟，她也不知道。但是她后来带回来一本有几百种鸟类彩色图片和详细介绍的书。当我们查询这只鸟时，我非常惊讶，在我生活的周围竟然有这么多种鸟。这个鸟食容器改变了我的生活！我看到并听到了许多新事情，而且我非常吃惊于我真的能记住它们。

文文：有一次，我去一个大型购物中心，我将车停在了车库。在地上有一些向上和向下的坡道，而在我停车的地方也没有任何文字或数字。我意识到，我会很容易把车放在难记的地方。我仔细观察了我走的这条通向出口楼梯的通道，并且当我到达那儿时，我回头看了看以加深对汽车所在位置的印象。当我回来时，我很清楚地记得我的汽车所在位置以及到那儿的路。

安平：学习了积极观察这个方法之后，我决定试试这个方法。我去了我们当地的博物馆并花时间看一幅由莫内塔画的两个女人的油画。我没有像通常那样很快地扫视这幅画。我看了看细节，又看了看整体，并问了自己一些问题：它漂亮吗？它是什么年代的作品？这两个女人看起来是高兴还是悲伤？她们穿着什么样的衣服？我想把它挂在我的起居室里吗？当我离开这家博物馆时，我知道我会记得这次博物馆之旅：因为我所记忆的东西不是通常一些模糊的画面。

六、外部暗示法

当我们面临一些无法立刻认知其含义的形象时，我们就会通过深入想象来寻找答案。那时我们所看到的——或者认为我们所看到的不仅能够反映出我们习惯性的感觉、思考和行动方式，而且还能反映出我们以前已经感觉到、经历过的东西，甚至是我们的潜意识。我们的想象力产生作用的方式反映了我们的实质，因此心理学家开始借助于视觉辅助手段（图画、照片等多样化的文件）。通过这些辅助工具，可以透射出人们对自身的真实看法，以及其他人对他们的反映或者是可能做出的反应。

1. 好的和坏的记忆辅助工具

我的冰箱上贴满了便条！它们真的很必要吗？

想象一下你准备购买的物品，试着在脑子里列一个你所需要的所有物品的清单。这个记忆练习是我们每天都要做的事情。下一步你要做什么？写一张购物清单吗？

面对日常生活中许许多多不同的任务，我们倾向于向一些辅助工具（一张纸、笔记、便条、告示牌……）求助。它们真的对记忆有所帮助吗？还是会以毁坏我们的记忆力而告终？我们应该尝试离开它们去做事情吗？

好的辅助工具能够使我们完成那些离开它们便不可能完成的事情。想象一下，我们能够回忆起日记或者地址簿里的所有东西，这合理吗？现实吗？其实那是对你的记忆能力估计过高。日记和地址簿使我们能够在不加重记忆负担的情况下更有效率地生活，因此是非常好的工具。

另一方面，当辅助工具使我们不能充分利用我们的记忆力时，它就变得有害了。因此，当我们不自觉地打开电话本查找一个熟悉的电话号码时，就剥夺了对记忆而言极为重要的脑力训练，并且会导致懒惰，而这种懒惰在不久以后会对我们个人的独立性产生消极影响。

2. 书面提示：将事情写下来

你不必将所有东西都记在你的脑子里。

尽管有许多时候你必须依靠你的头脑来记忆，但大多数人在整个日常生活中都用外部暗示来提示自己。例如，你也许会使用闹钟叫你起床，遵守约会的日程，使用厨房定时器来煮饭，或使用一个有标记的药盒。你必须承认，在许多情况下，无须相信你的记忆力。如果你能使用你所在环境中的一些东西来提醒你，你的脑子就不必想其他事情了。

尽管很多人都使用日程表、约会簿和笔记用以了解他们想要记住的东西，但是仍旧有许多人怀疑做书面提示是否真的对记忆力差的人是一个帮助。事实上，将事情写下来是最有用的记忆工具之一。

如果你想更好地记住这类事情，将所有的信息记在一个笔记本里。

下面的内容将为你提供一些创造性地使用书面提示的思路。

①列一份你需要做的事情的目录。你一想到某件事情，就将它添加到这个目录中。

②使用一个约会簿或日程表来提示你自己想在以后打的电话，例如，打电话给一位刚做过手术的老师。同时要养成一种经常翻看日程表的习惯。

③记下一个在下次看病时你想问医生的一些健康问题。在离开医生办公室之前，记下医生的嘱咐。

④写日记记录每天发生的事情。如果想知道自己是否已经完成了作业或听了一堂重要的讲课，你都可以查看这本日记。

⑤列一份你想读的书或你已经读过的书的名字目录。

⑥记录你寄出或收到的信件和贺年片。

⑦记录你所服的每种药物的名字和剂量。包括你开始服用的日期。

⑧将你想记住的所有人的名字列一个目录，例如，邻居们、社团的成员们和你同学的家长们。

⑨记录你想记住的周年纪念日或节日。

3. 改变环境

提醒你记住某件事情的最好、最简单的方法之一就是改变你所在环境中的某一事物，这样你就能注意到这一改变。然后，它就作为一个暗示来唤起你的记忆。只要一想到这件事，你就做出改变。

当你还小的时候，你可能使用过一些小技巧，比如在手帕角上打个结，帮助你记忆杂事。这种方法通常能使你轻松地记住很容易被你忘却的事情。手帕上的结提醒你周末的模拟考试，结虽小但却很重要。还有人使用别的物质记忆方法，比如在手指上绑胶带。

物质提醒可以从自身的记忆延伸到周边的事物。不要将物品摆放在平常摆放的地方就能起到很好的提醒作用。对于我们大多数人来说，这个方法简单实用（比如将一本书放在茶几上，而不是放在书架上，可以提醒你上学时要带着它），但是如果你滥用这种方法，改变太多摆放的东西，就会混淆。

有的家庭喜欢采用特别的方式来交流、转告信息，有一些让人很难理解。例如，一个家庭成员将一个石头摆放在门前，以此来告诉其他成员家里备用的钥匙就藏在下面。这能算得上是妙计吗？恐怕只会引来不速之客。

乐乐是这样做的：桌上打开着的书用来提醒她要去图书馆。自行车钥匙放在电脑上方提醒她要修车。妈妈的照片倒着摆放并不是因为她粗心大意，而是第二天是妈妈的生日，这样摆放可提醒她买礼物。

不要只用一种技巧去记事物，试着结合所有的技巧。视觉、听觉和实践都应该结合起来，这样才能够达到最好的记忆效果。

这有一些可以唤起你记忆的环境暗示的例子。

①将要拿去给洗衣工清洗的衣服放在门前。

②将一个纸条放在厨房桌子上，这样当你吃早餐时你就会看到它并记得给你的朋友寄张卡片。

③将一个纸条放在书包上用于提醒你在书店停下来。

④在你手提包的提手上系一条细绳，这样在没有提醒邮寄包里的信件的情况下你不会打开它。

⑤当你下楼时，在楼梯的前面放一个空盒子用来提醒自己在你上去之前把电热器关了。

⑥把手表或手链换到另一只手上；你就经常能感觉到它。当你开车去你的朋友家时，它将提醒你去告诉他有关周末计划改变的情况。如果你再大声告诉自己："告诉老板计划有所改变！"这个方法的效果将会更好。

在使用任何这些外部提示时，不要拖延是至关重要的。只要你一想到你需要在以后做的事情，便选择这些方法中的一种并立刻应用。如果你想着"当这个电视节目结束时，我在我的购物单上添上土豆"。那么你10分钟后或许就将有关土豆的事情全部忘光了。

七、感官记忆法

1. 听觉暗示：使用声音引发你的记忆

闹钟和定时器可以用于提醒你某一件事虽还没做，但在某一时间必须做。电话应答机也可以用于提供听觉暗示。

这是一些使用听觉提示的例子。

如果你打电话没有打通，设置你的定时器来提醒你再打一次电话。

如果你正忙于写信并要确保在某一具体时间离开赶赴一个约会，设置一个便携式定时器，并把它放在你的桌子上。

如果你离家很远，而你想记住当你回去时要做的事情，可以在你的手机备忘录上留一条信息。

2. 温柔地触摸

你会用触觉来学习弹奏一个乐器，因为你的手指会记忆弹奏的准确位置和力度。当然，你也可以将动感加入到别的记忆中，例如，一些朋友喜欢记忆的时候打拍子。没有必要让你的朋友知道你的这种记忆方式（他们会误解你的行为），但它确实有效。

还记得第一次向朋友展示你的新奇物品（比如相机）时的情景吗？他肯定会说：“让我瞧瞧吧！”然后从你手中夺过它，仔细地观察起来。在看的同时，他也在不时地用心去感觉它。出于某些原因，我们时常会因为自己用触觉去感受东西而感到不自然。事实上我们习惯于用触觉去感受任何东西（特别是人），从而更贴近他们，对他们建立起真实的感觉。触碰是一种非常微妙的感觉，这种感觉很重要。

触碰不仅使我们感觉到正在发生的事，也能使我们形成一种特殊的记忆。一位盲人朋友说，他只要用手指触摸就可以凭感觉将许多纸牌分辨出来：一些牌有凹凸不平的地方，有褶皱的地方，也有一些有折角，这些对于视力正常的人来说并不起眼，而盲人却可以用高度敏锐的触觉准确无误地将它们分辨出来。

虽然人的触觉是天生的，但它和其他的感觉系统一样也可以通过训练提高。你应该花大量的时间用心去触摸物体，然后深切地感觉它们。许多工作对触觉记忆要求甚高。比如，拆弹专家，他们的工作就依靠高灵敏度的触觉记忆。他们不可能将每个炸弹都拆开仔细研究，更多时候他们需要凭触觉去感受，而一次错误的触觉判定就可能会结束他们的一生。

3. 我记得那个味道

嗅觉拥有最强的记忆功能。我们也许会觉得不可思议，但是相比其他的动物，我们的嗅觉功能要弱得多。不管怎样，我们还是会因为某种特殊的气味回想起曾经一起去过的讨厌（或喜欢）的地方。粉笔灰就能使我们回忆起在学校的时光，氯气的味道就能使我们想起小时候的游泳课，草莓的味道则让我们联想到夏天……

每个人都有自己独特的嗅觉记忆。大多数人都会对某些味道有特殊的联想。

然而，令人失望的是嗅觉并不能帮助我们存储信息。它并不能激发我们建立正确的记忆。它只和情感相关，却很难与事实相连。它也许能帮助你记忆地方，曾经让你开心、伤心、愤怒、爱惜的事情，但它绝对不能帮助你回想起例如美国历届总统名字这类的事情。

嗅觉记忆真的有实际意义吗？这当然因人而异，但是有一点是肯定的：你可以将特殊的气味与一些记忆方式结合在一起，这样将便于增强你的记忆。

八、数字记忆法

1. 增进对数字的记忆力，这真的可能吗

这个问题的答案是肯定的。卡内基·梅隆大学所做的一项研究显示，人的确能够通过练习增进对数字的记忆。在实验开始时，一个普通的学生能够--下子回忆起将近 6 个阿拉伯数字。经过几周的练习之后，他在一定程度上有所进步，在实验的尾声——18 个月之后，他可以给研究人员复述将近 84 个阿拉伯数字。猜猜他是怎样完成这项任务的？将这些数字与他已存的知识基础联系在一起，你就会得出答案。在这个案例中，就要像他一样如一个殷切的越野赛跑者与时间赛跑。学生们记忆的增进不仅仅是练习的结果，研究人员说："成功在于他能通过联想将这些数字变成有意义的图案来提醒他。"

每个人的一生都要与数字打交道。想想对你特别有意义的数字，一旦你认定它们，开始把它们用于联想记忆的目的。很快你就会发现你自己就在每天使用这些简单的技巧。

（1）重要数字

生日（你的生日、配偶的生日、好友的生日、孩子的生日、亲属的生日）。

周年纪念日（你的纪念日、父母的纪念日、兄弟姐妹的纪念日，等等）。

重要的年份（高中毕业、结婚、工作取得成绩、战争、历史中的一些重要年份，等等）。

驾驶执照的号码。

身份证号码。

账户号。

银行卡的密码。

车牌号。

你的幸运数字。

公路或国道。

体育数据（运动员的比赛得分、参加年份，等等）。

与你的爱好或收藏相关的数字（古董、硬币、蝴蝶，等等）。

街道地址、邮编、电话号码。

练习使用以前牢记的单个数字，或是各种不同的数字，以便于迅速地与新的数字相联系。你越是依赖这套系统，它也就变得越可靠，越成习惯。你所做的只是用某个有意思的东西取代抽象的东西。如果是一长串数字，那就把它分割成 4 部分或更少的部分。一串 11 位的数字，例如，10159711100，当分割和编码后就变成了："101 公路与 5 号州际公路之间有 9 千米的路程，在通过

7—11 千米及 100 个停车标志牌后，两条公路就会相接。”11 位数的电话号码也可根据此方法分割成 3 个部分：区号、前缀，及最后 4 个数字。银行和政府机构一直都信赖这套记忆技巧。

（2）将数字转换成实物

对你喜欢的事情，转于记数字，你会更好地记住具体的实物和形象；它们对你来说会更有意思。这很简单，也很好用。这意味着你可能是一个杰出的视觉习得者。也就是说，你的记忆力能更好地用视觉形象编码。如果你更倾向于用视觉方式记忆信息，你自然会像前面所举的例子那样用联想构建一个故事情节。如果你更倾向于用听觉方式记忆信息，那么，你就会形成听觉联想，如枪声、同音词、韵律。

关联词汇系统通过将数字编译成更为具体的实物而起作用。这个系统需要你刚开始时花一些时间记忆代表每个数字的词。一旦你背会后，关联词汇法便能用来完成大量的记忆工作。如果你记住 10 个数字，你就能形象地将它们与其他比 10 大的数字相结合。无论如何，关联词汇法是最适宜使用的且对你也很有意义。

2. 复述法

这是最弱的记忆胶水。不断重复信息能够在你的大脑中留下短暂的记忆，但很快就会被遗忘。不过要是记电话号码，这不失为一个好方法。

跟着我读：0795634，重复几次。如果你多重复几次，你会发现你已经能够记住它，但是没过多久就忘了。如果不用别的方式重新记忆，不知道明天的这个时候你是否还记得这串数字。不过没关系，有一些东西我们确实不用长时间地去记住。如果你看到一个号码，只要在拨打前的一段时间内记住它，那么你就可以用重复叙述的方法记忆。但是如果你碰到了心仪的人，当他给你电话号码时，用这个方法记忆就不太保险了。

复述法并不是唯一的记忆技巧，如果将它和别的技巧相结合，那么它能发挥得很好；如果仅仅单独使用，那么它只能暂时奏效。

3. 组合法

组合法即将一个新数字与一个毫无困难就能出现在脑海中的数字联系起来。例如，对许多人来说，各地区的区号是再熟悉不过的数字，因此可以把它们作为参照去记忆其他的数字。

另一种是联系个人的经历或熟悉的文化知识记忆数字，比如联系自己的出生日期、年龄、主要人生大事发生的时间等。

九、虚构故事法

虚构故事法是将看似没有联系的事物联系在一起编一则简单有趣的故事。许多人抵制这种方法，因为它好像很愚蠢，也很复杂。但如果你试试这种方法，你就会发现，其实它的效果惊人。

故事越离奇就越容易帮助你记忆。例如，要将下面的几个词牢牢记住，你可能会编出这样的故事。

曲棍球棒、网球、球拍、茶、高尔夫俱乐部、电梯、活力。

“我踩着高跷走路（高跷就像是曲棍球棒），走着走着，突然被一堆网球绊倒。我没能到达目的地，因为我撞到了球网上，它是由很多个小球拍组成的。我想喝杯茶，于是就跑到高尔夫俱乐部等着。没有人帮助我搭电梯，我只好跑回家，我觉得自己非常有活力。”

很离奇吧？但是很好记。你也可以尝试一下。

但是，这个方法的缺点就是你只能将这些事物按特定的顺序记忆。如果有人问你“网球拍是出现在高尔夫俱乐部之前还是之后”？你可能得重新搜索一遍故事才能回答。

你很难记住抽象的事物因为它们很枯燥，但是古怪的东西就不同了——你要尽情使用奇怪的联想。

这种方法可以用于记忆以下这些事情：你回到家时需要打的两个电话；给你的女儿打电话时你想告诉她的三件事情；你需要在超市买的三件物品；你想从图书馆借阅的两本书。

打个比方，你在晚上醒来，开始想你第二天需要做的事情。你想记住，你要给牙医打电话，你要把毛毯退给百货商店，并且要给火炉买一个过滤器，但是你不想从被窝里出来去写单子。你编了一则可以将这些事情联系在一起的故事——想象由于你的牙医的火炉坏了，他就用毛毯取暖。

在你回家前，你必须去干洗店和邮局一趟。你可以编一则故事——把你的裤子放进邮筒，接下来就乱成一团了。

十、习惯记忆法

对于一些朋友来说，最好的学习方法就是实践。相对于看一大堆的书来说，他们往往能从实践中学到更多的东西。这个记忆技巧是建立在动手的基础上的，我们称之为动觉。

岳先生小的时候，他所就读的学校就非常注重学生是否能准确地配带书本和其他教学辅助设备来上课。通常“对不起”“我忘了”的借口是行不通的。那么，岳先生是怎样避免出现这些错误的呢？他培养自己养成一种整理书包的习惯，非常复杂但是的确很起作用。他不仅仅为每件要带的物品规定摆放的位置，而且还要按顺序将它们放进书包。这样做他就不可能忘记任何的东西，一旦发现摆放的过程有差异，他就能察觉可能忽视了哪个物品。

当我们有重要的事时，为了确保它能按部就班地实施，就该使它成为例行之事。

军队教人做事常与数字相关，这一点常遭人笑话。但是这个方法很奏效，也是例行习惯的一种实际表现。你怎样才能教会一个年轻人（也许不太聪明）去拆卸复杂的装置，比如机关枪，或是出故障的零件，然后让他安装回原样，不丢失任何一个小零件？那就是牢记过程。一旦他学会了使用数字的方式，他就不会忘记其中一个有序号的过程，哪怕是在火灾现场或是非常紧张的状态下。

记忆有顺序的事物时（比如电话号码），你在记忆的同时需要时刻改变它们的顺序。如果你没有改变顺序，很有可能就会陷入顺序的圈套。你可能要重复所有的号码才能想起其中的一个号码。所以在记忆的时候要经常变换顺序，别让机械的顺序干扰你的记忆。

王丽有一种例行的习惯。她每次逛超市几乎都是同一路线、行程。她每个星期或多或少都会买一些东西，但购买的物品可能会有改动（比如不用每个星期都买笔记本）。一旦固定了购买的清单，就不用再去想它，可以注意一些别的以往不会买的东西（例如这个星期可能会买一些红酒代替啤酒）。

你也可以将这样的例行习惯运用到别的地方，不仅仅是在超市。例行的习惯能防止你忘记重要的事情。一些朋友可能会认为，购物按照例行的规定会很单调和机械。为了防止单调，王丽在最后也会关注一些有趣的物品（比如衣服、光碟等），在空闲的时间就可以逛逛这些商品。

不要否认例行习惯这一记忆方式。它既轻松又能帮助你准确无误地记忆非常复杂的信息。想想你是怎样驾驶汽车的？你是不是会有意识地想：刹车，减速，换挡，查看后视镜和汽车边距？当然不会。其实一旦你上了车，所有的程序都变得很自然。不管路上的情况怎样，以往开车的经验习惯都会教你准确地处理。只有在遇到了意外的情况，你可能会不知所措，因为之前没有碰到过。

十一、搜索记忆法

你或许常常希望，你需要一个熟知的信息时，有某个东西可以帮助你回想起它。当你知道你想要的这个信息存在于你的长期记忆中，但当你需要它而又想不起时，有两种你会觉得有用的方法。

1. 在记忆库中搜索

当你不能回想起存在于长期记忆中的东西时，再多想会儿或再努力想会儿也许不起什么作用。然而，有一种方法通常很有用。当你想从长期记忆中获取具体信息时，试着想想或许可以作为提示的相关事实，用以引发出你想要的信息。

这种方法可以用于回想：著名人物的名字，某个新朋友的特征，电视节目的名称，如何去你长时间没有去过的某个地方。

何欣在去往音像店的路上，想去租一部她许多年前看过的电影。她想她应该能够认出这部电影的名字。当她到那儿时，她发现那有几百部电影，它们都按照字母顺序摆放。她不愿花时间从这个区的 A 找到 Z，她想："我应该能够想起这个名字。"她开始思考能够引出这部电影名字的提示。她回想谁是主演，并记得是梅丽·斯特里普。"它好像发生在非洲……没错！它叫作《走出非洲》。"

身在国外的张太太，她的女儿生活在城镇的一个新区里，她记不住那个区的名字。她想打电话，但又不想打扰正在上班的女儿。她想："如果我想到一些有关的信息，或许会有用。"她记得女儿的地址是：阿波马托克斯 272 号。她想到进入小区的入口标记上有一架大炮。"它一定和内战有关系。"她想起来了——盖茨堡！

2. 提前回顾

每个人都体会过忘记了曾经十分熟悉的东西的感觉。例如，一个朋友的名字或一位知名的作者。当你知道你将被要求回想某些名字或信息时，提前回顾通常可以解决这个问题。

这种方法可以用于帮助你记忆：你明天要见的一位很久以前

合作过的客户的名字；当你去医院看病时，你的病历；明天将要回答中学学过的历史问题；小学同学的名字；以前公司同事的喜好；自己儿时的趣事；被要求当众讲笑话。

在同学聚会之前，如果你担心自己会记不住小学同学的名字，可以通过复习可能参加的所有人的名单来提前准备。写下这些名字并将它们大声说出来会比简单地通读整个名单更有效。当你说出这个名字时，想象这个人以及有关他的特殊之处，比如，稀少的头发或爽朗的大笑。

如果你将去参加一个图书俱乐部的聚会，在你去之前，记录下书名、作者、人物的名字以及你对该书的感受，并回顾你的笔记。

如果你要和一位客户吃午餐，提前回顾一下客户的几个孩子的名字以及你知道的有关他们的事情，这样你就可以很容易地谈论他们了。

十二、路线记忆法

路线记忆法是将联系、位置和想象结合在一起的一种强大、完整的记忆技巧，它会成为改变你的记忆力的强大工具。

首先选择一个比较熟悉的地点，比如你的家、学校，或者学校附近的一个公园，用这个地点构思一小段旅行的路线，一路上会有许多停靠的地方（这里称作站点）。然后用这些站点储存要记住的东西，站点的顺序要按照记忆内容的顺序。

很快，你就会有一条最喜欢的路线，几乎可以用来记住日常生活中任何信息。换句话说，每次运用这个技巧的时候不用准备一条新的路线，只要清空已有路线上的记忆内容，然后一次又一次地用它来储存要记住的新信息。

假如是为了长期记忆或者在短期内记住大量信息，所要的路线就不止是一条。假如选择的地点与记忆的内容有关的话会更有帮助，比如选择去科技馆的路线来记住物理方面的信息。

十三、“WWWWHWW”法

所谓的“WWWWHWW”法就是为了帮助你更好地记住一篇课文，为你做笔记、注释提供重点和结构的方法，每一个缩写字母表示一个问题。

Who——行动的主语，或者故事的主人公。

What——事件本身。

Where——地点。

When——时间。

How——方式或方法。

What for——目的。

Why——原因或者事件起因。

在每天的阅读中，运用这种方法，问自己以上七个问题，你就会看见这种方法在增进你对阅读材料的理解力以及提高记忆力方面有多么神奇的效果了！试着用这种方法讲述一个故事，概述一部电影或者一件激动人心的事情。

现在，假设你必须要向一个孩子讲述小红帽的故事，并尽可能详细地讲述故事发展的不同场景和情节。

你一定已经注意到了一个事实：在你写下这个故事的过程中，

单纯地依靠记忆，你回想起了很多你自己都意想不到的细节。事实上，写作的过程使你的注意力高度集中，并且维持在一个稳定的水平。之后，在写作的过程中，你还要努力使故事情节按照一个连贯的而且易于理解的线索展开，必须将每件事情按照符合逻辑的顺序进行组织和安排。这个过程中，你会记起各种各样的事情。现在你可以检验一下你笔下故事的精确度了。小红帽是什么样的形象？为什么小红帽要去看望外婆？她为外婆准备了什么东西？她在哪里遇见了大灰狼？为什么大灰狼没有直接把小红帽吃掉呢？遇到大灰狼以后，小红帽又去了哪里？大灰狼是怎样进入外婆的房子的？让它进来之前，外婆说了什么话？它藏在哪里？小红帽对大灰狼说了些什么？它是怎么回答的？这个故事主要是想告诉人们什么？

将你所讲的和小红帽的故事进行对照，看看有多少差别。

十四、逻辑推理法

符合逻辑的思考能力通常被认为是聪明和智力的象征，但它是不是也意味着拥有好的记忆力呢？

这个小节的练习将激发你去思考、推理，找出规律和联系，并最终找出解决问题的方案。它们看起来仿佛在开发抽象思维能力方面而非提高记忆力方面具有更大的指导意义。

事实也往往如此，你可能在抽象的推理和数理逻辑方面有着非凡的天分，同时对于这些方面的信息表现出惊人的记忆力，但是记忆其他方面的信息却让你手足无措。

情况也可能恰恰相反，你对于需要良好记忆力的活动得心应手，而纯粹的逻辑推理的活动或游戏却会让你焦头烂额。总之一句话，情况因人而异。

不过，你越经常动脑筋，理解能力就会越好。而对于信息的详尽而透彻地理解毫无疑问会促进良好的记忆。同时你的专注能力也得到保持和提高。

思考和专注共同作用，能维持一种高水平的大脑活动。最重要的是，逻辑推理能够训练大脑赋予信息结构的能力，即根据某些规则建立顺序并且赋予意义的能力。秩序对于记忆来说是必需的。你只需要找出某种规则或者逻辑，构架信息，使其变得有意义，信息就能更容易地留存在你的记忆里。

如果知识已经依照一个完善的逻辑体系被贮存在你的大脑中了，那么当任何新问题出现时，已有的信息结构就会被调动起来，找出合适的解决方法。

如果你坚持锻炼逻辑推理能力，你的大脑将会变得训练有素，这样它就不仅仅能在智力操作中很好地为你服务，还会让你在日常生活中受益匪浅。不管怎么样，记忆力都会得到提高。

十五、记忆地图

记忆地图是用图表简要地概括记忆的内容，是以视觉形式表现信息的理想方式，而且大脑也很容易掌握。它是一种非常有用的技巧，可以用来记忆读过的书、报纸、杂志的概要，或者广播、电视节目中的讲座。

记忆地图被看作是一种同时利用左右两个半脑的方法，而且两个半脑之间相互协作。负责分析和逻辑思维的左脑评估和理解信息；而负责想象和直觉的右脑寻找可以表现信息的视觉形式。

记忆地图是表示不同主题间相互关系的一种很好的方式，这些主题一眼便知，而且中心主题表现得非常清晰，无关的信息全部被排除掉，让我们一次就能看清问题的全貌和所有关键细节。

十六、追溯个人经历

某些重要的事件似乎永远刻印在我们的记忆中：出生、结婚、亲人的生日、变换工作……关于这些我们不仅记得许多细节，而且通常能想起这些事件的确切时间和地点。其他有些事件虽然具有丰富的细节，我们却很难确定发生的具体时间。还有一些事件，则需要亲人或熟人的帮助才能想起来。我们并不想记住所有的生活经历，但是，多少次我们茫然地想找回一段经历或某件事发生的确切时间。以下是几个小窍门和一些技巧。

1. 发生在什么时候，有什么标志

认知心理学的研究表明，对于许多人来说，最好的时间线索是与自己生活中的事件联系在一起的，“第一个孩子的出生日期”“在爱尔兰旅行之前”，某些时间毫不费力地重现在脑海中，原因很简单：那是在填写行政文件时需要记住的日期，那是个值得庆祝的日子……

发生在什么时候？我们能清晰地回忆起一次生日会，因为它很成功或者很失败，而我们却不能确定那是在1995年还是在

1996 年，在一个星期六还是星期天的晚上。

为了回答这些问题，我们可以参照一些大家都清楚知道时间的公众事件。对法国人来说，1998 年世界杯蓝色军团的胜利是一次难忘的事件。因此，为了想起退休那年的情景，那就回想一下 1998 年看所有球赛的休闲时光吧。每个人都能迅速想起纽约世贸大厦遭袭击或某些重大灾难发生的确切时间，这些标志都能够帮助我们确定个人的生活经历。

“那时樱桃开花了……”在谈论自己经历的重要事件时，可以借助一些细节。例如，通过天气状况推断事件发生的季节——下雪，那就是在冬天；或者植物的状况——樱桃开花了，那就是在春天。汇集与事件相关的所有线索，然后再从中寻找答案。

2. 当时的确是这样的吗

然而，记忆有时也会捉弄我们，而这与任何疾病都毫无关系。对某件事或某个人生动而精确的记忆可能不会引起我们的任何怀疑，但如果与其他见证人一起回忆，就可能出现记忆空洞或矛盾。我们能精准阐述的事件通常具有丰富的细节，而对于那些我们回忆起来有困难的情景，可以向家人或与你共同经历过的人求助。

增加找回记忆的机会。事实上，我们会忘记某些不重要或者不愉快的事情，而保留其他的，有时候还丰富它们。如果我们与参与同一事件的人一起回忆，如一次家庭或朋友聚会，他人的陈述可能引发我们已经遗忘的某段生活场景的突现。与有共同经历的人定期交流有助于对个人经历的回忆，相反，与社会隔离将不利于保持记忆。

除了其他人的见证，还可以依赖一些资料（如书信、影集、录相带、行政文件等）来找回我们的记忆，特别是当这些资料带有时间或地点标注时。考虑到这点，拥有私人日记本就对记忆较琐碎的事很有帮助。另外，只要用一个年历或者电子管理器就能轻松地帮助你记住自己在何时何地做何事。作为计划的一部分，你会记录下在自己一生中发生的事情。如果你想要记住自己所做的细节，你可以一直保存着这个计划。

十七、从阅读中记忆

阅读可以是一种娱乐、一种消遣和放松的方式，但是对那些要学习的人，或者只是为了寻找一些信息的人来说，阅读也同样是一个必不可少的活动。在任何情况下，当我们发现自己想不起正在阅读的文章的内容时，或者当我们翻到书的最后一页却发现什么也没记住时，这是非常令人沮丧的，但这并不是不可改变的。

1. 阅读时的记忆

要想保持对文章内容的长期记忆，最好的办法就是充分理解文章的内容，在理解的基础上记忆。有很多方法可以帮助我们长期记住文章的内容。根据阅读材料的不同，你可以选择适合的方法。

（1）做笔记

有些学生觉得自己记忆力不错，拒绝做笔记，结果聪明反被聪明误。俗话说，好记性不如烂笔头。用笔记的形式记录文章的概要和自己的理解以及对作者观点的看法，可以帮你更好地理解和记忆文章的内容。在做笔记的时候，你应该积极思考，多多表达自己的想法和见解。你的想法越多，记忆的效果就越好。

（2）找关键词

其实，一篇几千字的文章，作者所要表达的关键信息并不太多。如果找到其中的关键词，就大大降低了记忆的难度。你可以用下画线、点、圈，或者颜色等符号把文章中的关键词和关键句子标示出来。一方面可以一目了然地看到文章的关键内容，另一方面还方便以后的复习。需要注意的是，一个段落中只能标出一个关键的句子，一个句子中只能标出几个关键词。否则，当你读完一篇文章的时候，会发现文章中画满了圈圈点点。所有的内容都成了重点和没有重点一样，甚至会让你感到更加难以记忆。

（3）做批注

不少人以一种奇怪的方式爱护书籍，认为不应该在书上乱写乱画。如果你把书籍当作一件装饰品，或者当作古董，这样做可以理解。但是，如果你想从书中学到知识，就应该把书籍当作媒介。不但要在书上标记出关键词，还应该在书籍的页眉页脚和边缘写上批注，表达你对文章的理解，你对作者观点的态度。什么观点是你认同的？什么观点是你否定的？哪些内容是你理解的？哪些内容是你不理解的？这些批注可以加强你对文章内容的理解和记忆，也方便你以后的复习。

（4）提问并回答

在阅读文章之前，你应该先问问自己想了解哪些问题，比如事件发生的时间、地点和相关人物，事件的起因、经过和结果。在阅读时找到这些问题的答案，把答案写在笔记本上，或者直接在书中标注出来。这样就把文章的关键信息找出来了，对这些信息的记忆也就更加深刻了。需要这些信息的时候，就可以直接在书中找到。

（5）图解

所谓图解就是用关键词和图形的方式描述书中的内容。把书中的内容绘制成图，可以帮助我们理解并记住书中的内容。用关键词和图形可以把书中的主要信息展示出来，用箭头和连线可以把信息之间的逻辑关系一目了然地呈现出来。

首先，把文章的主题写在一张纸的中央，然后从主题引出几个主要的分支，描述文章的主要论点。接下来从每个主要分支引申出次级分支，描述支持每个主要论点的分论点，再下一级的分支，描述支持每个分论点的论据。借助关键词、图形和符号，你可以把文章中所有的信息都囊括到一张图中，你还可以用颜色或图形表示出其中的重点内容。

（6）做索引

做索引在进行主题阅读时非常有用，它可以帮你对一个主题进行系统的研究。

首先，把A5的打印纸做成卡片，从中间对折，左边写上概念，右边写上定义。然后，在阅读的过程中，遇到你所要研究的概念，就把它写在卡片的左边，写下介绍这个概念的关键词，并在右边写下你不熟悉的术语的定义。把这些卡片整理好，放在文件夹相应的科目下。当你阅读同一主题的其他书籍的时候，就把卡片拿出来，把新的信息填写进去，并进行对比。

2. 从阅读中记忆

（1）选择你的阅读方式

存在两种阅读方式：被动地阅读和积极地阅读。当我们被动地阅读时，浏览一篇文章或者一本书，并没有将注意力真正地集中在所读的内容上，因为这期间我们的精神在随意游荡。这样的阅读后，我们只能保留对文章的总体印象。

如果希望记住所阅读的细节，就应该采取一种更为积极的态度：在安静的环境中投入更多的注意力并加强学习意图。随时拿着一支笔，以便画出关键字和重要段落，或者是做笔记、绘制图表、写批注。当我们全部阅读完后，重新再看一遍用笔圈出来的部分或者笔记，然后写下记住的重要概念，并尝试梳理阅读内容的结构。

（2）利用 PQRST 方法优化编码

还有一种要求更高和更有效的阅读方法，它在学习中尤为有用。

1950 年，美国心理学家托马斯·富·斯塔逊发展了这种方法。下面是这种方法的五个步骤。

预览（Preview）：以浏览的方式进行第一次阅读，抓住文章的总体意思。

问题（Question）：向自己提出关于文章内容的关键性问题，辨别出重要的信息。

阅读（Read）：以积极的方式重新阅读一遍，目标是回答自己提出的问题。

陈述（State）：复述所阅读的内容，并说出文章的主要观点或特征。

测试（Test）：通过设置问题来验证自己是否很好地记住了文章表达的内容，答案构成文章的概要。

这种方法能促使我们深入地处理和组织信息，它被成功地应用于各种日常活动中，比如学习一门课程或者仅仅是阅读一份报纸。

（3）疲劳：注意力与领悟力的头号敌人

由于疲劳会降低阅读效率，因此我们需要合理安排时间来完成阅读任务。分四个半小时来学习比连续学习两小时要好，这样可以强化记忆痕迹。

考试是让每个人都害怕的事情。但记忆有时会跟我们搞一些恶作剧，就在我们最需要它的时候，我们的记忆不行了，最终导致我们考砸了。即使我们完全能够通过考试，我们日常的学习和记忆方法也可以极大地影响我们在考场中的表现并加强自己的记忆。

在你开始复习时，设计一张时间表并遵照执行。留出足够的放松和娱乐的时间（午饭、下午茶，等等）。

从通读一个专题的笔记开始，然后总结出主要的几点。

做些额外的阅读以便使笔记更加方便记忆、有意义和有趣。尽量看出不同主题之间的联系以便建立起更有意义的一个总体概念。

躺下来，闭上眼睛，并试着去理解材料。和同班同学进行专题讨论是有所帮助的。如果你对某件事情没有完全理解，那么要想在考试中将它重现就难了。

对于公式、引用，以及类似的材料，你可以尽量创建帮助记忆的工具，使它们更加容易被记住并挂上记忆“标签”。

开始考试之前，想象一下自己写下的要点的序号。在考试时，用你的思维之眼“看”这张清单。

同时，身体健康也是十分重要的，所以要吃好和睡足。

十八、记住名言、名诗和理论

在语文和政治学科中，经常会涉及大量的名言名句和著名的理论。比如一段来自于像奥斯卡·王尔德或者马克·吐温这样的作家，像爱因斯坦或者爱默生这样的科学家或思想家的名言，来自于李白、杜甫的名诗，来自于亚当·斯密的政治经济学理论，等等。而这类东西往往容易令人忘记。假如你记得不太清楚，或者说记到一半就忘记了，或者忘记这些名言、理论的出处，那么你所记住的那一部分就显得毫无意义。

记住以上相关内容的一个最好的办法就是把它们同一幅生动的画面联系起来。值得注意的两点是：首先得能够逐字逐句地回忆起名言的词句；其次要记住这句话最初是谁写的或者说的。

另外，可以通过使用记忆路线来建立一个保留节目库。因为这里要对付的是书面文字，所以书店或者图书馆就成为记忆路线的极佳地点。如果可以的话，设计一幅把名言的作者和内容融合起来的画面，然后把它储存在记忆路线中合适的站点，作为名言保留节目的一部分。也可以记住其他方面的信息，以此帮助你记住名言中特定的表达方式。

你还可以使用要点和关键词。像演员背台词一样一字一句地记住演讲的内容，是一个非常困难的任务。问题在于一旦开始逐字逐句地回忆这些文字，却不知什么原因（比如紧张）忘记了下一个句子，你会发现自己完全不知所措。因此，记住文字内容，最好应根据关键的要点，也就是根据想要说的，而不能根据当初打算说的。基本的方法就是首先要快速阅读全部内容，然后把这些句子同那些储存关键词语和要点的画面联系起来。这样当想起这些画面的时候，其他相关的一切也会脱口而出。

现在举一个例子看看我们应该怎么做。试着记住温斯顿·丘吉尔的一句名言："悲观者在每个机会处看到困难，乐观者在每个困难处看到机会。"

第一步是要找到一幅可以概括这句名言本质的关键画面，对于这句名言来说最经典的一幅画面就是一个半满的玻璃杯：乐观的人会把它说成是半满的，而悲观的人会把它说成是半空的。所以可以这样来想象：矮胖的丘吉尔正抽着一支雪茄，握着一个半满的玻璃杯（也许还是来自苏格兰的），脸上带有乐观的表情。两种对立的态度就像镜子呈现出来的正反相对的两种形态（在每个机会处看到困难、在每个困难处看到机会），可以想象丘吉尔的图像被反射到像镜子一样的杯子表面，而后呈现出两种完全相对的形态——悲观者在每个机会处看到困难；乐观者在每个困难处看到机会。

十九、对外语的记忆

1. 从书写到学习外语

我们基本上是从学校学会如何书写的，这方面的知识被存储在语义记忆中，我们一般是自动地运用它们。尽管如此，有时我们还是会怀疑一个字的写法或用法而去求助字典或语法书。但我们并不总是随身携带这类参考书，并且某些怀疑会一直持续，甚至在反复验证之后，因为有时候我们看过字典或语法书后立即就忘记了。以下的建议，不能取代专门针对成人的培训，但是能够暂时缓和我们在书写时遇到的困难。

（1）个人的精神记号

组合法是记忆语法和书写规则的有效方法。

口头组合

你是否注意到，我们在书写一个英语单词时停下来，通常是遇到同种类型的困难：是一个“r”还是两个？是一个“t”还是两个？已有的或者自己编造的一些小句子，将有助于你在需要的时候回忆起正确的构词形态。任何词汇都可以用这种方法来记忆。

把你要记忆的词分成音节，然后创造出另外的一个词或者一个短语，它们或是听起来像你要记忆的那个词，或是从视觉上可以使你想象出要记忆的那个词。

图像组合

联系图像记忆单词也是一个很好的方式。例如，为了记住法语单词 collier（项链）和 caillou（石子）书写中的两个“l”，可以想象一条由几个长形的小石子串成的项链。选一些图片或是图像代表你想要记住的特殊的词和字母组合，把这些图像联系在一起形成一个情节，将有助于记忆。

（2）如何更好地掌握一门外语

当我们在学习一门外语的时候，可能感到特别困难，因为在这样一个领域非常不容易找到它们的标志。不过，普通的学校和专业的培训机构，都发掘了许多好的学习方法。

短小的句子胜过孤立的单词

关于记忆的研究表明，一个短小的句子不比一个单词难学，常用语或多功能的话语能随时拿来“充数”。例如，句子“我想吃东西”或“我想喝茶”使用的是同一个句型，英语是 I would like（to eat/some tea），西班牙语是 Me gustaria（comer/un te）。

在一定的时间间隔后复习

记忆单词或者句子可能是一件非常枯燥的事。为了提高效率，可以每隔一段时间进行重复：把需要学习的内容分成多个部分，从第一部分开始记忆；第二天先复习前一天学过的内容，再学习新的内容，如此继续下去。如果几个人一起复习，可以借助场景对话来练习。实验表明，单纯地死记硬背不如在语境中学习有效。

如何实践

经常应用对学习外语很有帮助，因此，应该增加练习的机会，特别是现场对话。听原版外文歌曲、看带或不带字幕的外文电影和电视节目，对那些已经掌握了基本语言或者概念的人会是一个很好的训练机会。而对那些刚入门的人来说，这样的练习不但不适用，还可能造成灰心失望的结果。

2. 单词拼写

当我们要记住一个平常容易拼错的单词的时候，一般会依赖记忆法。比如为了不把 separate 这个单词的正确拼法同常见的错误拼法 seperate 混淆，我们可以想象一支巴拉（para）装甲兵团登陆到这个词中间，把这个单词分成两个部分：se para te。

记住单词拼写的窍门在于找到单词的含义与它的构成字母之间的联系，然后运用想象和联想使单词变得更容易记忆。举几个例子：cemetery（公墓）这个单词里面有 3 个对称的字母 e，它们像墓碑一样伸出来；把手（hand）伸进口袋掏手帕（handkerchief）；用记忆（memory）来记住是纪念物（memento）而不是 momento，是一个提醒人们的东西……

联系是记忆作用和活动的机理，在你见到的每个单词之中，总会找到拼写和词义之间的某种联系。

3. 近声词

数声转换记忆法是给每一个词找一个近声数字。举个例子，门（door）的发音与数字 4（four）的发音相似，那么 4 就可以作为“门”这个词的近声词，可以帮助你记与“门”有关的信息，反之亦然。

比如说要记住去一个国际机场的 4 号登机处搭乘飞机，就可以想象自己在去机场的时候拖着一扇门，用这个简单快捷的方法可以让你顺利地抵达正确的登机处。

那么你用数字 1、2、3 都代表了怎样的近声词呢？下面是所有 10 个数字的一些近声词，记住这些列出来的词或者你自己设计的词语。

0（zero）→ hero（英雄）

1（one）→ gun, bun or sun（枪、小面包或者太阳）

2（two）→ shoe, glue or sue（鞋子、胶水或者起诉）

3（three）→ tree, bee or key（树木、蜜蜂或者钥匙）

4（four）→ door, sore or boar（门、炎症或者公猪）

5（five）→ hive, chive or dive（蜂巢、细香葱或者跳水）

6（six）→ sticks，bricks（树枝或者砖）

7（seven）→ heaven or Kevin（天堂或者凯文）

8（eight）→ gate, bait or weight（门、鱼饵或者重量）

9（nine）→ wine, sign or pine（酒、符号或者松树）

4. 代用语

学习英语，尤其是那些字母较多的单词，往往会令初学者头痛。如果用代用语来表示这些词或句子，又会是怎样的一种情况呢？下面列举出几个句子，让我们来看一看效果。

① Philadelphia（费城）：

Fill a dell for ya（为了你而堵塞小山谷）

② Mississippi（密西西比）：

Mrs Sip（西普夫人）

③ philosophy（哲学）：

Fill a sofa（沙发上放满了东西）

④ salmagundi（意式凉菜拼盘）：

Sell my gun D（把枪卖给 D）

仅单纯记忆以上提到的四件事，就要花费很多的时间和精力，可是如果不用这种方法而强记原来的单词，恐怕更是困难重重，不仅浪费时间，而且效率不高。如果以代用语的方法来记忆，则容易得多。

天才大脑潜能开发

思维导图

启 文 编著

中国出版集团
中 译 出 版 社

图书在版编目（CIP）数据

天才大脑潜能开发．思维导图 / 启文编著．-- 北京：
中译出版社，2019.12
ISBN 978-7-5001-6176-9

Ⅰ．①天… Ⅱ．①启… Ⅲ．①智力开发－普及读物
Ⅳ．① G421-49

中国版本图书馆 CIP 数据核字 (2019) 第 284541 号

天才大脑潜能开发

思维导图

出版发行：中译出版社
地　　址：北京市西城区车公庄大街甲 4 号物华大厦 6 层
电　　话：（010）68359376，68359303，68359101
邮　　编：100044
传　　真：（010）68357870
电子邮箱：book@ctph.com.cn
总 策 划：张高里
责任编辑：林　勇
封面设计：青蓝工作室
印　　刷：三河市华晨印务有限公司
经　　销：新华书店
规　　格：880 毫米 ×1230 毫米　1/32
印　　张：36
字　　数：660 千字
版　　次：2019 年 12 月第 1 版
印　　次：2019 年 12 月第 1 次

ISBN 978-7-5001-6176-9　　　定价：178.80 元（全 6 册）

前 言

思维导图又叫心智图，是用有效图形表达发散型思维的思维工具，它运用图文并重的技巧，把各级主题的关系用相互隶属与相关的层级图表现出来，把主题关键词与图像等建立记忆连接，充分运用左右脑的机能，利用记忆、阅读、思维的规律，协助人们在科学与艺术、逻辑与想象之间平衡发展，从而开启人类大脑的无限潜能。

我们知道，每一种进入大脑的资料，不论是感觉、记忆或是想法——包括文字、数字、代码、食物、香气、线条、颜色、意象、节奏、音符等，都可以成为一个思考中心，并由此中心向外发散出成千上万的关节点。每一个关节点代表着与中心主题的一个连结，每一个连结又可以成为另一个中心主题，再向外发散出成千上万的关节点。这些关节的连结可以视为您的记忆，也就是您的个人数据库。人类从一出生就开始累积这些庞大且复杂的数据，在使用思维导图后，大脑的数据存储就变得简单明晰，更具效率，也更加轻松有趣了。

今天，哈佛大学、剑桥大学的师生都在使用思维导图这项思维工具进行教学；在新加坡，思维导图基本成为中小学生的必修课，用思维导图提升智力能力、提高思维水平已经得到越来越多人的认可。名列世界500强的众多公司更是把思维导图课程作为员工进入公司的必修课，其中不乏 IBM、微软、惠普、波音等闻名世界的大公司。

本书集科学性、实用性、系统性、可读性于一体，以思维导图的形式融入孩子和大人的生活，用简明易懂的讲解和实用易学的心智图挖掘人们的创造潜能、思维潜能、精神潜能、记忆潜能、身体潜能、感觉潜能、计算潜能和文字表达潜能……解决各类疑难问题，使我们的生活更加轻松、更富成效。

目 录

第一篇
大脑使用说明

第一章　思维导图概述

第一节　揭开思维导图的神秘面纱

思维导图由著名的英国学者东尼·博赞发明。思维导图又叫心智图，是把我们大脑中的想法用彩色的笔画在纸上。它把传统的语言智能、数字智能和创造智能结合起来，是表达发散性思维的有效图形思维工具。

思维导图一面世，即引起了巨大的轰动。

作为 21 世纪革命性思维工具、学习工具、管理工具，思维导图已经应用于生活和工作的各个方面，包括学习、写作、沟通、家庭、教育、演讲、管理、会议等，运用思维导图带来的学习能力和清晰的思维方式已经成功改变了全球 2.5 亿人的思维习惯。

东尼·博赞作为“瑞士军刀”型思维工具的创始人，因为发明“思维导图”这一简单便捷的思维工具，被誉为“智力魔法师”和“世界大脑先生”而闻名世界。作为大脑和学习方面的世界超级作家，东尼·博赞出版了 80 多部专著或合著，系列图书销售量已达到 1000 万册。

思维导图是一种革命性的学习工具，它的核心思想就是把形象思维与抽象思维很好地结合起来，让你的左右脑同时运作，将你的思维痕迹在纸上用图画和线条形成发散性的结构，极大地提高你的工作和学习效率。

在这里，我们不仅是介绍一个概念，更要阐述一种最有效、最神奇的学习方法，我们还要推广它的使用范围，让它的神奇效果惠及每一位读者。思维导图应用得越广泛，对人类乃至整个宇宙产生的影响就越大。

当你在接触这个新事物的时候会收获一种激动的感觉。

思维导图用起来特别简单，比如你当天的打算，你所要做的每一件事，对应从图中心发散出来的每个分支。

简单地说，思维导图所要做的工作就是更加有效地将信息“放入”你的大脑，或者将信息从你的大脑中“取”出来。

思维导图能够按照大脑本身的规律进行工作，启发我们抛弃传统的线性思维模式，改用发散性的联想思维思考问题；帮助我们作出选择、组织自己的思想、引导别人的思想，进行创造性的思维和

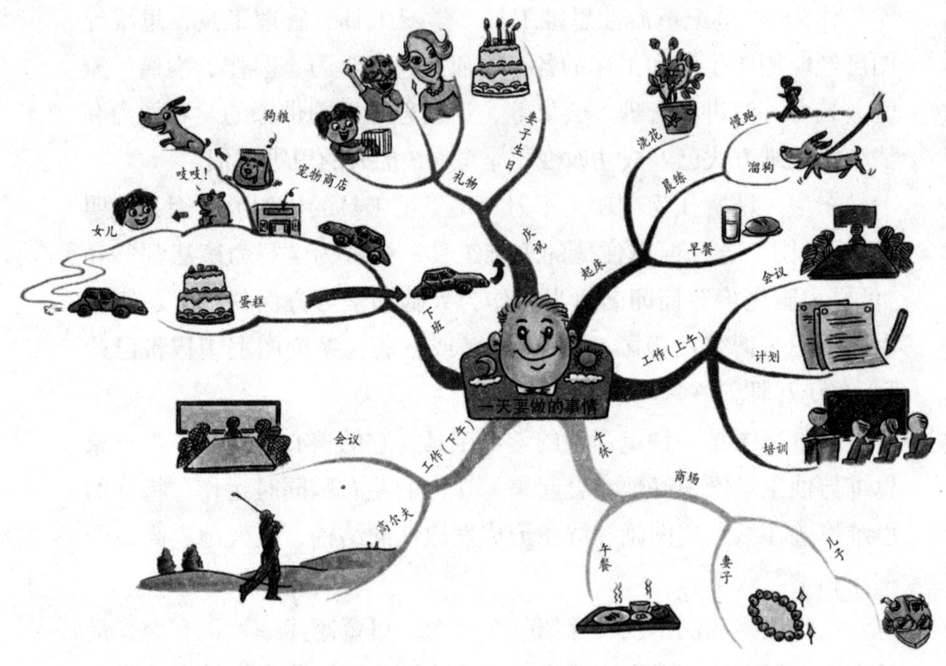

脑力风暴，改善记忆和想象力等；思维导图通过画图的方式，充分开发左脑和右脑，帮助我们释放出巨大的大脑潜能。

第二节　让 2.5 亿人受益一生的思维习惯

随着思维导图的不断普及，世界上使用思维导图的人数可能已经远远超过 2.5 亿。

据了解，目前很多中小学课堂已经开始有关思维导图的教学，收效明显。哈佛大学、剑桥大学、伦敦经济学院等知名学府也在使用和教授思维导图。

可见，思维导图已经悄悄来到了你我的身边。

我们之所以使用思维导图，是因为它可以帮助我们更好地解决实际问题，比如可以在以下方面帮助你获取更多的创意：

（1）对你的思想进行梳理并使它逐渐清晰。

（2）以良好的成绩通过考试。

（3）更好地记忆。

（4）更高效、快速地学习。

（5）把学习变成“小菜一碟”。

（6）看到事物的“全景”。

（7）制订计划。

（8）表现出更强的创造力。

（9）节省时间。

（10）解决难题。

（11）集中注意力。

（12）更好地沟通交往。

（13）生存。

（14）节约纸张。

第三节　怎样绘制思维导图

其实，绘制思维导图非常简单。思维导图就是一幅幅帮助你了解并掌握大脑工作原理的使用说明书。

思维导图就是借助文字将你的想法“画”出来，因为这样才更容易记忆。

绘制过程中，我们要用到颜色。因为思维导图在确定中央图像之后，有从中心发散出来的自然结构；它们都使用线条、符号、词汇和图像，遵循一套简单、基本、自然、易被大脑接受的规则。

思维导图可以将一长串枯燥无味的信息变成丰富多彩的、便于记忆的、有高度组织性的图画，接近于大脑平时处理事物的方式。

“思维导图”绘制工具如下：

（1）一张白纸。

（2）彩色水笔和铅笔数支。

（3）你的大脑。

（4）你的想象。

这些就是最基本的工具，当然在绘制过程中，你还可以拥有更适合自己习惯的绘图工具，比如成套的软芯笔、色彩明亮的涂色笔或者钢笔。

东尼·博赞给我们提供了绘制思维导图的 7 个步骤，具体如下：

（1）从一张白纸的中心画图，周围留出足够的空白。从中心开始，可以使你的思维向各个方向自由发散，能更自由、更自然地表达你的思想。如图：

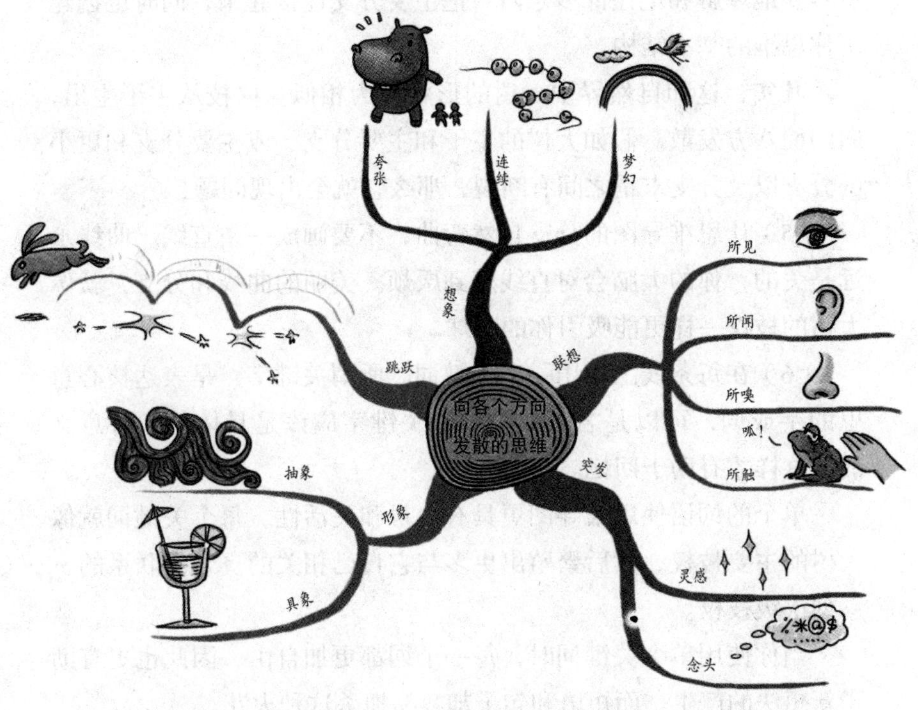

（2）在白纸的中心用一幅图像或图画表达你的中心思想。因为一幅图画可以抵得上1000个词汇或者更多，图像不仅能刺激你的创意性思维，帮助你运用想象力，还能强化记忆。

（3）尽可能多地使用不同颜色。因为颜色和图像一样能让你的大脑兴奋。颜色能够给你的思维导图增添跳跃感和生命力，为你的创造性思维增添巨大的能量。此外，自由地使用多种颜色本身也非常有趣！

（4）将中心图像和主要分支连接起来，然后把主要分支和二级分支连接起来，再把二级分支和三级分支连接起来，依此类推。

我们的大脑是通过联想来思维的。如果把分支连接起来，你会更容易地理解和记住许多东西。把主要分支连接起来，同时也创建了你思维的基本结构。

其实，这和自然界中大树的形状极为相似。树枝从主干生出，向四面八方发散。假如大树的主干和主要分支、或主要分支和更小的分支以及分支末梢之间有断裂，那么它就会出现问题！

（5）让思维导图的分支自然弯曲，不要画成一条直线。曲线永远是美的，你的大脑会对直线感到厌烦。美丽的曲线和分支，就像大树的枝杈一样更能吸引你的眼球。

（6）在每条线上使用一个关键词。所谓关键字，是表达核心意思的字或词，可以是名词或动词。关键字应该是具体的、有意义的，这样才有助于回忆。

单个的词语使思维导图更具有力量和灵活性。每个关键词就像大树的主要枝杈，然后繁殖出更多与它自己相关的、互相联系的一系列次级枝杈。

当你使用单个关键词时，每一个词都更加自由，因此也更有助于新想法的产生。而短语和句子却容易扼杀这种火花。

（7）自始至终使用图形。思维导图上的每一个图形，就像中心图形一样，可以胜过千言万语。所以，如果你在思维导图上画出了10个图形，那么就相当于记了数万字的笔记！

以上就是绘制思维导图的7个步骤，这里还有几个技巧可供参考：

把纸张横放，使宽度变大。在纸的中心，画出能够代表你心目中主体形象的中心图像，再用水彩笔任意发挥你的思路。

画思维导图时纸张要横着放，而不是竖着或斜着放，这又是为什么呢？
因为横长竖短符合人类视野规律，比如电影屏幕。所以横放会更好呀！现在你明白了吧？

先从图形中心开始画，标出一些向四周放射出来的粗线条。每一条线都代表你的主体思想，尽量使用不同的颜色区分。

在主要线条的每一个分支上，用大号字清楚地标上关键词，当你想到这个概念时，这些关键词立刻就会从大脑里跳出来。

运用你的想象力，不断改进你的思维导图。

在每一个关键词旁边，画一个能够代表它、解释它的图形。

用联想来扩展这幅思维导图。对于每一个关键词，每一个人都会想到更多的词。比如写下“橙子”这个词时，可以联想到颜色、果汁、维生素 C 等。

根据联想到的事物，从每一个关键词上发散出更多的连线。连线的数量根据你的想象可以有无数个。

第四节　教你绘制一幅自己的思维导图

思维导图就是帮助你了解并掌握大脑工作原理的使用说明书，借助文字将想法“画”出来，便于记忆。

现在，让我们来绘制一幅“如何维护保养大脑”的思维导图。

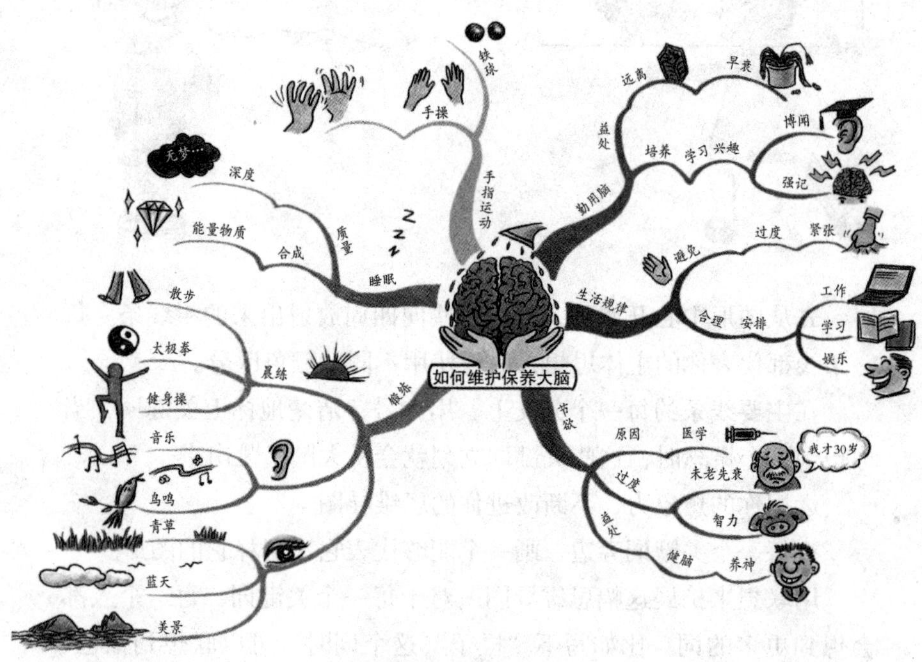

你可以试着按以下步骤进行：

准备一张白纸（最好横放），在白纸的中心画出你的这张思维导图的主题或关键字。主题可以用关键字和图像（比如在这张纸的中心画上大脑）来表示。

用一幅图像或图画表达中心思想（比如可以把大脑想象成蜘蛛网）。使用多种颜色（比如用绿色表示营养部分，红色表示激励部分）。

用曲线连接。每条线上注明一个关键词（比如“滋润”“创造力”等）。

多使用一些图形。

好了，按照这几个步骤，这张思维导图你画好了吗？

第二章　由思维导图引发的大脑海啸

第一节　认识你的大脑，从认识大脑潜能开始

你了解自己的大脑吗？

你认为自己的大脑潜能都发挥出来了吗？

你常常认为自己很笨吗？

生活中，总有一些人认为自己很笨，没有别人聪明。但是他们不知道，自己之所以没能取得好成绩、甚至取得成功，是因为只使用了大脑潜力的一小部分，个人的能力并没有全部发挥出来。

脑半球的分工

我们的逻辑思考和创造性活动分别由不同的脑半球控制。脑的左半球控制我们对数字、语言和技术的理解；脑的右半球控制我们对形状、运动和艺术的理解。

现在社会发展速度极快，不论在学习或其他方面，如果我们想表现得更出色，就必须重视我们的大脑，让大脑发挥出更大的潜力。遗憾的是，很少有人重视这一点。

其实，你的大脑比你想象的要厉害得多。

近年来，对大脑的开发和研究引起了很多科学家的注意，他们做了很多有益的探索，也取得了很多新的科研成果。过去10年中，人类对大脑的认识比过去整个科学史上所认识的还要多得多。特别是近代科技上所取得的惊人成就，使我们能够借助它们得以一窥大脑的奥秘。

人们普遍认为，世界上最复杂的东西莫过于人的大脑。人类在探索外太空极限的同时，却忽略了自己体内的一片未被开采过的地方——大脑。我们对大脑的研究还远远不够，还有很多未知的领域，而且可以肯定的是人类对大脑的研究和开发将会极大地推动社会的进步。

那么，就让我们先来初步认识一下我们的头脑——这个自然界最精密、最复杂的器官。

人脑由三部分组成，即脑干、小脑和大脑。脑干位于头颅的底部，自脊椎延伸而出。大脑这一部分的功能是人类和较低等动物（蜥蜴、鳄鱼）所共有的，所以脑干又被称为爬虫类脑部。脑干被认为是原始的脑，它的主要功能是传递感觉信息，控制某些基本的活动，如呼吸和心跳。

脑干没有任何思维和感觉功能。它能控制其他原始直觉，如人类的地域感。在有人过度接近自己时，我们会感到愤怒、受威胁或不舒服，这些感觉都是脑干发出的。

小脑负责肌肉的整合，并有控制记忆的功能。随着年龄的增长和身体各部分结构的成熟，小脑会逐渐得到训练而提高其生理功能。对于运动，我们并没有达到完全控制的程度，这就是小脑没有得到锻炼的结果。你可以自己测试一下：在不活动其他手指的情况下，试着弯曲小拇指以接触手掌，这种结果是很难达到的，而灵活的大拇指却能十分轻松地完成这个动作。

大脑是人类记忆、情感与思维的中心，由两个半球组成，表面覆盖着 2.5 ~ 3 毫米厚的大脑皮层。如果没有这个大脑皮层，我们只能处于植物人状态。

大脑可分成左、右两个半球，左半球就是“左脑”，右半球就是“右脑”，尽管左脑和右脑的形状相同，二者的功能却大相径庭。左脑主要负责语言，也就是用语言来处理信息，把我们通过五种感官（视觉、听觉、触觉、味觉和嗅觉）感受到的信息传入大脑中，再转换成语言表达出来。因此，左脑主要起处理语言、逻辑思维和

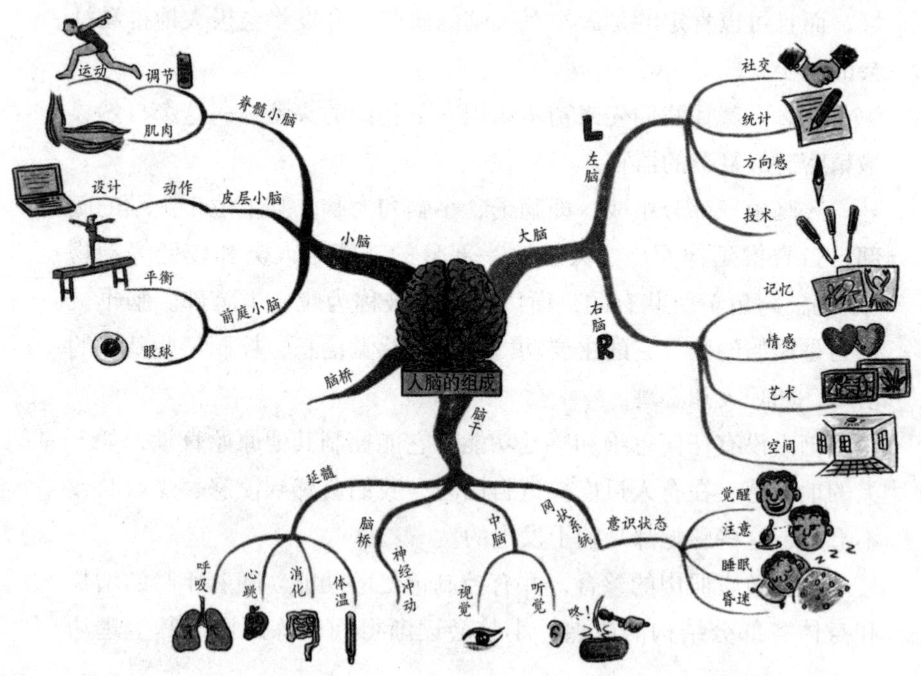

判断的作用，即它具有学习的本领。右脑主要用来处理节奏、旋律、音乐、图像和幻想。它能将接收到的信息以图像方式进行处理，并在瞬间即可处理完毕。一般大量的信息处理工作（例如心算、速读等）是由右脑完成的。右脑具有创造性活动的本领，例如，我们仅凭熟悉的声音或脚步声，即可判断来人是谁。

有研究证明，我们今天已经获取的有关大脑的全部知识，可能还不到必须掌握的知识的1%。这表明，大脑中蕴藏着无数待开发的资源。

如果把大脑比喻成一座冰山的话，那么一般人所使用的资源还不到1%，这只不过是冰山一角；剩下99%的资源被白白闲置了，而这正是大脑的巨大潜能之所在。

科学证明，我们的大脑有2000亿个脑细胞，能够容纳1000亿个信息单位，为什么我们还常常听一些人抱怨自己学得不好，记得不牢呢？

我们的思考速度大约是每小时772千米，快过最快的列车，为什么我们不能更好地利用呢？

我们的大脑能够建立100万亿个联结，甚至比最尖端的计算机还厉害，为什么我们不能理解得更完整更透彻呢？

而且，我们的大脑平均每24小时会产生4000种念头，为什么我们每天不能更有创造性地工作和学习呢？

其实，答案很简单。我们只使用了大脑的一部分资源，按照美国斯坦福研究所的科学家们所说，我们大约只利用了大脑潜能的10%，其余90%的大脑潜能尚未得到开发。

我们不妨大胆假设一下，假如我们能利用脑力的20%，也就是把大脑潜能提高一倍的话，你的外在表现力将是多么惊人！

或许我们已经知道，我们的大脑远比以前想象的精妙得多，任何人的所谓“正常”的大脑，其潜力远比以前我们所认识到的要强大得多。

现在，我们找到了问题的原因，那就是我们对自己所拥有的内在潜力一无所知，更不用说如何去充分利用了。

第二节 启动大脑的发散性思维

思维导图是发散性思维的表达，作为思维发展的新概念，发散性思维是思维导图最核心的表现。

比如下面这个事例。

在某个公司的活动中，公司老总和员工们做了一个游戏：

组织者把参加活动的人分成若干个小组，每个小组选出一个小组长扮演“领导”的角色，不过，大家的台词只有一句，那就是要充满激情地说一句：“太棒了！还有呢？”其余人扮演员工，台词是：“如果……有多好！”游戏的主题词设定为“马桶”。

当主持人宣布游戏开始的时候，大家出现了一阵习惯性的沉默，不一会儿，突然有人开口：“如果马桶不用冲水，又没有臭味有多好！”

“领导”一听，激动地一拍大腿：“太棒了！还有呢？”

另外一个员工接着说：“如果坐在马桶上也不影响工作和娱乐有多好！”

又一位“领导”也马上伸出大拇指：“太棒了！还有呢？”

“如果小孩在床上也能上马桶有多好！

……

讨论进行得热火朝天，各人想法天马行空，出乎大家的意料。

这个公司的管理人员对此进行了讨论，并认为有三种马桶可以尝试生产并投入市场：一种是能够自行处理废物，并能把废物转化成小体积密封肥料的马桶；一种是带书架或耳机的马桶；还有一种是带多个“终端”的马桶，即小孩老人都可以在床上方便，废物可以通过“网络”传到“主”马桶里。

这个游戏获得了巨大的成功，其中便得益于发散性思维的运用。

这个游戏，我们同样可以利用思维导图表示出来。

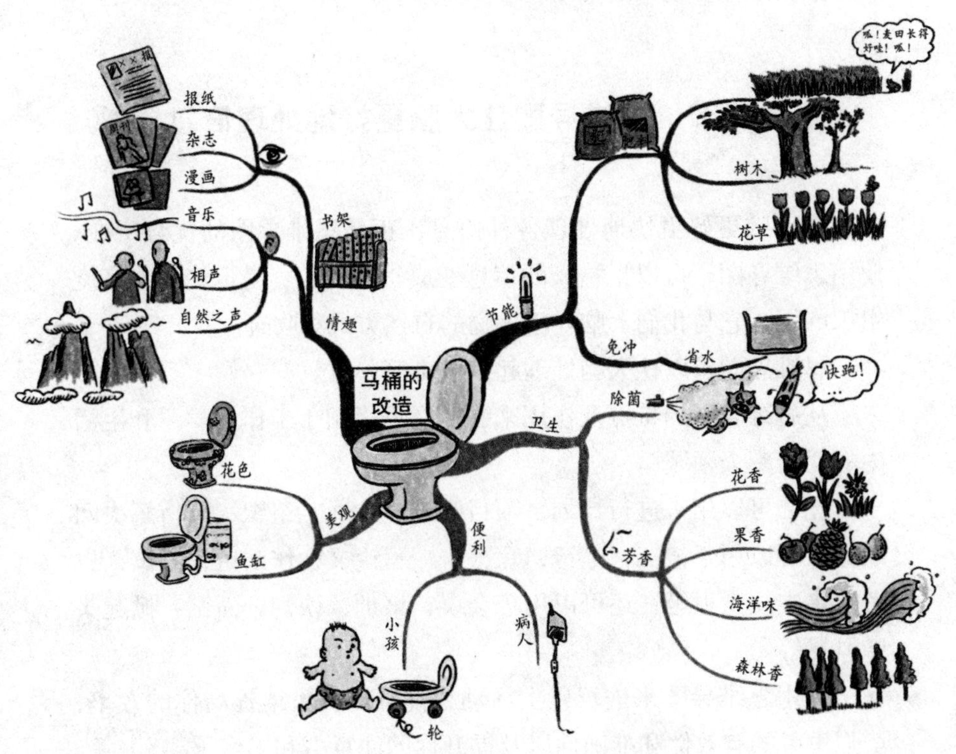

如果将大脑比作发散性思维联想机器，思维导图就是发散性思维的外部表现，因为思维导图总是从一个中心点开始向四周发散，其中每个词汇或者图像自身都成为一个子中心或者联想，整个合起来以一种无穷无尽的分支链的形式从中心向四周发散，或者归于一个共同的中心。

我们应该明白，发散性思维是一种自然而然的思维方式，人类所有的思维都是以这种方式发挥作用的。一个会发散性思维的大脑应该以一种发散性的形式来表达自我，它会反映自身思维过程的模式，给我们更多更大的帮助。

第三节　思维导图让大脑更好地处理信息

让大脑更好更快地处理各种信息，正是思维导图的优势所在。使用思维导图，可以把枯燥的信息变成彩色的、容易记忆的、高度组织的图，它与我们大脑处理事物的自然方式相吻合。

思维导图可以让大脑处理起信息更简单有效。

从思维导图的特点及作用来看，它可以用于工作、学习和生活中的任何一个领域里。

比如可以用来进行计划，项目管理，沟通，组织，分析解决问题等；可以用于记忆，笔记，写报告，写论文，作演讲，考试，思考，集中注意力等；还可以用于会议，培训，谈判，面试，掀起头脑风暴等。

利用思维导图来进行以上活动，都可以极大地提高你的效率，增强思考的有效性和准确性以及提升你的注意力和工作乐趣。

比如，我们谈到演讲。

起初，也许你会怀疑，演讲也适合做思维导图吗?

没错！你用不着担心思维导图无法使相关演讲信息顺利过渡。一旦思维导图完成，你所需要的全部信息就都呈现出来了。

其实，我们需要做的只是决定各种信息的最终排列顺序。一幅好的思维导图将有多种可选性。最终确定后，思维导图的每个区域将涂上不同的颜色，并标上正确的顺序号。继而将它转化为写作或口头语言形式，将是很简单的事，你只要圈出所需的主要区域，然后按各分支之间连接的逻辑关系，一点一点地进行就可以了。

按这种方式，无论多么复杂的信息，多么艰难的问题都将被一一解决。

又比如，我们在组织活动或讨论会时需用的思维导图。

也许我们这次需要处理各种信息，解决很多方面的问题。当我们没有想到思维导图的时候，往往会让人陷入这样的局面：每个人都在听别人讲话，每个人也都在等别人讲话，目的只是为等说话人讲完话后，有机会发表自己的观点。

在这种活动或讨论会上，或许会发生我们不愿看到的结果，比如，大家叽叽喳喳，没有提出我们期望的好点子，讨论来讨论去没有解决需要解决的问题，最后现场不仅没有一点秩序，而且时间也白白地浪费了。

这时，如果活动组织者运用思维导图的话，所有问题将迎刃而解。活动组织者可以在会议室中心的黑板上，以思维导图的基本形式，写下讨论的中心议题及几个副主题。让与会者事先了解会议的内容，使他们有备而来。

组织者还可以在每个人陈述完他的看法之后，要求他用关键词的形式，总结一下，并指出在这个思维导图上，他的观点从何而来，与主题思维导图的关联等。

这种使用思维导图方式的好处显而易见：

（1）可以准确地记录每个人的发言。

（2）保证信息的全面。

（3）各种观点都可以得到充分的展现。

（4）大家容易围绕主题和发言展开，不会跑题。

（5）活动结束后，每个人都可记录下思维导图，不会马上忘记。

这正是思维导图在处理大量信息的好处，在讨论会上，可以吸引每个人积极地参与目前的讨论，而不是仅仅关心最后的结论。

思维导图可以全面加强事物之间的内在联系，强化人们的记忆，使信息井然有序，为我所用。

在处理复杂信息时，思维导图是思维相互关系的外在“写照”，它能使大脑更清楚地“明确自我”，因而更能全面地提升思维技能，提高解决问题的效率。

第四节　大脑是人体最重要的保护对象

几乎每个人都知道，大脑实在是太重要了。

它是人体最重要的器官，它为我们人类创造了无尽的创意和价值……

大脑对人体是如此重要、如此宝贵，但它也很娇嫩，容易受到伤害：大脑只有1400克左右的重量，80%都是水；它虽然只约占人体总重量的2%，却要使用我们呼吸进来的20%的氧气。

大脑需要的能量很大，却不能储备能量，它每秒钟要进行10万种不同的化学反应，消耗的氧气和葡萄糖分别占全身供应量的

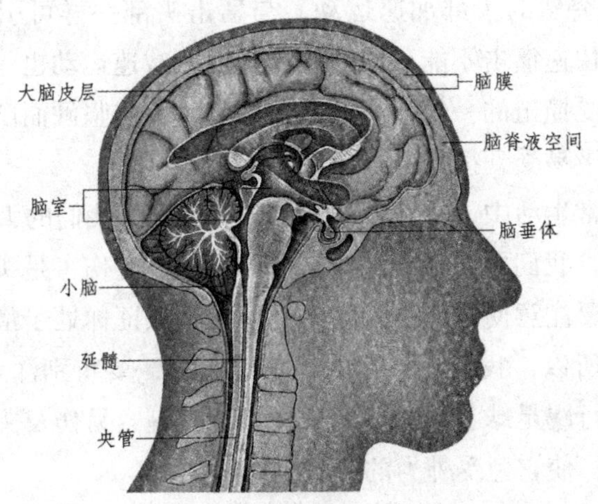

脑部受到的保护

脑部这个精密的器官受到1层脑骨胳（即颅骨）和3层膜（即脑膜）的保护。脑脊液处于脑膜的中间层和内层之间，当头部受到外伤时，脑脊液起到缓冲作用。此外，脑脊液中含有丰富的葡萄糖和蛋白质，为脑细胞提供能量。脑脊液中还含有淋巴细胞，帮助脑抵御病菌的感染。脑脊液在脑和脊柱之间流动，并流经脑部的4个腔——脑室。

20%～25%，每分钟需要动脉供血800～1200毫升，而且脑组织中几乎没有氧和葡萄糖的储备，必须不停地接受心脏搏出的动脉血液来维持正常的功能。

大脑需要通畅的血管，以供给足够的血液。若脑缺血30秒钟则神经元代谢受损，缺血2分钟神经细胞代谢将停止。

尽管每个人都有坚实的颅骨，像一个天然的头盔保护着我们的大脑，大脑仍然容易受到各种外伤。50岁以下的人中，脑外伤是常见的致死和致残原因，脑外伤也是35岁以下男性死亡的第二位原因（枪伤为第一位）。大约一半的严重脑外伤患者不能存活。

即使颅骨没有被穿透，头部遭遇外力打击时大脑也难以避免受到损伤；突然的头部加速运动，与猛击头部一样可引起脑组织损伤；头部快速撞击不能移动的硬物或突然减速运动也是常见的脑外伤原因。受撞击的一侧或相反方向的脑组织与坚硬而凸起的颅骨发生碰撞时极易受到损伤。

在日常生活中，我们该如何维护、保养好我们的大脑呢？

第一，我们要认识到保护自己的大脑不受伤害是头等重要的事情，特别要注意使自己的大脑不受外伤是保证你处于最佳状态的一个关键。所以，我们在日常的工作生活中，要特别注意保护大脑，尤其在进行踢足球、滑冰、玩滑板、驾驶等容易伤及头部的活动中小心谨慎，使它免受外力的侵害。

比如在运动中尽量避免碰撞到头部，在驾驶汽车时要系安全带，开摩托车时要戴头盔等。头部一旦受伤，要到正规的医疗部门诊治，不能因为没有流血或者自己觉得不严重而掉以轻心。

第二，保护你的大脑不受情感创伤的侵害。情感创伤就像身体创伤一样，能够干扰大脑的正常发育以及给大脑带来负面的改变。比如遭遇地震、火灾、交通事故或者被抢劫、枪击等以后，受害者的情感会受到强烈的刺激，如果不能及时调整自己的心态，大脑的功能就会受到伤害。

第三，保护你的大脑不受有毒物质的侵害。众所周知，吸毒、吸烟、酗酒对大脑有很大的毒害作用，我们一定要远离毒品、尼古丁和酒精。同时我们还要知道有很多药物对大脑也会起到毒害作用，比如阿片类镇定药物、呋塞米类利尿药物和抗焦虑药物等，所以我们在服药时要特别慎重，尽量减少药物对大脑的伤害。

据此，我们绘制了一幅保护大脑的思维导图：

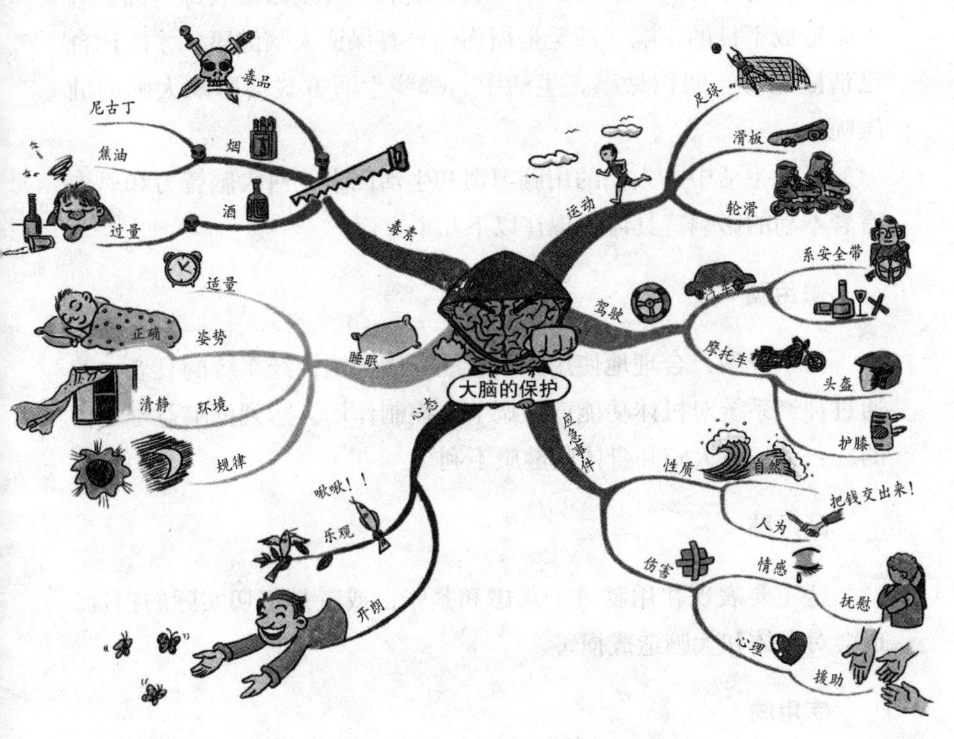

第五节　建立良好的生活方式

良好的生活方式对于保护大脑、维持大脑的正常运转，以及进行创造性思维活动具有重要的意义。

简要来说，良好的生活方式包括：起居有时、饮食有节、生活规律、适当运动、保持积极乐观的心态、戒烟限酒等。

与之相反，如果我们的生活无规律——尤其睡眠不足，喜欢吃含有有害物质的垃圾食品和没有营养价值的快餐食品，很少参加户外活动，身体患病不及时医治，吸烟酗酒，甚至赌博吸毒，都会对大脑造成不良的影响，甚至是损伤。只有保证大脑健康，才能让自己清醒思考，明白做事。生活中，哪些生活方式会影响大脑的健康呢？

日常生活中，人们的用脑习惯和生活因素，对大脑智力和思维有着不利的影响。具体表现在以下几个方面：

懒用脑

科学证明，合理地使用大脑，能延缓大脑神经系统的衰老，并通过神经系统对机体功能产生调节与控制作用，达到健脑益寿之目的。否则，对大脑和身体的健康不利。

乱用脑

这主要表现在用脑过于焦虑和紧张，或者是不切实际的担忧，也会对身体和大脑造成损害。

病用脑

在身体不舒服或生病时，继续用脑，不仅会降低学习和工作效率，还会造成大脑的损害，而且不利于身体的康复。

饿用脑

很多人习惯了早晨不吃早餐，使上午的学习或工作一直处于饥饿状态，血糖不能正常供给，继而大脑营养供应不足。长期下去，会对大脑的健康和思维功能造成影响。

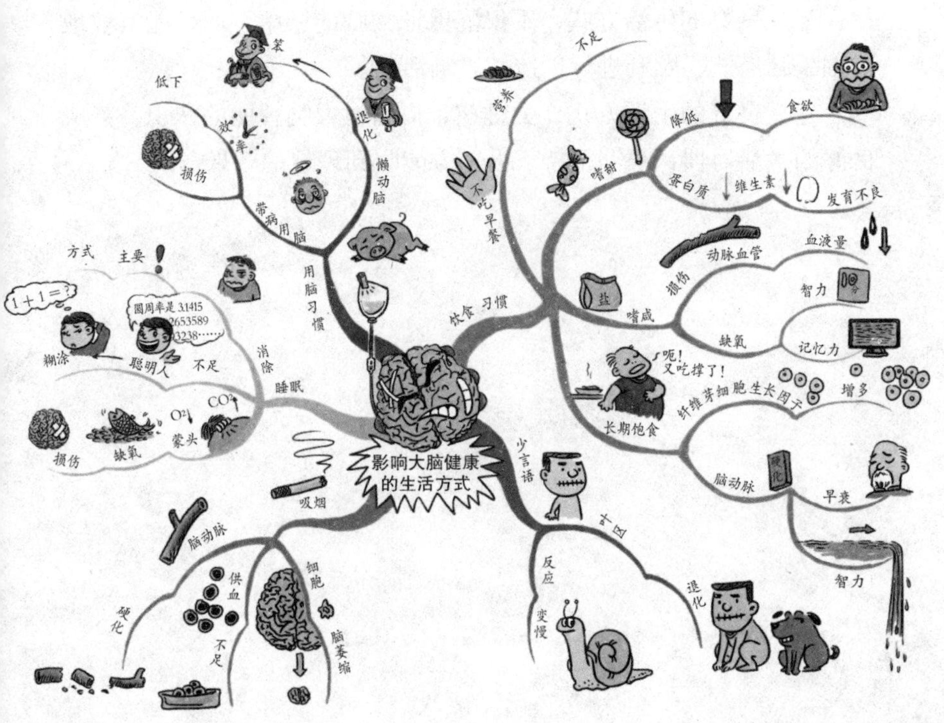

睡眠差

睡眠有利于消除大脑疲劳，如果经常睡眠不足，或者睡眠质量不高，都会对大脑造成不良影响，使大脑衰老。

蒙头睡

很多人不知道蒙头睡觉的害处，习惯用被子蒙住头。实际上，被子中藏有大量的二氧化碳，被子中二氧化碳浓度在不断增加，氧的浓度在不断下降，空气变得相对污浊，势必对大脑造成损害。

建立良好的生活方式，不仅能保证大脑的健康，而且能有效地挖掘大脑潜能，顺利进行创造性思维活动。

建立良好的生活方式，关键在于提高对大脑智能的认识，养成良好的生活习惯，长期坚持下去，方能收到理想的效果。

第三章　将常见思维运用到极致

第一节　联想思维

“学习是件特别枯燥的事情。”我们身边很多人会抱怨学习无趣。

“写作文的时候，我老觉得没有东西可写。”也有很多人抱怨写出的作文空洞乏味。那么，在抱怨之前，请先问一问自己：“我具有丰富的想象力吗？”

一个人，如果具有丰富的想象力，就拥有了联想的空间，这好比为学习找到了一种强大动力，想象力能把光明的未来展示在人们的面前，鼓舞人们以巨大的精力去从事创造性的学习。只有拥有丰富的想象力，我们的学习才会具有创造性，在学习的过程中，我们便会发现学习也是一种乐趣。

法国著名作家儒勒·凡尔纳以想象力超群而著称。他在无线电还未被发明时，就已经想到了电视，在莱特兄弟制造出飞机之前的半个世纪，已想到了直升机和飞机。什么坦克、导弹、潜水艇、霓虹灯等，他都预先想象到了。

他在《环游月球》中甚至写到了几个炮兵坐在炮弹上让大炮把他们发射到月亮上。他想象在地球上挖一个几百米深的发射井，在井中铸造一个大炮筒，把精心设计的“炮弹车厢”发射到月球上去。他甚至选择好了离开地球的最近时刻，计算了克服地心引力所需要的最低速度，以及怎样解决密封的“炮弹车厢”的氧气供给问题。

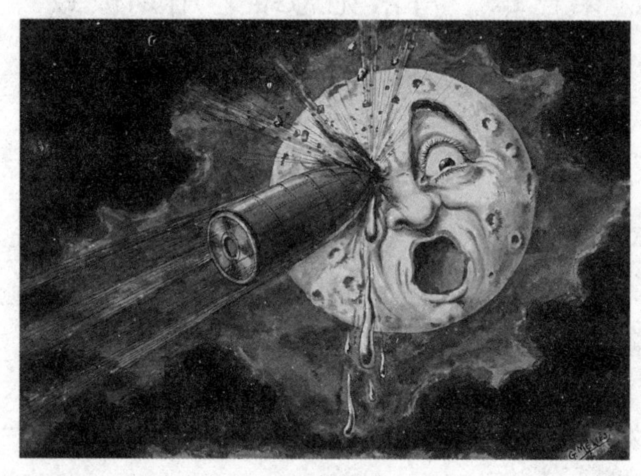

一幅关于《环游月球》的插图

据说齐尔斯基——宇宙航行的开拓者之一，正是受了凡尔纳著作的启发，而去从事星际航行理论研究的。

俄国科学家齐奥科夫斯基青年时代就被人们称为“大胆的幻想家”，他把未来的宇宙航行想象成 15 步。值得惊叹的是，在齐奥科夫斯基做出这一大胆想象的时候，莱特兄弟的飞机还尚未问世。

当时除了冲天鞭炮以外，世界上没有什么火箭。更加令人吃惊的是，当时的许多想象通过近几十年的航空、航天技术的发展，已经成为活生生的现实。随着火箭、喷气式飞机、人造卫星、阿波罗登月计划、航天轨道站以及航天飞机的相继成功，齐奥科夫斯基的前几步都已基本实现。

其实，很多古人认为不可能的事情，今天都已经成为我们司空见惯的事实了。“不是做不到，只是想不到。”事实证明，头脑中的形象越丰富，想象就越开阔、深刻，我们的想象力就越强。因此平时要不断接触各种事物，使这些事物在你头脑中留下深刻的印象，这些印象就是你进行丰富想象的素材。

倘若你能正确使用你的想象力，你的作文就不再是干巴巴的记叙文，你的解题方式可能有很多种，此路不通另寻他路，你对历史也就不会毫无感觉。的确，很多学习上的问题，说到底就是头脑中能否想象的问题。

几个人一同看天上的云，有人看到的只是一片云，有人看到了一只绵羊，有人则看到一个仙女……画家开始在画布上勾勒出这些图像来，作家在作品中描述着他们的感知——所有这些都是创造性地想象出来的。

锡德·帕纳斯在他的《优化你的大脑魔力》一书中提到了一个很不错的练习。

他问他的读者们:“如果我说 4 是 8 的一半，是吗？”人们回答说:“是。”随后他说道:

“如果我说 0 是 8 的一半，是吗？”经过一段时间思考后，几乎所有的人都同意这一说法（数字 8 是由两个 0 上下相叠而成的）。

然后他又说:“如果我说 3 是 8 的一半，是吗？”现在每个人都看到把 8 竖着分为两半，则是两个 3。然后他又说到 2、5、6，甚至 1 都是 8 的一半。能否看出这些关系来，就看你是否有想象力。

每个字母和每个数字都可能具有上百万种形状、大小、颜色和材料，事实上存在的东西，已经远远超出了我们的想象。而且你越是广泛涉猎的时候，你就越会惊叹那些天才的想象力。奥威尔的《动物农场》，甚至想象了一个与他不同时代的国家的面貌。

想象力不是胡思乱想，而是建立在常识基础上的发散思考。如果你以为想象力就是不负责任地胡乱联系，那你是在侮辱自己的智商。

怎样提高我们的想象力呢？这里有一些线索可以参考。

首先，我们要相信每个事物都可能成为其他所有的事物。在艺术家看来，每个事物都是其他所有的事物，艺术家的大脑是高度创造性的大脑，那里没有逾越不了的障碍，自由想象是学习者最好的朋友。

可这一点对很多人来说就很困难。首先是因为有的人不敢放开自己的思路，政治的题目就一定要从政治的角度来思考，历史的问题就绝对不能从地理的因素来考虑。这样的头脑是很难有所创造的。

另外，在学习过程中，不要把自己限制在自己的小世界里，应该勇敢地走出去，到野外去亲近自然，感受大自然的奇妙。

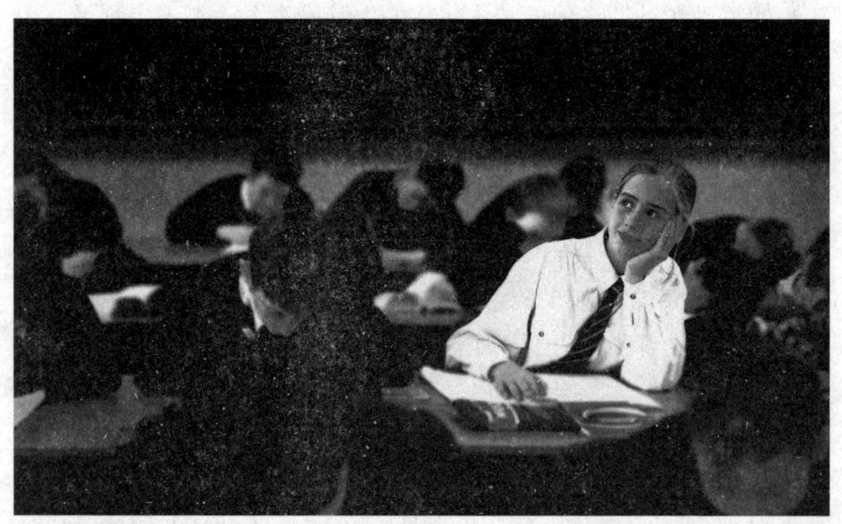

图中女生上课注意力不集中。她也许想到了与朋友在一起的情景，如上周末与朋友外出、第2天的曲棍球比赛等除了目前任务之外的任何事情。我们加工当前信息的能力是有限的，因为对许多其他事情的思考于我们而言同等重要。

如此一来，外面的世界更有可能激发你的灵感。如果只注重书本知识，成天把自己关在屋子里，使书本知识和实践严重脱节，就会变成“无源之水、无本之木”，也不利于想象力的发展。未来的世界一定是越来越重视想象力的世界，你可以对想象力做有针对性地训练。

积累丰富的感性形象

可以在社会实践中开阔视野，以扩大对自然界和人类社会各种形象的储备。社会调查、参观、游览、欣赏影视歌舞、读书，都可以扩大形象储备。

借用“朦胧”想象

不少科学家善于在睡意蒙眬的状态下思考问题。运用朦胧法，能发现事物之间的一些原来意想不到的相似点，从而触发想象和灵感。

融合想象与判断

合理的想象只有同准确的判断力一道才能发挥作用。丰富的想象力，既需思想活跃，又需判断正确。

练习比喻、类比和联想

比喻、类比是想象力的花朵。经常打比方，可使想象力活跃。读小说时，可以有意识地在关键时刻停下来，自己设想一下故事的多种发展趋向，然后比较小说的写法，从中受到启迪。看电视连续剧可逐集练习。

多做随意性想象

要先放开思想想象，然后再把不合适的地方修改或删除，思想拘谨很难产生出色的想象。要知道成功地运用你的想象力，引导自己去开发新鲜的领域与成就。这种想象力往往能发挥重要的作用，人们可以借助逻辑上的变换，从已知推出未知，从现在导出将来。

我们可以做几个针对联想思维的小训练：

● 训练 1：词语的连接

用下面的词语组织一段文字，要求必须包含所有的词语。

科学　月刊　稀少　聪明　天空　消息　手语　树木　符号　卵石　太阳　模式间谍　玻璃　池水　橱窗　细胞　暴风雨　神经错乱　波状曲线

例文 1：她心神不定地坐在走廊的椅子上，随手翻着一本科学月刊，那是一种图片稀少，但内容芜杂的刊物。她翻着，看到聪明、天空、消息、手语、树木、符号、卵石、太阳、模式、间谍、玻璃、池水、橱窗、暴风雨、波状曲线、细胞、神经错乱等一些乱七八糟的词语，就像一间杂货铺，尽情地展示着自己的存货。她把杂志扔到身旁，一时间，心里烦乱不堪，各种各样的感觉纷纷袭来。

例文 2：对于由神经错乱而引起的“联想狂”病症，康宁博士在一家科学月刊上有较为详尽的分析。博士指出，这是一种稀少的病症，可是病患却不容易治愈。患者往往自以为极端聪明，能发现常人所不能发现的情况。比方他们可以从天空云彩的变幻得知电视台节目的预告，风吹过树木的摇摆是某种意义的手语，一处污斑往往是一个透露着征兆的符号……博士分析了一个病例，患者把卵石看成是太阳分裂后的碎块，并建立了一种如下的思维模式：猫就是间谍，玻璃是由池水的表层部分凝固而成，橱窗为暴风雨的侵袭提供支持，波状曲线是细胞。

例文 3：这突如其来的消息使她一时间神经错乱，平时喜欢阅读的科学月刊被胡乱地丢到地上。走近窗前，她看到树木上稀少的叶片，在太阳下闪烁着刺目的光，仿佛是一种预兆的符号，可惜以前她没有读懂。真弄不明白，像他这样的聪明人，怎么会是一个间谍？记得曾经一起讨论那些暴风雨的模式时，他似乎想透露什么，然而最终他只是望着当街的橱窗玻璃，那上面有一道奇怪的波状曲线。“池水里的卵石上有无数细胞。”他说。然后打了一个无聊的手语……

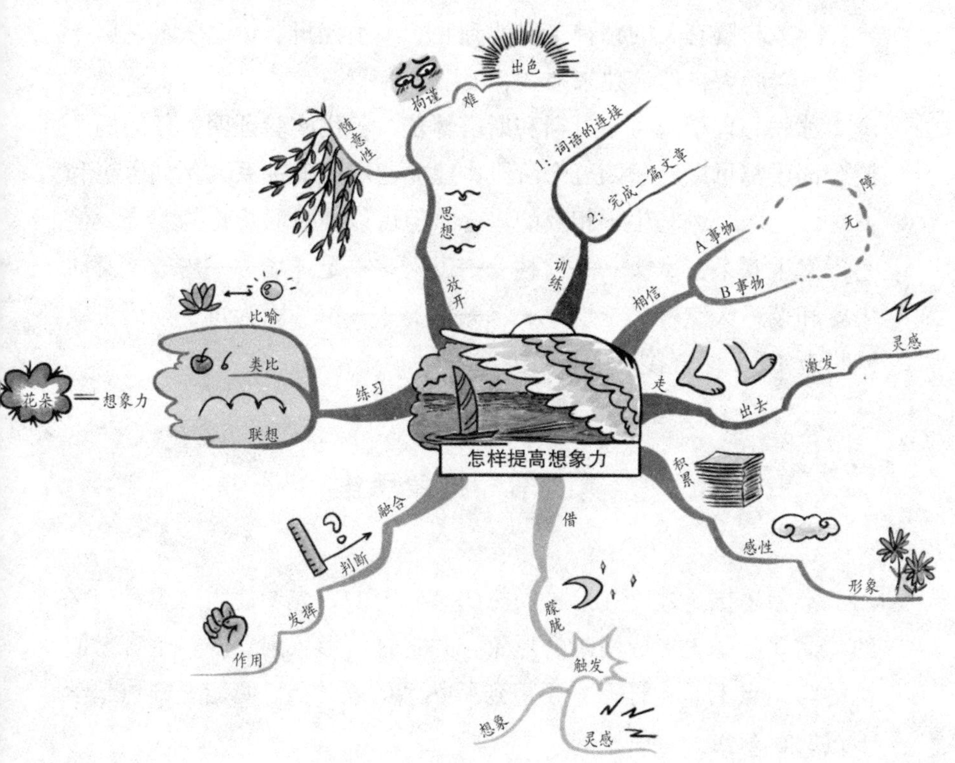

● 训练 2：完成一篇文章

比如我们就写鹰。以鹰作为联想的中心，我们可以建立如下的联想：

（1）与鹰有关的事物：鹰巢、鹰画、鹰标本、鹰笛（猎人唤鹰的工具）、鹰架、鹰的训练步骤及注意事项……

（2）鹰本身的事物：鹰的食物（食谱）、鹰的卵及孵化、鹰眼、鹰爪、鹰的羽毛、鹰的鼻子以及耳朵、鹰的翅膀、鹰的飞翔能力……

（3）与鹰有关的一些概念："左牵黄，右擎苍……"（苏轼）、打猎、雄鹰展翅、大展宏图、猎猎大风、迅捷、搏兔捕蛇……

（4）与鹰有关的精神：拼搏到底、不怕挫折、信念坚定、勇于挑战、崇尚大自然、独来独往、无限自由……

苏联心理学家哥洛万斯和斯塔林茨，曾用实验证明，任何两个概念词语都可以经过四五个阶段，建立起联想的关系。例如木头和皮球，是两个风马牛不相及的概念，但可以通过联想作为媒介，使它们发生联系：木头——树林——田野——足球场——皮球。又如天空和茶，天空——土地——水——喝——茶。因为每个词语可以同将近 10 个词直接发生联想关系。

第二节　形象思维

形象思维是建立在形象联想的基础上的，先要使需要思考记忆的物品在脑子里形成清晰的形象，并将这一形象附着在一个容易回忆的联结点上。这样，只要想到所熟悉的联结点，便能立刻想起学习过的新东西。

依照形象思维而来的形象记忆是目前最合乎人类右脑运作模式的记忆法，它可以让人瞬间记忆上千个电话号码，而且长时间不会忘记。

但是，当人们在利用语言作为思维的材料和物质外壳，不断促进意义记忆和抽象思维的发展，促进左脑功能的迅速发展，而这种发展又推动人的思维从低级到高级不断进步、完善，并越来越发挥无比神奇作用的过程中，却犯了一个本不应犯的错误——逐渐忽视了形象记忆和形象思维的重要作用。

于是，人类越来越偏重于使用左脑的功能进行意义记忆和抽象思维了，而右脑的形象记忆和形象思维功能渐渐遭到不应有的冷落。其实，我们对右脑形象记忆的潜力还缺乏深刻的认识。

现在，让我们来做个小游戏，请在一分钟内记住下列东西：

风筝、铅笔、汽车、电饭锅、蜡烛、果酱。

怎么样，你感到费力吗？你记住了几项呢？其实，你完全可以轻而易举地记全这六项，只要你利用你的想象力。

你可以想象，你放着风筝，风筝在天上飞，这是一个什么样的风筝呢？是一个白色的风筝。忽然有一支铅笔，被抛了上去，把风筝刺了个大洞，于是风筝掉了下来。而铅笔也掉了下来，砸到了一辆汽车上，挡风玻璃也全破了。

后来，汽车只好放到一个大电饭锅里去，当汽车放入电饭锅时，汽车融化了，变软了。后来，你拿着一个蜡烛，敲着电饭锅，哨哨哨的声音，非常大，而蜡烛被涂上了果酱。

现在回想一下：

风筝怎么了？被铅笔刺了个大洞。铅笔怎么了？砸到了汽车。

汽车怎么了？被放到电饭锅里煮。电饭锅怎么了？被蜡烛敲出了声音。蜡烛怎么了？被涂上了果酱。

如果你再回想几次，就把这六项记起来了。

这个游戏说明联结是形象记忆的关键。好的、生动的联结要求将新信息放在旧信息上，创造另一个生动的影像，将新信息放在长期记忆中，以荒谬、无意义的方式用动作将影像联结。

好的联结在回想时速度快，也不易忘记。一般而言有声音的联结比没有声音的好，有颜色的联结比没有颜色的好，有变形的联结比没有变形的好，动态的比静态的好。

想象是形象记忆法常用的方式，当一种事物和另一种事物相类似时，往往会从这一事物引起对另一事物的联想。把记忆的材料与自己体验过的事物联结起来，记忆效果就好。

比如，要记住我国的省级行政单位的轮廓及位置，确实很困难。如果能用形象记忆，就会减少这方面的困难。仔细观察中国地图我们不难发现各省市政区的轮廓，与日常生活中的一些实物很相似。

比如，我们知道：黑龙江省像只天鹅，内蒙古自治区像展翅飞翔的老鹰，吉林省大致呈三角形，辽宁省像个大逗号，山东省像攥起右手伸出拇指的拳头，山西省像平行四边形，福建省像相思鸟，安徽省像张兔子皮，台湾省似纺锤，海南省似菠萝，广东省似象头，广西壮族自治区似树叶，甘肃省像哑铃，陕西省像跪俑，云南省像开屏的孔雀，湖北省像警察的大盖帽，湖南省和江西省像一对亲密无间的伴侣……形象记忆不仅使呆板的省区轮廓图变得生动有趣，也提高了记忆的效果。

成为记忆能人的条件，是要具备能够在头脑中描绘具体形象的能力，让我们再来看看一些名人的形象记忆记录。

日本著名的将棋名人中原能在不用纸笔记录的情况下，把 10 个人在 3 天时间里分两桌进行的麻将赛的每一局胜负都记得清清楚楚。

日本另外一个将棋好手大山也有类似的逸闻，他曾和朋友一起在旅馆打了 3 天麻将，没想到他们的麻将战绩表被旅馆的女服务员当作废纸给扔了。在大家一筹莫展之时，大山名人已将多达 20 多人的战绩准确地重新写下来了。

马克·吐温曾经为记不住讲演稿而苦恼，后来他采用一种形象的记忆之后，竟然不再需要带讲演稿了。他在《汉堡》杂志中这样说：

“最难记忆的是数字，因为它既单调又没有显著的外形。如果你能在脑中把一幅图画和数字联系起来，记忆就容易多了。如果这幅图画是你自己想象出来的，那你就更不会忘掉了。我曾经有过这种体验：在 30 年前，每晚我都要演讲一次。所以我每晚要写一个简单的演说稿，把每段的意思用一个句子写出来，平均每篇约 11 句。

“有一天晚上，忽然把次序忘了，使我窘得满头大汗。因为这次经验，于是我想了一个方法：在每个指甲上依次写上一个号码，共计 10 个。第二天晚上我再去演说，便常常留心指甲，为了不致忘掉刚才看的是哪个指甲，看完一个便把号码揩去一个。但是这样一来，听众都奇怪我为什么一直望着自己的指甲。结果，这次的演讲不用说又失败了。

“忽然，我想到为什么不用图画来代表次序呢？这使我立刻解决了一切困难。两分钟内我用笔画出了 6 幅图画，用来代表 11 个话题。然后我把图画抛开。但是那些图画已经给我一个很深的印象，只要我闭上眼睛，图画就很明显地出现在眼前。这还是远在 30 年前的事，可是至今我的演说稿，还是得借助图画的力量才能记忆起来。”

马克·吐温的例子更有力地证明了形象记忆的神奇作用，由此，我们每一个人应该有意识地锻炼自己的形象记忆能力。

形象记忆是右脑的功能之一，加强形象记忆可促进形象思维的发展，在听音乐时可以听记旋律、记忆主题、默读乐谱、反复欣赏、活跃思维。

爱因斯坦说：“如果我在早年没有接受音乐教育的话，那么，在什么事业上我都将一事无成。在科学思维中，永远有着音乐的因素，真正的科学和音乐要求同样的思维过程。”因此，在听音乐时要有计划、有目的地培养自己的多种思维形式，在各种音乐环节中必须始终贯穿形象思维训练，促进记忆的提升。

你还可以通过下面的方法训练自己的形象思维。

小人儿想象

做法如下：

（1）冥想、呼吸使身心放松。

（2）暗示自己的身体逐渐变小，比米粒和沙子还小，变成了肉眼看不见的电子一般大小的小人儿，能进入任何地方。

（3）想象自己走进合着的书里面，看看书里面写的什么故事，画的什么样的画。

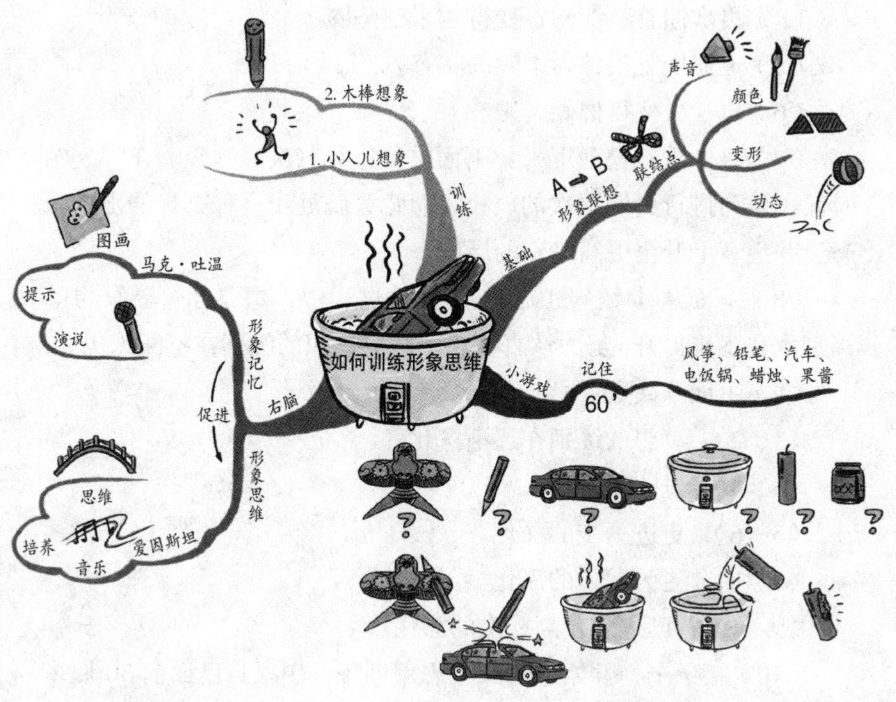

木棒想象

首先让身体处于一种紧张的状态，想象自己僵直得如同木棒一般，然后再逐渐松弛下来，放松身体。反复重复上述训练可以起到深化你的冥想能力的作用。

（1）在床上静卧，闭上双眼。按照自己的正常速度，重复进行三次深呼吸。

（2）然后重新恢复到正常呼吸状态，接下来想象自己的身体变成一根坚硬的木棒，感觉自己又仿佛变成了一座桥梁，在空中画出一道有韧性的弧线，如此重复。身体变得僵直、坚硬。

（3）感觉身体开始松弛、变软。

（4）再次僵直、变硬，变得越来越坚固。

（5）迅速恢复松弛、柔软的状态。

（6）再一次变得僵硬起来。

（7）身体重新松弛下来。下面重复进行三次深呼吸。在呼气的时候，努力进行更深层次的放松，感觉大脑处于一种冥想的出神状态，并逐渐上升至更高级别的层次。

（8）下面从 1 数到 10，在数数的过程中，想象你自己冥想的级别也在逐步提升，努力认真地想象自己冥想的级别在不断深化。

（9）下面开始数：

〈1、2〉，冥想的级别在逐渐深化。

〈3、4〉，进一步深化。

〈5、6〉，更进一步的深化。

〈7、8〉，更为深入的深化。

〈9、10〉，已进入较高层次的深化。

（10）接下来，开始进行颜色想象训练。想象自己面前 30 厘米处出现一个屏幕，再想象屏幕上出现红、黄、绿等颜色。首先进行红色的想象，然后看到眼前出现红色。

（11）红颜色消失，逐渐变成黄色。就这样想象下去。

（12）接下来，黄颜色消失，逐渐变成绿色。

（13）下面开始想象你自己家正门的样子，已经开始逐渐看清楚了吧，对，想得越细越好。直到完全可以清楚地看到为止。

（14）下面，打开房门，走进去，看看屋子里面是什么样的。

（15）现在可以清醒过来了。开始从 10 数到 0，感觉自己心情舒畅地醒来。

第三节　发散思维

死气沉沉的大脑毫无创造力可言，在学习过程中，若要保持大脑的兴奋，就要保持思维的活跃，而发散思维可以帮助大脑维持一个灵敏的状态。

几乎从启蒙那天开始，社会、家庭和学校便开始向学生灌输这样的思想：这个问题只有一个答案、不要标新立异、这是规矩等等。当然，就做人的行为准则而言，遵循一定的道德规范是对的，正所谓“没有规矩，不成方圆”。然而，凡事都制定唯一的准则，这一做法是在扼杀创造力。

有人曾对一群学生做过一个测试，请他们在5分钟之内说出红砖的用途，结果他们的回答是:“盖房子、建教室、修烟囱、铺路面、盖仓库……”尽管他们说出了砖头的多种用途，但始终没有离开“建筑材料”这一大类。

其实，我们只需从多个角度来考察红砖，便会发现还有如压纸、砸钉子、打狗、支书架、锻炼身体、垫桌脚、画线、作红标志，甚至磨红粉等诸多其他用途。这种从多个角度观察同一问题的做法所体现的就是发散思维的运用。

发散思维的概念，是美国心理学家吉尔福特在1950年以《创造力》为题的演讲中首先提出的。半个多世纪来，引起了普遍重视，促进了创造性思维的研究工作。发散思维法又称求异思维、扩散思维、辐射思维等，它是一种从不同的方向、不同的途径和不同的角度去设想的展开型思考方法，是从同一来源材料、从一个思维出发点探求多种不同答案的思维过程，它能使人产生大量的创造性设想，摆脱习惯性思维的束缚，使人们的思维趋于灵活多样。

比如一支曲别针究竟有多少种用途？你能说出几种？ 10 种？几十种？还是几百种？你可以来一场头脑风暴，看看自己能想到的极限是多少种——如果你想继续这个游戏的话，可能你到人生的最后一刻，都能找到特别的用途来。下面这个关于曲别针的故事告诉你的不只是曲别针的用途，更是一种思维方法。

在一次有许多中外学者参加的如何开发创造力的研讨会上，日本一位创造力研究专家应邀出席了这次研讨活动。面对这些创造性思维能力很强的学者同仁，风度翩翩的村上幸雄先生捧来一把曲别针（回形针），说道："请诸位朋友动一动脑筋，打破框框，看谁能说出这些曲别针的更多种用途，看谁创造性思维开发得好、多而奇特！"

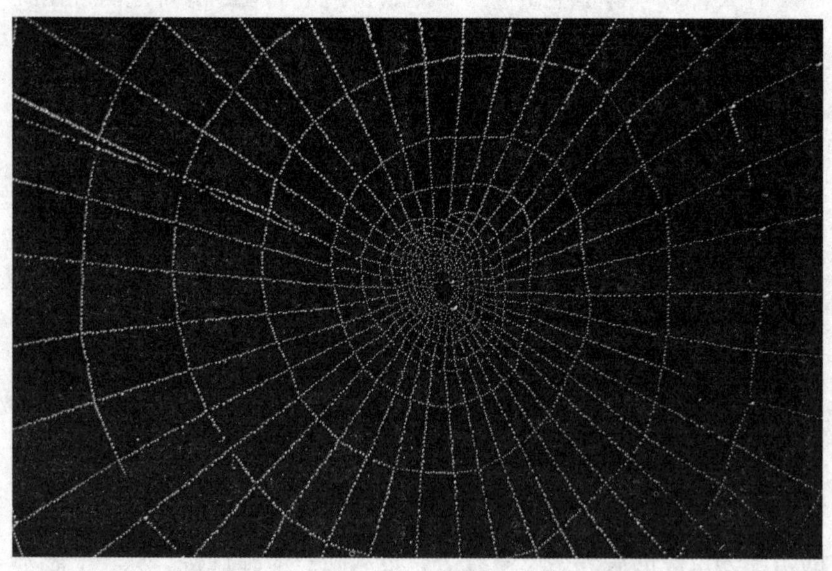

语义记忆好像一张巨大的蜘蛛织网，包含着成千上万的内部联系。

片刻，一些代表踊跃回答：

“曲别针可以别相片，可以用来夹稿件、讲义。”“纽扣掉了，可以用曲别针临时钩起……”

大家七嘴八舌，说了大约 10 多种，其中较奇特的回答是把曲别针磨成鱼钩，引来一阵笑声。村上对大家在不长时间内讲出十多种曲别针用途，很是称道。人们问：“村上您能讲多少种？”

村上一笑，伸出 3 个指头。

“30 种？”村上摇头。

“300 种？”村上点头。

人们惊异，不由得佩服这人聪慧敏捷的思维。也有人怀疑。

村上紧了紧领带，扫视了一眼台下那些透着不信任的眼睛，用幻灯片映出了曲别针的用途……这时只见中国的一位以“思维魔王”著称的怪才许国泰先生向台上递了一张纸条。

“对于曲别针的用途，我能说出 3000 种，甚至 30000 种！”邻座对他侧目：“吹牛不罚款，真狂！”

第二天上午 11 点，他“揭榜应战”，走上了讲台，他拿着一支粉笔，在黑板上写了一行字：村上幸雄曲别针用途求解。原先不以为然的听众一下子被吸引过来了。

“昨天，大家和村上讲的用途可用 4 个字概括，这就是钩、挂、别、联。要启发思路，使思维突破这种格局，最好的办法是借助于简单的形式思维工具——信息标与信息反应场。”

他把曲别针的总体信息分解成重量、体积、长度、截面、弹性、直线、银白色等 10 多个要素。再把这些要素，用根标线连接起来，形成一根信息标。然后，再把与曲别针有关的人类实践活动要素相分析，连成信息标，最后形成信息反应场。

这时，现代思维之光，射入了这枚平常的曲别针，它马上变成了孙悟空手中神奇变幻的金箍棒。他从容地将信息反应场的坐标，不停地组切交合。通过两轴推出一系列曲别针在数学中的用途，如，曲别针分别做成 1、2、3、4、5、6、7、8、9、0，再做成 + − × ÷ 的符号，用来进行四则运算，运算出数量，就有 1000 万、1 亿……在音乐上可创作曲谱；曲别针可做成英、俄、希腊等外文字母，用来进行拼读；曲别针可以与硫酸反应生成氢气；可以用曲别针做指南针；可以把曲别针串起来导电；曲别针是铁元素构成，铁与铜化合是青铜，铁与不同比例的几十种金属元素分别化合，生成的化合物则是成千上万种……

实际上，曲别针的用途，几乎近于无穷！他在台上讲着，台下一片寂静。与会的人们被“思维魔王”深深地吸引着。

许国泰先生运用的方法就是发散思维法。具有发散思维的人，在观察一个事物时，往往通过各种各样的牵线搭桥，将思路扩展开来，而不仅仅局限于事物本身，也就常常能够发现别人发现不了的事物与规律。许多优秀的学习者，在学习活动中也很重视发散思维的学习运用，因此获得了较佳的学习效果。

要想提高自己的发散思维，我们不妨按照以下几个步骤来进行练习：

充分想象

人的想象力和思维能力是紧密相连的，在进行思维的过程中，一定要学会运用想象力，使自己尽快跳出原有的知识圈子，只有让思路不局限于一点，才能让思维更加开阔。

不要过分紧张

要想进行发散思维，必须拥有一个较好的思维环境，同时也应该保持较好的心情，这就要求我们在碰到问题的时候不能过于紧张。紧张只能使人方寸大乱，对于解决问题没有丝毫助益。

从不同角度发散思维

思考问题的时候不要从单一的角度进行，应该学会从不同角度、不同方向、不同层次进行，同时对自己所掌握的知识或经验进行重新组合、加工，只有这样才能找到更多解决问题的办法。

发散的角度越多，我们掌握的知识就越全面，思维就越灵活。在学习中，对于有新意、有深度的看法，我们应该大胆地提出来，和老师同学们一起探讨，从而激发全班学生的发散性思维。

比如，当你看到苏轼的时候，你可以想到《明月几时有》，也可以想到《密州出猎》这些作品；同时我们能想到的还有北宋的政治制度，苏东坡曾经的遭遇；我们还能想到东坡肉这种美食，以及东坡酒、东坡的政敌王安石、苏门三位文豪等。

当我们的看法出现错误时，也不要觉得不好意思，这只能说明我们的想法还不完善。让我们在一个宽松、活泼、能充分发表自己观点的氛围中，展现个性，展现能力，展现学习成果。

对每个人来说，发散性思维是一种自然和几乎自动的思维方式，能给我们的学习和生活更多更大的帮助。

要强化自己的发散思维，就必须要不断进行思维训练，如：

● 训练1：尽可能多地写出含有“人”字的成语。

● 训练2：尽可能多地写出有以下特征的事物。

（1）能用于清洁的物品。

（2）能燃烧的液体。

● 训练3：尽可能多地写出近义词

（1）美丽

（2）飞翔

● 训练 4：解释词语。

（1）存亡绝续

（2）功败垂成

● 训练 5：尽可能多地列举下列物体的用途。

（1）易拉罐

（2）水泥

● 训练 6：以同一个发音为发散思维点，将元音读音与字母读音联系起来。

[ei] ——A，H，J，K

[i：] ——E，B，C，D，G，P，T，V

[ai] ——I，Y

[e] ——F，L，M，N，S，X，Z

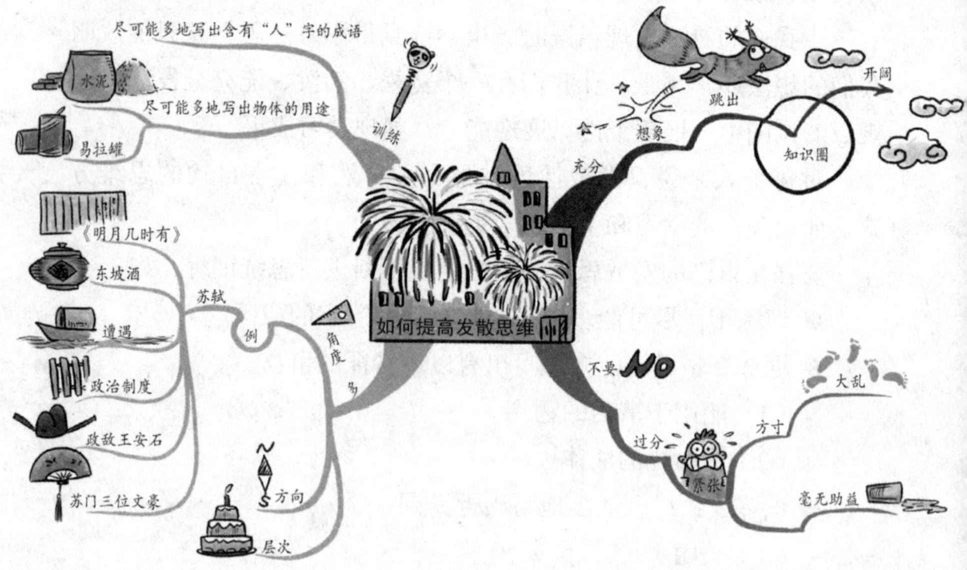

[ju : /u :] ——U，W

[ou] ——O

[a :] ——R

第四节　缜密思维

有人常说:“其实我都会，就是粗心做错了几道题。”乍听之下，好像他本来很聪明，不是不会做题，只是不太细心。但事实上，拿高分的人从来不粗心，他们从来不丢应得的分数。如果你真的聪明的话，就更应该重视每一个细节。

有人说，“我是一个不拘小节的人”，殊不知，细节往往是解决问题的侧向突破口。老子说:“天下难事，必作于易；天下大事，必作于细。”不起眼的事物也许会带来新的发现。

亚历山大·弗莱明这个名字可能你不是很熟悉，不过他有一个杰出的贡献改变了世界——发明青霉素，我们来看看青霉素是怎么发现的。

弗莱明本身是学医学的，1922 年，他在研究工作中盯上了葡萄球菌。葡萄球菌是一种分布最广、对人类健康威胁最大的病原菌。人一旦受伤伤口感染化脓，其元凶就是葡萄球菌，可当时人们并没有什么好的办法对付它。

很长一段时间，弗莱明致力于葡萄球菌的研究。在他的实验室里，几十个细菌培养皿里都培养着葡萄球菌。弗莱明将各种药物分别加入培养皿中，以期筛选出对葡萄球菌有抑制作用的药物。可是，每种的药物都不是葡萄球菌的对手。实验，一次次失败了。

1928 年的一天，弗莱明与往常一样，一到实验室便观察培养皿里的葡萄球菌的生长情况。他发现一个培养皿里长出了一团青绿色的霉。显然，这是某种天然霉菌落进去造成的。这使他感到懊丧，因为这意味着培养皿里的培养基没有用了。弗莱明正想把被感染的培养基倒掉时，发现青霉周围呈现出一片清澈。凭着多年从事细菌研究的经验，弗莱明立刻意识到，这是葡萄球菌被杀死的迹象。

为了证实自己的判断，弗莱明用吸管从培养皿中吸取一滴溶液，涂在干净的玻璃上，然后放在高倍显微镜下观察。结果，在显微镜下竟然没有看到一个葡萄球菌！这让弗莱明兴奋不已——这青霉到底是哪一路“英雄”呢？

弗莱明将青霉接种到其他培养皿培养。用线分别蘸溶有伤寒菌或大肠杆菌等的水溶液，放在青霉的培养基上，结果这几种病菌生长很好。说明青霉没有抑制这几种病菌生长的作用。而将带有葡萄球菌、白喉菌和炭疽菌的线，分别放在青霉培养基上，这些细菌全部被杀死。

弗莱明又将生长着青霉的培养液稀释 800 倍，可稀释液仍有良好的杀菌作用。由此弗莱明断定青霉会分泌一种杀死葡萄球菌的物质。这种物质要是能用在人身上那该多好啊！

弗莱明的无意之举让他发现了青霉素，从而为人类造福。

弗莱明将青霉的培养液注射到老鼠体内，结果老鼠安然无恙。这说明青霉分泌物没有毒性。

弗莱明高兴得差点跳起来。青霉分泌物对葡萄球菌灭杀效果好，而且没有毒性，这不是自己梦寐以求的杀菌药吗？他想应该可以在人身上试一试了。试验结果正如所预料，青霉分泌物确有奇效，且对人体没有副作用。后来医学上把这种青霉分泌物命名为青霉素，并作为杀菌药物，广泛应用于临床医疗。

青霉素的发现主要是弗莱明细心的结果，要是碰上粗心大意的人，也许不会有这样惊人的发现。尽管我们所受的教育一直是强调我们应该树立大的志向，可是大志向并不和细节相冲突。如果你认为有大志向的人就是不拘小节，甚至就是只要心里明白就行，做对做错无所谓，那就大错特错了！

细节可爱也可怕。有经验的人可以从细节窥见太多太多的内容，你所展示出来的细节，实际上已经在“出卖”你。下次，可别再说“这些我都会，只是不注意”了。

第五节　超前思维

在某次考场作文的审题现场，老师拿起一篇作文惊呼：“好文啊！好文！——满分！”于是，老师们争相传看这篇文章。

这次作文的考题是根据一则材料来写自己的感想，材料讲的是对兔子学游泳的感想。很多人都说兔子学游泳强人所难，接着也许会大谈一番道理，但是这篇让老师激动不已的文章，则把自己想象成一头驴，如何练得比马还要快，最后得出一个“行行出状元”的结论。

其实从结论来看，这篇作文无甚稀奇，而且这篇作文的风格也很口语化，没有瑰丽的文采。但是它最令老师欣赏的，就是那一点创意，将自己投入到作文中。

看看往年的满分作文，我们就能明白，几乎所有的作文都有不同之处，或者是立意，或者是布局，如果一样了，就没有什么竞争力了。很多优秀的学生往往会撇开众人常用的思路，善于尝试多种角度的考虑方式，从他人意想不到的“点”去开辟问题的新解法。所以，当我们提倡同学们要进行发散性的思维训练，其首要因素便是要找到事物的这个“点”进行扩散。

华若德克是美国实业界的大人物。在他未成名之前，有一次，他带领属下参加在休斯敦举行的美国商品展销会。令他十分懊丧的是，他被分配到一个极为偏僻的角落，而这个角落是绝少有人光顾的。为他设计摊位布置的装饰工程师劝他干脆放弃这个摊位，因为在这种不利的地理条件下，想要成功展览几乎是不可能的。华若德克沉思良久，觉得自己若放弃这一机会实在是太可惜了。可不可以将这个不好的地理位置通过某种方式得以化解，使之变成整个展销会的焦点呢?

他想到了自己创业的艰辛，想到了自己受到展销大会组委会的排斥和冷眼，想到了摊位的偏僻，他的心里突然涌现出偏远非洲的景象，觉得自己就像非洲人一样受着不应有的歧视。他走到了自己的摊位前，心中充满感慨，灵机一动:“既然你们都把我看成非洲难民，那我就打扮一回非洲难民给你们看！”于是一个计划应运而生。

华若德克让设计师为他设计了一个古代宫殿式的布局，围绕着摊位布满了具有浓郁非洲风情的装饰物，把摊位前的那条荒凉的大路变成了黄澄澄的沙漠。他安排雇来的人穿上非洲人的服装，并且特地雇用动物园的双峰骆驼来运输货物，此外他还派人定做大批气球，准备在展销会上用。

展销会开幕那天，华若德克挥了挥手，顿时展览厅里升起无数的彩色气球，气球升空不久自行爆炸，落下无数的碎片，上面写着："当你拾起这小小的胶片时，亲爱的女士和先生，你的运气就开始了，我们衷心祝贺你。请到华若德克的摊位，接受来自遥远非洲的礼物。"

这无数的碎片洒落在热闹的人群中，于是一传十，十传百，消息越传越广，人们纷纷集聚到这个本来无人问津的摊位前。火爆的人气给华若德克带来了非常可观的生意和潜在机会，而那些黄金地段的摊位反而遭到了人们的冷落。

也许相对一般人，那些商业人士所面临的生活压力更大，所以这些人总能想出来一些奇妙的方法解决问题。上面这个例子就是其中之一。而我们现在非常熟知的名人唐骏，当年在微软公司做程序员的时候，就是凭借比别人多想一点而赢得上层的关注。

当时，有上千人与唐骏同时进入企业，唐骏想的是，如果要引起别人的注意，就要差异化竞争。结果在提案的时候，他不仅提出了一个人人都能注意到的产品开发问题，还提出具体解决的方案。当时他的老板非常激动地对他说："你不是第一个提出这个问题的人，但你是第一个提出如何解决这个问题的人。"就这样，他脱颖而出了。

几乎所有的创意都重在突破常规，它不怕奇思妙想，也不怕荒诞不经。沿着可能存在的"点"尽量向外延伸，或许，一些从常规思路出发看来根本办不成的事，其前景往往柳暗花明、豁然开朗。所以，在平日的生活中，多发挥思维的能动性，让它带着你任意驰骋在广阔的思维天地，或许会让你看到平日见不到的美妙风景。

那么现在思考一下，我们怎样才能比别人多考虑一点呢？

积极提问

在各种学习课上，我们不仅要做到专心听讲、对别人给出的答案敢于发表自己的独立见解，而且还能够积极思考，勇于提出问题。因为提问是积极思考的一个表现，问题越多的学习者，对知识掌握得有可能越全面，领会得越透彻，积极提问也说明他们思考得比别人多，想的“点”多。

而那些很少提问甚至从不提问的学习者，虽然在同一课堂上学习了同样的内容，印象也不如积极思考的同学深，不仅对知识的应用能力更差，而且容易遗忘。

提问是积极思考的表现，也是比别人多考虑一点的表现，积极思考，才能领会得透彻。在学习过程中，不仅要专心听讲，更要善于大胆质疑。通过积极地提问，活跃思维，最大限度地调动自己的学习主动性，这样才有可能取得更好的学习效果。

保持好奇心

对我们大脑来说，好奇心本身就是一种奖励，优秀的学习者正是因为保持自己的好奇心才能学习到更多的智慧。

其实每个人都有浓厚的好奇心和求知欲，尤其是对于学生来说，表现得更为强烈。比如书本上的知识会引起我们的好奇心，自然界和社会生活中纷繁复杂的现象，也会吸引着我们，甚至连路旁的一棵小树、天空中飘的一片云朵，都可能会引发我们无穷无尽的遐想。

美籍华人、诺贝尔物理奖获得者李政道教授一次在同中国科技大学少年班学生座谈时指出：“为什么理论物理领域做出贡献的大都是年轻人呢？就是因为他们敢于怀疑，敢问。”他还强调，“一定要从小就培养学生的好奇心，要敢于提出问题。”

一个人善于动脑和思考，就会不断发现问题，养成“非思不问”的习惯，这样我们考虑的就能比别人多，学到的东西自然也就会更多！

第六节　重点思维

考试的时候你是否经常不知道应该先做选择题还是计算题？

语文、英语、生物和数学作业同时放在面前，你是否知道应该先做哪一个？

你是否考虑过，在任何一门课上，应该先认真听讲呢，还是先把黑板上的笔记抄下来呢？

其实，当你在思考这些问题、感叹时间不够用的时候，善于学习的人早已把自己的精力合理分配，正向学习的顶峰攀登。

当我们向优秀的人请教学习方法时，他们经常说：“想一想，在平时的学习过程中，你是否总是贪多贪全，因为把精力浪费在芝麻小事上而忘记了最重要的内容呢？”

学会重点思维，把主要的精力放在重要事情上，做事往往事半功倍。

现实生活中，有不少人往往分不清自己要做的事情的轻重缓急，因为很多人的事情不是靠自己来安排的，有些人长期像一个提线木偶，在长辈的安排下生活、学习，这也是造成其不善于安排时间的一大原因。

学习中，一些人总是贪多，总想一下子把所有的内容都学完学会，把所有的题都做完，把所有的课文都背下来，糟糕的是不会预先安排时间，找到侧重点。这种追求面面俱到却抓不住学习重点的做法，结果往往是事倍功半。

不知你是否思考过，钻头为什么能在极短的时间内钻透厚厚的墙壁或者坚硬的岩层呢？ 或许有些人已经知道其原理：同样的力量集中于一点，单位压强就大；而集中在一个平面上，单位压强就会减小数倍。像钻头这样攻其一点的谋略是解决问题的好办法。

只有我们知道什么是最重要的，抓住了关键，不把精力浪费在芝麻小事上，才能合理安排时间、集中时间、精力于一点，认准目标，将学习贯彻到底。

因为每个人的脑力有限，所以更需要合理地规划和安排。日常生活中，上网、玩游戏、交朋友都会牵扯大量精力，这时就需要提高自控能力，定好学习目标，争取贯彻到底。

或许我们不知道，著名幻想小说《海底两万里》是法国科幻作家凡尔纳在航海旅途中完成的；奥地利的大音乐家莫扎特连理发时都在考虑创作乐曲；贝多芬去餐馆只管写曲谱，常常忘了自己是否已经用过餐……

对于我们每个人来说，只有正确把握要做的事情与时间之间的关系，才有可能把这些事情都处理好。

另外，应把每天要做的事情按照轻重缓急排列顺序：第一类是重要而紧迫的事情，如考试、测验等；第二类是紧迫但不重要的事情，如完成家庭作业等；第三类是重要但不紧迫的事情，如提高阅读能力等；第四类是既不重要也不紧迫的事情，如果时间不允许可以不做的事，比如逛街等。

如果能够按照这个顺序来安排学习任务，可以保证把重要的事情首先完成，把学习安排得井井有条。

相对而言，有很多人每天看起来总是一副很忙的样子。虽然这些人整天忙得不可开交，但仔细一看，却不知道自己到底做了什么。

事实上，这种忙碌的背后有三种情况：

（1）不会管理自己的时间的忙碌。这些人常常感觉时间不够用，甚至忙得发疯。

（2）已经学会应对与取舍的忙碌。这种忙碌往往能最为有效地利用时间。

（3）假装忙碌。因为我们现在几乎是将忙与成功、闲和失败联系到一起了，因此，有的人认为只要忙碌学习或工作就会成功，于是他们就成天忙个不停，可是效果并不是很理想。

生活中，常常困扰一些人的“芝麻小事”可能是中午吃什么，买什么颜色的笔记本，关注的电视剧到了哪一集，男主角和女主角最后怎么了……仔细想想，这些事情真的不值得我们花上大段的时间。只有把主要精力放在重要的事情上，才是善学者的思维方式。

第七节　总结思维

对于总结思维，我们可以举一个关于如何学习英语的例子，即如何运用规律记忆法记忆英语单词。

第一种，派生法

英语构词法之一派生法，也叫词缀法，就是在词根前面或后面加上前缀或后缀就构成了新的词。由派生法构成的词叫派生词。大体上讲，派生法有两种规律：加前缀和加后缀。

加前缀：

honest（诚实）前面加前缀 dis，就构成了新的单词 dishonest（不诚实）。

able（能）前面加前缀 un，就构成了新的单词 unable（不能）。

night（夜晚）前面加前缀 mid，就构成了新的单词 midnight（午夜）。

加后缀：

work（工作）后面加后缀 er，就构成了新的词 worker（工人）。

child（孩子）后面加后缀 hood，就构成了新的单词 childhood（童年）。

第二种，合成法

英语构词法之二合成法，就是把两个以上独立的词合成一个新词。

class（课）+ room（房间）就构成了 classroom（教室）。

every（每一）+ one（一）就构成 everyone（每人）。

some（一些）+ body（人）就构成了 somebody（某人）。

my（我的）+ self（自己）就构成了 myself（我自己）。

一般来讲事物之间是存在着联系的，他们之间总有自己的规律存在。在记忆学习的时候如果能找到他们之间的规律，就能轻松地学习和提高。

有这样一个故事：德国大数学家高斯在小学念书时，数学老师叫布特纳，在当地小有名气。

这位来自城市的数学老师总认为乡下的孩子都很笨，感到自己的才华无法施展，因此经常很郁闷。有一次，布特纳在上课时心情又非常不好，就在黑板上写了一道题目：

1+2+3……+100 =？

“这么多个数相加，要算多长时间呀？”学生们有点无从下手。

正当全班学生紧张地挨个数相加时，高斯已经得出结果是 5050。同学们都很惊奇。

德国数学家高斯

布特纳看了一下高斯的答案，感到非常惊讶。他问高斯：“你是怎么算的？怎么算得这样快？”

高斯说：“1+100 = 101，2+99 = 101，3+98 = 101……最后 50+51 = 101，总共有 50 个 101，所以 101×50 = 5050。”

原来，高斯并不是像其他孩子那样一个数一个数地相加，而是通过观察，找到了算式的规律。

善学者总是有意识地去寻找事物的规律，在分析规律的过程中不断加强理解，记忆起来就会容易得多。一个人成绩优秀，除了他刻苦学习外，良好的学习习惯也起着决定性的作用。学习成效与记忆力最为相关，不同人的记忆能力有差异，但除了极少数智力存在缺陷的人外，绝大部分人的差异是不大的，只要我们能掌握并遵循合理的记忆规律，合理安排我们的学习和复习时间，就一定能取得好的学习效果。

记忆是掌握知识、运用知识、增强智力、创造发明的关键，所以提高我们的记忆力就显得尤为重要了。那么，我们该怎样去遵循记忆规律，提高自己的记忆力呢?

（1）一次记忆的材料不宜过多

应该控制好每一次记忆材料的总量，如果总量过多，很容易产生大脑疲劳，使记忆效率下降。

正确的做法是把量控制在一个范围，能让你一次完成记忆过程，记忆完成后，还觉得意犹未尽，有余力再从事其他科目的学习。如果需要背记的材料实在过多，也可以把它切分成几部分，每次解决其中一部分。

如果需要记大量的问答题，可以把每个要点用 1 ~ 2 个字概括，都写到一张纸上，对着题目回忆答案，想不起来再看提示。只要能正确回忆起所有要点，就在题目下面打勾，下次就可以跳过去了。这样，记忆的次数越多，需要记忆的内容就越少，你的自信心就可以在这个过程中逐渐增强。

（2）要善于找“特征”

良好记忆习惯的养成非常有利于你记忆力的提高。所以平时在学习中你一定要努力寻找规律，细心挖掘其特征，通过理解来加深记忆，要知道，“找特征”的过程，正是最好的理解和复习的过程，更是加深印象的过程。可以这么说，“特征”是记忆的第一大法，

这种记忆习惯的养成非常有利于记忆素质的提高。

（3）事先做好心理调节

记忆之前，必须先做好心理调节，树立起自信心，相信自己一定能掌握这些材料。千万不要在记忆之前怀疑自己，担心自己背不下来。记忆过程中也要控制好自己的心态，不能急躁。急躁会破坏心理平衡，使大脑出现抑制现象，让自己无法顺利完成记忆。

总之，我们只有学会科学用脑，认识并遵循记忆规律，我们的记忆效果才会事半功倍，我们对自己才会越来越有信心。

第二篇

画出完美人生

第一章　画出清晰思路

第一节　提高上课记笔记的效率

我们从上学第一天开始，爸爸妈妈就为我们准备好了笔记本，告诉我们上课要养成记笔记的好习惯。

但是从来没有人告诉我们怎样记笔记才是最科学合理的。几乎可以说，世界上 99% 的人记笔记都是一个模式，那就是依靠文字、直线、数字和次序。如果在课堂上，甚至直接把老师写在黑板上的内容照搬下来。我们也从来没有想过，这种记笔记的方式有什么不妥。

但实际上，它的缺陷就是，这种记笔记方式不是一套完整的工具，它仅仅体现了你“左脑”的功能，却没有体现“右脑”的功能，因为右脑可以让我们感受到节奏、颜色、空间等。

我们习惯的那种笔记，很少用到彩色，一般我们习惯了只用黑墨水、蓝墨水或者铅笔去书写。有些人很多年也只用一种颜色的笔记笔记、写作业。现在回头看看，一种颜色的笔记真是单调极了，而且还封锁了我们大脑无穷的创造力。

另外，这种直线型笔记仅仅是学生对老师课堂内容不完全的机械复制，相互之间没有关联、没有重点。而且很多学生忙于记录，没有时间真正地去思考。久而久之，就养成了学生记忆知识而不是思考知识的习惯，容易形成思维惰性。

也可以说，这种传统的记笔记方式，只利用了我们一半的大脑，同时，照字面意义去理解笔记内容，是不够的。

这种颜色单一的笔记，容易对我们的大脑产生负面影响，比如容易走神、逃避问题、转移注意力、大脑空白、做白日梦、昏昏欲睡。

相比较传统笔记埋没了关键词、不易记忆、笔记枯燥、浪费时间、不能有效刺激大脑、阻碍大脑作出联想等诸多缺陷，思维导图笔记就是一种最佳的思维方式，它运用丰富的色彩和图像，可以充分反映出空间感、维度和联想能力，能彻底解放我们的创造力。

思维导图记笔记的方式可以对我们的记忆和学习产生巨大的影响，比如：

记忆相关的词可以节省50%～95%的时间。

读相关的词可节省90%左右的时间。

复习思维导图笔记可节省90%时间。

可集中精力于真正的问题。

让重要的关键词更为显眼。

关键词可灵活组合，改善创造力和记忆力。

易于在关键词之间产生清晰合适的联想。

画图过程中，会有更多新的发现和新的思想产生。

……

大脑不断地利用其皮层技巧，越来越清晰，越来越愿意接受新事物。

其实，做思维导图日记的步骤和上一篇所讲到的如何“让一本书变成一张纸的思维导图”步骤差不多。

在记笔记的过程中，我们可以一边听讲，一边画一幅思维导图，并找出一些基本概念，做成一个大概的框架。也可以在听完讲解以后，编辑并修正你的思维导图笔记，从而在修订的过程中，让信息产生更广泛的意义，因而也加强了你对它的理解。

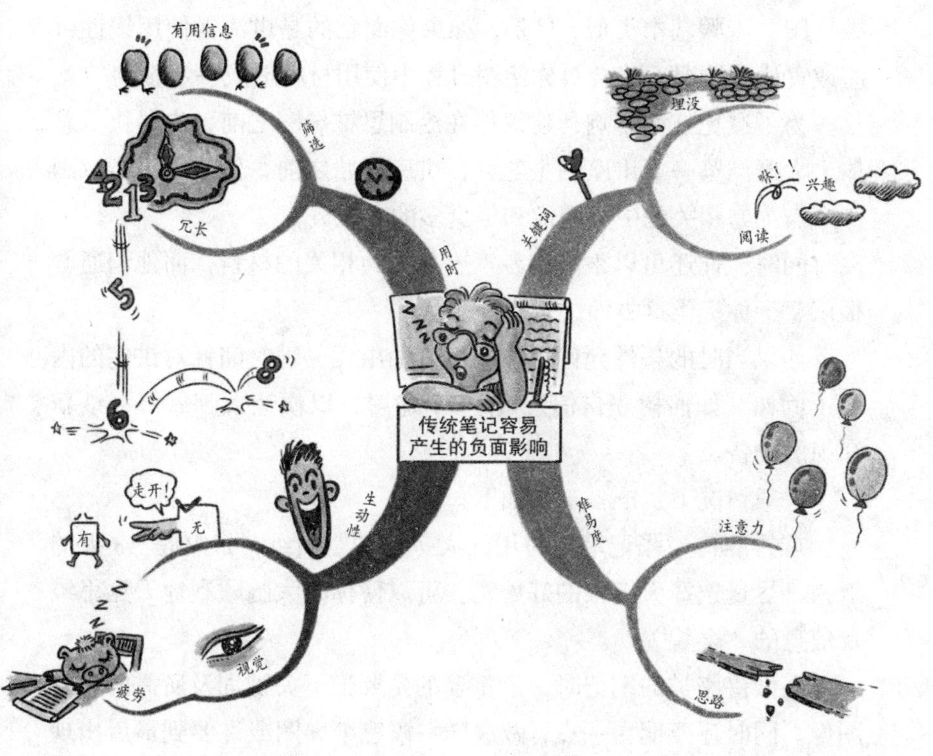

第二节　用思维导图听讲座

听讲座时使用思维导图，与前面的“让一本书变成一张纸的思维导图”步骤基本类似，只是，如果你面临的是讲演者使用线性讲座或宣读的情况，将会对你绘图过程中使用材料造成一定影响。

为了避免这种影响，建议你在绘制思维导图之前，先尽快从总体上大概浏览一下讲座的主题，在讲座开始之前，你就可以尝试画一个与主题相关的中央图像和尽量多的主要分支。

同时，你还可以跟演讲者索要与主题相关的材料，而他们通常很乐意为你提供这方面的资料。

如果当时的条件允许，你还可以抽出几分钟时间针对讲座的内容（例如“如何树立自信”）作一个速射，以便让大脑做好吸纳新知识的准备。

一般情况下，准备工作如下：

首先准备一张记笔记时用的大一点的空白纸，最好是A3大的纸张，尽量选择大纸张的好处是，可以使你的大脑顺利地看见思维及信息的“全貌”。

在做讲座类的笔记时，最重要的是要记下关键词及所需的重要图像。同时还要明白一点，做这样一幅思维导图或许要到最后出现完整的结构时，才会清楚要全部表达的意思。

可以说，我们在听讲座过程中，所迅速记下的任何笔记可能只是半成品，而不是最终的成品。因为在讲座主题没有完全变得明晰之前，你所记的内容是不完整的。

其次，我们应该明晰，听讲座时记笔记的重点是内容，不是为

了视觉上的“美观”。有一些表面上看起来“整洁”的笔记，如果从信息角度看的话，其实是杂乱的。其实，在那些“整洁”的笔记中，关键信息是隐蔽的，被切割开并混杂于一些不相干的词语中。而那些看来“凌乱”的笔记，从信息角度看却是整洁的。它们能即时地表明重要概念及其之间的联系。在某些情况下甚至表示出交叉及相对立的信息。

最后，当你听完讲座，并最终完成思维导图，你面前的思维导图应该是整洁的。如果你再花一些时间，就可以在另一张新的空白纸上最终完成一个小时笔记的思维导图。

重新组织思维导图是一个很有成效的练习过程，尤其是当你在学习阶段就很合理地组织的话，那么这个重组过程可以看作是首次温习过程。

第三节　如何激活我们的创造力

不知你是否知道，在印度尼西亚有一种科摩多大蜥蜴，当母蜥蜴第一次产卵时，它知道要先爬一段险坡，然后到一座火山里面产卵，这样刚出生的小蜥蜴存活率会比较高。即使作为母亲的大蜥蜴不是生在火山中，但它却十分清楚地知道必须如此。

大蜥蜴是怎么知道的？又是谁告诉它的？

很多时候，我们也像科摩多大蜥蜴那样，其实知道很多不可能知道的事。这些特殊的思考能力或想法有时在日常生活中就这么突然地冒出来，尽管有些时候我们所处的状态十分清晰，它还是会忽然闪现在脑海中。在这种时候，我们的心犹如与一种更广大的意识相联结在一起。

在我们的经验储存器——大脑中，有些资料是非常平凡而熟悉的，有些带有惊人的意象和联想。不管怎样，它们都与我们的生活息息相关，不过，有一点可以明确，那就是我们可以辨认出这些资料是从哪里来的。

除此，有一些是我们不可能知道的，我们可以称它为直觉，也可以称它为第六感。那可能是一种对于原始事物的原始理解，而不是人生经验所带给我们的。

因此，每一个人的内心深处似乎都具有一个属于自己的创造源泉。同时，存在一种超越个人的，属于全人类的共同源泉，里面储存着各种原始、深奥的集体智慧。这个庞大源泉或许在我们体内，或许我们通过一种渠道与它联结。

脑神经学家拉塞·布莱思说，创造能力强的人的神经元数量虽然比普通人少，但是可以组成丰富的功能模式。科学实践告诉我们，神经系统是创造力的生物学基础。神经元的构造和功能影响着创造力水平的高低。

根据克拉克的研究，创造力强的人的大脑有以下5个特点：

（1）表现出快速的突触活动，引起更迅速的资讯过程。

（2）具有丰富的化学成分的神经元，可形成更复杂的思维模式。

（3）更多地运用前额皮层（额叶）的功能，使顿悟和直觉思维得以强化。

（4）脑波输入更快，更为持久，能够从轻松的学习、强化记忆及左右脑的综合功能中得到乐趣。

（5）脑节律的一致性、共时性和专心致志的强化。

有创造力的人神经系统强度高，兴趣和意志集中，灵活和均衡性高、分析力强，大脑功能潜力大。

创造力是知识经济时代最有活力、最有前景、最有挑战的能力，全脑创造力就是既要运用左脑，又要积极开发右脑潜能，多管齐下，平衡发展，发挥大脑潜能，最大限度地提高创造能力，使我们在高度竞争的社会生活中立于不败之地，并且能够体现出我们所具有的生命意义。

原中国教育部副部长吴启迪说，“指南针、造纸术、印刷术和火药，中国的四大发明让我们感到自豪，但在接下来的几个世纪里，我们没有保持发明的步伐。四大发明充分证明了中国人的能力，我们需要回到那样的状态。”

是的，无论是从国家进步、民族发展的大局，还是从个人需要创造社会价值的角度，我们都需要激活自己的创新能力！

但是，如何有效地激活我们的创新能力呢？

破除思维定式

毕加索说过：“创造之前必先破除。”破除什么？破除传统的观念，破除陈旧的规则，破除头脑中的思维定式。应该说，一切创新活动都是“破除＋建立”。

培养创新的落实意识，首先就要破除制约创新的思维定式。概括说来，制约创新的思维定式主要有以下几种：

（1）权威型思维定式

所谓权威型思维定式，就是在对事物的认知和是非的判定上，缺乏自我独立思考的意识，而盲目地依附于权威。

权威虽然使我们节省了许多探索的时间和精力，但如果我们过份地迷信权威，唯权威之言而是听，就会墨守成规，不能根据具体情况寻求落实的新方法，从而影响工作任务的落实。

（2）习惯型思维定式

所谓习惯型思维，就是思维沿着前一思考路径以线性的方式继续延伸，并暂时地封闭了其他的思考方向。

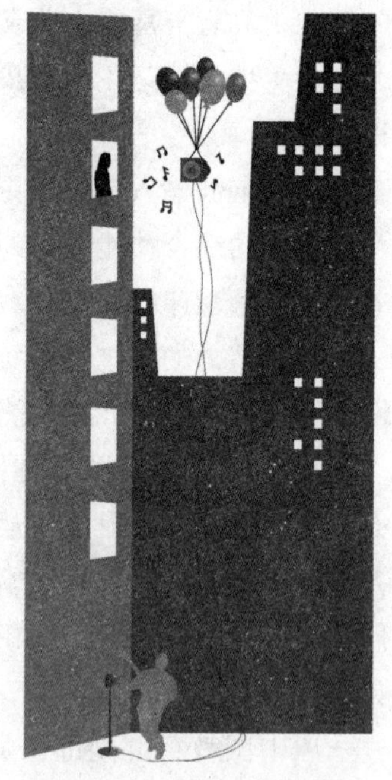

创造力来源于高涨的热情和潜意识的不断尝试。

法伯是法国著名的科学家。他曾做过一个著名的毛毛虫试验。这种毛毛虫有一种“跟随者”的习性，总是盲目地跟随前面的毛毛虫走。

试验中，法伯把一些毛毛虫放在一个花盆的边缘上，首尾相接，围成一圈，并在花盆周围不到6英寸的地方撒了一些毛毛虫最爱吃的松针。毛毛虫开始一个跟一个，绕着花盆一圈又一圈地走。一小时过去了，一天过去了，毛毛虫们还不停地坚忍地团团转。又过了六天六夜，它们终于因为饥饿和精疲力竭而死去。

试验结束后，法伯在笔记中写下了这样一句耐人寻味的话：“在这么多毛毛虫中，其实只要有一只稍与众不同，便立刻会避免死亡的命运。”

惯性思维常常使人们陷入僵局，甚至置人于死地。毛毛虫之死告诉我们的就是这个道理。

（3）经验型思维定式

经验是人类的宝贵财富，但如果过分地迷信经验，过分地依赖经验，并形成固定的思维模式，照办照抄，就会弄巧成拙。

有位女孩在跟妈妈学做菜。她发现妈妈在切香肠时，总是将香肠的头尾去掉。她很奇怪，问妈妈为什么。妈妈说：“你外婆这样做，我也跟着这样做，不知道为什么，你去问外婆好了。”

女孩便拨通了外婆的电话。外婆告诉她：“因为从前我们家烤箱的盘子太小，必须将香肠掐头去尾才能放进烤箱。”

经验一成不变就会成为束缚。被束缚的思维是不可能产生创新精神的，也是不会有效落实的。

要善于把新思维和旧形式有机地结合起来

对这种做法，中国人叫“旧瓶装新酒”。

其实，这个词在很多地方都是贬义的。从中国人的传统思维出发，如果你有一种全新的想法或者做法，就应该使用同样新的形式，这样才能“配套”，或者说相称。如果一个新的想法或做法，使用旧有的形式，在中国人看来，就是驴唇不对马嘴，不伦不类。

这是一种出于常规思维的误解。所谓“新事物”，不一定非要彻头彻尾都是新的，只要其中包含着创新的成分，就是新事物，所以，旧瓶装新酒，是十分正常的，很多中国人不懂得这一点，所以往往屈从于常规的“旧瓶”——他们把精力都放在如何把“旧瓶”换成“新瓶”的问题上，而忽略了“旧瓶装新酒”的可行性。

克拉伦斯·伯德恩埃旅行到加拿大时，看到有些鱼在天然条件下封冻并解冻，他从大自然中得到启发，这就产生了冷冻食品工业。在某一个制笔行业里，一个聪明人认识到，只要是有笔的地方，就一定要有墨水，那么为什么不把两者结合起来呢？结果自来水笔诞生了。

由此观之，所有的新思想，归根结底，都是借鉴于旧思想的，都是在旧思想的基础上添砖加瓦，把它们结合起来或进行修改。如果是偶然做成，人们会说你运气好；如果是有计划地做成，人们便说你有创造性。然而，无论是运气好，还是有创造性，都无法做到制造出“全新”的事物，很大程度上，都要借助旧思想、旧事物，这就是所谓的“旧瓶装新酒”。

乐于接受各种新创意

为了激活我们的创造力，我们一定要摆脱一些守旧观念的束缚，最好永远不要说“办不到”“没有用”之类的话。另外，我们还要有实验精神，你可以去尝试新的餐馆、新的书籍、新的戏院以及新的朋友，或者采取跟以前不同的上班路线。

如果你从事销售工作，就试着培养对生产、会计、财务等的兴趣，这样会扩展你的能力。要明白进步本身就是一种收获，一般有重大成就的人都会不断地为别人和自己设定较高的标准，不断寻求增进效率的各种方法。“以较低成本获得较高的回报，以较少的精力去做较多的事情”。

通常，破除思维定式，激发创造性思维，从原有的框框里跳出来大约要经过 5 个步骤：

（1）原始的观念

当你遇到一个问题要解决或有一件事要做，你想学习另外一门课程，你想改变一下自己的穿着风格，或者你想把学校里的不合理的制度作一下改进等，这些都属于最原始的观念。

（2）预备阶段

你可以尝试搜索做成一件事的所有可能的方法。然后尽可能多地收集与之相关的资料，到图书馆阅读有关书籍，与别人交谈、和别人交换想法，提出问题等。时刻准备去接受新东西，这些都是开动我们想象力的跳板。

（3）酝酿阶段

这一阶段属于潜意识自由活动的阶段。你可以尽情地放松，比如出去散散步，晒晒太阳，睡个午觉，洗个热水澡，做做其他的事情或打一会儿球，把问题留到以后再解决。

（4）开窍阶段

这是创造过程的最高阶段。眼前忽然闪现一盏明亮的灯，一切东西都突然变得井井有条。查尔斯·达尔文一直在为进化理论收集材料，突然有一天，当他坐在马车里旅行时，这些材料都突然一下子融为一体了。

达尔文写道：“当解决问题的思想令人愉快地跳进我脑子里的

时候，我的马车驶过的那块地方我还记得清清楚楚。”开窍是创造过程中最令人兴奋和愉快的阶段。

（5）核实阶段

不管你有多么聪明，有时处于开窍阶段得到的启示可能根本不可靠。这时便要发挥理智和判断的作用。你忽然闪现的灵感要经过逻辑推理加以肯定或否定。你要跳出来尽可能客观地看待你的设想。多征求别人的意见，听听别人的看法，对这出色的设想加以修正，使之趋于完善。而且经过核实，你往往会得出更新更好的见解。

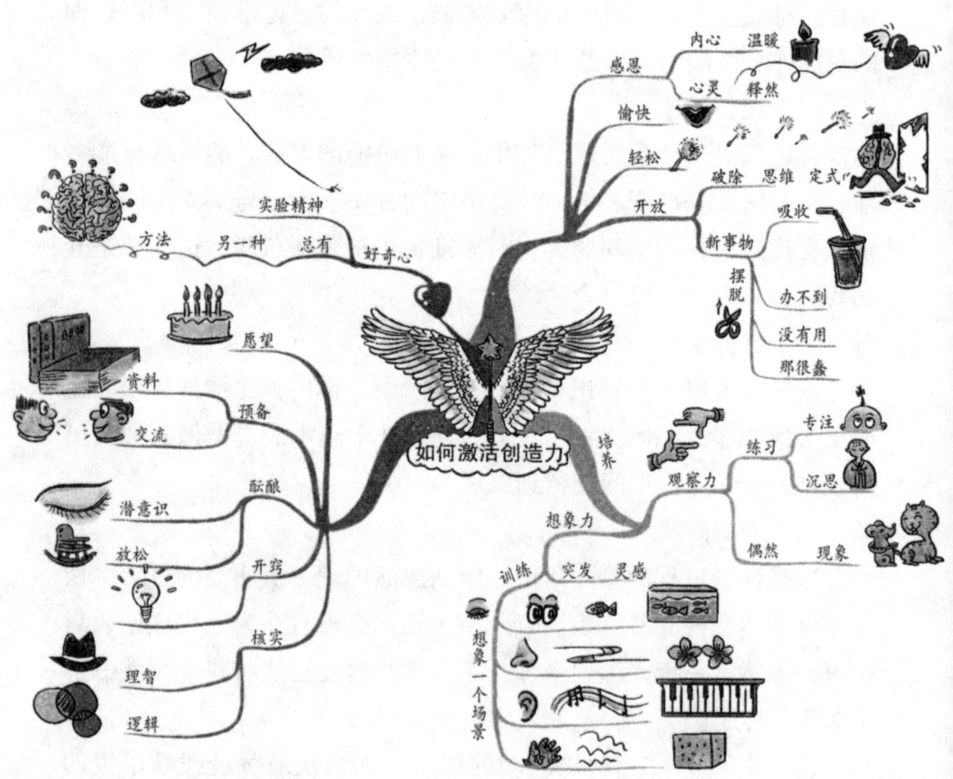

思维导图很适合创造力发散性的思维特点，因为它本身利用了所有一般认为与创造力相连的一些技巧，特别是想象力、联想和灵活性。

创造性思维导图可以让制作者在实现自己目标的过程中，产生源源不断的思考力，甚至可以让制作者一次看到很多因素的全景，因而就增加了创造性联想和思维整合的可能性，导致新创意的产生。

第四节　尝试思维导图日记

你习惯记日记吗?

如果有一天，让你用一种新奇的方式去写日记，你敢于尝试吗?

在这里，作为一种全新的、革命性的非线性思维工具——思维导图日记应运而生，它可以让我们根据自己的需要和欲望来管理自己的时间，而不是让时间管理我们。

思维导图日记可以用于安排计划自己的事情，也可以是对过去思想和感觉的回顾性记录。在思维导图日记身上，既能利用传统日记的优势，又能弥补传统日记的不足，并使两者得到最完美的结合。

思维导图日记比传统日记更有效率和效益。

思维导图日记，除了会使用到传统日记中的词汇、数字、表格、顺序和系列等以外，它还能把编码、色彩、图像、符号、幽默、白日梦、联想等全部都包括进去。

思维导图日记可以让你更好地记录和处理数据，它不仅成为一个时间管理方法，而且还是一个自我管理和人生管理方法。

思维导图可以从大的方面显示出年计划、月计划。那么，每日计划就可以在思维导图日记中体现出来，从理想的角度来说，应该每天制作两幅思维导图日记。

第一幅思维导图日记可以提前安排当天的活动，第二幅可以用于监督活动的进展，同时这也可以用来对一天进行回顾性的总结。

你在一天中做了哪些事，都可以用思维导图清晰地表达出来。比如，散步、阅读、会见朋友、去舅舅家做客等，这几个方面同时变成思维导图的几个分支，都是为了帮助你进行思考，梳理一天。

东尼·博赞所总结的思维导图日记的好处主要有：

（1）让思维导图在不断发展的时候成为一个全面的终生管理工具，它让你随时可以安排和记录自己的生活。

（2）思维导图本身非常漂亮，当使用者技术提高时会更为吸引人——使用者最终会开始创造艺术作品。

（3）每年和每月及每日方案可以使一年的回顾轻松易得，因为它使用的是长期的交叉查询及观察方法。

（4）思维导图日记把每件事情都放在你一生的背景中加以考察。

（5）思维导图日记提供了一个几近完整的、外化的人生记忆核。

（6）它让你控制住生活当中对你最为重要的一些方面。

（7）这个方法，由于其设计特点，可以鼓励你自动地进行自我开发，并让你实现最终的成功。

（8）它使用到图形、彩色代码和其他的思维导图制作原则，让你能够迅速地获取信息。

（9）因为思维导图日记在视觉上更具刺激性，更为漂亮，它鼓励你不断地使用它。

（10）用思维导图日记回顾一生时，就像观看自己一生的“电影”一样。

第五节　完善个人学习计划，让学习更轻松

不管你是学生，还是需要不断充电的上班族，思维导图都可以利用自身所具有的图像性、可联想性和易沟通性使你能够有效促进学习计划的展开，帮助你提高学习效率。

今天的学生，学习压力比以往任何时候都要大，很多学生每天早上一睁开眼睛，就看到张贴在床头的英文单词和突击目标；早上匆匆忙忙赶到学校后，各科老师像走马灯似地在学生们的眼前晃悠，这些老师好像生怕自己抢不到给学生上课的时间。

学校一天紧张的学习结束后，学生们还要上晚自习。晚自习结束后，回到家一般都比较晚了。于是，有不少同学抱怨，已经搞不清这大千世界的无数种色彩都藏哪里去了，怎么满本的笔记都是黑黑白白、蓝蓝白白或是蓝黑加白的世界呢！

无论是英语单词，还是诗词古文、公式公理……充斥了大脑的每一个角落。甚至有些学生感觉自己突然老化了；有的学生说，自己刚刚想要做但还没有做的事情，现在已经想不起来了；有的一想到明天那些左一项、右一项的学习任务，头脑都要炸了，最后干脆来了个“死机”——大脑里的屏幕变成一片空白。

其实，不仅学生有这种状况，所有学习或工作压力大的人，都会出现这种脑力“透支”的现象。一位刚参加工作 3 年的小伙说：“我现在对小时候的事记得很清楚，对刚刚发生的事反而记不住——上周六听完培训课，刚过了一天，很多内容周一就已经想不起来了……”

面对这些学习和工作压力，无论学生还是上班族都有应付不尽的感觉。这时，如果运用思维导图来制定学习和培训计划，也许事情就会是另一个样子。

运用思维导图可以进行学习规划，比如订立学年计划、学期计划、月计划、周计划，具体到订立每天的学习计划。它可以让学习者随时了解学习情况，跟进学习进度，灵活运用学习方法，并且可以根据实际情况需要随时做出相应调整，从而做到合理安排时间，提高学习效率。

有一个中学生接触思维导图之前，学习成绩不理想，学习目标不明确，每天虽然忙得焦头烂额，但成绩一直提升不上去。后来，经过一段时间思维导图的学习之后，发现受益很多，成绩在稳步上升。

下面就是这位中学生利用思维导图制订的学习计划，他围绕学习中心，画出了四个学习分支，并据此进一步发散。

大致步骤如下：

（1）确定关键词。在白纸中心写出，最好用图表示。

（2）分支一：首先进行自我分析，包括学习特点、学习现状等。

（3）分支二：学习目标方面，主要考虑目标要适当、明确、具体。

（4）分支三：时间安排方面，考虑科学性，突出重点，脑体结合，文理交替，有机动时间。

（5）分支四：其他方面注意事项以及必要的补充、说明等。

一个好的学习计划是实现学习目标的前期保障，一个完善的成熟的学习计划能提高学习效率，减少时间浪费，甚至直接提升自信心。

如果你在学习方面也有不满意的地方，不妨试着绘制一幅属于自己的学习计划思维导图。绘好以后，把它贴在显眼的位置，然后执行下去。

其实，用思维导图制订学习计划很灵活，你可以根据实际情况用自己的方式方法灵活调整，富有个性化，注重效果。

最后，还是那句话，制订并完善自己的学习计划，一定要彻底执行下去，这样才能见到学习效果。

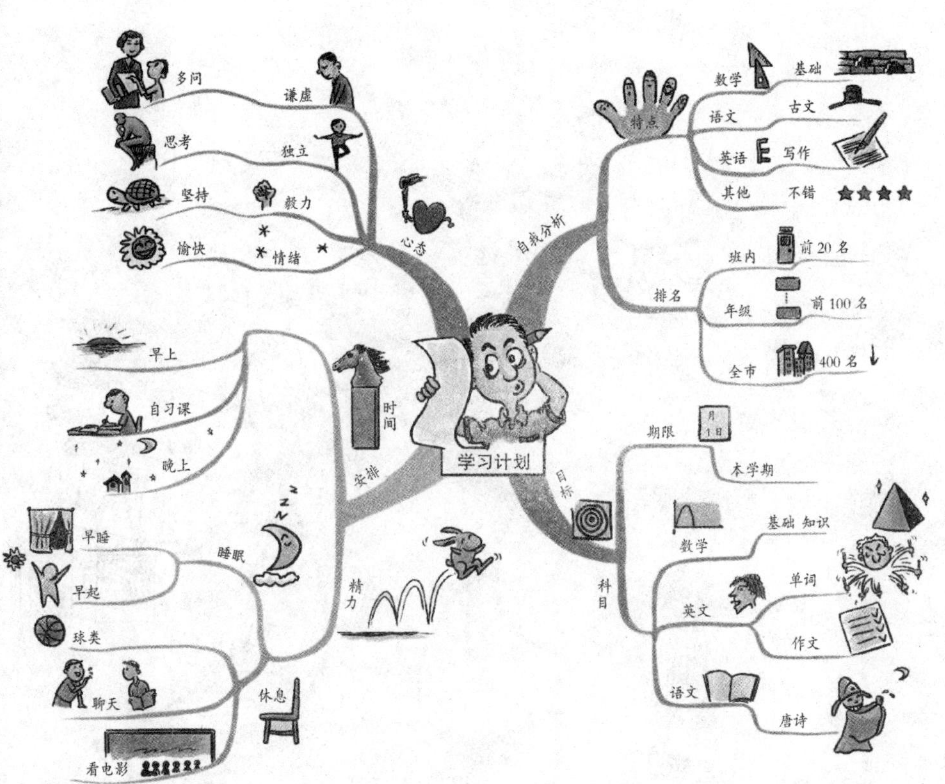

第六节　语文积累词语的 5 种方法

积累词语，是学好语文的有效手段，积累更多的词语，可以多阅读，多摘抄。具体说来，我们可以从以下几方面着手，扩大自己的词汇量。

首先来看一幅思维导图：

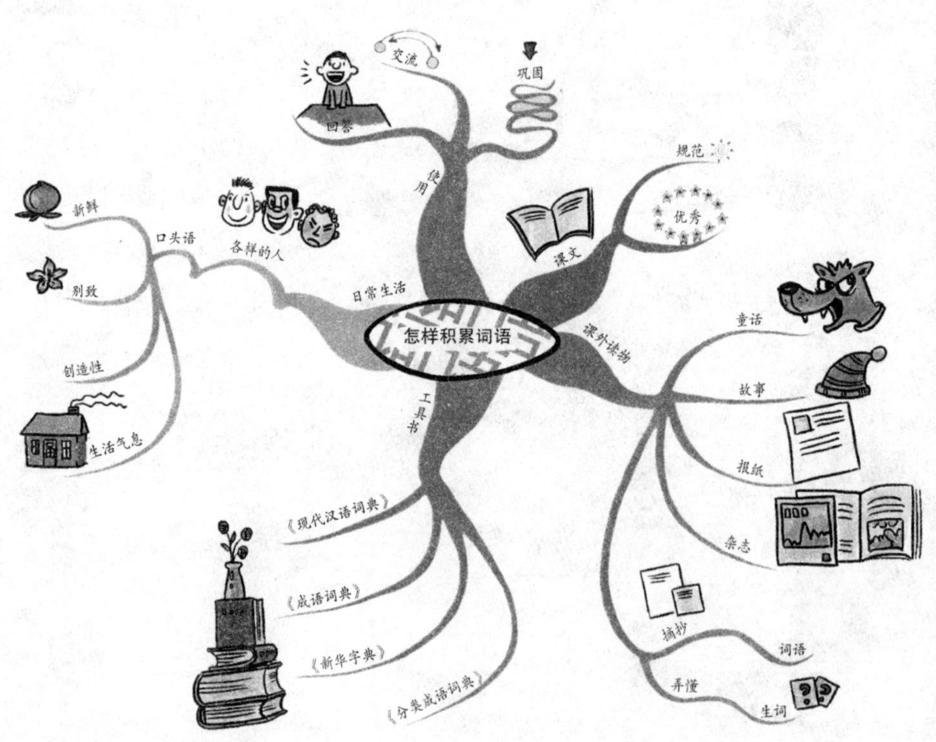

课文中有许多规范、优美的词语可供我们学习、积累。我们在学习一个单元后，可把所学的词语收集整理一下，挑选最好的分门别类地收入词语卡中。这样，复习课文和积累词语两不误。

从课外读物中积累

大量的课外阅读是同学们积累词语的重要来源。因此，我们不仅要搞好课外阅读活动，而且要从课外读物中摘抄词语。特别是遇到不懂的词语，千万不要放过，要真正弄明白为止。

平时多读一些经典的童话、故事、诗歌和优秀的作文集，以及报纸杂志等，边读边记录，把课外书中优美、动人、富于时代感的词语坚持不断地记录下来，天长日久便可积少成多了。

利用工具书积累

《现代汉语词典》《成语词典》《新华字典》《分类成语词典》等工具书是规范语词的专门书籍，都是我们参考的重要工具书。

从日常生活中积累词语

生活是写作的来源，在日常生活中，我们会接触到各种各样的人，他们在日常生活中往往会有些新鲜、别致、富有创造性的口头语。这些语言是书本中难以觅到的。因此，多留心人们的言谈也是积累词语的一个好方法，将这样的语言应用于作文中，会使你的作文富于生活气息和创造性。

在使用中积累

积累的目的是为了使用，平时回答问题、与别人谈话或作文时，要尽量运用已掌握的词语，这样才能达到巩固的目的。

第七节　4妙招背课文一步到位

对很多学习者来说，背诵并不是一件令人头疼的事，而是有技巧可言。

尝试回忆法

即在背记过程中，试着合起书本，背完后与课文对照，让背诵一步步达到成熟的地步。

化整为零

先把课文分成几个段落来背诵，把每个段落背诵熟练，然后合

起来背诵整篇课文。

眼口手并用法

背诵过程中，通过手写、眼睛集中注意力、口读的方式达到快速背诵的目的。

全文重复法

当背诵一篇短文或一首古诗时，可以从头到尾、反复多遍背诵。

第八节　作文立意把握 6 大特性

好的作文立意可以从 6 个方面体现出来。

有创造性

如今的作文，对文体的限制性越来越小，我们发挥的空间也越来越大，每个人都可以充分发挥自己的创造性，以赢取作文的高分。

体现人情味

正所谓以“情”动人，这也说明，只有真情实感才能打动别人。在作文写作中，千万不要虚构情感，只有发自内心的真实感受才是最可贵的。

有新颖性

立意新颖，可以运用求异思维，从方向和侧向来思考问题，提出与普遍看法不一样的观点，达到出人意料的效果。

有深刻性

即能够通过表象挖掘出本质性的东西，能在别人的观点上更进一步，发现别人没有发现的东西。

体现时代气息

作文不是凭空想象的结果，如果能够贴近社会现实，关注时代的变化，这样的作文往往更能受到老师的青睐。

体现集中性

立意切忌面面俱到，分散主题。好的立意应该集中在某一点上，并可以围绕这个点展开写作。而这个点就是立意的圆心。

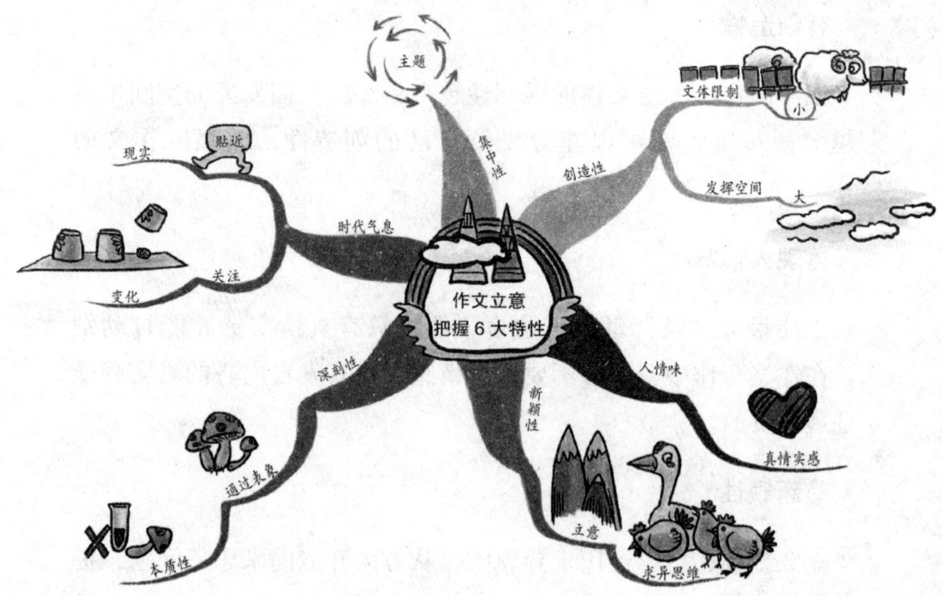

积累剪报，是提高写作的有效手段，其实，写好作文贵在平时多积累、多练笔，不断地积累自己的财富，经常阅读思考，并把看到的东西运用到平时的日记和作文中，这样作文才能有很大的提高。

主要做法有以下 3 步。

（1）买一个笔记本。

注意的是，笔记本的前几页空着不写，作剪辑文章的目录。

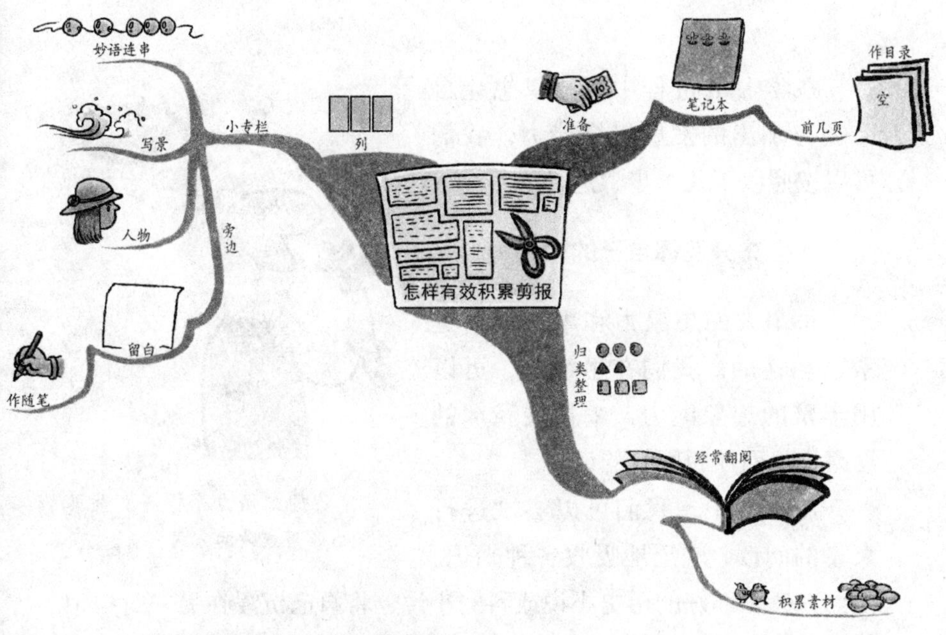

（2）积累的剪报要经常翻阅。

把报刊和杂志上的精彩文章剪辑后，进行归类整理，并经常拿出来欣赏阅读，有效积累自己的素材。

（3）列一个练笔的小专栏。

可以列举一些比如妙语连串、随笔、写景等小专栏，并在旁边留一个空白，平时看到或者赏析到此，可随手写下自己的感受，或者仿照剪辑的文章自己也随手发挥一下。

总之，语文知识的学习重在积累。剪辑报刊和杂志既能积累素材，又能提高本身的文化涵养，还能为作文很好地服务，何乐而不为呢？

第九节　高分发散思维能力的 3 个步骤

在学习的过程中，如果想让自己拥有杰出的发散思维能力，我们可以按照以下几个步骤进行练习：

学会充分发挥自己的想象力

每个人的想象力和思维能力是紧密相连的，我们在思维时，可以用丰富的想象能力，来拓展我们的思路，从而摆脱固有的束缚。

丰富的想像力是提高发散思维能力不可或缺的方式方法。

在生活中，我们可以尝试进行大量的阅读，广泛地吸收各种知识。比如，读一部好的历史小说或科幻小说，将自己沉浸在另一时空中等都是发挥想象力的方法。

不要过分紧张

进行发散思维训练时，应该处于一个安静的环境，避免不必要的打扰，同时，拥有一份放松的心情也很重要，即不要让自己感觉到很紧张。

要掌握发散思维的方法

当我们思考问题时，不要从单一的角度进行，应该调动自己的逆向思维，学会多角度、多方位、多层次看待和解决问题。

发散的角度越多，越利于我们对问题的分析和把握。

综合以上 3 种方法，并结合思维导图学习法，定能训练好我们的发散思维。

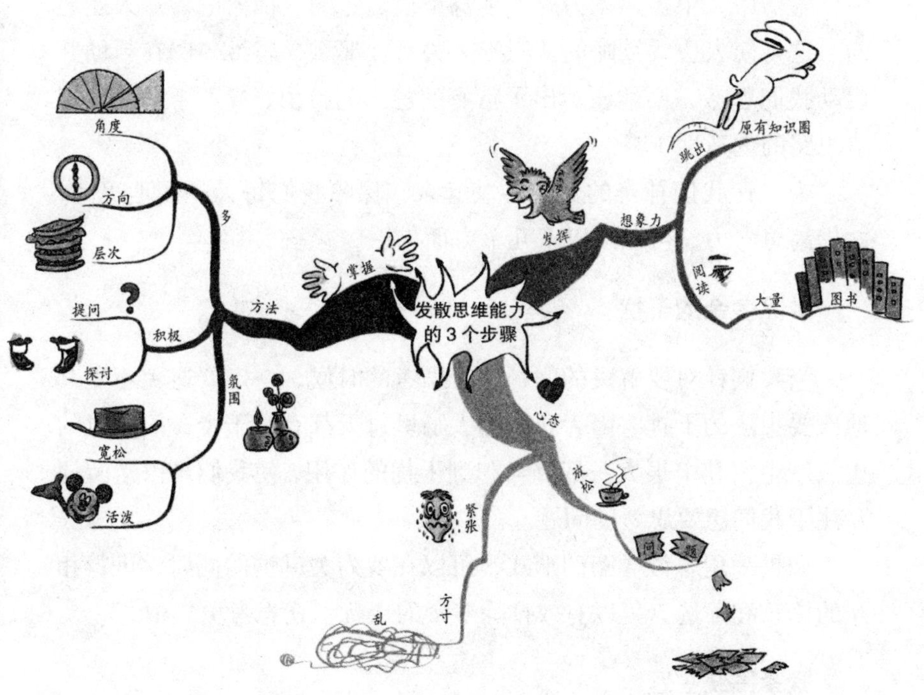

第二章　画出“高效学习力”

第一节　4种方法帮助我们启动思考

生活中，很多人认为思考本身是很乏味的、抽象的、让人迷惑的，这与使人昏昏欲睡的认识不无关系。那么，思维导图在帮助并启动我们思考方面就显示出了特有的魅力与价值，成了帮助我们理清思路的创造性工具。

为了让我们神奇的大脑转动起来，保障我们每天顺畅地思考，并提高思考力，可以从以下几个方面入手。

排除多余的干扰

当我们针对要解决的问题进行思考的时候，一定要避免不受其他次要想法的干扰，因为我们的大脑里每天都有数千个一闪而过的想法产生，其中很大一部分会起到干扰的作用，使我们难以清醒地专注于我们想要思考的问题。

如果采用思维导图的形式，可以在罗列关键词的同时，进行相互的比较和筛选，可以有效排除多余的干扰，让思考更集中。

紧紧围绕主题

一般，我们一次只思考一个主题，这时，我们必须命令大脑集中注意力。也许，这种命令在起作用前需要几分钟时间，需要我们耐心地帮助大脑关注于我们思考的主题。

这样做的好处是，可以迅速激活我们的大脑，使它运转起来，获得我们想要的想法。这个思考的主题可以作为思维导图的关键词放在节的中心位置。

关心一下自己的感受

如果当你绞尽脑汁，还是很难围绕所要解决的问题启动思考时，那么你可以尝试着关注一下自己的内心感受，把这些感受写在思维导图上。问问自己在思考过程中，产生了什么感受，并顺着这些感受展开与内心的对话，说不定会瞬间打开思路，获得意外的惊喜。

养成随时思考的习惯

当思考成了一种习惯，无疑会对你有很大的帮助。让大脑经常处于工作状态，很容易发动你的思考过程，获得解决问题的有效方法。

平时，借助思维导图，你可以对身体发生的任何事情随时随地进行评价、质疑、比较和思考。利用思维导图无限发散的特性，可以让思维更清晰有力，哪怕是胡思乱想，也会为你所关注的问题，找到满意的答案。

以上4种方法可以帮助我们训练思考。只有当我们的思考借助思维导图，并与思维导图完美地结合在一起的时候，才会更容易帮助我们获得源源不断的想法，这些想法不仅新奇而且富于创造力。

现在，请你针对如何启动自己的思考画一幅思维导图。

第二节　3招激活思维的灵活性

灵活思维的好处是，当我们遇到难题时，可以多角度思考，善于发散思维和集中思维，一旦发现按某一常规思路不能快速达到目的时，能立即调整思维角度，以期加快思维过程。

激活思维的灵活性，可以从下面3个方面入手：

培养知识迁移能力

迁移，是指一种学习对另一种学习的影响。

我们更多地要用到的是知识迁移能力，即将所学知识应用到新的情境，解决新问题时所体现出的一种素质和能力，形成知识的广泛迁移能力可以避免对知识的死记硬背，实现知识点之间的贯通理解和转换，有利于认识事件的本质和规律，构建知识结构网络，提高解决问题的灵活性和有效性。

思维的灵活性主要体现在解决问题时的迁移能力上，必须有意识地去培养自己的迁移能力，从而能够灵活地解决学习中的一些问题。

语文学习中，常常能遇到写人物笑的片段，比如《葫芦僧判断葫芦案》中的“笑”,《红楼梦》第四十四回中每一个人的“笑”,《祝福》中祥林嫂的“三笑”，各自联系起来，分析比较，各自表现了人物的什么个性，同时揭示了什么主题等。

通过这种训练，可以使分析作品中人物的能力和写作中刻画人物的水平大大提高。

利用“一题多解”

这种方法在数学学习中经常使用，对“一题多解”的训练，是培养思维灵活的一种良好手段，这种训练能打通知识之间的内在联系，提高我们应用所学的基础知识与基本技能解决实际问题的能力，逐步学会举一反三的本领。

学会“一题多解”的思维方式，可以训练思维的灵活性，使自己在思考问题的起点、方向上及数量关系的处理上，不拘泥于一种方式，而是根据需要和可能，随时调整和转换。

大量阅读不同体裁的文章

文章是作者进行创造性思维的成果。一篇文章的创造性，主要体现在它的构思和语言的运用上，体现在文章的思想观点和表达方式上。

不同体裁的文章，也各有各的特点，就是同一体裁中同一内容的文章，风格也是各异。在阅读一篇优秀文章时，善于发现它们的不同，善于吸取它们各自的特点，对于训练自己的思维是有益的。

总之，多读各种不同的文章，既可以获得知识，又可以获得思维和写作的借鉴，可以从比较中学习以不同角度观察事物、思考问题的方法，从而培养思维的灵活性。

培养思维的灵活性，要学会从不同的角度、不同的方向用多种方法来解决问题。要培养思维的灵活性，就要多动脑筋，加强学习，在实践中探索新思路、验证新方法，并及时总结、改进，就一定能增强思维的灵活性，搞高思维的应变能力。

针对 3 种行之有效的激活思维灵活性的方法，用思维导图表示如下：

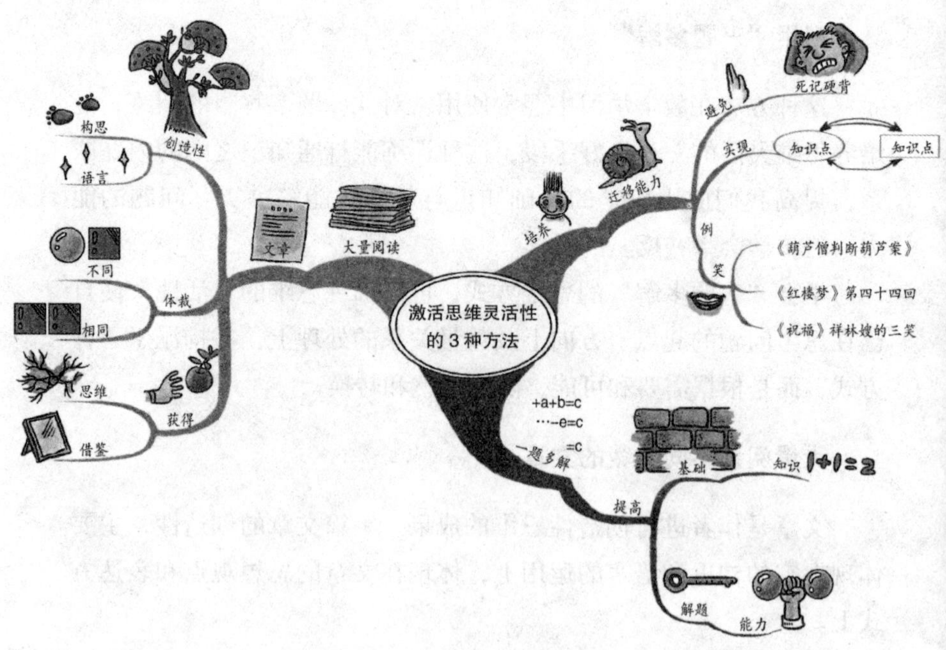

第三节　5 步让我们克服骄傲的毛病

学习中有一些人不能正确对待荣誉与成绩，有的拔尖逞能，有的盲目自满，有的沾沾自喜，有的把集体成绩看成是个人的，有的瞧不起同学等。

这些骄傲自大的不良习惯，最终会影响自己的不断进步，甚至使自己脱离同学，脱离集体，失去目标，成为一个自私自利的小人。而当今社会对我们的要求是，要想取得学习上的高分，成就事业，就必须首先学会做人。因此我们应从小培养谦逊的品格使自己形成戒骄戒躁的良好习惯。

那么，怎样培养谦虚的习惯呢？首先学习这幅思维导图：

由图我们可以看出，培养谦虚的好习惯有 5 种好方法：

认识骄傲的危害

盲目骄傲自大的人就像井底之蛙，视野狭窄，自以为是，严重阻碍了自己继续前进的步伐。由于骄傲，你会拒绝有益的劝告和友好的帮助。而且由于骄傲，你会失掉客观的标准。

骄傲是对自己的片面认识，是盲目乐观，常会让人不思进取。应该培养自己的自信心，但不能滋长骄傲自满的情绪。

全面认识自己

骄傲的产生往往源于自己某方面的特长和优势，应该先分析这种骄傲的基础，是学习成绩比较好、有某方面的艺术潜质，还是有运动天赋等。然后应认识到，自己身上的这种优势只不过限定在一个很小的范围内，放在一个更大范围就会失去这种优势。正确的态度应该是积极进取，而不是骄傲懈怠，并且优势往往是和不足并存的，同时应该努力弥补自己的不足。

另外，应该开阔胸怀，走出自我的狭小圈子，到更广阔的地方走走，陶冶情操，了解更多的历史名人的成就和才能，以丰富的知识充实头脑，让自己变骄傲为动力。

正确面对批评建议

批评往往直指一个人的缺点，如果一个人能够接受批评，他就能够比较清楚地看到自己的缺点。对于我们来说，在评论自己时常会出现偏差，原因是“不识庐山真面目，只缘身在此山中”，若能经常听取别人的意见或建议，就能不断充实和完善自己。

谦虚不仅是一种美德，还是你无往不胜的美德。养成无论在任何时候都保持谦虚温和的良好习惯，是丰富和完善人生的一种要求。让我们永远做一个谦虚的人，做一个学而不厌的人吧。

从小事做起

戒骄戒躁、谦虚的习惯要从小事中培养，比如取得好成绩或得到别人的夸奖，都不应该骄傲，谨记“谦虚使人进步，骄傲使人落后”的座右铭。

多向伟人学习

古今中外许多伟人都是十分谦虚的，像马克思等。可以向老师、家长请教这方面的事迹，也可以自己读一些这方面的故事，并时时提醒自己要向这些伟人学习。

第四节　6 步搞定英语听力

我们都知道，英语听力的好坏不仅对考试的成绩，而且对考试的信心、考试的情绪都有很大的影响。虽然多听有益，但也应该掌握一定的方法，方可取得高分。

在这里，我们主要讲怎样利用磁带练习听力：

随时随地法

利用可以利用的每一分钟，无论是上学放学的路上、茶余饭后，还是睡前醒后都可以戴上耳机，随时随地地听。

集中分段法

首先在某一段时间内，集中精力听一个内容，这一盘录音带没有听懂、听熟之前，先不听别的内容。其次可以把一天的时间分成若干段，每一段听不同的内容。

先慢后快法

刚开始练习听力的时候，可以先听语速慢的录音带。然后再过渡到语速快的录音带。

先中后外法

我们可以先听中国老师录的录音带，然后才过渡到外国人录的录音带，因为中国老师的录音我们听起来会更容易接受，可以看作是一个很好的过渡。

词汇过关法

听录音带时，要听课文，也要听词汇。有时，听词汇比听课文更重要。如果每天都要听一遍中学课本的词汇册，时间一久，在脑子里就形成了“听觉记忆”，以后碰上听过的词，脑子里一下就能反映出来。就如同看熟了的电影，听了上句，都知道下句是什么。

自录自听法

通过这种方法可以检查自己的弱点，也可以借此增强自己的自信心。同时，还可以借此添上一点趣味性的东西。

综上，绘制如下思维导图。

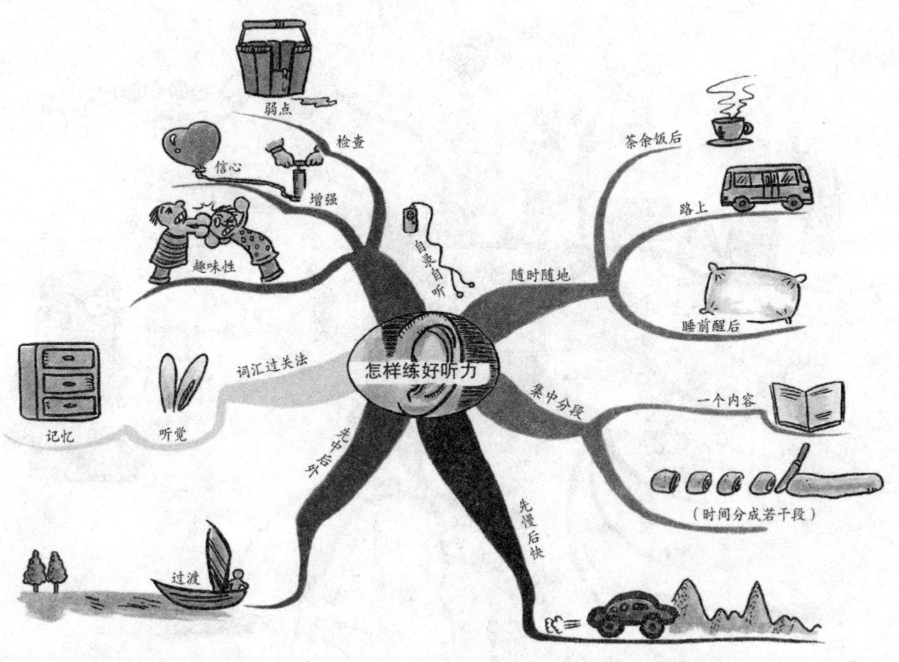

第五节 有效听课应注意的 8 个细节

高效的学习者听课都有一个特点，那就是“听课要听细节”，有效听课的 8 个具体细节为：

留意开头和结尾

老师在讲课时，开头一般是概括上节课的要点，指出本节课要讲的内容，把旧知识联系起来的环节，要仔细听清。老师在每节课结束前，一般会有一个小结，这也是听课的重点所在。

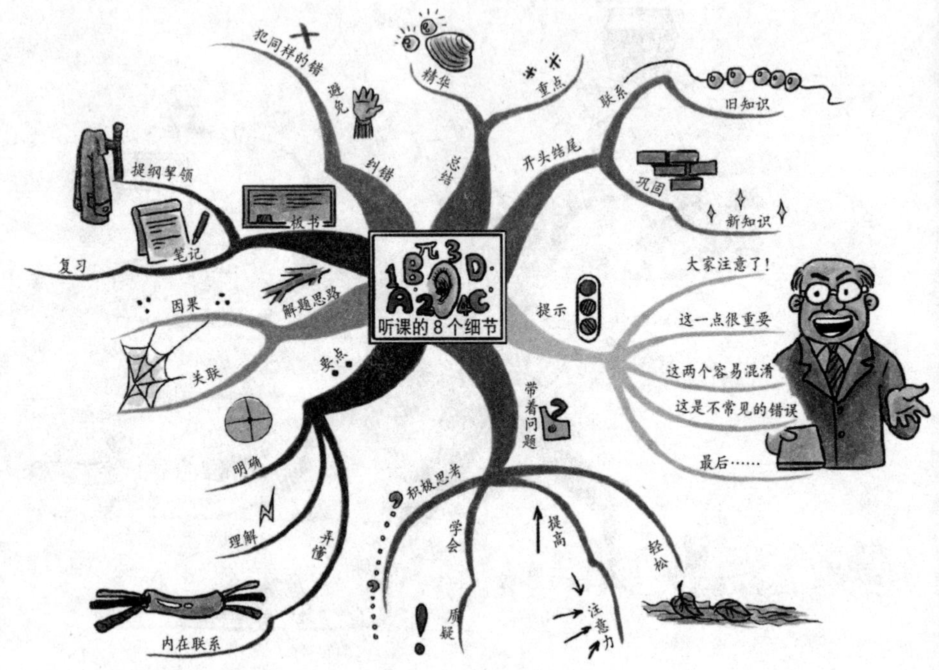

留意老师讲课中的提示

我们在听课中，经常能听到老师提示大家："大家注意了""这一点很重要""这两个容易混淆""这是不常见的错误""这些内容说明""最后"等字眼，这些词句往往暗示着讲课中的要点，应该给予足够的重视。

学会带着问题听课

善于学习的人几乎都有一个好习惯，即他们善于带着问题去听课。听课不是照搬老师的讲课内容，而应积极思考，学会质疑，解决困惑。带着问题去听课可以提高注意力效率，可以在听课的时候有所选择，大脑也不容易感到疲劳，不仅听课效率高而且会更轻松。

留意教师讲解的要点

听课过程中，我们应该留意老师事先在备课中准备的纲要是什么，上课时，老师是怎样围绕这个提纲进行讲解的。我们在力求抓住它、听懂它、理解它的同时，还可以通过听讲、练习、问答、看课本、看板书等途径，边听边明确要点和纲要，弄懂知识的内在联系。

留心老师分析问题的思路

各学科知识之间都有前因后果、上关下联的逻辑关系，有时可以相互推理，思路互通。在理科中表现得比较明显，比如一个定理、一条定律、一道习题，都有具体的思维方法，我们用心留意老师分析问题的思路和方法，仔细揣摩，就能轻松获得灵活的思维能力，越学越出色。

留意老师的板书归纳和反复强调的地方

不言而喻，反复强调的地方往往是重要的或难以理解的内容，板书归纳不仅重要，而且是具有提纲挈领的作用。要注意在听清讲解、看清板书的基础上思考、记忆，并且做好笔记，便于以后重点复习。

留心老师如何纠错

每个人都有做错题的时候，当老师在为同学纠错的时候，不管是你做错的题或者是别人做错的题，你都应该留心。如果你能对这些容易做错的题保持足够的警惕，那么以后就能有效地避免犯同样的错误，千万不要以为别人做错的题与你无关。

留意老师对知识点的概括和总结

几乎每个老师都会在上完一堂课或讲过某些知识点之后进行概括和总结，这些“总结”是课堂知识的精华，也是考试的重点，应该好好理解和掌握。

第六节　做好作业有 6 项注意

每一个善于学习的人在做作业时，都有自己的心得体会，一般而言，需要注意 6 个方面：

作业要工整、简明、条理清楚

平时做作业时，应当养成良好的习惯。工整、简明、条理清楚的作业可以反映一个人一丝不苟的学习态度，可以避免出现不必要的差错，有利于检查时查找。另外复习时看起来也方便。老师批阅起来可以快得多。

作业要保存好

可以按照知识系统，定期将作业分门别类地保存起来，放进卷宗或公文袋中，到复习时可随手拿来参看。作业是学生平时辛勤努力的成果，不注意保存好，就等于把自己的智慧果实白白丢掉了。

作业要独立完成

每一个高效的善学者都会自己独立完成作业。做作业的目的是巩固、提高和扩展所学知识，培养分析问题和解决问题的能力。课堂作业和家庭作业都是学习过程中必不可少的重要环节。如果不是自己独立完成作业，就难以发现学习中的薄弱环节和不足之处，容易养成依赖心理和投机取巧的坏毛病，当必须自己思考和解决问题时，就会不知从何下手。

不拖沓作业

善学者从不会为每天大堆大堆的作业感到头疼。如果一个学生每天作业拖沓，那就糟了。整天都在应付作业，玩的时间被挤掉了，生活和学习就会变得既劳累又无乐趣。

切忌模仿做题

有一些学生喜欢模仿做题，所谓模仿做题就是指在做题过程中机械地套用老师的解题方法、解题格式，或者机械地套用公式、套用自己以前的解题经验，对做题过程所想到的、所写出的每一句话或者每一步心理活动过程都不明确。总的来说，只是模仿做题对我们收获不大。

不搞题海战术

事实上，很多优等生都不是通过题海战术做出来的。无论在学校还是在家里，经常见到有些同学超负荷地做练习题，漫无边际、毫无目的。大量的练习题只会让我们思维混乱，晕头转向，难以应付。做习题应当有所选择。实际上，教科书上的作业练习和老师补充的练习，加上各级教学主管部门的各种复习材料，已达到学生所需的习题量了，根本不需要再去到处搜寻。

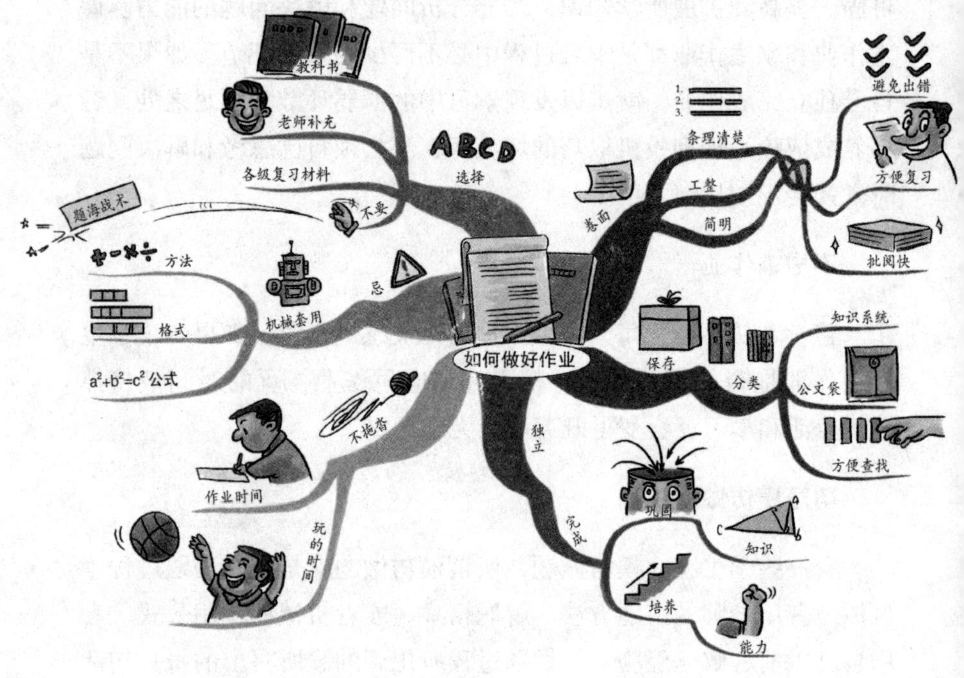

对此，如何做好作业，需要注意的 6 个地方可用上图表示。

第七节　11 种方法正确进行课后复习

在这里，介绍 11 种正确进行课后复习的方法。

及时进行第一次复习

很多人都有这样的经验，对于刚刚学习过的知识，越早复习记忆越深刻。不论是在课堂上以各种机会和形式进行复习巩固，还是课后的精读、归纳整理、总结概括、研习例题、多做练习等，都是及时复习的好做法。当天学的知识，要当天复习好。否则，内容生疏了，知识结构散了，就要花更多的时间重新学习。要明白，修复总比重建倒塌了的房子省事得多。

尝试运用回忆

在课后试着把老师所讲的内容回忆一遍，如果记得不清可以随时翻看课本，然后再回忆。如此反复几次之后，才能把提纲编写得准确、完整。这种方法可以加强记忆和理解。

多种感官参与复习

手、耳、口、脑、眼并用的情况下可以增强复习效果，不仅适用于文科类的学习与记忆，同样适合于理科。

要紧紧围绕概念、公式、法则、定理、定律复习

思考它们是怎么形成与推导出来的，能应用到哪些方面，它们需要什么条件，有无其他说明或证明方法，它们与哪些知识有联系……通过追根溯源，牢固掌握知识。

复习要有自己的思路

通过一课、一节、一章的复习，把自己的想法、思路写成小结，列出表来，或者用提纲摘要的方法把前后知识贯穿起来，形成一个完整的知识网。

复习中遇到问题要先思考

这样有利于集中注意力、强化记忆、提高学习效率。每次复习时先把上次的内容回忆一下，不仅保持了学习的连贯性，引起对学过知识的回想，而且可以加深记忆的连续性和牢固性。

复习中要适当做一些题

可以围绕复习的中心来选题、做题。在解题前，要先回忆一下过去做过的有关习题的解题思路，在此基础上再做题。做题的目的是检查自己的复习效果，加深对已学知识的理解，培养解决问题的能力。做综合题能加深对知识的完整化和系统化理解，培养综合运用知识的能力。勤于复习，并学会科学地复习，并养成一种良好的习惯。只有这样，我们所学的知识才会更加牢固，以后的学习才会更加轻松。

把知识点做成一张“知识网”

每科知识之间都有关联，如果孤立地去看所学的知识，很难理解透彻，如果能把知识点放在一张“知识网”中去看待，那样就很容易理解和记忆。比如，初中代数重点“分式的运算”，如果联系到小学学过的“分数运算”就能容易搞清楚彼此的联系。

运用“方法”和“技巧”

在复习过程中，要注意总结用过的“方法”和“技巧”，主要体现在思维方法和分析解决问题的思路上，这种思路和方法有可能出现在课本中，也可能是老师的点拨。

交叉复习方法

在复习阶段，可以找一些涉及不同部分知识的综合应用题，交替学习同一科目内的不同部分，通过比较分析，可以加深自己对知识的理解和应用能力。

随时自测，时刻认清自己

自我测验既是一种复习方法，也是我们学习主动性的表现。在学习中养成随时对自己进行自我检测的好习惯，会清楚地明白自己好在哪里，差在哪里，随时有针对性地进行重点复习，以达到事半功倍的效果。

综合以上 11 种高效复习方法，绘制思维导图如下：

第八节　解决生活和学习中遇到的困惑

目前，思维导图已经应用于生活的各个方面。在自我分析，以及更深入地了解自己，包括自己的需求、欲望、中长期目标等方面具有很实际的意义。比如，你考虑报某个暑期补习班，确立自己下学期的学习目标，思维导图都可以在很大程度上帮助你理顺想法、明晰思路。

在自我分析方面，如何正确地了解和评估自己呢？

一般，对自我的认识包括对生理、心理、理性、社会自我等几个部分的认识。生理方面，主要是指对自己的相貌、身体、服饰打扮等方面的认识；心理方面，主要指对自我的性格、兴趣、气质、意志、能力等方面的优缺点的评估与判断；理性方面，主要是指通过社会教育和知识学习而形成的理性人格，如对自我的思维方式和方法、道德水平、情商等因素的评价；社会自我认识，主要指对自己在社会上所扮演的角色，在社会中的责任、权利、义务、名誉，他人对自己的态度以及自己对他人的态度等方面的评价。

这些自我认识都可以在思维导图上表现出来。

画图之前，需要拿出一张白纸来，在白纸中心画一个中央图像代表自己，然后由这个中心图像向四周发散，并根据生理、心理、理性、社会自我四个方面，联想与自己相关的所有属性，并将你想到的属性与中心连线，比如你可以参考的属性有：性格、爱好、长处、短处、理想、兴趣、家庭背景、交际圈、朋友圈、长期或短期目标是什么、上大学最想做的事是什么、现在的苦恼是什么、自己最尊重的人，自己需要为父母做到什么等方面。

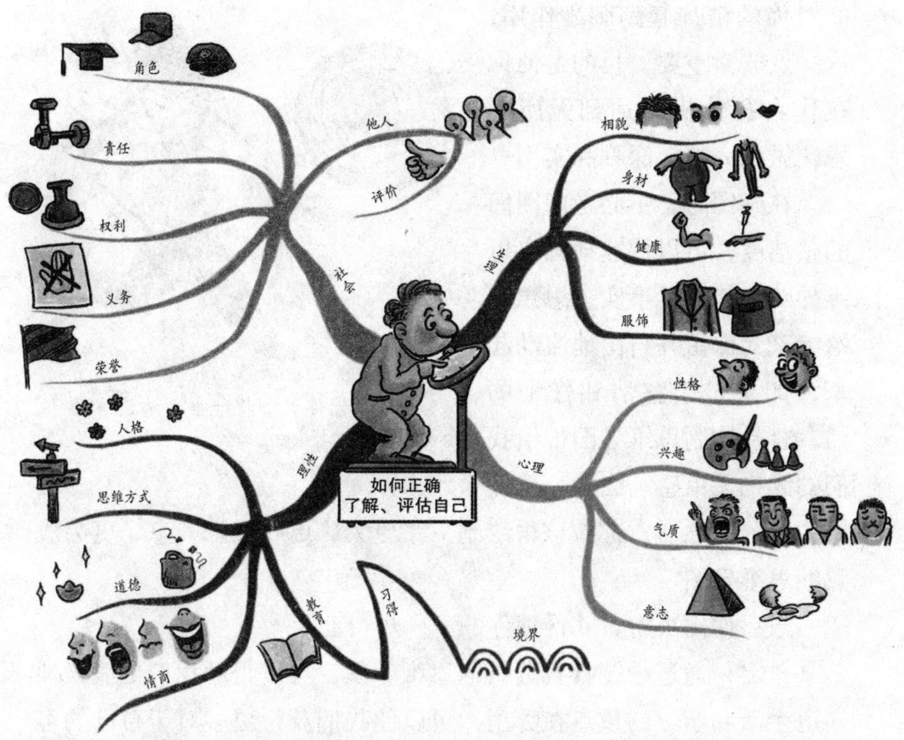

你在列出这些属性的同时，也可以给出该属性的具体表达，如性格后面标上“开朗”等。

由于思维导图可以对你的内在自我作一个全面的综合反映，因此，当你获得了比较清晰的反映内在自我的外部形象后，你就不太可能作出一些有违自己本性和真实需求的决定，从而使你避免一些不快的结果发生。

为了避免一些自己不愿意看到的结果出现，最好的办法就是从绘制一幅能够帮助自我分析的“全景图”开始，在这幅图里要尽可能多地包括你的性格特点和其他特征。

我们在作自我分析方面，尽量选择一个比较舒服的环境，最好能对你的精神起到刺激作用，这一点非常重要。目的是使你在作自我分析时达到无所顾忌，做到完整、深刻和实用。

目标能让你更加清晰全面地认清自己，从而更好地计划下一步行动。

在画图时，不必考虑图面的整洁度，可以快速地画出思维导图，能够让事实、思想和情绪毫无保留并自由地流动起来，如果过于整洁和仔细的话，容易抑制思维导图带给我们的无拘无束感。当然，选择好主要分支之后，你应该再绘制一张更大、更有艺术气息、更为成熟的思维导图。

最后作出决定，并计划你的下一步行动。

总之，通过绘制自我分析的思维导图，可以帮助我们更清晰地知道生活和学习的重点在哪里，可以使我们获得更多对于自己的客观看法。思维导图可以更全面真实地反映个人情况，解决更多的实际问题，从而为下一步决定做好准备。

第三章　高分思维导图的细节

第一节　7 招把注意力集中到位

对一个学生来说，没有注意力，就没有学习。对于一个善于学习的人来说，注意力是影响学习效率的最重要因素之一，在学习过程中起着重要的作用。

在这里，有 7 招可以让你集中注意力：

早睡早起，自我减压

正常休息，多利用白天学习，提高单位时间的学习效率，不要贪黑熬夜，累得头脑昏昏沉沉，一整天打不起精神。相信付出就有收获，让心情轻松、保持愉快，注意力就容易集中了。

放松训练法

你可以舒适地坐在椅子上或躺在床上，向身体的各个部位传递休息的信息。让身体松弛下来，同时暗示它休息，然后，从左右脚到躯干，再从左右手放松到躯干。这时，再从躯干到颈部、头部、脸部全部放松。只需短短的几分钟，你就能进入轻松、平和的状态。

积极目标训练法

学会任何时候将自己的注意力集中起来，是一个高效学习者的重要品质。当你给自己设定一个提高注意力和专心能力的目标时，你就会发现，在非常短的时间内，注意力就会有很大的改观。

比如这一年我的目标是什么？这一学期甚至这一周我的目标是什么？我应该完成哪些学习任务？一旦目标明确了，学习的动力就足了，注意力就不易分散了。

培养自己专心的素质

如果想让自己专心致志地学习，首先要有自信心，相信自己可以具备迅速提高注意力集中的能力，只要下定决心，不受干扰，排除干扰，我们就可以做到注意力的高度集中。

感官同用法

训练注意力，同样需要调动多种运动器官来协同活动，在大脑皮层形成一个较强的兴奋中心。如耳听录音带，嘴里读单词，眼睛看课本，手在纸上写单词。这样，注意力自然就不分散了。

排除干扰法

排除干扰法，包括外界的干扰和内心的干扰。有时，内心的干扰比外界环境的干扰更为严重，我们可以通过给内心提示和暗示来训练自己，比如告诉自己有很多大目标都没有实现，必须集中精力。

还可以试着在没有任何干扰的情况下背诵一段 300 字左右的文章看需要多少时间，然后在旁边有干扰时背这段文章，看需要多长时间，直到在两种环境中时间相同为止。

难易适度法

这种训练方法要求我们，对于那些已能熟练解答的习题不要花太多时间去演算，可以找一些这方面经典性的题目练习。对于难度大的题目，先独立思考，再求助老师、同学或家长。对于不感兴趣，而且难度又比较大的内容，自己首先做好计划，限定时间去学习，就不会松懈拖沓。每攻克一个难题，就给自己一个奖赏，让成就感来激励自己，从而集中注意力。

以上 7 个集中注意力的方法，用思维导图绘制如下：

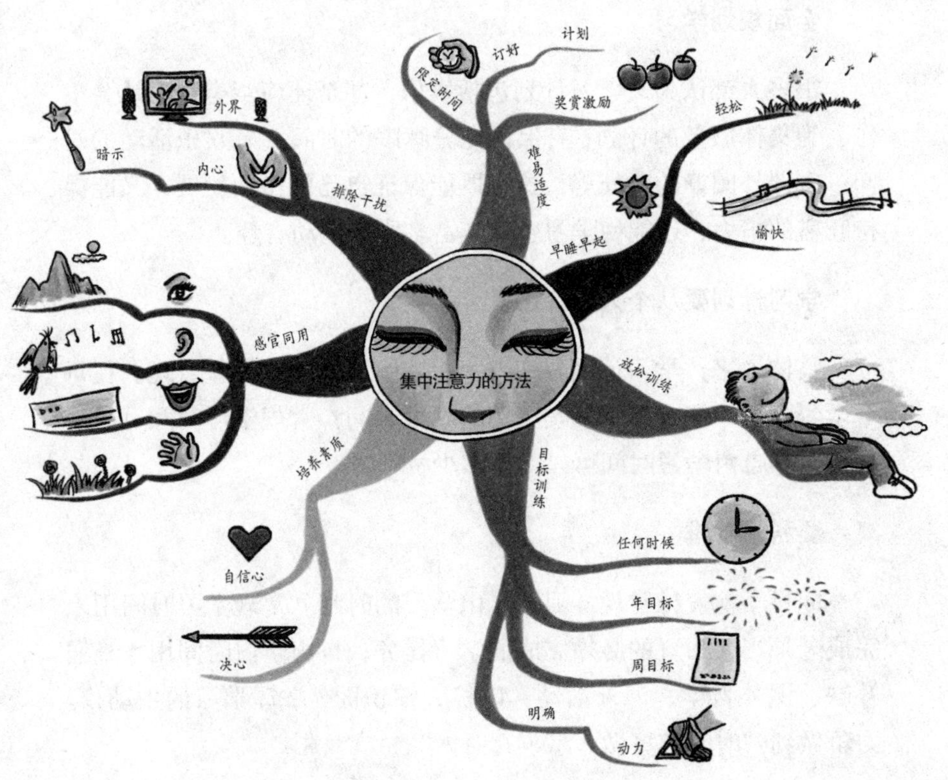

第二节 11步制订完美的学习计划

制订完美的学习计划，共有11步。

拥有正确的学习目的

我们学习不是为了别人，而是为了自己，每个人的学习计划，也是为自己的学习目的服务的。拥有正确的学习目的，便可以推动我们主动积极地学习和克服困难。

全面规划学习

很多人都认为，学习计划包括娱乐，甚至还应当有进行社会工作、为集体服务的计划；有保证充分睡眠的时间；有娱乐活动的时间；有课外阅读的时间等。这样既能保证自己的全面发展，又能保持旺盛的精力，还能使学习生活丰富多彩、生动有趣。

学习计划要从个人实际出发

具体说来，学习计划要切合个人实际情况，目标应合理。在每个学习阶段，能有多少确实可用的学习时间？常规学习时间可以安排多少？自由学习时间可以安排多少？

要科学安排

即科学地安排常规学习与自由学习的时间。常规学习时间用来完成老师当天布置的必须完成的学习任务；自由学习时间用来查漏补缺、课外自学、课外活动，以扩大知识面，掌握学习的主动权。力争做到“时时有事做，事事有时做”。

要长短结合

就是要做到长计划短安排。长计划可以使具体任务有明确的目的，短安排是为了使长计划的任务逐步实现。为了实现总的目标要求，在一段较长的时间里应当有个大致安排，每星期、每天做些什么，也应有一个具体计划。要在晚上睡觉之前就安排好第二天什么时间做什么。

要符合实际

制订计划不要脱离实际，要从自己的实际情况出发，在正确估计自己的知识与能力、可供自己支配的时间、查清自己知识缺漏的基础上，制订切实可行的学习计划。

要留有余地

把计划变成现实，还要经过一个努力的过程，在这个过程中会遇到千变万化的情况。所以，计划不要安排得太满、太紧、太死，要留出机动时间，目标不要定得太高，以免实现不了。如果情况变了，计划也要作相应的调整，比如提前、挪后、增加、删减等。

要突出重点

学习时间和内容都是有限的，所以计划要有重点，做到保证重点、兼顾一般。所谓重点是指自己的弱科、弱项和知识体系中的重点内容，要集中时间、精力保证重点的落实。

要经常检查

对于我们计划中安排的内容，时常检查一下是否都做了？任务是否都完成了？效果如何？没完成的原因又是什么？要经常对照检查，发现问题及时采取相应措施，或调整计划，或排除干扰计划的因素。

科学地制订学习计划

做好学习计划，可以使学习有明确的目的性，以便合理地安排学习内容和时间，使学习有条不紊，变被动为主动。这不仅可以提高学习的效率，而且还可以使自己养成良好的学习习惯，使勤奋精神落到实处。我们只有按照学习计划坚持不懈地执行下去，才会取得良好的学习效果。

根据各科成绩，合理调整时间安排

一些人在学习过程中，不可避免地会出现个别科目拖后腿的现象，这时就需要在计划安排上有所侧重，在成绩差的科目上多花一些时间。最好是在不影响正常计划的前提下把机动时间用来查漏补缺，每天至少要解决一个问题。

第三节　7 招强化抗挫折能力，实现高分

学习是一个不断遭遇挫折、克服困难的过程。为了实现自己的学习目标，取得高分，就需要我们增强自身的抗挫折能力。

具体说来，有以下 7 种办法：

培养自己的抗挫折能力

古今中外历史上，所有为人类作出重大贡献的伟人，都经历过无数次挫折，都有很强的抗挫折能力。每当我们遭遇挫折的时候，要学会换一种眼光去看待，学会锻炼自己的意志，让自己一次比一次坚强。

把失利当作机遇

我们可以把学习和考试中遇到的失误和失利当成磨炼自己意志的机会，当成增长自己能力的机遇。

时刻充满必胜的信心

一般情况下，当我们遭遇挫折时，情绪难免会失落，这时，你不妨放声高呼几声，比如：“挫折你尽管来吧，我定能战胜你！”同时，面对挫折，不要退缩，要想方设法去寻求解决问题的新途径。

发挥自己的积极主动性

无论是在生活或学习中，我们都应尽可能地减少对老师和父母的依赖，只要是自己能做的事情，就不请别人帮忙和代做。善于调动自己的积极主动性，我们才能主动锻炼自己，增长抗挫能力。

养成锻炼身体的好习惯

健康的身体是取得好成绩的保证。身体的强弱对学习效果的好坏影响很大。一个身体健壮的人，往往可以有更充足的精力去克服学习上的困难。

平时，我们应该有锻炼身体的意识，每天坚持做一至两项自己喜欢的运动，长期坚持下去，自然能增强抵抗恶劣环境的能力。对学习中遭遇的挫折，也许就会不以为然了。

平时主动给自己制造难题

日常学习中，可以根据学习进展，不时地给自己制造些难题，设计些困境，以发挥自己的能动性，挖掘自己的学习潜力，从而完善自己的知识结构。

设法多读一些名人传记

名人传记是人类的精神养料。比如，我们熟知的罗曼·罗兰的《名人传》中，曾引用了贝多芬的名言："不幸的人啊！切勿过于怨叹，人类中最优秀的和你们同在。"假如你读过这本书，或许在你感到绝望的时候就会想到音乐巨人贝多芬，在迷茫的时候想到画家米开朗琪罗，在孤独的时候想到作家托尔斯泰。

阅读名人传记，就像是在和伟大的人对话，除了让我们了解到他们的人生经历之外，也能让我们与他们对比，从而清楚地看到，原来自己面临的困难是多么的渺小，只要多一些毅力和耐心，任何困难都将不堪一击。

我们在不断阅读名人传记的过程中，就能感觉到人生是不断战胜困难、战胜挫折的过程。

其实，像《史记》等历史著作就是很好的人物传记读本，如果是自传性的书，我们尽量选择那些对人生有自己的看法的人的作品，比如季羡林先生的作品就值得一读；如果是给别人写的传记，我们尽量读那些大家的作品，比如林语堂写的《苏东坡传》等。

以上 7 招可以增强自己抗挫折的能力，你是否掌握了呢？为了强化我们抗挫的意识，现以思维导图的形式绘制如下图：

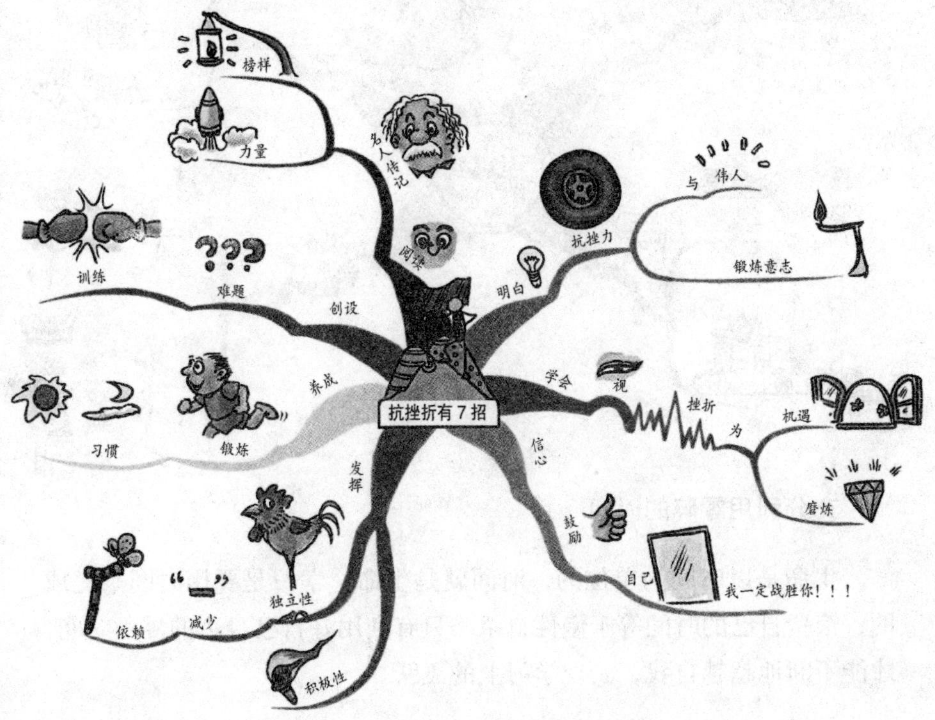

第四节　4种方法轻松管好你的时间

善于利用时间是善学者高效学习的保证。

在学习阶段，大部分的时间是在课堂和自习中度过的，能自由支配的时间很少，在这种情况下，更应学会利用和管好我们宝贵的时间。

下面即是一个管理时间的思维导图，从图中我们可以看出，管理时间主要有4种方法。

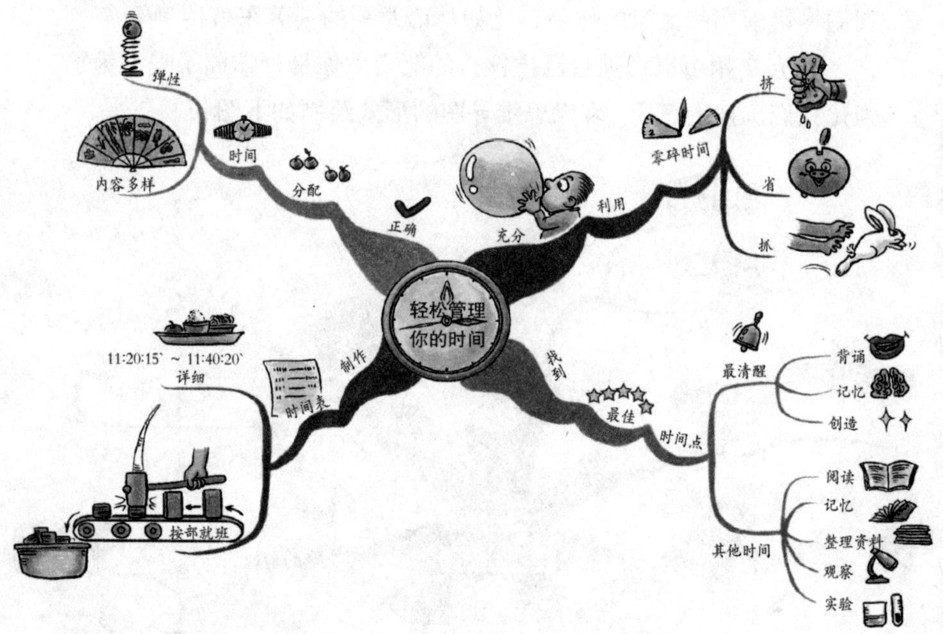

充分利用零碎的时间

生命是以时间为单位的，时间就是生命。学习是要用时间来完成的，浪费自己的时间等于慢性自杀。只有利用好自己身边的零散时间，才能不断地超越自我，实现学习上的飞跃。

善于利用零散时间的人，可用的时间就比别人多。除了“挤”时间，还要善于节省时间，比如一天当中，一定要办最重要的事情；用大部分时间去处理最难、影响最大的事等。

找准适合自己的最佳学习时间点

一个人一天究竟在什么时间点学习效率最高，这个学习效率最高的点，就是我们要掌握的最佳学习时间点。在学习过程中，我们可以尽量根据个人的生理特点找出可以让学习效率最高的最佳学习时间点，这样才能有助于达到最佳的学习效果。找准个人学习的最佳时间点，可以充分发挥时间的价值。

你可以根据自己的情况，制订一天的学习计划，比如，什么时间段背诵语文？什么时候想学英语？什么时候阅读最轻松？接下来又干什么，有条不紊。时间长了便自成一种用时节律。

找到适合自己学习的最佳时间点，在头脑最清醒的时间无疑可以用来背诵、记忆、创造；其他时间可用来阅读、浏览、整理资料、观察、实验。

这样合理地安排时间，将会提高你的学习效率。

学会制作学习时间表

制作学习时间表能把你的时间划分得很具体，让你每天的时间井然有序。一个善于学习的人，既不会玩了一天什么也没有干，也不能碰到学习困难就退缩，而应该制定一个详细的时间表，按部就班地执行，那样才会收到事半功倍的效果。

正确分配学习的时间

学习如同练武，一张一弛，也是学习之道。无论做什么事情，都要保持时间运筹上的弹性，这样才能有效率，才能持久。列宁在写给他妹妹伊里奇·乌里扬诺娃的信中说：“我劝你正确分配学习的时间，使学习内容多样化。我很清楚地记得，写作之后改做体操，看完有分量的书之后改看小说是非常有益的。”

所以，你在上完理科课之后，可以利用课间休息的时间，掏出英语单词本，读几个单词，不是为了去记忆，而是给头脑换换气，或者掏出一本精彩的小说看一段，也是一种休息。

管理时间是一件很简单的事情，只要你管好了时间，你的学习成绩一定会有很大提高。

第五节　依靠发散性思维进行发散性的创造

发散思维法的特点是以一点为核心，以辐射状向外散射。在生产、生活中，我们可以利用这种思维法来进行发散性的创造。若以一个产品为核心，可以发掘它的各种不同的功能，开发出各种各样的新产品。如围绕电熨斗这个产品，开发出了透明蒸汽电熨斗、自动关熄熨斗、自动除垢熨斗、电脑装置熨斗等。这些产品满足了生活中不同人群的不同需求。

下面这个故事也是围绕产品开发产品的一个典型例子，从中我们可以体会到发散思维法的应用价值。

日本著名的松下电器公司于1956年与另一家电器公司进行合资，成立了新的电器公司，专门制造电风扇。当时，松下幸之助委任松下电器公司的西田千秋为总经理，自己则担任顾问。

与之合并的这家公司前身是专做电风扇的，后来又开发了民用排风扇。但即使如此，产品还是显得比较单一，西田千秋准备开发新的产品，试着探询松下的意见。松下对他说："只做风的生意就可以了。"

当时松下的想法，是想让松下电器的附属公司尽可能专业化，以期有所突破。可是松下电器的电风扇制造已经做得相当卓越，完全有实力开发新的领域。但是，松下给西田的却是否定的回答。

然而，聪明的西田并未因松下这样的回答而灰心丧气。他的思维极其灵活而机敏，他紧盯住松下问道："只要是与风有关的任何产品都可以做吗？"

松下并未仔细品味此话的真正意思，但西田所问的与自己的指示很吻合，所以他毫不犹豫地回答说："当然可以了。"

5年之后，松下又到这家工厂视察，看到厂里正在生产暖风机，便问西田："这是电风扇吗？"西田说："不是，但是它和风有关。电风扇是冷风，这个是暖风，你说过要我们做风的生意，难道不是吗？"

后来，西田千秋一手操办的松下精工的"风家族"，已经非常丰富了。除了电风扇、排风扇、暖风机、鼓风机之外，还有果园和茶圃的防霜用换气扇、培养香菇用的调温换气扇、家禽养殖业的棚舍调温系统等。

松下的一句"只做风的生意就可以了"被西田千秋用发散思维发挥到了极致，围绕风开发出了许许多多适合不同市场的优质产品，为松下公司创造了一个又一个的辉煌。这也体现了发散思维的神奇魅力。

依靠发散性的思维进行发散性的创造，也为我们提供了一种发明创造的新模式。思维发散的过程，同时也是创意发散的过程。围绕一个中心，将思维无限蔓延，最终可产生多种创造成果，为生活和学习带来更大的便利。

第六节　做符号笔记的 7 大准则

做符号笔记是很多高效学习者的专长，做好符号笔记能够有效提高学习效率，获得高分。首先看一幅思维导图。

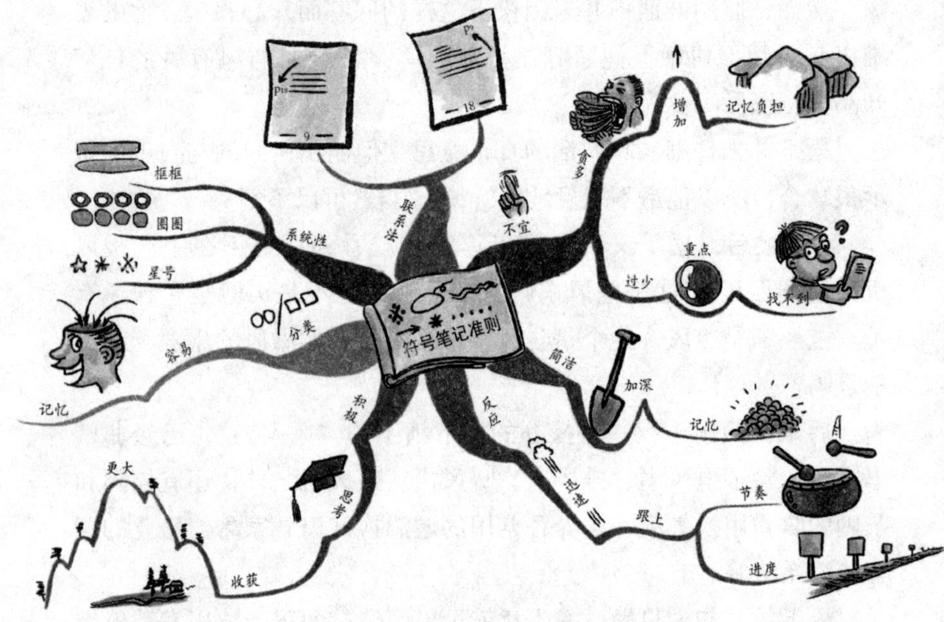

从图中可以看出，做符号笔记需要注意 7 大准则：

不要贪多

如果一下子在笔记上做很多符号，一定会增加记忆负担，甚至影响思维，所以，应该少做些记号，但也不能少到复习时不知道哪些是重点。

简洁明了

在一些虽间断但有意义的短语下划线，而不要在完整的句子下面画线，页边空白处的笔记要简短扼要，这样，可以加深你的记忆，让你背诵和复习的时候更得心应手。

反应迅速

你必须明白，如果不用一种快捷和容易辨别的记号做笔记，那么就很难跟上老师的讲课节奏，如果你因此而错过老师讲解的重要内容就得不偿失了。

积极思考

虽然在课本或笔记上做记号能够有效帮助你学习和复习，但你也应该积极开动脑筋，注重思考。否则，收获不大。

分门别类

做符号笔记的过程中，针对有些事实和概念应该区别对待，把它们分门别类，这样，经过整理过的笔记要比随便编排的事实和概念清晰，也容易记忆。

注意系统性

如果使用的符号过多，可以考虑把画在字句下的单线或双线，重点项目旁的框框、圈圈、星号等作个注释，避免混淆。

前后联系法

在做符号笔记的过程中，也许你会发现第 18 页的说法与第 9

页的说法有直接的联系，

你就可以画一个方向朝上的箭头，旁边写上“P9”。同样，在第 9 页，同一观点旁边画一个方向朝下的箭头，写上“P18”。在复习时，就很容易把两者联系起来了。

第七节 培养观察力的 5 种方法

观察力对每一个人都很重要，我们的观察力可以在实践中进行锻炼。为了有效地进行观察，更好地锻炼观察力，首先请看一幅有关培养观察力的思维导图。

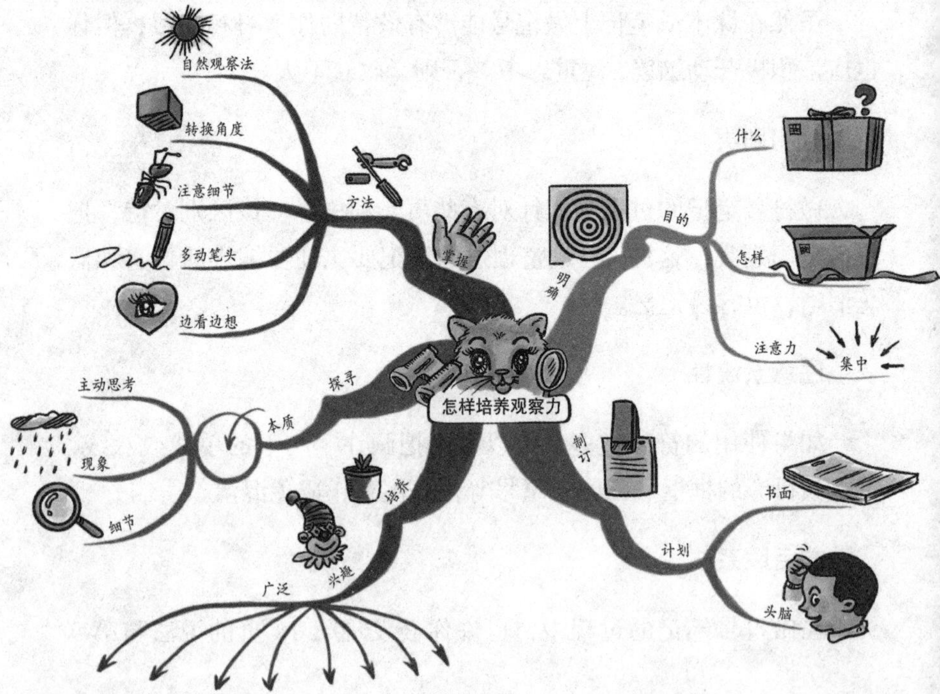

从思维导图中，我们可以看出培养观察力有5种主要方法：

明确观察目的

每次观察活动，要定好明确的目的和指向，预先规定好观察任务，以保证观察得全面、细致、清晰、深刻。

对一个事物进行观察时，要明确观察什么，怎样观察，达到什么目的，做到有的放矢，这样才能把观察的注意力集中到事物的主要方面，以抓住其本质特征。目的性是观察力的最显著的特点，有目的才会对自己的观察提出方向。

制订观察计划

观察前，抽出一定时间，对要观察的内容做出安排，制订周密的计划。这样才会有收获。这些观察计划，既可以写成书面的，也可以储存在头脑里。

培养浓厚的观察兴趣

培养浓厚的观察兴趣是培养观察能力的重要前提条件。为了锻炼观察能力，必须培养个人广泛的兴趣，这样才能促使自己津津有味地进行多样观察。

不让观察停于表面，要探寻本质

观察力是思维的触角，要培养我们的观察力，就要善于把观察的任务具体化，善于引导主动思考，学会从现象乃至隐蔽的细节中探索事物的本质。

掌握良好的观察方法

很多人缺乏生活经验和独立、系统的观察能力，在观察事物时，往往抓不住事物的本质，或者看得粗心、笼统，甚至观察的顺序杂乱无章。

为此，有几种观察方法介绍如下：

（1）自然观察法。就是对大自然中所存在的东西进行观察，如在田野或植物园里观察植物的生长情况，在森林和动物园里观察动物的活动情况等。自然观察应注意选好观察点和观察对象，做好记录，并应进行多次原地或异地观察。

（2）只从一个角度、方面去看事物，无异于盲人摸象。应多尝试从另一个角度、另一个观念去看同一问题，打破了定式的思维，使我们能发现更多的问题，也就产生了更强的观察兴趣和能力。

（3）注意细节，观察别人没发现的问题，久而久之，也就形成了勤观察、认真观察、会观察的良好习惯。

（4）多动笔头，随时记录观察情况，有利于整理和保存观察结果，以便利用。

（5）在观察时，要边看边想，学会分清主次、本质与现象，观察力也就从中得到提高。

第三篇
唤醒创造天才

第一章　施展大脑的创新力量

第一节　创新思维的特征

创新思维的定义

创新思维是一种不受常规思维束缚，寻求全新独特的解决问题方法的思维过程。创新思维是相对于传统思维的新思维，就是我们常说的创造性思维，是每个人天生就拥有的。但是，却不是人人都能够娴熟地使用它。

我们知道，小孩的创新思维表现在胡思乱想和丰富的想象力上。但是，如果一个小孩子问她的幼儿园老师："老师，如果天上有一个太阳，那会不会有两个呢？"不负责任的老师通常都会斥责孩子"国无二君，天无二日"，至少也会说一句"胡说"。孩子的创新思维就这样一次次被打压磨灭，直到完全消失。

其实，在无垠的宇宙里，银河系如同一条小河，太阳不过是河里一颗小小的鹅卵石。

传统思维和常规性思维主导了大部分人，为我们的生活带来了一定的便利，但是，却也在一定程度上，阻碍了我们前进的步伐。

胡说，天上怎么
会有两个太阳！
老师，天上的太阳
会不会有两个呢？
孩子的思维是天
马行空的，是具
有创造性的。
成人的思维是模式
化的，不小心就会
打击孩子的创造性。

创新思维的作用

创新是一个民族进步的灵魂，是国家兴旺发达的不竭动力。迎接未来科学技术的挑战，最重要的是坚持创新，勇于创新。

爱因斯坦也说过："没有个人独创性和个人志愿的统一规格的人所组成的社会，将是一个没有发展可能的不幸的社会。"

管理学大师德鲁克也说："对企业而言，要么创新，要么死亡。"可见创新的重要性。而创新当然来自于有着创新思维的人。

（1）创新思维是创新实践的前提

"思路决定出路，格局决定结局。"有了创新思维才能走出创新的道路。同样，错误的思维就会走上错误的道路。

当年，泰坦尼克号之所以会沉船并且几乎全员覆没，全因为管理层的错误思维。管理层认为巨大的船是不会沉船的，于是几乎没有考虑任何防护措施。没有带望远镜，于是没有看到远处的冰山，当肉眼看到时显然为时已晚。正是因为船太大，转弯不便，救生艇和救生衣数量严重缺乏，导致大多数人没有逃生的可能性。这是错误思维引领人走上错误道路的一个例证。

（2）创新思维是参与竞争的制胜法宝

这个社会是相互竞争的社会，资本则是特色、创新、点子、思路。尤其是在企业竞争当中，更需要创新思维。

某国有家公司，专门生产牙膏。牙膏包装精美，品质精良，深受消费者喜爱。

记录显示，前年营业增长率均为 10% ~ 20%，但在第二年后，增长停滞。董事部门非常不满意，于是决定召开全国经理及高层会议。会议中有位年轻经理对董事提出了一条建议，并收费 5 万元。董事虽然非常生气，却依然买下建议。

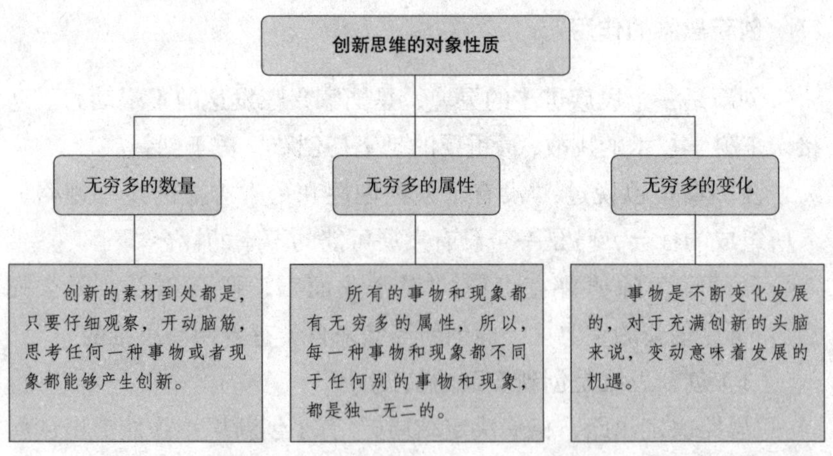

创新思维的对象性质
无穷多的数量
无穷多的属性
无穷多的变化
创新的素材到处都是，只要仔细观察，开动脑筋，思考任何一种事物或者现象都能够产生创新。
所有的事物和现象都有无穷多的属性，所以，每一种事物和现象都不同于任何别的事物和现象，都是独一无二的。
事物是不断变化发展的，对于充满创新的头脑来说，变动意味着发展的机遇。

果然，公司在三年停滞不前后，第四年的营业额增加了 32%。这条建议是什么呢？很简单，扩大牙膏开口 1 毫米。人人多用 1 毫

米，用量不可估量。脑袋开口 1 毫米，就是创意。

如果企业摒弃 1 毫米，就会丧失进步的机会。

创新思维是企业竞争的法宝，有创新思维的人是企业的重点人才和制胜法宝。

（3）创新思维是高素质人才的重要组成部分

高素质人才当中最缺乏的是有创新思维的人才。有创新思维的人才，才能让社会、国家持续前进发展，才能带领企业突破瓶颈。培养创新思维人才，是教育的重要课题。

（4）创新思维能够应用到各行各业中去

无论学习、教书、改革开放或是职场生涯，创新都会对我们产生作用力。

A、B 从同一所大学毕业去同一家公司上班，两年后，老总让 B 升职。A 心里不平衡，他想，一起来工作的两个人，都很努力，为什么提拔 B 却不提拔我，一定是老总偏心。

于是 A 去找老总理论："你吩咐我的每项工作我都踏踏实实完成了，为什么你却只提拔 B 不提拔我呢？我感到很委屈。"老总并没有正面回答 A 的问题，而让他去楼下自由市场看看是否有东西卖。不久，A 回来答复。

A："老总，楼下有个推手推车的农民在卖苹果。"老总："苹果怎么卖？"

A："我去看一下。"

A："2 元一斤。"

老总："那一车有多少斤呢？"

A 又下楼。

A："大概 300 来斤。"

老总："如果全部都要，最便宜能多少钱呢？"

A 再次下楼。

A："如果您全部都要的话，他可以 1.2 元一斤给您。但是，您要这么多苹果干吗？"

老总还是不说话，他喊 B 过来，让他去做同样的事情，问 B 同样的问题，然而 B 与 A 的做法不同，他一次性将所有问题做好准备，流利地回答了出来。

A 目睹这一过程立即知道自己与 B 的差距在哪里。摒除职场经验不谈，有创新思维，能够自觉正确地理解老总的意图，联想事情的发展，这种人才必然能够立足于各个企业。

创新思维的特征

（1）新

新是创新思维的第一特征，也是最根本的特征之一。

没有变化、没有差异的思维是旧思维，但旧思维也可能是曾经的新思维。只是因为在某一时间点上没有继续创新，所以就变旧了。

"新"就是有新意，能够给人带来新鲜感，是新思路、新点子，是一种新的考量方式等。

（2）差异性

差异性是创新思维最大的、最根本的特征之一。

创新思维就是与众不同的思维，它能够用与众不同的语言、行为、方式表现出来。有差异才能有新意。

如"水能载舟亦能覆舟"，网络上有流行语将之改成"水能覆舟，亦能煮粥"。改动两个字，意思却不同了，这就是差异性产生的效果。

（3）变化性

变化性也是创新思维的根本特点之一。

无论新意还是差异都需要通过不断地改变来实现，旧的东西也需要通过改变来变成新的。

（4）现实性

虽然思维、创新等概念似乎都是看不见摸不着的东西，但创新思维依然具有现实性特征。从另一方面看，它其实是实实在在的存在于人们的生活当中，通过人们的言行举止、学习、工作、生活表现出来，并且几乎人人都有思维创新的经历。

比如，上下班高峰期的地铁公车常常人满为患，扶手不够，有人就把旧牙刷用开水烫弯，弯成弯钩形状，坐车时便能临时使用。

（5）开放性

“开放”就是让思想冲破牢笼，没有顾忌地飞翔。开放的对立面是封闭，封闭的环境会扼杀产生的创新思维。

（6）间断性和连续性

这是人的思维的特征。一个正在思考问题或专心说话的人，一旦被打断，便很难再续上去，这就是思维的间断性表现。如果在创新的过程中遭遇困难、风险，遇到危机，甚至会损害自身利益，创新思维就会被中断。当然，如果在思维创新上不思进取，创新自然难以为继。

第二节　激发潜伏在体内的创新思维

创新思维是人类才有的高级思维活动，是成为出类拔萃的人才所必须具备的条件。心理学认为，创新思维是指思维不仅能提示客观事物的本质及内在联系，而且还能产生新颖的、具有社会价值的前所未有的思维成果。

即使遗失了与生俱来的创造性思维，我们也可以通过运用心理学上的“自我调节”，有意识地在各个方面认真思考和勤奋练习，重新将创造性思维找回来。卓别林说过：“和拉提琴或弹钢琴相似，思考也是需要每天练习的！”

张开想象的翅膀

爱因斯坦曾经说过：“想象力比知识更重要，因为知识是有限的，而想象力概括着世界的一切，推动着进步，并且是知识进化的源泉。”

他之所以能研究出“狭义相对论”，因为他在孩童时期便常常幻想自己同光线赛跑。而世界上第一架飞机也来自于人们想要像鸟类一样飞翔的梦想。幻想是创造性想象的一种特殊形式，适当的幻想能够引导人们发现新事物，做出新努力、新探索和创造性的劳动。

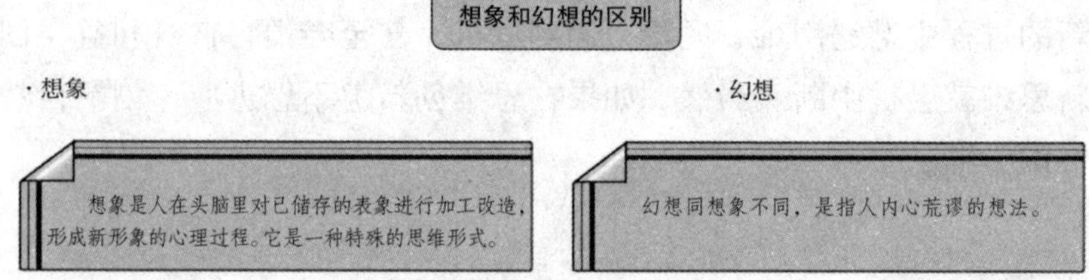

想象和幻想的区别
·想象
想象是人在头脑里对已储存的表象进行加工改造，形成新形象的心理过程。它是一种特殊的思维形式。
·幻想
幻想同想象不同，是指人内心荒谬的想法。

大部分人终其一生只运用了大脑想象区大约 15% 的空间，开发这个空间应该从想象开始。想象力是人类运用储存在大脑中的信息进行综合分析、推断和设想的思维能力。

培养发散性思维

发散思维是指，一个问题假如存在着不止一种答案，就要通过思维的向外发散，找出更多妥帖的创造性答案。

“涉猎多方面的学问可以开阔思路……对世界或人类社会的事物形象掌握得越多，越有助于抽象思维。”1979 年诺贝尔物理学奖金获得者、美国科学家格拉肖这样启发我们。

当我们思考砖头有多少用途的时候，充分运用发散性思维可以给出我们如此多的答案：建筑房屋、铺路、刹住停靠在斜坡的车辆、砸东西、压纸、垫高、防卫的武器……这就是发散思维的力量！

发展直觉思维

顾名思义，直觉思维是指不经思考分析的顿悟，是创造性思维活跃的表现之一。

物理学家阿基米德在跳入浴缸的时候，注意到浴缸溢出水的体积大约等同于身体入水部分的体积，灵光一闪，发现了“阿基米德定律”，即比重定律。

达尔文在观察植物幼苗生长的过程中，发现幼苗顶端向太阳照射的方向弯曲，推测出可能是由于其顶端含有某种物质，在光照的作用下，转向背光一侧。后来，在达尔文的基础上，科学家作了反复研究，才找到这种植物生长素。

在学习过程中，直觉思维可能表现在许多方面，比如大胆的猜测，急中生智的回答，或者新奇的想法和方案等。在发现和解决问题的过程中，我们要及时留住这些突然闯入的来客，努力发展自己的直觉思维。

培养思维的独创性、灵活性和流畅性

创造力建立在广博的知识基础上，包括三个因素：独创性、灵活性和流畅性。

对刺激作出不同寻常的反应是思维的独创性，能流畅地作出反应的能力是流畅性，而灵活性是指随机应变的能力。

在上世纪 60 年代，美国心理学家曾经对大学生进行自由联想与迅速反应训练，要大学生针对迅速抛出的观念，作出最快的反应。速度越快，讲得越多，表示流畅性越高。这种疾风骤雨式的训练，非常有益于促进创造性思维的发展。

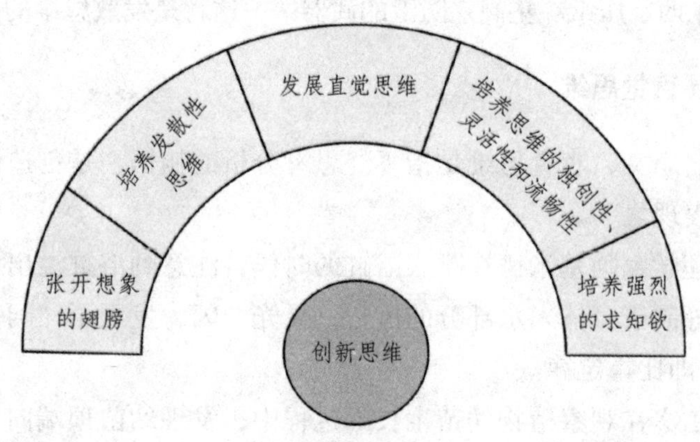

练习创新思维的五个方法

培养强烈的求知欲

人类对自然界和自身存在的惊奇是哲学的起源。

古希腊哲学家柏拉图和亚里士多德认为，当人们在对某一问题具有追根究底的探索欲望时，积极的创造性思维由此萌发。精神上的需求是产生求知欲的基础。我们要有意识地设置难题或者探索前人遗留的未解之谜，激发自己创造性学习的欲望。把强烈的求知欲望转移到科学上去，不断探索，使它永远保持旺盛。这样才能使自己在学习过程中积极主动地“上下求索”，进而探索未知的新境界、新知识，创造前所未有的新成就。

第三节　创新思维与企业创新

首先看一个案例：

【案例】海尔小小神童洗衣机

无论各行各业，都存在着旺季与淡季之分，洗衣机厂也不例外。一般说来，洗衣机的销售淡季主要是每年的 8 ~ 9 月份，也就是夏季最热的时候。每当遭遇淡季，各大洗衣机厂便召回销售人员以减少成本，并且被动等待旺季到来。

海尔工作人员通过分析发现，夏季恰恰是人们最需要洗衣服的时节，大部分人都有天天洗澡日日更衣的习惯，可是为什么洗衣机反而没有市场呢？

结论是，虽然人们换洗衣服勤快，可夏季衣服通常较薄，而洗衣机容量又太大，常洗小件衣服既费水又耗电还不容易清洁干净。

根据以上情况，海尔人开发出了容量为 1.5 千克的“小小神童”洗衣机，不但满足了消费者的需求，也消除了洗衣机市场的淡季之说。

后来，海尔还研制出不用洗衣粉的洗衣机，“洗净比”甚至高于普遍使用洗衣粉的洗衣机，病菌杀灭率也非常高，最让人无法抗拒的是海尔的洗衣机都很有特色，操作非常简单人性化，难怪成为行业翘楚。

企业发展需要创新思维。其实，创新思维与企业之间是相互联系相互促进的，不但企业发展需要创新思维，创新思维也能够推动企业的发展。

下面就来具体分析企业和创新思维之间的相互关系。

企业发展需要创新思维

企业发展需要创新思维，这是因为：

（1）创新思维能给企业带来进步技术。市场结构和技术领域发生了翻天覆地变化的现代，企业必须创新才能适应市场以及创造利润。

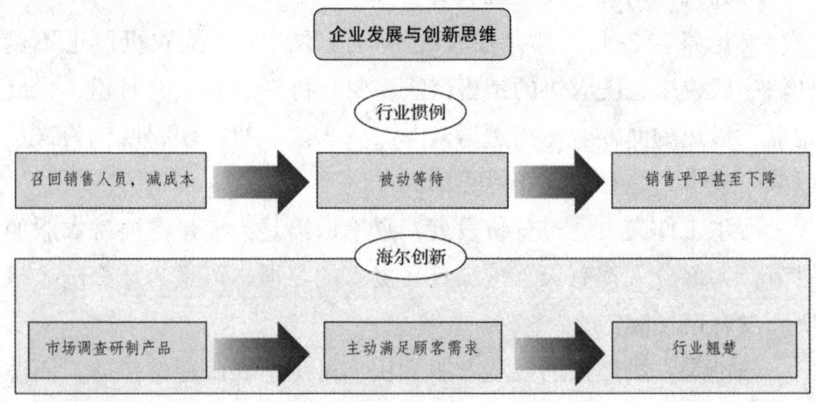

（2）创新思维是市场的推动力。企业需要不断地变革创新，来适应产品周期的兴衰或市场的产业结构变动，以确保在新的经济环境的挑战中，不断进步。

（3）企业的创新与国家政策紧密相连。如果想加快企业发展，获得更多市场份额，就要时时关注国家政策的要求。

（4）创新思维是促进企业内部发展的必要条件。企业的更快更好发展带来的福利和待遇的提高，是企业内部每一个成员的期望。创新是企业发展的不竭源泉。

创新思维能推动企业的发展

技术创新思维和管理创新思维是企业创新的重要组成部分，它们能够巩固和发展企业竞争力、企业生命力、企业文化等。

企业创新思维包括：创造新产品或将原有产品赋予新的功能，采用新方法，开辟新市场，获得新供给来源，实行新的企业组织形式，实施新的管理实施办法，使用新的人才录用机制等。

（1）管理创新思维为什么能推动企业发展？

管理创新思维能够有效地整合人力资源、让企业最大限度发挥人力作用，从而起到推动企业发展的作用。

管理创新思维可以推动企业的市场竞争力。改革开放后，敢于运用创新思维进行改革的企业得到了长足的发展。

管理创新思维可以推动企业文化。有了创新思维就会对不符合企业发展的企业文化提出质疑，然后进行调整，能丰富和完善企业文化，促进企业员工了解企业文化，加大归属感。

管理创新思维能推动企业凝聚力。管理创新思维能给企业带来生机，给员工带来实际利益，企业的凝聚力就加强了。企业凝聚力提高后，优秀人才不但会失而复得，还能吸引大批外来人员。

（2）技术创新思维为什么能推动企业发展？

技术创新思维包括新技术的引用、新设备的投入、新产品的设计等，极大地推动着企业在科技技术发展、新技术产品开发和新业务的拓展等方面的新成就。

小车代表着一个企业。
人代表着管理思维，管理思维创新能有力地推动企业的发展。
车轮是一个企业的技术，要想车子走得快，就要在技术上有所创新。

技术创新思维能够促进产品不断创新，跟随市场需求变动，在激烈的竞争中提高市场占有率，从而锻炼企业的技术队伍，提升企业的技术实力，增强企业的核心竞争力。

技术创新思维运用到企业的创新技术人才管理和新技术开发及引进方面，能够使企业始终保持强势的核心竞争力和旺盛的生命力。

技术创新思维能够在企业进行新技术开发和引进的时候，引发成员的危机感，促使他们学习新知识来适应企业的人才需要，而企业必须招揽能够尽快适应新技术的优秀人才，从而推动企业的人力资源管理。

创新思维从人事制度、企业文化、技术知识、财务等各方面全方位地推动着企业竞争力的加强和发展，巩固着企业在市场竞争中的地位，保持企业旺盛的生命力。

【案例】上海通用汽车的柔性化生产模式

几乎中国所有的汽车工厂都是采用一个车型、一个平台、一条流水线、一个厂房的生产方式。但是上海通用却实现了在一条生产线上共线生产四种不同平台的车型，这种生产方式叫作“柔性化”生产方式。

与此方式相配备的是严格而规范的采购系统，科学严密的物流配送系统，以市场为导向的高度柔性化生产系统，以及以客户为中心的客户关系管理系统，这些配备共同组成了柔性化生产管理模式，为厂家和消费者带来了最直接的利益——金钱与时间。

柔性化生产管理模式多年来深入了上海通用企业管理的每一个环节，这也是通用汽车占据汽车市场极大份额的原因。

2
科技推动
越来越多的先进科学技术直接服务于经济领域，促使企业不断创新。

1
市场拉动
是指市场需求和市场竞争影响下的创新。

3
政策激励
企业通过制定各种激发员工创新积极性的政策和措施来推进企业不断发展。

企业创新的三种方法

第四节　创新思维与社会创新

首先，了解什么是社会创新。

社会创新是指可以实现社会目标的新想法，通过发展新产品、新服务和新机构来满足未被满足的社会需求。社会创新的过程是国家政府、城市以及企业通过设计和开发新的有效方法，应对城市扩张、交通堵塞、人口老龄化等一系列迫在眉睫的必须解决的问题的过程。

（1）人口老龄化

当老年人在总人口的比例中占了绝大多数或者有了很大比例的上升，就需要有新的如养老金和护理等方法、形式，甚至法律来保障老年人的利益，改善他们的生活境况。

（2）文化差异

世界上不同文化、民族、国家甚至不同城市之间，都具有差异性，这些差异性容易造成彼此的冲突和憎恶。因此，我们需要以创新的方式来进行文化教育和语言学习，来促进不同地域文化间的和谐。

（3）医疗部门

传统的医疗部门在抑制慢性病发生率和急性病转化成慢性病的过程中，并未发挥出完善的作用。因此，越来越多的人开始认识到创新的必要性。

（4）个人不良习惯的改正

传统方法对于解决吸烟饮酒、赌博、肥胖和不良饮食习惯等“富贵病”常常束手无策，这些大多由于富裕引起的行为问题正在等待改正。

（5）环境问题

二氧化碳排放量超标导致的全球变暖，人类滥砍滥伐造成的热

1 社会机构和社会企业

社会机构或企业往往源于某个社区或某个人的一时兴起，它具备了创新的先天优势。

2 社会运动

社会运动产生于民间和政治社会之间，成功的社会运动本身就是一种创新，但它发生几率小，且容易破坏社会和平。

3 政治和政府

政治家和政坛人物常常会为了赢得民众，获取政治优势和权力，在游说演说政策项目中努力推进创新。

4 市场

一些新型的商业模式和新市场是市场重要的社会创新。

5 学术界

学术人员是研究的主力军，自然是社会创新的研究主力军。

6 慈善机构

慈善家拥有超强的经济实力、网络和自主权，能为创新模式的提出和发展提供丰厚的奖金支持，对社会创新产生巨大的影响。

带雨林面积的剧减，都使气候发生了不可逆转的变化。如何重新调整交通系统，重组城市布局和住房体系，来适应这种状况，各界都在等待合适有效的创新方法。

其次，创新活动必然需要机构、组织或个人来发起，那么哪些机构、组织或个人掌握了发起社会创新的先天条件呢?

实现社会创新并不是一件容易的事情，总会遇到来自各方面的阻力。这些阻力使社会创新无法成功实现，也可以看成社会创新失败的原因。

具体表现在:

（1）里昂那多效应

很久以前，有一个叫里昂纳多的人，他总是会有一些奇怪的想法，例如插上翅膀就可以成为飞人等。但这在他所处的时代无法实现，并且违背了物理学原则。

虽然人们天生就具有创造力和好奇心，但是社会创新并不总是简单易行，应该说社会创新的实现是非常有难度的。特别是那些远远超过现有科技水平、像直升机那样高高在上的想法。人们将这种情形称之为“里昂那多效应。”

（2）不适宜的环境

可保证的法律制度与开放的媒体和网络是实现社会创新的关键因素。商业环境中的社会创新通常会因为资本垄断受阻；政治和政府方面的社会创新活动通常被党派竞争所阻；社会机构可进行的社会创新活动则通常因为私心和经验不足而受阻。

（3）失败的规律

社会创新同商业和科技领域里的多数创新一样，通常失败次数比成功的次数多得多。

（4）社会创新实行者的错误想法

政府或公共部门对新想法通常会保持谨慎的态度，因为他们责任在身，并且是在用稳定性为人们的生活提供依靠（比如交通等系统和福利发放部门）。大多数的公共服务和非营利组织，通常会集中精力运用管理来提高现有模式的水准，而并非采取新想法。因此，社会创新实行者对政府反应迟缓的错误想法也会影响他进一步改善自己的想法，以至于影响社会创新活动的顺利实施。

（5）缺乏耐性

显然，缺乏耐性的创新活动领导者很难将任何一件事情做成。

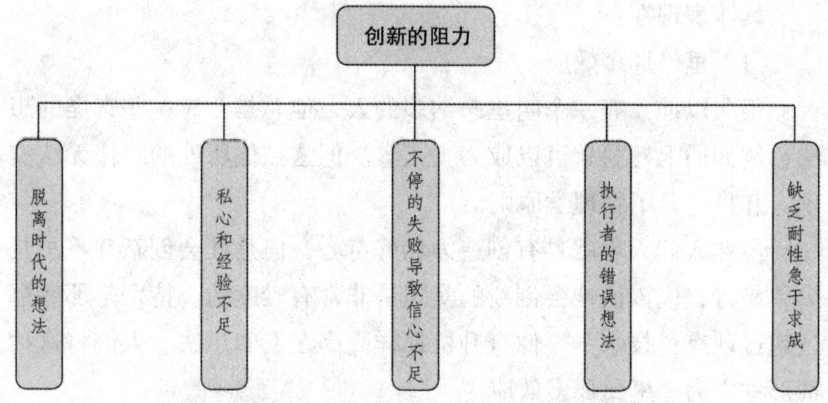

第五节　创新思维与个人创新

创新思维有时与个体创新有着密切的联系。

【案例】

几名装修工在帮助客户装修房子时遇到了一个问题：要把新电线穿过一个 10 米长，但直径只有 25 厘米的管道。管道砌在墙壁的砖石里，转了 4 个弯。要把电线装好，就必须打烂墙壁，不仅花费不小，房子的主人也不情愿。

大家思考了很久，却依然想不出不毁坏墙壁就让电线穿过去的方法。

突然间，一个员工想到了一个点子。大家一听，连连称妙。根据这个点子进行操作，果然很快就把问题解决了。

解决这一难题的主角，竟然是两只小白鼠！

他们到一个商店买来两只小白鼠，一只公一只母，然后把一根线绑在公鼠身上并把它放到管子的一端。另一名工作人员则把那只母鼠放到管子的另一端，逗它“吱吱”地叫。公鼠听到母鼠的叫声，便沿着管子跑去救它。公鼠沿着管子跑，身后的那根线也被拖着跑。电线拴在线上，小公鼠就拉着线和电线跑过了整个管道。

这是一个比较简单的运用创新思维的案例，点子虽简单，却可以解决大问题，这就是创新思维的魅力所在。

由此，我们应该认识到：

培养个体创新思维十分重要

俗话说得好：“不怕做不到，就怕想不到。”思路决定出路。在竞争激烈的社会中，要想取得一番成就，就必须具有创新思维。

思路决定出路，拥有创新思维，才能在激烈的竞争中胜出。

你用哪一种思维思考问题，往往决定你会拥有怎样的人生。社会环境和自身条件并不能限制个人的成功，我们需要发展创新思维和创新精神，来适应不断进步的时代，造就精彩的人生。创新是新时代的主旋律，创新素质是当代人才选拔的标准。是否具有创新能力和是否具有创造力，是衡量人才价值和能否成为一流人才的标尺。

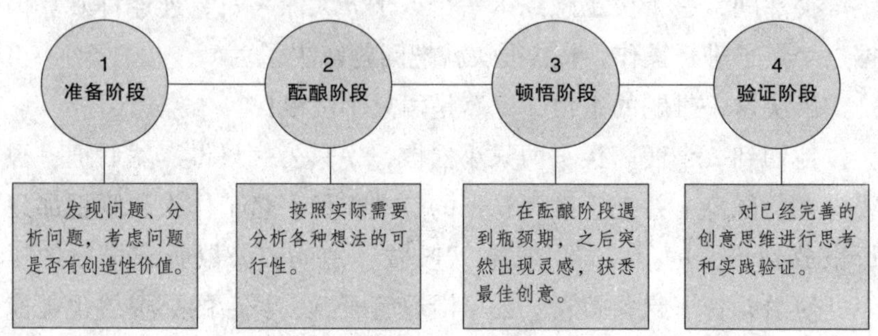

1
准备阶段
2
酝酿阶段
3
顿悟阶段
4
验证阶段
发现问题、分析问题，考虑问题是否有创造性价值。
按照实际需要分析各种想法的可行性。
在酝酿阶段遇到瓶颈期，之后突然出现灵感，获悉最佳创意。
对已经完善的创意思维进行思考和实践验证。

个体创新思维的 4 个阶段

创造性思维并非喊喊口号或者凭空想象就可以获得，它通常需要经过很多有序的思考才能完成整个创意过程。

而创新思维一般由准备、酝酿、顿悟、验证这 4 个阶段组成，各个阶段互相联系，相互交叉。

顿悟阶段创新思维方法

创新思维的方法不胜枚举，如果不运用正确的思维方式，很难解决问题。但是，掌握创新思维方法只是基础，只有深入理解才能在特定的环境和事件中合理应用创新思维来解决具体问题，进行创新活动。

其实，每个人自身都有一座宝藏，一座几乎被遗忘的宝藏。那就是我们的头脑，我们的创新思维；头脑能思维，思维能产生创意，创意能改变世界——人的外在世界和内心世界。

认真地挖掘这座属于你自己的宝藏，肯定会有意想不到的收获。

第二章　用创新力提升行动效能

第一节　正确地做事和做正确的事

让我们先看一个故事。

这是约翰·米勒先生亲身经历的一件事，也许从这件事中你可以体会出“效能”的含义。那是阳光明媚的一个中午，在明尼阿波利斯市区，米勒先生经过一家叫“石邸”的餐厅，想吃顿简单的午餐。

餐厅就餐的人非常多，赶时间的米勒先生，很幸运地找到了一张吧台旁边的凳子坐了下来。几分钟后，有位年轻人端了满满一托盘要送到厨房清洗的脏碟子，匆匆地从他的身边经过。年轻人用眼角余光注意到了米勒先生，于是停下来，回头说道，“先生，有人招呼您了吗？”

“还没有，”他说，“我赶时间，只是想来一份沙拉和两个面包圈。”“我替您拿来，先生。您想喝点什么？”

“麻烦来杯健怡可乐。”

“对不起，我们只卖百事可乐，可以吗？”

“啊，那就不用了，谢谢。”米勒先生面带微笑，说道：“请给我一杯水加一片柠檬。”“好的，先生，马上就来。”他一溜烟不见了。

过了一会儿，他为米勒先生送来了沙拉、面包圈和水，留下米勒先生用餐。又过了一会儿，年轻人突然为米勒先生送来了一听冰凉的健怡可乐。

米勒先生一阵高兴，却又有疑问："抱歉，我以为你们不卖健怡可乐。"他说。"没错，先生，我们不卖。"

"那这是从哪儿来的？"

"街角杂货店，先生。"

米勒先生惊讶极了，"谁付的钱？"他问。

"是我，才两块钱而已。"

听到这里，米勒先生不禁为年轻人专业的服务所折服，他原本想说的是："你太棒了！"但实际却说："少来了，你忙得不可开交，哪有时间去买呢？"

面带笑容的年轻人，在米勒先生眼前似乎变得更高更大了。"不是我买的，先生。我请我的经理去买的！"

米勒先生被这位年轻人高效能的工作作风所感动了，他认为这个店员选用了"正确的方式"做了"正确的事"，于是米勒先生当时就决定：把这家伙挖过来，不管多费事！

你明白了吗？"效能"就是指"用正确的方式做了正确的事"。"正确地做事"保证了做事的效率，"做正确的事"保证了将事做对，二者结合在一起，也就保证了我们说的"工作效能"。

"正确地做事"指的是方法问题。就像这个故事中的年轻人变通地"让经理替自己去杂货店买健怡可乐"这一做法就属于"正确地做事"。

他没有拘泥于传统的服务理念，而是以顾客的需求为重，努力找方法创造性地满足了顾客的需求。这种创造性思维和做法都是我们所提倡的。

要了解"做正确的事"的含义，就要先了解什么才是"正确的事”。

我们的生活、工作中有许许多多的事情需要去做，是否这些都是“正确的事”呢？不是的。比如，你在第二天有重要的工作要做，现在需要充分地休息，可这时接到一个朋友的电话邀请你去酒吧聊天。那么，“休息”就是“正确的事”，而“去酒吧聊天”就不是“正确的事”。

我们每天面对的众多事情，怎么才能区分哪些是需要做的“正确的事”呢？其实，按照轻重缓急的程度，我们遇到的事情可以分为以下四个象限，即重要且紧急的事、重要但不紧急的事、紧急但不重要的事、不紧急也不重要的事。

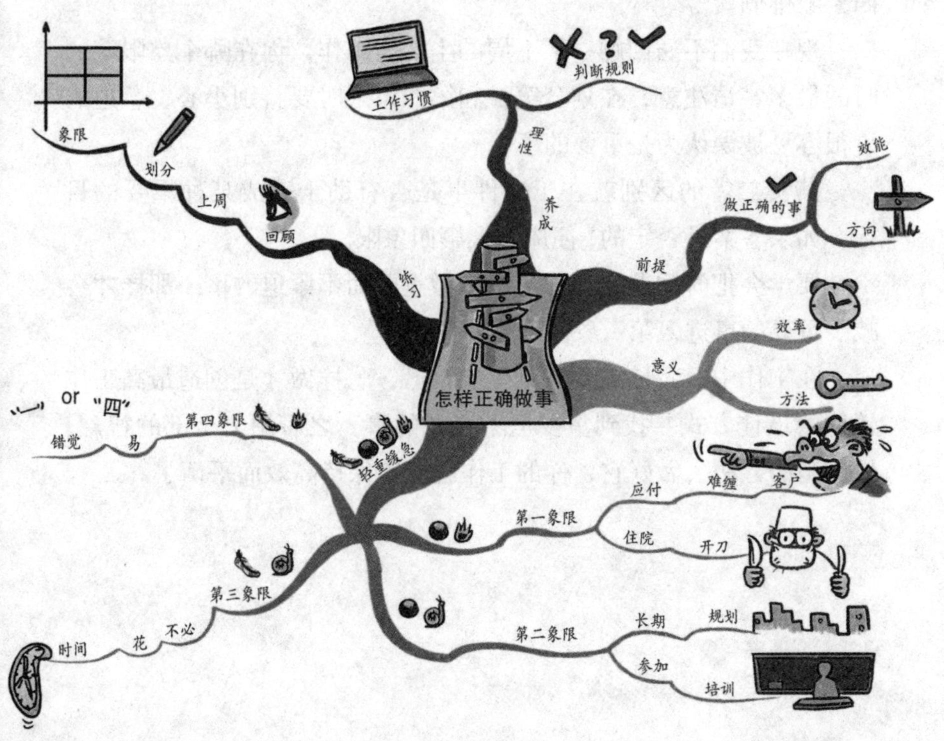

第一象限是重要又急迫的事。诸如应付难缠的客户、准时完成工作、住院开刀等。

第二象限是重要但不紧急的事。比如，长期的规划、问题的发掘与预防、参加培训、向上级提出问题处理的建议等。

第三象限属于不紧急也不重要的事。既然不重要也不紧急，那就不值得花时间在这个象限。

第四象限是紧急但不重要的事。表面看似应在第一象限，因为迫切的呼声会让我们产生“这件事很重要”的错觉——实际上就算重要也是对别人而言。电话、会议、突来访客都属于这一类。我们花很多时间在这个里面打转，自以为是在第一象限，其实只是在第四象限徘徊。

现在我们不妨回顾一下上周的生活与工作，你在哪个象限花的时间最多？请注意，在划分第一和第四象限时要特别小心，急迫的事很容易被误认为是重要的事。

其实二者的区别就在于这件事是否有助于完成某种重要的目标，如果答案是否定的，便应归入第四象限。

要学会把时间花在第二象限，做重要而不紧迫的事。那样才会减少重要的事进入第一象限，变得紧急。

在工作中，我们需要时刻提醒自己，怎样做才是创造最高工作效能的最佳方式？找到重要但不紧急的事，之后用上全部的智慧、最恰当的方法去做好它，你的工作就能够保持高效而平衡了。

第二节　机器不转动，工厂也能赚钱

据参观丰田工厂的人说，丰田工厂和其他工厂一样，机器一行一行地排列着。但有的在运转，有的都没有启动，很显眼。

于是有的参观者疑惑不解："丰田公司让机器这样停着也赚钱？"

不错，机器停着也能赚钱！这是由于丰田汽车公司创造了这样的工作方法：必须做的工作要在必要的时间去做，以避免生产过量的浪费，避免库存的浪费。

原来，不当的生产方式会造成各种各样的浪费，而浪费又是涉及提高效能增加利润的大事。

丰田公司对浪费做了严格区分，将浪费现象分为以下 7 种：

（1）生产过量的浪费。

（2）窝工造成的浪费。

（3）搬运上的浪费。

（4）加工本身的浪费。

（5）库存的浪费。

（6）操作上的浪费。

（7）制成次品的浪费。

丰田公司又是怎样避免和杜绝库存浪费的呢？许多企业的管理人员都认为，库存比以前减少一半左右就无法再减了，但丰田公司就是要将库存率降为零。为了达到这一目的，丰田公司采用了一种"防范体系"。

就以作业的再分配来说，几个人为一组干活，一定会存在有人

“等活”之类的窝工现象存在。所以有人就认为，对作业进行再分配，减少人员以杜绝浪费并不难。

但实际情况并非完全如此，多数浪费是隐藏着的，尤其是丰田人称之为“最凶恶敌人”的生产过量的浪费。丰田人意识到，在推进提高效率缩短工时以及降低库存的活动中，关键在于设法消灭这种过量生产的浪费。

为了消除这种浪费，丰田公司采取了很多措施。以自动化设备为例，该工序的“标准手头存活量”规定是 5 件，如果现在手头只剩 3 件，那么，前一道工序便自动开始加工，加到 5 件为止。

到了规定的 5 件，前一道工序便依次停止生产，制止超出需求量的加工。后一道工序的标准手头存活量是 4 件，如减少 1 件，前一道工序便开始加工，送到后一道工序。后一道工序一旦达到规定的数量，前一工序便停止加工。

像这样，为了使各道工序经常保持标准手头存活量，各道工序在联动状态下开动设备。这种体系就叫做“防范体系”。在必要的时刻，一件一件地生产所需要的东西，就可以避免生产过量的浪费。

在丰田生产方式中，不使用“运转率”一词，全部使用“开动率”，而“开动率”和“可动率”又是严格区分的。所谓开动率就是，在一天的规定作业时间内（假设为 8 小时），

有几小时使用机器制造产品的比率。假设有台机器只使用 4 小时，那么这台机器的开动率就是 50%。开动率这个名词是表示为了干活而转动的意思，倘若机器单是处于转动状态即空转，即使整天开动，开动率也是零。

“可动率”是指在想要开动机器和设备时，机器能按时正常转动的比率。最理想的可动率是保持在 100%。为此，必须按期进行

保养维修，事先排除故障。由于汽车的产量因每月销售情况不同而有所变动，开动率当然也会随之而发生变化。如果销售情况不佳，开动率就下降；反之，如果订货很多，就要长时间加班或倒班，有时开动率为 100%，甚至会达 120% 或 130%。丰田完全按照订货来调配机器的“开动率”，将过量生产的浪费情况减少到最低，才出现了即使机器不转动也能赚钱的局面。

讲到这里，不得不提戴尔公司的“零库存管理模式”，它与丰田的“防范体系”颇有异曲同工之妙。

戴尔公司走在物流配送时代的前列。分析家们分析戴尔成功的诀窍时说：“戴尔总支出的 74% 用在材料配件购买方面，2000 年这方面的总开支高达 210 亿美元。如果我们能在物流配送方面降低 0.1%，就等于我们的生产效率提高了 10%。”

戴尔公司分管物流配送的副总裁迪克·亨特说：“我们只保存可供 5 天生产的存货，而我们的竞争对手则保存 30 天、45 天，甚至 90 天的存货。这就是区别。”

戴尔是怎样做到的呢？原来，这一切的实现源于互联网生产与客户紧密相连。

工厂的多数生产过程都由互联网控制，就连几辆鸣着喇叭在厂房里穿行的叉车都是由无线电脑来控制其装卸活动的。

公司 30 万平方米的厂房不仅是戴尔追求效能的标志，而且是公司不断缩短从顾客订货至成品装车这段时间的标志。目前的目标是 5 ~ 7 小时。

由于戴尔公司按单定制，因此，这些库存一年可周转 15 次。相比之下，其他依靠分销商和转销商进行销售的竞争对手，其周转次数还不到戴尔公司的一半，这种快速的周转能使总利润多出 1.8% ~ 3.3%。

据此，我们可以用一幅思维导图对丰田和戴尔的成功之道进行对比分析。

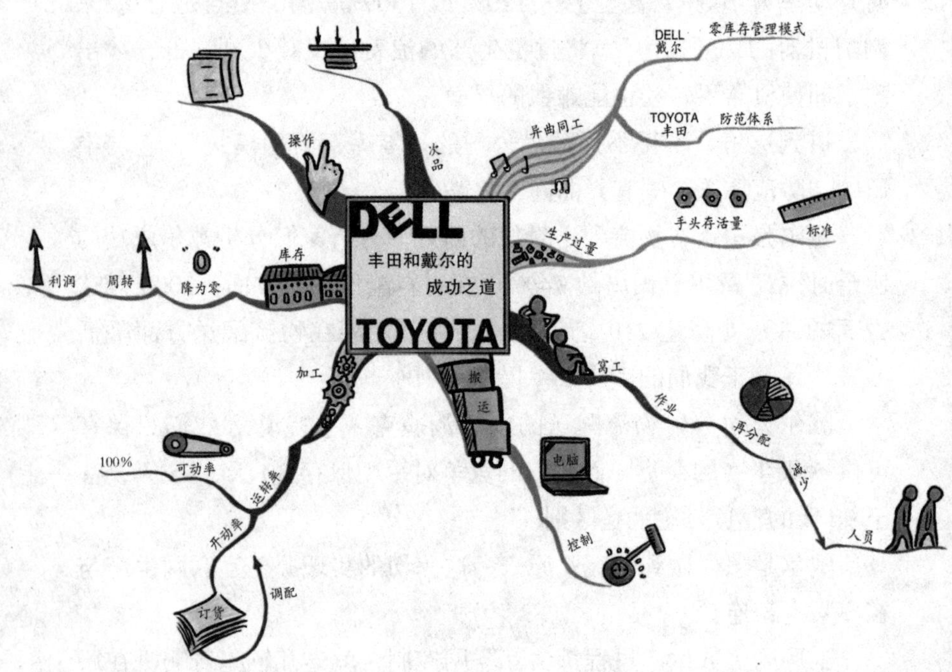

第四篇
职场成功秘符

第一章　个人发展

第一节　保持做事的秩序性

每件事情，若想做到有始有终，就必须改变我们的习惯思维。

曾经，美国西北铁路公司前总裁每天埋头在办公室里，处理着好像没完没了的工作。他第一次到心理诊所的时候，已处在精神崩溃的边缘，他的脸上写满了焦虑、紧张。他告诉医生，在他的办公室里有三张大写字台，上面堆满了东西，他每天都把全部的精力投入到工作，可工作似乎永远都干不完。

在与医生仔细地交谈以后，他回到办公室的第一件事就是清理办公桌，最后只留一张写字台，不仅如此，他还改变了自己以前的工作方法，现在他在做每一项新计划前，都会将手头的事情做完，让自己的思路更加清晰，工作随之更有条理了。

保持做事的秩序性，可以减轻工作对自身的压力，提高工作效率，恢复身体的健康。高效的工作，从某种意义上说，也就是换一种思维方式，合理安排好自己工作的秩序，

这样将大大节省你的时间和精力，有利于你工作的展开。

理出一个秩序

在一项新计划开始之前，我们应该让手头上的计划一一实现，这样才能让我们更加清晰地思考。

博恩·崔西在《简单管理》一书中写道:"我赞美彻底和有条理的工作方式。一旦在某些事情上投下了心血，带着明确的目的去做事，就可以减少重复，这样就能够大大提高工作效率。"

有秩序是一个人做事有目的的重要前提。

歌德说过:"选择时间就等于节省时间，而不合乎时宜的举动则等于乱打空气。"没有合理有序的工作秩序，做起事来必定像无头苍蝇一样乱撞，这样，要高效率地工作就是不可能了。

试想，如果一个经理整个上午要见客户，要处理资料，又要写年度报告，而他又不懂得合理安排自己的工作秩序，这样即便找个材料都会花半天时间，哪有效率可言。

工作的有序性，体现在对时间的支配上，首先要有明确的目的性，很多成功人士就指出，如果能把自己的工作任务清楚地写下来，便很好地进行了自我管理，就会使得工作条理化，因而使得个人的能力得到很大的提高。

只有明确自己的工作是什么，才能认识自己工作的全貌，从全局着眼观察整个工作，防止每天陷于杂乱的事务之中。

明确办事目的，将使你正确地掂量每件工作的轻重，弄清工作的主要目标在哪里，防止不分轻重缓急，耗费时间又办不好事情。

只有明确自己的责任与权限范围，才能摆脱自己的工作与上下级的工作以及同事工作中的互相扯皮和打乱仗现象。

有一种使工作明确化的简单方法，就是填写自己应做工作的清单。

首先试着在一张纸上毫不遗漏地写出你需要做的工作。凡是自己必须干的工作，且不管它的重要性和顺序怎样，一项也不漏地逐项排列起来，然后按这些工作的重要程度重新列表。

重新列表时，你要试问自己：如果我只能干此表当中的一项工作，首先应该干哪一件事呢？然后再问自己：接着该干什么呢？用这种方式一直问到最后一项。这样自然就按着重要性的顺序列出自己的工作一览表。其后，对你要做的每一项工作应该怎么做，根据以往的经验，在每项工作上总结出你认为最合理有效的方法。

为了使工作条理化，不仅要明确你的工作是什么，还要明确每年、每季度、每月、每日的工作及工作进程，并通过有条理的连续工作，来保证正常速度执行任务。而这些都可以用思维导图轻松地体现出来。

在这里，为日常工作和下一步进行的项目编出目录，不但是一种不可估量的时间节约措施，也是提醒人们记住某些事情的手段。

可见，制定一个合理的工作日程是多么重要。工作日程与计划不同，计划在于对工作的长期计算，而工作日程表是怎样处理现在的问题。比如今天还有明天的工作，就是逐日推进的计划。有许多人抱怨工作太多又杂乱，其实是由于他们不善于制定日程表，无法安排好日常工作，有时候反而抓住没有意义的事情不放，不得不被工作压得喘不过气来。

自制任务清单

为了使自己的工作做得更加有条理，我们可以根据人力资源管理专家的意见自制一张任务清单。清单的内容主要分为三个部分：任务分类、任务安排、任务总结。

任务分类的主要目的是向自己传达一种对待任务的态度。在这一部分当中，你的任务被分为四个类别：必须及时完成的工作，必须完成但可以稍微拖后的工作，完全没有必要完成的工作，时间允许的情况下最好能够完成的工作。这样，在填写清单的时候，你就可以根据自己的工作内容把自己的任务分门别类。

任务安排有些类似于工作日志，其主要目的就在于帮助自己明确每天的工作内容。

任务总结是指每个星期结束的时候，将由你自己根据自己的实际任务完成情况填写这部分内容，这样便可以检验自己的工作完成得如何。

毫无疑问，你的所有问题都将借用思维导图的帮助而清晰下来。在平时，不妨多用用思维导图。

第二节　养成把每件事画下来的习惯

在做事之前要习惯于把要做的事写下来，当然，我们建议用思维导图直接画下来。然后再进行缜密的分析，让自己更有计划地前行，这样会使你事半功倍，卓越而高效。

郭德纲的相声《梦中婚》中描述一个建筑工人在拿到图纸以后，看了一眼就去施工，结果把一口井建成了一支烟筒。这虽然很可笑，但笑过之余，也值得我们深思：正因为那个人在做事之前没经过仔细分析，结果闹出了笑话。

无独有偶，有这样一个广泛流传的管理故事，说的是一群伐木工人走进一片树林，开始清除矮灌木。当他们费尽千辛万苦，好不容易清除完一片灌木林，直起腰来准备享受一下完成了一项艰苦工作后的乐趣时，却猛然发现，不是这片树林，而是旁边那片树林才是需要他们去清除的！有多少人在工作中，就如同这些人，常常只是埋头工作，甚至没有意识到需要自己做的并非是自己想的那样。

这种看似忙忙碌碌、最后却发现自己背道而驰的情况是非常令人沮丧的，这也是许多效率低下，不懂得卓越工作方法的人最容易犯的错误，他们往往把大量的时间和精力浪费在一些无用的事情上。

为了避免这种情况在工作中发生，其实方法很简单，只要养成把每件事写下来的习惯，在做事之前认真思考，整理出一套简单而严格的工作步骤，这样你就会少走弯路而直达目的地。

思考充分再行动

在工作中，有很多人总是低头做事，他们匆忙如自然界中的蚂蚁，却没有多少实质的收获，对他们来说，草率行事，冒冒失失是自己最好的写照。

冒失是一种轻率的表现，是指对任何事情都不能深思熟虑，只凭一时冲动匆忙作出决定，有时不计后果。冒失的人懒于思考，轻举妄动，为了迅速摆脱由动机斗争带来的内心痛苦和紧张情绪，他们不考虑主、客观条件和后果就贸然抉择，草率行事；他们生活节奏快，做事匆忙，往往一件事未干完，又去做另一件事，或几件事一起干。

这样工作的人，往往效率都很低。“凡事预则立，不预则废”，一个人只有知道如何安排工作，制定一个高明的工作进度表，才能高效率地办事，而制定这样一个工作进度表，首先就要养成勤于动笔的习惯，拿出一张纸，然后用笔记下你所要做的事，再排列出每一件事的先后顺序，最后按照这张表严格地执行。相信你一定会在短期内完成自己的工作任务。

写下你的步骤

从事计划顾问多年的李冲，年薪超过30万。有一次宴会上，同行问他为什么他会比同事赚的钱多。他想了一会儿，回答说：“我每次在开始工作之前，都会将工作步骤写下来，通过仔细分析，总结出最好的方法时，才去行动。”

同行们请他谈谈他最好的方法，于是，李冲向人们讲述了他成功的诀窍——

第一步，我坚持深入调查，了解情况。

我对地方商业界的消息很灵通，哪个人被提升我都一清二楚，哪家公司有潜能、有发展，我也了如指掌。无论开会、聊天、度假，我都在搜集资料。我的专长就是对年轻的公司，特别是那些对年金或利润分红计划有兴趣的公司最有经验。

第二步，坚持打电话找公司里的高级经理。

首先我向他介绍我的身份来历、我的公司、我的资格以及我擅长的投资事业。然后，我会要求预约详谈。因为我的坦诚以及我从不利用欺骗来取得拜访客户的机会，所以基本上我都能如愿以偿。

第三步，坚持登门拜访——我称之为出诊。

谈话之间，我尽可能地了解顾客的投资计划、性情、职业以及个人背景。我很少谈到我自己和公司的事情，而我提出的问题足以向他证明我很在行。

通常在谈话结束时，还没有具体的计划产生，可我已经敲开一扇门了。

第四步，坚持在拜访之后以个人名义写短信，告诉顾客很高兴与他见面，我们公司正在研究制订具体方案。

这封私人信件很有效，它是一种诚意的表示，而且会让顾客觉得自己特殊而重要。

第五步，发出信后，隔两三天我就坚持再打电话过去。

首先再一次向他致意，然后表示我愿竭力效劳，帮他成为成功的投资者。最后我约定第二次见面的时间。

当我第二次见客户时，会随身带几个方案去。尽管多数不会有什么结果，可我绝不强求，我的打算是建立长远的关系。

无论是做销售还是从事别的事业都和钓鱼一样，如果你太急躁，鱼儿都吓跑了。如果是我主动表示时间太局促，不好起草合同，特别是关系到大笔金额时，顾客就会愿意再考虑跟我合作的可能性。

第二次见面后，事情就容易了，我可以打电话或亲自与顾客讨论计划。我会随时与顾客保持联系，直到成交为止。有时要磨上好几年工夫，然而机会一到，我就会签上五六个合同。好的钟表行走都是十分规律，不快也不慢的。有智慧的人做事也绝不会急于求成，也不会拖沓。他们做事总是有条不紊，不慌不忙。

高效率的人不是一有想法就马上去做，等发现偏差再去调整，而是像李冲那样一开始就把事情计划好，想好怎么做，把所有事情都想好，理清。

因为没有时间而赶着把事情做完的人，通常事后要花更多的时间把第一次没做好的事情做好。这样不仅浪费了工作时间，更降低了做事的效率。

有些人认为做事不匆忙是一件很容易的事情，只需要每一次做事时注意一下就行，其实一个人做事不急于求成是一种习惯，你会发现一个做事匆忙的人做所有的事情都是冒冒失失，他们是凭着自己的直觉在做事。要想改变做事急于求成的缺点，首先就是要在做每一件事情前把它们写下来写成计划和目标，而且形成习惯。

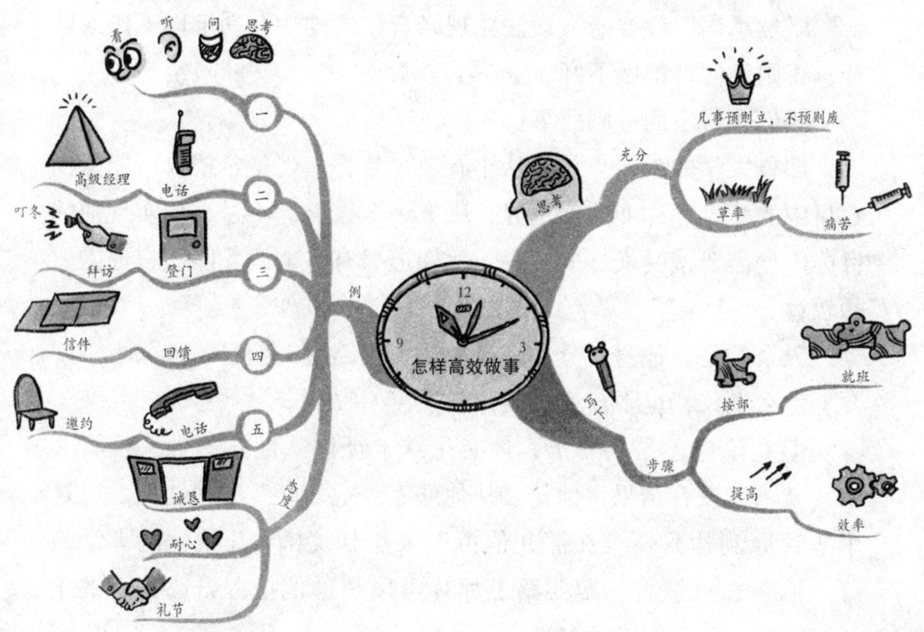

第三节 追踪记录承诺，说到更要做到

既然承诺，就一定要做到，善始善终才能让自己更高效。

程冉是一家公司的销售部经理。有一次，他和客户外出用餐时，在不经意间提到他家乡所酿的土产葡萄酒味道不错。正巧客户又爱饮酒，对此十分感兴趣，程冉便说了一句："有机会回家，我一定给您带来一瓶。"

3 个月后，在与这位客户的一位谈判中，程冉真的给客户送来了家乡产的酒，让客户大为感动。因为他早就将这件事忘得一干二净了。他觉得程冉连一件这样的小事都能兑现，值得信赖。

那次他们的合作很愉快，在以后的日子里，这位客户成了公司最忠诚的客户。

既然承诺，就要想方设法兑现诺言，这样才有利于你工作的展开，否则任何事都做不好。

我们来看下面一则故事：

耶鲁大学的教授克拉克从小有一个梦想，就是希望自己能像他心目中的英雄那样能改变世界，服务于全人类。不过，要实现他的目标，他需要接受最好的教育，他知道只有在美国才能获得他需要的教育。

无奈的是，他身无分文，没办法支付路费，而且，他根本不知要上什么学校，也不知道会被什么学校招收。

但克拉克还是出发了，他必须踏上征途。他知道如果没有开始，就永远没有结果。他徒步从他的家乡尼亚萨兰的村庄向北穿过东非荒原到达开罗，在那儿他可以乘船到美国，开始他的大学教育。他一心只想着一定要踏上那片可以帮助他把握自己命运的土

地，其他的一切都可以置之度外。

在崎岖的非洲大地上，艰难跋涉了整整 5 天以后，克拉克仅仅前进了 40 多千米。食物吃光了，水也快喝完了，而且他身无分文。要想继续完成后面的几千千米的路程似乎是不可能的，但克拉克清楚地知道回头就是放弃，就是重新回到贫穷和无知。

他对自己发誓：不到美国誓不罢休，除非自己死了。他继续前行。

有时他与陌生人同行，但更多的时候则是孤独地步行。大多数夜晚都是过着大地为床，星空为被的生活，他依靠野果和其他可吃的植物维持生命。艰苦的旅途生活使他变得又瘦又弱。

由于疲惫不堪和心灰意懒，克拉克几欲放弃。他曾想说："回家也许会比继续这似乎愚蠢的旅途和冒险更好一些。"

他并未回家，而是翻开了他的两本书，读着那熟悉的语句，他又恢复了对自己和目标的信心，继续前行。

要到美国去，克拉克必须具有护照和签证，但要得到护照他必须向美国政府提供确切的出生日期证明，更糟糕的是要拿到签证，他还需要证明他拥有支付他往返美国的费用。

克拉克只好再次拿起纸笔给他童年时起曾教过他的传教士写了封求助信。

结果传教士们通过政府渠道帮助他很快拿到了护照。然而，克拉克还是缺少领取签证所必须拥有的航空费用。

克拉克并不灰心，而是继续向开罗前进，他相信自己一定能通过某种途径得到自己需要的这笔钱。

几个月过去了，他勇敢的旅途事迹也渐渐地广为人知。关于他的传说已经在非洲大陆和华盛顿佛农山区广为流传。斯卡吉特峡谷学院的学生在当地市民的帮助下，寄给克拉克 640 美元，用以支付他来美国的费用。当克拉克得知这些人的慷慨帮助后，他疲惫地跪在地上，满怀喜悦和感激。

经过两年多的行程，克拉克终于来到了斯卡吉特峡谷学院。手持自己宝贵的两本书，他骄傲地跨进了学院高耸的大门。

这是一个有关“坚持”的故事。克拉克坚守自己的承诺，最终实现了自己的梦想。在工作中我们也应该像克拉克那样时时追踪自己的承诺，说到更要做到。

其实，许多人之所以无法取得成功，不是因为他们能力不够、热情不足，而是缺乏一种坚持不懈的精神。他们做事时往往有始无终，做事的过程也是东拼西凑、草草了事。

他们对自己的目标容易产生怀疑，行动也始终处于犹豫不决之中。比如他们看准了一项事业，充满了热情做下去，但刚做到一半又觉得另一件事情更适合自己。他们时而信心百倍，时而又低落沮丧。这种人也许能短时间取得一些成就，但是，从长远来看，最终一定还是失败者。

承诺一件事情需要的是决心与热忱，而完成自己的承诺，需要的却是恒心与毅力。缺少热忱，事情无法启动，只有热忱而无恒心与毅力，工作不能完成。

中国有许多优秀的传统和行为规矩，譬如家庭私塾教子弟写字，无论有什么事打扰，也不准写字只写一半。即使这个字写错了，准备涂掉重写，也要将它写完。其中的寓意在于，教育孩子从小养成善始善终的好习惯，将来做事才不会半途而废，轻易放弃。

在日常工作中，每个人都有一些未完成的工作——未缝完的衣服，未写成的稿件等。那么请将它们找出来整理整理，静下心来继续完成它们。你会发现，一旦把它完成，你会觉得非常快乐。未完成时它们不过是些废物，而你在付出一半甚至 1/10 的心力完成后，它们都变成漂亮的成品和值得骄傲的业绩。许多事情并非我们无法去做，而是我们不愿意继续做。多付出一分心力和时间，就会发现自己其实有许多潜在的力量。

既然承诺，就要想方设法做到，否则你永远也不可能提高工作效率，取得骄人的业绩。

第四节　辨识事物发展模式，先预想结果

人脑非常擅长辨识模式。要发挥这项能力的方法就是预先想象自己渴望的结果，并尽可能地描绘细节。这样能够触发你的大脑辨识与观察实际达到目标所需培养的习惯、能力与方法。

迈克尔 19 岁在休斯敦大学主修计算机，他是一个狂热的音乐爱好者，同时也有一副天生的好嗓子，对他来说，成为一个音乐家是他一生中最大的目标。因此，只要一有时间，他就会投入到他热爱的音乐创作上。

由于写歌不是迈克尔的专长，所以他又找了一个名叫凡内芮的年轻人来合作。凡内芮了解迈克尔对音乐的热爱与执着。但是，当面对那遥远的音乐界及整个美国陌生的唱片市场时，他们却发现自己竟一点渠道也没有。

在一次闲聊中，凡内芮突然从嘴里冒出了一句话：

“What are you doing in 5 years.”（想象你 5 年后在做什么）

迈克尔还没来得及回答，他又抢着说：“别急，你先仔细想想，完全想好，确定了再告诉我。”迈克尔思考了一会儿说：“第一，5 年后，我希望在市场上能有一张得到大家肯定和欢迎的唱片；第二，5 年后，我要住在一个有很多很多音乐的地方，能天天与一些

世界一流的音乐家一起工作。”

凡内芮听完后说：“好，既然你已经确定了，我们就把这个目标倒过来看。如果第五年，你有一张唱片在市场上，那么你的第四年一定是要跟一家唱片公司签上合约。

“那么你的第三年一定是要有一个完整的作品，可以拿给很多很多的唱片公司听，对不对？

“那么你的第二年，一定要有很棒的作品开始录音了。“那么你的第一年，就一定要把你所有要准备录音的作品全部编曲，排练好。

“那么你的第六个月，就是要把那些没有完成的作品修饰好，然后让你自己可以一一筛选。“那么你的第一个月，就是要把目前这几首曲子完工。

“那么你的第一个礼拜，就是要先列出一个清单，排出哪些曲子需要修改，哪些需要完工。”

凡内芮一口气说完了上述的这些话，停顿了一下，然后接着说：“你看，一个完整的计划已经有了，现在你所要做的，就是按照这个计划去认真地执行每一步，一项一项地去完成，这样到了第五年，你的目标就实现了。”

说来也奇怪，到了第五年，迈克尔的唱片真的在北美畅销起来，他一天 24 小时几乎全都忙着与一些顶尖的音乐高手在一起工作。

可见，在脑海中预想结果是非常重要的，我们要时常在脑海中规划蓝图，然后让你的大脑自动填补达到目标所需条件的空白处。事情不见得会照计划发展，但你会为自己所做的事获得的最终成果，感到大吃一惊。

想象一下你的目标，然后去实现它

奥林匹克运动会十项全能金牌获得者詹姆斯·卡特为了实现自己的目标，用运动器械装备了整个寓所，以便每天提醒他去实现自己的目标。

他将十项全能每个项目的器械放在他不训练时也能看到的地方，跨高栏是他最差的一项，他就将一个栏放在起居室的正中央，每天必须跨越 30 次；他的制门器是个铅球；杠铃就放在室外廊檐下；撑竿跳高用的杆子和标枪在沙发后竖立着；壁橱里放着他的运动制服、棉织套服和跑鞋。詹姆斯说这种不寻常的陈设在他准备在奥运会夺冠的过程中，帮助他改善了他的竞技状态。

如果你想让自己成为一个高效能人士，也应当像詹姆斯·卡特那样预想一下自己要达到什么结果，为你的目标创建一种经常提醒自己的方式。然后去实现它。

比如，你可以将你确定的目标和实施计划写在便笺上或是记事本上，并将它们有计划地放置在你的家中和办公室里，使你能够常常看到它们；或者将你对自己目标和实现计划的陈述录在磁带上，在你开车、做杂务、休息或思考时播放它们；将你的实施计划编辑在你的电脑屏幕保护屏上；或者将你须首要实施的计划输入电脑，并用装饰纸打印出来，然后将这些纸悬挂在办公室、卧室的镜子上，甚至是冰箱上。

这样，你的目标和计划就常常出现在你的眼前，帮助你始终将注意力放在这些最重要的事情上面。

你也可以让你的梦想始终环绕着你，通过多种方法来建立自己的提示途径。采取什么方法并不重要，重要的是行动！布鲁斯的方法非常具有想象力，甚至有点出格了，但它的确帮助他实现了自己的目标。

在工作中，我们应该预想一下自己要得到一个什么结果，然后按照你想的去做，你的目标就一定能实现。

预想结果，写下清单

先预想结果，实际上就是对未来行动纲领的早期决策。我们可以把它分为三个步骤：

第一步：写下你的计划，确立目标，探寻达到目标的各种方法，转化为每周或每天要做的事，编排每周或每天的做事次序并执行，定期检讨。

第二步：制订工作计划表。

第三步：目标计划检讨。

第五节　追求高效能，而非高效率

美国零售业大王彭尼说过，不论他出多少钱的薪水，都不可能找到一个具有两种能力的人。这两种能力是：第一，能思想；第二，能按事情的重要程度来做事。因此，工作中的我们，如果不能作出正确的选择，那么唯一能做的就是停止手头上的事情，直到发现正确的事情为止。

做事不仅要讲方法，更要注意方向。只有方法和方向都正确，才能确保有一个好的结果。如果只注重方法而不重视方向，其结果可能是方法越正确，结果就错得越离谱。

尽管如此，在现实生活中，无论是企业的商业行为，还是个人的工作方法，人们关注的重点往往都在于前者：效率和正确做事。

博恩·崔西认为，工作中第一重要的却是效能而非效率，是做正确的事而非正确地做事。“正确地做事”强调的是效率，其结果是让我们更快地朝目标迈进；“做正确的事”强调的则是效能，其结果是确保我们的工作是在坚定地朝着自己的目标迈进。

换句话说，效率重视的是做一件工作的最好方法，效能则重视时间的最佳利用——这包括做或是不做某一项工作。

“正确地做事”是以“做正确的事”为前提的，如果没有这样的前提，“正确地做事”将失去目的性，变得毫无意义。

首先要做正确的事，然后才存在正确地做事。正确做事，更要做正确的事，这不仅是一个重要的工作方法，更是一种很重要的工作理念。任何时候，对于任何人或者组织而言，“做正确的事”都远比“正确地做事”重要。

只知道正确地做事就是一味地例行公事，如何正确地做事与做正确的事是判断一个人做事能否提高工作效能的一个很重要的标准。

而不顾及目标能否实现，是一种被动的、机械的工作方式。

工作只对上司负责，对流程负责，领导叫干啥就干啥，一味服从，铁板一块，是制度的奴隶，是一种被动的工作状态。在这种状态下工作的人往往没有目的性，患得患失，不求有功，但求无过，做一天和尚撞一天钟，混着过日子。

而做正确的事不仅注重程序，更注重目标，是一种主动的、目的性强的工作方式。工作对目标负责，做事有主见，善于创造性地开展工作。这种人积极主动，在工作中能紧紧围绕公司的目标，为实现公司的目标而发挥人的能动性，在制度允许的范围内，努力促成目标的实现。

这两种工作方式的根本区别是：只对过程负责，还是既对过程负责又对结果负责；是等待工作，还是主动地工作。同样的时间，这两种不同的工作方式产生的区别是巨大的。

有时候，上司在分配任务的时候，并没有对人员做到最佳的配置，没有把你安排到合适的位置上，这时，你就要主动与上级沟通，要求自己做更合适的事，这样才能够做到正确地做事和做正确的事。

安妮是微软公司的一名销售主管，她不仅是一个勤奋努力的员工，同时也是一个有主见，识大局，能够主动去做正确的事的员工。

有一次，安妮被公司派去参加一个销售专题讨论会，她很清楚自己的专长，特别是转型人才和国际化市场动态等问题，她计划在会上与业内精英做一个很好的交流并使自己有所提高。

但是，第一天她就遇到了麻烦，公司额外要求她来协调与会者的傍晚活动，这样可以更深层次地履行公司作为东道主的职责。本来为这次讨论会的成功作出贡献也是安妮的心愿，这也符合她的价值观和原则，她越思考越觉得这是她应当做的。

于是她接受了，但她发现自己处于巨大的压力和忧虑之中，来回奔忙，试图满足每个人的要求，但由于抽不出时间来做原来想做的事而使自己变得很沮丧。

就在这种沮丧中，她突然停下来，问自己："等一等，我为什么要去做那些自己并不擅长的事呢？我有义务去执行公司派给的任务，但我又不必去做我不擅长的事啊！再说公司并不是不明白我的长处，我向他们说明我的处境，他们应该会派一名适合做这个工作的人来接替我的，难道不是这样吗？"

她深深吸了一口气，拨通了公司的电话，将自己目前的处境跟上司做了沟通。上司立即明白了她的想法，并作出了及时的调整，派出一名专门安排各种活动的公关经理接替了安妮的工作。

在这次研讨会上，安妮独特的见解和市场眼光赢得了业界人士的普遍赞扬，也给微软公司赢得了极大的荣誉和良好的影响。

经过这次经历以后，安妮每次接受任务时都会考虑哪些事是应该做的，怎么做才能取得最好的效果。也正是这样的工作作风，使她每次都能赢得公司的表彰，多次被评为公司的优秀员工。

能够做正确的事的人，是一个做事有重点、有方向的人，那么，我们要如何才能让自己做正确的事呢？

以企业利益为重

在公司中，我们应当以企业利益为重，将公司的发展目标与自己做事的目的联系起来，站在全局的高度思考问题，这样可避免重复作业，减少错误的机会。

我们在工作中，必须处理的问题包括：现在的工作必须作出哪些改变？可否建议从哪个地方开始？应该注意哪些事情，避免影响达到目标？有哪些可用的工具与资源？

找出“正确的事”

工作的过程就是解决一个个问题的过程。有时候，一个问题会摆到你的办公桌上让你去解决。问题本身已经相当清楚，解决问题的办法也很清楚。

但是，不管你要冲向哪个方向，想先从哪个地方下手，正确的工作方法只能是：在此之前，请你确保自己正在解决的是正确的问题——很有可能，它并不是先前交给你的那个问题。搞清楚交给你的问题是不是真正的问题，唯一的办法就是更深入地挖掘和收集事实，问问题，多看，多听，多想，一般用不了多久，你就能搞清楚自己走的方向到底对不对。

对目标负责

做正确的事要求我们对目标负责，要有高度的责任感，自觉地把自己的工作和公司的目标结合起来，对公司负责，也对自己负责。然后，发挥自己的主动性、能动性，去推进公司发展目标的实现。

学会说“不”

一个人要做正确的事，就应当学会说“不”，不能让额外的要求扰乱自己的工作进度。对于许多人来说，拒绝别人的要求似乎是一件难上加难的事情。

拒绝的技巧是非常重要的职场沟通能力。在你决定该不该答应对方的要求时，应该先问问自己“我想要做什么”或是“不想要做什么”“什么对我才是最好的”。

在做决定时我们必须考虑，如果答应了对方的要求是否会影响既有的工作进度，而且会因为我们的拖延而影响到其他人？而如果答应了，是否真的可以达到对方要求的目标？

善用沟通的力量

沟通在提高工作效率中有着十分重要的作用，例如，你在工作中可能会出现“手边的工作都已经做不完了，又丢给我一堆工作，实在是没道理”这样的抱怨，这时候，如果你保持沉默，很可能会给老板留下办事不力的印象。

所以，如果你工作中出现了这种情况，你切不可保持沉默，而应该主动沟通，清楚地向老板说明你的工作安排，主动提醒老板安排事情的优先级，并认真聆听老板的意见，这样可大幅减轻你的工作负担。

老板是需要被提醒的，在工作中，我们应该时刻提醒自己，与老板的沟通是否充分，我们有没有适当地反映真实情况？如果我们不说出来，老板就会以为我们有时间做这么多的事情。况且，他可能早就不记得之前已经交代给你许多工作。

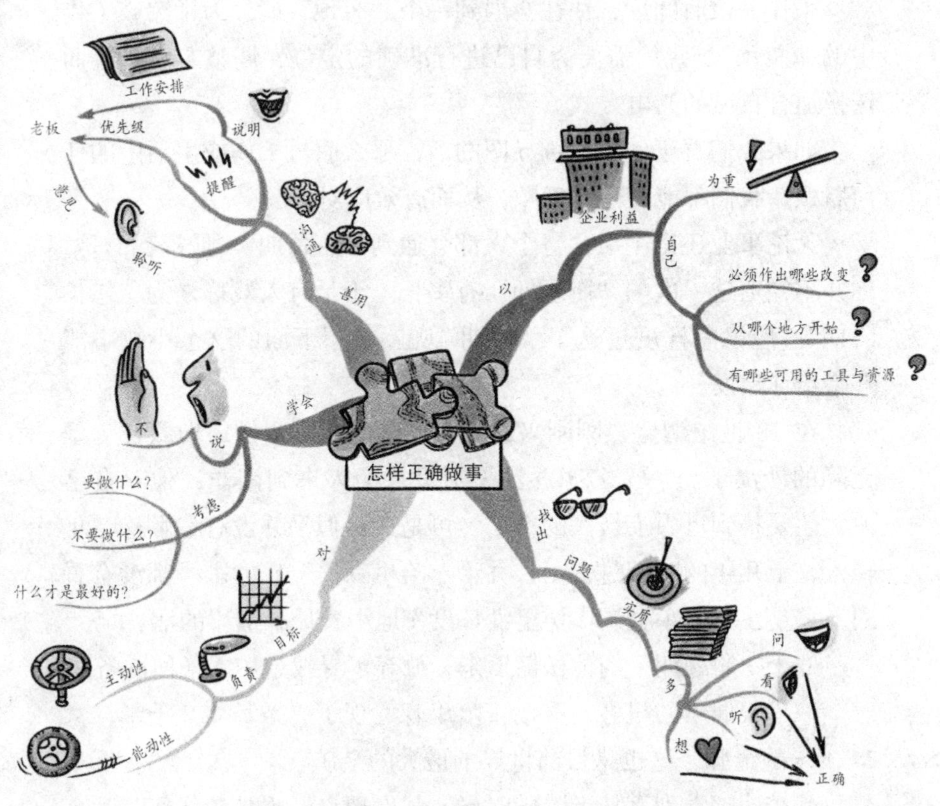

第二章　用思维导图化解工作难题

第一节　如何突破工作中的“瓶颈”

工作一段时间后，往往会遇到一个“瓶颈”期。为了突破工作中的“瓶颈”，我们需要为自己进行准确的定位，调整心态，进而选择适合自己的充电方式。

如果我们善于使用思维导图的话，那么面对工作或生活中的任何瓶颈，我们都能理清、理顺，从而有效应对。

无论事业还是生活，每个人都会遇到“瓶颈期”。最糟糕的是，你并不知道这一次的“瓶颈期”有多长。于是有人戏称之为“悠长假期”。应该怎样度过这个“假期”呢？希望下面的这个小故事能够带给你启发。

在 18 世纪淘金热刚刚兴起的时候，南非的金矿还埋藏在一望无际的沙漠下。一个名叫乔治·哈里森的人来到南非，他对自己说，他要找到世界上最大的金矿。可是命运似乎并没有眷顾这名年轻人，十几年的时间过去了，乔治·哈里森连金矿的影子都没有看到，只是在一些小金矿作坊里没日没夜地干着最脏最累的活。

处于“瓶颈期”的他松懈下来，放弃了寻找金矿的任何准备。

一个很偶然的机会，乔治·哈里森发现了一条长 420 千米，宽 24 千米的金脉，这也是目前世界上最大的金矿。

就在他感觉到喜从天降的时候，却发现自己不具备任何开采金

矿的资本。万不得已，他只得出售了这条金矿的开采权，价格是 10 英镑！如此低廉的价格，等于白送了开采权。命运和乔治·哈里森开了一个大玩笑。但是只要认真思考一下，就会发现乔治错过金矿的原因，就在于他忽略了“随时准备着”的准则，就算处于“瓶颈期”，在给自己放一个长假的时候，也不能对自己的技术、知识不闻不问。

在“瓶颈期”，每个人的苦闷大多是源于缺乏目标。

这时，我们首先需要做的是静下心来思考，给自己一个全新而准确的定位。这个定位就像一颗启明星，可以指引你前进的方向。

工作的瓶颈期会使我们有一些空余时间，不要让这些时间白白溜走，不妨动手学习一直很感兴趣却由于平日的忙碌而疏忽的东西。也许将来的某一阶段，你会发现在“瓶颈期”略显艰苦的“修炼”已经给你铺垫了厚实的基础。

下面这个故事中的主人公就是借助学习突破了他的工作瓶颈期，而迎来了一个崭新的发展阶段。

王明是一家外贸公司的职员，他对自己的工作很不满。

在一次朋友聚会上，他十分生气地对好友张亮说：“我的老板真是有眼无珠，他从来都不重视我，我哪天非在他面前发火不可，然后离开公司。”

张亮听后，问王明：“你对你所在的公司完全了解了吗？对公司所做业务搞明白了吗？”王明摇摇头，非常疑惑地看了看张亮。张亮接着说：“俗话说‘君子报仇十年不晚’嘛！

你不用着急辞职，我建议你把你们公司的业务流程先全部搞清，并认真学习那些你不会的东西，等什么都学会后再辞职不干也来得及。”

张亮见王明表情迷惑，就解释说：“你想想啊，公司是一个不用花钱就可以学习的地方，等你全部都学会了再辞职的话，就能给自己出气，还能有很多收获，岂不是一举两得吗？王明，难道你不这么认为吗？”张亮的建议王明谨记在心。此后，王明勤学默记，经常在别人下班之后，他还待在办公室中研究写商业文书的方法。

时间过得飞快，一年后，王明偶然遇到了张亮，张亮问他：“现在你应该把公司的事情学得差不多了吧？什么时候准备拍桌子辞职啊？”

不料王明却说：“但是，这半年来我感觉老板对我非常重视了，近来不断给我加薪，并委以重任，现在，我已经是公司最红的人了！”

从这个故事中，我们应该明白这样一个道理：现在已经步入终生学习的时代，学习是终生的事情，是没有时间的分隔、人员的界定和场所限制的，要想有所发展，就一定要时刻学习。

提高学习的能力要比学习知识重要得多，知识虽然也在时刻更新，但人们只有在提高了学习知识能力的同时才能更好地吸收新知识、运用新技能，以此提高自己的整体素质，才能适时地突破瓶颈。

第二节 如何跨越职业停滞期

工作中，突然出现的“职业停滞期”会让人陷入一种深深的“本领恐慌”中，要突破这种职业停滞期，我们要学会“自我革命”，只有不断地突破自我，才能够不断成长。

在职场中，很多人会遭遇一种“职业停滞期”。

例如，有些人因为对自身没有很好的职业规划，接受新知识的态度也不是很积极，结果导致自己的创新能力跟不上新员工，眼看着身边的新员工一个个加薪、晋职，他们陷入一种深深的“本领恐慌”中。

然而面对自己职业上的停滞，他们更多的是埋怨企业没能给他们职位提升的空间，这种想法是不对的。“解铃还需系铃人”，这时，需要我们进行“自我革命”，只有不断地突破自我，才能够不断成长。在这一点上，一则关于鹰的故事可以给我们带来一个很好的启示。

鹰是世界上寿命最长的鸟类之一，其寿命可达 70 年，但当鹰长到 40 岁的时候，它的爪子开始脱落，喙变得又长又弯，翅膀上的羽毛也长得又浓又厚，已不再是飞行的工具，相反成了一种负担。

这时的鹰就如同企业的中年员工一样，必须作出一个艰难却又关乎生命的选择：要么安静地死去，要么经过一个痛苦的进化过程获得新生。让人敬佩的是，所有的鹰都选择了后者。它们努力地飞到悬崖边上筑巢，数月停留在那里不再飞翔，用喙击打岩石，直到老喙完全脱落。新喙长出后，鹰会用它把指甲一根根地拔出来，新指甲长出来后再用爪子把羽毛一根根拔掉。5 个月后，鹰获得了新生。

世界著名的信息产业巨子，英特尔公司的前总裁安迪·葛鲁夫在功成身退之时，回顾自己创业的历史，曾深有感触地说："只有那些危机感强烈、恐惧感强烈的人，才能生存下去。"

恐惧，无疑是一种不安的心志，而居安思危是使"惧"成为不惧的新起点。"惧"是审时度势的理性思考，是在超前意识前提下的反思，是不敢懈怠、兢兢业业、勇于进取的积极心志。

正是在这种惧者生存的经营理念下，英特尔在安迪·葛鲁夫的领导下，常能够适时地进行变革，最终成为全世界最大的芯片制造商。

英特尔成立时，葛鲁夫在研发部门工作。1979 年，葛鲁夫出任公司总裁，刚一上任，他立即发动攻势，声称在一年内要从摩托罗拉公司手中抢夺 2000 个客户，结果英特尔最后共计赢得 2500 个客户，超额完成任务。

此项攻势源于其强烈的危机意识，他总担心英特尔的市场会被其他企业占领。

1982 年，由于经济形势恶化，公司发展趋缓，他推出了

“125%的解决方案”，要求雇员必须发挥更高的效率，以战胜咄咄逼人的日本。他时刻担心，日本是否已经超过了美国。

在销售会议上，可以看到身材矮小、其貌不扬的葛鲁夫。他的匈牙利口音使其吐词不清，他用拖长的声调说：“英特尔是美国电子业迎战日本电子业的最后希望所在。”

危机意识渗透到安迪·葛鲁夫经营管理的每一个细节中。1985年的一天，葛鲁夫与公司董事长兼CEO的摩尔讨论公司目前的困境。他问：“假如我们下台了，另选一位新总裁，你认为他会采取什么行动？”

摩尔犹豫了一下，答道：“他会放弃存储器业务。”葛鲁夫说：“那我们为什么不自己动手？”在1986年，葛鲁夫为公司提出了新的口号，“英特尔，微处理器公司。”

英特尔顺利地渡过了困难时期。其实，这皆赖于葛鲁夫那浓厚的危机观念。他始终认为，居安思危者方可生存，企业家一定要居安思危，保持忧患意识，企业方可长久。为了不让公司再度陷入困境，葛鲁夫让英特尔几近疯狂地投入到微处理器的战场之中。1992年，葛鲁夫让英特尔成为世界上最大的半导体企业。因为“英特尔”已不仅仅是微处理器厂商，它逐渐成了整个计算机产业的领导者。1994年，一个小小的芯片缺陷，一下子将葛鲁夫再次置于生死关头。12月12日，IBM宣布停止发售所有奔腾芯片的计算机。预期的成功变成泡影，雇员心神不宁。12月19日，葛鲁夫决定改变方针，更换所有芯片，并改进芯片设计。最终，公司耗费相当于奔腾5年广告费用的巨资完成了这一工作。但英特尔又一次活了下来，而且更加生气勃勃，是葛鲁夫的性格和他的危机观念挽救了公司。

如今，英特尔已经掌握了微处理器的市场，可在危机观念的指导下，它没有任何放松的迹象，葛鲁夫仍然没有沾沾自喜而就此松懈。在他的带领下，英特尔把利润中非常大的部分花在研发上，继续疯狂行径的葛鲁夫依旧视竞争者如洪水猛兽。葛鲁夫那句“只有恐惧、危机感强烈的人，才能生存下去”的名言已成为英特尔企业文化的象征。

其实，危机是随时都会出现的，危机当前，逃避不是上策，只有勇敢地面对它，根据发展形势进行必不可少的变革，才是个人与企业长久发展之计。

第三节　如何摆脱不良的工作情绪

“雄鹰翱翔天空，难免折伤飞翼；骏马奔驰大地，难免失蹄折骨。”人的一生不可能一帆风顺，事事如意，我们在工作中也难免会遇到挫折。摆脱不良的工作情绪将有助于工作的顺利进行，并可以给你带来好的心境。

有的人在工作中遇到挫折后，就消沉、灰心、委靡不振，丧失信心，放弃了努力，甚至自怨自艾，自暴自弃。

长久的压抑甚至导致精神疾病，其实，在遇到挫折后，不妨冷静而理智地分析导致挫折的原因和过程，从中找到较好的解决办法。

下面介绍几种摆脱不良工作情绪的方法：

（1）沉着冷静，不慌不怒。

（2）增强自信，提高勇气。

（3）审时度势，迂回取胜。所谓迂回取胜，即目标不变，方法变了。

（4）再接再厉，锲而不舍。当你遇到挫折时，要勇往直前。你的既定目标不变，努力的程度加倍。

（5）移花接木，灵活机动。倘若原来太高的目标一时无法实现，可用比较容易达到的目标来代替，这也是一种适应的方式。

（6）寻找原因，理清思路。当你受挫时，先静下心来把可能产生的原因寻找出来，再寻求解决问题的方法。

（7）情绪转移，寻求升华。可以通过自己喜爱的集邮、写作、书法、美术、音乐、舞蹈、体育锻炼等方式，使情绪得以调适，情感得以升华。

（8）学会宣泄，摆脱压力。面对挫折，不同的人有不同的态度。有人惆怅，有人犹豫，此时不妨找一两个亲近的人、理解你的人，把心里的话全部倾吐出来。

从心理健康角度而言，宣泄可以消除因挫折而带来的精神压力，可以减轻精神疲劳；同时，宣泄也是一种自我心理救护措施，它能使不良情绪得到淡化和减轻。

（9）必要时求助于心理咨询。当人们遭遇到挫折不知所措时，不妨求助于心理咨询机构。

心理医生会对你动之以情，晓之以理，导之以行，循循善诱，使你从“山重水复疑无路”的困境中，步入“柳暗花明又一村”的境界。

（10）学会幽默，自我解嘲。幽默和自嘲是宣泄积郁、平衡心态、制造快乐的良方。当你遭受挫折时，不妨采用阿 Q 的精神胜利法，比如“吃亏是福”“破财免灾”“有失有得”等来调节一下你失衡的心理。或者“难得糊涂”，冷静看待挫折，用幽默的方法调整心态。

对此，我们用思维导图画出摆脱不良工作情绪的方法，以时刻提醒自己。

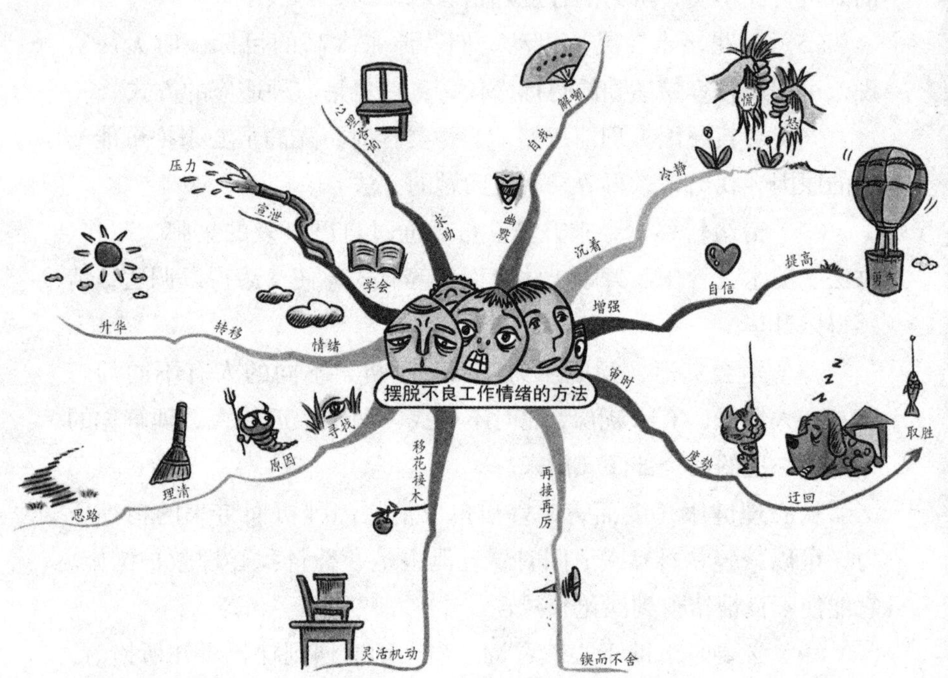

第四节　如何保持最佳的工作状态

以最佳的工作状态工作不但可以提升我们的工作业绩，而且还可以带来许多意想不到的成果。良好的精神状态不是财富，但是它会带给我们财富，也会让我们得到更多的成功机会。

精神状态能如何影响工作，不是任何人都清楚，但是我们都知道没有人愿意跟一个整天提不起精神的人打交道，也没有哪一个领导愿意提拔一个精神委靡不振、牢骚满腹的员工。

微软的招聘官曾指出："从人力资源的角度来讲，我们愿意招的员工，他首先是一个非常有激情的人，对公司有激情，对技术有激情，对工作有激情。可能他在这个行业涉世不深，年纪也不大，但是他有激情，和他谈完之后，你会受到感染，愿意给他一个机会。"

刚刚进入公司的员工，自觉工作经验缺乏，为了弥补不足，常常早来晚走，斗志昂扬，就算是忙得没时间吃饭，依然很开心，因为工作有挑战性，感受也是全新的。

这种工作时激情四射的状态，几乎每个人在初入职场时都经历过。可是，这份工作激情来自对工作的新鲜感，以及对工作中可预见问题的征服感，一旦新鲜感消失，工作驾轻就熟，激情也往往随之溜走。一切又开始平平淡淡，昔日充满创意的想法消失了，每天的工作只是应付完了即可。既厌倦又无奈，不知道自己的方向在哪里，也不清楚究竟怎样才能找回令自己心跳的激情。在领导的眼中也由一个前途无量的员工变成了一个比较称职的员工。

在现今这个充满竞争的社会里，在以成败论英雄的工作中，谁能自始至终陪伴、鼓励、帮助我们呢？同事、亲人和朋友们，都不能做到这一点。唯有我们自己才能激励自己更好地迎接每一次的挑战。

所以要想变得积极起来完全取决于我们自己。

如果我们每天清晨始终以最佳的精神状态出现在办公室里，面带微笑问候一声同事，以昂扬的精神状态投入工作，感染周围的同事，工作时神情专注，走路时昂首挺胸，与人交谈时面带微笑……愈是疲倦的时候，就要表现得愈好、愈显精神，让人完全看不出一丝倦容，这样会给周围的人来积极的影响。

良好的工作状态是我们责任心和上进心的外在表现，这正是领导期望看到的。在这个社会中，人们都承受着巨大的有形或者无形的压力。所以就算生活、工作不尽如人意，也不要愁眉不展，无所事事，要学会掌控自己的情绪，让一切变得积极起来。让我们始终对未来充满希望！明天会更好！如果我们乐观，一切事情都是亮色的，包括糟糕的事情，如果我们悲观，一切事情都是灰色的，包括美好的事情。

所以保持对工作的新鲜感是保证我们工作激情的有效方法。

可是这做起来很难，不管什么工作都有从开始接触到全面熟悉的过程。要想保持对工作的恒久的新鲜感，可以从以下几方面着手：

首先必须改变工作只是一种谋生手段的认识，把自己的事业、成功和目前的工作连接起来。其次，保持长久激情的秘诀，就是给自己不断树立新的目标，挖掘新鲜感，把曾经的梦想捡起来，寻找机会去实现它。审视自己的工作，看看有哪些事情可以更好地处理，然后把想法实施到工作中。认同企业文化，培养归属感，对自己的企业和工作感到骄傲。在我们解决了一个又一个的问题后，自然就产生了一些小小的成就感，也会因此受到鼓舞，感觉生活是美好的，这种新鲜感就是让激情每天陪伴自己的最佳良药。最后要热爱工作并充满激情。不要扼杀对美好事物的追求和热情，对我们的工作倾入全部的热情，每天精神饱满地去迎接工作，以最佳的精神状态去发挥自己的才能，就能充分发掘自己的潜能。我们的内心同时也会变化，越发有信心，别人也就会认同我们存在的价值。